Pierre Duhem

Le Système du Monde

Histoire des doctrines cosmologiques de Platon à Copernic

Tome III

Hermann

LE SYSTÈME DU MONDE de Pierre Duhem constitue une encyclopédie de l'histoire des sciences d'une valeur exceptionnelle pour l'étude de la physique et de la mécanique médiévales. C'est l'œuvre à la fois d'un savant et d'un historien, et non pas d'un savant devenu historien et qui aurait oublié la science... Il a vraiment découvert et exposé la continuité de la filiation entre la science et la philosophie d'Aristote et celle du Moyen-Age. Son ouvrage est le seul qui englobe une telle étendue.

Gaston Bachelard

C'est dans la richesse inouïe de la documentation, fruit d'un labeur qui confond l'esprit, que consiste la valeur permanente de l'œuvre de Duhem : malgré quarante ans d'études et de recherches, elle demeure une source de renseignements et un instrument de travail irremplacé et donc indispensable.

Alexandre Koyré

... L'ouvrage de Duhem, intégralement publié, apparaîtra comme un monument de science et de patience, restituant à chaque époque de l'évolution du savoir humain son originalité et sa fécondité.

Jean Abelé
(Les Études)

Illustration de la couverture : ASTROLABE DE REGIOMONTANUS, instrument servant à mesurer les hauteurs et les distances angulaires des astres, d'après l'original de 1468 conservé au musée de Nuremberg

PIERRE DUHEM
MEMBRE DE L'INSTITUT
PROFESSEUR A L'UNIVERSITÉ DE BORDEAUX

LE SYSTÈME DU MONDE

HISTOIRE DES DOCTRINES COSMOLOGIQUES DE PLATON A COPERNIC

TOME III

NOUVEAU TIRAGE

HERMANN
6, RUE DE LA SORBONNE, PARIS V

LE SYSTÈME
DU MONDE

Pierre DUHEM
MEMBRE DE L'INSTITUT
PROFESSEUR A L'UNIVERSITÉ DE BORDEAUX

LE SYSTÈME DU MONDE

HISTOIRE DES DOCTRINES COSMOLOGIQUES DE PLATON A COPERNIC

TOME III

NOUVEAU TIRAGE

HERMANN
6, RUE DE LA SORBONNE, PARIS V

DEUXIÈME PARTIE

L'ASTRONOMIE LATINE AU MOYEN AGE

(Suite)

CHAPITRE II

L'INITIATION DES BARBARES

I

SAINT ISIDORE DE SÉVILLE

Le désir de savoir était intense chez les peuples jeunes qui avaient envahi l'Empire romain ; le premier qui s'efforça d'y satisfaire fut Saint Isidore de Séville.

Par son père, Sévérianus, gouverneur de Carthagène, Isidore[1] descendait peut-être de l'antique race gréco-latine ; mais sa famille avait mêlé son sang au sang visigoth ; le roi des Visigoths, Léovigilde, avait épousé la sœur aînée d'Isidore.

Isidore avait été instruit par son frère aîné Léandre ; moine, évêque de Séville, apôtre de la conversion des Visigoths ariens, Léandre était allé à Byzance, afin de demander à l'empereur des secours pour les Chrétiens contre la persécution des Ariens ; à Byzance, Léandre prit contact avec la culture antique, et il voulut que son jeune frère n'ignorât ni le Grec ni l'Hébreu.

En 601, Isidore succéda à son frère Léandre sur le trône épiscopal de Séville qu'il devait occuper jusqu'à sa mort, survenue en 636. Le souci de maintenir la foi contre les hérésies, de fixer la liturgie en constituant le rite mozarabe, ne nuisit pas, en lui, au désir de transmettre aux Visigoths ce qu'avaient conquis la Philo-

1. Sur la vie de Saint Isidore et de Léandre, consulter : MONTALEMBERT, *Les moines d'occident depuis Saint Benoît jusqu'à Saint Bernard*, Livre VI, chapitre unique ; t. II, pp. 213-234.

sophie et la Science antiques ; ce désir se marque par le décret que rendit, à son instance, le quatrième concile de Tolède ; l'étude du Grec et de l'Hébreu, déjà florissante à Séville, fut étendue à toutes les églises épiscopales de l'Espagne.

L'ambition qu'avait Isidore de sauver, en faveur des Barbares, les épaves de la pensée hellénique et latine, d'instruire les Goths de ce que le passé avait connu, inspire bon nombre des écrits de l'Évêque de Séville et, en particulier, le grand traité qu'il a intitulé *Les Étymologies* ou *Les Origines*.

Nul livre n'était mieux fait pour plaire à des intelligences encore enfantines et avides de tout connaître que cette encyclopédie, où tout est enseigné en vingt livres que subdivisent des chapitres nombreux et concis.

La Grammaire est le sujet du premier livre des *Étymologies* ; la Rhétorique et la Logique occupent le second ; le troisième est consacré aux Sciences mathématiques et astronomiques ; la Médecine, le Droit auquel l'auteur adjoint l'étude du calendrier, précèdent, suivant un ordre dont la règle ne se laisse guère percevoir, les livres consacrés à Dieu et à l'Église ; puis les sciences naturelles se développent ; Anthropologie, Zoologie, Cosmographie, Géographie, Minéralogie, Géologie, Agronomie et Botanique se succèdent, et cèdent la place à des livres qui traitent vraiment *de omni re scibili*, qui enseignent jusqu'à la cuisine, jusqu'aux outils de jardinage et d'équitation, dont l'étude met fin aux *Étymologies*.

Les *Origines* d'Isidore de Séville sont comme le type sur lequel se modèleront plusieurs traités du Moyen Age, et de ceux qui auront le plus de vogue ; en lisant les écrits que nous devrons analyser au cours du présent chapitre, nous serons souvent amenés à reconnaître, dans leur composition, l'influence des *Étymologies*. Lorsqu'au XIIIe siècle, l'encyclopédie du grand Évêque espagnol aura vieilli à l'excès, de nouvelles compilations analogues verront le jour ; Barthélemy l'Anglais, le premier, composera son *De proprietatibus rerum*, puis Vincent de Beauvais écrira son *Speculum triplex, naturale, historiale, morale* ; ces deux livres, dont la vogue sera extrême, ne se borneront pas à reproduire maint chapitre des *Étymologies* ; ils procéderont du même esprit que le traité d'Isidore ; ils rivaliseront de succès avec ce traité, parce que, comme lui, ils s'efforceront de satisfaire à un désir, toujours ardent chez un grand nombre d'hommes, celui de posséder un livre où toute la Science soit condensée et emmagasinée, où l'on trouve sans peine réponse à tout.

Isidore aime à indiquer les étymologies des termes qu'il emploie ; et quelles étymologies ! Voici[1] celle du mot *cælum*.

« *Cælum vocatum eo quod, tanquam cælatum vas, impressa habeat stellarum veluti signa ; nam cælatum dicitur vas quod signis eminentioribus refulget.* »

N'allons pas, d'ailleurs, attribuer à la fantaisie de l'Évêque de Séville cette singulière étymologie ; il n'a fait que copier Saint Ambroise ; voici les propres paroles[2] de l'Évêque de Milan :

« *Nam cælum, quod* οὐρανός *Græcè dicitur, Latine, quia impressa stellarum lumina velut signa habeat, tamquam cælatum appellatur ; sicut argentum quod signis eminentibus refulget, cælatum dicimus.* »

Saint Ambroise aggravait d'ailleurs son cas en donnant, en outre, l'étymologie d'οὐρανός : « Οὐρανός *autem* ἀπὸ τοῦ ὁρᾶσθαι *dicitur* ».

Nous reconnaissons ici une marque bien visible de l'influence exercée par Saint Ambroise sur Saint Isidore ; nous aurons occasion, dans un instant, de revenir à cette influence.

L'objet des *Étymologies* est, bien plus, de donner, à la façon d'un vocabulaire, la définition des termes techniques employés dans les diverses sciences, que d'exposer les doctrines qui constituent ces sciences ; aussi n'y trouve-t-on jamais la discussion de ces doctrines.

D'ailleurs, la pensée personnelle d'Isidore n'apparaît aucunement en ces vingt livres ; tout ce qu'il y donne, il l'emprunte à autrui, soit qu'il nomme son auteur, comme il le fait volontiers en citant un vers, soit qu'il n'indique point ses sources, ce qui a lieu le plus souvent lorsqu'il rapporte une théorie philosophique ou scientifique.

Pour réunir les renseignements cosmographiques ou astronomiques épars dans les *Étymologies*, il faut recourir à deux livres : Au troisième, qui traite de l'Arithmétique, de la Géométrie et de l'Astronomie ; au treizième qui traite du Monde, du Ciel et des éléments.

Ces connaissances cosmographiques, astronomiques et météorologiques, répandues en divers lieux de ses *Étymologies*, Isidore les réunit en un traité unique qu'il dédia à Sisebut, roi des Visigoths (612-621). Ce traité, que les manuscrits intitulent d'une

1. Isidori Hispalensis episcopi *Etymologiarum libri XX ;* lib. XIII, cap. IV.
2. Sancti Ambrosii *Hexaemeron lib. II*, cap. IV, 15 [Sancti Ambrosii *Opera* accurante Migne, tomi primi pars prior (*Patrologiæ latinæ* tomus XIV), col. 152].

manière très variable : *De natura rerum*, *De astris cæli*, *De Astronomia seu natura rerum*, *Liber astronomicus*, *Rotarum liber*, a été très soigneusement publié, au XIXe siècle, par Gustav Becker[1].

Par le plan suivi, par les matières traitées, le *De natura rerum liber* entre dans une catégorie d'ouvrages qui eurent grande vogue chez les Grecs et les Latins, comme ils en allaient avoir chez les Arabes et chez les Occidentaux.

Les quatre livres sur les *Météores* qu'Aristote avait composés, mis à la suite des quatre livres *Du Ciel*, formaient une sorte de traité où se trouvaient exposées la Cosmographie, la Mécanique céleste, la Physique du globe et la Météorologie telles qu'on les connaissait à l'époque du Stagirite. Dans l'Antiquité comme au Moyen Age, les auteurs ne manquèrent pas, qui prirent ce traité pour modèle, soit qu'ils se proposassent de donner quelque écrit plus bref et plus sommaire, soit, au contraire qu'ils eussent le dessein d'en développer davantage certaines parties, telles que la Géographie physique.

Parfois, les exposés succincts qui avaient été écrits, de la sorte, à l'image des immortels traités du Stagirite, étaient donnés sous le nom même d'Aristote.

Tel fut, dans l'Antiquité hellénique, ce petit écrit, à la fois cosmologique et métaphysique, qui avait pour titre Περὶ Κόσμου, *Du Monde*, et qui se donnait pour une lettre adressée par le Philosophe à son illustre élève Alexandre le Grand. Le traité *De mundo ad Alexandrum* — c'est le titre sous lequel ce petit livre s'est répandu chez les Occidentaux — ne consacre que peu de lignes à la nature des corps célestes et à leurs mouvements ; ce qu'il en dit est parfaitement conforme à l'Astronomie péripatéticienne.

Ce qu'un stoïcien anonyme avait donné aux Grecs en écrivant le traité Περὶ Κόσμου, le platonicien Apulée le donna aux Latins en composant son *De mundo*.

La Science arabe imita la Science grecque dans son penchant à imaginer des écrits apocryphes d'Aristote ; elle attribua au Stagirite le petit traité que les Occidentaux ont intitulé *De elementis* ou *De proprietatibus elementorum* ; et, jusqu'à la Renaissance, tous les docteurs, musulmans ou chrétiens, furent dupes de la supercherie. Elle était cependant bien grossière, cette supercherie ; un écrit où la mer Méditerranée est nommée *mare Assem*, où l'Arabie s'appelle *terra Lamen*, porte en évidence sa marque de fabrique islamique ; l'époque, relativement récente, de sa composition n'est

1. ISIDORI HISPALENSIS *De natura rerum liber*. Recensuit Gustavus Becker ; Berolini, 1857.

pas moins clairement en évidence, puisque l'auteur connaît la précession des équinoxes, admet l'évaluation que Ptolémée a proposée pour la durée de ce phénomène, expose et rejette la supposition d'un mouvement d'accès et de recès à peu près dans les termes où Théon d'Alexandrie l'avait exposée et rejetée.

Le livre *De natura rerum* composé par Isidore de Séville, embrasse à très peu près les mêmes matières que les huit livres d'Aristote *Sur le Ciel* et *Sur les météores*, ou bien encore que le livre *Des éléments* que les Arabes composeront et attribueront au Stagirite. Il expose sommairement l'Astronomie, la Météorologie et la Géographie. Mais l'esprit qui inspire la rédaction de l'Évêque de Séville est tout différent de celui préside à la composition des traités grecs, latins ou arabes. A propos de chacun des objets que le Ciel et la Terre offrent à notre contemplation, le principal souci d'Isidore paraît être de citer toutes les allusions qu'y ont pu faire l'Écriture ou les Pères, de rapporter aussi des passages empruntés aux poètes et aux littérateurs du Paganisme, quitte à restreindre extrêmement la place qu'il laisse aux considérations proprement scientifiques.

Nous aurons une idée de la méthode suivie par Isidore en traduisant ici le chapitre[1] qu'il intitule : *Des sept planètes du ciel et de leurs révolutions.*

« Saint Ambroise, dans son livre intitulé : *Hexaemeron*, s'exprime en ces termes : « Nous lisons dans David : *Laudate eum cæli » cælorum.* » On peut discuter, en effet, la question de savoir s'il existe un seul ciel ou plusieurs cieux ; les uns affirment qu'il en existe un grand nombre, les autres nient qu'il y en ait plus d'un. Les philosophes ont introduit la considération de sept cieux du monde ; je veux parler des cieux planétaires ; ces cieux se meuvent du mouvement harmonieux qui convient à des globes ; ces philosophes regardent toutes choses comme connexes aux orbes de ces cieux ; les planètes sont supposées liées à ces cieux et comme insérées en eux ; elles marchent d'un mouvement rétrograde et sont emportées par un mouvement contraire à celui des autres étoiles. D'ailleurs, dans les livres de l'Église, nous lisons : *Cæli cælorum*, et l'Apôtre Paul eut conscience d'avoir été ravi jusqu'au troisième ciel. Mais que l'homme n'aille rien présumer, en sa témérité, du nombre des cieux ! Dieu ne les a pas créés informes et confus ; il les a distingués selon une certaine raison et un certain ordre. Il a marqué un ciel qu'une surface particu-

1. ISIDORE DE SÉVILLE, *Op. laud.*, cap. XIII : *De VII planetis caeli et eorum conversionibus.*

lière sépare du dernier des orbes circulants; il l'a formé d'un espace partout équidistant de la terre, et il y a placé les vertus des créatures spirituelles. L'Artisan du Monde s'est servi des eaux pour tempérer la nature de ce ciel, afin que l'ardeur du feu supérieur n'incendiât pas les éléments. Quant au ciel inférieur, il l'a fait solide et ne lui a pas donné un mouvement unique, mais plusieurs mouvements différents; à ce ciel inférieur, il a assigné le nom de firmament, car c'est lui qui soutient les eaux supérieures. »

Au delà donc de l'ensemble des cieux solides et mobiles que considéraient les astronomes païens, ensemble qui reçoit ici le nom biblique de *firmament*, Isidore imagine deux autres cieux; d'abord un *ciel aqueux*; puis un ciel suprême, séjour des esprits. Cette hypothèse sera désormais adoptée par la plupart des cosmographes chrétiens; elle jouera, dans le développement de l'Astronomie médiévale, un rôle considérable.

Du ciel aqueux, et du ciel suprême, séjour des bienheureux, qui le recouvre, Isidore n'avait rien dit dans ses *Étymologies*; en revanche, il y parlait du cours des planètes un peu plus explicitement qu'au *De natura rerum liber*.

« Les astres, y disait-il[1], sont soit entraînés, soit mûs. Sont entraînés, les astres qui sont fixés au ciel et tournent avec le ciel; sont mûs les astres, nommés planètes ou astres errants, qui accomplissent leur cours aberrant mais soumis, cependant, à une certaine loi.

» ... Ces étoiles ont des cours différents parce qu'elles sont portées par des cercles célestes différents qu'on nomme cercles des planètes. Certaines d'entre elles, après s'être levées plus tôt [que les étoiles fixes], se couchent plus tard; d'autres, qui se sont levées plus tôt, atteignent plus vite l'horizon; d'autres, levées en même temps, se couchent à des instants différents; chacune d'elles, cependant, accomplit son cours propre au bout d'un temps déterminé.

» ... Le nombre circulaire d'une étoile est celui par lequel on connaît le temps qu'elle emploie à décrire son cercle, tant en longitude qu'en latitude. On dit, en effet, que la Lune accomplit sa révolution en huit ans, Mercure en vingt ans, Lucifer en neuf ans, le Soleil en dix-neuf ans, Vesper en quinze ans, Phaëton en douze ans, Saturne en trente ans. Ces années écoulées, la planète,

1. Isidori Hispalensis episcopi *Etymologiarum libri XX*; lib. III, capp. LXII, LXIII, ..., LXV, LXVI, LXVII, LXVIII, LXIX.

ayant parcouru son cercle, revient au même signe et à la même partie de ce signe.

» Certains astres, retenus par les rayons du Soleil, présentent des anomalies; ils sont rétrogrades ou stationnaires; selon ce qu'enseigne le poëte lorsqu'il dit :

Sol tempora dividit ævi,
Mutat nocte diem, radiisque potentibus astra
Ire vetat, cursusque vagos statione moratur[1].

» ... Ainsi donc certaines planètes sont dites errantes parce qu'elles parcourent le Monde d'un mouvement qui diffère de l'une à l'autre. Par le fait qu'elles sont errantes, elles sont dites rétrogrades ou anomales, et cela selon que leur marche ajoute ou retranche des divisions. On les dit rétrogrades lorsqu'elles retranchent des divisions. Elles sont stationnaires lorsqu'elles s'arrêtent.

» ... On dit qu'il y a progrès ou marche en avant de l'étoile lorsqu'elle paraît non seulement faire son chemin accoutumé, mais encore procéder plus que d'habitude.

» ... Le retard ou rétrogradation de l'étoile a lieu lorsque, tout en suivant son mouvement habituel, elle paraît en même temps se mouvoir en arrière.

» ... Il y a station pour une étoile lorsqu'elle semble s'arrêter en quelque endroit, tout en continuant son mouvement. »

Ces quelques lignes, obscures ou erronées, représentent tout ce que les lecteurs d'Isidore pouvaient apprendre de la théorie des planètes. Un seul point mérite d'y être signalé : Isidore mentionne l'hypothèse qui attribuait à une attraction exercée par les rayons solaires la marche rétrograde de Vénus et de Mercure; cette théorie, qui avait trouvé faveur auprès de plusieurs physiciens grecs et latins, et notamment de Pline et de Chalcidius, était, nous l'avons vu, connue de Saint Augustin[2]; il est, partant, malaisé de dire de qui l'Évêque de Séville la tenait; cependant, comme rien, par ailleurs, ne révèle qu'il ait connu Pline et Chalcidius, il est probable qu'il l'emprunte à Saint Augustin.

La théorie péripatéticienne de la cinquième essence, distincte des quatre éléments, et substance des corps célestes, a été exposée, non sans scepticisme, par Saint Basile; en général, les Pères de l'Église ne l'ont pas adoptée; ils supposent que la substance des

1. Ce dernier alinéa se retrouve textuellement au *De rerum natura liber*, cap XXII : De cursu stellarum.
2. Voir : Seconde partie, Ch. I, § I; t. II, p. 407.

corps célestes ne diffère pas essentiellement de celle des quatre éléments; Saint Augustin, suivant l'idée de Platon, compose les astres de feu pur.

Isidore de Séville, qui admet[1] l'existence des quatre éléments et la possibilité, pour ces éléments, de se transmuer les uns dans les autres, ajoute :

« Il est certain que tous les éléments se trouvent en chaque corps ; mais chaque corps est nommé d'après l'élément qui domine en lui. »

« L'éther, dit-il un peu plus loin[2], désigne le lieu où sont les astres ; il désigne aussi le feu qui, dans la région élevée, est séparé du reste du monde. L'éther est l'élément même [du feu]. »

« Le Soleil est formé de feu, dit-il encore[3]... Les philosophes prétendent que ce feu s'alimente avec de l'eau. »

Dans son *De Natura rerum liber*, l'Évêque de Séville reproduit[4], touchant les éléments, les propos de Saint Ambroise qui, lui-même, s'était borné à répéter Saint Basile ; au sujet de la nature ignée du Soleil, de l'eau capable d'alimenter ce feu, il s'exprime[5] comme il l'a fait dans les *Étymologies*.

C'est encore à Saint Ambroise, écho de Saint Basile, qu'Isidore de Séville emprunte textuellement[6] ce qu'il dit du flux et du reflux, et de l'explication de ces effets par l'action de la Lune.

Dans ses *Étymologies*, l'Évêque de Séville nomme rarement les auteurs auxquels il emprunte des renseignements de Physique ou d'Astronomie ; dans son *Liber de natura rerum* au contraire, il les cite volontiers. Gustav Becker a pu ainsi énumérer les sources auxquelles Isidore avait puisé son savoir.

De tous les docteurs de l'Église, Saint Ambroise est celui auquel le *Liber de natura rerum* fait le plus d'emprunts; Saint Clément d'Alexandrie et Saint Augustin sont, eux aussi, plusieurs fois invoqués. Parmi les auteurs profanes, ceux que l'Évêque de Séville a consultés sont peu nombreux ; il a lu le Scholiaste de Germanicus et l'*Astronomicum poëticum* d'Hygin ; il a surtout consulté Suétone.

Il ne paraît pas avoir connu Pline l'Ancien, dont l'*Histoire*

1. Isidori Hispalensis episcopi *Etymologiarum* lib. XIII, cap. III : De elementis.
2. Isidori Hispalensis episcopi *Etymologiarum* liber XIII, cap. V : De partibus cæli.
3. Isidori Hispalensis episcopi *Etymologiarum* liber III, cap. XLVIII : De natura Solis.
4. Isidori Hispalensis episcopi *De natura rerum liber*, cap. XI : De partibus mundi.
5. Isidori Hispalensis *Op. laud.*, cap. XV : De natura Solis.
6. Isidori Hispalensis *Op. laud.*, cap. XL : De Oceani æstu.

naturelle devait bientôt fournir d'abondants renseignements aux doctes du Moyen Age.

Quant à Ptolémée, il le connaît de réputation, car il a, dans ses *Étymologies*, inséré la phrase suivante[1] :

« Dans l'une et l'autre langue (la grecque et la latine) divers auteurs ont écrit des livres sur l'Astronomie ; parmi ces auteurs, Ptolémée, roi d'Alexandrie est, chez les Grecs, celui qui tient le principal rôle ; il a également dressé des tables qui permettent de trouver le cours des astres. »

Tout fait supposer que ce court passage exprime, en entier, ce qu'Isidore savait de l'auteur de la *Syntaxe mathématique* ; ce renseignement, il l'avait, d'ailleurs, emprunté à Cassiodore[2] ; encore Cassiodore mentionnait-il l'existence de deux autres ouvrages de Ptolémée, le *Petit* et le *Grand astronome*.

C'est donc une bien pauvre information scientifique que celle dont disposait Isidore de Séville ; on ne s'étonne pas de la maigreur des enseignements qu'il en a tirés. Des choses de l'Astronomie et de la Cosmographie, il n'est guère plus instruit que les Pères de l'Église ; sans doute en sait-il moins que certains d'entre eux, que Saint Augustin par exemple. Toutefois, entre ce que les Pères de l'Église pensent de la Science profane et ce qu'en pense Isidore, il y a une profonde différence, dont on ne saurait, croyons-nous, exagérer l'importance.

Pour les Pères de l'Église, les recherches de Physique et d'Astronomie sont des occupations oiseuses et futiles ; s'ils consentent, et de mauvaise grâce, à prêter quelque attention à ces recherches, c'est seulement en vue d'interpréter les Livres saints et d'écarter les objections de la Philosophie païenne contre l'Écriture.

Pour Isidore, au contraire, le désir de connaître les phénomènes de la Terre et du Ciel est une curiosité légitime ; il écrit des traités dont le but avoué est de donner satisfaction à ce sentiment. La Science profane n'apparaît plus simplement comme un instrument d'apologétique et d'exégèse ; elle est reconnue comme une fin, bonne en soi, que l'intelligence chrétienne a le droit et le devoir de poursuivre.

De siècle en siècle, l'œuvre des docteurs chrétiens affirmera de plus en plus nettement l'autonomie d'une Science physique,

1. Isidori Hispalensis episcopi *Etymologiarum* liber III, cap. XXV : De scriptoribus Astronomiæ.

2. Cassiodori *De artibus ac disciplinis liberalium litterarum liber*, cap. VII (Migne, *Patrologiæ latinæ*, t. LXX, col. 1218).

distincte de la Théologie, capable d'atteindre à la vérité par des moyens uniquement tirés de la raison humaine.

II

LES DISCIPLES D'ISIDORE ET DE PLINE L'ANCIEN. AUGUSTIN L'HIBERNAIS. LE PSEUDO-ISIDORE. LE VÉNÉRABLE BÈDE. RHABAN MAUR. WALAFRID STRABON.

Le Moyen Age a parfois attribué à Saint Augustin un écrit en trois livres intitulé : *De mirabilibus Sacræ Scripturæ*. Cet écrit, bien indigne du grand Évêque d'Hippone, est précédé d'un préambule où l'auteur, qui se nomme en effet Augustin, s'adresse[1] aux prêtres et évêques des villes et monastères « carthaginois ». Ce mot, dû certainement à quelque erreur de copiste, a fait prendre cet Augustin pour Saint Augustin.

Sa patrie est aisée à deviner. Lorsqu'il a occasion de discourir des îles, celle qu'il prend pour exemple, c'est l'Hibernie[2]. Assurément, nous avons affaire à quelque moine hibernais.

La date de son ouvrage ne peut faire l'objet d'aucun doute.

Le miracle de Josué l'amène à parler du cycle pascal établi par Denys le Petit[3]. Après avoir rappelé que la durée de chacun de ces cycles est de 532 ans, il déclare qu'il en fait commencer la révolution à la création du Monde. Dès lors, selon lui, « le dixième cycle a pris fin quatre-vingt-douze ans après la passion du Sauveur », soit en l'an 125 de J.-C. « Le onzième cycle... a couru jusqu'à notre époque ; en sa dernière année, est mort Manichée, savant entre tous les Hibernais. Quant au douzième cycle, il accomplit, en ce moment, sa troisième année — *Et duodecimus nunc tertium annum agens...* ». Voilà donc l'ouvrage d'Augustin l'Hibernais daté de l'an 660 de J.-C.

Il n'est guère, en cet ouvrage, question d'Astronomie ni de Physique. Cependant, le déluge de Noé donne occasion à notre auteur de parler de ces sciences.

D'où sont venues[4] ces eaux du déluge que l'Écriture fait sortir des cataractes du ciel? Par ces cataractes, certains entendent sim-

1. Augustini *De mirabilibus Sacræ Scripturæ libri tres ;* proœmium [S. Aurelii Augustini *Opera*, accurante Migne, t. III, pars altera (*Patrologiæ latinæ* t. XXXV), coll. 2149-2150].
2. Augustini *Op. laud.*, lib. I, cap. VII ; éd. cit., col. 2158.
3. Augustini *Op. laud.*, lib. II, cap. IV ; éd. cit., coll. 2175-2176.
4. Augustini *Op. laud.*, lib. I, cap. VI ; éd. cit., col. 2157.

plement les nuées génératrices de la pluie. « D'autres, au contraire, pensent que ces cataractes étaient faites d'avance dans ce firmament suprême que Dieu avait créé au commencement pour séparer les eaux supérieures des eaux inférieures ; ces eaux que Dieu avait placées au-dessus du firmament, il les avait, disent-ils, préparées en vue de ce ministère... Ceux qui admettent que les eaux du firmament sont tombées au moment du déluge, pensent qu'avant le déluge, il n'y avait pas de pluies dans le monde... Mais de cette recherche, quel résultat faut-il tenir pour certain ? Aux savants et aux catholiques d'y voir ».

Le retrait des eaux du déluge amène Augustin à parler de la marée. Voici ce qu'il écrit à ce sujet[1] :

« La question qui nous occupe reparaît sans cesse à l'occasion des flux et des reflux quotidiens de l'Océan ; de même que nous ne savons d'où vient cette inondation ni où elle se retire, de même ignorons-nous ce qu'a été le retrait du déluge.

» Cette inondation quotidienne, en effet, se produit toujours deux fois par jour de vingt-quatre heures ; en outre, elle change, de semaine en semaine, par l'alternative de la morte-eau (*ledo*) et de la vive-eau (*malina*). La morte-eau (*ledo*) a six heures de flot et même durée de jusant ; au contraire, une forte vive-eau (*malina*) bouillonne pendant cinq heures et, pendant sept heures, découvre le rivage.

» La vive-eau montre, avec la Lune, une concordance si parfaite qu'elle commence constamment trois jours et douze heures avant la naissance de la Lune ; elle dure encore, habituellement, trois jours et douze heures après l'instant de la naissance de la Lune. Elle commence de même trois jours et douze heures avant la pleine-lune, et un temps égal [après la pleine-lune] lui fait atteindre son terme. En chaque saison, printemps, été, automne, hiver, il y a six *malinæ*, selon le calcul des lunaisons ; c'est-à-dire que chaque année commune en compte, en tout, vingt-quatre, à l'exception des années embolismiques qui en contiennent vingt-six.

» En chacune de ces saisons, les deux *malines*[2] des équinoxes et celles qui se produisent au moment où prend fin l'accroissement du jour ou celui de la nuit sont, habituellement, plus fortes que les autres et leur flux monte plus haut.

» A des intervalles de temps égaux, une *ledo* s'interpose toujours [entre deux *malinæ*].

» Mais où se retire ce flux qui se produit avec une persévérance

1. Augustini *Op. laud.*, lib. I, cap. VII ; éd. cit., col. 2159.
2. Au lieu de *malinæ*, le texte porte *mediæ*,

si rationnelle ? Cela est caché à notre esprit... Il nous est permis d'observer les flux de la mer, mais la faculté d'en comprendre le reflux ne nous a pas été donnée. »

Que ce passage retienne un instant notre attention.

Nous y entendons, d'abord, un langage nouveau ; le nom de *ledo* y est donné à la marée de morte-eau, celui de *malina* à la marée de vive-eau.

Dans le livre *Sur les médicaments* de Marcellus Empiricus, qui vécut en Gaule sous Théodose le Grand (379-395), on rencontre déjà les mots *liduna*[1] et *malina*[2] ; mais ils y signifient seulement que la Lune est en quadrature ou en syzygie, sans faire aucune allusion à la marée.

Où l'hibernais Augustin a-t-il pris les renseignements qu'il nous donne sur les périodes de la marée ? Peut-être dans l'*Histoire naturelle* de Pline, car nous verrons, peu de temps après la rédaction de son traité, cette *Histoire naturelle* aux mains de Bède. Mais son exposition donne des précisions que Pline ne donnait pas. Et, d'autre part, s'il a lu Pline, il l'a mal lu ; il déclare, en effet[3], que les vives-eaux, les *malinæ*, ont quatre maxima, aux équinoxes et aux solstices ; or Pline lui eût enseigné que si les vives-eaux des équinoxes sont plus fortes que les autres, les vives-eaux des solstices sont, au contraire, plus faibles.

L'ouvrage d'Augustin l'Hibernais fut-il rapidement attribué à Saint Augustin ? Nous l'ignorons. Mais nous pouvons affirmer qu'il ne tarda pas à prendre vogue.

On a bien souvent attribué à Saint Isidore un écrit intitulé *De ordine creaturarum liber*. Si pauvre est la Science de ce petit traité qu'on le pourrait croire de l'Évêque de Séville s'il ne portait, en un de ses chapitres, la marque évidente que l'auteur a lu Augustin l'Hibernais.

Dans sa description de la création des choses matérielles, l'auteur de ce traité accorde le premier rang aux eaux supra-célestes[4]. La Sainte Écriture nous affirme, en effet, « qu'il y a des eaux au-dessus du firmament ; ces eaux, donc, par la place qu'elles

1. MARCELLI EMPIRICI *De medicamentis liber*. Edidit Georgius Helmreich, Lipsiæ, MDCCCLXXXIX. Cap. XV, p. 142 ; cap. XVI, p. 168 ; cap. XXIII, p. 243 ; cap. XXV, pp. 247-248.

2. MARCELLI EMPIRICI *Op. laud.*, cap. XXXVI ; éd. cit., p. 375.

3. Le texte donné par la *Patrologie* de Migne est un peu obscur en cet endroit ; mais nous verrons que le Pseudo-Isidore et le vénérable Bède l'ont interprété comme nous le faisons.

4. S. ISIDORI HISPALENSIS EPISCOPI *De ordine creaturarum liber*, cap. III [S. ISIDORI HISPALENSIS EPISCOPI *Opera*, acurrante Migne, t. V (Patrologiæ latinæ t. LXXXIII), coll. 920-921].

occupent, se trouvent au-dessus de toute créature corporelle ». Cette phrase nous montre que l'auteur n'admet pas l'existence, au-dessus du firmament et des eaux célestes, de ce ciel suprême où Isidore plaçait le séjour des bienheureux.

Quel est le rôle de ces eaux? Les uns pensent que Dieu les tenait en réserve en vue du déluge. Les autres croient que les eaux du déluge provenaient simplement des nuées, comme les pluies ordinaires ; « ils déclarent donc que ces eaux ont été placées au-dessus du firmament afin de tempérer la chaleur du feu qui brûle dans les luminaires et dans les étoiles, et de l'empêcher de rôtir plus qu'il ne convient les espaces inférieurs ». C'est, en effet, à cette explication que s'était rallié Isidore de Séville. La première opinion, au contraire, avait été longuement exposée et discutée par Augustin l'Hibernais.

« Après ces eaux, dans l'ordre des créatures corporelles, vient, en second lieu, le firmament[1] qui, comme nous l'avons dit, créé au second jour, sépare les deux sortes d'eaux ». Ce firmament est-il « vide ou pénétrable, ou solide et rigide? » Il est, pour chacune de ces opinions, des partisans entre lesquelles notre auteur ne tranche pas.

Il ne nous renseignera pas davantage au sujet de l'Astronomie, car, après avoir mentionné[2] la création du Soleil et de la Lune, et dit quelques mots des phases de cette dernière, il ajoute : « Ce n'est pas ici le lieu de disserter des cours du Soleil, de la Lune et des temps ».

Or cet auteur, qui semble si peu soucieux de Physique, s'arrête avec complaisance à l'étude des marées[3].

Il dit, tout d'abord, « que la parfaite concordance du flux et du reflux de l'Océan avec le cours de la Lune apparaît clairement à quiconque observe avec soin, car, sans cesse, on voit, en vingt-quatre heures, l'Océan s'avancer deux fois sur la terre et se retirer deux fois ». Puis, tout aussitôt, il nous apprend que les marées se distinguent en *malinæ* et *ledones*.

Il nous enseigne alors ce qu'il a sûrement lu dans Augustin : Que « le flot et le jusant des *ledones* durent également six heures, tandis qu'en une *malina*, le flux se fait en cinq heures et le reflux en sept heures ». Il nous apprend que les *malinæ* ont lieu à la nouvelle-lune et à la pleine-lune, les *ledones* aux quadratures. Mais, en lecteur qui tient d'autrui la description d'un phénomène

1. S. Isidori Hispalensis *Op. laud.*, cap. IV ; éd. cit., coll. 921-922.
2. S. Isidori Hispalensis *Op. laud.*, cap. V; éd. cit., coll. 923-925.
3. S. Isidori Hispalensis *Op. laud.*, cap. IX; éd. cit., coll. 936-937.

qu'il n'a pas observé, il garde soigneusement les erreurs de son modèle : « Quatre vives-eaux (*malinæ*), dit-il, les vives-eaux équinoxiales et celles qui se produisent au moment où les jours et les nuits cessent de croître ou cessent de décroître, sont plus fortes que de coutume, comme on peut l'éprouver de ses propres yeux. On les voit, en effet, monter davantage au moment du flux et recouvrir une plus grande étendue de rivage ». L'observation, si notre auteur l'eût réellement consultée, lui eût montré que les vives-eaux d'équinoxe sont, en effet, les plus fortes, mais que les vives-eaux des solstices sont plus faibles que les autres. Assurément, notre auteur n'avait pas observé ; il s'était contenté de lire le traité d'Augustin l'Hibernais dont il reproduit non seulement la doctrine, mais, presque textuellement, les termes.

Saint Isidore de Séville, Augustin l'Hibernais sont deux des sages que consultera Bède le Vénérable ; mais nous allons voir sa science puiser à une source que ses prédécesseurs ne paraissent pas avoir connue, à l'*Histoire naturelle* de Pline l'Ancien.

Dans son *Historia Anglorum*, Bède nous donne quelques détails sur sa vie. Nous y apprenons qu'il naquit, au voisinage de l'an 672, en la petite ville de Jarrow (Durham). Cette ville dépendait du couvent de Wearmouth (aujourd'hui Monk Wearmouth), à l'embouchure de la Wear. A l'âge de sept ans, il entra dans ce couvent pour y commencer son instruction ; il ne le quitta plus ; c'est là qu'il fut ordonné prêtre à l'âge de trente ans, là qu'il composa ses très nombreux écrits, là enfin qu'il mourut en 735.

L'écrit cosmologique de Bède[1] porte le même titre : *De natura rerum liber*, que le traité composé par Isidore de Séville ; et l'analogie entre ces deux ouvrages ne se borne pas au titre. Non seulement, les mêmes matières y sont enseignées à peu près dans le même ordre, mais encore l'exposé du Moine de Wearmouth reproduit bien souvent, d'une manière textuelle, des phrases ou des paragraphes entiers du livre de l'Évêque espagnol.

C'est, en particulier, ce qu'il fait[2] lorsqu'au-dessus du firmament, il met un ciel aqueux et, au-dessus du ciel aqueux, un ciel suprême, séjour des purs esprits.

Touchant les lois des mouvements célestes, Bède possède des connaissances plus précises et plus détaillées que l'Évêque de Séville. Il reproduit ce que ce dernier avait dit du cours des pla-

1. Bedæ Venerabilis *De rerum natura liber ;* ap. : Bedæ Venerabilis *Opera omnia*, t I, coll. 187-278 (Ce volume forme le tome XC de la *Patrologie latine* de Migne).

2. Bedæ Venerabilis *De natura rerum liber ;* cap. VII : De cælo superiore, et cap. VIII : De aquis cælestibus ; éd. cit., coll. 200-202.

nètes et de l'influence exercée sur ce cours par les rayons solaires, mais il y a ajouté de nouveaux renseignements. Il sait[1] que chacun des astres errants est tantôt plus rapproché, et tantôt plus éloigné de la terre ; qu'il passe successivement par un apogée et par un périgée ; que la ligne qui joint ces deux apsides passe par le centre du Monde et a, dans le ciel, une direction fixe pour chaque astre. Il sait que le cours d'une planète n'est pas uniforme ; qu'il est plus rapide au voisinage du périgée et moins rapide au voisinage de l'apogée ; non point que la planète accélère ou ralentisse son mouvement naturel, mais parce qu'elle semble plus ou moins vite selon qu'elle est plus ou moins proche de la terre.

D'ailleurs, il ne nous laisse point ignorer la source à laquelle il a puisé toutes ces connaissances : « Si vous voulez être plus pleinement renseignés au sujet de ces questions, dit-il, lisez Plinius Secundus ; c'est de son ouvrage que nous avons extrait ce qui précède ».

Voici donc que la Chrétienté latine connaît la Science antique par une œuvre dont Isidore de Séville n'avait pas, semble-t-il, eu soupçon. Cette œuvre, elle va la lire avec une extrême curiosité. On peut dire que le premier âge de la Science des Barbares compte un seul représentant : Isidore de Séville. Le second âge est celui où vivent les savants qui se renseignent, à la fois, auprès d'Isidore et de Pline l'Ancien ; le vénérable Bède est le plus éminent d'entre eux.

Bède le Vénérable accepte toute la Chimie céleste et terrestre des Pères qui l'ont précédé ; il admet[2] l'existence de quatre éléments superposés dans l'ordre qui va du plus grave au plus léger. Ces éléments « se peuvent mélanger par l'effet d'une certaine proximité entre leurs natures ; la terre sèche et froide peut s'unir à l'eau qui est froide ; l'eau, froide et humide, se mêle à l'air humide ; l'air humide et chaud s'unit au feu chaud ; enfin le feu chaud et sec se combine à la terre sèche...

» Le ciel est d'une nature subtile et ignée. »

Il est, nous l'avons déjà constaté, au *De natura rerum liber*, des chapitres où les connaissances de Bède se montrent en progrès sur celles d'Isidore, soit parce qu'il a puisé à des sources qu'Isidore ne connaissait pas, soit parce qu'il a fait appel à ses observations personnelles. De ce nombre est le chapitre consacré

1. BEDÆ VENERABILIS *De natura rerum liber ;* cap. XIV : De apsidibus eorum ; éd. cit., coll. 215-229.

2. BEDÆ VENERABILIS *De natura rerum liber*, cap. IV : De elementis, et cap. V : De firmamento ; éd. cit., coll. 195-197.

aux marées[1]. Ce que contient ce chapitre, d'ailleurs, se trouve repris, souvent avec plus de précision, et, parfois, heureusement corrigé, dans le traité que le Moine de Wearmouth a intitulé *De ratione temporum*[2].

Commençons par étudier le *Liber de rerum natura.*

« La marée de l'Océan, dit Bède[3], suit la Lune, comme si cet astre, par une aspiration, tirait la mer derrière lui, puis la repoussait par une impulsion contraire. Deux fois par jour, l'Océan semble affluer et refluer, avec un retard quotidien de trois quarts d'heure et un demi-douzième d'heure [quarante-sept minutes et demie]. »

Le commencement de ce passage nous révèle une des sources où Bède a puisé ; la première phase reproduit, presque mot pour mot, ce qu'avait dit Saint Ambroise, écho des paroles de Saint Basile. Isidore de Séville, lui aussi, avait cité ce propos de Saint Ambroise, mais parmi d'autres opinions contradictoires, et sans le prendre à son compte comme expression d'une vérité.

« Le cours de la marée, poursuit Bède[4], se partage en *ledones* et *malinæ*, c'est-à-dire en marées plus faibles et marées plus fortes. Une *ledon* afflue pendant six heures et reflue pendant le même temps ; au contraire, le flot d'une *malina* dure cinq heures et le jusant sept heures ». Il ajoute que les *ledones* commencent au cinquième et au vingtième jour de la Lune, que les *malinæ*, dont la durée est de sept jours et demi, mettent la nouvelle-lune ou la pleine-lune au milieu de cette durée. Tout cela est emprunté à Augustin l'Hibernais.

C'est encore d'Augustin l'Hibernais que Bède tient cette erreur[5] :

« Aux équinoxes et aux solstices, la marée de *malina* est plus forte que de coutume. »

Mais, aussitôt après, nous reconnaissons l'influence de Pline l'Ancien. Le Moine de Wearmouth reproduit, presque mot pour mot, les paroles de Pline, lorsqu'il affirme[6] que les marées se reproduisent exactement au bout d'un cycle de huit années, et que la Lune détermine de plus fortes marées lorsqu'elle est dans

1. Bedæ Venerabilis *De natura rerum liber,* cap. XXXIX : De æstu Oceani ; éd. cit., coll. 258-260.
2. Bedæ Venerabilis *De temporum ratione* cap. XXIX [Venerabilis Bedæ *Opera,* accurante Migne, t. I (*Patrologiæ latinæ,* t. XC), coll. 422-426].
3. Bedæ Venerabilis *De rerum natura liber,* cap. XXXIX ; édit. cit., col. 258.
4. Bède, *loc. cit.* ; éd. cit., coll. 258-259.
5. Bède, *loc. cit.,* col. 259.
6. Bède, *loc. cit.,* coll. 259-260.

l'hémisphère austral, de moins fortes lorsqu'elle se trouve dans l'hémisphère boréal.

Une lecture plus attentive des ouvrages déjà lus, le commerce avec des auteurs plus nombreux, enfin le recours à l'observation personnelle rendent la théorie des marées que Bède expose dans son traité *De temporum ratione* plus complète et plus exacte que celle dont le *Liber de natura rerum* s'est contenté.

Au *De temporum ratione*, avant d'exposer les lois des marées, le Moine de Wearmouth consacre un chapitre entier à « la puissance efficace de la Lune[1] ». Ce chapitre est exclusivement composé de citations textuelles; comme l'auteur a soin de le déclarer, ces citations sont tirées les unes du traité sur l'*Hexaemeron* de Saint Ambroise, les autres des *Homélies sur l'Hexaemeron* de Saint Basile. Saint Basile enseigne ainsi aux lecteurs de Bède comment la Lune régit les troubles de l'atmosphère, fait croître les parties humides des animaux et des végétaux, enfin agite ou calme l'eau des détroits.

« Mais plus que tous les autres effets, on doit, ajoute notre auteur[2], admirer l'association si parfaite de l'Océan avec le cours de la Lune. » A Saint Basile et à Saint Ambroise, il emprunte de nouveau la comparaison dont ils avaient usé : « Il semble que la Lune, par certaines aspirations, attire l'Océan malgré lui ; puis que, la force de cet astre venant à cesser, l'Océan soit refoulé dans ses propres bornes ».

Après avoir indiqué d'une manière précise l'intervalle qui sépare les marées consécutives, Bède écrit[3] :

« La mer n'imite pas seulement le cours de la Lune par son flux et son reflux habituels; elle l'imite aussi par un continuel accroissement ou décroissement ; en sorte que la marée ne revient pas seulement aujourd'hui plus tard qu'hier ; elle revient encore plus faible ou plus forte. On a voulu appeler *malinæ* les marées qui sont en excès et *ledones* celles qui sont en défaut. »

Mais Pline et l'observation personnelle vont corriger ce qu'Augustin l'Hibernais avait dit de ces marées de vive-eau et de morte-eau.

Pline, tout d'abord, fournit ce renseignement[4] :

« Au voisinage des équinoxes, s'élèvent deux marées plus fortes

1. Bedæ Venerabilis *De temporum ratione* cap. XXVIII; éd. cit., coll. 420-422.
2. Bedæ Venerabilis *Op. laud.*, cap. XXIX ; éd. cit., coll. 422-424.
3. Bède, *loc. cit.*; éd. cit., col. 425.
4. Bède, *loc. cit.*; éd. cit., col. 426.

que de coutume ; mais les marées sont faibles au solstice d'hiver, et plus faibles encore au solstice d'été. »

A Pline encore est empruntée[1] cette proposition inexacte que les marées sont plus fortes quand la Lune est australe et plus faible quand elle est boréale. Mais Bède n'assigne plus aux marées, comme le faisait le Naturaliste, le cycle luni-solaire de huit années, l'*octaétéride* ; il leur assigne le cycle plus exact de dix-neuf années, l'*ennéadécaétéride* ou cycle de Méton.

Enfin, le Moine de Wearmouth fait appel à ses propres observations : « Nous savons, dit-il, nous qui habitons le rivage découpé de la Bretagne... »

Cette étude directe des marées lui a enseigné[2] que des vents favorables ou contraires peuvent avancer ou retarder les heures du flux et du reflux, les jours des *ledones* et des *malinæ*, troublant cet ordre qu'Augustin l'Hibernais réglait avec une précision toute mathématique.

Cette observation lui a également révélé une importante vérité[3] ; la marée ne se produit pas à la même heure sur toutes les plages que coupe un même méridien : « Ceux qui habitent sur le même rivage que moi, mais au nord, voient, bien avant moi, la marée croître ou décroître ; ceux qui habitent au midi le voient bien après moi. D'ailleurs, en toute région, la Lune garde toujours, à l'égard de la mer, la règle de société qu'elle a acceptée une fois pour toutes. — *Servante quibusque in regionibus Luna semper regulam societatis ad mare quamcunque semel acceperit* ».

Pour la première fois, nous entendons affirmer l'existence et la constance, en chaque lieu du globe, d'un retard de la marée sur l'heure lunaire, de ce retard qu'on nomme aujourd'hui l'*établissement du port*.

On voit que Bède est né, qu'il a vécu au bord de la mer, que les effets du flux et du reflux ont piqué sa curiosité ; à cette circonstance, nous devons de trouver, dans le traité *De temporum ratione*, les résultats de l'observation personnelle qui empêchent ce livre d'être une simple compilation.

Il ne nous sera pas donné d'adresser le même éloge aux œuvres de Rhaban Maur.

Rhaban Maur, né à Mayence en 776, étudia, d'abord, à l'abbaye de Fulde, puis, sous Alcuin, à Saint-Martin de Tours ; en 814, il reçut les ordres, puis visita la Terre-Sainte ; à son retour,

1. BÈDE, *loc. cit.*; éd. cit., col. 426.
2. BÈDE, *loc. cit.*; éd. cit., col. 425.
3. BÈDE, *loc. cit.*; éd. cit., col. 426.

il prit la direction de l'école de Fulde ; en 822, il fut élu abbé de ce monastère ; en 847, il devint évêque de Mayence ; il mourut dans cette ville en 856.

Parmi ses nombreux écrits, se trouve un volumineux traité *De l'Univers*, en vingt-deux livres[1], qu'il composa au voisinage de l'an 844 et qu'il dédia « *ad Ludovicum regem invictum Franciæ* », c'est-à-dire à Louis-le-Germanique.

C'est vraiment la Science universelle que l'abbé de Fulde prétend embrasser dans cette indigeste compilation, qui commence par traiter de Dieu et de la Sainte Trinité, pour finir, comme les *Étymologies* d'Isidore de Séville, par l'art culinaire, les vêtements et les outils de jardinage.

Dans la préface qu'il adresse à l'Évêque Hemmon ou Haymon, Rhaban Maur s'exprime en ces termes[2] : « Selon l'usage des Anciens qui ont composé divers livres sur la nature des choses et les étymologies des noms et des verbes, il m'est venu à l'esprit de composer pour vous un petit ouvrage, dans lequel vous eussiez un écrit qui traitât non seulement de la nature des choses et des propriétés des mots, mais encore de la signification mystique de ces choses et de ces mots ».

Ces « Anciens, *Antiqui* », qui ont écrit *De rerum naturis* et *De nominum atque verborum etymologiis*, il semble bien qu'ils se soient presque exclusivement réduits, pour Rhaban Maur, à un seul homme; et cet homme, les titres des ouvrages que lui attribue l'abbé de Fulde le désignent suffisamment : C'est Isidore de Séville.

Notre auteur s'inspirera donc constamment des deux traités fondamentaux d'Isidorus Hispalensis, les *Libri XX originum seu etymologiarum*, et le *De natura rerum liber*; mais il en modifiera profondément l'esprit; il en chassera la plupart des citations d'auteurs païens, la plupart des enseignements de la Sagesse profane; en revanche, il y multipliera les explications allégoriques dont s'était gardé l'esprit plus positif de l'Évêque de Séville.

C'est ainsi qu'au sujet des divers cieux, Rhaban Maur se borne à comparer[3] les orbes multiples du firmament aux feuillets d'un livre, symbole tiré de la Sainte Écriture; quant aux eaux supracélestes, elles représentent l'armée des anges.

Dans son *Commentaire à la Genèse*, Rhaban Maur donne des

1. BEATI RABANI MAURI *De Universo libri viginti duo* (B. RABANI MAURI, Fuldensis Abbatis et Moguntini Archiepiscopi, *Opera omnia;* tomus V. — Ce tome forme le tome CXI de la *Patrologie latine* de Migne).
2. RABAN MAUR, *loc. cit.*, éd. cit, col. 12.
3. RABANI MAURI *De Universo* lib. IX, cap. III : De cælo ; éd. cit., col. 263.

explications beaucoup moins allégoriques des mêmes sujets.

Le firmament, selon ce que l'abbé de Fulde enseigne en cet ouvrage[1], a été formé au sein de l'eau, et de la substance même de l'eau ; nous savons d'une manière certaine, en effet, que le cristal de roche, si pur, si transparent, et en même temps si solide, est une concrétion engendrée par l'eau ; pourquoi le firmament ne serait-il pas formé d'une matière semblable ? Quant aux eaux qui se trouvent au-dessus du firmament, Dieu ne les y maintient pas sous forme de vapeur ténue, mais sous forme de glace solide.

Les divers écrits de Rhaban Maur n'ont guère contribué à développer les connaissances astronomiques des Chrétiens d'Occident. Ils ne leur ont pas davantage révélé la Physique. Au sujet des éléments et de la substance céleste, l'abbé de Fulde se borne à copier textuellement[2] ce qu'Isidore de Séville avait écrit dans ses *Étymologies*.

Les élèves de Rhaban Maur ne semblent pas avoir pris, aux choses de l'Astronomie, beaucoup plus d'intérêt que leur maître n'en prenait ; c'est, du moins, ce que nous sommes portés à croire en lisant les œuvres de Walafrid Strabon ou Strabus.

Originaire de Souabe[3], ce Walafrid fut, d'abord, élève des écoles de Saint-Gall, puis de celles de Fulde, où il entendit les leçons de Rhaban Maur ; il devint successivement moine de l'abbaye de Fulde, doyen de Saint-Gall, et, en 842, abbé de Reichenau, au diocèse de Constance ; il mourut en 849, au cours d'un voyage en France.

De Walafrid Strabus, on possède une *Glose de l'Écriture Sainte* ; c'est, à propos de chaque verset de la Bible, un recueil de courts commentaires empruntés aux Pères de l'Église, à Isidore de Séville, à Bède et à Alcuin ; l'auteur y joint parfois quelques pensées qui lui sont propres.

Le commentaire de l'œuvre des six jours ne renferme presque rien qui intéresse l'histoire de la Science profane ; il convient cependant de relever, parmi ce qui est consacré au premier verset de la *Genèse*, la phrase suivante[4] :

« Le ciel dont il est ici question n'est pas le firmament visible,

1. B. Rabani Mauri *Commentaria in Genesim*, lib. I, cap. III ; éd. cit., col. 449.

2. B. Rabani Mauri *De Universo* lib. IX, cap. II : De elementis, et cap. IV : De partibus cæli ; éd. cit., coll. 262-263 et col. 265.

3. Walafridi Strabi *Operum* tomus I (*Patrologiæ Latinæ*, accurante J. P. Migne, t. CXIII), col. 9.

4. Walafridi Strabi *Fuldensis monachi Operum omnium pars prima sive Opera theologica. Glossa ordinaria. Genesis* Cap. I, vers. I (Walafridi Strabi *Operum* t. I, col. 69).

mais le ciel *empyrée*, c'est-à-dire le ciel igné ou intellectuel ; il est ainsi nommé non pas à cause de son ardeur, mais à cause de sa splendeur. Aussitôt créé, il fut rempli d'anges. »

Cette phrase, fréquemment citée par les maîtres de la Scolastique, les habitua à nommer *ciel empyrée* ce ciel suprême, immobile, séjour des esprits bienheureux, dont Isidore de Séville, Bède et Rhaban Maur leur apprenaient l'existence.

La double influence d'Isidore et de Pline l'Ancien dirige les écrits du vénérable Bède. Ceux de Rhaban Maur ne s'inspirent guère que de l'Évêque de Séville. Celui-ci est, avec Bède, le conseiller scientifique de Strabus. Ce rôle prépondérant d'Isidore et de Pline caractérise, pour ainsi dire, toute une période du développement scientifique des Chrétiens d'Occident.

On le peut noter encore dans un traité du calendrier qui a été publié par Muratori[1].

Ce *Liber de computo*, qui précède, à titre de prologue, la copie d'une lettre de Saint Cyrille d'Alexandrie sur le temps où doit être célébrée la Pâque, a dû être composé vers l'an 810[2].

Lorsque l'auteur parle des sept astres errants, il recopie[3] ce qu'Isidore en a dit dans ses *Étymologies* et répété dans le *De natura rerum liber* ; il cite de nouveau[4] Isidore lorsqu'il traite du Zodiaque. En revanche, lorsqu'il veut parler des éclipses de Lune et de Soleil, il commence en ces termes[5] : « Plinius Secundus, dans son bel ouvrage d'Histoire naturelle, en a donné la description suivante : ... ».

Au temps où écrit Rhaban Maur, les Chrétiens occidentaux commencent à connaître d'autres auteurs qu'Isidore de Séville et Pline l'Ancien ; nous verrons que Jean Scot Érigène puise à d'autres sources.

Mais Jean Scot nous apparaîtra comme un homme qui avance sur son époque ; il en est, au contraire, qui retardent sur leurs contemporains ; aussi, lorsqu'on veut, dans une Histoire de la Science, rapprocher les uns des autres les auteurs qui se ressem-

1. *Anecdota quæ ex Ambrosianæ bibliothecæ codicibus nunc primum eruit* LUDOVICUS ANTONIUS MURATORIUS. Tomus tertius (marqué par erreur *quartus* sur le faux titre). Neapoli, MDCCLXXVI. Typis Gajetani Castellani. Pp. 79 sqq : *Liber de Computo.*

2. MURATORI, *Op. laud.*, p. 78.

3. *Liber de computo*, cap. CXII : De septem sideribus errantibus ; éd. cit., p. 116.

4. *Liber de computo*, cap. CVIII : De duodecim signis coeli, quæ currunt in zodiaco circulo, qui circulus signifer dicitur, hoc est sideralis cursus ; éd. cit., p. 114.

5. *Liber de computo*, Cap. CXV : De eclipsi lunari et solari ; éd. cit., p. 118.

blent par la nature et l'étendue de leurs connaissances, est-on fort souvent obligé de rompre avec l'ordre chronologique. Nous trouverons encore, en plein XIIe siècle, des écrits tout proches de ceux de Bède le Vénérable, des écrits inspirés uniquement de Pline l'Ancien et d'Isidore de Séville.

III

LES DISCIPLES D'ISIDORE ET DE PLINE L'ANCIEN (*suite*). LE De imagine Mundi ATTRIBUÉ A HONORIUS INCLUSUS

Les connaissances cosmographiques, géographiques et astronomiques que les Chrétiens occidentaux avaient pu acquérir en lisant les écrits d'Isidore de Séville et l'*Histoire naturelle* de Pline l'Ancien se trouvent résumées dans le traité *De Imagine Mundi* qui va maintenant nous occuper.

Ce traité a été attribué à trois auteurs différents, à Saint Anselme, à Honoré le Solitaire (*Honorius inclusus vel solitarius*), enfin à Honoré d'Autun nommé aussi Honoré le Scolastique.

Tout le monde connaît Saint Anselme ; né à Aoste en 1033, Anselme devint abbé du Bec, en Normandie, puis archevêque de Cantorbéry où il mourut en 1109.

Honorius, surnommé *Inclusus* ou *Solitarius*, était[1], selon Trittenheim, un moine bénédictin anglais qui vivait vers 1090, c'est-à-dire au temps même de Saint Anselme.

Enfin, Honoré d'Autun, *Honorius Augustodunensis*, enseigna longtemps à Autun, avec le titre de *Scolastique* ; il y vivait vers l'an 1120 et a sûrement connu le pontificat d'Innocent II (1130-1143) ; c'est tout ce qu'on peut affirmer de certain au sujet de ce personnage[2].

Aucune édition antérieure à l'an 1500 ne donne le *De imagine mundi* comme étant d'Honoré d'Autun.

Une première édition, qui contient seulement le *De imagine mundi*, ne porte aucune indication typographique. Selon Hain[3] et Brunet[4], elle aurait été donnée à Nüremberg, par Antoine Koburger, vers 1472. Elle porte, en guise de titre : *Cristianus ad Solitarium quemdam. Honorio.* La lettre que ce *Cristianus* adresse à

1. FABRICIUS *Bibliotheca mediæ et infimæ ætatis*, t. III, p. 261.
2. *Histoire littéraire de la France*, tome XII, p. 165.
3. HAIN, *Repertorium bibliographicum*, n° 8800.
4. BRUNET, *Guide du libraire et de l'amateur de livres*, 5e édition, 1861, t. II, col. 425.

Honoré le Solitaire est suivie de ces mots : *Prologus de imagine mundi. Honorius.*

Une seconde édition de notre écrit se trouve en la première édition des œuvres de Saint Anselme [1]. Cet ouvrage, intitulé : *Opera et tractatus beati Anselmi archiepiscopi Cantuariensis ordinis sancti Benedicti*, a été donné : *Anno Christi MCCCCLXXXXI, die vero vicesima Martii, Nurenberge per Caspar Hochfeder.* L'auteur du *De imagine Mundi* y est nommé Honorius inclusus.

Le *De imagine mundi* se trouve encore en un livre [2] intitulé *Opuscula beati Anselmi archiepiscopi cantuariensis ordinis sancti Benedicti.* Ce livre, qu'on regarde comme l'édition *princeps* des opuscules de Saint Anselme, ne porte aucune indication typographique. Il paraît avoir été imprimé à Bâle, en 1497, par Jean Amerbach [3].

Dans ce livre, l'*Imago mundi* est ainsi annoncée : *Liber primus qui imago mundi dicitur : qui a quibusdam beato Anselmo : ab aliis Honorio Incluso ascribitur : incipit.*

C'est seulement en 1544 qu'une édition des œuvres d'Honoré d'Autun, donnée à Bâle [4], attribua le *De imagine mundi* au Scolastique de l'Église d'Autun. Cette attribution a été reproduite dans une nouvelle édition des œuvres d'Honoré d'Autun donnée à Spire, en 1583, chez Jean Hérold ; elle a été conservée dans la *Bibliotheca veterum Patrum* imprimée à Cologne, dans celle qui a été composée à Lyon, dans l'*Histoire littéraire de la France*, dans la *Patrologia latina* de Migne.

Si l'on était tenté de concéder quelque autorité à ces attributions qui, depuis 1544, s'accordent à faire du *De imagine mundi* une œuvre d'Honoré d'Autun, une remarque suffirait à ruiner cette autorité : Toutes les éditions dont nous venons de parler attribuent également à Honoré d'Autun un traité intitulé : *De philosophia mundi libri quatuor* ; or nous verrons que ce traité est certainement de Guillaume de Conches.

Nous citerons le *De imagine mundi* d'après deux textes ; l'un de ces textes est celui de l'édition *princeps* des *Opuscula* de Saint Anselme ; l'autre est celui que donne, dans le volume consacré à Honoré d'Autun, la *Patrologie latine* de Migne ; ce dernier est,

1. Hain, *Repertorium bibliographicum*, n° 1134 — Pellechet, *Catalogue des incunables des Bibliothèques de France*, n° 797.

2. Hain, *Repertorium bibliographicum*, n° 1136 — Pellechet, *Catalogue des incunables des bibliothèques de France*, n° 799.

3. D. Bernardus Pez, *Thesaurus Anecdot. noviss.*, Dissertatio isagogica in tom. II, p. IV. Cf : Honorii Augustodunensis *Opera* accurante Migne (*Patrologiæ latinæ* tomus CLXXII), pp. 29-30.

4. Par les soins de Jean Hérold, chez les héritiers de Cratander.

d'ailleurs, la reproduction du texte attribué au même auteur par la *Bibliotheca maxima Patrum*; cette double citation est indispensable, parce que la division en chapitres est toute différente en ces deux textes.

Des trois personnages auxquels le *De imagine mundi* a été attribué, est-il possible de dire quel est le véritable auteur de cet ouvrage ?

Pour répondre à cette question, nous aurions un document précieux si nous connaissions la date du *De imagine Mundi*. Cette date, quelques historiens ont cru pouvoir la déduire de ce qui est dit en un certain chapitre[1] de cet ouvrage ; voici ce chapitre :

« *Ad inveniendum Domini annum, ordines indictionum ab incarnatione ejus, qui sunt LXX, per XV multiplica, addens XII, quia tres indictiones annum nativitatis Christi præcesserant, et fiunt mille CXX. His adde indictionem præsentis anni et habebis annum Domini.* »

Malheureusement, ce texte, d'où l'on prétend tirer la date du *De imagine mundi*, est absolument incohérent et ne paraît susceptible d'aucune interprétation raisonnable.

Remarquons, tout d'abord, qu'il est affecté de nombreuses variantes.

L'édition *princeps* des *Opuscula* de Saint Anselme écrit *quinque* au lieu de XV ; l'erreur est manifeste ; une période d'indiction comprend quinze ans et non cinq ans ; l'auteur le sait fort bien et le dit quelques lignes plus bas.

Le nombre LXX qui se lit en un manuscrit du XIIe siècle et dans la plupart des éditions, est remplacé par LX dans une de celles-ci[2].

Enfin, au lieu de *mille CXX*, la *Patrologie* de Migne écrit, nous ne savons sur quelle autorité, *mille viginti*.

Mais les difficultés ne s'arrêtent pas là.

Ordinairement, on compte les indictions de l'an 312 après J.-C. Notre auteur les fait commencer trois ans avant J.-C. ; il le dit formellement lorsqu'il résout le problème, inverse du précédent[3] : Trouver l'indiction lorsque le chiffre de l'année, compté à partir de J.-C., est connu.

Mais alors, ce n'est pas le numéro d'ordre de la période indic-

1. *De imagine mundi* lib. II. Ap. *Opusc.*, cap. XXIII : Ad inveniendum annum Domini .. — Ap. *Patrol.*, cap. XCIII : De annis Domini ; col. 161.

2. L'édition donnée en 1472, à Nüremberg, par Ant. Koburger. Cf. : *Patrol.*, col. 161, en note.

3. *De imagine mundi* lib. II. Ap. *Opuscul.*, Cap. XXIII : Ad inveniendum annum Domini... — Ap. *Patrol.*, Cap. XCIV : De indictione invenienda ; col. 161.

tionnelle depuis l'Incarnation de J.-C. (c'est-à-dire le numéro d'ordre depuis l'origine admise par notre auteur, diminué d'une unité) qui doit figurer dans le calcul dont il trace la règle ; c'est ce numéro diminué d'une unité ; la première période indictionnelle depuis l'Incarnation, qui est la seconde depuis l'origine des indictions, a, en effet, commencé avec l'an XIII.

Si l'on fait le calcul prescrit par l'auteur, selon que l'on prend le nombre 60 ou le nombre 70 pour le multiplier par 15, l'opération indiquée donne **912** ou **1062**. En faisant subir à cette opération la correction que nous venons de signaler, on trouverait **897** ou **1047**. En aucun cas on ne trouverait ni le nombre **1020**, ni le nombre **1120**.

Roger Wilmans a proposé[1] une interprétation de ce calcul ; il a trouvé qu'on le rendait exact en mettant le nombre **74** au lieu du nombre **70** ou du nombre **60**, et le nombre **1122** au lieu du nombre **1120**. Il en conclu que le *De Imagine mundi* avait été rédigé entre **1122** et **1137**. Mais est-il permis de regarder comme légitime une correction aussi arbitraire ? Ne vaut-il pas mieux reconnaître simplement que le passage considéré est trop corrompu, trop variable d'une leçon à l'autre, pour que nous puissions en tirer la date de composition du *De imagine mundi* ?

Dans beaucoup d'éditions, cet écrit se compose seulement de deux livres ; c'est ce qui a lieu, notamment, dans l'édition *princeps* des *Opuscula* de Saint Anselme. Dans d'autres éditions, dans celle, notamment, qu'a reproduite la *Patrologie* de Migne, un troisième livre y est joint, qui développe une chronologie universelle ; cette chronologie se termine par la durée des règnes de Lothaire II et de Conrad III ; des additions ultérieures l'ont prolongée. Si l'on observe que Conrad III est mort en **1152**, on serait amené à reporter après cette date la composition du *De imagine mundi*.

Mais il est infiniment probable que l'auteur du *De imagine mundi* avait rédigé seulement les deux premiers livres ; le troisième livre y aura été joint, après coup, par quelque autre écrivain ; le début même de ce troisième livre semble justifier cette supposition : « Il ne me paraît pas infructueux d'insérer dans cet ouvrage la série des temps écoulés... », dit le chronologiste.

Pour choisir, donc, entre les auteurs supposés du *De imagine mundi*, il nous faut renoncer au secours d'une date précise.

Il semble que l'attribution de cet ouvrage à Saint Anselme soit chose peu vraisemblable, et voici pourquoi.

1. Rogerus Wilmans, *Proœmium ad Honorium* (*Monum. Germ. hist.*, X, p. 125, nota 9) — Cf. : *Patrol.*, col. 161, en note.

Les renseignements géographiques que contient le premier livre du *De imagine mundi* sont extraits, pour la plupart, des *Étymologies* d'Isidore de Séville; quelques modifications, cependant, y ont été introduites; il en est de malheureuses. Isidore, par exemple, enseignait[1] que « le Pô, fleuve d'Italie, coule des sommets des Alpes »; le *De imagine mundi* veut, au contraire[2], que le Pô sorte des Apennins. Est-il sensé d'attribuer cette erreur à Saint Anselme, qui est né à Aoste ?

En revanche, Isidore de Séville n'avait fait aucune allusion à la Grande Bretagne ni aux pays septentrionaux ; l'auteur du *De imagine mundi* prend soin, sur ce point, de compléter l'auteur espagnol; ses indications méritent d'être rapportées : « A l'ouest de l'Espagne », dit-il[3], « au milieu de l'Océan, on trouve les îles suivantes : La Bretagne; Anglia (*Anglesey*); l'Hibernie; Thanatis (*Thanet*) dont la terre, en quelque pays qu'on la transporte, détruit les serpents; les îles en lesquelles se fait le solstice; les vingt-trois Orcades; la Scotie; Thyle, dont les arbres ne perdent jamais leur feuilles, où le jour est continuel pendant les six mois d'été et la nuit continuelle pendant les six mois d'hiver; au delà de cette île, vers le nord, s'étend la mer congelée et le froid y est perpétuel ».

Ne semble-t-il pas que cette addition émane d'un auteur qui habite la Bretagne? Ne porte-t-elle pas à attribuer le *De imagine mundi* à cet Honorius Inclusus qui, au dire de Trittenheim, était un bénédictin breton?

Un autre passage semble s'accorder avec cette supposition. Le chapitre consacré aux îles[4] se termine ainsi :

« Il y a, en outre, une île de l'Océan qu'on nomme l'Ile perdue; par la douceur de son climat, par sa fertilité en toutes choses, elle surpasse de beaucoup toutes les autres; inconnue des hommes, elle fut, un jour, découverte par hasard; mais ensuite, lorsqu'on l'a cherchée, on ne l'a plus retrouvée; c'est à cette île, dit-on, qu'aborda Brendanus. »

N'est-elle pas d'un Breton, cette allusion aux légendaires voyages de Saint Brendan?

C'est, du reste, à Honorius Inclusus ou à Honorius Solitarius que

1. Isidori Hispalensis episcopi *Etymologiarum* lib. XIII, cap. XXI : De fluminibus.

2. *De imagine mundi* lib. I; apud *Opusc.*, Cap. XVIII : De Europa. — Ap. *Patrol.*, Cap. XXVIII : De Italia...; col. 129.

3. *De imagine mundi* lib. I; ap. *Opusc.*, Cap. XVIII : De Europa. — Ap. *Patrol.*, Cap. XXXI; De Britannia. ; col. 130.

4. *De imagine mundi* lib. I; ap. *Opusc*, Cap. XX : De insulis. — Ap. *Patrol.*, Cap. XXXVI, coll. 132-133.

cet écrit est, en général, attribué dans les éditions antérieures à la *Bibliotheca veterum Patrum*, qui l'a donné sous le nom d'Honoré d'Autun. Dans cette édition même, le *De imagine mundi* est précédé d'une lettre par laquelle un certain Christianus sollicite les enseignements d'Honoré *le Solitaire*, et d'une autre lettre par laquelle Honoré dédie son traité à ce Christianus.

Une seule raison est invoquée pour attribuer ce petit écrit cosmographique à Honoré d'Autun. Cet auteur a compilé et complété une série de courtes notices biographiques et bibliographiques sur les écrivains chrétiens ; cet ouvrage, il l'a intitulé : *De luminaribus Ecclesiæ sive de Scriptoribus ecclesiasticis libelli IV*. Or, le dernier chapitre du quatrième livre est consacré [1] à « Honoré, prêtre et scolastique de l'Église d'Autun » [2] ; les écrits d'Honoré y sont énumérés ; parmi ceux-ci, on trouve un traité nommé : *Imago mundi de dispositione orbis*.

Cet argument serait de grande importance si le dernier chapitre du *De luminaribus Ecclesiæ* était l'œuvre d'Honoré ; mais la plupart de ceux qui se sont occupés du Scolastique d'Autun s'accordent [3] à considérer ce chapitre comme une addition faite au *De luminaribus Ecclesiæ* après la mort de l'auteur ; dans une semblable addition, une confusion a fort bien pu se produire ; un écrit d'Honorius Inclusus ou Solitarius a fort bien pu être attribué à Honoré, prêtre et scolastique de l'Église d'Autun.

La confiance en l'authenticité de ce dernier chapitre du *De luminaribus Ecclesiæ*, partant l'attribution à Honoré d'Autun de tous les ouvrages qui y sont énumérés, est, au contraire, l'une des hypothèses fondamentales qui portent tout le système récemment développé, au sujet d'Honorius Augustodunensis, par M. J. A. Endres [4].

Le second postulat invoqué pour l'édification de ce système, c'est qu'Honorius était Allemand. Plusieurs historiens allemands l'ayant affirmé, sans en apporter d'ailleurs la moindre preuve, il ne vient pas à l'esprit de M. Endres que ce point puisse être révoqué en doute [5].

1. HONORII AUGUSTODUNENSIS *Opera omnia* accurante Migne (*Patrologiæ latinæ* tomus CLXXII), coll. 232-234.
2. « *Honorius, presbyter et scholasticus ecclesiæ Augustodunensis.* » Autun est la seule ville qui se soit, au cours de l'Histoire, appelée *Augustodunum*.
3. C'est, notamment, l'opinion adoptée par J. von Kelle [*Untersuchungen über nicht nachweisbaren Honorius Augustodunensis ecclesiae presbiter et scholasticus und die ihm zugeschriebenen Werke* (*Wiener Sitzungsberichte*, Bd. CLII, Abt. II, pp. 26 seqq., 1905)].
4. Dr. JOS. ANT. ENDRES, *Honorius Augustodunensis. Beitrag zur Geschichte des geistigen Lebens in 12 Jahrhundert*. Kempten et Munich, 1906 ; p. 9 et p. 72.
5. ENDRES, *Op. laud.*, p. 1.

Le premier postulat entraîne cette conséquence que le *De imagine mundi* est bien l'œuvre de cet Honorius Augustodunensis.

La description de la partie centrale de l'Europe qui figure au *De imagine mundi* est un extrait un peu abrégé et à peine modifié du Chapitre IV du XIVe livre des *Étymologies* d'Isidore de Séville; on y trouve, toutefois, une petite addition; parmi les provinces allemandes, la Bavière est nommée avec cette mention : « En laquelle se trouve la ville de Ratisbonne ». Puisque Ratisbonne est la seule ville[1] allemande nommée par Honorius, qui était Allemand d'après le second postulat, c'est qu'Honorius vivait à Ratisbonne; c'est, du moins, ce qu'a supposé Doberentz et ce que M. Endres admet après lui[2].

Mais à quelle époque Honorius vivait-il à Ratisbonne?

Le *De imagine Mundi* est précédé de deux lettres, l'une d'un certain *Christianus* au Solitaire qui en est l'auteur, l'autre du Solitaire à *Christianus*. L'*Expositio totius Psalterii*, que le dernier chapitre du *De luminaribus Ecclesiæ* dit être d'Honorius, et que les manuscrits attribuent simplement à un solitaire (*solitarius*) ou à un religieux (*vir religiosus*), est également dédié à un abbé nommé *Christianus*. Or, il se trouve qu'un certain Christian était, de 1133 à 1153, abbé de Saint Jacques à Ratisbonne. Ce Christian ne peut être, pour M. Endres, que l'ami auquel notre solitaire a dédié le *De imagine mundi* et l'*Expositio Psalterii*[3]; nous connaissons, du même coup, le temps où Honorius vivait à Ratisbonne.

Mais comment ce religieux, ce reclus de Ratisbonne nous dit-il, dans ce dernier chapitre du *De luminaribus Ecclesiæ*, dont l'authenticité est l'une des hypothèses fondamentales du système, qu'il était « *Augustodunensis ecclesiæ presbyter et scholasticus* »? L'explication en est toute simple, pour M. Endres[4]; Honorius, qui a eu l'humilité de donner ses principales œuvres sous le seul nom

1. Certains manuscrits nomment aussi la ville de Würtzbourg (ENDRES, *Op. laud.*, p. 4).

2. ENDRES, *Op. laud.*, p. 3 — On pourrait objecter que, dans la rédaction primitive, aucune ville de Bavière n'était nommée, et que le nom de Ratisbonne a été ajouté par un copiste qui vivait en cette ville, comme le nom de Würtzbourg l'a été dans d'autres manuscrits.

3. ENDRES, *Op. laud.*, p. 4.

4. ENDRES, *Op. laud.*, p. 11 « Wäre es nicht denkbar, das Honorius diesen Namen in Rücksicht auf seinen Aufenthaltsort frei erfunden hat; dass wir es also mit einer Art mittelalterlichen Pseudonymie zu tun haben? Der eigentliche Personname in jenem Kapitel würde dann der Wahrheit entsprechen. Unter diesem namen waren ja bereits manche Schriften in die Welt hinausgangen. Dort hatte sich Honorius dann das Attribut solitarius oder inclusus beigelegt. Jetzt gibt er auch einen Aufenthaltsort an, aber mit einem Namen, der nur irre führen kann. »

d'*Inclusus* ou de *Solitarius*, donne une nouvelle preuve de sa modestie en attribuant à un pseudonyme les écrits qu'il vient d'énumérés avec complaisance. Ce reclus de Ratisbonne souhaite de nous induire en erreur sur sa personne en nous disant qu'il est prêtre et écolâtre de l'église d'Autun ! Et c'est cet auteur[1], d'une humilité à la fois si grande et si compliquée, qui prend soin de se placer lui-même parmi les flambeaux de l'Église !

Un loyal et modeste aveu d'ignorance ne vaudrait-il pas mieux que de tels raisonnements ?

Résignons-nous donc à ignorer quel fut cet Honoré le Solitaire qui a rédigé le *De imagine mundi* ; retenons seulement comme probable l'attribution de ce traité soit à la fin du XIe siècle, soit à la première moitié du XIIe siècle.

Au début de son ouvrage, Honoré nous annonce[2] qu' « il n'y admet rien qui ne soit recommandé par la tradition de ses aînés ». Aussi le *De imagine mundi*, bien loin de refléter les idées du temps où il fut vraisemblablement composé, semble-t-il appartenir à une époque beaucoup plus ancienne ; Pline l'Ancien, Isidore de Séville, Bède le Vénérable sont les seuls auteurs dont il porte la marque ; on le pourrait croire écrit par un disciple immédiat de Bède.

Les étymologies hasardées et étranges dont Honoré aime à émailler sa Cosmographie manifestent clairement que l'auteur du *De imagine mundi* a subi l'influence d'Isidore de Séville, auquel il emprunte d'ailleurs, nous l'avons dit, la plus grande partie de sa Géographie.

« Au-dessus du firmament[3], sont des eaux qui demeurent suspendues en cet endroit à la manière de nuées ; on dit qu'elles embrassent toute la sphère du ciel, et c'est pourquoi on leur donne le nom de ciel aqueux. Au-dessus, existe le ciel spirituel inconnu aux hommes ; là, se trouve l'habitation des anges qui y sont distribués en neuf ordres. En ce ciel, se trouve le paradis des

1. Lors même qu'on admettrait la thèse étrange de M. Endrès, il serait légitime de désigner l'auteur du *De imagine mundi* par le pseudonyme d'Honoré d'Autun qu'il a lui-même choisi. Cependant, M. C.-V. Langlois s'étonne (*a*) « au sujet de ce personnage, qu'on l'appelle encore trop souvent, en France, Honorius d'Autun » M. Langlois s'étonne-t-il d'entendre encore donner le nom de Molière à Jean-Baptiste Poquelin ?

2. *De imagine mundi ;* ap. *Opusc.*, Prologus — Ap. *Patrol.*, Epistola Honorii ad Christianum, coll. 119-120.

3. *De imagine mundi* lib. I. Ap. *Opusc.*, Cap. XXVIII : De hydra. Ap. *Patrol.*, Capp. CXXXVIII, CXXXIX, CXL ; col. 146.

(*a*) C. V. LANGLOIS, *La connaissance de la Nature et du Monde au Moyen Age*, Paris, 1911, p. 51, en note.

paradis, où sont reçues les âmes des saints. C'est là ce ciel dont nous lisons dans l'Écriture qu'il a été créé au commencement, avec la terre. Mais on dit qu'un autre ciel le domine de beaucoup ; c'est le ciel des cieux, habitation du roi des anges. »

« Le ciel supérieur se nomme *firmament*[1], parce qu'il est affermi entre les eaux supérieures et les eaux inférieures ; il est de forme sphérique ; il est aqueux, c'est-à-dire de même nature que les eaux ; ... mais il a été formé aux dépens de ces eaux par une consolidation qui l'a rendu semblable à la glace ou mieux encore au cristal. »

L'éther au sein duquel les planètes se meuvent est identique au feu pur[2] ; la Lune « est de nature ignée, mais sa masse est mélangée d'eau » ; le Soleil est « de nature ignée ». Honoré n'admet aucunement l'existence de la cinquième essence, distincte des quatre éléments, dont les Péripatéticiens formaient les cieux et les astres.

D'ailleurs, au sujet des quatre éléments, le *De imagine mundi* se borne à répéter[3] l'enseignement d'Isidore de Séville et de Bède.

Honoré sait que la trajectoire des planètes n'est pas concentrique à la terre : « Les absides sont[4], parmi les cercles que décrivent [chaque jour] les planètes, ceux qui sont les plus éloignés de la terre. L'abside de Saturne est dans le Scorpion, celle de Jupiter dans la Vierge, celle de Mars dans le Lion, celle du Soleil dans les Gémeaux, celle de Vénus dans le Sagittaire, celle de Mercure dans le Capricorne, celle de la Lune dans le Bélier. Au signe diamétralement opposé, la planète occupe la position la plus basse et la plus voisine du centre de la terre. »

Tout ce passage reproduit ce que Bède le Vénérable avait emprunté à Pline.

Le second livre de l'*Histoire Naturelle* de Pline l'Ancien fournit également au *De imagine mundi* tout ce que ce petit livre dit[5] de la distance des planètes à la terre.

La distance de la terre à la Lune, qui est de 126.000 stades, représente un ton ; de la Lune à Mercure, il y a un demi-ton ; de

1. *De imagine mundi* lib. I. Ap. *Opusc.*, Cap. XXV : De cælo. — Ap. *Patrol.*, Cap. LXXXVII : De firmamento ; col. 141.
2. *De imagine mundi* lib. I. Apud *Opusc.*, Cap. XXIII : De igne. — Ap. *Patrol.*, Capp. LXVII, LXIX, LXXII, coll. 138-139.
3. *De imagine mundi* lib. I, Cap. III : De elementis (*Patrol.*, col. 121).
4. *De imagine mundi* lib. I ; apud *Opusc.*, Cap. XXIII : De igne. — Ap. *Patrol.*, Cap. LXXVII : De absidibus planetarum ; col. 139.
5. *De imagine mundi* lib. I. Ap. *Opusc.*, Cap. XXIII : De igne. — Ap. *Patrol.*, Capp. LXXX, LXXXI, LXXXIII ; coll. 140-141.

Mercure à Vénus, un demi-ton; de Vénus au Soleil, trois demi-tons; du Soleil à Mars, un ton; de Mars à Jupiter, un demi-ton; de Jupiter à Saturne, un demi-ton; enfin de Saturne à la sphère des Signes, trois demi-tons. « Tous ces intervalles, ajoutés les uns aux autres, forment sept tons ». Ces nombres sont textuellement empruntés à Pline; Honoré lisait, avec autant de confiance que Bède, l'*Histoire naturelle* du grand compilateur latin.

Au sujet de la marée, voici ce qu'écrit l'auteur[1] :

« La marée, c'est-à-dire le flux et le reflux de l'Océan, suit la Lune, dont l'aspiration la tire après elle et l'impulsion la refoule. On dit que, deux fois par jour, l'Océan afflue et se retire, et c'est ce qui parait. Il monte ou descend selon que la Lune monte ou descend. Lorsque la Lune est en un équinoxe, les flots de l'Océan s'élèvent davantage à cause du voisinage de la Lune; lorsqu'elle est au solstice, ils s'élèvent moins à cause de l'éloignement de cet astre. Au bout de dix-neuf ans à partir du principe du mouvement, les marées reprennent, comme la Lune, des accroissements égaux. » Honorius parle ensuite d'un gouffre qui absorbe les eaux ou les rejette selon que la Lune s'abaisse ou s'élève.

Nous pourrions être embarrassés pour reconnaître d'où ces renseignements ont été extraits, si l'allusion au cycle métonique de dix-neuf années ne nous avertissait que le traité *De ratione temporum*, composé par Bède, en est la source. Le second livre du *De imagine mundi* est, d'ailleurs, une sorte de résumé de cette œuvre du Moine de Wearmouth.

Le *De imagine mundi* fut, certainement, très lu au Moyen Age. Il donna son titre et une constante inspiration à l'*Image du monde*[2], qu'un certain Gautier ou, plus probablement, Gossuin de Metz, composa en vers français.

La langue de ce poème est le dialecte lorrain fortement altéré par le langage littéraire de l'Ile-de-France. L'auteur en fit successivement trois rédactions : « L'auteur de l'*Image du Monde*[3], qui conçut l'idée de cette composition en 1246, a terminé la première rédaction de son ouvrage le 6 janvier 1247 (vieux style) — c'est-à-dire 1248 s'il comptait, quoique lorrain, d'après le style de France — pour le comte Robert d'Artois. Il paraît très possible qu'il ait accompagné ensuite ce comte, son protecteur, en Orient; et de là, dans la seconde rédaction, refondue d'un bout à l'autre,

1. *De imagine mundi* lib. I. Ap. *Opusc.*, cap. XXII : De aqua. Ap. *Patrol.*, cap. XL.

2. CH.-V. LANGLOIS, *La connaissance de la Nature et du Monde au Moyen Age d'après quelques écrits français à l'usage des laïcs*. Paris, 1911, pp. 49-113.

3. CH.-V. LANGLOIS, *Op. laud.*, pp. 62-63.

qu'il prépara ultérieurement pour l'évêque Jacques de Metz, les traces si marquées de son passage en Syrie et en Sicile. Rien, en effet, n'empêche de croire que la seconde rédaction soit postérieure à la croisade d'Égypte. La troisième rédaction, celle du manuscrit de Harley, est postérieure aux deux autres, puisqu'elle les mentionne, mais il n'y a aucun moyen d'en déterminer la date. »

« L'*Image du Monde* a eu un succès immense[1].

» L'ouvrage de Gossuin, sous sa première forme — qui, dédiée à un fils de France, fut, assez naturellement, plus répandue que l'édition messine — a été « desrimé » à la fin du XIIIe siècle ou au commencement du XIVe; de là, la rédaction en prose, dont il y avait un magnifique exemplaire, ayant appartenu à Guillaume Flotte, seigneur de Revel, chancelier de France, dans la Bibliothèque de Jean, duc de Berry. Il a été traduit en hébreu, en judéo-allemand, en anglais, et plusieurs fois imprimé au XVe siècle. En 1517, un nommé François Buffereau, de Vendôme, serviteur de la famille de Gingins, publia à Genève un *Mirouer du Monde* dont il s'attribua froidement la composition; ce n'est autre chose que le livre du clerc messin, dont le plagiaire s'est contenté de rajeunir la langue. Bref, l'*Image du monde* a été lue pendant près de trois cents ans par les laïcs intelligents, curieux de la Philosophie naturelle.

» La vogue de l'*Image* s'est traduite encore d'une autre façon; on l'a beaucoup imitée; la plupart des émules de Gossuin ont eu ses écrits sous les yeux. Que Brunet Latin l'ait lue ou non pour son *Trésor*, Matfre Ermengau, de Béziers, s'en est inspiré pour nourrir son *Breviari d'Amor*, qui est daté de 1288. Il a été signalé depuis longtemps que la partie astronomique du poème lorrain fut démarquée au XIVe siècle « dans la seconde rédaction du *Renard contrefait*, qui date au plus tôt de 1342 ».

Le Solitaire qui adressait l'*Imago mundi* à son ami *Christianus* ne s'attendait assurément pas à ce que son œuvre eût une pareille fortune.

1. Ch.-V. Langlois, *Op. laud.*, pp. 65-66.

IV

SAINT JEAN DAMASCÈNE

Le milieu du XIIe siècle, époque que la composition du *De imagine mundi* n'a vraisemblablement pas excédée, est aussi l'époque où les Chrétiens d'Occident ont connu le principal ouvrage de Saint Jean Damascène, l'Ἔκδοσις ἀκριβὴς τῆς ὀρθοδόξου πίστεως, l'*Exposition détaillée de la foi orthodoxe*.

On sait peu de choses de la vie de Jean de Damas. Son surnom, toutefois, nous fait connaître sa patrie. Un pamphlet qu'il a écrit contre Constantin Copronyme, après le concile que Copronyme présida en 754, nous apprend que sa vie s'est prolongée au delà du milieu du VIIIe siècle ; c'est donc aux années qui avoisinent 750 qu'il nous faut attribuer la composition de ses écrits, sans qu'il nous soit possible d'en marquer le temps avec une plus grande précision.

Saint Jean Damascène semble donc avoir été presque contemporain du Vénérable Bède, un peu plus jeune, cependant, que ce dernier.

Si l'on compare la science de l'auteur grec à la science de l'auteur latin, elles paraissent à peu près équivalentes. Et, tout d'abord, il semble naturel qu'il en soit ainsi, puisqu'elles sont du même temps. Mais si le temps où écrit Jean Damascène est le même que celui où écrit Bède, les lieux et les circonstances offrent une singulière différence. Celui-ci vit au fond d'un monastère de Bretagne ; la science antique ne lui est connue que par les minces fragments qu'a ramassés Isidore de Séville et par la prolixe et médiocre *Histoire naturelle* de Pline. Celui-là voit autour de lui la civilisation byzantine ; les chefs-d'œuvre de la Science grecque sont rédigés dans la langue dont il use, il peut aisément se les procurer et les lire. Et cependant, s'il faut établir une préférence entre l'œuvre du Breton et l'œuvre du Damascène, c'est assurément celle-là qu'il faut placer avant celle-ci. Moins complète que la Physique de Bède, la Physique de Jean de Damas se montre absolument privée de ces aperçus originaux, de ces réflexions personnelles qui, de temps à autre, éclairent d'une lueur la pâle science des Pères de l'Église ou du Prêtre de Wearmouth ; elle n'est plus qu'un résumé desséché et vidé de toute pensée. La Physique de Bède, assurément, est encore enfantine ; mais parmi ses ignorances et ses naïvetés, nous percevons la curiosité déjà éveillée des peuples nouvellement venus à la civilisation, leur désir ardent de connaître et d'expliquer les phénomènes naturels ; nous devinons les premiers essais d'une intelligence qui, de siècle en siècle, va prendre plus d'ampleur et plus de force. La puérilité qui se marque en la Physique de Jean Damascène n'est plus celle de la jeunesse encore ignorante ; elle est celle de la vieillesse qui a oublié ; la pensée hellène meurt.

Si aride que soit ce résumé de science que Jean Damascène a composé, il n'est pas toujours aisé de préciser quelle doctrine y est contenue ; les obscurités, en effet, y abondent et les contradictions n'y sont point rares. Essayons, cependant, de dire clairement ce que l'auteur pensait des choses de l'Astronomie.

Parmi les cieux, il affirme l'existence d'un *firmament*[1], d'un ciel solide (στερέωμα) ; il l'identifie à la sphère sans astre que les savants étrangers au Christianisme, ceux qu'il nomme *les sages du dehors* (οἱ ἔξω σοφοί) placent au-dessus de la sphère étoilée pour expliquer le mouvement diurne ; en cela, ils font leurs, déclare notre auteur, les enseignements de Moïse ; il est, ici, l'écho de Jean Philopon.

Au-dessus du firmament, il y a des eaux ; qu'il se rencontre des difficultés à concilier l'existence de ces eaux célestes avec les principes de la Physique admise en son temps, que les Pères de l'Église se soient préoccupés de ces difficultés, Jean Damascène ne paraît pas en avoir cure.

Au-dessus des eaux, place-t-il encore un autre ciel ? Certains de ses propos pourraient le faire croire ; ils sont trop vagues pour qu'on les puisse interpréter en ce sens avec quelque certitude.

Le firmament tourne d'Orient en Occident en un jour. Quel est le mouvement propre du ciel étoilé ? Notre auteur n'en parle pas. Il nous dit seulement que le mouvement du firmament entraîne les cieux des sept astres errants, en même temps que chacun de ces astres tourne, d'Occident en Orient, d'un mouvement plus lent ; chacun des sept astres errants se trouve, d'ailleurs, dans un orbe spécial du ciel.

Ces orbes sont formés d'une substance très subtile « analogue à la fumée ». Cette substance, d'ailleurs, n'est pas immuable et inaltérable ; de même que les cieux ont été engendrés, de même ils vieilliront, sans être cependant détruits.

Dans la concavité des cieux, plaçons maintenant les quatre élé-

1. Sancti Joannis Damasceni *De fide orthodoxa* lib. II, capp. VI, VII et IX ; (*Patrologiæ græcæ*, accurante J.-P. Migne, tomus XCIV, coll. 879-880, 883-884 et 901-902).

ments, et nous connaîtrons toute la très pauvre Cosmographie de Saint Jean de Damas, plus pauvre, assurément, que celle dont Isidore de Séville instruisait les Visigoths.

La Chrétienté latine n'a connu que fort tard l'*Exposition de la foi orthodoxe*. Le texte grec fut traduit pour la première fois, au temps du pape Eugène III (1145-1153) par un certain Burgundion, pisan et préfet de Frédéric Barberousse. Mais le traité de Jean de Damas fut aussitôt reçu comme un écrit de grande autorité ; c'est ainsi que nous le trouvons cité[1] au livre des *Sentences* de Pierre Lombard ; or, évêque de Paris de 1159 jusqu'à sa mort, survenue en 1164, Pierre Lombard dut rédiger ses *Sentences* fort peu d'années après que Burgundion eût mis en latin l'Ἔκδοσις τῆς ὀρθοδόξου πίστεως. Le Maître des *Sentences* parle même[2] de Saint Jean Damascène d'une façon qui marque en quelle estime il le tenait : « C'est pourquoi Jean Damascène, le plus grand parmi les Docteurs grecs, dit au livre qu'il a composé sur la Trinité, livre que le pape Eugène III a fait traduire... ». Josse Clichtove, dans la préface qu'il a mise, en 1512, avant la traduction du traité *De fide orthodoxa* faite par Lefèvre d'Étaples, va jusqu'à émettre l'hypothèse que Pierre Lombard avait eu, en composant ses *Sentences*, l'intention d'imiter l'ouvrage de Jean Damascène.

Le Maître des Sentences, lorsqu'il a eu à parler de Physique, n'a rien emprunté, nous le verrons, aux très pauvres renseignements que Saint Jean de Damas lui apportait au sujet de cette science ; mais au XIIIe siècle, ces renseignements ont été maintes fois invoqués dans la *Summa* d'Alexandre de Halès, au *De proprietatibus rerum* de Barthélemy l'Anglais, au *Speculum naturale* de Vincent de Beauvais.

V

HUGUES DE SAINT VICTOR, PIERRE ABAILARD ET PIERRE LOMBARD

Né vers 1100, Pierre Lombard fut, en 1159, élevé au siège épiscopal de Paris ; il mourut en 1164. Il est l'auteur d'une courte somme de Théologie divisée en quatre livres ; cette somme est destinée à lutter contre l'admiration excessive des philosophes profanes et contre la confiance exagée au sens personnel qui, au

1. PETRI LOMBARDI Episcopi Parisiensis *Sententiarum libri IV;* lib. I, distt. XIX, XXVI, XXVII, XXXIII, etc.
2. PETRI LOMBARDI *Op. laud.*, lib. I, dist. XIX.

XIIe siècle, menaçait d'entraîner bon nombre de théologiens hors de l'orthodoxie ; désireuse de ramener les esprits au respect de la tradition, cette œuvre consistait surtout en un exposé des opinions tenues par les Pères de l'Église ; de là le titre de *Livres des Sentences* que son auteur lui donna ; cette œuvre devait, pendant tout le Moyen Age, assurer la plus grande célébrité au *Maître des Sentences.*

Josse Clichtove pense que l'idée et le plan des *Livres des Sentences* furent suggérés à Pierre Lombard par le *De fide orthodoxa* de Saint Jean de Damas, dont la traduction venait d'être donnée. Mais, pour trouver un modèle, Pierre Lombard n'était pas obligé de l'aller chercher si loin ; il le rencontrait dans un ouvrage dont l'intention était la même que la sienne, et dont l'usage était classique au moment où il composa le sien ; nous voulons parler de la *Summa Sententiarum* d'Hugues de Saint Victor.

Né vraisemblablement aux environs d'Ypres, transporté, peu après sa naissance, dans une région de la Saxe voisine de la Lorraine, Hugues entra en 1118 à l'Abbaye de Saint-Victor à Paris ; en 1133, il fut chargé de diriger l'école célèbre de Philosophie et de Théologie qui se tenait dans cette abbaye ; il y mourut le 11 février 1141.

Au commencement du second traité de la *Summa Sententiarum*, traité qui est consacré à la création des anges, Hugues admet[1] l'existence d'un Empyrée, ciel suprême qui est le lieu où cette création fut faite.

Traitant ensuite de l'œuvre des six jours, Hugues de Saint Victor écrit[2] :

« Le second jour, le firmament fut fait, afin de diviser les eaux d'avec les eaux. Bède dit que le firmament est formé d'eaux consolidées et qu'il est semblable au cristal de roche ; cela est assez vraisemblable, car sa couleur indique qu'il en est ainsi. Certains commentateurs, cependant, veulent, semble-t-il, qu'il soit de nature ignée. Qu'il y ait des eaux au-dessus du firmament, nous le savons par la *Genèse*, et par le Prophète : *Aquæ quæ super cælos sunt benedicite Domino* (Ps. CXLVIII). Mais de quelle sorte sont ces eaux, nous ne le savons pas avec certitude. Les commentateurs disent ou bien qu'elles sont solidifiées sous forme

1. HUGONIS DE S. VICTORE *Summæ Sententiarum ;* tract. II, cap. I (*Patrologiæ latinæ*, accurante Migne, t. CLXXVI, col. 81).

2. HUGONIS DE S. VICTORE *Op. laud.*, tract. III, cap. I ; éd. cit., col. 89. Le même passage se trouve textuellement reproduit dans : HUGONIS DE S. VICTORE *Adnotationes in Pentateuchon ;* Cap. VI. De operibus sex dierum distinctis (*Patrologiæ latinæ*, accurante Migne, t. CLXXV, col. 35).

de glace, ou bien qu'elles demeurent suspendues à l'état de vapeur, à la ressemblance de la fumée, ce qui est vraisemblable. »

Ces indications sont tout ce que nous trouvons, dans la *Somme des Sentences*, au sujet du système des cieux ; l'ouvrage d'Hugues de Saint Victor n'est pas un traité de Cosmographie.

Ce n'en est pas un non plus que l'*Expositio in Hexaemeron* de Pierre Abailard.

Né en 1079 au Palets, dans le comté de Nantes, mort le 21 avril 1142 au prieuré de Saint-Marcel de Châlon-sur-Saône, le célèbre Pierre Abailard est exactement contemporain d'Hugues de Saint-Victor.

Comme Hugues de Saint-Victor, Abailard avait composé un recueil de sentences tirées de la Sainte-Écriture et des Docteurs de l'Église. Cet ouvrage énumérait une suite de propositions théologiques ; chaque proposition était accompagnée de tous les textes qu'on peut invoquer pour l'affirmer, puis de tous ceux qui paraissent la nier ; de là le titre de *Sic et Non* qui lui fut donné.

Nous ne trouverions absolument rien, au *Sic et Non*, qui concernât la Physique céleste ou terrestre. C'est dans l'*Exposition de l'œuvre des six jours*, que nous trouverons quelques allusions à cette science.

L'*Expositio in Hexaemeron* est dédiée à Héloïse. « Les éditeurs le regardent comme le dernier fruit de la plume d'Abailard [1], sentiment fondé sur l'exactitude de sa doctrine et de ses expressions, surtout en ce qui a rapport aux erreurs dont il fut accusé dans le concile de Sens. »

En commentant l'œuvre du premier jour, Pierre Abailard parle des quatre éléments [2], et déclare que le ciel est formé de feu. « Il est constant que le ciel éthéré, où se trouve le feu le plus pur (*quo purior est ignis*), reçoit habituellement en propre le nom de ciel. »

Au commentaire de l'œuvre du quatrième jour, l'auteur [3] entend simplement par firmament ce qui a été nommé ciel dans la création du premier jour, c'est-à-dire l'ensemble de l'air et du ciel éthéré.

Au-dessus de ce firmament se trouvent des eaux.

1. Pierre Abailard (*Histoire littéraire de la France* par les Bénédictins de S. Maur, t. XII, 2e éd., pp. 117-118). — Petri Abælardi *Opera*, in *Patrologiæ Latinæ*, accurante J. P. Migne, t. CLXXVIII, coll. 29-30.

2. Petri Abælardi *Exposition in Hexaemeron*, De opere primæ diei, éd. cit., col. 733.

3. Petri Abælardi *Op. laud.*, De opere secundæ diei ; éd. cit., coll. 741-744.

« On se demande comment l'air et le feu ont la force de soutenir la substance de l'eau, qui est plus pesante. Mais ces eaux peuvent être si rares et subtiles, et si grande peut être la masse d'air et de feu qui se trouve au-dessous d'elles, que cette masse les puisse soutenir ; les morceaux de bois et certaines pierres, bien qu'ils soient de nature terrestre et plus dense que l'eau, ne sont-ils pas portés par l'eau ? »

Abailard a, de la théorie des corps flottants, une bien fausse idée ; il croit qu'une grande masse d'eau peut porter un petit corps, même s'il est plus dense que l'eau. Excusons son erreur. Ne semble-t-il pas qu'elle ait l'expérience pour elle ? Ne peut-on faire flotter une aiguille sur un verre d'eau ?

L'air, d'ailleurs, porte les eaux qu'ont données les exhalaisons de la terre et qui sont réduites en vapeur, avant qu'elles se réunissent en gouttes de pluie. « Si ces eaux supérieures sont plus rares encore et moins corpulentes que l'eau réduite en vapeur, pourquoi l'air et le feu sous-jacents ne pourraient-ils, à eux deux, les soutenir pendant toute l'éternité, puisque l'air tout seul suffit bien à soutenir pendant une heure la vapeur qui est plus dense ?...

» Ne sait-on pas, d'ailleurs, que l'air enfermé dans une vessie suspend et soutient la peau de la vessie dont il est entouré, bien qu'il soit beaucoup plus léger que cette peau ?... La masse totale de l'air et du feu, la sphère qui se trouve enfermée dans cette couche d'eau plus dense ne saurait donc être, par sa légèreté, empêchée de la supporter et soutenir.

» Cette eau ambiante presse, de toutes parts, l'air et le feu ; partant, elle ne pourrait tomber d'aucune façon, à moins que le feu ou l'air ne lui cédât place...

» Mais, d'autre part, l'air et le feu se trouvent comprimés de tout côté par les eaux qui les entourent, en sorte qu'ils ne puissent, par hasard, s'échapper ; de tout côté, en effet, ils ont de l'eau au-dessus d'eux, car, en toute sphère, ce sont les parties extérieures qui sont les parties supérieures. Or, pour que les eaux extérieures puissent comprimer ces corps, il faut qu'elles gardent quelque pesanteur ; et il faut que cette pesanteur soit modérée, afin que ces corps puissent soutenir les eaux...

» Certaines personnes, d'ailleurs, ont prétendu que ces eaux supérieures avaient été consolidées par la congélation et qu'elles ont été durcies sous forme de cristal. S'il en est ainsi, plus elles sont solides, mieux elles retiennent l'air et le feu pour les empêcher de s'échapper, et plus fortement l'air et le feu les soutiennent-ils. Mieux encore ; peut-être n'ont-elles plus besoin d'être soutenues par ces corps, puisqu'elles ne sont plus fluides, mais solidifiées et transformées en cristal...

» Certains prétendent qu'elles ont été mises en réserve en vue de l'inondation du déluge ; d'autres affirment à plus juste titre qu'elles ont été suspendues pour tempérer le feu des astres... Pour quel usage, donc, ces eaux ont-elles été suspendues ? Il est, je pense, très difficile de discourir à ce sujet, car les Saints n'ont point donné d'avis certain qui le définisse. Voici, cependant, l'opinion qui nous paraît la plus vraisemblable : Ces eaux sont destinées surtout à tempérer le feu supérieur, de crainte que cette ardeur d'en haut n'attire à elle les nuages ou les eaux d'en bas. Ainsi les chirurgiens, lorsqu'ils veulent faire une saignée à l'aide de ventouses, mettent le feu à l'étoupe que contient la ventouse, afin que la chaleur du feu attire le liquide sanguin. »

Cette longue discussion, que nous avons fort abrégée, touchant les eaux supra-célestes, nous fait espérer de rencontrer, dans le commentaire de l'œuvre du quatrième jour[1], une étude détaillée sur le mouvement des luminaires et des étoiles. Nous serons déçus.

« On dit que les planètes sont portées en sens contraire du firmament. Sont-elles animées, comme il a semblé aux philosophes ? Certains esprits président-ils à ces corps et leur communiquent-ils le mouvement en question ? Est-ce simplement par la volonté et l'ordre de Dieu que, d'une manière immuable, les planètes suivent ce cours ? Ce n'est pas une petite question. »

Abailard ne trouve rien, dans sa foi, qui s'oppose à l'opinion des philosophes.

« Si donc, conformément à ce qu'il a semblé aux philosophes, à ce que les Saints ne prétendent assurément pas repousser, certains esprits président à ces corps sidéraux et ont puissance de les mouvoir et agiter, il est facile de résoudre la question qui a été proposée au sujet du mouvement des planètes. Si c'est d'ailleurs qu'elles tiennent un mouvement ordonné et immuable, il suffit de l'attribuer à la volonté divine. »

De celui qui, à son fils, avait donné le nom d'Astralabe, nous eussions attendu une curiosité plus vive des mouvements célestes.

Les *Quatuor libri Sententiarum* de Pierre Lombard ne vont pas davantage à nous instruire des choses de l'Astronomie ; s'ils en parlent sommairement, c'est, comme la *Summa Sententiarum*, à

1. PETRI ABÆLARDI *Op. laud.*, De quarta die ; éd. cit., coll. 752-753.

l'occasion de la création des anges[1] et de celle du firmament[2].

En dépit de l'admiration qu'il a pour Saint Jean Damascène, Pierre Lombard n'en invoque pas l'autorité dans ces questions qui touchent à la Cosmographie ; Saint Jérôme, Saint Augustin et, surtout, Bède le Vénérable sont les auteurs auxquels il se réfère.

Ce qu'il emprunte à ces auteurs, c'est, presque textuellement, ce que Hugues de Saint Victor leur avait emprunté.

Au-dessus de tous les autres cieux, se trouve l'Empyrée, ciel invisible qui ne doit pas son titre à l'ardeur du feu, mais à la splendeur de la lumière; là, les anges ont été créés.

Le firmament a, sans doute, été formé aux dépens des eaux ; il a pris la dureté et la transparence de la pierre qu'on nomme cristal. Au-dessus de ce firmament, se trouvent des eaux. Comment y sont-elles retenues? Comment ne tombent-elles pas ici-bas? Celui qui sait retenir les eaux en l'air grâce à la ténuité des vapeurs ne peut-il aussi les retenir au-dessus du firmament, non plus sous forme de vapeurs, mais sous forme de glace solide? On peut d'ailleurs, si l'on préfère, souscrire à l'avis de Saint Augustin; selon cet avis, les eaux célestes sont retenues loin du centre du monde sous forme de vapeurs et de gouttelettes.

Nous retrouvons, dans ces pensées de Pierre Lombard, la trace bien manifeste de l'influence exercée par Isidore de Séville et par Bède le Vénérable ; d'ailleurs le Maître des Sentences se réfère à l'opinion que Bède a exprimée, au sujet de la création du firmament, dans son écrit : *In principium Genesis usque ad nativitatem Isaac et ejectionem Ismaëlis libros tres ;* et l'opinion que le Moine de Wearmouth a soutenue dans cet écrit n'est point différente de celle qu'il a professée dans son *De natura rerum liber*.

Le peu d'originalité des doctrines cosmographiques de Pierre Lombard, la très minime importance qu'elles ont dans l'œuvre de ce docteur, nous eussent permis de les passer sous silence. Mais les quatre livres des *Sentences* seront, au Moyen Age, le sujet d'innombrables commentaires ; et, bien souvent, dans la discussion des passages que nous venons de résumer, les maîtres de la Scolastique trouveront ou prendront occasion d'exposer leurs doctrines astronomiques.

Les *Sentences* de Pierre Lombard prolongent jusqu'à la seconde moitié du XIIe siècle la suite des ouvrages qui ont puisé la Science

1. Petri Lombardi, episcopi Parisiensis, *Sententiarum liber secundus*, dist. II ; Ubi angeli mox creati fuerint; in empyreo scilicet, quod statim factum repletum est angelis.

2. Petri Lombardi *Op. laud.*, lib. II, dist. XIV : De opere secundæ diei, qua factum est firmamentum.

profane aux sources où Bède s'était alimenté ; ces sources se réduisent, d'ailleurs, aux écrits des Pères de l'Église et de Saint Isidore de Séville, et à l'*Histoire naturelle* de Pline. Dès le IXe siècle, Jean Scot Érigène connaissait d'autres fontaines, jaillies de la Sagesse antique ; avidement, il y étanchait la soif de connaître qui le brûlait.

CHAPITRE III

LE SYSTÈME D'HÉRACLIDE AU MOYEN AGE

I

DES ÉCRITS GRECS OU LATINS QUE CONNAISSAIT JEAN SCOT ÉRIGÈNE

Ce fut un événement d'une extrême importance en l'histoire de la pensée chrétienne d'Occident, lorsqu'en 827, l'Empereur de Constantinople, Michel le Bègue, envoya à Louis le Débonnaire les écrits dont on confondait l'auteur avec Denys l'Aréopagite, disciple immédiat de Saint Paul ; dans ces écrits, le sentiment le plus affiné et le plus précis de l'orthodoxie catholique s'unissait à la plus élevée des philosophies platoniciennes ; aussi l'œuvre du Pseudo-Aréopagite allait-elle exercer, sur la Théologie des Latins, une influence comparable à celle qui émanait des traités de Saint Augustin.

Pour que l'influence de ces livres, écrits en langue grecque, pût se répandre, pleine et libre, dans la Chrétienté d'Occident, il fallait qu'ils fussent traduits en latin : Charles le Chauve le comprit ; il confia la traduction des œuvres de Denys l'Aréopagite à son philosophe habituel[1]. De ce philosophe, le génie nous est révélé par les écrits qu'il a composés ; mais de sa vie, nous ne

1. Louis le Débonnaire, suivant l'opinion qui identifiait Saint Denys l'Aréopagite avec Saint Denys, évêque de Paris, fit déposer les ouvrages envoyés par Michel le Bègue à l'abbaye de Saint-Denis. Il demanda à Hilduin d'écrire une vie du patron de cette illustre abbaye, vie qui fut intitulée *Areopagitica*. Il paraît certain qu'Hilduin avait, avant Scot Érigène, traduit les œuvres du Pseudo-Aréopagite ; mais cette traduction n'eut aucune vogue ; nulle part, on ne la trouve citée.

savons guère que ce que son nom nous révèle ; sa race était de l'Hibernie, de l'île d'Érin que nous nommons Irlande ; il était venu de Scotie, c'est-à-dire d'Irlande ou d'Écosse, en France ; c'est pourquoi il était nommé Jean Scot Érigène [1].

Jean Scot traduisit donc les divers traités du Pseudo-Aréopagite et de leur commentateur Maximus ; à son tour, il les commenta ; mais il ne s'en tint pas à ces travaux ; il produisit des œuvres où s'affirmait sa propre pensée ; parmi ces œuvres, il en est une qui les domine toutes, non seulement par l'étendue, mais aussi et surtout par l'originalité de la doctrine ; c'est celle à laquelle l'auteur a donné ce titre : « Περὶ Φύσεως μερισμοῦ, *id est de divisione Naturæ libri quinque* ».

Pour exposer, dans toute son ampleur, son système théologique et cosmologique, Jean Scot a suivi l'exemple que lui traçaient les Pères de l'Église dont les ouvrages lui étaient extrêmement familiers ; il a commenté l'œuvre des six jours de la Création, telle que la raconte le premier chapitre de la *Genèse* ; mais quelle audace en la pensée néo-platonicienne qui inspire tout ce commentaire, et quelle liberté dans l'interprétation des textes de l'Écriture !

Cette audace et cette liberté extrêmes ne sont pas, d'ailleurs, sans péril pour le Philosophe de Charles le Chauve ; afin de se garder de l'hérésie, il n'a pas la sûre perception du dogme catholique qui avait si bien servi le Pseudo-Aréopagite ; aussi lui arrive-t-il souvent de s'égarer hors de l'orthodoxie ; le Néo-platonisme de son Περὶ Φύσεως μερισμοῦ aboutit, dit-on [2], au Panthéisme, et son traité *De Eucharistia* fut, au dire de Vincent de Beauvais, censuré au concile de Verceil.

Mais ce n'est point des théories métaphysiques et théologiques de Scot Érigène que nous avons affaire en ce moment ; ce qu'il a enseigné touchant les astres et les éléments doit seul nous occuper ; plus tard, il nous sera donné de revenir sur certains points de sa philosophie.

L'enseignement de Scot sur ces questions de Physique porte la

1. Les manuscrits portent plus souvent *Scotus Eriugena* que *Scotus Erigena*. Thomas Gale en avait conclu que Jean Scot n'était point originaire d'Irlande, mais de la ville d'Eriuven, dans le cercle d'Ergène, en Angleterre. On ne s'expliquerait plus alors comment certains textes remplacent *Erigena* par *Hibernicus*. Il semble prouvé aujourd'hui qu'*Eriugena* est une corruption par transposition de *Ierugena* (Ἱερουγενής), originaire du Pays des saints ; *Erin* signifie, en effet, l'*Ile des saints*.

2. Saint-René Taillandier a chaudement et, selon nous, victorieusement défendu Scot Érigène contre l'accusation de panthéisme (SAINT-RENÉ TAILLANDIER, *Scot Érigène et la philosophie scholastique*, Strasbourg et Paris, 1843, pp. 197-199, 212-216, 236-241).

marque des sources auxquelles il a puisé et dont beaucoup n'étaient pas connues de ses prédécesseurs immédiats.

Si Denys l'Aréopagite et son commentateur Maximus sont les principaux inspirateurs théologiques de Scot Érigène, celui-ci ne dédaigne pas les autres Pères de l'Église ; en particulier, il tient grand compte de ce qu'ils ont dit sur le Ciel et les éléments. Il cite très fréquemment les *Homélies sur l'Hexaemeron* de Saint Basile ; il cite également les écrits de Saint Grégoire de Nysse, qu'il croit être le même que Saint Grégoire de Nazianze[1].

Comme le vénérable Bède, Jean Scot connaît et cite l'*Histoire naturelle* de Pline l'Ancien[2] ; mais il connaît et cite également[3] la *Géographie* de Ptolémée que ses prédécesseurs semblent avoir ignorée. Aux renseignements extraits de Pline et de Ptolémée, il joint ceux que lui fournit Martianus Capella[4]. Ce dernier auteur, nouvellement révélé, sans doute, aux Chrétiens d'Occident, semble avoir particulièrement intéressé Scot Érigène, qui en a commenté certains écrits ; ce commentaire a été partiellement publié par B. Hauréau[5].

La *Géographie* de Ptolémée, le *Satyricon* de Martianus Capella ne sont pas les seuls écrits anciens dont la mention apparaisse, pour la première fois, dans le Περὶ Φύσεως μερισμοῦ.

Les *Catégories* d'Aristote sont souvent invoquées[6] en l'ouvrage du Philosophe de Charles le Chauve. Celui, cependant, n'a peut-être pas une connaissance directe du traité composé par le Stagirite ; peut-être ne le connaît-il que par l'intermédiaire du *Commentaire* faussement attribué à Saint Augustin, commentaire qu'il cite explicitement[7].

Enfin, Scot invoque d'une manière très fréquente les doctrines du *Timée* de Platon ; mais ce célèbre dialogue, il ne le lit, nous en aurons la preuve, que par l'intermédiaire de la traduction et du commentaire dont Chalcidius est l'auteur.

Le Philosophe de Charles le Chauve connaît donc plusieurs écrits grecs ou latins dont Isidore de Séville ni Bède n'avaient le

1. JOANNIS SCOTI *De divisione naturæ liber tertius*, 38 [JOANNIS SCOTI *Opera* accurante Migne (*Patrologiæ latinæ* t. CXXII) col. 735].

2. JEAN SCOT, *Op. laud.*, lib. III, 33 et 37 ; éd. cit., col. 719 et col. 735.

3. JEAN SCOT, *Op. laud.*, lib. III, 33 ; éd. cit., col. 719.

4. JEAN SCOT, *Op. laud.*, lib. III, 33 ; éd. cit., col. 719.

5. B. HAURÉAU, *Commentaire de Jean Scot Érigène sur Martianus Capella* (*Notices et extraits des manuscrits de la Bibliothèque Nationale et d'autres bibliothèques*, t. XX, 2e partie, p. 1, 1865).

6. JOANNIS SCOTI *De divisione naturæ liber primus*, 22, 23, 24. [JOANNIS SCOTI *Opera* accurante Migne (*Patrologiæ latinæ* t. CXXII) coll. 469-470].

7. JEAN SCOT, *Op. laud.*, 50 ; éd. cit., col. 493.

moindre soupçon; les doctrines qu'il professe sur les astres et les éléments montrent divers reflets de ces nouvelles influences.

II

CE QUE CHALCIDIUS, MACROBE ET MARTIANUS CAPELLA ENSEIGNAIENT TOUCHANT LES MOUVEMENTS DE VÉNUS ET DE MERCURE

Jean Scot Érigène puisait certaines de ses connaissances astronomiques dans le *Commentaire au Timée de Platon* composé par Chalcidius et dans la compilation réunie par Martianus Capella. Or, dans l'un comme en l'autre de ces livres, il trouvait l'indication d'une très remarquable théorie des planètes ; il apprenait que certains astronomes anciens, devançant Copernic et Tycho Brahé, avaient eu l'idée de prendre le centre du Soleil pour centre des mouvements de Mercure et de Vénus.

Cette même théorie, un autre écrivain latin de la décadence, Macrobe, l'avait également adoptée. Il ne paraît pas que Scot Érigène ait subi l'influence de Macrobe, bien qu'on lui attribue des extraits de cet auteur ; mais peu après lui, le *Commentaire sur le Songe de Scipion* composé par cet auteur se répandra dans les écoles de la Chrétienté occidentale ; on le lira avec une extraordinaire ardeur.

Il nous a paru utile de réunir ici ce que Chalcidius, Macrobe et Martianus Capella ont enseigné touchant les mouvements des planètes Mercure et Vénus ; nous verrons, en effet, combien cet enseignement a séduit Scot Érigène et ses successeurs.

L'idée de faire circuler Mercure et Vénus autour du Soleil a, sans doute, été suggérée aux Anciens par cette remarque que Mars, Jupiter et Saturne peuvent être observés à toute distance angulaire du Soleil, tandis que Mercure et Vénus s'en peuvent seulement écarter d'un certain nombre de degrés soit vers l'Orient, soit vers l'Occident[1], que chacune de ces planètes oscille sans cesse entre deux limites équidistantes du Soleil.

Il semble que cette hypothèse ait été énoncée pour la première fois par Héraclide du Pont, dit aussi Héraclide le Platonicien. Cet écrivain fécond[2] était assurément déjà né en 373 avant J.-C.,

1. La distance angulaire entre le Soleil et Mercure ne dépasse pas 29° ; Vénus ne s'écarte pas du Soleil de plus de 47°.
2. TH. H. MARTIN, *Mémoires sur l'histoire des hypothèses astronomiques chez les Grecs et les Romains.* Première Partie : *Hypothèses astronomiques des*

J.-C., et sa vie se prolongea certainement au delà de l'an 330. Son rôle est fort grand dans l'histoire des hypothèses astronomiques ; nous avons eu à l'apprécier lorsque nous avons traité des systèmes héliocentriques chez les Anciens[1].

« A propos[2] d'un passage du *Timée* de Platon sur les planètes de Vénus et de Mercure, Chalcidius[3] expose comment Héraclide du Pont, s'écartant de la doctrine platonicienne, expliquait géométriquement les mouvements apparents de Vénus. Évidemment, bien que Chalcidius ne le dise pas, une construction géométrique semblable devait être appliquée par Héraclide à Mercure ; mais il suffisait à Chalcidius de citer Vénus comme exemple. Il est possible que cet écrivain latin ait pris lui-même ce passage dans l'ouvrage grec d'Héraclide *Sur la Nature* ou dans quelque autre de ses ouvrages, et qu'il l'ait traduit ou résumé. Mais il est possible aussi que Chalcidius, attentif à dissimuler ses fréquents plagiats, ait trouvé le résumé tout fait chez quelque auteur grec, et qu'il n'ait eu que la peine de le traduire. Quoi qu'il en soit, ce résumé clair et intelligent doit venir de bonne source, et il faut savoir gré à Chalcidius de nous avoir conservé un renseignement si précieux qui, autrement, serait perdu pour nous. »

Chalcidius suppose[4] que les divers astres errants décrivent des épicycles sur des déférents concentriques au Monde ; puis il ajoute : « Héraclide du Pont, en attribuant un cercle épicycle à Lucifer (Vénus) et un autre au Soleil, et en donnant à ces deux cercles épicycles un même centre, a démontré que Lucifer devait se trouver tantôt au-dessus du Soleil et tantôt au-dessous ». Le commentateur du *Timée* montre, en outre, que si l'on mène du centre de la Terre deux tangentes à l'épicycle de Vénus, l'angle de ces deux tangentes détermine l'amplitude de l'oscillation que cette planète semble effectuer de part et d'autre du Soleil.

Grecs avant l'époque Alexandrine. Ch. V, § 3 (*Mémoires de l'Académie des Inscriptions et Belles lettres*, t. XXX, 2e partie, 1881).

1. Voir : Première partie, Chapitre VII, § II, III et IV ; t. I, pp. 404-418.

2. TH. H. MARTIN, *Op. laud.*, ch. V, § 4.

3. CHALCIDII *Timæus Platonis translatus, et in eumdem commentarius* ; cc. CVIII-CXI. — Cf. : THEONIS SMYRNAEI PLATONICI *Liber de Astronomia cum* SERENI *fragmento*. Textum primus edidit, latine vertit, descriptionibus geometricis, dissertatione et notis illustravit Th. H. Martin ; accedunt nunc primum edita GEORGII PACHYMERIS *e libro astronomico delecta fragmenta*. Accedit etiam CHALCIDII *locus ex Adrasto vel Theone expressus*. Parisiis, MDCCCXLIX. Appendix altera, continens de Mercurii et Veneris motibus Chalcidii locum, qui ex Adrasti vel Theonis deperdito opere aliquo expressus videtur ; pp. 417-425.

4. Voir le passage de Chalcidius dans l'ouvrage cité de Th. H. Martin ou bien encore au livre suivant : CHALCIDII V. C. *Commentarius in Timæum Platonis*, CIX, CX, CXI (*Fragmenta philosophorum græcorum*. Collegit F. A. G Mullachius, vol. II, pp. 206-207. Parisiis, Ambrosius Firmin-Didot, 1867).

Comme le remarque fort justement Th. H. Martin, il serait invraisemblable qu'en attribuant à Vénus un tel mouvement, Héraclide n'eût point étendu une supposition semblable à Mercure. En tous cas, nous l'allons voir, les philosophes grecs ou latins qui ont adopté son hypothèse l'ont toujours entendue, à la fois, de Vénus et de Mercure.

Héraclide du Pont, ou quelqu'un des astronomes hellènes qui l'ont suivi, a-t il appliqué cette même hypothèse aux trois planètes supérieures, à Mars, à Jupiter et à Saturne? A-t-il attribué à toutes les étoiles errantes un mouvement de révolution autour du Soleil, tandis qu'il laissait la Lune et le Soleil tourner autour de la Terre immobile? A-t-il, en un mot, construit de toutes pièces le système qu'à la fin du XVIe siècle, Tycho Brahé devait proposer? A cette question, Giovanni Schiaparelli a cru pouvoir répondre affirmativement[1]. Son opinion, suggérée par des conjectures d'une extrême ingéniosité, est loin d'être dénuée de vraisemblance. Toutefois, aucun texte ne lui confère la certitude. Si l'hypothèse d'Héraclide s'est trouvée, dès l'Antiquité, généralisée au point d'engendrer le système tychonien, les Anciens ne nous en ont point laissé le témoignage formel, en sorte que cette théorie a bien pu être conçue, mais qu'elle n'a pu, assurément, exercer aucune influence sur la formation du système de Copernic ou du système de Tycho Brahé.

Il n'en est pas de même de cette théorie réduite aux seuls mouvements de Mercure et de Vénus. Restreinte à ces deux astres, elle n'a jamais été oubliée des astronomes grecs et romains, parmi lesquels elle semble avait recruté de nombreux adhérents.

Th. H. Martin pense que Chalcidius avait emprunté à quelque ouvrage perdu d'Adraste d'Aphrodisias ou de Théon de Smyrne le résumé qu'il nous a transmis de la doctrine d'Héraclide du Pont. Ce qui est certain, c'est que Théon de Smyrne, dans une partie de son *Astronomie* où il ne fait que résumer les enseignements d'Adraste, se montre[2] nettement favorable à cette doctrine :

« Quant au Soleil, à Vénus et à Mercure, dit-il, il est possible

1. GIOVANNI SCHIAPARELLI *Origine del Sistema planetario eliocentrico presso i Greci* (*Memorie del Instituto Lombardo di Scienze e Lettere,* Classe di Scienze matematiche e naturali, vol. XVIII, p. 61, 1898). — Voir : Première partie, Chapitre VIII, § III : t. I, pp. 441-452.

2. THEONIS SMYRNAEI PLATONICI *Liber de Astronomia,* cap. XXXIII ; éd. Th. H. Martin, pp. 294-299. — THÉON DE SMYRNE, philosophe platonicien, *Exposition des connaissances mathématiques utiles pour la lecture de Platon,* traduite par J. Dupuis ; Paris, 1892. Troisième Partie : Astronomie ; c. XXXIII, pp. 300-303.

que chacun de ces astres ait deux sphères propres, que les sphères creuses des trois astres, animées de la même vitesse, parcourent dans le même temps, d'un mouvement rétrograde, la sphère des étoiles fixes, et que les sphères pleines [les épicycles] aient toujours leurs centres sur la même ligne droite [issue du centre du Monde], la sphère pleine du Soleil étant la plus petite; celle de Mercure étant plus grande, et celle de Vénus encore plus grande.

» Il se peut aussi qu'il n'y ait qu'une seule sphère creuse commune aux trois astres et que les trois sphères solides [les trois épicycles], contenues dans l'épaisseur de celle-là, n'aient qu'un seul et même centre; la plus petite serait la sphère vraiment pleine du Soleil, autour de laquelle serait celle de Mercure; viendrait ensuite, entourant les deux autres, celle de Vénus qui achèverait de remplir l'épaisseur de la sphère creuse commune...

» On comprendra que cette position et cet ordre sont d'autant plus vrais que le Soleil essentiellement chaud est le foyer du Monde, en tant que Monde et animal, et pour ainsi dire le cœur de l'Univers, à cause de son mouvement, de son volume et de la course commune des astres qui l'environnent.

» Car dans les corps animés, le centre du corps, c'est-à-dire de l'animal, en tant qu'animal, est différent du centre du volume. Par exemple, pour nous qui sommes, comme nous l'avons dit, hommes et animaux, le centre de l'être animé est dans le cœur toujours en mouvement et toujours chaud, et à cause de cela, source de toutes les facultés de l'âme, cause de la vie et de tout mouvement local, source de nos désirs, de notre imagination et de notre intelligence. Le centre de notre volume est différent; il est situé vers l'ombilic.

» De même, si l'on juge des choses les plus grandes, les plus dignes et les plus divines, par comparaison avec les choses les plus petites, qui sont fortuites et périssables, le centre du volume du Monde universel sera la Terre froide et immobile; mais le centre du Monde, en tant que Monde et animal, sera dans le Soleil, qui est en quelque sorte le cœur de l'Univers, et d'où l'on dit que l'Ame du Monde prit naissance pour pénétrer jusqu'aux parties extrêmes. »

« La Lune étant la planète la plus rapprochée de la Terre, dit Théon en un autre endroit[1], peut passer devant tous les autres

1. Théon de Smyrne, *Astronomie*, c. XXXVII; éd. Th. H. Martin, pp. 310-313; éd. J. Dupuis, pp. 310-313.

astres qui sont au-dessus d'elle ; elle nous cache, en effet, les planètes et plusieurs étoiles, lorsqu'elle est placée en ligne droite entre notre vue et ces astres, et elle ne peut être cachée par aucun d'eux. Le Soleil peut être caché par la Lune, et lui-même peut cacher tous les autres astres, la Lune exceptée, d'abord en s'approchant et en les noyant dans sa lumière, et ensuite en se plaçant directement entre eux et nous. Mercure et Vénus cachent les astres qui sont au-dessus d'eux, quand ils sont pareillement placés en ligne droite entre eux et nous ; ils paraissent même s'éclipser mutuellement, suivant que l'une des deux planètes est plus élevée que l'autre, à raison des grandeurs, de l'obliquité et de la position de leurs cercles. Le fait n'est pas d'une observation facile, parce que les deux planètes tournent autour du Soleil et que Mercure, en particulier, qui n'est qu'un petit astre, voisin du Soleil et vivement illuminé par lui, est rarement apparent. Mars éclipse quelquefois les deux planètes qui lui sont supérieures, et Jupiter peut éclipser Saturne. Chaque planète éclipse d'ailleurs les étoiles au-dessous desquelles elle passe dans sa course. »

La théorie proposée par Héraclide du Pont pour figurer les mouvements de Vénus et de Mercure paraît avoir trouvé faveur auprès de divers auteurs latins. Vitruve en parle comme il le ferait d'un système généralement adopté : « L'étoile de Vénus et celle de Mercure, dit-il[1], faisant leur révolution autour du Soleil qui leur sert de centre, reviennent sur leur pas et retardent dans certains cas. »

De Macrobe, on sait peu de choses, si ce n'est qu'il était en 422 grand maître de la garde robe (*præfectus cubiculi*) de Théodose-le-Jeune. Son commentaire au *Songe de Scipion* de Cicéron renferme de nombreux renseignements sur les hypothèses astronomiques des anciens ; en particulier, l'hypothèse d'Héraclide de Pont y est très complètement exposée. Après avoir rappelé quelles particularités présentent les mouvements de Vénus et de Mercure, après avoir justifié par là le titre de *compagnons* du Soleil que Cicéron leur attribue, Macrobe poursuit en ces termes[2] : « La raison de ces effets n'a point échappé à la perspicacité des Égyptiens[3] ; la voici : Le cercle [l'épicycle] que parcourt le Soleil est enveloppé par le cercle de Mercure, à l'intérieur duquel il se trouve ; à son tour, le cercle de Vénus, plus étendu, entoure celui

1. M. VITRUVII POLLIONIS *De Architectura libri X* ; lib. IX, cap. I.
2. AMBROSII THEODOSII MACROBII *Commentariorum in Somnium Scipionis* lib. I, cap. XIX.
3. Macrobe entend sans doute par là les astronomes d'Alexandrie.

de Mercure. Lors donc que ces deux étoiles parcourent les arcs supérieurs de leurs épicycles, elles se trouvent au-dessus du Soleil ; lorsqu'au contraire elles décrivent les parties inférieures de ces mêmes cercles, le Soleil se trouve au-dessus d'elles. Partant, ceux qui leur ont attribué des sphères situées au-dessous de celle du Soleil, ont cru qu'il en était ainsi en observant la partie du cours de ces astres qui se trouve être inférieure au Soleil ; cette partie est, en effet, celle qui se remarque davantage, qui apparaît plus aisément ; lorsqu'au contraire ces planètes se trouvent en la partie supérieure de leur cercle, leur éclat se trouve plus effacé par les rayons du Soleil ; c'est pourquoi cet avis a prévalu et pourquoi presque tout le monde a fait usage de cet ordre [qui met Vénus et Mercure au-dessous du Soleil] ; mais une observation plus perspicace reconnaît quel est l'ordre véritable ».

Martianus Capella vivait en 477, peu de temps donc après Macrobe. C'est probablement à Térentius Varron qu'il emprunte le huitième livre de ses *Noces de la Philologie et de Mercure* et, en particulier, les allusions qui y sont faites à la théorie d'Héraclide de Pont : « Trois des planètes, dit Capella[1], ainsi que le Soleil et la Lune, se meuvent autour de la Terre ; mais Vénus et Mercure ne se meuvent point autour de la Terre... En effet, bien que Mercure et Vénus nous manifestent chaque jour leur lever et leur coucher, les cercles qu'ils décrivent n'entourent aucunement la Terre ; ils décrivent autour du Soleil un circuit plus ample que cet astre ; c'est le Soleil qu'ils prennent pour centre de leurs cercles respectifs. Ces deux planètes se trouvent donc parfois au-dessus du Soleil ; mais, la plupart du temps, elles se trouvent au-dessous de cet astre et plus rapprochées de la Terre qu'il ne l'est... Lorsque ces planètes sont au-dessus du Soleil, la plus proche de la Terre est Mercure ; c'est Vénus, au contraire, lorsqu'elles sont au-dessous du Soleil, car Vénus est portée par une orbite plus vaste et plus étendue ».

1. Martiani Minnei Felicis Capellae *De nuptiis Philologiae et Mercurii libri IX* ; lib. VIII, 854 et 857.

III

LA PHYSIQUE DE JEAN SCOT ÉRIGÈNE

Avant d'examiner ce que Jean Scot a gardé des enseignements astronomiques des anciens, arrêtons-nous un moment à ce qu'il a dit des éléments ; c'est un chapitre essentiel de sa Philosophie.

Au point de départ de la création, il faut, selon l'Érigène[1], placer l'*Universalité de la créature* ; Dieu est la cause de cette Universalité ; il lui donne l'être ; elle existe éternellement en lui ; il ne la précède pas dans le temps ; il lui est seulement antérieur par la raison, en tant qu'il la formée.

Cette Universalité, éternellement subsistante au sein du Verbe divin, c'est l'ensemble des *raisons* ou *causes primordiales* des choses[2] ; chacune de ces raisons des choses, Scot l'identifie à une ἰδέα platonicienne.

Au sein du Verbe divin, l'Universalité de la création est un individu unique et indivisible ; le Verbe divin est l'unité indivise de toutes choses, car il est, lui-même, toutes choses. En même temps qu'il est absolument simple, le Verbe est infiniment multiple, car il est répandu en toutes choses, et ces choses ne subsistent que parce qu'il est répandu en elles.

Ces raisons éternelles des choses dont l'ensemble forme l'Universalité de la création, « sont les causes de toutes les choses visibles et invisibles[3] ; il n'y a rien, dans tout l'ordre des choses naturelles, qui puisse être perçu par les sens, par la raison ou par l'intelligence, et qui ne procède de ces causes, qui ne subsiste par elles ».

Parmi elles sont des corps simples, invisibles, inaccessibles à toute perception ; des grandeurs et qualités de ces corps rationnels se forment, en premier lieu, les éléments que Scot nomme *catholiques* ou *universels*.

Ces éléments catholiques, à leur tour, s'uniront entre eux pour former tous les corps composés du monde sensible.

Les corps rationnels et éternels, causes primordiales des éléments universels, sont assurément de nature spirituelle[4]. Au contraire les corps mixtes, soumis à la génération et à la corrup-

1. Joannis Scoti Erigenæ *De divisione naturæ liber tertius*, 8 [Joannis Scoti *Opera* accurante Migne (*Patrologiæ latinæ*, t. CXXII), col. 639].
2. Scot Érigène, *Op. laud.*, lib. III, 9 ; éd cit., col. 642.
3. Scot Érigène, *Op. laud.*, lib. III, 14 ; éd. cit., coll. 663-664.
4. Scot Érigène, *Op. laud.*, lib. III, 26 ; éd. cit., col. 695.

tion, sont d'une nature exclusivement corporelle. Entre les uns et les autres se trouvent les éléments catholiques. « Ceux-là ne sont pas entièrement de nature corporelle, car pour former les corps, il faut qu'ils soient corrompus par leur mutuelle union; ils ne sont pas non plus absolument exempts de cette nature, puisque tous les corps proviennent d'eux et se résolvent en eux. On ne peut pas davantage dire qu'ils soient pleinement spirituels, puisqu'ils ne sont pas tout à fait exempts de nature corporelle; cependant, ils sont esprits en quelque mesure, puisqu'ils subsistent par des causes primordiales qui sont purement spirituelles. »

Au travers de cette hiérarchie formée par les causes primordiales, les éléments universels et les corps mixtes, se produit un continuel mouvement de synthèse, d'analyse, de transmutation[1] : « Les causes descendent pour se transformer en éléments, les éléments en corps ; à leur tour, les corps dissociés rejaillisent, par l'intermédiaire des éléments, jusqu'aux causes primordiales; enfin les corps eux-mêmes se transforment les uns dans les autres ».

Les éléments simples ou catholiques sont au nombre de quatre[2] : « Les Grecs les ont nommés πῦρ, ἀήρ, ὕδωρ, γῆ, c'est-à-dire *feu*, *air*, *eau* et *terre*, du nom des quatre grands corps qui sont formés au moyen de ces éléments ».

Mais ces éléments ne servent pas seulement à former notre feu, notre air, notre eau, notre terre et les corps plus petits en lesquels se divisent ces quatre grands corps; ils forment aussi le Ciel et les corps célestes[3] : « Ces corps, en effet, que nous nommons célestes et éthérés, semblent être spirituels et incorruptibles; cependant, comme leur existence a eu pour commencement la génération et la composition, ils arriveront certainement un jour à la dissociation et à la destruction ».

Ainsi[4] « ces quatre éléments simples, absolument purs, inaccessibles à tout sens corporel, sont répandus partout; en se compénétrant les uns les autres d'une manière invisible, en s'unissant selon certaines proportions, ils forment tous les corps sensibles, les corps éthérés et les corps aériens aussi bien que les corps aqueux et les corps terrestres, les grands corps aussi bien que les corps de moyenne dimension et les corps plus petits.

1. Scot Érigène, *Op. laud.*, lib. III, 26; éd. cit., col. 696.
2. Scot Érigène, *Op. laud.*, lib. III, 32; éd. cit., col. 712.
3. Scot Érigène, *Op. laud.*, lib. III, 27; éd. cit., col. 701.
4. Scot Érigène, *Op. laud.*, lib. III, 32; éd. cit., col. 712.

Toute la sphère céleste, dirai-je, tout ce qui se trouve en elle et tout ce qui, de la surface au centre, est contenu dans la cavité qu'elle enceint, tout cela est né par le concours des éléments catholiques ; tout ce qui, au cours des siècles, naît des transformations des choses corruptibles, provient de ces éléments et retourne à ces éléments ».

On ne saurait trouver aucun corps qui ne soit formé par le concours de ces quatre éléments[1]. Ce ne sont pas certains corps qui sont formés par certains éléments, mais tous les corps qui sont formés par tous les éléments : « *Non quædam ex quibusdam, sed omnia ex omnibus confluunt* ».

Ces éléments purs et universels sont doués, chacun, d'une qualité ; aux quatre éléments correspondent ainsi quatre qualités, deux à deux opposées, qui sont le chaud et le froid, le sec et l'humide : « Lors donc qu'on les conçoit isolément[2], qu'on les considère comme purs et séparés les uns des autres, ces éléments semblent être contraires les uns aux autres... Mais lorsqu'ils se mêlent les uns aux autres, par une harmonie admirable et ineffable, ils réalisent les compositions de toutes les choses visibles ».

« Bien que certaines qualités[3] soient plus sensibles en certains corps et d'autres moins sensibles, cependant le concours (*synodus*) des éléments catholiques a, dans tous les corps, une mesure commune et uniforme. L'Intelligence divine a équilibré avec une parfaite justesse tous les corps du Monde entre deux extrémités opposées, entre l'extrême pesanteur, veux-je dire, et l'extrême légèreté ; c'est entre ces deux extrêmes qu'a été posée la constitution de tous les corps sensibles. Tous les corps reçoivent les qualités terrestres, qui sont la solidité et l'immobilité, dans la mesure où ils participent de la pesanteur ; au contraire, dans la mesure où ils retiennent de la légèreté, dans cette même mesure ils ont part aux qualités célestes qui sont la rareté et la fluidité. Les corps intermédiaires, ceux dont la pesanteur se balance à égale distance des deux extrêmes, participent également de ces qualités opposées. En ces quatre éléments universels, on trouve le même mouvement, le même repos, la même capacité, la même possession. »

Ces dernières phrases nous rappellent ce que Grégoire de Nysse écrivait dans son traité Περὶ κατασκευῆς ἀνθρώπου[4]. Que ce traité ait bien été, en cette occasion, l'inspirateur de Jean Scot, nous allons

1. Scot Érigène, *Op. laud.*, lib. III, 32 ; éd. cit., col. 713.
2. Scot Érigène, *Op. laud.*, lib. III, 29 ; éd. cit., col. 706.
3. Scot Érigène, *Op. laud.*, lib. III, 32 ; éd. cit., col. 714.
4. Voir : Seconde partie, Ch. I, § XIII ; t. II, pp. 482-483.

en acquérir la certitude; dans un autre passage, le Philosophe de Charles le Chauve reprend des considérations analogues à celles que nous venons de lire ; en les reprenant, il cite le traité *De imagine* ou, plutôt, il le paraphrase ; et sa paraphrase accentue la ressemblance que nous avons signalée entre les pensées de Grégoire de Nysse et celles que développera l'astronome arabe Al Bitrogi.

« Comment se fait-il que seul le centre du Monde, c'est-à-dire la Terre, demeure toujours immobile, tandis que les autres éléments tournent, autour de ce centre, d'un mouvement éternel ? Cela, dit Jean Scot[1], mérite une sérieuse considération. Nous connaissons, à ce sujet, les opinions qu'ont émises les philosophes profanes et les Pères de l'Église catholique.

» Platon, le plus grand philosophe qui soit au monde, établit en son *Timée*, par une foule de raisons, que ce monde visible est une sorte de grand animal formé d'une âme et d'un corps ; le corps de cet animal est composé des quatre éléments généraux bien connus et des divers corps qu'ils engendrent en se combinant entre eux ; l'âme de ce même animal est la vie générale qui accroît ou meut tout ce qui est en repos ou en mouvement... L'âme, dit Platon, se meut sans cesse en vue de son corps, afin de le vivifier, de le gouverner, de le mouvoir de diverses manières, en combinant et décomposant les corps de façon variée ; en même temps, elle demeure immobile en son état naturel. Éternellement, donc, et à la fois, elle se meut et reste en repos. C'est pourquoi le corps qu'elle anime, et qui est l'universalité des choses visibles, demeure, d'une part, dans une éternelle fixité — et telle est la Terre — tandis que, d'autre part, il se meut avec une vitesse éternelle — et telle est la substance éthérée ; il est une autre partie qui ne demeure pas immobile mais ne se meut pas rapidement, et c'est l'eau ; une autre partie se meut rapidement, mais non pas avec une extrême vitesse, et c'est l'air. »

L'opinion que Jean Scot vient de rapporter est celle de Platon vue au travers du commentaire de Chalcidius. Le Philosophe de Charles le Chauve poursuit en ces termes :

« Tel est le raisonnement du Philosophe suprême ; il n'est point, je pense, à mépriser, car il est à la fois pénétrant et naturel. Mais le grand Saint Grégoire, évêque de Nysse, traite de la même question dans son livre *De imagine* ; et il me semble qu'il faille, de préférence, suivre son avis.

1. Scoti Erigenæ *Op. laud.*, liber primus, 31 ; éd. cit., coll. 476-477.

» Le créateur de l'Univers, dit-il, a constitué ce monde visible entre deux extrêmes contraires l'un à l'autre, entre la gravité et la légèreté, veux-je dire, qui, l'une à l'autre, s'opposent absolument.

» La terre est constituée au sein de la gravite ; aussi demeure-t-elle sans cesse immobile, car la gravité ne saurait se mouvoir ; la gravité est placée au centre du monde ; elle occupe une des extrémités, celle que le centre représente.

» Au contraire, la substance éthérée tourne sans cesse autour du centre avec une indicible vitesse, car la légèreté en constitue la nature ; elle ne saurait demeurer immobile ; elle occupe l'extrême frontière du monde visible.

» Dans l'espace intermédiaire, deux éléments ont été placés, l'eau et l'air ; ils se meuvent constamment, mais leur mobilité est atténuée dans un certain rapport entre la gravité et la légèreté, de de telle sorte que chacun de ces deux éléments suive plutôt celui des deux corps extrêmes auquel il confine que celui dont il est éloigné. L'eau se meut plus lentement que l'air parce qu'elle est contiguë à la masse pesante de la terre ; l'air, au contraire, est entraîné plus rapidement que l'eau, parce qu'il se trouve conjoint à la légèreté éthérée.

» Mais, bien que les parties extrêmes du Monde semblent s'opposer l'une à l'autre par la diversité de leurs qualités, elles ne sont pas, cependant, différentes en toutes choses. En effet, bien que la substance éthérée tourne avec une vitesse extrême, le chœur des astres garde une disposition immuable ; en tournant en même temps que l'éther, il ne quitte jamais son lieu naturel et, par là, imite la stabilité de la terre. La terre, au contraire, demeure éternellement en repos ; mais les choses qui naissent d'elles, imitant, par là, la légèreté de l'éther, sont sans cesse en mouvement ; elles naissent par génération, elles se multiplient dans l'espace et dans le temps, puis elles décroissent, jusqu'à ce qu'en elles, se brise le lien entre la forme et la matière ».

Il y a donc à la fois opposition et analogie entre les choses terrestres, soumises à la génération et à la corruption, mais privées de mouvement local, et les choses célestes qui tournent toujours sans éprouver aucun changement.

Examinons brièvement ce que Jean Scot professait au sujet du mouvement des astres.

IV

L'ASTRONOMIE DE JEAN SCOT ÉRIGÈNE

Jean Scot paraît avoir été fort sceptique à l'endroit des diverses théories astronomiques ; c'est du moins ce que l'on peut conclure du fragment de dialogue que voici[1] :

« *Le Disciple*. Au sujet des cercles célestes, des distances mutuelles des cieux et des astres, les sages de ce monde ont professé des opinions nombreuses et diverses ; ils n'ont pu, me semble-t-il, les déduire d'aucune raison certaine. Si quelque chose t'a semblé vraisemblable ou raisonnable à ce sujet, explique-le moi, je te prie, sans différer. »

« *Le Maître* : ... Les questions au sujet desquelles tu m'interroges n'ont suscité, jusqu'ici, à peu près aucune opinion qui soit appuyée sur la raison et qu'un philosophe quelconque ait tiré pleinement au clair. Ce n'est pas, je pense, que ces philosophes aient manqué d'intelligence ; dans ce cas, en effet, ils ne mériteraient pas le nom de philosophes ou de physiciens ; mais aucun de ceux que nous avons lus jusqu'ici n'a réussi à donner, de ces effets, des raisons nettes et exemptes de doutes. »

Jean Scot ne donnera donc pas à son disciple toutes les explications qu'il souhaitait d'obtenir au sujet des systèmes astronomiques.

Ce n'est pas, d'ailleurs, qu'il lui refuse tout enseignement sur ce sujet.

Il lui explique en détail[2] comment Érathosthène est parvenu à mesurer la circonférence de la Terre et à donner à cette circonférence une longueur de 252.000 stades ; il ajoute[3], ce qui nous permet de douter de ses connaissances en Géométrie : « Si l'on divise ce nombre par 2, on en obtient la moitié, qui est 126.000 stades, lesquels sont contenus dans le diamètre de la Terre ».

Le récit des opérations d'Érathosthène est une amplification de celui qu'a donné Martianus Capella ; le Philosophe de Charles le Chauve sait, d'ailleurs[4], que Pline et Ptolémée ont proposé des évaluations différentes.

Ce chiffre de 126.000 stades que Scot, par suite d'une énorme

1. Joannis Scoti *Op. laud.*, lib. III, 33 ; éd. cit., coll. 715-716.
2. Jean Scot, *loc. cit.*, coll. 716-718.
3. Jean Scot, *loc. cit.*, col. 718.
4. Jean Scot, *loc. cit.*, col. 719.

faute, attribue à la longueur du diamètre terrestre, il le regarde aussi[1] comme mesurant la distance qui sépare la Lune de la surface de la Terre. C'est une évaluation qu'il emprunte à Pline; mais tandis que Pline se bornait à la mettre sur le compte de Pythagore, Jean Scot Érigène croit bon d'affirmer qu' « elle est déduite, sans aucune erreur, de l'observation des éclipses de Lune ».

En poursuivant la lecture du grand traité de l'Érigène, nous trouvons[2], sur la distance de la Terre à la Lune, au Soleil et aux étoiles fixes des évaluations qui semblent apparaître pour la première fois dans la Science chrétienne; comme celles dont Censorins, Pline et Martianus Capella nous ont gardé le souvenir, ces évaluations sont tirées de considérations sur l'harmonie des sphères.

Dans l'échelle musicale que nous propose Scot Érigène, le diamètre terrestre représente un ton; de la surface de la Terre au ciel des étoiles fixes, il doit y avoir une octave de six tons ou six diamètres terrestres; le Soleil partage cette octave en deux quartes de trois tons, en sorte que trois diamètres terrestres séparent le centre du Soleil de la surface de la Terre ; enfin un ton ou un diamètre terrestre s'étend de la surface de la Terre au centre de la Lune ; par ce calcul, les rayons de l'orbe lunaire, de l'orbe solaire et de l'orbe des étoiles fixes valent respectivement 3 fois, 7 fois et 13 fois le rayon terrestre.

Les nombres ainsi proposés par Jean Scot ne coïncident ni avec ceux de Censorinus, ni avec ceux de Pline, ni avec ceux de Capella; nous pouvons donc hésiter au sujet de la source à laquelle notre auteur a puisé. Les écrits de Pline et de Capella étaient à la fois en sa possession; entre leurs évaluations, il a dû adopter une sorte de compromis.

Lisant Pline, Jean Scot sait naturellement ce que Bède avait déjà lu dans cet auteur; il sait que les astres errants ne demeurent pas toujours à égale distance de la Terre; du moins écrit-il[3] que « la Lune est, parfois, un peu distante de la Terre, et cela quand elle se trouve dans le signe du Taureau ; c'est en ce signe, en effet, qu'est, pense-t-on, sa plus grande apside, c'est-à-dire la plus grande hauteur du cercle qu'elle parcourt ».

Venons au passage le plus important de toute l'Astronomie de Jean Scot.

En même temps qu'elles suivent leur cours, les planètes chan-

1. Jean Scot, *loc. cit.*, col. 716 et col. 718.
2. Joannis Scoti Erigenæ *Op. laud.*, lib. III, 34 ; éd. cit., coll. 722-723.
3. Joannis Scoti *Op. laud.*, lib. III, 33 ; éd. cit., col. 717.

gent de couleur ; d'où vient cette teinte variable ? C'est une question à laquelle Bède le Vénérable avait proposé [1] la réponse suivante :

« La couleur d'un astre errant est modifiée en raison de sa distance à la Terre ; cette couleur a une certaine ressemblance avec le fluide au sein duquel l'astre pénètre ; le passage dans un orbe différent lui communique une teinte différente ; un orbe plus froid fait pâlir la planète ; un cercle plus chaud la fait rougir ; une région propice aux vents lui communique une nuance horrible ; elle s'assombrit et devient plus obscure lorsqu'elle s'approche du Soleil, ou bien encore lorsqu'elle se trouve unie à son apside, qui est le point extrême de son orbite. »

Ce même problème de la couleur variable des planètes préoccupe Jean Scot ; il se relie, pour lui, à la question si vivement débattue des eaux supra-célestes, eaux dont il refuse d'admettre l'existence.

« Certaines personnes, dit Jean Scot [2], pensent qu'il existe des eaux très ténues au-dessus du firmament, c'est-à-dire au-dessus des chœurs des astres. Mais la considération des gravités et de l'ordre que les éléments doivent présenter réfute leur opinion. D'autres veulent que des eaux réduites à l'état de vapeur et presque incorporelles se trouvent au-dessus du ciel, et ils tirent argument de la teinte pâle des étoiles. Les étoiles, disent-ils, sont froides, et c'est pourquoi elles sont pâles ; mais, ajoutent-ils, il n'y a pas de froid là où la substance de l'eau fait défaut. Ils ne réfléchissent guère à ce qu'ils disent ; car là où le feu existe en substance, règne le froid... La puissance du feu est chaleur là où elle brûle ; mais elle est froid là où elle ne brûle pas ; et elle ne brûle pas, là où elle ne rencontre pas une matière en laquelle elle puisse brûler et qu'elle puisse consumer. Les rayons solaires ne brûlent pas lorsqu'ils se répandent dans les espaces éthérés car, en cette substance très subtile et spirituelle, ils ne trouvent pas de matière qui leur permettre de brûler. Mais lorsqu'ils descendent dans la région de l'air plus dense, il semble qu'ils trouvent une matière en laquelle ils puissent opérer ; ils commencent alors à devenir ardents ; au fur et à mesure qu'ils pénètrent en des corps plus épais, ils exercent plus vivement leur pouvoir de brûler au sein de ces corps, que la force de la chaleur dissout ou peut dissoudre...

1. BEDÆ VENERABILIS *De natura rerum* Cap. XV [BEDÆ VENERABILIS *Operum* accurante Migne tomus I (*Patrologiæ latinæ* tomus XC) coll. 250-251].
2. JOANNIS SCOTI *Op. laud.*, lib. III, 27 ; *loc. cit.*, coll. 697-698.

» Ainsi donc les corps célestes, éthérés, purs et spirituels qui résident dans les régions supérieures du Monde, sont constamment lumineux, mais ils sont exempts de toute chaleur, en sorte qu'ils sont froids et pâles.

» De même, la planète qui a reçu le nom de Saturne et qui est voisine des chœurs des astres fixes est dite froide et pâle.

» Quant au corps du Soleil, il occupe la région médiane du Monde, car, disent les philosophes, il y a autant de distance de la Terre au Soleil que du Soleil aux étoiles fixes. Le Soleil possède donc une sorte de nature moyenne. Des natures inférieures, il reçoit un certain caractère massif; des natures supérieures, il reçoit quelque chose de spirituel et de subtil qui le fait subsister. Il réunit en lui, pour ainsi dire, les qualités contraires des deux régions du Monde, de la région inférieure et de la région supérieure; ces qualités opposées le maintiennent, en quelque sorte, comme l'objet qu'on pèse en une balance; il ne peut quitter son lieu naturel, car la gravité de sa région inférieure l'empêche de monter, tandis que la légèreté de sa région supérieure lui interdit de descendre. C'est aussi pourquoi il paraît être d'une couleur resplendissante, intermédiaire entre la nuance pâle et le rouge; et, pour maintenir cette splendeur au degré convenable, il reçoit une part de la pâleur des étoides froides qui sont au-dessus de lui, une part de la rougeur des corps chauds qui se trouvent au-dessous.

» Quant aux planètes qui tournent autour du Soleil, elles prennent des couleurs différentes selon la qualité des régions qu'elles traversent; je veux parler de Jupiter, de Mars, de Vénus et de Mercure qui, sans cesse, circulent autour du Soleil, comme l'enseigne Platon dans le *Timée*. Lorsque ces planètes sont au-dessus du Soleil, elles nous montrent des visages clairs; elles nous les montrent rouges lorsqu'elles sont au-dessous.

» La pâleur des étoiles ne nous oblige donc aucunement à admettre que l'élément de l'eau se trouve au-dessus du Ciel; cette pâleur naît simplement de l'absence de chaleur. »

Au *Timée* de Platon, il ne se trouve rien d'analogue à ce que Jean Scot prétend y trouver; tous les astres errants y circulent autour de la Terre; mais Chalcidius, dans son *Commentaire sur le Timée*, rapportait, nous l'avons vu, la théorie d'Héraclide du Pont, qui fait circuler Vénus autour du Soleil; c'est assurément ce commentaire seul que Jean Scot lisait et qu'il prenait pour l'expression fidèle de la pensée de Platon.

Aux *Noces de la Philologie et de Mercure*, Martianus Capella donnait Vénus et Mercure pour satellites au Soleil; et Jean Scot avait sans doute remarqué le passage où cette opinion est émise.

Mais, du premier coup, le Philosophe de Charles le Chauve va bien plus loin que les sages de l'Antiquité dont il s'inspirait; ce ne sont pas seulement, selon lui, Vénus et Mercure qui accomplissent leurs révolutions autour du Soleil; ce sont aussi Mars et Jupiter; seuls, les étoiles fixes, Saturne, le Soleil et la Lune tournent autour de la Terre. Sauf en ce qui concerne Saturne, c'est le système de Tycho Brahé que nous voyons s'introduire ainsi dans l'Astronomie médiévale, et cela avant la fin du IXe siècle.

Jusqu'à Tycho Brahé, aucun astronome ne poussera, dans cette voie, aussi loin que Jean Scot Érigène. Mais bon nombre de philosophes du Moyen Age vont donner Vénus et Mercure pour satellites au Soleil. En ce faisant, ils suivront l'inspiration de Chalcidius, de Martianus Capella et aussi, nous l'allons voir, de Macrobe.

V

LA FORTUNE DE MACROBE DANS LES ÉCOLES DU MOYEN AGE

La philosophie néo-platonicienne de Scot Érigène s'inspire surtout de Chalcidius; le *Commentaire au Timée* composé par cet auteur est, pour le Philosophe de Charles le Chauve, l'expression même de la pensée de Platon, et Platon est le plus grand philosophe qui ait paru dans le monde.

Peu après le temps de Jean Scot, dès la fin du IXe siècle peut-être, dès le Xe siècle à coup sûr, le Néo-platonisme va, dans la Chrétienté latine, se développer sous l'influence non plus seulement de Chalcidius, mais encore d'Ambroise Théodose Macrobe.

Le *Commentaire au Songe de Scipion*, composé par Macrobe, ne paraît avoir exercé aucune influence sur les doctrines de Jean Scot; il a dû, cependant, connaître cet ouvrage, car on lui attribue[1], non sans vraisemblance, un écrit intitulé : « *Excerpta ex Macrobio de differentiis et societatibus græci latinique verbi* ». Le *Commentaire au Songe de Scipion* ne l'aurait donc intéressé qu'au point de vue de la grammaire.

Les contemporains de Jean Scot connaissaient également cet ouvrage. Servat Loup, abbé de Ferrières, qui joua un grand rôle

1. *Histoire littéraire de la France*, t. V, p. 427.

dans l'Église de France sous Louis le Débonnaire et sous Charles le Chauve, écrivant à Adalgard, le remercie[1] « de l'avoir secondé de son fraternel labeur en la correction de Macrobe ».

Ce médiocre écrit de Macrobe devait jouir, pendant toute la durée des xe et xie siècles, d'une vogue extraordinaire ; les Chrétiens de l'Église latine lisaient cet ouvrage avec passion ; ils y pensaient trouver la quintessence de la Sagesse antique.

La faveur extrême en laquelle le *Commentaire au Songe de Scipion* était tenu au xe siècle nous est attestée par un témoin illustre, par Gerbert, qui devint pape sous le nom de Sylvestre II.

Né vers 930 à Aurillac, Gerbert fut initié aux études dans un monastère de sa ville natale ; il acheva de s'instruire en Espagne, près du savant Hatton, évêque de Vich, puis il entra dans l'ordre des Bénédictins ; après s'être attaché à l'empereur Othon I, il revint en France, où Hugues Capet lui confia l'éducation de son fils Robert et l'éleva à l'archevêché de Reims (991) ; depuis 972, Gerbert tenait école en cette ville et prenait, dans ses lettres, le titre de *Scolasticus Remensis*. Il devint ensuite archevêque de Ravenne (997) et, enfin, pape (999). Il mourut en l'an 1003.

Gerbert était, assurément, très soucieux de Sciences mathématiques et astronomiques. Dans sa correspondance[2], il traite de l'Arithmétique, de la Géométrie, de la Musique, des horloges, de la sphère solide propre à l'étude des mouvements célestes. Il a composé un traité sur la Géométrie, et on lui attribue, sans preuve suffisante d'ailleurs, un écrit sur l'astrolabe ; nous aurons occasion, au prochain chapitre, de revenir sur ces divers écrits.

Gerbert connaît les auteurs dont s'inspirait Jean Scot. Il cite[3] l'exposition de Chalcidius sur le *Timée* de Platon et, lorsqu'il invoque[4] l'autorité du *Timée* lui-même, c'est encore par cette exposition qu'il connaît l'œuvre du grand philosophe.

Dans une lettre adressée à un certain frère Adam, il emprunte[5] à Martianus Capella des renseignements sur la durée du jour.

Mais à la lecture de ces auteurs, il joint celle de Macrobe. Dans sa Géométrie, se reconnaissent[6] des fragments tirés du *Commentaire au Songe de Scipion*. Le scolastique Adalbold, clerc de

1. B. Servati Lupi, Abbatis Ferrariensis, *Epistolæ* ; épist. VIII, ad Adalgardum (*Patrologia latina*, accurante Migne, t. CXIX, col. 452).
2. Gerberti postea Silvestri II papae *Opera mathematica* (972-1003). Collegit... Dr. Nicolaus Bubnov. Berolini, 1899.
3. Gerberti *Geometria* Cap. II, 21 (Gerberti *Opera mathematica*, p. 56).
4. Gerberti *Geometria* Cap. VI, 23 (Gerberti *Opera mathematica*, p. 93).
5. Gerberti *Opera mathematica*, p. 39.
6. Gerberti *Opera mathematica*, p. 56.

l'église de Liège, puis évêque d'Utrecht, écrit[1] à Silvestre II une lettre au sujet de questions géométriques que suggère la lecture de Macrobe.

Le *Commentaire au Songe de Scipion* est donc, dès la seconde moitié du xe siècle, d'usage courant auprès des écolâtres latins. La faveur en laquelle les Scolastiques tenaient cet ouvrage ne fit assurément que croître au cours du xie siècle. Les esprits curieux de Science profane lisaient avidement cette compilation où se trouvaient réunies des opinions que l'auteur avait empruntées aux divers sages de l'Antiquité et qu'il avait plus ou moins fidèlement rapportées. Cette ardeur à s'enquérir de l'avis des philosophes païens n'était pas sans inquiéter gravement les chrétiens soucieux d'orthodoxie et sévères à l'égard des opinions hérétiques.

Manégold était de ce nombre.

Né vers 1060, Manégold fut élevé à Lutenbach, près Guebwiller; en 1086, on le trouve en Bavière, où il devient doyen de Raitenbuch ; vers 1090, il revient en Alsace, où il fonde l'abbaye de Marbach ; en 1103, il est abbé de ce monastère.

Partisan convaincu de Grégoire VII, Manégold joua un grand rôle dans l'œuvre de réforme accomplie par ce pape.

On possède, de Manégold, un opuscule[2] écrit contre Wolfelm de Cologne ; Muratori a publié cet écrit.

La cause qui a engagé Manégold à écrire cet opuscule est une conversation qu'il avait eue, autrefois, à Lutenbach, avec Wolfelm. Les idées développées par Macrobe dans son *Commentaire au Songe de Scipion* avaient été le principal sujet de cette conservation[3]. « J'ai connu de vous-même l'aveu de votre maladie, en vous adjurant de me dire si votre intelligence se fiait à ces opinions, au point de penser qu'elles ne continssent rien que les croyants eussent à condamner... Aussi, je me propose de vous écrire à ce sujet, afin qu'en ces livres et dans ces avis dont vous cachez l'erreur, vous reconnaissiez manifestement la dépravation hérétique qu'ils contiennent ».

Ce que Macrobe a écrit de la sphère céleste, des orbes des planètes, de l'harmonie astrale, de la mesure de la Terre, du Soleil et de la Lune, éveille la méfiance de Manégold[4] ; en particulier,

1. Gerberti *Opera mathematica*, p. 302.
2. Magistri Manegaldi *Contra Wolfelmum Coloniensem opusculum (Anecdota quæ ex Ambrosianæ bibliothecæ codicibus nunc primum eruit* Ludovicus Antonius Muratorius. Tomus quartus, pp. 108 sqq. Neapoli, MDCCLXXVI. Typis Gajetani Castellani).
3. Manegaldi *Opusculum*... Proœmium ; *loc. cit.*, p. 109.
4. Manegaldi *Opusculum*... Cap. IV : Quod in mensurando Solem, et Lunam,

l'Auteur néo-platonicien lui paraît soutenir une thèse formellement hérétique lorsqu'il prétend que la terre contient quatre régions habitables et habitées, sans communication possible les unes avec les autres. Comment les habitants des trois régions auxquelles nous ne pouvons parvenir auraient-ils connaissance du Salut? Trois races d'hommes l'ignoreraient éternellement, alors que, selon l'enseignement de l'Église, le Sauveur est mort pour tous les hommes.

La doctrine à laquelle Manégold fait allusion dans ce passage est une de celles qui frappaient le plus vivement l'attention des lecteurs de Macrobe.

Au *Songe de Scipion*, Cicéron avait écrit : « Tu vois que les hommes n'habitent, sur la terre, que des régions rares et peu nombreuses, semblables à des taches entre lesquelles s'étendent de vastes espaces déserts. Ainsi, ceux qui habitent la terre sont séparés en groupes tels que, d'un groupe à l'autre, rien ne se puisse transmettre ; les uns occupent une position oblique par rapport à la vôtre, d'autres une position transverse, d'autres, enfin, une position diamétralement opposée ».

Macrobe, commentant ce passage, exposait en détail comment, à son avis, le genre humain est répandu à la surface du globe[1].

Le froid rend inhabitable les deux calottes polaires ; la chaleur empêche la vie de l'homme dans la zone torride. « Mais entre ces deux calottes extrêmes et cette zone médiane, deux régions, plus grandes l'une et l'autre que les calottes polaires, plus petites que la zone équatoriale, se trouvent tempérées par les deux climats extrêmes auxquels chacune d'elles confine ; c'est seulement dans ces deux régions que la nature a permis à des habitants de jouir d'une atmosphère propre à entretenir la vie...

» Bien qu'aux malheureux mortels, la générosité des dieux ait concédé ces deux zones que nous avons appelées tempérées, elles ne sont pas, toutes deux, habitées par des hommes du même genre que nous. Seule, la zone supérieure... est habitée par des hommes dont le genre nous puisse être connu, Romains, Grecs ou Barbares de toute nation. Quant à l'autre zone, la raison seule nous apprend qu'elle doit être habitée parce que son climat est tempéré comme le nôtre ; mais par quels hommes est-elle habitée, c'est ce qu'il ne nous a jamais été permis, ce qu'il ne nous sera jamais permis de savoir...

et habitabilibus maculis decepti sint ; et si quis inde Macrobio crediderit, in fide facile periclitetur. *Éd. cit.*, p. 114.

1. THEODOSII AMBROSII MACROBII *Ex Cicerone in Somnium Scipionis commentaria*, lib. II, cap. V.

» Chacune des deux zones tempérées est, pour la même raison, habitée en tout son pourtour, car la température du climat y suit partout le même régime. »

L'Océan partage chacune des zones habitables en deux demi-zones, car il forme, autour de la terre, une large ceinture qui passe par les deux pôles. Il y a, ainsi, en somme, quatre « taches » habitables.

« Il n'y a donc pas un seul genre humain distinct du nôtre ; il y a plusieurs genres, séparés les uns des autres, qui se distinguent de la manière suivante :

» Ceux que la zone torride seule sépare de nous sont nommés par les Grecs nos *antéciens* (ἀντοῖκοι). La calotte glaciaire australe les sépare de ceux qui habitent l'autre côté de leur zone. Ces derniers, à leur tour, se trouvent, par l'interposition de la zone torride, mis à l'écart de leurs antéciens, qui vivent dans la même zone que nous. Ces antéciens-ci, enfin, sont empêchés de venir à nous par le froid de la calotte septentrionale. »

Martianus Capella enseignait, au sujet de la terre habitée, la même opinion que Macrobe, et presque dans les mêmes termes.

« Le globe de la Terre, disait-il[1], est partagé en cinq zones.... dont trois sont rendues inhabitables par l'intempérie qu'y produit l'excès des qualités contraires ». Les deux zones, en effet, qui sont voisines des pôles, sont livrées à la congélation causée par le froid ; la zone médiane est torride ; « mais les deux autres, tempérées par le souffle d'une brise propre à entretenir la vie, ont offert une habitation aux êtres vivants ».

L'Océan, d'autre part, entoure la terre, en y séparant l'un de l'autre deux continents.

Sur le continent qui nous porte, et qu'entoure l'Océan, il y a, ainsi, deux régions habitables ; l'une est celle où nous vivons, l'autre celle qu'occupent nos ἀντοῖκοι, séparés de nous par la zone torride.

L'autre continent, qui se trouve par delà l'Océan, contient également deux régions habitées.

D'une de ces régions, les habitants ont l'hiver lorsque nous avons l'été, et l'été lorsque nous sommes en hiver. Capella les nomme nos ἀντίχθονες. Ils occupent ce que nous appelons, aujourd'hui, nos antipodes.

Les habitants de l'autre région ont les mêmes saisons que nous, mais le jour brille pour eux lorsque nous sommes dans la nuit, et

1. Martiani Capellæ *De nuptiis Philologiæ et Mercurii* lib. VI, 602-608.

inversement. A ceux-ci, notre auteur réserve le nom d'*antipodes*. 'Αντοῖκοι, ἀντίχθονες, *antipodes*, sont trois familles humaines qui n'ont, qui n'auront jamais commerce entre elles ni avec nous.

Manégold ne pouvait admettre l'existence de ces trois genres humains à tout jamais privés de la Bonne Nouvelle.

« Toutes ces choses », poursuit Manégold[1], « je les ai lues avec vous, et je vous répétais fréquemment qu'il les faut recevoir comme capables de donner une certaine notion de la sphère du Monde, mais qu'il ne s'y faut pas fier comme si elles étaient défendues par la vérité même. »

Saint Ive, qui fut nommé évêque de Chartres en 1090, et qui mourut en 1115, correspondait avec Manégold[2]; il ne paraît pas, cependant, que la méfiance de ce dernier à l'égard de Macrobe ait gagné les écoles de Chartres ; en plein XIIe siècle, les écolâtres chartrains continuaient à méditer le *Commentaire au Songe de Scipion*.

Dans la seconde moitié du XIIe siècle, Hugues Métel, qui mourut vers 1157, écrit à un autre Hugues, probablement Hugues de Saint-Jean, qui enseigne à Chartres[3] : « Vous rappelez-vous notre première rencontre et la question que vous m'avez posée alors ? Je rêvais avec Scipion, avec lui je parcourais tout le Ciel, et vous m'avez demandé, si j'ai bonne mémoire, *quid propinquius consideretur circa substantias, an qualitas, an quantitas*. Le passage de Macrobe où j'en étais était celui-ci : *Cogitationi nostræ meanti a nobis ad superos occurrit prima perfectio incorporalitatis in numeris*. Macrobe, m'écriai-je alors, me délivre de votre question, quand il me dit que l'esprit, en montant vers la substance, à partir de ce qui est au-dessous, c'est-à-dire des accidents, rencontre d'abord les nombres. C'est ainsi que j'ai été tiré par Macrobe de vos mains, c'est-à-dire des mains d'Hugues le Sophiste qui me voulait circonvenir. »

Dans cette même lettre, Hugues Métel nous apprend qu'il recueillait avidement les enseignements géographiques et astronomiques de Macrobe, sans se laisser effrayer par les opinions où Manégold flairait l'hérésie : « Autrefois », dit-il[2], « je calculais avec les arithméticiens; je mesurais la terre avec les géomètres; je m'élevais aux cieux avec les astronomes, j'en parcourais la vaste étendue

1. MANEGALDI *Opusculum*... Cap. V : Quod secundum Apostolum talia probanda sunt, et ad sobrietatem christianæ regulæ revocanda. *Éd. cit.*, p 114.
2. Abbé A. CLERVAL, *Les écoles de Chartres au Moyen Age (Du Ve au XVIe siècle)*, p. 147 ; Thèse de Paris, 1895.
3. A. CLERVAL, *Op. laud.*, pp. 175-176.
4. A. CLERVAL, *Op. laud.*, p. 184.

des yeux et de l'esprit, j'observais les mouvements des astres, je suivais les sept planètes dans leurs courses irrégulières autour du Zodiaque. Autrefois, je disputais sur la nature et les propriétés de l'âme... Autrefois, je faisais en esprit le tour du Monde, ayant même pénétré jusqu'à la zone torride, où je plaçais des habitants ».

A l'imitation d'Hugues Métel, les Chartrains lisent assidûment le *Commentaire au Timée* de Chalcidius et le *Commentaire au Songe de Scipion* de Macrobe. Bernard Sylvestre de Tours, par exemple, fréquente Chalcidius, Macrobe et Martianus Capella.

Bernard Sylvestre a exposé sa doctrine dans un curieux ouvrage, écrit partie en prose et partie en vers, qu'il a intitulé *De Mundi universitate*, et qu'il a offert, entre 1145 et 1153, à Thierry de Chartres.

Le *De mundi universitate* débute par le vers suivant[1] :

Congeries informis adhuc cum Sylva teneret.

Le nom de *Sylva*, donné à la Matière première, trahit, dès l'abord, l'influence de Chalcidius; et Chalcidius semble, en effet, le principal inspirateur de l'œuvre où la pensée de Macrobe ne transparaît nulle part[2] au point de se laisser reconnaître avec certitude.

Il n'en est pas de même des *Commentaires aux six livres de l'Énéïde* qu'a composés le même Bernard Sylvestre. L'inspiration de Macrobe est avouée par la première phrase même de l'ouvrage, qui est la suivante[3] :

« Une observation minutieuse nous a convaincu qu'en la seule *Énéïde*, Virgile avait eu une double doctrine; la chose est attestée par Macrobe, qui a enseigné la véritable philosophie de ce livre sans en oublier la fiction poétique. »

Les Scolastiques qui appartenaient à l'École de Chartres ou se rattachaient à cette École accordaient aux doctrines néo-platoniciennes de Chalcidius et de Macrobe cette confiance aveugle, et singulièrement dangereuse pour l'orthodoxie de leur foi, que Manégold reprochait à Wolfelm.

1. Notice sur *Bernard de Chartres* in : *Histoire littéraire de la France par les* Religieux bénédictins de Saint-Maur. 2e éd., t. XII, p. 270; 1869. — M. l'abbé Clerval a établi que Bernard Sylvestre de Tours, auteur du *De Mundi universitate*, n'était pas le même personnage que Bernard de Chartres, frère aîné de Thierry (A. Clerval, *Op. laud.*, pp. 158-162).

2. Voir les extraits étendus du *De Mundi universitate* que Victor Cousin a donnés sous le nom de Bernard de Chartres (V. Cousin, *Fragments philosophiques. Philosophie scholastique*. Appendice IV. Seconde édition, Paris, 1840; pp. 332-352).

3. Cf. : V. Cousin, *Op. laud.*, pp. 358-359.

« Les écolâtres de Chartres, dit M. le chanoine Clerval[1], se tiennent en dehors du dogme dans leur philosophie, et ils firent de la Théologie en partant non de la tradition, mais de leurs principes propres, ou bien ils regardèrent les auteurs profanes comme organes de la Révélation presque au même titre que les auteurs sacrés, et s'efforcèrent de les accorder ensemble. Ils appelaient Platon le Théologien. « Nous expliquons comment s'est fait ce qui » est raconté dans l'Écriture Sainte », disait Guillaume de Conches. Conformément à ce principe, ils empruntaient aux païens l'explication des mystères et se faisaient fort d'en rendre compte naturellement. Guillaume de Conches, Gilbert de la Porrée, Thierry de Chartres... appliquèrent leurs essais à la Sainte Trinité, d'autres à la création. Thierry prétendit aussi expliquer la Genèse physiquement et littéralement.

» Ni les uns ni les autres ne voulaient être hétérodoxes ; au contraire, ils désiraient tous suivre la foi et la servir. Bernard de Chartres rejeta l'éternité de la matière pour rester fidèle à la doctrine des Pères; Thierry et Gilbert ne s'aperçurent pas d'abord des incompatibilités qui existaient entre leur théorie platonicienne et l'enseignement de l'Église. Ce dernier promit au pape de corriger ses livres. Guillaume de Conches, sur la fin, disait en matières dogmatiques : « *Christianus sum, non Academicus.* »

Cette transformation fut due, pour une très grande part, à l'influence de Pierre Lombard et à l'effort qu'il fit pour ramener les théologiens à l'étude de l'Écriture et des Pères. A combattre ceux qui veulent assujettir les desseins de Dieu aux conséquences de leur philosophie, il consacre toute une distinction, la XLIIIe du premier livre des *Sentences* : « Certains hommes, dit-il, se faisant gloire de leur sens propre, se sont efforcés de réduire la puissance de Dieu à leur mesure. Ils disent, en effet : Dieu peut jusque-là, et non au delà. Qu'est-ce là, sinon réduire à une certaine mesure la puissance de Dieu, qui est infinie ? »

« On comprit seulement[2] après la condamnation de Gilbert et d'Abélard, et après l'apparition des *Sentences* de Pierre Lombard, que l'explication de la foi devait se puiser chez les Pères et dans l'Écriture Sainte, et non chez les philosophes païens. Alors les Chartrains changèrent leur méthode et redevinrent de vrais théologiens, soucieux du sens traditionnel des dogmes. »

Cette transformation, qui mit fin au Néo-platonisme médiéval, ne se produisit qu'au milieu du XIIe siècle ; alors cessa l'empire de

1. A. Clerval, *Op. laud.*, pp. 267-268.
2. A. Clerval, *Op. laud.*, p. 9.

Chalcidius et de Macrobe ; mais, depuis le temps de Jean Scot Érigène jusqu'à cette époque, l'influence de ces philosophes se fit puissamment sentir et, bien souvent, aux dépens de l'orthodoxie catholique.

Parmi les hérésies que peut engendrer la lecture des philosophes profanes, celles qui concernent l'âme humaine provoquent, au plus haut point, les soucis de Manégold[1]. Voici, en effet, les titres des trois premiers chapitres de son *Opuscule contre Wolfelm* :

« I. Qu'il ne faut pas rejeter toutes les sentences des philosophes, mais seulement celles en lesquelles ils se trompent et nous trompent ; de l'avis particulièrement détestable de Pythagore au sujet de l'âme.

» II. De Platon et des raisonnements enveloppés par lesquels il montre en quoi consiste l'âme et prétend que l'âme pénètre le corps à distance.

» III. Des divers avis des philosophes au sujet de l'âme. »

Au second chapitre, Manégold s'en prend au *Timée* de Platon qu'il connaît, cela va sans dire, par le *Commentaire* de Chalcidius, et au *Songe de Scipion* de Macrobe ; Macrobe est encore pris à partie au cours du troisième chapitre.

Et en effet, les Chrétiens d'Occident qui lisaient Macrobe trouvaient en cet auteur, très nettement formulés, tous les principes de la doctrine de l'intelligence unique, commune à tous les hommes, qui devait, à partir du XIIIe siècle, constituer la célèbre hérésie averroïste.

Dieu, selon le Commentateur du *Songe de Scipion*, a créé le Νόος ; le Νόος, à son tour, regardant le Père, a créé l'Ame du Monde ; de l'Esprit dont elle est née, cette Ame tient son caractère rationnel (λογικόν) ; de sa nature, elle a le caractère sensitif (αἰσθητικόν) et le caractère végétatif (φυτικόν). Par sa vertu rationnelle, elle anime les corps célestes et, aussi, les plus parfaits des corps sublunaires, les hommes. L'homme n'est pas animé par les astres ; il l'est par la source qui anime aussi les astres, c'est-à-dire par la partie de l'Ame du Monde qui émane du pur Esprit. Une raison unique, que l'Ame du Monde tient de l'Esprit, réside donc dans tous les astres et dans tous les hommes ; en chaque astre, elle demeure perpétuellement ; à la mort de l'homme, au contraire, si elle est pleinement purifiée, elle est débarrassée des liens temporaires qui unissaient une partie de l'Ame du Monde à un corps.

1. MANEGALDI *Opusculum*... Capp. I, II et III ; *éd. cit.*, pp. 112-114.

Cette doctrine de l'unité de l'intelligence paraît avoir, de très bonne heure, exercé ses séductions au sein de la Chrétienté latine. Le IXe siècle vit une tentative d'Averroïsme avant Averroès[1] ; le moine hibernais Macarius Scotus semble en avoir été l'initiateur ; l'Hibernie et l'abbaye de Corbie paraissent avoir été les principaux théâtres de la lutte.

La lecture de Macrobe a fort bien pu susciter l'hérésie de Macarius Scotus ; Macrobe aurait donc été connu en Écosse dès le IXe siècle ; de là, par l'intermédiaire de l'abbaye de Corbie, la connaissance du *Commentaire au Songe de Scipion* se serait répandue dans les écoles du continent. On ne saurait s'étonner que ce rôle d'initiateur de l'Europe au Néo-platonisme fût tenu par le pays auquel nous devons Jean Scot.

L'influence de Macrobe ne se bornait pas à suggérer aux Latins des opinions hérétiques sur l'unité de l'intelligence humaine ; elle orientait également leurs connaissances astronomiques ; en concordance avec les enseignements de Chalcidius et de Martianus Capella, elle les portait à recevoir la théorie d'Héraclide du Pont touchant les mouvements de Vénus et de Mercure.

VI

Helpéric

Le premier astronome qui s'avouera disciple de Macrobe, c'est Helpéric.

Quel était cet Helpéric ?

Fabricius mentionne divers Helpéric ; celui dont nous allons parler était, dit-il[2], moine bénédictin de Saint-Gall ; il aurait écrit, vers 980, un traité de *Comput ecclésiastique*. Trittenheim, qui le qualifie d'astronome, de philosophe et de poète, le fait vivre plus tard, soit vers 1040, soit, dans d'autres écrits, vers 1080.

Casimir Oudin, dans sa *Dissertation sur les écrits de Bède le Vénérable*, rapporte[3] l'opinion émise par le jésuite Pierre-François Chifflet ; celui-ci citait, en 1656, dans ses *Scriptores veteres de*

1. Ernest Renan, *Averroès et l'Averroïsme ; essai historique ;* pp. 101-102 ; Paris, 1852.
2. Fabricii *Bibliotheca latina mediæ et infimæ ætatis*, t. III, p. 188.
3. Bedæ Venerabilis *Opera omnia*. Accurante J. P Migne. T. I. (*Patrologiæ latinæ* t. XC), col. 77.

fide catholica, le traité *De computo* rédigé par Helpéric ; il ajoutait que cet auteur écrivait vers 930.

Le traité *Du calendrier* composé par cet Helpéric si peu connu est, d'ailleurs, conservé dans divers manuscrits[1]. Lisons-le ; il nous apportera, sur Helpéric, des renseignements peu nombreux, mais précis et certains.

Voici comment débute le texte que nous avons eu entre les mains[2] :

« INCIPIT PROLOGUS DOMINI HELPRICI IN CALCULATORIA ARTE HOC MODO :

» *Cum quibusdam fratribus nostris adolescentulis quedam calculatorie artis rudimenta communi sermone explicare cepissem...* »

Ces premières lignes nous apprennent de suite qu'Helpéric est religieux et qu'il écrit un traité élémentaire pour les écoles où sont instruits de tout jeunes gens, déjà revêtus de l'habit de l'ordre. Que ce religieux soit bénédictin, que son monastère soit Saint-Gall, comme le veulent Fabricius et Trittenheim, ce sont propositions que nous ne saurions confirmer ni contredire.

Le petit traité d'Helpéric s'achève par une *Comendatio precedentis operis*[3] ; nous y trouvons des renseignements tout semblables à ceux que le prologue nous a fournis ; l'auteur nous apprend qu'il a écrit à la demande des scolastiques de son ordre, « *scolasticorum nostrorum rogatu* », et qu'il a rassemblé, après les avoir recueillis de tous côtés, les principes qu'il jugeait nécessaire pour introduire des enfants (*pueri*) dans l'art du calcul.

Ce caractère tout élémentaire de son œuvre, il l'affirme encore dans la phrase finale :

« *Sciat autem quisquis ista studierit* (sic) *non sibi esse edita, sed his tantum qui maiora adhuc penetrare nequeunt, ut his primum quibusdam quasi alfabeti caracteribus inducti, illa deinceps facilius assequantur.* »

Bien que le titre et la première phrase du préambule aient paru nous annoncer un traité de calcul, *ars calculatoria*, la fin du préambule nous dit nettement[4] que nous allons lire un traité du calendrier, « *cotidiana annuaque compoti argumenta* ».

Au cours de ce petit ouvrage, une visible recherche d'élégance latine s'unit au souci constant d'une très grande clarté. Ce souci

1. On en trouvera une liste dans : GERBERTI *postea* SILVESTRI II PAPÆ *Opera mathematica*. Collegit Dr Nicolaus Bubnov. Berolini, 1899 ; pp. CIX-CX. — Celui que nous avons consulté est le ms. n° 15118 (olim S. Victor, 448) du fonds latin de la Bibliothèque Nationale.

2. Ms. cit., fol. 1, r°.

3. Ms. cit., fol. 19, v°.

4. Ms. cit., fol. 1, v°.

de clarté porte l'auteur à joindre un exemple numérique à chacune des règles qu'il formule; ces exemples vont nous faire connaître la date du livre.

L'exemple chargé d'illustrer cette règle : *Qualiter anni ab incarnatione Domini inveniantur*[1], aboutit à cette conclusion : « Il vient 978; ce sont les années écoulées depuis l'incarnation du Seigneur (*et fiunt DCCCCLXXVIII. Isti sunt anni ab incarnatione Domini*). »

Tout aussitôt après, vient la règle qui permet de trouver l'origine des indictions : *Qualiter origo indictionum inveniatur.* L'exemple qui l'accompagne dit : « Prenez autant d'années du Seigneur qu'il y en a maintenant et ajoutez-y les trois années régulières, c'est-à-dire les années de l'indiction où le Seigneur est né, qui avaient précédé cette naissance ; il vient 981 — *Sume annos Domini quotquot fuerint in presenti et his adde regulares III, illos scilicet annos qui precesserant de indictione qua natus Dominus, et fiunt DCCCCLXXXI.* »

Ces deux exemples ne sauraient nous laisser aucun doute ; c'est en l'année 978 qu'Helpéric a composé son traité du calendrier.

Cette conclusion trouve, d'ailleurs, de nouvelles confirmations dans les calculs qui se lisent sous les titres suivants :

De concurrentibus[2].

Quomodo inveniuntur concurrentes.

Quotus sit annus a bissexto.

Quomodo ciclus lune inveniatur[3].

L'année considérée dans ces calculs est toujours 978.

Lorsqu'en 978, Helpéric compose son traité du calendrier, il lit Macrobe. Il nous l'apprend dans le chapitre qu'il intitule : Brève raison des signes [du Zodiaque], *Brevis ratio signorum*[4].

« Cet opuscule, c'est pour les ignorants (*rudes*), c'est-à-dire pour ceux qui nous ressemblent, que nous avons entrepris de l'écrire ; il ne paraîtra donc pas inutile d'y toucher quelques mots de la raison des signes [du Zodiaque], dans la limite où la capacité de notre modeste intelligence (*ingenioli nostri capacitas*) a pu retenir ce qu'en ont dit les Anciens.

» Il faut savoir, tout d'abord, que les signes sont simplement certaines régions du ciel que l'ordre et la sagacité des calculateurs ont, à l'aide de la position des étoiles, définies comme par des bar-

1. Ms. cit., fol. 11, v°.
2. Ms. cit., fol. 12, v°.
3. Ms. cit., fol. 13, r° et v°.
4. Ms. cit., fol. 2, v°.

rières. Les Égyptiens, se sont, plus que tous les autres peuples, adonnés avec ardeur à l'étude de cet art ; les lettres divines, comme les lettres humaines, nous l'apprennent ; au témoignage de Macrobe, ils furent les premiers à subdiviser en douze parties ce chemin le long duquel le Soleil accomplit son parcours annuel ; par quel procédé ils l'ont fait, que celui qui le désire savoir plus complètement s'applique à la lecture du *Commentaire au Songe de Scipion* de ce même Macrobe (*Quod qua industria fecerunt, qui plenius nosse desiderat eiusdem Macrobii commentum de sompno Scipionis legere studeat*) ».

Nous voici donc avertis que, dès l'an 978, le *Commentaire* de Macrobe jouissait, dans les écoles, d'une haute autorité.

En revanche, Helpéric n'attachait pas grand prix aux poèmes astronomiques des Hygin et des Aratus. « La postérité, écrit-il, a donné, à chaque signe, un nom déterminé ; ces noms, les poètes les ont entourés de fictions ridicules (*que poete quidem ridiculose finxerunt*). Mais ceux qu'on appelle philosophes se sont efforcés de colorer ces dénominations de quelque ombre de raisons physiques. Pour nous, nous laissons de côté les fictions poétiques, dans lesquelles ne se trouve aucunement la solidité du vrai ; mais il ne nous semble pas pénible d'insérer ici des remarques peu nombreuses que nous avons pu tirer des commentaires composés par les anciens naturalistes. »

Notre auteur donne alors, à propos de chacun des signes du Zodiaque, quelques raisons propres à justifier le nom de ce signe. Et voici qui vaut la peine d'être noté : Aucune de ces raisons ne fait, à l'Astrologie, le moindre appel.

Comme exemple des considérations auxquelles chaque signe donne lieu, citons celles qui ont trait au signe du Taureau[1] :

« *Du Taureau*. Voici, je pense, pourquoi on a donné au Taureau le second rang : Lorsque le Soleil atteint ces parties [du Zodiaque], les travaux des bœufs, qui sont les blés, approchent de la maturité ; et même, dans certaines terres plus chaudes, on les moissonne déjà. »

L'opuscule d'Helpéric n'a pas d'autre objet que le calendrier ; les théories astronomiques n'y seraient pas à leur place et nous ne devons pas nous attendre à en trouver l'exposé dans ces pages ; toutefois, une heureuse digression va nous apprendre ce que l'auteur pensait d'une au moins de ces théories.

Un chapitre est ainsi intitulé[2] « Comment on peut dire que le

1. Ms. cit., fol. 3, r°.
2. Ms. cit., fol. 4, v°.

Soleil est dans tel signe. — *Quomodo Sol in quolibet signo esse dicatur* ». Voici la réponse que reçoit cette question :

« On dit que le Zodiaque est, avec les signes, fixé dans le Ciel, tandis que le Soleil se transporte, bien loin du Zodiaque, dans l'espace qu'occupe l'éther ; il y a donc lieu d'ajouter ici, je pense, pour quelle raison on prétend que le Soleil circule sur le Zodiaque. De cela, l'explication n'exige pas une laborieuse argumentation. Nous disons, en effet, que le Soleil est dans un signe lorsqu'il parcourt la région de son cercle qui se trouve placée au-dessous de ce signe ; ils sont donc tous deux transportés, le signe courant au-dessus du Soleil et le Soleil courant au-dessous. Il en est également, sachons-le, des autres planètes ».

Nous voyons par ce passage quelle constitution Helpéric attribuait au système des astres ; à une sphère solide, qu'il nomme simplement le Ciel, sont fixées les étoiles, celles, en particulier, qui forment les constellations du Zodiaque ; la concavité de cette sphère est remplie par l'éther, au travers duquel circulent les astres errants. C'est une hypothèse analogue que soutenaient les Stoïciens, Cléanthe par exemple, dont Macrobe nous rapporte l'opinion sur le mouvement du Soleil.

Aussitôt après le chapitre que nous venons de citer, nous en trouvons un autre [1] où nous ne reconnaissons plus seulement l'influence de Macrobe, mais encore une trace très nette laissée par la lecture de Chalcidius. Ce chapitre est intitulé : « Contre ceux qui prétendent que les planètes sont mues en sens contraire du mouvement du Monde. — *Contra eos qui dicunt planetas contra Mundum ferri* ». Le voici :

« Il est une chose qui ne me cause pas une médiocre émotion ; c'est ce qu'affirment nombre de gens et, en particulier, presque tous ceux qui traitent du hasard (*pene omnes hasartis tractatores*) ». Ce sont évidemment les astrologues qu'Helpéric désigne en ces termes. « Ils prétendent que le Soleil, la Lune et les autres planètes font effort contre le Monde.

» En effet, si leur mouvement naturel tend sans cesse vers le Levant, je ne puis apercevoir ce qui les conduit vers le Couchant [2]. Ils disent, il est vrai, que ces astres sont poussés par l'impulsion de la sphère céleste ; que ce soit là une raison frivole, cela se voit clairement, alors qu'aucun de ces astres ne touche cette sphère, et que chacun d'eux, dans son mouvement, en demeure séparé par un très grand intervalle.

1. Ms. cit., fol. 4, v°, et fol. 5, r°.
2. Au lieu de : *Occasum*, le texte que nous avons consulté porte : *Ortum*.

» Quant à l'argument par lequel ils s'efforcent de prouver leur affirmation, il est facile de l'énerver. Ils disent que les signes étant rangés dans un ordre tel que le Taureau vienne après le Bélier, les Gémeaux après le Taureau, et ainsi de suite pour les autres signes, le Soleil, quittant le Bélier, n'entre pas dans le signe qui est en avant de celui-ci, mais recule dans celui qui est derrière, c'est-à-dire dans le Taureau, puis du Taureau dans les Gémeaux, et qu'il continue ainsi au travers des autres signes. Comme s'il ne pouvait se faire que le Ciel, au-dessus, coure plus vite, et que le Soleil, au-dessous, coure moins vite ! Que le signe fixé dans le Ciel, avec le Ciel lui-même dépasse le Soleil, celui-ci, par l'effet de sa marche plus lente, se trouvant laissé en arrière ! Qu'un nouveau signe suivant le premier, le Soleil, que celui-ci a abandonné, se trouve maintenant sous celui-là !

» En disant ces choses, je ne préjuge pas l'avis des autres, mais je dévoile tout simplement ce qui me paraît vrai ».

Helpéric, évidemment, admet en entier, au sujet du mouvement des astres errants, l'opinion des Stoïciens.

Dans l'opuscule d'Helpéric sur le calendrier, l'influence de Macrobe n'avait que de rares occasions de s'exercer ; elle trouvera plus ample matière à émouvoir dans l'écrit que nous allons maintenant analyser.

VII

UN DISCIPLE DE MACROBE. LE PSEUDO-BÈDE ET SON TRAITÉ **De mundi constitutione**

On trouve, en général, parmi les œuvres de Bède [1] un écrit intitulé : *De mundi cælestis terrestrisque constitutione liber.*

Bède ne mentionne pas ce livre au nombre de ses œuvres, dans la liste qu'il a pris soin d'en dresser [2] ; ce fait seul suffirait à rendre très suspecte l'attribution qu'on en fait au Moine de Wearmouth. Cette objection n'a pas suffi à convaincre Oudin qui, dans sa *Dissertation sur les écrits de Bède le Vénérable*, déclare [3] que le *Livre de la constitution du monde céleste et terrestre* ne lui paraît pas indigne de cet auteur.

1. Bedae Venerabilis *Opera omnia*, tomus I, coll. 881-910 ; (*Patrologie latine* de Migne, t. XC).
2. Bède le Vénérable, *loc. cit.*, coll. 38-39.
3. Bède le Vénérable, *loc. cit.*, col. 76.

Cependant, un examen, même superficiel, du *De natura rerum liber* et du *De mundi cælestis terrestrisque constitutione liber* suffit à reconnaître que ces deux œuvres ne sont pas sorties de la même main.

Tout d'abord, il serait assez surprenant qu'un même auteur eût écrit deux ouvrages où les mêmes matières fussent traitées, et dans les mêmes proportions ou peu s'en faut. Il serait encore plus surprenant que, sur certaines questions essentielles, ces deux écrits, issus d'une même pensée, donnassent des théories absolument disparates ; et c'est, nous le verrons, ce qui arrive ici au sujet des mouvements astronomiques.

Autre étrangeté. L'auteur du *De mundi constitutione* cite, à titre d'autorités, divers écrits de Bède : « Selon Bède au *De temporibus*[1]... Bède[2] dit qu'il y a quatre couleurs différentes en l'arc en ciel ».

Mais certaines remarques tranchent le débat sans laisser place à la moindre contestation.

Par deux fois, l'auteur du *De mundi constitutione* mentionne[3] une observation qu'il emprunte, dit-il, aux *Gesta Caroli*, et selon laquelle Mars serait demeuré invisible pendant toute une année.

Il écrit également[4] : « On sait par l'histoire de Charlemagne que Mercure est apparu pendant neuf jours sur le disque solaire sous forme d'une tache ».

En effet, diverses annales du règne de Charlemagne rapportent[5], à la date de 798, l'observation suivante :

« Cette année-là, l'astre qu'on nomme Mars ne put être aperçu dans aucune région du ciel depuis le mois de juillet de l'année précédente jusqu'au mois de juillet de ladite année ».

On lit de même, dans les *Chroniques de Saint Denis* pour l'année 808[6] :

1. BÈDE LE VÉNÉRABLE, *loc. cit.*, col. 883 : Climata.
2. BÈDE LE VÉNÉRABLE, *loc. cit.*, col. 888 : De iride.
3. BÈDE LE VÉNÉRABLE, *loc. cit.*, col. 891 : De occultatione stellarum ; col. 893 : Quo tempore cursus perficiant planetæ.
4. BÈDE LE VÉNÉRABLE, *loc. cit.*, col. 889 : De ordine planetarum.
5. *Annales Francorum vulgo Petaviani dicti ;* anno DCCXCVIII — *Annales rerum francicarum quæ a Pippino et Carolo Magno regibus gestæ sunt ab anno post Christum natum DCCXLI usque ad annum DCCCXIV ;* anno DCCXCVIII — ADONIS VIENNENSIS ARCHIEPISCOPI *Chronicon in sexta Mundi ætate ;* anno 798 — *Annales Francorum Mettenses, seu potius chronicon monasterii S. Arnulphi Mettensis ;* anno DCCXCVIII (*Recueil des Historiens des Gaules et de la France*. Tome cinquième... par DOM BOUQUET. Nouvelle édition, Paris, 1869 ; p. 23, p. 51, p. 320 et p. 349).
6. *Chroniques de Saint Denis* (*Recueil des Historiens des Gaules et de la France*, t. V. Nouvelle édition, Paris, 1869 ; p. 254) — Cf. *Annales Francorum, vulgo Petaviani dicti ;* anno DCCCVIII — *Annales rerum francicarum quæ a Pippino et Carolo Magno regibus gestæ sunt... ;* anno DCCCVIII — *Annales*

« L'estoille de Mercure fu veue emmi le cours du Soleil aussi comme une petite tasche noire en la seszième kal. d'avril [807], [qui] un poi devant ce [avoit] ot esté moiene ou centre de celles meismes estoille. Si fu veue en tele manière par VII jours, mais l'an ne pout apercevoir quant elle y entra, ne quant elle en issi, pour l'empeechement des nues. »

Giovanni Schiaparelli, qui a fait le premier cette remarque [1], en a conclu naturellement que le *De mundi constitutione liber* ne pouvait être de Bède, qu'il avait été écrit au plus tôt au IXe siècle, qu'il était donc postérieur d'au moins un siècle au vénérable Moine de Wearmouth.

Cet écrit a très profondément subi, nous le verrons, l'influence de Macrobe, qui s'y trouve fort souvent cité ; cette considération nous conduit à penser que l'auteur vivait après Scot Érigène, qui ne paraît pas avoir connu la séduction qu'allait exercer la science de Macrobe ; il ne nous semble, d'ailleurs, possible de préciser ni le temps ni aucune circonstance de la vie de cet auteur [2].

Nous avons dit qu'en deux chapitres différents du *De mundi constitutione liber*, on retrouvait la mention d'une observation faite sous Charlemagne ; selon cette observation, Mars serait demeuré invisible pendant toute une année. Nous avons là un exemple du désordre qui se montre en la composition de cette œuvre ; bon nombre de passages se trouvent reproduits, presque textuellement, en deux endroits du livre ; ainsi en est-il des principales théories astronomiques que l'auteur expose. En outre, les dernières pages du livre ne présentent aucun rapport avec ce qui les précède, au point qu'on les prendrait volontiers pour un fragment détaché de quelque autre ouvrage.

Le *Livre de la constitution du Monde céleste et terrestre* appartient, comme le *De Universo* de Rhaban Maur, à la tradition qu'a inaugurée le *De natura rerum liber* d'Isidore, qu'a continuée le *De natura rerum liber* de Bède ; nous verrons qu'il a beaucoup emprunté à ces deux livres *Sur la nature des choses* ; mais l'esprit qui a présidé à ces emprunts diffère extrêmement de celui qui a dirigé la rédaction du compilateur de Mayence.

Francorum Mettenses...; anno DCCCVIII (*Recueil des Historiens des Gaules et de la France*, t. V ; nouvelle édition, Paris, 1869, p. 25, p. 56 et p. 353).

1. G. V. SCHIAPARELLI, *Le sfere omocentriche di Eudosso, di Callippo e di Aristotele, IV* (*Memorie del R. Instituto Lombardo di Scienze e Lettere.* Classe di Scienze matematiche e naturali. Vol. XIII, p. 135. Milano, 1877).

2. Un autre écrit, faussement attribué à Bède comme celui-ci, paraît être de Manégold [Dom G. MORIN, *Le Pseudo-Bède Sur les psaumes et l'Opus super psalterium de Manegold de Lautenbach, Revue Bénédictine*, XXVIIIe année, 1911, p. 331].

Rhaban Maur est un mystique ; le Pseudo-Bède est un rationaliste. De son traité, les interprétations symboliques et allégoriques ont été complètement chassées ; les citations de l'Écriture et des Pères ont entièrement disparu. Il semble que cet auteur ait conçu nettement l'idée, si familière a partir du XIIIe siècle, d'une science naturelle exclusivement fondée sur les données de la raison et pleinement indépendante de la Révélation.

Cette pensée, si différente de celle qui inspirait Isidore de Séville et surtout Rhaban Maur, apparaît avec une netteté particulière là même où le Pseudo-Bède subit le plus visiblement l'influence de l'Évêque espagnol. Un exemple nous le montrera.

Après avoir admis qu'un ciel aqueux se trouve au-dessus du firmament, Isidore, à la suite de Saint Ambroise, examine cette objection [1] : Comment ces eaux peuvent-elles demeurer au-dessus du firmament dont les divers orbes tournent avec une grande rapidité, alors que cette rotation même devrait avoir pour effet de les répandre ? A l'encontre de cette objection, l'auteur du *De natura rerum liber* ne trouve à invoquer qu'une intervention miraculeuse de la Toute-Puissance divine : « Celui qui, de rien, a pu créer toute chose, n'a-t-il pu fixer dans le Ciel la nature de ces eaux en lui conférant la solidité de la glace ? »

Le Pseudo-Bède, lui aussi, pose l'objection [2] qu'ont examinée successivement Ambroise et Isidore. Mais, pour réfuter cette objection, il propose [3] un certain nombre d'hypothèses qui, toutes, invoquent les lois habituelles de la Physique.

La première de ces hypothèses est bien digne de remarque ; elle est ainsi formulée : « Ces eaux tournent avec tant de vitesse qu'elles ne tombent pas ; c'est ce que chacun peut expérimenter avec un vase plein ; plus est rapide le mouvement de révolution que la main imprime à ce vase, moins il laisse couler l'eau qu'il contient ». Aristote, lui aussi, cite [4] cette observation ; Empédocle l'invoquait, assure-t-il, lorsqu'il attribuait le repos de la Terre au mouvement du Ciel. Plutarque, de son côté, aurait pu inspirer le Pseudo-Bède ; selon lui [5], c'est le mouvement de révolution de la Lune qui supprime la gravité de cet astre et l'empêche de choir au centre du Monde. Mais il est fort douteux que le Pseudo-Bède ait pu connaître ces auteurs.

1. ISIDORI HISPALENSIS *De natura rerum liber* ; cap. XIV. De aquis quæ super cælos sunt.
2. BÈDE LE VÉNÉRABLE, *loc. cit.*, col. 893 : De frigore Saturni.
3. BÈDE LE VÉNÉRABLE, *loc. cit.*, col. 893 : De supercælestibus aquis.
4. ARISTOTE, Περὶ Οὐρανοῦ τὸ Β, ιγ (*De Cælo et Mundo*, lib. II, cap. XIII).
5. PLUTARQUE, Περὶ τοῦ ἐμφαινομένου προσώπου τῷ κύκλῳ τῆς σελήνης, Ζ (*De facie quæ apparet in orbe Lunæ*, VI). — Voir : Première partie, Ch. XIII, § XII ; t. II, p. 363.

Moins remarquables assurément que la première, les autres hypothèses proposées par le Pseudo-Bède sont cependant tirées de raisons purement naturelles : « La seconde consiste à supposer que les eaux demeurent au-dessus du ciel sous forme de vapeurs semblables aux nuées que nous voyons pendre ici-bas. La troisième suppose que, par l'effet de l'éloignement du Soleil, qui est la source principale de chaleur, le ciel aqueux s'est congelé et est devenu cohérent ».

C'est seulement après avoir énuméré ces diverses explications naturelles que le Pseudo-Bède mentionne l'explication surnaturelle d'Isidore de Séville : « Enfin, dit-il, on peut résoudre la difficulté par la puissance divine ; les eaux sont retenues en leur lieu par la volonté de Dieu, à l'aide d'un procédé inconnu des hommes ».

L'auteur du *De constitutione mundi liber* rapporte ici l'explication théologique d'Isidore sans lui donner la préférence sur les arguments purement physiques ; il semble même que son rationalisme s'accommode mieux de ces derniers. On éprouve souvent une impression du même genre lorsque cet auteur rapproche l'opinion des docteurs chrétiens de celle des philosophes païens, lorsqu'il écrit, par exemple, le passage suivant [1] : « Au-dessus de ces eaux sont les cieux spirituels qui contiennent les vertus évangéliques ; selon d'autres, il n'y a rien que le vide ».

Ce n'est pas que le Pseudo-Bède soit le moins du monde incroyant ou hétérodoxe. Il se montre, au contraire, lorsque l'occasion lui en est offerte, adversaire décidé de l'hérésie. C'est ainsi qu'il maintient très nettement [2] la doctrine enseignée dans l'Église au sujet de l'âme humaine à l'encontre des doctrines proposées par diverses autres philosophies.

Parmi les opinions erronées qu'il s'attache à réfuter se trouve celle qui, à partir du XIIIe siècle, à la faveur de l'autorité d'Averroès, devait lutter continuellement, au sein des nations occidentales, contre l'orthodoxie chrétienne. « Il est des philosophes, dit notre auteur [3], selon lesquels il existe une Ame du Monde unique, qui remplit toutes choses, pénètre tout, vivifie tout. » — « Certains, dit-il encore [4], prétendent qu'il existe une seule âme, qu'ils nomment l'Ame du Monde ; c'est elle qui anime tout, qui infuse en chaque chose des puissances conformes à la capacité de cette chose. Aux astres, elle donne la raison ; aux hommes, seuls êtres,

1. Bède le Vénérable, *loc. cit.*, col. 894 : De supercælestibus aquis.
2. Bède le Vénérable, *loc. cit.*, coll. 903-904 : De certa animæ origine.
3. Bède le Vénérable, *loc. cit.*, col. 890 : Cur stellæ videntur.
4. Bède le Vénérable, *loc. cit.*, coll. 902-903 : De anima mundi.

parmi les choses périssables, auxquels elle trouve une tête ronde et une face levée vers le haut, elle donne la raison comme elle l'a donnée aux corps célestes et, en outre, la sensualité ; toutefois ceux qui contemplent à l'excès les choses divines cessent d'éprouver aucune sensualité pour les choses animales. Aux autres animaux, l'Ame du Monde donne les deux facultés de sentir et de végéter ; aux arbres et aux herbes, elle donne seulement la végétation. De même qu'un visage unique peut se montrer dans plusieurs miroirs, que plusieurs visages peuvent se refléter dans un seul miroir, de même une âme unique se trouve en toutes choses, et, partout, elle est en possession de toutes ses puissances, bien qu'elle les exerce diversement dans les divers corps selon l'aptitude de chacun d'eux.

» Selon cette opinion, un homme ne saurait être pire qu'un autre, car, dans tous les corps, réside une même âme qui est, par sa propre nature, bonne et immaculée ; seulement, on peut dire que cette âme est plus profondément dégénérée en un corps qu'en un autre, parce que la raison y est dominée davantage par la sensualité qui lui est associée ; en quelque corps, en effet, que se trouve l'Ame du Monde, ce corps est pour l'âme un lieu de déchéance.

» Selon cette même opinion, l'homme ne meurt jamais, en ce sens qu'il ne saurait subir la séparation de l'âme, séparation par laquelle l'âme quitterait les quatre éléments en lesquels tous les corps se résolvent. On dit que l'homme meurt lorsque l'âme cesse d'exercer en lui ses puissances de la manière qu'elle les exerçait jusque-là. »

On ne peut pas ne pas être frappé de la précision avec laquelle notre auteur expose la théorie néo-platonicienne de l'Ame du Monde. Sans doute, nous connaissons la source à laquelle il a puisé ; son exposition reproduit en grande partie les pensées et, parfois, les expressions mêmes de Macrobe. Mais il montre, avec une netteté qu'on ne rencontre pas dans Macrobe, comment la doctrine néo-platonicienne conduit à identifier entre eux tous les intellects humains ; et, contre cette théorie monopsychiste, il s'élève avec une remarquable fermeté. Il est bien vraisemblable qu'il écrit après les tentatives hérétiques de Macarius Scotus et de l'abbaye de Corbie, et que son intention est de les combattre [1].

Le *De mundi constitutione* fait à Bède de nombreux emprunts ; il lui emprunte [2] ce que le Moine de Wearmouth avait écrit des

1. A propos du pré-Averroïsme de Macarius, Renan cite le *De mundi constitutione liber*, mais il le croit de Bède le Vénérable (Ernest Renan, *Averroès et l'Averroïsme ; essai historique* ; Paris, 1852 ; pp. 101-102).
2. Bède le Vénérable, *loc. cit.*, col. 885 : Exustiones.

vives-eaux et des mortes-eaux qu'il nomme, comme son prédécesseur, *malinæ* et *ledones* ; mais, tout aussitôt, il y joint des erreurs qui seraient bien surprenantes de la part d'un homme qui aurait passé sa vie sur les côtes de la Mer du Nord. Il professe qu'il se produit trois reflux en vingt-quatre heures, et il ajoute « *dodrantem et semiunciam horæ durat* », tandis que le Moine de Wearmouth, précisant le retard diurne de la marée, avait dit : « *Quotidie bis adfluere et remeare, unius semper horæ dodrante et semiuncia transmissa videtur.* » Il est clair que ce passage-là a été copié sur celui-ci, mais par un homme qui n'avait aucune idée des lois du flux et du reflux.

Bède avait affirmé que les marées suivent le mouvement de la Lune. L'auteur du *De mundi constitutione liber* met sous l'influence de la Lune non pas la marée diurne, mais un autre phénomène, purement imaginaire, par lequel la mer croîtrait pendant sept jours, et décroîtrait pendant les sept jours suivants. C'en eût été assez, à défaut d'arguments plus formels, pour prouver que le *Livre de la constitution du monde céleste et terrestre* n'a point été écrit par Bède, et que l'auteur de ce livre s'est inspiré, sans le bien comprendre, du traité du prêtre de Wearmouth.

Bien qu'il ne nous soit connu que sous un nom d'emprunt, tout à fait invraisemblable, l'auteur de cet écrit ne nous en a pas moins laissé un document des plus intéressants pour l'histoire des doctrines astronomiques au Moyen Age.

Le Pseudo-Bède a connaissance de la théorie selon laquelle le mouvement rétrograde des astres errants n'est qu'une apparence, la marche réelle de ces astres étant une marche directe d'Orient en Occident, mais plus lente que celle des étoiles fixes. Il attribue cette théorie à Aristote et aux Péripatéticiens : « Ce que nous venons de dire, écrit-il [1], est conforme à l'opinion de ceux qui font mouvoir le firmament d'Orient en Occident, tandis qu'ils font tourner les planètes d'Occident en Orient. C'est l'opinion qu'affirment les Platoniciens. Aristote, au contraire, et les Péripatéticiens prétendent que les planètes tournent dans le même sens que le firmament, mais que le firmament les surpasse en vitesse, de telle sorte qu'elles semblent marcher en sens contraire. Selon cette opinion, plus une planète est distante de la Terre, plus elle tourne rapidement ; Saturne est la plus rapide des planètes ; il lutte de vitesse avec le firmament, à ce point qu'en deux ans et

1. Bède le Vénérable, *loc. cit.*, col. 895 : De saltu Lunæ. Cf. col. 891 : De transitoriis.

demi, le firmament ne le dépasse que d'un signe. La Lune, au contraire, qui est la plus infime des planètes, est aussi la plus lente... Ceux-ci enseignent donc que la Terre est immobile et que tous les astres tournent dans le même sens autour d'elle. Cicéron acquiesce à cet avis ; il dit, en effet, que le son le plus aigu est produit par l'extrême vitesse de la rotation du firmament, tandis que le plus grave est produit par la Lune, à cause de l'extrême lenteur de sa révolution ».

Il est bien vrai qu'au *Songe de Scipion*, Cicéron tient ce langage [1] ; mais il s'en faut bien qu'il entende adhérer, par là, à l'opinion de ceux qui font tourner tous les astres d'Orient en Occident, car il vient d'enseigner [2] qu'il existe « neuf orbes ou plutôt neuf globes... ; que le premier de ces globes est le globe céleste, qui est extérieur aux autres et qui les embrasse tous ; à ce globe, sont fixés les cours éternels des étoiles ; au-dessous de ce globe, il en est sept autres qui se meuvent en arrière d'un mouvement contraire à celui du Ciel. »

Macrobe, qui a commenté le *Songe de Scipion*, et que le Pseudo-Bède cite volontiers, a nettement embrassé le même parti [3].

C'est donc très vraisemblablement au *Commentaire* de Chalcidius que l'auteur du *De mundi constitutione liber* a lu l'hypothèse qu'il attribue aux Péripatéticiens et que Chalcidius attribue aux *philosophes* ; il est piquant de constater que cette hypothèse était connue chez les Chrétiens d'Occident longtemps avant qu'Al Bitrogi la prît pour fondement de son système astronomique.

Le Pseudo-Bède parle quelque part [4] des *spirales* que décrivent les corps célestes. Cette allusion a pu lui être inspirée par Macrobe, qui mentionne [5] le chemin en forme de spire que Cléanthe attribue au Soleil, ou par Chalcidius, qui fait connaître cette *volute d'acanthe*. Nous ignorons, en revanche, quel astronome ancien a pu lui suggérer les curieuses réflexions [6] que nous allons reproduire.

Les parties du ciel des étoiles fixes qui sont voisines de l'équateur sont les plus éloignées de l'axe du Monde ; c'est assurément ce que notre auteur veut exprimer lorsqu'il dit que ces parties constituent le *renflement* (*tumor*) du ciel. La sphère du Soleil, elle

1. M. Tullii Ciceronis *De re publica* lib. VI (*Somnium Scipionis*), § 18.
2. Cicéron, *loc. cit.*, § 17.
3. Ambrosii Theodosii Macrobii *Commentarii in Somnium Scipionis* lib. I, cap. XVIII.
4. Bède le Vénérable, *loc. cit.*, col. 892 : De absidibus.
5. Ambrosii Theodosii Macrobii *Op. laud.*, liber primus, cap. XVII.
6. Bède le Vénérable, *loc. cit.*, coll. 896-897 : De zodiaco; cf. col. 894 : Quo tempore cursus perficiant planetæ.

aussi, s'écarte au maximum de l'axe du Monde là où elle rencontre l'équateur; elle se resserre vers l'axe du Monde dans les régions qui approchent des pôles ; c'est encore ce que veut exprimer notre auteur lorsqu'il écrit ceci : « A l'image du firmament, la sphère du Soleil est plus écartée [de l'axe du Monde] en certaines régions et plus contractée [vers cet axe] en certains autres ; elle est plus écartée sous le cercle équinoxial et plus contractée sous les tropiques ; le cercle décrit [quotidiennement] par le Soleil serait, en effet, plus voisin du firmament sous les tropiques que sous l'équateur, s'il ne s'élargissait sous l'équateur et ne se contractait sous les tropiques, et cela à la similitude du firmament ».

A cette affirmation, le Pseudo-Bède prévoit cette objection : « Si le cercle quotidien du Soleil se trouve plus contracté sous les tropiques, le Soleil y produira des jours plus courts, car il devra parcourir un chemin plus court ; sous l'équateur, les jours solaires seront plus longs, car le chemin parcouru par le Soleil sera plus long ».

Voici la « solution » de cette difficulté : « Plus un corps est éloigné de la partie renflée [c'est-à-dire de la région équatoriale] du firmament, moins il ressent l'impulsion qui en émane. Lorsque le Soleil se trouve sous les tropiques, il ressent une moindre impulsion que lorsqu'il se trouve sous l'équateur ; lorsqu'il est sous l'équateur, la vitesse plus grande que lui imprime la force de l'impulsion compense la longueur du chemin. »

La théorie dont le Pseudo-Bède vient de nous tracer une ébauche se rapproche de la doctrine de Cléanthe, telle que nous l'a fait connaître un court passage de Stobée[1]. Elle s'en rapproche en ce qu'elle regarde le mouvement du Soleil suivant une courbe spirale comme un phénomène premier, irréductible, et non comme le mouvement résultant de deux rotations. Elle attribue, en outre, ce mouvement à une impulsion émanée du ciel suprême, comme le fera Al Bitrogi ; mais elle suppose que cette impulsion, au lieu d'émaner de la totalité de la dernière sphère et de s'atténuer seulement par l'effet de la distance à cette sphère, provient de la région équatoriale du ciel des étoiles et varie en raison de la proximité plus ou moins grande à cette région.

La théorie dont s'inspire l'auteur du *Livre de la constitution du Monde* s'efforçait aussi d'expliquer les inégalités du mouvement des planètes ; le passage suivant nous en est témoin : « Macrobe

1. JOANNIS STOBÆI *Eclogarum physicarum et ethicarum libri duo*. Recensuit Augustus Meineke. Lib. I, Physica, cap. XXV ; vol. I, p. 145 ; Leipzig, 1860. — Voir : Première partie, ch. XI, § VII ; t. II, p. 157.

dit que les planètes ont une vitesse uniforme ; il dit cela parce que les planètes font un effort constamment égal à lui-même, mais non pas parce qu'elles avancent avec une vitesse uniforme. Des hommes qui nagent contre le courant, dans un fleuve impétueux, avec une vigueur égale, n'avancent pas également, car la force du courant leur oppose une résistance inégale. Ainsi une planète est tantôt mue d'une marche directe, tantôt elle est rétrograde, tantôt stationnaire, car la hauteur variable du cercle qu'elle parcourt quotidiennement l'empêche d'avancer avec une vitesse uniforme. »

La théorie des planètes dont les fragments épars se reconnaissent au *Livre de la constitution du Monde* admettait assurément que la trajectoire spirale d'un astre errant ne se trouvait pas partout à égale distance du centre du Monde, bien qu'elle demeurât comprise à l'intérieur d'un orbe limité par deux surfaces concentriques au Monde. « Les sphères, dit-il[1], ont la Terre pour centre, mais les absides sont excentriques. Les absides sont les cercles sur lesquels se font les séparations des spires, sur lesquels on remarque les stations et les commencements des rétrogradations. En certaines régions, les absides sont plus voisins du firmament, en d'autres, ils le sont de la Terre. »

Le Pseudo-Bède sait[1], comme le savait déjà Bède le Vénérable, qui tenait sa science de Pline, que les absides de chaque planète correspondent à des étoiles bien déterminées ; que le périgée et l'apogée sont diamétralement opposés sur la sphère céleste.

Si l'on rapproche les uns des autres ces divers passages, on arrive à cette conclusion qui nous paraît mériter qu'on s'y arrête un instant :

La théorie des planètes dont le Pseudo-Bède s'est inspiré attribuait aux astres errants une marche toute semblable à celle que le système de Ptolémée leur reconnaissait ; seulement, au lieu de décomposer cette marche en mouvements plus simples, en rotations, elle laissait ce mouvement indécomposé, comme l'avait déjà fait Cléanthe.

Lorsque Averroès déplorait que les astronomes eussent abandonné trop tôt l'étude de la *spirale*, de la courbe *leulabine*, lorsqu'il affirmait que l'emploi de cette courbe pourrait rendre les mêmes services que le système des épicycles et des excentriques, n'avait-il pas quelque connaissance de la doctrine dont nous

1. Bède le Vénérable, *loc. cit.*

2. Bède le Vénérable, *loc. cit.*, col. 894 : Quo tempore cursus perficiant planetæ.

retrouvons les traces au *De mundi cælestis terrestrisque constitutione liber ?*

L'école astronomique arabe dont Ibn Tofaïl était le chef, dont Averroès et Al Bitrogi sont les seuls disciples de nous connus semble donc, dans sa lutte contre l'Astronomie de l'*Almageste*, s'être surtout inspirée d'écrits produits par la Science hellène.

Le Pseudo-Bède puisait sa science astronomique à des sources diverses ; quelle source a fourni les connaissances que nous venons de rapporter, c'est ce que nous n'avons pu découvrir ; nous serons plus heureux au sujet de la doctrine que nous allons exposer.

Platon, dit notre auteur [1], plaçait le Soleil immédiatement au-dessus de la Lune ; Cicéron, à la suite des Chaldéens, plaçait Vénus et Mercure entre la Lune et le Soleil ; « toutefois, nous ne nierons pas que Vénus et Mercure se trouvent parfois au-dessous du Soleil, ce que l'histoire même nous apprend ; on lit, en effet, dans l'*Historia Caroli*, que Mercure apparut pendant neuf jours sur le Soleil, semblable à une tache ; des nuages ont empêché de noter le temps de son entrée et de sa sortie ».

L'observation empruntée aux chroniques du règne de Charlemagne est erronée ; elle ne peut s'appliquer à un passage de Mercure devant le disque solaire ; elle s'expliquerait d'une manière sensée par la présence sur ce disque d'une tache assez grande pour être vue à l'œil nu, comme il en a été maintes fois observé [2]. Un passage de Mercure sur le disque solaire eût d'ailleurs prouvé le contraire de l'assertion qu'avance le Pseudo-Bède ; cette assertion n'en demeure pas moins ; Vénus et Mercure sont tantôt au-dessus du Soleil, tantôt au-dessous.

Cette assertion, d'ailleurs, il la précise [3] : « Que Vénus et Mercure se trouvent tantôt au-dessus du Soleil et tantôt au-dessous, on le peut montrer de trois manières par des conjectures [géométriques] ; on en peut rendre compte, tout d'abord, par des intersections de cercles ; on en peut rendre compte, ensuite, en admettant l'existence d'*épicycles*, c'est-à-dire de *surcercles*, qui n'ont point la Terre pour centre, mais qui prennent, en quelque sorte, le Soleil pour centre de leur course ; enfin, on peut imaginer que la trajectoire de chacune de ces planètes s'écarte du cercle du Soleil, en s'approchant et s'éloignant de la Terre, et en décrivant des arcs alternativement concaves et convexes, analogues à ceux

1. Bède le Vénérable, *loc. cit.*, col. 889 : De ordine planetarum.
2. C'est l'interprétation proposée par Riccioli (J. B. Riccioli *Almagestum novum*, tomi I pars posterior, p. 278, col. a. Bononiæ, MDCLI).
3. Bède le Vénérable, *loc. cit.*, col. 890 : De epicyclis et intersectis.

qu'une planète décrit, par ses écarts en latitude, de part et d'autre du Zodiaque ».

Les grandes variations qu'un tel mouvement impose à la distance de la Terre à Vénus ou à Mercure rendent ces planètes tantôt plus visibles et tantôt moins visibles. « Lorsque ces deux planètes se trouvent au-dessous du Soleil [1], on les voit clairement en plein midi ; cela tient à ce qu'elles sont alors plus voisines de la Terre ; elles paraissent plus grandes, et le Soleil ne parvient pas à les rendre invisibles. Lorsqu'elles se trouvent, au contraire, au-dessus du Soleil, la clarté de cet astre ne permet plus de les voir, car elles sont alors plus petites ».

Le Pseudo-Bède se prononce donc très nettement en faveur de l'hypothèse qui fait de Vénus et de Mercure des satellites du Soleil, et qui prépare ainsi la voie aux systèmes de Copernic et de Tycho Brahé. Cette hypothèse, c'est assurément à Macrobe qu'il en doit la complète connaissance, encore que Chalcidius et Martianus Capella aient pu la lui révéler, comme ils l'avaient révélée à Jean Scot.

VIII

GUILLAUME DE CONCHES. SES ÉCRITS. SA MÉTHODE

Saint Ambroise, Hygin et Suétone sont presque les seules sources auxquelles Saint Isidore de Séville ait puisé ses très maigres connaissances astronomiques.

Pline l'Ancien, qu'Isidore semble avoir ignoré, apporte au Vénérable Bède de nouveaux renseignements, et le Moine de Wearmouth se hâte d'en profiter.

La documentation de Jean Scot Érigène s'est singulièrement accrue, en partie parce que le Philosophe de Charles le Chauve connaissait la langue greque. A la Patrologie latine se joint, pour lui la Patrologie grecque, enrichie des écrits attribués à Denys l'Aréopagite et des commentaires de ces écrits. En outre, la liste des auteurs profanes lus par les Scolastiques latins s'est singulièrement allongée ; à l'*Histoire naturelle* de Pline sont venus s'ajouter la *Géographie* de Ptolémée, les *Noces de la Philologie et de Mercure* de Capella, et surtout le *Commentaire au Timée* de Chalcidius. Révélée aux Latins par ce commentaire en même temps

1. Bède le Vénérable, *loc. cit.*, col. 889 : De ordine planetarum.

que par les œuvres du Pseudo-Aréopagite, la philosophie néo-platonicienne exerce sur eux une entraînante séduction à laquelle nous devons la grandiose métaphysique de l'Érigène. En même temps, le *Commentaire* de Chalcidius fait connaître aux Occidentaux l'hypothèse astronomique d'Héraclide du Pont sur les mouvements de Vénus et de Mercure.

Cette double influence, métaphysique et astronomique, exercée par le *Commentaire au Timée* de Chalcidius, se trouve singulièrement renforcée lorsque les Chrétiens d'Occident commencent à lire le *Commentaire au Songe de Scipion* composé par Macrobe. A cette lecture, ils s'adonnent avec une extraordinaire ardeur. Les opinions des philosophes païens, connues de la sorte, prennent sur leur raison une autorité qui contrebalance celle de l'Écriture ; ils rêvent d'expliquer scientifiquement la Genèse ; ils se laissent séduire par toutes les doctrines néo-platoniciennes et, en particulier, par la théorie de l'unité de l'intellect ; en même temps, leurs connaissances astronomiques se développent et se détaillent. Le *De mundi constitutione*, faussement attribué au Vénérable Bède, nous révèle l'état d'esprit d'un de ces lecteurs de Macrobe.

Avec Guillaume de Conches, nous allons constater que la bibliothèque des Scolastiques latins s'est encore enrichie. Dans les écrits de ce docteur, nous trouverons des citations de Lucrèce, dont l'influence atomistique se viendra mêler aux tendances néo-platoniciennes ; nous trouverons aussi des emprunts faits à Johannitius et à Constantin l'Africain.

Johannitius est une adaptation latine du nom arabe Honein.

Abou Zeid Honein ben Ishac ben Soleiman ben Ejjub el Hadi [1] était issu d'une famille arabe et chrétienne qui habitait à el-Hira ou dans les environs de cette ville. Il naquit à el-Hira où son père exerçait la profession d'apothicaire. Beaucoup d'auteurs ont placé sa naissance en l'année 194 de l'hégire (809 après J.-C.) ; Wüstenfeld pense qu'il dût naître environ vingt ans plus tôt.

Après avoir suivi à Badgad les leçons de Jahja Ben Mâseweih, il se mit à parcourir les villes grecques pour y acquérir la connaissance de la langue et des sciences helléniques, puis l'Arabie pour se perfectionner dans l'usage de l'Arabe ; il revint alors se fixer à Bagdad, où il traduisit en Arabe un certain nombre d'ouvrages grecs. La plupart des ouvrages traduits par Honein étaient relatifs à la Médecine ou à la Matière médicale ; parmi eux se trouvaient presque tous les ouvrages aujourd'hui connus d'Hippocrate et de

1. Sur ce personnage, voir : WUESTENFELD, *Geschichte der Arabischen Aerzte und Naturforscher*, Göttingen, 1840, art. 69, pp. 26-29.

Galien, le *Traité des simples* de Dioscoride, le *Livre de médecine* de Paul d'Égine ; on y voit également figurer le célèbre opuscule logique de Porphyre, l'*Introduction aux catégories d'Aristote*.

Honein traduisit, en outre, non plus en Arabe, mais en Syriaque, bon nombre de traités d'Aristote, l'*Organon*, les *Analytiques*, la *Rhétorique*, la *Poétique* et la *Physique*. Son fils, Abou Jacoub Ishac ben Honein les fit ensuite passer en Arabe. Ce même Ishac ben Honein joignit des traductions d'Euclide et d'Archimède à la traduction de l'*Almageste* de Ptolémée que son père avait donnée.

Honein ne se contenta pas du rôle de traducteur ; il fut auteur. Un lexique syriaque-arabe, une grammaire syriaque, quelques opuscules de Logique et de Physique, nombre de traités de Médecine forment la collection de ses œuvres. Parmi celles-ci, il en est une qui eut une vaste et longue réputation ; c'est un commentaire à la Τέχνη de Galien. De bonne heure, ce commentaire fut traduit en Latin sous ce titre : *Isagoge Johannitii ad tegni Galeni*. Par cette traduction, les Latins se trouvèrent initiés aux théories physiologiques de Galien.

L'*Isagoge Johannitii* eut, d'ailleurs, une fortune durable. Il fut imprimé, d'abord, dans une édition qui ne porte aucune indication typographique, puis à Venise en 1483, 1487, 1491, 1493 et 1500[1], à Leipzick en 1497[2]. On en donnait encore une édition à Strasbourg en 1534.

Honein, qui était chrétien et diacre, donna violemment dans l'hérésie des iconoclastes. Dénoncé à Théodose, évêque de Bagdad, il fut frappé d'excommunication. Il mourut peu après, le 30 novembre 873.

Avec Johannitius, Constantin l'Africain fut un de ceux qui initièrent la Scolastique latine aux théories physiologiques des médecins grecs.

Né à Carthage vers 1020, Constantin y avait acquis les connaissances les plus étendues ; il y fut accusé de Magie ; obligé de s'exiler, il se réfugia à Salerne, où il fut choisi comme secrétaire par Robert Guiscard ; il fut l'un des chefs de la célèbre école médicale de Salerne ; après avoir pris l'habit du Mont Cassin, il mourut en 1087.

De Johannitius et de Constantin va s'inspirer Guillaume de Conches.

Lorsqu'il énumère, dans son *Almagestum novum*, les diverses

1. HAIN, *Repertorium bibliographicum*, nos 1868 à 1873.
2. HAIN, *Op. laud.*, no 9435.

théories qui ont été proposées pour rendre compte des mouvements de Vénus et de Mercure, Riccioli cite [1] le *De natura rerum liber* du Vénérable Bède et le *De constitutione Mundi liber* du Pseudo-Bède ; il n'hésite pas à attribuer ces deux ouvrages à l'Abbé de Wearmouth, qui aurait rédigé le premier dans sa jeunesse et le second dans son âge mûr.

Mais Riccioli va plus loin ; il cite encore un troisième ouvrage qu'il attribue à Bède et qu'il intitule *Liber de elementis Philosophiæ*. En effet, l'édition in-f°, donnée en 1612, des *Bedæ Venerabilis Opera* attribue à l'Abbé de Wearmouth un écrit intitulé Περὶ διδαξέων *sive IV libri de elementis Philosophiæ* où se trouve le passage cité par Riccioli.

Comme l'a fait remarquer Barthélemy Hauréau [2], l'attribution de cet écrit à Bède le Vénérable résulte d'une grossière méprise ; on y trouve cités Constantin l'Africain et Johannitius qui ont vécu longtemps après Bède.

Dès le XVIIIe siéle, d'ailleurs, Oudin, étudiant les écrits de Bède, n'avait pas hésité [3] à en retrancher le Περὶ διδαξέων et à rendre cet écrit à son véritable auteur, Guillaume de Conches.

En dépit de cette démonstration de Casimir Oudin, la *Patrologie latine* de Migne a maintenu [4] le Περὶ διδαζέων dans les œuvres de Bède, mais en le rangeant parmi les écrits douteux ou apocryphes.

Sous ce titre : *De Philosophia Mundi libri quatuor*, le même écrit est attribué à Honoré d'Autun au t. XX (pp. 995 sqq.) de la *Maxima Bibliotheca Patrum* éditée à Lyon. Cette attribution a été reproduite dans la notice consacrée à Honoré d'Autun par l'*Histoire littéraire de la France* (t. XII, p. 178).

Se fiant à cette attribution, la *Patrologie latine* de Migne n'a pas hésité à insérer [5] les *De Philosophia Mundi libri quatuor* en tête des œuvres d'Honoré d'Autun, sans s'apercevoir qu'elle les avait déjà donnés dans les œuvres de Bède.

En donnant Honoré d'Autun, qui mourut vers 1140, pour auteur

1. *Almagestum novum Astronomiam veterem novamque complectens,...* auctore P. JOANNE BAPTISTA RICCIOLO, Societatis Jesu, Ferrariensi. Pars posterior tomi primi, p. 283.

2. BARTHÉLEMY HAURÉAU, art. *Guillaume de Conches*, in *Nouvelle Biographie générale* publiée par Firmin Didot frères, t. XXII, coll. 667-673 ; Paris, 1859.

3. *Dissertatio de scriptis Venerabilis Bedœ* auctore CAS. OUDINO. [OUDINI *Commentarius de Scriptoribus ecclesiasticis*, t. I — VENERABILIS BEDÆ *Opera* accurante Migne, t. I (*Patrologiœ latinœ* t. XC) coll. 79-80].

4. VENERABILIS BEDÆ *Opera* accurante Migne, t. I (*Patrologiœ latinœ* t. XC) coll. 1127-1178.

5. HONORII AUGUSTODUNENSIS *Opera* accurante Migne (*Patrologiœ latinœ* t. CLXXII) coll. 41-102.

à l'écrit dont nous parlons, on ne se heurte plus aux invraisemblances qui s'opposaient à ce qu'on en fît l'œuvre de Bède. Mais l'opinion que l'on émet ainsi, dénuée de toute preuve positive, contredit au témoignage même d'Honorius Scolasticus ; celui-ci, en effet, dans son livre intitulé *De luminaribus Ecclesiæ*, énumère les écrits qu'il avait composés, et la liste qu'il dresse ne contient pas les *De Philosophia Mundi libri quatuor*.

Il est vrai que l'autorité de cette liste est, nous l'avons vu, fort douteuse. L'argument que nous venons de reproduire ne suffirait pas à rayer le *De Philosophia Mundi* de la liste des œuvres d'Honoré d'Autun si nous n'en connaissions par ailleurs le véritable auteur.

Les érudits qui se sont occupés de cet ouvrage ne paraissent pas avoir signalé l'édition qui en fut donnée, dès 1531, sous le nom du bienheureux Guillaume, abbé d'Hirschau.

Au XIe siècle, Guillaume est religieux bénédictin au couvent de Saint-Emmeran de Ratisbonne ; en 1068, il est nommé abbé du monastère d'Hirschau, dans le diocèse de Spire ; son autorité a plus d'une lutte pénible à soutenir contre des religieux de mœurs dépravées, si nous en jugeons par une lettre que lui adresse Saint Anselme de Cantorbéry ; il meurt le 4 juillet 1091, laissant une grande réputation de philosophe, d'astronome et de musicien ; la sainteté de sa vie lui a mérité le titre de bienheureux.

En 1531, Henricpetri publia à Bâle, sous le nom de Guillaume d'Hirschau, un opuscule intitulé *Institutiones philosophicæ et astronomicæ*[1], que tous les historiens et bibliographes ont continué d'attribuer au correspondant de Saint Anselme. Or ces *Institutions philosophiques et astronomiques* sont identiques à l'écrit qui a été successivement attribué à Bède et à Honoré d'Autun.

1. *Philosophicarum et astronomicarum institutionum* GUILIELMI HIRSAUGIENSIS OLIM ABBATIS *libri tres. Opus vetus et nunc primum evulgatum et typis commissum*. Basileae excudebat Henricus Petrus, mense Augusto, anno MDXXXI. — Ce texte offre de légères variantes par rapport aux deux textes donnés par la *Patrologia latina* de Migne, l'un au t. XC, coll. 1127-1178 (BEDÆ *Opera*, t. I), l'autre au t. CLXXII, coll. 39-102 (HONORII AUGUSTODUNENSIS *Opera*). En outre, la partie qui, au premier de ces textes, termine l'ouvrage et commence à la phrase : *Inconveniens esset si hominis corpus suas haberet actiones, anima vero non* (col. 1176) ; la partie correspondante au second texte, partie qui commence à : Cap. XXX, *Quæ actiones sint animæ et corporis*, ces deux parties, disons-nous, ne se trouvent pas à la fin de l'ouvrage attribué à Guillaume d'Hirschau ; après avoir subi quelques interversions, ce même fragment du texte a été inséré avant les *Philosophicæ et astronomicæ institutiones*, comme un opuscule distinct dont le titre est GUILIELMI HIRSAUGIENSIS ABBATIS *Aliquot philosophicæ sententiæ, et primo de disciplina in studiis servanda*.

Ces nombreuses divergences entre les trois textes que nous avons consultés nous oblige, en nos citations, à les invoquer tous trois. Nous les désignerons respectivement par les noms : HIRSAUGIENSIS, BEDA, HONORIUS.

Mais l'écrit qui nous occupe n'est ni du Vénérable Bède, ni d'Honoré d'Autun, ni de Guillaume d'Hirschau ; il est de Guillaume de Conches.

Né vers 1080 à Conches, près d'Évreux, Guillaume aurait été, de 1110 à 1120, disciple de Bernard de Chartres [1]. Vers 1122, il ouvrit à Paris une école qu'il dirigeait encore avec éclat de 1139 à 1141 Mais les attaques des Cornificiens [2], qui lui reprochaient d'accorder trop d'importance aux études grammaticales, l'obligèrent à quitter sa chaire. Il devint précepteur d'Henri Plantagenet et mourut en 1150 suivant Fabricius, en 1154 suivant Albéric de Trois-Fontaines.

Que le Περὶ διδαξέων soit bien l'œuvre de Guillaume de Conches, c'est une proposition qui a été tout d'abord démontrée par Oudin [3]. Charles Jourdain [4] et Victor Cousin [5] se sont également attachés à l'établir par des arguments irréfutables que B. Hauréau [6] est encore parvenu à corroborer. En nous aidant du travail de ce dernier savant, indiquons brièvement les raisons qui conduisent à mettre le Περὶ διδαξέων au compte de Guillaume de Conches.

Deux manuscrits du fonds latin de la Bibliothèque nationale [n° 6556 (ancien fonds Colbert, 6109) et n° 15025 (ancien fonds Saint-Victor, 796)] attribuent à Guillaume de Conches un *De Philosophia Mundi liber* qui est identique à l'ouvrage successivement imprimé sous les noms de Bède le Vénérable, d'Honoré d'Autun et de Guillaume d'Hirschau. Or l'exactitude du nom d'auteur que fournissent ces manuscrits est mise hors de doute par deux preuves que Barthélemy Hauréau a mentionnées :

« Quelque moine ayant transmis à Guillaume de Saint-Thierry un ouvrage de Guillaume de Conches où étaient agitées diverses questions théologiques, celui-ci se troubla quand, lisant cet ouvrage, il y vit de graves et anciens problèmes résolus en des

1. Abbé A. Clerval, *Les écoles de Chartres au Moyen Age*, p. 13 ; Paris, 1895.

2. La secte des Cornificiens, ainsi nommée du nom de son initiateur, un certain Cornificius, blâmait et condamnait toute étude qui n'était pas directement utilitaire ; elle rejetait la Théologie pour s'en tenir à la foi du charbonnier.

3. *Dissertatio de scriptis Venerabilis Bedæ* auctore Cas. Oudino, insérée dans : Oudini *Commentarius de scriptoribus ecclesiasticis*, t. I, et reproduite au t. XC, coll. 73 sqq. de la *Patrologia latina* de Migne (Venerabilis Bedæ *Opera*, t. I).

4. Charles Jourdain, *Dissertation sur l'état de la philosophie naturelle en Occident pendant la première moitié du XIIe siècle*, Paris, 1838, p. 101.

5. V. Cousin, *Fragments philosophiques. Philosophie scholastique.* Seconde édition, 1840, p. 425.

6. Barthélemy Hauréau, art : *Guillaume de Conches*, in : *Nouvelle biographie générale* publiée par Firmin-Didot frères, coll. 667-673 ; Paris, 1859.

termes nouveaux et contraires à la foi. Ce fut le sujet d'une de ses lettres à Saint Bernard. Il dénonce dans cettre lettre Guillaume de Conches comme auteur de propositions paradoxales et dangereuses sur la Trinité, sur l'Ame du Monde, sur les démons et sur la création de la première femme. Or, où se trouvent réunies ces propositions, censurées par Guillaume de Saint-Thierry sous le nom de Guillaume de Conches ? Elles appartiennent textuellement au *De Philosophia Mundi*.

» Voilà certes une preuve décisive. Eh bien, nous en possédons une qui l'est plus encore. Ces erreurs dont le *De Philosophia Mundi* nous offre la série, Guillaume de Conches déclare qu'il les a commises dans un écrit de sa jeunesse intitulé *De Philosophia*, qu'on l'en a justement accusé, et qu'il les condamne lui-même avec la sincère conviction d'un vrai chrétien. Et où cette déclaration se rencontre-t-elle ? Dans le *Dragmaticon Philosophiæ*, ouvrage... qui présente sans équivoque le nom de Guillaume de Conches.

» De tout ce qui précède, il résulte que le *De Philosophia Mundi* est incontestablement de cet illustre écrivain. »

En outre, nous savons par son propre témoignage qu'il avait rédigé cet ouvrage dans sa jeunesse, c'est-à-dire au début du XIIe siècle.

Le Περὶ διδαξέων n'était cependant pas le premier écrit que Guillaume de Conches eût composé.

Après avoir brièvement exposé comment en l'homme, selon une doctrine qu'il attribue à Platon, il y a deux âmes, l'Ame du Monde et une âme individuelle, il poursuit en des termes que nos divers textes reproduisent de manières différentes.

Le texte mis sous le nom de Guillaume d'Hirschau dit simplement[1] : « *Cujus expositio alias est* ». Le texte que la *Patrologie* donne dans les œuvres de Bède écrit : « *Cujus expositionem si quis quærat, in aliis nostris scriptis illam inveniet* ». Enfin, le texte que la même *Patrologie* attribue à Honoré d'Autun s'exprime d'une manière plus explicite : « *Cujus expositionem si quis quærat, in Glossulis nostris super Platonem inveniet* ».

Guillaume de Conches nous apprend donc qu'avant de composer le Περὶ διδαξέων, il avait glosé Platon.

Or, nous possédons les gloses que Guillaume de Conches avait composées sur le *Timée*. Dans un manuscrit de la Bibliothèque nationale (fonds lat., n° 14065 ; ancien fonds Saint-Germain,

1. HIRSAUGIENSIS, p. 8.

n° 1095), Victor Cousin a découvert [1] un commentaire du *Timée* ; l'auteur n'était pas nommé ; mais Cousin n'a pas hésité, à l'aide d'indices nettement reconnaissables, à l'identifier avec l'auteur du *De Philosophia Mundi libri quatuor*, que l'on croyait généralement être Honoré d'Autun ; aussi la *Patrologie latine* a-t-elle insérée dans les œuvres d'Honoré d'Autun [2] la partie de ce commentaire que Cousin avait publiée.

Il va sans dire que c'est d'après la traduction de Chalcidius, et non d'après le texte grec, que cette glose a été rédigée. Guillaume de Conches nous rapporte ce qu'on croyait, en son temps, au sujet de l'origine de cette traduction et du commentaire qui l'ac-l'accompagne. Le *Timée* de Platon, dit-il [3], « demeura ignoré des Latins jusqu'au temps du pape Osius ; celui-ci savait que ce dialogue contenait beaucoup de choses utiles et non contraires à la foi ; il pria donc son archidiacre Chalcidius, qui était versé dans les deux langues, de la traduire du Grec en Latin. Chalcidius, obéissant à l'autorité du Pape, traduisit les premières parties du *Timée* ; mais ne sachant si sa traduction plairait ou non à Osius, il lui envoya ces premières parties afin que le Pape pût en juger et qu'au cas où elles lui plairaient, Chalcidius pût aborder plus hardiment les autres parties. Comme les premières parties étaient difficiles à comprendre, Chalcidius composa un commentaire à leur sujet et, avec la partie traduite et le commentaire, il envoya au Pape une lettre... ».

Cette légende, qui fait du commentaire de Chalcidius l'œuvre d'un archidiacre entreprise sur l'invitation d'un pape, explique la confiance avec laquelle les écoles chrétiennes accueillaient cet écrit.

Le *Commentaire au Timée* est-il le seul ouvrage que Guillaume de Conches ait composé avant le Περὶ διδαξέων ? « Ce dernier ouvrage lui-même, a écrit Victor Cousin [4], n'était qu'un abrégé de la *Magna de naturis philosophia*, où Guillaume de Conches avait traité fort au long de toutes les matières que la Philosophie embrassait de son temps ». Cette *Magna de naturis philosophia* aurait été, dit-on, imprimée en 1474. En réalité, aucun chercheur moderne n'a pu trouver trace de cet ouvrage, ni sous forme impri-

1. V. Cousin, *Fragments philosophiques, Philosophie scholastique*. Seconde édition, 1840. Appendice, V, pp. 371-391.

2. Honorii Augustodunensis *Opera* accurante Migne (*Patrologiæ latinæ* t. CLXXII), coll. 245-251.

3. V. Cousin, *Op. laud.*, pp. 377-378 — Honorii Augustodunensis *Opera*, coll. 247-248.

4. V. Cousin, *Op. laud.*, p. 425.

mée, ni sous forme manuscrite ; d'ailleurs, au Περὶ διδαξέων, Guillaume formule, à plusieurs reprises, son désir d'écrire un livre court ; mais nulle part, il ne présente ce livre comme l'abrégé d'un ouvrage plus complet ; nous pensons donc que l'existence de la *Magna de naturis philosophia* est purement légendaire.

Cette conclusion semble confirmée par le fait que Guillaume a intitulé *Secunda philosophia* et *Tertia philosophia* deux dialogues qu'il a donnés après le Περὶ διδαξέων ; les épithètes *tertia* et *quarta* leur eussent mieux convenu si les *De Philosophia Mundi libri quatuor* n'eussent été que le second exposé des doctrines du Philosophe de Conches.

Ces deux petits dialogues ont été retrouvés et en partie publiés par Victor Cousin [1]. Ils ne renferment aucune pensée essentielle qui ne soit déjà au Περὶ διδαξέων.

On en peut dire autant du dialogue que Guillaume de Conches avait intitulé *Dragmaticon philosophiæ*, et qui fut imprimé sous le titre : *Dialogus de substantiis physicis* [2]. Au préambule de cet ouvrage, l'auteur répudie certaines erreurs théologiques du Περὶ διδαξέων ; il n'y émet, d'ailleurs, aucune idée qu'il n'ait développée auparavant.

Le Περὶ διδαξέων reste donc l'œuvre qu'il convient d'étudier de près si l'on veut connaître les doctrines physiques de Guillaume de Conches.

Nous avons vu qu'avant de composer cet ouvrage, Guillaume avait glosé le *Timée*, complétant, sur ce dialogue, le commentaire donné par Chalcidius ; c'est assez dire que le *Timée* de Platon et le commentaire de Chalcidius inspireront notre auteur ; et cette inspiration, en effet, est de tous les instants.

Elle n'est pas cependant la seule qui se puisse noter à la lecture de la *Philosophia Mundi* ; dès les premières lignes de cet écrit, nous trouvons une allusion aux *Noces de la Philologie et de Mercure* ; attendons-nous donc à ce que l'autorité de Martianus Capella soit souvent invoquée, moins souvent cependant que celle de Macrobe.

Les deux influences de Chalcidius et de Macrobe sont dominantes au Περὶ διδαξέων ; nous aurons occasion d'en signaler d'autres, mais qui seront moins intenses.

La *Philosophie du Monde* de Guillaume de Conches offre plus d'un trait de ressemblance avec le *Livre de la constitution du*

1. Victor Cousin, *Op. laud.*, pp. 425-439.
2. *Dialogus de substanciis physicis, ante annos ducentos confectus a* Wilhelmo Aneponymo *philosopho* ; Argentorati, 1567.

Monde composé par le Pseudo-Bède ; ces deux écrits révèlent souvent des préoccupations analogues.

La doctrine monopsychiste, si nettement formulée et si vivement repoussée par le Pseudo-Bède, sollicite également l'attention de Guillaume de Conches ; mais celui-ci n'expose pas[1] l'hérésie avec la même précision que celui-là ; il ne la rejette pas non plus avec la même intransigeance ; il semble près d'adopter un moyen terme, d'admettre qu'en chaque homme, l'âme individuelle coexiste avec l'Ame universelle du Monde ; et cependant, l'homme n'a pas, pour cela, deux âmes : « En l'homme donc, il y a une âme propre et l'Ame du Monde. Si quelqu'un allait en conclure qu'il y a deux âmes en l'homme, nous le nierions, car nous ne prétendons pas que l'Ame du Monde soit une âme. De même, lorsque nous disons que Rome est la tête du Monde, nous ne disons pas que Rome soit une tête ». Cette défaite était difficilement acceptable ; Guillaume, en effet, vient de définir l'Ame du Monde : « Une substance incorporelle qui est tout entière en chacun des corps » ; ce n'est donc pas par métaphore que le nom d'âme lui est donné. On comprend que Guillaume de Saint-Thierry n'ais pas jugé suffissante cette réfutation du monopsychisme.

Comme le *Liber de constitutione Mundi* du Pseudo-Bède, le traité *De Philosophia Mundi* est une tentative remarquable pour traiter les questions de Physique par les méthodes de la raison, et sans aucun recours aux enseignements de la Révélation.

Voyons, par exemple, comment elles résolvent la question si souvent agitée des eaux supérieures au firmament[2].

« Certaines personnes prétendent qu'au-dessus de l'éther se trouvent des eaux congelées, qui se présentent à nos yeux comme une membrane étendue au-dessus de laquelle se trouvent de véritables eaux ; ils citent, pour confirmer leur opinion, la Sainte Écriture qui dit : « Dieu a posé le firmament au milieu des eaux », et aussi : « Il a séparé les eaux qui sont au-dessous du firmament » de celles qui se trouvent au-dessus. » Mais nous allons montrer que cela est contraire à la raison et, par conséquent, ne peut être ; nous montrerons aussi comment la Sainte Écriture doit être comprise dans les passages cités ci-dessus.

1. HIRSAUGIENSIS, lib. I, p. 8 : De altero eorum quæ sunt et non videntur, scilicet anima mundi. — BEDA, col. 1130. — HONORIUS, lib. I, cap. XV : De anima mundi ; coll. 46-47.

2. HIRSAUGIENSIS, lib. I, pp. 28-29 : De superiori elemento, scilicet igne. — BEDA, lib. II, coll. 1139-1140. — HONORIUS, coll. 57-58 ; lib. II, cap. II : Quod aquæ congelatæ super æthera non sint. Cap. III : Quomodo intelligendum sit : « Divisit aquas quæ sunt sub firmamento ».

» S'il y avait en cet endroit des eaux congelées, il s'y trouverait donc quelque chose de pesant et de grave. Mais le lieu propre des graves est la terre. *Item :* S'il se trouve en cet endroit des eaux congelées, elles sont contiguës au feu ou ne le sont pas [1]. Si elles sont contiguës au feu, qui est chaud et sec, tandis que les eaux congelées sont froides et humides, le contraire se trouve, sans intermédiaire, joint à son contraire ; entre eux, il ne pourra pas y avoir accord, mais lutte mutuelle entre les contraires ; plus précisément, si l'eau congelée est contiguë au feu, ou bien le feu lui fera perdre sa solidité, ou bien elle éteindra le feu ; puis donc que le feu et le firmament subsistent, c'est que les eaux congelées ne sont pas contiguës au feu. Si elles ne lui sont pas contiguës, il y a quelque chose entre elles et le feu ; mais que sera ce quelque chose ? Un élément ? Mais aucun des éléments ne se trouve au-dessus du feu. Un corps visible ? Mais d'où vient qu'on ne le voit pas ? Il reste donc qu'il n'y a, en cet endroit, point d'eau congelée.

» Je sais bien ce qu'ils disent : Nous ignorons comment cela est, mais nous savons que Dieu le peut faire. Les malheureux ! Quoi de plus misérable, en effet, que de dire : Dieu peut faire une chose, et de ne pouvoir constater que cette chose est, de ne posséder aucune raison de son existence, de ne montrer aucune fin utile en vue de laquelle elle serait En effet, Dieu ne fait pas tout ce qu'il peut faire ; pour parler comme un paysan, il peut, d'un tronc d'arbre, faire un veau ; l'a-t-il jamais fait ? Qu'ils montrent donc la raison pour laquelle il en est comme ils le prétendent, ou bien qu'ils cessent de juger qu'il en est ainsi.

» D'ailleurs, s'il n'y a pas d'eaux congelées en cet endroit, il ne saurait y avoir d'autres eaux au-dessus d'elles.

» Lorsque la Sainte Écriture dit : « Il a séparé les eaux qui se » trouvent sous le firmament de celles qui se trouvent au-dessus », elle a donné le nom de firmament à l'air, qui affermit et tempère la terre. Au-dessus de cet air se trouvent, comme on le montrera plus loin, des eaux qui sont suspendues sous forme de nuées et qui sont séparées des eaux placées au-dessous de l'air. On peut expliquer de même ce passage : « Il a posé le firmament au » milieu des eaux » ; bien que ce passage soit dit, croyons-nous, au sens allégorique plutôt qu'au sens littéral. »

1. Guillaume de Conches a identifié précédemment l'éther qui remplit les régions célestes, et le feu ; nous le verrons tout à l'heure.

Dans un autre passage[1], Guillaume de Conches soutient, avec une fermeté non moins grande, contre ceux qui veulent croire sans comprendre[2], le droit d'interpréter l'Écriture par des explications naturelles, toutes les fois que cela est possible.

« Lorsqu'en l'Écriture, il est dit qu'une chose a été faite et que nous expliquons comment elle a été faite, en quoi notre langage est-il contraire à l'Écriture ? Si un sage me dit qu'une chose a été faite sans m'expliquer de quelle manière elle a été faite, et si un autre, en me disant la même chose, me l'explique, quelle contradiction y a-t-il entre eux ? Mais ceux-là ne savent rien des forces de la nature ; alors, ils veulent que tous les autres soient des compagnons de leur ignorance ; ils ne veulent pas que les autres se livrent à aucune recherche ; ils veulent que nous croyions à la façon des paysans, sans chercher la raison de rien... Nous, au contraire, nous prétendons qu'en toutes choses, nous devons chercher la raison ; mais que si la raison nous échappe d'une chose qu'affirme la Sainte Écriture, nous devons alors nous confier au Saint-Esprit et à la foi... Lorsque nous étudions une question qui touche à Dieu, si nous ne suffisons pas à la comprendre, appelons à notre aide notre voisin, c'est-à-dire un autre qui demeure en la même foi catholique que nous. Si ni lui ni nous ne suffisons à comprendre cette question, livrons-la aux flammes ardentes de la foi. »

Saint Anselme n'eût assurément pas mieux marqué les droits de la foi à rechercher l'intelligence des choses qu'elle croit.

Guillaume de Conches avait évidemment rencontré des théologiens pour lesquels toute opinion est hérétique s'ils ne la trouvent point consignée dans des livres très anciens ; l'audacieux exégète n'accepte pas leurs condamnations : « Si l'on trouve ici, dit-il[3], quelque chose qui n'ait pas déjà été écrit autre part, nous demandons qu'on n'aille pas le taxer d'hérésie ; ce n'est pas, en effet, parce qu'une proposition n'a point été écrite jusqu'ici qu'elle est une hérésie, mais parce qu'elle va contre la foi ».

Le philosophe qui a si fermement réclamé le droit, pour la raison, d'analyser et de pénétrer les affirmations de l'Écriture ne saurait montrer moins d'indépendance à l'égard des autorités humaines ; il consent à recueillir les avis des sages, mais à la condition de les repenser en son propre esprit, de leur apporter les modifications et les améliorations nécessaires : « Ce qui arrive

1. HIRSAUGIENSIS, lib. II, p. 26. — BEDA, lib. I, col. 1138. — HONORIUS, lib. I, cap. XXII, De creatione piscium et avium, col. 56.
2. C'est-à-dire contre les Cornificiens, ses adversaires.
3. HIRSAUGIENSIS, lib. I, p. 7. — BEDA, lib. I, col. 1130. — HONORIUS, lib. I, col. 46, cap. XIV : Quare Spiritui Sancto peccatorum remissio tributa.

en ces circonstances, dit-il quelque part[1], nous laissons à l'esprit d'autrui le soin de le rechercher ; il faut, en effet, demander au maître le point de départ de la science ; mais la perfection, il la faut demander à son propre génie : *Principium a magistro, sed perfectio debet esse ab ingenio* ».

Après avoir ainsi défini les droits respectifs de la foi et de la raison, ceux de l'autorité et de la recherche personnelle, Guillaume cherche à délimiter les méthodes employées par le philosophe et celles dont use le physicien. Selon lui, le philosophe démontre des propositions nécessaires ; le physicien propose des opinions probables :

« Jusqu'ici, dit-il[2], nous avons disserté des choses qui sont et ne se voient pas ; parlons maintenant des choses qui sont et se voient. Avant d'aborder ce sujet, nous demandons qu'on n'aille pas nous blâmer si, parlant des choses visibles, nous énonçons quelque proposition qui soit probable mais non nécessaire, ou quelque autre qui soit nécessaire mais non probable. Comme philosophe, en effet, nous posons ce qui est nécessaire, lors même que cela ne semble pas probable ; comme physicien, nous y adjoignons ce qui est probable, lors même que ce n'est pas nécessaire. »

Ce souci de distinguer les diverses méthodes par lesquelles une même question peut être abordée et de définir exactement la portée de chacune d'elles, se marque encore en ce que Guillaume de Conches dit de la Science des astres[3] :

« Les auteurs ont parlé des corps célestes en trois manières différentes, en la manière fabuleuse, en la manière astrologique, en la manière astronomique.

» Nemrod, Hygin, Aratus parlent des astres d'une *manière fabuleuse*, lorsqu'ils racontent que le taureau avec lequel Jupiter avait enlevé Europe fut transformé en signe du Zodiaque, et lorsqu'ils font des récits analogues au sujet des autres signes. Cette façon de traiter des choses célestes est légitime ; sans elle, nous ne saurions ni en quelle partie du Ciel se trouve tel signe, ni combien d'étoiles il renferme, ni comment elles y sont disposées.

» Traiter une question *selon la méthode astrologique*, c'est dire

1. Hirsaugiensis, lib. I, Principium et consummatio studii, p. 16. — Beda, lib. I, col. 1134. — Honorius, lib. I, cap. XXI : De elementis, col. 50.

2. Hirsaugiensis, lib. I, De iis quæ sunt et non videntur, pp. 11-12. — Beda, lib. I, col. 1132. — Honorius, lib. I, cap. XX : De dæmonibus, col. 48.

3. Hirsaugiensis, p. 30, lib. I : Quot modis tractatur de superioribus. — Beda, lib. II, coll. 1140-1141. — Honorius, lib. II. cap. V : Quot modis auctoritas loquatur de superioribus.

ce qui apparaît dans les corps célestes, que les apparences soient, ou non, conformes à ce qui est ; beaucoup de choses, en effet, paraissent y être qui n'y sont pas, car la vue nous trompe. Martianus et Hipparque [1] traitent ainsi les questions.

» Traiter une question *selon la méthode astronomique*, c'est dire quelles choses sont en réalité, qu'elles apparaissent ou non ; ainsi font Julius Firmicus et Ptolémée.

» Lorsque l'on dit, par exemple, que le Ciel couvre toutes choses, on parle à la manière astrologique, parce qu'il semble qu'il en soit ainsi. »

Ce passage mérite d'arrêter quelques instants notre attention. Dans l'étude de l'Astronomie, il établit une distinction essentielle entre les apparences que la vue saisit, mais qui peuvent ou non correspondre à des réalités (*quæ videntur, sive ita sint, sive non*), et les réalités, qui peuvent être ou non saisissables aux sens (*quæ sunt, sive videantur, sive non*) ; traiter des premières est l'objet de la méthode *astrologique* ; traiter des secondes est l'objet de la méthode *astronomique*. A ces deux mots, Guillaume de Conches garde leur sens étymologique ; la seconde méthode nous révèle seule la loi (νόμος) qui découle nécessairement de la nature même des choses ; la première est un simple discours descriptif (λόγος) destiné à faire connaître les apparences.

Guillaume de Conches, voulant citer un auteur qui ait pratiqué cette dernière méthode, donne avec raison le nom d'Hipparque que la lecture de Pline l'Ancien lui avait sans doute révélé.

En revanche, le nom de Ptolémée se trouve assez fâcheusement opposé au nom d'Hipparque, comme celui d'un homme qui aurait pratiqué la méthode astronomique ; il est clair que Guillaume n'avait aucune connaissance directe des écrits qui ont fait la gloire de Ptolémée ; s'il connaît quelque œuvre de ce grand homme, c'est une œuvre que nous nommerions aujourd'hui astrologique ; une telle œuvre peut seule être rapprochée de celle de Julius Firmicus Materna. Il serait d'ailleurs injuste de s'étonner que Guillaume eût mis de tels écrits au nombre de ceux qui suivent la méthode propre à nous découvrir ce que sont en réalité les corps célestes ; n'est-ce pas là, en effet, la prétention des astrologues ?

L'opposition que Guillaume de Conches établit ici entre l'astronome et l'astrologue est analogue à celle qu'il a établie, d'une manière plus générale, entre le philosophe et le physicien ; l'as-

1. Au lieu de *Hipparchus*, que donnent HIRSAUGIENSIS et HONORIUS, BEDA donne le mot dénué de sens : *Hyspaïcus*.

tronome, comme le philosophe, saisit les réalités et formule les lois nécessaires qui les régissent ; le physicien n'énonce que des probabilités et l'astrologue ne discourt que des apparences.

IX

LA PHYSIQUE ET L'ASTRONOMIE DE GUILLAUME DE CONCHES

Le physicien ne discourt point du nécessaire, mais du probable ; c'est donc seulement une théorie probable qu'il pourra donner au sujet des éléments. « Voyons toutefois, ajoute Guillaume de Conches[1], si, parmi les modernes, il en est qui aient émis sur cette question un avis plus probable ». Et tout aussitôt, il expose la doctrine que Constantin l'Africain a développée en son Παντέχνη.

La définition de l'élément donnée par Constantin est la suivante : « Un élément, c'est une partie d'un corps, partie qui est simple et la plus petite possible ; simple quant à la qualité, la plus petite possible quant à la quantité. »

En disant que l'élément est une partie simple quant à la qualité, l'auteur veut dire « qu'elle n'est pas affectée de qualités contraires », et non pas qu'elle possède une seule qualité ; ainsi un élément terrestre est simple en qualité, bien qu'il soit à la fois sec et froid, parce que ces deux qualités ne sont pas contraires l'une à l'autre ; il n'y aurait plus simplicité en qualité là où se rencontreraient, en même temps, le froid et le chaud.

Les quatre qualités : chaud, froid, sec, humide, peuvent se grouper deux à deux de six manières différentes ; mais de ces groupements, il en est deux qui ne pourraient correspondre à des éléments parce que les qualités qu'ils associent sont contraires l'une à l'autre ; il ne peut donc y avoir que quatre éléments.

L'élément ne doit pas seulement être une partie simple en qualité ; ce doit aussi être une partie dont la grandeur soit aussi petite que possible ; par là, il entend que « rien n'est partie de cette partie. D'une manière semblable, les lettres sont dites élé-

1. Hirsaugiensis, pp. 12-16. — Honorius, lib. I, cap. XXI : De elementis ; coll. 48-53. — Beda, lib. I, coll. 1132-1136. Dans ce dernier texte, le nom de *Constantinus* est constamment remplacé par *Philosophus quidam* ; de même, le nom de *Johannitius*, que nous rencontrerons bientôt, celui d'*Helpéric*, que nous trouverons plus loin, ont été remplacés par *quidam*. En effaçant tous les noms d'auteurs notoirement postérieurs à Bède, on a voulu rendre possible l'attribution de la *Philosophia Mundi* à cet auteur ; cette attribution ne résulte donc pas d'une erreur, mais d'une supercherie consciente.

ments, parce qu'elles sont parties de syllabes, mais qu'il n'est rien qui soit partie de lettre ».

L'idée d'atome n'avait jamais été entièrement oubliée des philosophes chrétiens.

Isidore de Séville, dans ses *Étymologies*, définissait[1] l'atome « ce qui ne peut plus admettre de *tomen*, c'est-à-dire de coupure ». Il distinguait quatre sortes d'atomes, les atomes des corps, ceux du temps, ceux des nombres, ceux de l'écriture.

« Soit un corps tel qu'une pierre ; divisez-le en morceaux, les morceaux en grains, comme ceux du sable ; les grains de sable, divisez-les en une fine poussière jusqu'à ce que vous parveniez, si possible, à des parcelles tellement petites que vous ne les puissiez plus couper ni diviser ; voilà ce qu'est l'atome dans les corps.

» Dans le temps, voici comment vous devez comprendre l'atome : Prenez, par exemple, l'année ; divisez-la en mois, les mois en semaines, les semaines en jours, les jours en heures ; les parties de l'heure souffriront encore d'être divisées jusqu'à ce que vous parveniez à un instant si petit (*tantum temporis punctum*) qu'il soit comme une parcelle de moment, et qu'aucune durée ne puisse le produire ; il ne sera plus possible de le diviser ; voilà l'atome de temps.

» Prenez un nombre, huit par exemple ; en le partageant, vous obtenez quatre ; quatre, partagé, donne deux ; deux, partagé, donne un. Mais l'unité est l'atome, car elle est insécable.

» Il en est de même de l'écriture. Le discours se divise en mots, les mots en syllabes, les syllabes en lettres. Mais la lettre est la plus petite partie du discours ; elle est l'atome et ne peut être divisée.

» L'atome est donc ce qui ne peut être divisé, comme le point en Géométrie. En Grec, en effet, *tomus* signifie division, *atomus*, indivision. »

Ces considérations, Saint Isidore de Séville ne les a pas reprises en son *De natura rerum*.

Bède le Vénérable ne parle pas davantage de l'atome en son *De natura rerum* ; mais en son écrit *De temporum ratione*, il s'exprime[2], au sujet de l'atome du temps et de l'atome du discours, à peu près dans les mêmes termes qu'Isidore.

1. B. Isidori Hispalensis episcopi *Etymologiarum* liber XIII, cap. II : De atomis.

2. Bedæ Venerabilis *De temporum ratione liber*, cap. III : De minutissimis temporum spatiis [Bedæ Venerabilis *Operum*, accurante Migne, tomus I (*Patrologiæ latinæ* t. XC) coll. 304-307].

Dans un écrit qu'on range parmi ceux de Bède, bien qu'il ne l'ait pas mis au catalogue de ses œuvres et que rien n'y porte sa marque, on trouve [1] une imitation plus servile encore de ce que l'Évêque de Séville avait dit des atomes ; cette imitation, d'ailleurs, se donne comme l'expression de l'opinion d'Isidore. Ce passage sur les atomes a été presque textuellement reproduit par Rhaban Maur [2].

Ni Isidore, ni Bède, ni Rhaban Maur n'ont, dans leur Physique, attribué de rôle essentiel à ces atomes qu'ils se bornaient à définir. En attachant la notion d'élément non point à une masse divisible mais à un atome indivisible, en exigeant, par exemple, que la terre élémentaire fût une parcelle insécable à la fois sèche et froide, Constantin l'Africain faisait preuve d'une véritable originalité ; il s'efforçait de souder la Physique d'Aristote à la Physique de Démocrite et d'Épicure.

Guillaume de Conches adopte pleinement cette idée.

Les corps que nous nommons feu, air, eau, terre, et que nous pouvons voir et toucher, ne méritent pas le nom d'éléments, *elementa* ; on devrait plutôt dire qu'ils sont formés d'éléments, *elementata*. La terre que nous touchons, par exemple, n'est pas un élément, car elle n'est pas indivisible ; elle n'est pas un élément, car elle n'est pas simple en qualité ; le chaud s'y constate en même temps que le froid, l'humide en même temps que le sec.

La terre que nous pouvons manier est une juxtaposition d'éléments indivisibles. Parmi ces éléments, la majorité est constituée d'atomes à la fois secs et froids ; ce sont eux qui communiquent à la terre sensible ses qualités dominantes. Mais entre les éléments terrestres, subsistent des pores par lesquels les éléments de l'eau et de l'air peuvent pénétrer ; et c'est pourquoi, dans la terre qui tombe sous les sens, nous trouvons non seulement du froid et de la sécheresse, mais aussi de l'humidité et de la chaleur.

Cette doctrine voit en l'élément une substance dont les qualités sont seulement les attributs ; elle s'oppose par là à la Physique de Scot Érigène qui, dans les quatre qualités mêmes, faisait résider les quatre éléments rationnels dont les éléments *catholiques* dérivaient.

Contre une telle doctrine, Guillaume s'élève avec sa fougue habituelle. « Il y a des gens », dit-il, « qui n'ont lu ni les écrits

1. BEDÆ VENERABILIS *De divisionibus temporum liber* II : De atomis [BEDÆ VENERABILIS *Operum* tomus I, accurante Migne (*Patrologiæ latinæ* t. XC) col. 654].

2. RABANI MAURI *De universo* liber IX, cap. I : De atomis.

de Constantin, ni ceux d'aucun physicien ; leur orgueil est tel qu'ils s'indigneraient d'apprendre d'un autre quoi que ce fût; ils ont l'arrogance d'imaginer ce qu'ils ignorent, afin de paraître dire quelque chose ; ces gens-là disent que les éléments ne sont pas autre chose que les qualités des corps qui se voient, savoir le sec, le froid, l'humide, le chaud. »

A ces physiciens, Guillaume de Conches oppose les autorités du *Timée*, de Johannitius, de Macrobe ; toutes proclament que l'élément est le sujet qu'affectent les qualités, et non pas ces qualités mêmes.

Il va sans dire que Guillaume n'admet, pour constituer les corps, rien d'autre que les quatre éléments ; de la cinquième essence péripatéticienne, il ne parle même pas. « Le feu remplit l'espace qui s'étend au-dessus de la Lune[1] ; c'est ce même feu qu'on nomme éther. L'ornement de ce corps qui se trouve au-dessus de la Lune est constitué par les étoiles, tant fixes qu'errantes. »

Les étoiles qui, comme les cieux eux-mêmes, sont formées par l'élément igné, sont-elles en mouvement? Telle est la première question proprement astronomique qu'examine Guillaume de Conches[2] : « Les uns prétendent qu'elles ne se meuvent pas, mais qu'elles sont entraînées d'Orient en Occident par le firmament, au sein duquel elles sont fixées. D'autres disent qu'elles se meuvent d'un mouvement propre, car elles sont de nature ignée, et rien ne saurait se soutenir sans mouvement au sein de l'éther ou du fluide céleste ; mais ils pensent qu'elles se meuvent sur place, en tournant sur elles-mêmes. Les troisièmes assurent qu'elles se meuvent en passant d'un lieu à un autre, mais que nos yeux ne peuvent aucunement percevoir leur mouvement ; elles emploient, en effet, un tel laps de temps à parcourir leurs divers cercles que la vie humaine, qui est courte, ne suffit pas à saisir même une brève portion de cette si lente circulation ».

Cette allusion au mouvement lent des étoiles fixes est textuellement empruntée à Macrobe ; mais la suite appartient en propre à Guillaume : « Nous partageons cet avis que les étoiles se meuvent en passant d'un lieu dans un autre ; mais que leur mouvement ne soit pas perceptible, nous en proposons une autre raison, qui

1. HIRSAUGIENSIS, liber I, Ignis qui æther dicitur; p 28 — BEDA, lib. II, col. 1139. — HONORIUS, lib. II, cap. I : Quid sit æther et ornatus illius ; col. 57.

2. HIRSAUGIENSIS, lib. I, De stellarum inerraticarum motu et quiete, pp. 30-31. — BEDA, lib. II, coll. 1141-1142. — HONORIUS, lib. II, cap. VII : De infixis stellis, utrum moveantur ; coll. 59-60.

est telle : Tout mouvement se reconnaît au moyen d'un corps immobile ou moins rapidement mobile. Lorsque quelque chose se meut, si nous voyons en même temps quelque objet immobile, et si nous constatons que le premier objet s'approche du second ou le dépasse, nous percevons le mouvement. Mais lorsque quelque objet se meut sans que nous voyions aucun objet immobile ou moins mobile, le mouvement n'est point senti ; on peut le prouver par la considération du navire qui s'avance en pleine mer. Le mouvement des étoiles ne se pourrait donc reconnaître qu'à l'aide de quelque objet immobile ou moins mobile qui fût placé au-dessus des étoiles, jamais par ce qui se trouverait placé au-dessous. Nous reconnaissons les mouvements des planètes au moyen des signes, parce qu'une planète est vue tantôt sous un signe, tantôt sous un autre. Mais au-dessus des étoiles, il n'existe rien de visible ; partant, il n'y a rien qui nous permette de discerner leur mouvement. Elles se meuvent donc, mais on les nomme fixes, parce que leur mouvement ne peut être senti, en vertu de la dite raison. »

Assurément Guillaume n'a pas compris la pensée que Macrobe exprimait, d'ailleurs, en termes trop concis pour être clairs ; il n'a pas compris comment les astronomes pouvaient, au-dessus de la sphère des étoiles fixes, concevoir une autre sphère, purement idéale, animée du seul mouvement diurne, et rapporter à cette sphère le mouvement lent des étoiles ; mais, en dépit de cette erreur, ses affirmations touchant le caractère relatif de tout mouvement observable valaient la peine d'être rapportées. On y trouve une remarquable analogie avec les pensées qu'au IVe livre des *Physiques*, Aristote exprime au sujet du lieu. Elles nous fournissent une des preuves que l'on peut invoquer pour démontrer que les doctrines physiques d'Aristote, grâce aux traductions de Dominique Gundisalvi et de Jean Avendeath de Luna, commençaient à pénétrer dans l'enseignement de la Scolastique latine. De cette pénétration, nous reparlerons au prochain chapitre.

Le firmament entraîne les astres errants dans son mouvement d'Orient en Occident ; les astres errants ont, en outre, un mouvement propre d'Occident en Orient. « Tandis, en effet [1], que le firmament tourne d'Orient en Occident, si les planètes se mouvaient de même, il en résulterait une si puissante impulsion que rien, sur la terre, ne pourrait être en repos ni en vie. Afin donc

1. HIRSAUGIENSIS, lib I ; De motibus stellarum ; pp. 40-41 (numérotées, par erreur, 40-35). — BEDA, lib. II, col. 1149. — HONORIUS, lib. II, cap. XXV : Utrum planetæ moveantur cum firmamento, vel contra ; col. 66.

qu'ils s'opposassent au mouvement entraînant du firmament, afin qu'ils tempérassent son impulsion, les mouvements des planètes ont été dirigés dans le sens opposé. Mais bien que ces mouvements portent les planètes en sens contraire du firmament, le firmament les entraîne avec lui vers l'Occident pour les ramener ensuite vers l'Orient. De même, si une personne qui se trouve dans un vaisseau marche en sens contraire de la marche du navire, elle est entraînée cependant vers l'endroit où va le navire; son mouvement en sens contraire ne la rend donc pas immobile ».

Guillaume de Conches continue en ces termes :

« Helpéric[1] déclare qu'il n'en peut être ainsi. Le Soleil n'est point au nombre des étoiles qui sont fixement liées au firmament; comment donc serait-il entraîné par le firmament? Si une personne, en effet, se trouvait hors d'un navire, comment serait-elle emportée par ce navire? Que le Soleil marche dans le sens des signes, vers l'Orient, Helpéric dit que ce n'est qu'une apparence et qu'il n'en est pas ainsi. Le firmament et le Soleil, par mouvement naturel, se dirigent tous deux de l'Orient vers l'Occident... ; mais le firmament est un peu plus rapide que le Soleil et, [à chaque révolution], il le dépasse à peu près de la trentième partie d'un signe. Lors donc que le Soleil revient vers l'Orient, on ne voit plus, au-dessus du Soleil, cette partie du signe qu'on y voyait auparavant, mais une autre partie située en arrière de la première. Comme il en est de même chaque jour, il semble que le Soleil marche vers les signes postérieurs, bien qu'il ne se dirige nullement en se sens. La Lune peut donner à chacun une preuve de cet argument; il est certain que la Lune ne court pas vers le Nord; mais si les nuages qui se trouvent au-dessous d'elle marchent vers le Sud, la Lune semble, en sens contraire des nuages, courir vers le Nord.

» Mais le plus savant de tous les philosophes[2] accorde son consentement au premier de ces deux avis; et il est conforme à la vérité que nous nous accordions avec lui. Contre le dernier avis, ce philosophe objecte que le Soleil ne peut être entraîné par le firmament, puisqu'il n'est pas dans ce firmament. On pourrait dire toutefois que, selon notre opinion, cette objection est faible, puisque nous avons dit que le nom de firmament désignait la substance éthérée. Nous disons, en outre, que le Soleil pourrait être entraîné par le firmament, bien qu'il ne fût pas au sein du firmament. Pour conserver notre exemple, en effet, un corps léger

1. Au lieu de : *Helpericus*, le texte BEDA porte : *Quidam*.
2. Platon.

qui se trouve auprès d'un navire peut être entraîné par ce navire, bien qu'il ne soit pas dans le navire; de même le Soleil, qui est léger et de nature ignée, peut être entraîné par le firmament sans en faire partie. »

Nous venons d'entendre Guillaume de Conches citer le nom d'Helpéric. Ce nom, il le répète en une autre circonstance. « Si vous voulez, dit-il[1], connaître les raisons des noms qui ont été donnés aux signes du Zodiaque, lisez Helpéric ».

Au temps de Guillaume de Conches, le traité sur le calendrier, composé par Helpéric, était certainement classique et propageait dans les écoles la théorie stoïcienne du mouvement des planètes.

La théorie qu'Helpéric soutient au sujet du mouvement rétrograde des astres errants était également connue, nous l'avons vu, du Pseudo-Bède ; celui-ci l'attribuait « à Aristote et aux Péripatéticiens », attribution qui semble lui avoir été suggérée par un passage de Chalcidius ; c'est vraisemblablement aussi à Chalcidius qu'Helpéric avait emprunté cette théorie ; il l'adoptait, d'ailleurs, tandis que le Pseudo-Bède la condamnait, tout comme nous venons de l'entendre condamner par Guillaume de Conches.

Les connaissances astronomiques de Guillaume de Conches offrent bien des confusions et des obscurités. Cet auteur sait, par exemple, que le Soleil et les autres astres errants décrivent des trajectoires excentriques à la Terre; mais il a les idées les plus fausses sur la position de leurs absides ; il croit, par exemple, que le Soleil passe au périgée tandis que nous sommes en été, et il attribue la chaleur plus grande qui règne en cette saison à la diminution de la distance entre le Soleil et la Terre : « Nous et nos antipodes », dit-il[2], « nous avons en même temps l'été, l'hiver et les autres saisons de l'année, mais lorsque nous avons le jour, ils ont la nuit, et inversement. En effet, l'été est causé par la proximité du Soleil, l'hiver par son éloignement, le printemps et l'automne par une distance moyenne... ».

Voici maintenant une doctrine en laquelle l'auteur du traité *De Philosophia Mundi* montre une plus exacte intelligence des écrits dont il s'inspire ; cette doctrine sera l'occasion d'un intéressant rapprochement entre le traité du Philosophe de Conches et le

1. HIRSAUGIENSIS, lib. I ; De circulis cœlestibus, p. 32. — BEDA, lib. II, col. 1142 (Ici, ce texte n'a pas remplacé le nom d'Helpéric par *quidam*). — HONORIUS, lib. II, cap. XI : De zodiaco et unde dicatur ; col. 60.

2. HIRSAUGIENSIS, lib. III, pp. 66-67. — BEDA, lib. IV, col. 1167. — HONORIUS, lib. IV, cap. III : De habitatoribus ejus ; coll. 85-86.

De constitutione mundi liber du Pseudo-Bède. Nous voulons parler de la théorie de Vénus et de Mercure.

Au premier de ces deux ouvrages, nous lisons le passage suivant[1], où l'influence de Macrobe est manifeste :

« Il nous faut dire pourquoi les Chaldéens affirment que le Soleil est la quatrième des planètes, tandis que les Égyptiens et Platon prétendent qu'il est la sixième... Les Chaldéens ont pensé qu'il en était autrement, et cela pour la raison que nous allons dire : Le Soleil, Mercure et Vénus sont liés entre eux de telle manière qu'ils parfont leur cours presque dans le même temps, c'est-à-dire dans une année et une faible durée en plus ou en moins. Les cercles qu'ils parcourent doivent donc être sensiblement égaux, si le temps plus ou moins long qu'une planète emploie à parcourir le Zodiaque se mesure à la longueur du cercle qu'elle décrit. Ces cercles étant presque égaux entre eux, l'un d'eux ne peut être en entier contenu par l'autre. Ils se coupent donc. Par sa partie inférieure, le cercle de Vénus coupe les parties supérieures du cercle du Soleil et du cercle de Mercure ; il comprend, d'ailleurs, plus du cercle de Mercure que du cercle du Soleil. Par sa partie supérieure, le cercle de Mercure coupe celui de Vénus ; il coupe celui du Soleil par sa partie inférieure. Enfin le cercle du Soleil par sa partie supérieure coupe les parties inférieures des cercles de Mercure et de Vénus ; mais il coupe davantage celui de Mercure et moins celui de Vénus[2]. Puisque le cercle du Soleil est entouré par les parties supérieures[3] des cercles de ces planètes, il est juste de dire que le Soleil est inférieur à ces astres. Mais parfois aussi il arrive que le Soleil se trouve en la partie supérieure de son cercle, et que ces planètes sont en la partie inférieure de leurs cercles respectifs ; alors elles apparaissent plus aisément, car l'éclat du Soleil les fait moins pâlir lorsqu'elles se trouvent au-dessous de lui que lorsqu'elles sont au-dessus ; et voilà pourquoi le Soleil peut être regardé comme supérieur à ces deux astres. »

Dans cette hypothèse sur la position relative du Soleil, de Mer-

1. HIRSAUGIENSIS, lib. I ; De loco Solis et cur Luna debeat ei esse vicina ; pp. 39-40. — BEDA, lib II, coll. 1147-1148. — HONORIUS, lib. II, cap. XXIII : De statu et retrogradatione prædictarum stellarum, et quod verum sit Solem esse sub Mercurio et Venere, et de circulis ipsorum — Cap. XXI : Quando circuli Veneris et Mercurii liberius appareant. Coll. 64-65.

2. Les deux textes de la *Patrologia latina* insèrent ici une phrase destinée à annoncer une figure ; la *Patrologia* donne, en effet, une figure ; mais elle est absurde.

3. HIRSAUGIENSIS et HONORIUS disent : *inférieures*, au lieu de : *supérieures* ; BEDA est, ici, seul correct

cure et de Vénus, nous reconnaissons un corollaire de la théorie d'Héraclide du Pont.

Le Pseudo-Bède avait, lui aussi, admis cette théorie. Il avait, d'ailleurs, remarqué qu'on la pouvait présenter de diverses manières : « On en peut rendre compte, tout d'abord, disait-il, par des intersections de cercles ; on en peut rendre compte, ensuite, en admettant l'existence d'épicycles ». L'équivalence des deux méthodes n'est pas douteuse si l'on représente la trajectoire d'une planète, comme Hipparque a représenté la trajectoire du Soleil, soit par un cercle excentrique au Monde, soit par un épicycle dont le centre décrit un cercle concentrique à la Terre. La méthode fondée sur l'emploi des épicycles rend peut-être plus immédiatement visibles les diverses particularités des mouvements de Vénus et de Mercure.

Ces particularités, Guillaume les connaît ; sous l'influence plus ou moins heureuse de certaines doctrines rapportées par Pline et par Macrobe, il en donne[1] d'assez singulières explications :

« Ils disent que le Soleil est de nature attractive. Si donc ces étoiles [Mercure et Vénus] précèdent le Soleil, et si elles en sont proches, il les attire vers lui ; si, au contraire, elles sont éloignées, il les oblige à s'arrêter jusqu'à ce qu'il les ait dépassées ; ils expliquent cette action en la comparant à celle de l'aimant sur le fer. D'autres prétendent que sur le cercle de chacune de ces deux planètes, il existe une certaine région, et que, lorsque la planète parvient en cette région, le Soleil l'oblige à s'arrêter, puis à reculer ; mais ils ne disent pas pourquoi il en est ainsi.

» Pour nous, nous prétendons que ces étoiles ne s'arrêtent jamais et qu'elles semblent seulement s'arrêter ; car, étant de nature ignée, il est nécessaire qu'elles soient sans cesse en mouvement. Parfois, elles paraissent s'arrêter par l'effet de l'*arsis* ou de la *thèsis*, c'est-à-dire de l'élévation ou de la dépression. Tous les astronomes s'accordent, en effet, à dire qu'une étoile tantôt s'éloigne davantage de la Terre, et alors elle s'élève, tantôt descend d'avantage vers la Terre, et on dit alors qu'elle est déprimée. Lorsqu'une planète s'élève ou s'abaisse, si ce mouvement se fait en ligne droite [avec le centre du Monde], l'étoile est vue constamment sous le même signe, et l'on croit qu'elle s'arrête. Si

1. HIRSALGIENSIS, lib. I ; Sol attractivus ; pp. 38-39. — BEDA, lib. II, coll. 1146-1147. — HONORIUS, lib. III, cap. XXIII : De statu et retrogradatione prædictarum stellarum, et quod verum sit Solem esse sub Mercurio et Venere, et de circulis ipsorum ; coll. 64-65. — Les deux derniers textes sont moins complets que le premier.

ce mouvement se produit obliquement en arrière, elle semble reculer.

» C'est le Soleil qui est cause de cette élévation et de cette dépression. Source de toute chaleur, tantôt il dessèche davantage les régions supérieures, tantôt les espaces inférieurs. Lorsque le corps d'une planète est plus desséché que d'usage, il s'allège et monte. Ensuite si, pour se nourrir, il attire à lui plus d'humidité que de coutume, il devient plus lourd qu'il n'est habituellement, et il descend davantage. Lorsqu'ils disent donc qu'une planète s'arrête, ils parlent en astrologues, parce qu'il semble qu'il en soit ainsi. »

Ainsi, grâce à Chalcidius et à Martianus Capella, grâce à Macrobe, la plupart des hommes qui, du IXe siècle au XIIe siècle, ont écrit sur l'Astronomie, et dont les livres nous ont été conservés, ont connu et admis la théorie des planètes imaginée par Héraclide du Pont. Le Pseudo-Bède et Guillaume de Conches ont fait circuler Mercure et Vénus autour du Soleil ; Scot Érigène était allé plus loin ; il avait étendu la même supposition à Mars et à Jupiter ; s'il n'en eût exempté Saturne, il eût été pleinement le précurseur de Tycho Brahé.

Que la théorie du Pseudo Bède et de Guillaume de Conches ait été courante, aux époques où vécurent ces auteurs, on le devine à lire certaines allusions en des livres où cette théorie, cependant, n'est pas explicitement exposée.

On trouve, parmi les écrits d'Honoré d'Autun, un petit traité intitulé : *De Solis affectionibus*. Rien ne prouve, d'ailleurs, que ce livre soit de l'auteur auquel les éditeurs l'ont attribué. Il ne figure pas dans la liste des ouvrages d'Honoré qui termine le traité *De luminaribus Ecclesiæ* composé par le Scolastique d'Autun. Ce livre, toutefois, semble bien avoir été produit au temps où vivaient Guillaume de Conches et Honoré ; l'influence de Macrobe s'y révèle par de nombreuses citations. Rien donc n'empêche qu'on l'attribue à Honoré d'Autun, pourvu que l'on ne continue pas à mettre au compte de celui-ci le traité *De imagine Mundi* ; ces deux livres ne sont assurément ni du même auteur ni de la même école.

L'auteur du *De Solis affectionibus* ne veut pas[1] que les sphères des différentes planètes et la sphère des signes soient distinctes, et séparées les unes des autres par des intervalles. « Comment,

1. HONORII AUGUSTODUNENSIS *De Solis affectionibus liber* ; Cap. XXII : De distinctis sphæris [HONORII AUGUSTODUNENSIS *Opera,* accurante Migne (*Patrologiæ latinæ* t. CLXXII) ; col. 107].

en effet, les sphères des planètes seraient-elles alors entraînées par la sphère du firmament qui est la dernière? L'éther tout entier forme donc un milieu continu ; il se meut d'un mouvement circulaire qui lui est naturel, en entraînant avec lui les planètes. Il faut, en effet, qu'il se meuve ; et comme il ne peut se mouvoir [ni vers le bas] ni vers le haut ni suivant une ligne droite quelconque, il se meut nécessairement en cercle ».

« Deux avis s'opposent l'un à l'autre », poursuit notre Scolastique[1], « l'un selon lequel les planètes marchent en sens contraire du firmament, l'autre selon lequel elles vont dans le même sens que le firmament. Elles ne marchent pas avec[2] le firmament; aucune chose, en effet, qui est simplement entraînée par une autre, ne peut la précéder en se mouvant plus vite ; en outre, elle ne pourrait s'en écarter suivant une ligne oblique, mais seulement en droite ligne ; le Soleil sortirait ainsi du Zodiaque.

» Comme toutes les étoiles sont de nature ignée, il est nécessaire qu'elles se meuvent, car le feu est toujours en mouvement. »

Comme le Pseudo-Bède et comme Guillaume de Conches, notre auteur connaît l'hypothèse qu'Helpéric soutenait; au lieu d'attribuer aux astres errants un mouvement propre en sens contraire du mouvement diurne, il sait que certains astronomes leur attribuent un seul mouvement orienté comme celui du firmament, mais plus lent que ce dernier; comme le Pseudo-Bède et comme Guillaume de Conches, il rejette cette doctrine.

Honorius connaît[3] l'existence de l'abside du Soleil ; il sait que ce point se trouve dans les Gémeaux, qu'il ne partage pas en deux arcs égaux la partie du Zodiaque située dans l'hémisphèreboréal ; il sait qu'il en est de même des absides des autres planètes ; il en résulte que l'abside du Soleil ne coïncide pas avec le point solstitial; notre auteur insiste avec minutie sur la distinction de ces deux points.

Honorius se livre[4] à une discussion assez confuse sur les circonstances où Vénus peut apparaitre avant le lever ou disparaître après le coucher du Soleil ; il examine, en particulier, l'hypothèse où Vénus serait au-dessus du Soleil, bien qu'il ait déclaré que le

1. Honorii Augustodunensis *Op. laud.*, Cap. XXVI : Planetæ quo vadunt ; éd. cit., col. 108.

2. Le texte dit : *contra firmamentum* ; le contexte exige *cum firmamento*.

3. Honorii Augustodunensis *Op. laud.*, Cap. XXXII : De Sole ascendente et quid efficiat. Cap. XXXIII : In Ariete Sol multiplicat dies. Éd. cit., coll. 109-110.

4. Honorii Augustodunensis *Op. laud.*, Cap. XXXVI : De Lucifero et Hespero. Éd. cit, coll. 111-112.

Soleil occupait, parmi les planètes, le rang du milieu ; puis il ajoute : « Vénus est quelquefois, bien que rarement, au-dessus du Soleil ». Il est difficile, croyons-nous, de ne pas voir en cette phrase une allusion [1] à la théorie d'Héraclide du Pont, si formellement admise par Scot Érigène, par le Pseudo-Bède et par Guillaume de Conches. Cette théorie paraît avoir compté de nombreux partisans durant le temps qui s'est écoulé depuis le règne de Charles le Chauve jusqu'au milieu du XIIe siècle.

X

LA THÉORIE DES MARÉES AU XIIe SIÈCLE. — L'INFLUENCE DE PAUL DIACRE. LES DISCIPLES DE MACROBE. ADÉLARD DE BATH. GUILLAUME DE CONCHES. GIRAUD DE BARRI

Un accroissement d'érudition n'est pas toujours un bienfait ; la connaissance d'un auteur nouveau peut être une source d'erreurs. Si Macrobe a suggéré aux Scolastiques d'Occident d'heureuses pensées touchant les choses de l'Astronomie, il n'a mis qu'obscurité et confusion dans ce qu'ils savaient du phénomène des marées.

Les plus anciens auteurs qui aient instruit la Chrétienté latine au sujet des marées lui avaient transmis des connaissances sommaires mais, en général, assez exactes. Saint Basile avait, en quelques phrases précises, marqué suivant quelle loi le flux et le reflux sont régis par le cours de la Lune ; Saint Ambroise avait mis en Latin le texte de Saint Basile, et Saint Isidore de Séville avait reproduit la version de Saint Ambroise.

Augustin l'Hibernais, et le Pseudo-Isidore qui s'en inspire, connaissent peut-être l'*Histoire naturelle* de Pline. Toujours est-il

1. Il convient, d'ailleurs, d'être fort prudent avant d'affirmer qu'une phrase contient une allusion à cette théorie. Bède le Vénérable, par exemple, dans ses deux ouvrages intitulés *De temporum ratione* et *De ratione computi*, parle des mouvements des planètes ; il répète textuellement ce qu'il a dit en son *De natura rerum* ; mais il y joint quelques lignes, qui sont, d'ailleurs, les mêmes en ces deux ouvrages ; dans ces lignes, on lit (a) : « *Mercurius perpetuo circa Solem discurrendo* ». On pourrait, de ces mots, conclure que Bède faisait tourner Mercure autour du Soleil ; tout ce que nous savons des théories astronomiques de Bède, et le contexte même, démentiraient cette supposition ; les mots que nous venons de citer doivent s'interpréter comme l'affirmation que Mercure, en sa marche, demeure toujours *au voisinage* du Soleil.

(a) VENERABILIS BEDÆ *De temporum ratione liber*. Cap. VIII : De hebdomada [VENERABILIS BEDÆ *Operum* accurante Migne tomus I (*Patrologiæ latinæ* t. XC) col. 128] — VENERABILIS BEDÆ *De ratione computi liber*, Cap. V : De hebdomada et septem planetis ; éd. cit., col. 585.

qu'aux notions sur le phénomène des marées transmises par Saint Isidore, ils ajoutent des renseignements nouveaux ; ils décrivent très exactement la période mensuelle des marées, les vives-eaux ou *ledones*, les mortes-eaux ou *malinæ ;* ils savent comment ces alternatives sont reliées aux syzygies et aux quadratures ; la période annuelle ne leur est pas inconnue, encore qu'à leur science, sur ce point, se mêle une erreur.

Vient enfin le vénérable Bède ; à la lecture de Pline l'Ancien et d'Augustin l'Hibernais, il joint sa propre expérience ; il obtient ainsi, au sujet du flux et du reflux de la mer, une doctrine plus détaillée et plus complète que celle des météorologistes et des géographes de l'Antiquité ; à ce que ceux-ci savaient, il joint une loi importante, la loi de l'*établissement du port*.

Le Moyen Age eût pu s'en tenir à ce que Bède lui enseignait au sujet des marées. Mais voici que deux influences fâcheuses vont remettre en question ce qui semblait résolu et troubler de nouveau ce qui était devenu clair. Ces deux influences sont celles de Paul Diacre et de Macrobe.

Né vers 720, mort en 778, Paul Diacre a écrit une *Historia Longobardorum* qui fut extrêmement lue ; c'est dans cette histoire que Paul nous fait connaître son opinion sur l'origine des marées[1].

Selon lui, il existe, à l'ouest des côtes de la Norvège, un gouffre très profond, qu'on peut appeler l'ombilic de la mer. « Deux fois par jour, dit-on, il absorbe les flots, puis les revomit, ce que prouve la vitesse extrême avec laquelle se font, le long de tous ces rivages, le flux et le reflux de la mer. — *Quæ bis in die fluctus absorbere et rursum revomere dicitur, sicut per universa illa littora accedentibus ac recedentibus fluctibus celeritate nimia fieri comprobatur.* »

Selon la très judicieuse remarque de M. R. Almagià[2], le point de départ de cette théorie est un renseignement exact ; Paul Diacre a eu connaissance du célèbre gouffre du Mælstrœm, qui se forme à l'ouest de l'île de Moskœ, une des Loffoden ; dans ce gouffre, les courants de marée engendrent de redoutables tourbillons dont le sens se renverse au flot et au jusant ; notre auteur a pris l'effet pour la cause.

Il s'empresse, d'ailleurs, de généraliser son explication ; il l'étend

1. PAULI DIACONI *Historia Longobardorum*, lib. I, cap. VI. (Édité dans les *Monumenta Germaniæ historica*).

2. ROBERTO ALMAGIA, *La dottrina della marea nell'Antichita classica e nel medio evo (Memorie della Reale Accademia dei Lincei*, Série 5a, Classe di Scienze fisiche, matematische e naturali, vol. V, 1905, p. 425).

aux marées qui se produisent sur les côtes de la Manche et du Golfe de Gascogne. « On affirme, dit-il, qu'entre l'île de Bretagne et la Gaule, il existe un autre tourbillon semblable ; la preuve en est donnée par les côtes de la Gaule Séquanaise et de l'Aquitaine ; deux fois par jour, elles sont recouvertes par un flux si soudain que celui qui s'est, par hasard, un peu trop avancé sur la grève, a grand peine à s'enfuir. Vous verriez les fleuves de ces pays-là rebrousser chemin, d'un cours très rapide, vers leur source, et, sur une longueur de nombre de milles, les eaux douces de ces fleuves changées en eaux saumâtres ».

Paul Diacre n'hésite pas à penser que les très faibles marées de l'Adriatique sont dues, elles aussi, à une cause analogue.

« Notre mer, c'est-à-dire l'Adriatique, va et vient d'une manière semblable, bien qu'à un moindre degré, sur les rivages de Venise et de l'Istrie ; il est à croire qu'elle possède des gouffres du même genre, petits et cachés, qui absorbent les eaux au moment où elles délaissent les côtes et les revomissent pour qu'elles envahissent derechef le rivage. »

Paul Diacre ne fut point seul à professer cette opinion sur l'origine des marées ; d'autres auteurs, dont tel est peut-être plus ancien que lui, l'ont également adoptée.

Tel est, par exemple, l'auteur de la vie de Saint Condedus. Cette vie, dans l'état où nous la possédons aujourd'hui [1], semble avoir été rédigée postérieurement à l'année 730, mais d'après une source plus ancienne ; nous ne pouvons savoir, il est vrai, si ce document plus ancien contenait le passage qui va retenir notre attention.

On nous dit, donc, que Saint Condedus s'était retiré, pour y vivre en ermite, dans une île de la Basse-Seine, l'île Belcinacca, aujourd'hui Bercignac. « Au temps des vives-eaux (*malinæ*) comme au temps des mortes-eaux (*lidones*), le flot de la mer ne manque pas d'entourer cette île *trois fois* par période de vingt-quatre heures *(ter per revolutionem diei ac noctis)* ». On remarquera que l'auteur introduit ici une grave erreur ; il n'avait point, de la marée, une expérience personnelle. « Si vigoureuse est l'impulsion qui précipite ce flot, qu'il remonte le cours de la Seine, au delà de cette île, sur une longueur de soixante milles et plus, vers l'Orient ; il atteint ainsi jusqu'au lieu nommé Pista ; et déjà, le cours de la Seine, depuis cette île jusqu'à la mer, est évalué à trente milles ; ce flot sort d'un ombilic ou d'un charybde de la mer ». Et notre

1. *Acta Sanctorum*, Octobris t. IX, Parisiis et Romae, Victor Palmé, 1869 ; pp. 355-357.

auteur de reproduire mot pour mot ce que Paul Diacre nous a déjà dit du flux, du reflux et du gouffre qui les produit.

De notre auteur et de Paul Diacre, quel est celui qui a fourni à l'autre cette explication des marées ? Nous ne saurions le dire. Peut-être, sans se connaître, ont-ils tous deux, comme le suppose M. Almagià[1], puisé à une même source plus ancienne et que nous ignorons.

Dans la théorie admise par Paul Diacre, il n'est plus aucunement question d'une relation entre le cours de la Lune et l'alternative du flux et du reflux.

Ceux des lecteurs de cet auteur qu'avait, par ailleurs, instruits la lecture de Saint Ambroise, de Saint Isidore de Séville, du vénérable Bède, devaient s'en étonner ; ils devaient être portés à combiner son explication avec celle qui reconnaissait l'influence de la Lune sur la marée ; une telle combinaison ne pouvait d'ailleurs produire qu'une théorie d'une incohérence extrême. Telle est celle que le mystérieux Honorius Inclusus expose dans son *De imagine mundi*.

Nous avons vu[2] que cet auteur avait eu la bonne idée, pour traiter du flux et du reflux de la mer, de chercher son inspiration dans le *De ratione temporum* du Vénérable Bède, c'est-à-dire, parmi tous les livres qui étaient à sa disposition, dans celui qui lui fournissait les renseignements les plus complets et les plus exacts. Mais, mis en possession de la théorie de Bède, il n'a pas eu l'heureuse pensée de négliger celle de Paul Diacre ; et voici les étranges réflexions qu'il a jointes à l'exposé de la première[3].

« L'*antipostis*, c'est-à-dire le tourbillon (*vorago*) qui est dans l'Océan, absorbe et revomit les flots par un flux plus considérable au lever de la Lune. Ce tourbillon qui absorbe et revomit toutes les eaux ainsi que les navires devient un gouffre (*abyssus*). Or il y a, dans la terre, un abîme très profond dont il est écrit : Les grandes sources de l'abîme ont été rompues. Près de cet abîme, il y a des cavernes et des roches qui sont largement béantes. Dans ces lieux, le souffle (*spiramen*) des eaux engendre des vents qu'on appelle esprits des tempêtes ; ces vents, à leur tour, attirent les eaux de la mer à l'intérieur de l'abîme par les cavernes qui sont ouvertes dans les terres ; lorsque ces eaux débordent, ils les repoussent avec une grande impétuosité. Ce sont aussi ces vents qui produisent les tremblements de terre... »

1. R. Almagia, *Op. laud.*, p. 427, en note.
2. Voir : Seconde partie, Ch. II, § III ; ce vol., p. 33.
3. *De imagine mundi* lib. I ; ap. *Opusc.*, cap. XXII, De aqua ; ap. *Patrol.*, cap. XL.

On trouverait difficilement, croyons-nous, plus parfait exempl de galimatias ; notre solitaire eût mieux fait de s'en tenir à la lecture du vénérable Bède.

Macrobe aura, comme Paul Diacre, une fâcheuse influence sur la connaissance des marées ; car, de ce phénomène, il a dit quelques mots qui seront, au XIIIe siècle, gardés comme des oracles par nombre de Scolastiques.

Macrobe enseigne [1] que l'Océan forme deux zones, plus ou moins irrégulières, dont chacune entoure toute la terre ; l'une de ces zones suit à peu près le tracé de l'équateur ; l'autre passe par les deux pôles. Il suppose, sans le dire explicitement, que chacune de ces zones est parcourue par un courant. « Lorsqu'ils se mêlent l'un à l'autre, avec une très grande force et une prodigieuse impétuosité, ils se heurtent l'un l'autre ; de ce choc des eaux, naît le flux fameux de l'Océan, ainsi que le reflux ; partout où, dans notre mer [Méditerrannée], on constate un flux et un reflux, qu'on les observe dans les détroits resserrés ou, peut-être, sur les rivages ouverts, ils proviennent de ces golfes de l'Océan, auxquels nous donnons le nom même d'Océan ; car l'eau de ces golfes pénètre dans notre mer. »

Ces quelques mots de Macrobe furent, comme tout ce qu'avait écrit cet auteur, avidement recueillis par divers Scolastiques ; de ce nombre fut, sans doute, Adélard de Bath.

Dans ses *Disputes contre les Astrologues*, Jean Pic de la Mirandole nous fait connaître ce qu'enseignait, au sujet des marées, un certain Adelandus [2]. Comme on ne connaît aucun Scolastique de ce nom, il faut, pensons-nous, lire *Adelardus* au lieu d'*Adelandus*, et rapporter à Adélard de Bath les indications données par Pic de la Mirandole.

Adélard de Bath, dont nous reparlerons plus longuement au prochain chapitre, avait, entre 1113 et 1133, composé des *Quæstiones naturales ;* c'est sans doute dans cet ouvrage qu'il parlait de la marée ; mais, bien que ces *Questions* aient été imprimées en 1484 [3], nous n'avons pu les consulter.

« Au sujet du flux et du reflux de la mer, se posent, dit Pic de

1. T. A. MACROBII *Ex Cicerone in Somnium Scipionis commentarius*, lib. II, cap. IX.

2. IOANNIS PICI MIRANDULÆ, CONCORDIÆ COMITIS, *Disputationum adversus astrologos* lib. III, cap. XV. (IOANNIS PICI MIRANDULÆ *Opera omnia*. Colophon : Disputationes has Ioannis Pici Mirandulæ concordiæ Comitis, litterarum principis, adversus astrologos : diligenter impressit *(sic)* Venetiis per Bernardinum Venetum Anno Salutis MCCCCLXXXXVIII. Die vero XIIII Augusti. Fol. sign. e ii, v°.

3. *Incipit prologus* ADELARDI BATHONIENSIS *in suas questiones naturales per-*

la Mirandole, de nombreuses questions, car il semble à tout le monde que ce phénomène procède de la Lune.

» Voici la cause du flux et du reflux de la mer que, d'après l'opinion des Sarrazins, Adéland expose et prouve :

» La mer a des bras divers que sépare les uns des autres la masse interposée de la terre ; l'impétuosité qui les soulève les précipite à la rencontre l'un de l'autre et les fait confluer ; lorsqu'ils viennet à s'arrêter dans cette course, le croisement de leurs mouvements aussi bien que la situation même que la terre occupe font qu'ils rebroussent chemin ; il se trouvent ainsi ramenés à la position locale d'où le premier mouvement, qui leur est naturel, les avait chassés.

» La Lune n'est point en cause ; sinon, ce même effet adviendrait aux mers plus rapprochées de la zone torride ; elles ne sont pas, en effet, plus éloignées de la Lune, en sorte qu'elles ne seraient pas empêchées par la distance de sentir la force de cet astre ; on ne les regarde pas, non plus, comme formées d'une eau naturellement moins humide ; et cependant, il n'y a, en ces mers, aucun mouvement alternatif ; c'est qu'ici fait défaut la cause que nous avons dite, le concours de bras de mer qui s'enfoncent dans la masse des terres. »

Adélard rejette absolument toute influence de la Lune sur le flux et le reflux de la mer. Les physiciens de Chartres ne partageaient pas tous son avis. Bernard Silvestre, par exemple, voit[1], dans la Lune, non seulement la régulatrice du flux et du reflux, mais encore la cause qui fait croître ou décroître mainte substance terrestre.

Entre la théorie qui prend la Lune comme cause des marées et la théorie de Macrobe, Guillaume de Conches prend un moyen terme.

Voici d'abord un passage où Guillaume de Conches reproduit la pensée de Macrobe :

« La source de la substance humide, dit-il [2], est au milieu de la zone torride ; elle entoure la terre de la même façon que l'équa-

difficiles. Colophon : Expliciunt quaestiones naturales Adelardi Bachoniensis (*sic*). Laus deo et virgini. AMEN.

Qui petit occultas rerum agnoscere causas
Me videat, quia sum levis explanator earum.

s. l. n. d. (Lovanii, Joh. de Wesphalia, 1484).

1. Bernardi Silvestris *De mundi universitate* lib. I, cap. III ; lib. II, cap. V et VI (Ed. Insbruck, 1876, p. 19, p. 46 et p. 47).

2. Hirsaugiensis, lib. II, De tertio elemento, scilicet aqua. — Unde Oceanus. — Honorius, lib. III, cap. XIV : De refluxionibus Oceani. — Beda, lib. III, coll. 1163-1164.

teur ; beaucoup de gens n'en admettent pas l'existence parce que l'excessive chaleur ne nous permet pas d'y parvenir ; mais les physiciens la reconnaissent en vertu de la nécessité susdite ; on l'appelle la Mer véritable.

» Lorsque cette Mer atteint l'Occident, elle émet deux courants (*refluxiones*) dont l'un s'enfonce vers le Nord et l'autre vers le Sud, en suivant les côtés de la terre. A l'Orient, elle en émet également deux qui s'avancent dans les mêmes directions.

» Lorsque le courant occidental et le courant oriental qui s'avancent tous deux vers le Nord viennent à se rencontrer, la réflexion causée par leur choc mutuel refoule la mer en arrière ; alors se produit ces fameux flux et reflux de l'Océan qu'on nomme la marée (*fluctus maris*). Les deux autres courants se rencontrent de même à l'autre pôle de la terre. »

A cette explication de la marée, qu'il emprunte à Macrobe, Guillaume de Conches en joint tout aussitôt une autre qui rappelle quelque peu celle de Paul Diacre.

« D'autres, dit-il, prétendent que la marée a pour cause des montagnes sous-marines.

» En effet, lorsque la mer rencontre ces montagnes, elle est rejetée en arrière et refoulée ; alors elle remplit son lit en arrière, tandis qu'elle le vide en avant ; mais encore, le mouvement se renverse ; la mer vide son lit en arrière et le remplit en avant. »

Ces causes ne peuvent engendrer qu'une oscillation régulière, toujours de même durée, toujours de même amplitude en un lieu donné. Guillaume de Conches semble avoir compris qu'elles ne sauraient rendre compte de l'alternance entre les vives-eaux et les mortes-eaux ; et c'est pourquoi, sans doute, il va demander à la Lune l'explication de cette alternance.

« Voyons, dit-il [1], pourquoi la marée décroît pendant les sept premiers jours de la lunaison et croît pendant les sept jours suivants.

» Au moment de la nouvelle-lune, toute la splendeur du Soleil, qui embrase la Lune, se trouve au-dessus d'elle ; la Lune ne peut ni raréfier l'air qui réside au-dessous d'elle ni dessécher la substance humide ; la marée est alors dans son plein.

» Mais au fur et à mesure que la lumière du Soleil se met à descendre, la Lune s'allume ; elle dessèche et diminue la substance

1. Hirsaugiensis, lib. II, Unde maris crescentia a Lunæ defectu. — Honorius, lib. III, cap. XXI : Unde sit quod in lunatione modo crescunt humores et modo decrescunt. — Beda, lib. III, col. 1166.

humide ; et plus la splendeur descend, plus la Lune dessèche l'humeur ; il en en est ainsi jusqu'au septième jour.

» Au septième jour, la Lune, entièrement embrasée, échauffe, par l'intermédiaire de l'air, la substance humide ; celle-ci, entrant en ébullition, se gonfle ; la marée croît ainsi jusqu'au quatorzième jour.

» Mais, pendant la troisième semaine, la chaleur qui soulève l'eau diminue sans cesse au sein de cette eau, et la marée en devient plus faible.

» Pendant la quatrième semaine, la splendeur du Soleil continue à monter, la chaleur disparaît, l'air se condense, la masse de la substance humide augmente ; de là, la croissance de la marée jusqu'à la nouvelle-lune. »

Ces dernières considérations sur les marées s'accordent bien avec la Mécanique céleste de Guillaume de Conches ; en cette Mécanique, l'action desséchante plus ou moins puissante qu'exercent les astres joue un rôle considérable ; les variations de l'action desséchante du Soleil expliquent les changements de distance d'une planète à la Terre ; de même, les alternatives des vives-eaux et des mortes-eaux sont dues aux variations du pouvoir qu'a la Lune de dessécher et d'échauffer.

Nous voyons, par l'exemple d'Adélard de Bath, de l'*Imago Mundi*, de Guillaume de Conches, que la théorie lunaire des marées avait, au XIIe siècle, à lutter contre deux autres théories, celle de Paul Diacre et celle de Macrobe. Entre ces théories diverses, les physiciens, tel Adélard de Bath, faisaient parfois un choix décisif ; mais beaucoup demeuraient en suspens ; le Solitaire auquel nous devons l'*Imago mundi* juxtaposait l'hypothèse de l'action lunaire à celle de Paul Diacre ; Guillaume de Conches expliquait comme Macrobe le flux et le reflux diurnes, puis il invoquait le pouvoir de la Lune pour rendre compte des vives-eaux et des mortes-eaux.

Nous allons voir les trois doctrines se mêler dans ce que Giraud de Barri a dit du flux et du reflux de la mer.

Giraud de Barri, surnommé Giraud le Cambrien ou Giraud Silvestre (*Giraldus Cambrensis* ou *Sylvestris*), a laissé un écrit en trois livres sur ses propres actions[1]. Cet écrit et les autres traités du même auteur ont permis à J.-S. Brewer de retracer la vie de

1 Giraldi Cambrensis *Libri III de rebus a se gestis*. (*Rerum Britannicarum Medii Ævi Scriptores, or Chronicles and Memorials of Great Britain and Ireland during the Middle Ages*. — Giraldi Cambrensis *Opera*. Edited by J. S. Brewer. Vol. I, London, 1861, pp. 1-122).

Giraud dans une préface [1] qui précède l'édition des œuvres de ce personnage.

Giraud de Barri naquit en 1147, au château de Manorbeer, dans le comté de Pembroke (Pays de Galles). Dès l'année 1170, il compose une cosmographie en vers (*Cosmographia metrica*), puis il se rend à Paris pour y poursuivre ses études. En 1172, il revient de Paris dans sa patrie.

En 1175, Richard, archevêque de Canterbury, l'envoie comme légat dans le pays de Galles ; peu après, il est nommé archidiacre de Brecknock. Vers le mois de mai 1176, il est élu évêque de Saint-David (*Mencvia*) dans le comté de Pembroke ; mais en cette même année 1176, il quitte son siège épiscopal pour retourner à Paris où, en 1179, il est nommé professeur de droit-canon.

Vers 1180, il rentre dans sa patrie ; Pierre, évêque de Saint-David, le nomme administrateur du diocèse. Vers 1184, il est admis à la cour d'Henri II, roi d'Angleterre, il passe en Normandie avec ce prince. En 1185, il accompagne en Irlande, à titre de conseiller, Jean, fils d'Henri II. En 1186, nous l'entendons prendre la parole au concile de Dublin.

En 1187, il écrit deux ouvrages dont les titres sont *Topographia hibernica* et *Expugnatio hibernica ;* le premier de ces deux ouvrages, description géographique de l'Irlande, est celui qui nous parlera tout à l'heure de la théorie des marées.

En 1189, Richard Cœur-de-Lion, qui était alors en France et qu'accompagnait Giraud, envoie celui-ci administrer le Pays de Galles ; après avoir successivement refusé les sièges épiscopaux de Bangor et de Llandaff, il quitte la cour en 1192 et se retire à Lincoln pour se livrer à l'étude de la Théologie.

Giraud de Barri demeura sept ans à Lincoln ; il y écrivit, en 1193, sa *Vita Galfredi archiepiscopi Eboracensis*, puis, en 1197, sa *Gemma ecclesiastica*.

En 1198, le chapitre des chanoines de Saint-David le met sur une liste de trois candidats au siège épiscopal de cette ville, alors vacant ; en 1199, il est seul présenté par le chapitre, et son élection épiscopale a lieu le 29 juin ; le 30 juin, quittant Lincoln, il passe au Pays de Galles ; mais au bout de trois semaines, il revient en Angleterre et part pour Rome.

En l'an 1200, le pape Innocent III le nomme administrateur, tant au spirituel qu'au temporel, du diocèse de Saint-David ; il revient au Pays de Galles ; en 1201, nouveau voyage de Giraud

1. *Loc. cit.*, pp. IX-XCIX.

à Rome et nouveau retour au Pays de Galles ; des querelles entre le chapitre de Saint-David et l'archevêque de Canterbury, qui refuse d'approuver l'élection faite par les chanoines, remplissent, pour lui, l'année 1202 ; à la fin de cette année, il part pour Rome où il arrive le 4 janvier 1203.

Le 15 avril 1203, Innocent III ayant rendu sa sentence définitive, notre archidiacre de Brecknock, à travers mille péripéties, regagna Saint-David ; là, le chapitre élut un nouvel évêque, Geoffrey, agréé par l'archevêque de Canterbury, et Giraud renonça à poursuivre ses revendications ; il abandonna même à son neveu William son archidiaconat de Brecknock. En 1215, le siège épiscopal de Saint-David lui fut, de nouveau, offert dans des conditions irrégulières ; il repoussa toute sollicitation.

La fin de sa vie fut entièrement consacrée à l'étude et à la composition de nombreux ouvrages. Entre 1204 et 1205, paraissent la *Descriptio Walliæ*, le *Symbolum electorum*, le *Speculum duorum*, les *Invectiones*, la *Legenda S. Remigii* et le *De gestis suis*. Vers 1218 sont composés les *Diologi de jure Menevensis ecclesiæ*. Une seconde édition de ces *Dialogues* est donnée vers 1220, en même temps que le *De principis instructione* et le *Speculum Ecclesiæ*.

On ne sait pas à quelle date mourut ce fécond écrivain.

Comme Bède, Giraud de Barri a observé les marées et s'est renseigné auprès des gens de mer ; comme Bède, il sait que ni le flot ni le jusant ne se font sentir en même temps sur les diverses côtes ; aussi, dans son *Liber de descriptione Hiberniæ*, nous dira-t-il avec précision quel changement éprouve l'heure de la marée selon qu'on observe sur les côtes d'Irlande ou sur les côtes d'Angleterre [1].

« Chaque fois que les ondes de la mer, délaissant, par leur retrait, le port de Dublin, sont au milieu de leur reflux, la baie de Milford Haven (*Milverdia*), sur la côte britannique, rend aux navires un excellent mouillage, car le flot qui y entre se trouve au milieu de son flux. Au même moment, la côte plus éloignée de Bristol a vu fuir les ondes ; elle est entièrement à découvert et le flot commence seulement à s'y glisser.

» Comprenez que le flux présente des oppositions toutes semblables.

» Près de Wicklow (*Wikingelum*), sur la côte d'Irlande qui regarde de plus près le Pays de Galles, il y a un port où pénètre

1. GIRALDI CAMBRENSIS *Topographia hibernica*, dist. II, cap II : De contrariis æquoreis fluxibus in Hibernia et in Britannia (GIRALDI CAMBRENSIS *Opera*. Vol. V, edited by James F. Dimock, 1867 ; p. 77).

le flot au moment où, en mer, le reflux est général ; c'est au moment où se produit le flot qu'il renvoie et laisse échapper l'eau qu'il avait reçue. »

« Chose [1] plus étonnante encore ! Près d'Arklow (*Archelum*), il y a une roche telle que la marée monte d'un côté tandis qu'elle baisse de l'autre côté. »

Notre auteur sait, d'ailleurs, qu'en chaque lieu, il y a une relation constante entre la loi de la marée et le cours de la Lune.

« Lorsque la Lune passe au méridien, toujours l'Océan, ramenant au fond de réservoirs cachés les ondes qui sont ses suivantes, délaisse entièrement les côtes orientales de l'Angleterre. Mais au moment de ce passage, sur la côte irlandaise de Dublin, le flot atteint son plein. Sur la côte irlandaise de Wexford (*Weiseforдia*), les marées n'imitent pas les marées irlandaises de Dublin, mais bien les marées britanniques de Milford Haven. »

Giraud sait également comment les vives-eaux sont liées aux phases de la Lune.

« Lorsque la Lune, dit-il, reprenant peu à peu sa lumière, devient plus enflée qu'en la dichotomie et se met, pour ainsi dire, à faire le ventre, certaines causes secrètes de la nature commencent d'exaspérer et d'émouvoir les ondes occidentales. Jusqu'au moment où la Lune atteint la parfaite rotondité d'un disque, le flux, de jour en jour, enfle davantage ; franchissant ses bornes habituelles, il couvre les rivages avec une croissante abondance. Mais lorsque les feux de la Lune viennent à fuir, lorsque la Lune décroît comme si son visage se détournait de nous, cette enflure se dégonfle peu à peu ; il semble que, suivant le décroît de la Lune, s'apaise la surabondance qui avait fait déborder la mer, en sorte que celle-ci rentre dans son propre lit. »

Qu'advient-il durant la demie lunaison qui s'écoule du dernier quartier au premier quartier ? Giraud ne le dit pas ; mais nous l'avons vu trop instruit des choses de la mer pour l'accuser d'ignorance à ce sujet ; il sait évidemment que la nouvelle-lune, comme la pleine-lune, correspond à des vives-eaux.

Des faits qu'il vient de rapporter, l'archidiacre de Brecknock donne l'explication que les astrologues ont rendue classique.

« Phœbé est la source et l'adoucissement de tout ce qui est humide. Ce ne sont pas seulement les ondes de la mer ; ce sont aussi, chez les êtres animés, la moelle des os, la cervelle, les sucs

1. Giraldi Cambrensis *Op. laud.*, dist. II, cap. III ; Quod Luna tam liquores moderatur quam humores. (Giraldi Cambrensis *Opera*, éd. cit., vol. V, p. 78).

des arbres et des herbes qu'elle dirige et dispose de telle manière que leurs variations suivent ses croissances et ses décroissances. La Lune est-elle privée de la lumière qui lui est due? Vous voyez toutes choses vidées de leur contenu. Son disque est-il, de nouveau, éclairé en totalité? Vous trouverez les os pleins de moelle, les crânes remplis par les cervelles, toutes les autres choses gorgées de sucs. »

Mais il est, dans le phénomène du flux et du reflux de la mer, des particularités que l'hypothèse astrologique paraît incapable d'expliquer ; ces particularités avaient conduit Adélard de Bath à nier toute action de la Lune sur les eaux de la mer ; ces particularités, Giraud, qui les connaît, va tenter d'en rendre compte par des raisons où nous reconnaîtrons certains souvenirs de Macrobe.

« Il vaut la peine, dit notre auteur [1], de développer les raisons de toutes ces choses et de dire pour quelles causes l'Océan occidental s'est, de préférence à la Mer moyenne et méditerranée, approprié ces flux et ces reflux dont l'incessante vivacité suit un ordre bien déterminé ; il vaut la peine de dire comment, sous le magistère de la Lune qui dispose des choses humides, tous ces effets se produisent. »

L'explication demandée, Giraud nous apprend qu'il l'avait donnée, d'une manière claire et brève, dans un petit traité en vers qu'il avait intitulé : *De philosophicis flosculis*. Ce traité est aujourd'hui perdu. L'auteur, heureusement, rappelle, dans sa *Description de l'Irlande*, quelles sont les quatre causes d'où se doit tirer cette explication :

« Les fleuves et les sources qui tombent dans la mer et qui, d'une certaine façon, l'émeuvent et la vivifient, sont toujours beaucoup plus abondants au voisinage des pôles de la terre.

» Les quatre parties de l'Océan qui sont opposées entre elles et qui sont les plus éloignées produisent alternativement une attraction et une absorption violente de la mer, puis une émission bouillonnante des eaux.

» C'est au voisinage de ses extrémités, que toute chose humide éprouve de suite un accroissement ou une diminution évidente.

» Ajoutez à cela qu'au voisinage de ses extrémités, l'Océan, soit lorsqu'il flue, soit lorsqu'il reflue, a un cours plus libre, mieux débarrassé de toute entrave ; lorsqu'au contraire les terres l'embrassent de tous côtés, lorsque, par les obstacles qu'elles lui oppo-

1. GIRAUD DE BARRI, *loc. cit.*, pp. 79-80.

sent, elles le forcent à demeurer calme comme un étang, elles ne lui permettent plus de courir librement. »

De ces quatre causes, la seconde rappelle celle qu'invoquait Macrobe, puisqu'elle fait appel à ces quatre bras de l'Océan dont cet auteur admettait l'existence; mais elle rappelle aussi, par l'absorption et le rejet alternatif des eaux marines qu'elle attribue à ces quatre bras, la théorie de Paul Diacre. Déjà, d'ailleurs, dans l'exposition même de la théorie lunaire, Giraud se souvenait de l'hypothèse de l'Historien des Lombards: « Lorsque la Lune passe au méridien, disait-il, toujours l'Océan, ramenant au fond de réservoirs cachés les ondes qui sont ses suivantes (*ad occulta receptacula pedisequas revocans undas*), délaisse entièrement les côtes orientales de l'Angleterre. »

Dans un autre passage, nous l'entendrons mentionner, d'une manière plus formelle encore, l'existence de ces abîmes ou les eaux de la mer s'engouffrent au moment du reflux, d'où elles débordent tumultueusement au moment du flux ; mais par une combinaison de cette supposition avec celle de Macrobe, ces gouffres seront au nombre de quatre et chacun d'eux va être attribué à l'un des quatre bras de l'Océan. Giraud nous parle de ces gouffres en des termes[1] où nous reconnaissons qu'il avait eu, touchant la position du Maelstrœm, des renseignements exacts.

« Non loin des îles de la région boréale, il existe, en mer, un tourbillon (*vorago*) surprenant. De très loin et de tous côtés, les flots de la mer, comme par un complot, confluent et concourent vers ce tourbillon ; là, ils s'épanchent dans dans des cavernes secrètes cachées par la nature ; ils sont, pour ainsi dire, dévorés par l'abîme.

» S'il advient à quelque navire de passer par là, si grande est la violence des flots qui le ravissent et l'attirent, que la force vorace l'absorbe tout aussitôt d'une manière irrévocable.

» Les philosophes décrivent, dans l'Océan, quatre semblables tourbillons qui se trouvent en quatre parties opposées du monde. Quelques personnes supposent que ces tourbillons sont les causes non seulement des marées, mais encore des vents éoliens. »

Au temps où Giraud de Barri écrivait, sur les marées, les passages que nous venons de rapporter, la traduction en Latin de l'*Introductorium in Astronomiam* d'Abou Masar était déjà répandue; elle allait remettre en honneur la théorie astrologique qui attribue les marées à l'action de la Lune ; mais cette théorie lunaire

1. GIRALDI CAMBRENSIS *Op. laud.*, dist. II, cap. XIV : De voragine naves absorbente. (GIRALDI CAMBRENSIS *Opera*, éd. cit , vol. V, pp. 96-97).

ne devait pas, de longtemps, faire entièrement oublier celle qui attribue le reflux et le flux à des gouffres capables, alternativement, d'absorber les eaux de la mer et de les revomir ; en exposant cette théorie-là, les Scolastiques ne manqueront guère d'accorder à celle-ci au moins une mention.

Dans la lutte entre la théorie astrologique des marées et les théories de Macrobe et de Paul Diacre, nous pouvons reconnaître une première forme d'un combat qui se poursuivra, entre ceux qui tentent d'expliquer ce phénomène, jusqu'au temps de Newton ; d'une part se tiendront ceux qui, plus ou moins teintés d'Astrologie, demandent à l'influence des astres de rendre comte du flux et du reflux de l'Océan ; d'autre part se tiendront ceux qui rejettent ces influences astrologiques et occultes, et qui ne veulent recourir qu'à des causes mécaniques prises ici-bas. Ceux-ci, parmi lesquels se rangera Galilée, seront assurément les plus sensés ; et ce sont ceux-là, cependant, qui s'approcheront davantage de la véritable explication.

XI

AVEN EZRA ET L'HYPOTHÈSE ASTRONOMIQUE D'HÉRACLIDE DU PONT

Nous n'eussions pas acquis une juste idée de l'influence exercée par Macrobe sur les physiciens du XIIe siècle si nous n'avions, dans l'espèce de digression que nous venons de faire, dit ce qu'il leur enseignait au sujet des marées : mais si cette influence nous intéresse ici, c'est surtout parce qu'elle a servi à répandre l'hypothèse d'Héraclide du Pont ; il est temps, pour nous, de reprendre l'histoire de cette hypothèse.

Exposée par Chalcidius, par Martianus Capella, par Macrobe, la théorie des planètes qu'avait imaginée Héraclide du Pont a joui d'une singulière faveur auprès des Platoniciens qui ont illustré l'ancienne Scolastique ; Jean Scot Érigène, le Pseudo-Bède, Guillaume de Conches et, peut-être, Honoré d'Autun l'ont adoptée ; ils ont fait de Mercure et de Vénus les satellites du Soleil ; plus audacieux, l'Érigène a étendu ce rôle même à Mars et à Jupiter.

Mais au temps même où écrivait Guillaume de Conches, les docteurs de la Chrétienté latine commencèrent d'avoir communication de la Science arabe et, par elle, de la Science hellène ; les deux grands systèmes qui, dans ces sciences, se disputaient l'empire de l'Astronomie leur furent successivement révélés ; ils y virent des théories poussées jusqu'à l'explication détaillée des phénomènes et, dans la doctrine de Ptolémée, une théorie conduite jusqu'à la prévision numérique minutieuse des mouvements célestes. Simple vue de l'esprit, qu'aucun géomètre n'avait précisée ni détaillée, la géniale hypothèse d'Héraclide ne pouvait prétendre à garder, dans l'attention des physiciens, une place que réclamaient à juste titre des systèmes scientifiques plus parfaits ; elle tomba dans l'oubli.

Cet oubli a été très grand, sans être, cependant, absolu ; de temps en temps, de Guillaume de Conches à Copernic, on a vu surgir un faible resouvenir de l'hypothèse d'Héraclide du Pont ; parfois, ce resouvenir était ramené au jour par quelque érudit, curieux des propos anciennement tenus ; parfois, il était pieusement gardé en quelqu'un de ces écrits routiniers qui semblent faits pour collectionner des idées mortes ; mais, de ces écrits, la providentielle mission est, bien souvent, de conserver les pensées momentanément démodées, graines à l'état de vie latente auxquelles, un jour, des circonstances favorables feront produire une nouvelle végétation.

Puisque la théorie d'Héraclide du Pont va être délaissée par le grand courant de la Science astronomique ; puisque, pendant plusieurs siècles, les discussions agitées entre doctes ne prêteront plus aucune attention à cette hypothèse, il sera peut-être bon de réunir ici quelques-unes des allusions par lesquelles elle a été sauvée du total oubli,

Le rabbin Abraham ben Ezra, né à Tolède en 1119, mourut en 1175. Astronome, astrologue, philosophe, exégète, médecin, poète, grammairien, il fut un des chefs de la Kabbale ; sa réputation, que manifestèrent les surnoms de Sage et d'Admirable, fut extrême.

Dans un de ses livres d'Astrologie, le *Liber rationum* [1], Aven Ezra s'exprime en ces termes :

« Ce n'est pas une mince discorde entre les savants que de savoir si Vénus et Mercure sont au-dessus ou au-dessous du Soleil. Une cause de cette discussion est la suivante : Il n'arrive pas que

1. ABRAHE AVENARIS JUDEI *Astrologi peritissimi in re judiciali opera ; ab excellentissimo Philosopho* PETRO DE ABANO *post accuratam castigationem in latinum traducta. Introductorium quod dicitur principium sapientie. Liber rationum. Liber nativitatum et revolutionum earum. Liber interrogationum. Liber electionum. Liber luminarium et est de cognitione diei cretici seu de cognitione cause crisis. Liber coniunctionum planetarum et revolutionum annorum mundi qui dicitur de mundo vel seculo. Tractatus insuper particulares eiusdem* ABRAHE. *Liber de consuetudinibus in iudiciis astrorum et est centiloquium* BETHEN *breve admodum. Eiusdem de horis planetarum*. Colophon : Explicit de horis planetarum Bethen. Ex officina Petri Liechtenstein. Venetiis Anno Domini 1507. — *Liber rationum*, fol. XXXIIII, col. a.

l'on voie ces astres lorsqu'ils passent devant le Soleil. Une autre cause est celle-ci : Ces trois astres ont des excentriques égaux. Mais, à mon avis, les deux propositions sont également vraies ; ces planètes sont tantôt au-dessus du Soleil et tantôt au-dessous ; vous auriez besoin, à ce sujet, d'une longue explication. »

Cette explication, Aven Ezra ne la donne pas, d'ailleurs, à son lecteur ; celui-ci, cependant, aurait le droit d'être embarrassé par les perpétuelles variations du savant Rabbin ; dans son *Liber luminarium*[1], il place le Soleil en la seconde sphère, c'est-à-dire qu'il place Mercure et Vénus au-dessus de cet astre ; en maintes autres circonstances, conformément aux théories de Ptolémée, il met Vénus et Mercure entre la Lune et le Soleil.

Comment Aven Ezra avait-il eu connaissance de l'hypothèse d'Héraclide du Pont ? Aucun auteur juif ou arabe n'en avait, du moins que nous sachions, fait mention avant lui. Il est permis de supposer qu'il l'a connue par la lecture du *Commentaire au Timée* de Chalcidius, car il connaissait cet ouvrage. En son *Liber de mundo vel sæculo*, qui fut composé en 1147 et traduit par Henri Bate en 1281, Abraham écrit[2], à propos de la musique céleste : « Platon en parle au *Timée* et ailleurs ; Chalcidius en parle également, avec une infinité d'autres philosophes ».

XII

L'HYPOTHÈSE D'HÉRACLIDE DU PONT AU XIIIe SIÈCLE. BARTHÉLEMY L'ANGLAIS

Nous avons parlé, il y a un instant, de livres routiniers ; il serait difficile d'en trouver un qui le fût à plus haut point que le *De proprietatibus rerum* écrit Barthélemy l'Anglais[3].

Au XVIe siècle, John Leland a avancé, mais comme une conjecture qu'aucune preuve ne vient appuyer, que Barthélemy appartenait à l'illustre famille des Glanville, de Suffolk ; de là, l'usage

1. ABRAHÆ AVENEZRÆ *Liber luminarium*, cap I ; éd. cit., fol. LXXI, col. c.

2. ABRAHÆ AVENEZRÆ *Liber de conjunctionibus qui dicitur de mundo vel sæculo*, cap. de conjunctione ; éd. cit., fol. LXXX, col. d.

3. Sur Barthélemy l'Anglais, voir : LÉOPOLD DELISLE, *Traités divers sur les propriétés des choses* (*Histoire littéraire de la France*, t. XXX, pp. 353-355) — CH. V. LANGLOIS, *La connaissance de la Nature et du Monde au Moyen Age, d'après quelques écrits français à l'usage des laïcs*. Paris, 1911 ; pp. 114-118 — SBARALEÆ *Supplementum ad Scriptores trium ordinum S. Francisci*, art. *Bartholomæus Glaunvillus*. Editio nova, Romæ, MCMVIII, pp. 120-123.

suivi, sans aucune raison, par nombre d'auteurs, et, notamment, par Sbaraglia, de le nommer Barthélemy de Glanville.

« Le renseignement le plus précis[1] qui nous soit parvenu sur la vie de Barthélemy se trouve dans une lettre adressée, en 1230, par le général des frères mineurs au provincial de France... Il s'agissait d'organiser la province de Saxe, récemment instituée par suite du dédoublement de la province d'Allemagne, que le chapitre général venait de partager en deux. Le général demandait au provincial de France l'envoi de deux religieux qui devaient diriger l'administration et les études de l'ordre dans la nouvelle province, et c'était frère Barthélemi l'Anglais qui était désigné pour le second poste : *Fratrem Bartholomæum Anglicum lecturæ præficiendum.* »

Comme les *Etymologies* d'Isidore de Séville, comme le *De Universo* de Rhaban Maur, le *De proprietatibus rerum* de Barthélemy l'Anglais procède du désir de composer une encyclopédie ; et en effet, il n'est guère de science, sacrée ou profane, dont il ne soit parlé dans quelqu'un des dix-neuf livres qui forment le *De proprietatibus rerum.*

Notre frère mineur ne se pique aucunement, d'ailleurs, d'originalité ; chacun de ses chapitres est formé par une suite de propositions, et chaque proposition reproduit ou résume l'avis d'un auteur qui est scrupuleusement nommé ; ainsi fera, peu après frère Barthélemy, le dominicain Vincent de Beauvais, lorsqu'il composera son célèbre *Speculum triplex.*

La liste des auteurs qui seront cités dans l'ouvrage est donnée en tête ; parmi ces auteurs, les plus récents sont Michel Scot et Robert de Lincoln ; on en peut conclure que le *De proprietatibus rerum* n'a pu précéder de beaucoup le milieu du XIIIe siècle.

D'autre part [2], cet ouvrage est cité dans une chronique que le franciscain Salimbeni de Parme a composée en 1283 ; il en existe des copies manuscrites datées les unes de 1296, les autres de 1300 ; on le vendait à Paris en 1300, en 1303. On peut donc croire que Barthélemy l'Anglais a compilé son encyclopédie entre l'an 1250 et l'an 1275, au temps même où florissait Albert le Grand.

Or le *De proprietatibus rerum* ne semble point du tout un livre de cette époque ; on le croirait écrit au moins un siècle plus tôt, par quelque écolier de Guillaume de Conches et de Gilbert de la

1. LÉOPOLD DELISLE, *Op. laud.*, p. 355.

2. Ces renseignements sont extraits de : SBARALEÆ *Supplementum et castigatio ad Scriptores trium ordinum S. Francisci*. Ed. nova, Romæ MCMVIII, pars I, pp. 120-122 (Art. : *Bartholomæus Glaunvillus*).

Porrée ; ceux-ci, d'ailleurs, y sont tous deux cités, ainsi que Johannitius et Constantin l'Africain.

Compilation médiocre, sans idée, sans unité, sans critique, mais compilation où beaucoup de sentences *de omni re scibili* sont réunies en un unique volume, le *De proprietatibus rerum* présentait tous les caractères qui assurent à un livre un grand succès.

Ce succès fut prodigieux. Aujourd'hui encore, il n'est guère de bibliothèque publique qui ne possède une ou plusieurs copies manuscrites du traité de *Bartholomæus Anglicus*, témoins fidèles de la diffusion extrême qu'eut ce livre au Moyen Age.

Cette diffusion eût connu des limites si l'ouvrage fût demeuré en Latin ; on le traduisit donc en divers idiomes vulgaires. Dès 1309, Vivaldo Belcalzer, de Mantoue, en fit une traduction italienne[1] ; les Français purent lire *Le propriétaire des choses* que Jean Corbechon, ermite de Saint Augustin, traduisit en 1372, sur l'ordre de Charles V ; vers le même temps, une traduction provençale, l'*Elucidari de las proprietatz de totas res naturals*, fut faite pour Gaston Phébus, comte de Foix († 1391) ; aux Espagnols, Vincent de Burgos donna le *Libro de proprietatibus rerum* en vieux Castillan ; les Anglais eux-mêmes lurent en leur langue, grâce à Jean de Trévise, l'écrit de leur compatriote.

L'imprimerie naissante s'empara du traité de Barthélemy l'Anglais et le répandit à profusion. En l'an 1500, on pouvait déjà compter seize éditions du texte latin, neuf de la traduction française, trois de la traduction castillanne, une de la traduction anglaise ; de 1482 à 1556, le *Propriétaire des choses* en français a été quatorze fois édité.

Cette vogue extraordinaire se prolongea, d'ailleurs, au delà de toute durée vraisemblable, puisqu'en 1601, on imprimait encore, à Francfort, une édition de ce *De proprietatibus rerum*, de ce livre qui, en l'an 1250, pouvait être regardé déjà comme fort arriéré et fort mal informé de l'état de la Science.

Bien informé, à cette époque, des choses de l'Astronomie, Barthélemy eût hésité, sans doute, entre la théorie des planètes d'Alpétragius et celle de Ptolémée, tandis qu'assurément, il n'eût fait aucune allusion à l'hypothèse d'Héraclide du Pont ; mais sa routine ne lit ni Alpétragius ni l'*Almageste* ; c'est à Macrobe et à Martianus Capella qu'il continue, comme les écolâtres du XIIe siècle, d'emprunter ses connaissances astronomiques ; aussi recueille-t-il,

1. Ch. V. Langlois, *Op. laud.*, pp. 123-179.

touchant les mouvements de Vénus et de Mercure, la supposition imaginée par Héraclide ; et la prodigieuse fortune du *De proprietatibus rerum* sauvera désormais cette supposition du complet oubli.

« Lorsque Vénus est plus distante de la Terre que Mercure, dit Macrobe, elle se meut plus lentement que lui ; au contraire, lorsqu'elle est au-dessous de Mercure, elle se meut plus vite que lui. » Telle est l'allusion contenue au chapitre[1] que le *De proprietatibus rerum* consacre à Vénus. Nous en trouvons une autre au chapitre[2] qui traite de Mercure : « En la partie supérieure de son cercle, il se conjoint à Vénus et, en la partie inférieure, il s'unit au Soleil : de plus, en sa partie supérieure, son cercle pénètre le cercle de Vénus et, en sa partie inférieure, le cercle du Soleil ». C'est un souvenir de Guillaume de Conches que nous reconnaissons en ces lignes.

XIII

L'HYPOTHÈSE D'HÉRACLIDE DU PONT AU XIIIe SIÈCLE (*suite*). L'Introductoire d'Astronomie COMPOSÉ PAR L'ASTROLOGUE DE BAUDOIN DE COURTENAY

Le traité *De proprietatibus rerum* composé par Barthélemy l'Anglais était fort en retard sur la science de son temps ; c'est grâce à cette circonstance qu'il nous a conservé les enseignements de Macrobe et de Guillaume de Conches. Ces mêmes enseignements, nous allons les retrouver dans un ouvrage plus récent que celui de Barthélemy, mais non moins retardataire.

L'ouvrage dont nous voulons parler est un traité d'Astrologie écrit en prose de l'Ile-de-France. Dans le manuscrit de la Bibliothèque Nationale[3] où nous l'avons étudié, il est précédé d'une pièce astrologique en vers français. Ces deux écrits, l'un en prose, l'autre en vers, sont inséparables l'un de l'autre ; ils ont fait, jadis, l'objet d'une intéressante notice, due à Paulin Paris[4].

Le traité en prose ne porte aucun titre dans le manuscrit où

1. *Liber de proprietatibus rerum* BARTHOLOMÆI ANGLICI ; lib. VIII, cap. XXVI : De Venere.
2. *Liber de proprietatibus rerum* BARTHOLOMÆI ANGLICI ; lib. VIII, cap. XXVII : De Mercurio.
3. Bibliothèque Nationale, fonds français, n° 1353 (olim 7485).
4. PAULIN PARIS, *Astrologue anonyme* (*Histoire littéraire de la France*, t. XXI, 1847, pp. 422-433).

nous l'avons lu ; mais d'autres copies[1] lui donnent le nom d'*Introductoire d'Astronomie*.

Au cours de cet *Introductoire*, l'auteur vient d'expliquer que, de deux manières, nous pouvons prévoir l'avenir; l'une consiste dans l'observation des astres, l'autre dans l'inspiration. Il poursuit en ces termes[2] :

« Donques nos, qui somes ocupé des choses mondaines, jà soitce que nos ne puissons avoir les II devant dites voies, se ne est par devine inspiration, par quoi nos puissons faire et doner parfaiz jugemenz ; neporquant, à le hennor de très haut empereor B., par la grâce de Deu très féel en Jhésu crist, coroné de Deu, gouverneor de Romanie, à touz tems accroissant, por cui nos començons ce livre, ce que nos avons oï et trait des livres des Ancians, par quoi l'en puisse venir à faire parfaiz jugemenz et certains des fortunes et des œuvres que li ordenemenz et li cours des estoiles œuvre ça desouz, nos vos espondrons si briefment cum nos porrons. »

Ce « très haut empereur B.,... gouverneur de Romanie », c'est Baudoin de Courtenay.

« Baudoin[3] naquit en 1217, pendant la captivité de son père, l'empereur Pierre de Courtenay. Plusieurs fois, il vint en Occident, et sans beaucoup de profit, pour réclamer le secours des princes chrétiens. Couronné empereur en 1239, dans l'église de Sainte-Sophie, nous le voyons, en 1267, faire un traité solennel avec Charles d'Anjou, roi de Naples, qui s'engageait à l'aider d'argent et de troupes pour le recouvrement de Constantinople, tombée au pouvoir des Grecs. De son mariage avec Marie de Brienne, fille de Jean de Brienne et de Bérangère de Castille, il avait eu un fils nommé Philippe, qu'il fut contraint de livrer à des gentilshommes de Venise pour gage des fortes sommes qu'il en avait empruntées. Philippe ne redevint libre qu'en 1269, et son premier soin, en quittant Venise, fut de se rendre auprès du roi de Castille, Alphonse, dit le Sage ou l'Astrologue, des mains duquel il reçut les éperons d'or de la chevalerie...

» Baudoin mourut, empereur détrôné, moins de deux ans après la délivrance de son fils. »

Les événements de la vie de Baudoin, de sa naissance à la délivrance de son fils, sont ceux auxquels il est fait allusion dans la pièce en vers dont nous allons parler.

1. PAULIN PARIS, *Op. laud.*, p. 427.
2. Ms. cit., fol. 8, col. d, et fol. 9, col. a.
3. PAULIN PARIS, *Op. laud.*, p. 424 et p. 426.

L'auteur de ces vers fait, tout d'abord, une élogieuse description des méthodes employées par les astrologues :

« Par quoi il font les démontrances
De choses, cum èles aviènent,
Qui de lor natures nos viènent ;
Et cil qui bien les cerchera,
La certeineté trovera ;
Par quoi l'en le tendra por sage,
Se, ouvecques le art, met grant usage ;
Quar por neient lira la lettre,
Si grant entente ni velt metre
A savoir del tems la nature.
Par quoi saura, se il met cure,
Des choses qui ça desouz sunt,
Coment changent et coment vont,
Si cum cil le nos ont apris
Qui de cest art orent le pris.
De tels furent trois esléu,
Sage de l'art et bien créu,
Qui meinz livres orent cerchiez. »

Ces « trois élus, sages de l'art et bien crus », avaient tiré un horoscope dont le poëte nous répète les prédictions[1]. « Cet horoscope[2], éclairci et interprété après coup, comme toutes les prédictions d'une évidente exactitude, convient parfaitement à Baudoin de Courtenay... Comme ces éloges n'offrent aucune allusion à des événements postérieurs au séjour du jeune Philippe en Espagne, il faut en conclure qu'ils furent écrits en l'année 1270. Plus tôt, le poëte n'aurait pas su tirer un aussi bon parti de l'horoscope de 1217 ; plus tard, il aurait ajouté quelques circonstances à la vie du jeune prince et de son père. »

Le poème astrologique est évidemment du même auteur que l'*Introductoire d'Astronomie* qu'il précède et dont il veut être, semble-t-il, le prologue ; nous n'y trouverions aucune indication sur les opinions que l'auteur professait au sujet des mouvements des astres. Il n'en sera pas de même du traité en prose ; là, il va nous exposer, tout au long, ce qu'il sait des doctrines astronomiques.

Nous pourrions penser, tout d'abord, qu'il en sait autant

1. Le morceau est cité en entier par Paulin Paris, *Op. laud.*, pp. 425-426.
2. Paulin Paris, *Op. laud.*, p. 424 et p. 426.

que les astronomes d'alors ; nous l'entendons, en effet, nous dire [1] :

« Et voel premièrement commencier des paroles que Ptholemeus met ès prologue de son livre qui est apelez *Almageste.* »

Nous le prenons donc pour un familier de la *Grande Syntaxe.* Mais, tout aussitôt, nous reconnaissons que les paroles mises dans la bouche de « Ptholemeus » n'ont jamais été tenues par l'Astronome de Péluse. Notre « astrologien » se donne à peu de frais, auprès des ignorants, un air d'érudition, en mettant sur le compte des auteurs illustres, de Ptolémée, d'Aristote, de Platon, des opinions qu'il tire d'auteurs moins célèbres ou de son propre fonds.

En vérité, du système astronomique de Ptolémée, l'astrologue de Baudoin de Courtenay n'a presque aucune connaissance ; lorsqu'il veut s'instruire du mouvement des étoiles et des planètes, il lit les livres qu'on lisait à Chartres au milieu du XIIe siècle ; c'est à Pline, à Martianus Capella, à Macrobe, c'est aussi à leurs disciples chartrains, particulièrement à Guillaume de Conches, qu'il a demandé les théories exposées par « *Le second livre, des planètes* [2] ».

Voici, d'abord, ce qu'il nous faut penser des étoiles fixes et de leur mouvement [3] :

« Si a tèle différence entre les estoiles fermes et les planètes, que li planète ont I naturel movement, par quoi il vont contre le firmament, et I accidentel qui lor vient del embruiement [4] del firmament qui onvecques soi les porte, chascun jor, environ la terre. Les estoiles fermes ne ont, fors le movement qu'èles ont de ce qu'èles vont o [5] le firmament.

» Neporquant [6], il en est II opinions ; quar li un dient qu'èles ont autre propre mouvement que del firmament ; li autre dient qu'èles ne ont autre movement fors del firmament, o cui èles sunt portées environ la terre, et qu'èles sunt fichiées en une partie del firmament, ne ne se poent movoir en autre partie.

» Mès la raison de nature nait encontre ceste opinion, quar, cum èles soient de nature de feu, il convient par raison qu'èles aient autre movement que del firmament. Quar bien apert qu'èles ne sunt mie fichiées el firmament cum la préciose pierre en l'anel

1. Ms. cit., fol. 7, col. a.
2. Ms. cit , fol. 24, col d.
3. Ms. cit., fol. 25, coll. a et b.
4. Embruiement = mouvement rapide et violent.
5. O = avec.
6. Neporquant = cependant.

ou cum un clous en une roe; quar li firmamenz est de si clère nature et si liquide que rienz n'i poet estre fichié en tèle manière, se nos ne volions dire que, là-desus, fussent aives[1] gelées cum cristal; mes c'est répugnance de nature que le aive soit plus haut del feu.

» Dum, il est melz[2] que nos consentions à philosophes gens qui dient qu'èles ont propre movement.

» Mès, de ce movement, i a uncore doble sentence; quar li un dient quèles se movent reondement en un meesmes leu, si que, par lor movement, sunt sostenues et, porce, appèrent touz tems en une partie del ciel; li autre dient qu'èles se movent de leu en leu come les planètes, mès ne poons apercevoir un petit point de lor cercle.

» Li autre dient que li movement de ces estoiles fermes ne puet estre sentiz ne aperceuz, et mètent tèle raison : Quar quant aucune chose est aperceue qu'èle se muet, si movemenz est aperceuz par autre chose qui est prochiène, qui ne se muet, ou par autre chose qui se muet plus tardement que cèle, quant l'en voit que la chose qui plus tard se muet, ou qui ne se muet, est eslogniée ou trespassée de cèle qui plus tost se muet; si cum vos veez, en la mer ou en aive courant, que la nave[3] qui plus tost court, la trespasse. Et porce que, desus les estoiles fermes, n'a nule chose, ne ferme, ne et meins movable, par quoi lor movemenz soit sentiz et aperceuz, porce, disons-nos, qu'èles sunt fichiées et fermes, et qu'elles ne se movent; quar, jà soit-ce qu'èles se movent, lor movement ne puet estre aperceuz. »

Il était aisé, en 1270, d'acquérir des idées tout autrement justes et détaillées touchant le mouvement des étoiles fixes; il suffisait de lire les traités de Robert Grosse-Teste ou de Campanus de Novare, voire ceux d'Albert le Grand; mais ce n'est pas d'écrits si récents que notre astrologue tient sa science; ce qu'il vient de nous dire est tiré, presque textuellement, de Guillaume de Conches.

Passons, maintenant, à ce que l' « astrologien » de Baudoin de Courtenay nous va dire du mouvement des planètes.

Les planètes ont-elles deux mouvements, un mouvement diurne, d'Orient en Occident, que leur communique le firmament, et un mouvement propre, d'Occident en Orient? N'ont-elles, au contraire, qu'un seul mouvement, dirigé d'Orient en Occident comme

1. Aive = eau.
2. Melz = mieux.
3. Nave = navire.

celui du firmament, mais plus lent que le mouvement diurne? Depuis le temps où écrivait Helpéric, cette question n'a cessé de préoccuper les astronomes. Notre auteur la discute en grand détail[1].

« Des planètes, poez apercevoir lor naturel movement, quar une foiz apèrent en une partie del firmament, autre foiz en l'autre...

» Le accidentel movement des planètes est cil que il ont del firmament, o cui il tornent une foiz jor et nuit.

» Et c'est le opinion de Platon qui dit que li planète corent contre le firmament par naturel movement;... et totes voies sunt reporté li planète en Occident ouvecques le firmament par l'embruiement de son isnel[2] cours.

» Aucuns demandèrent quèle nécessitez et quels mestiers il fu qu'il allassent contre le firmament; et ainsi respondirent li sage : Que li firmamenz estoit de si grant isnelté, et de si grant cours, et de si hastif, que nule chose ne poist ne vivre ne durer se aucune chose ne alast encontre que li retardast; et se li planète corussent ovec le firmament, de tant hastassent-il plus son cours, et fust plus ravissables; dum, la sapience del Criator establi que il alassent encontre le firmament por atemprer[3] le grant embruiement del firmament et le hastif cours; quar s'il coreust si hastivement, nule chose ne poist durer nel vivre el monde...

» Aristotes fu de ceste opinion que li planète corent touz tems onvecques le firmament, ne n'ont autre naturel movement; quar il disoit que li planète sunt en la quinte essence que nos avons desus dite qui ne suefre nule revolte ne nule contrariete; et si li planète alassent contre le firmament, il i eust révolte et contrainte; dum il ne poaient avoir nul plus naturel movement que aler chascun jor en Occident, autre si cum li firmamenz, et revenir en Orient environ la terre.

» Et se tu demandez de Aristote dum ce avient que le planète, puisque il corent o le firmament en Occident, ne entrent ès signes qui sunt devant en Occident, ainz entrent ès signes qui sunt derrières vers Orient; à ce respont Aristotes qu'il n'est mi voirs[4] que li planète entrent ès signes qui les suient, mes li signe viènent à eaus.

» Quar faison raison[5] que li Solauz soit el premier degré del

1. Ms. cit., fol. 25, coll. b, c, d; fol. 26, col. a.
2. Isnel = vite, rapide.
3. Atemprer = tempérer.
4. Voirs = vrai.
5. Pour comprendre ce raisonnement, il faut supposer que le Soleil par-

Moton[1]. Li Solauz et li firmamenz vont en Occident et [li Solauz] court tote jor et tote nuit par cel degré jusques tant qu'il revient en Orient. Mes, porce que li firmamenz est plus hastif que li Solauz, li est soutaiz[2], quant il vient en Orient, li premiers degrez del Moton, et court jà par desus lui li second ; et li autres, c'est li premiers, est jà devant. Et einsi court tote jor et tote nuit par ce second degré, tant qu'il revient en Orient. Et lors naist o lui le tiers degrez, et li secondz est jà devant, porce que li firmamenz est plus isneaus. Et einsi passent li Soloil tuit[3] li degré del Zodiake.

» Einsi disoit Aristotes contre l'opinion Platon, qui disoit que lor naturels movement estoit contre le firmament ; et disoit [l'opinion Platon] que tuit li planète estoient d'une meesme légèreté et d'une meesmes isnèleté, mès de tant cum li un sunt plus bas del autres, et lor cercles sunt plus briès, mètent-il meins à parfaire lor cercles et lor cours, et le font en divers tems, si cum li cercle sunt plus grant et plus petit, si cum vos orrez[4] après.

» Mais Aristotes disoit le contraire, quar il disoit que, de tant cum il sunt plus haut, estoient-il plus légier et plus isnel ; et de tant cum i estoient plus isnel, les passoit meins li firmamenz ; et porce dit-l-en que il parfont lor cercles plus tart, porce que li firmamenz les passe meins, et li degrez met plus à passer le planète. Dum Saturnes, porce qu'il fu plus légiers et plus isneaus, s'en ala plus haut que tuit li autres planète ; et porce que il est plus isneaus, le passe meinz li firmamenz, quar il ne le passe entre jor et nuit que la XXXe partie d'un degré. La Lune, qui est plus corpulente et plus grief, remest plus près de la terre et a son cercle plus prochien de la terre ; et porce fu-èle dite, ès fables des autors, Proserpina, qui autretant vaut à dire cum près rempanz ; dum porce qu'èle est plus grief et plus pesanz, est-èle plus tost passée del firmament, quar il la passe, entre jor et nuit, au meins XII degrez ; et einsi la passent plus tost tuit li degré del Zodiake ; si qu'èle parfait tout son cercle en meins d'un mois.

» Ceste fu l'opinions Aristote. Mès la commune opinions des

coure, chaque jour, un degré du Zodiaque ; cette supposition n'est pas exacte ; comme il met 365 jours $\frac{1}{4}$ à parcourir les 360° du Zodiaque, le Soleil franchit, chaque jour, un peu moins d'un degré.

1. Le Mouton, c'est-à-dire la ligne du Zodiaque que nous nommons le Bélier.
2. Soutaiz = sauté.
3. Tuit = tous.
4. Orrez = ouïrez.

philosophes dit ce que Platons en dit, que il se movent et vont contre le firmament par naturel movement, jà soit ce qu'il soit ravi chascun jor o le firmament environ la terre. Et ce est commun à touz les planète. »

Aristote eut été fort surpris de s'entendre attribuer l'opinion que lui prête notre auteur ; assurément, celui-ci n'avait jamais lu le *Traité du Ciel* ; il s'était contenté de lire Martianus Capella qui met cette opinion au compte des Péripatéticiens[1].

Il n'avait pas lu davantage, d'ailleurs, la *Théorie des planètes* d'Al Bitrogi ; ce qu'il sait de l'hypothèse qui fait marcher toutes les planètes dans le même sens que les étoiles fixes, c'est ce qu'en pouvait connaître un lecteur de Chalcidius, de Macrobe, de Martianus Capella, c'est ce qu'un Helpéric en savait déjà.

« Li V planète, poursuit notre astrologue[2], ont uncore une comunité de ce qu'il sunt stationaire ou rétrograde ; ce n'ont mie li Solauz ne la Lune. Mès, porce que, de ce, sunt plusors opinion de lor stacion et de lor rétrogradation, nos vos en dirons ce que plusors autors en dient. »

L'idée d'expliquer la station et la rétrogradation des planètes par une action émanée du Soleil est certainement fort ancienne. Déjà Platon, au *Timée*, pour expliquer la marche de Vénus et de Mercure, qui tantôt se rapprochent du Soleil et tantôt s'en éloignent, regardait[3] ces planètes comme douées d'une force antagoniste (τὴν δ'ἐναντίαν εἰληχότας αὐτῷ δύναμιν) qui les tire vers le Soleil.

Lucain[4], attribuait aux rayons solaires la puissance d'arrêter la marche directe d'une planète et d'en interrompre, par une station, le cours errant :

Sol tempora dividit ævi,
Mutat nocte diem, radiisque potentibus astra
Ire vetat, cursusque vagos statione moratur.

Pline le Naturaliste professait une opinion pareille à celle de Lucain, son contemporain ; il l'accommodait, semble-t-il, à l'hypothèse qui fait mouvoir chaque planète sur un épicycle[5] :

« Lorsqu'elle se trouve dans la partie que nous avons dite,

1. Martiani Capellæ *De nuptiis Philologiæ et Mercurii* lib. VIII, 853.
2. Ms. cit, fol. 26, col. b
3. Platon, *Timée*, 38 (Platonis *Opera*, éd. Firmin Didot, vol. II, pp. 209-210). Cf. : Première partie, ch. II, § VIII ; t. I. pp. 58-59.
4. Lucain, *Pharsale*, chant X, vers 201 sqq.
5. Plinii Secundi *Naturalis Historia*, lib. II, cap. XVI. Cf. : Première partie, ch. VIII, § V ; t. I, pp. 465-466.

écrivait Pline, la planète est frappée par le rayon du Soleil qui l'empêche de poursuivre sa marche directe ; la force ignée l'élève en haut ; cela, notre vue ne le peut comprendre immédiatement ; aussi jugeons-nous que la planète s'arrête ; d'où le nom de station donné à cet effet ; puis la violence de ce même rayon continue de progresser, et la vapeur, repoussant la planète, la contraint à la marche rétrograde. »

Chalcidius se borne à nous dire[1] qu'au gré de certains auteurs, si, tantôt, le Soleil dépasse Vénus et Mercure et, tantôt, se laisse dépasser par ces astres, c'est parce que ces planètes ont une force contraire, *vis contraria* ; c'est traduire en Latin le nom de l'ἐναντία δύναμις que leur attribue Platon ; ce n'est pas en dévoiler la nature.

Au temps de Saint Augustin, l'opinion qu'exprimaient les vers de Lucain trouvait, parmi les philosophes, de nombreux partisans. Les Néo-platoniciens astrolâtres y voyaient une preuve de la prédominance qu'ils attribuaient au Soleil sur tous les autres dieux stellaires. C'est contre eux que l'Évêque d'Hippone raisonne en ces termes[2] :

« Ils posent habituellement cette question : Ces luminaires éclatants du Ciel, le Soleil, la Lune et les étoiles, ne seraient-ils pas tous doués d'une égale splendeur? Mais, à nos yeux, ne sembleraient-ils pas doués d'une clarté plus ou moins grande selon qu'ils sont plus ou moins voisins de la terre ?... Ils ne craignent pas de dire que beaucoup d'étoiles sont égales au Soleil, voire même plus grandes, mais qu'elles semblent petites parce qu'elles sont plus éloignées que cet astre...

» Certains astres seraient donc plus grands que le Soleil même. Qu'ils examinent alors de quelle façon il est possible d'attribuer, à ce dernier, une si grande domination qu'il ait, par la violence de ses rayons, pouvoir non seulement de retenir, mais de faire rétrograder, contre leur marche propre, certaines étoiles ; je dis des étoiles principales, de celles qui, dans leurs prières, prennent rang avant les autres. Il n'est pas vraisemblable, en effet, que le Soleil puisse, par la violence de ses rayons, maîtriser des étoiles qui sont plus grandes que lui ou même des étoiles qui lui sont égales.

1. CHALCIDII *Commentarius in Timæum Platonis*, CVIII (*Fragmenta Philosophorum græcorum*. Collegit Fr. G. A. Mullachius, vol. II, p. 206 ; Parisiis, A. Firmin Didot, 1867).

2. S. AURELII AUGUSTINI *De Genesi ad litteram* cap. XVI, 33. [S. AURELII AUGUSTINI *Opera*. Accurante J. P. Migne. T. III (*Patrologiæ Latinæ*, t. XXXIV) col. 277].

» S'ils disent que les étoiles plus grandes que le Soleil sont celles des signes du Zodiaque ou celles de la Grande Ourse, qui n'éprouvent aucune action de la part du Soleil, pourquoi celles qui courent par les Signes du Zodiaque sont-elles, pour eux, l'objet d'une plus grande vénération ? Pourquoi leur accordent-ils domination sur les Signes ?

» Peut-être quelqu'un d'entre eux admet-il que ces rétrogradations, voire ces marches lentes des planètes ne sont pas produites par le Soleil, mais par d'autres causes occultes. Du moins est-ce au Soleil qu'ils attribuent tous le principal pouvoir, dans ces folles élucubrations où, dévoyés de toute vérité, ils conjecturent la force des destinées ; leurs livres le manifestent clairement. »

Attaquée par Saint Augustin, la doctrine de la primauté du Soleil sur tous les astres était professée par Macrobe.

Macrobe écrivait[1] :

« Le Soleil est appelé le modérateur des autres astres parce que c'est lui qui contient dans les limites précises d'une certaine distance la marche directe (*cursus*) et la marche rétrograde (*recursus*) des astres. Il existe, en effet, pour chaque astre errant, une distance, définie avec précision, telle que l'étoile, lorsqu'elle est parvenue à cette distance du Soleil, semble tirée en arrière, comme s'il lui était défendu de passer outre ; inversement, lorsque sa marche rétrograde l'a conduite au contact d'un certain point, elle se trouve rappelée à la course directe qui lui est coutumière. Ainsi la force et le pouvoir du Soleil modèrent le mouvement des autres luminaires et le maintiennent dans une mesure fixée. »

En terminant son étude du mouvement des planètes, Martianus Capella disait[2] : « Si tous les astres dont nous venons de parler présentent, dans leur cours, une grande diversité ; si leur distance à la terre (*altitudo*) varie ; s'ils ont des stations, une marche rétrograde, une marche inverse, la cause en est, pour eux, dans le rayon éclatant du Soleil ; lorsque ce rayon frappe une planète, il la porte vers le haut ou bien la comprime vers le bas, ou lui impose une déclinaison en latitude, ou bien encore la fait rétrograder ».

Enfin, dans ses *Étymologies* comme dans son livre *De rerum natura*, Saint Isidore de Séville avait inséré cette phrase[3] : « Certains astres, retenus par les rayons du Soleil, présentent des ano-

1. MACROBII *Commentarius ex Cicerone in Somnium Scipionis*, lib. I, cap. XX, Voir : Première partie, ch. VIII, § III ; t. I, p. 444.
2. MARTIANI CAPELLÆ *De nuptiis Philologiæ et Mercurii* lib. VIII, 887.
3. S. ISIDORI HISPALENSIS *Etymologiarum* liber III, cap. LXV. — *De rerum natura liber*, cap. XXII. Vide supra, p. 9.

malies ; ils sont rétrogrades ou stationnaires ». Et Saint Isidore citait les vers de Lucain.

D'une théorie qui expliquerait les stations et les rétrogradations des planètes à l'aide d'une force exercée par le Soleil sur ces astres, nous n'avons encore qu'une indication bien vague et bien fugitive. Ne la laissons pas, cependant, passer inaperçue, car elle est la graine infime d'où, quelque jour, naîtra un grand arbre. Les aspects compliqués que nous présente la marche des planètes sont dûs à ce que ces astres circulent autour du Soleil, et cette circulation a pour cause l'attraction exercée par le Soleil sur les astres errants ; telle est la vérité que l'œuvre de Newton fera luire à tous les yeux ; de cette vérité, les textes que nous venons de citer renferment comme un premier soupçon.

Les Anciens ignoraient si complètement les lois qui relient une force au mouvement qu'elle produit, qu'il leur eût été impossible de développer ce germe de vérité ; un véritable essai d'explication dynamique du mouvement des planètes passait, et de beaucoup, les bornes de leur science. Aussi, ceux qui se souciaient d'Astronomie précise dédaignèrent-ils les indications que nous venons de rapporter ; ils se contentèrent de décomposer les mouvements apparents des astres en circulations uniformes, sans rechercher quelles forces pouvaient produire ces mouvements ; et d'ailleurs, pour beaucoup d'entre eux, cette recherche était oiseuse, et de telles forces n'auraient eu que faire ; c'est par sa nature même, au gré des Péripatéticiens et des Néo-platoniciens, que l'orbe céleste poursuivait sa rotation uniforme et éternelle ; pour eux, au delà de l'analyse cinématique qui réduisait les circulations des astres à de tels mouvements, il n'y avait à s'enquérir aucune explication dynamique.

Alors que l'exposition cinématique des mouvements célestes, œuvre d'Hipparque et de Ptolémée, n'était point encore révélée aux savants du Moyen Age, ceux-ci connaissaient les ouvrages où se laissait pressentir le désir d'une explication dynamique des anomalies planétaires ; avant l'An Mil, tous les textes que nous venons de citer étaient entre leurs mains, et ils les lisaient avidement ; il serait surprenant que la commune pensée dont ces textes donnaient des expressions diverses n'eût pas retenu l'attention de quelques-uns d'entre eux ; du moins savons-nous qu'elle a été accueillie avec faveur par l'Astrologue de Baudoin de Courtenay, fort ignorant de la science de son temps, mais écho fidèle de celle qui comptait au moins un siècle.

Il nous a, touchant le cours des planètes, fait cette promesse :

« Porce que sunt plusors opinion de lor stacion et de lor rétrogradation, nos vos en dirons ce que plusors autor en dient ». Voici donc en quels termes il commence à tenir cet engagement[1] :

« Aucuns distrent que quant li Solauz vient si près d'un autre planète qu'il lui envoie el cors les rais de sa lumière, par la grant vertu et par la grant force de ses rais, il le fait retorner sa voie avant. [Se] il ne parest mie si prochiens que il le puisse faire retorner par la force de ses rais, au meins il le contraint à ester[2], qu'il ne voait avant ; et lors est diz stationaires. Et quant il est si loing qu'il ne li puet envoier la force de ses rais, lors vait li planètes sa voie et son cours, et est diz progressis.

» Li autres sunt de ceste opinion que li Solauz est de nature adtractive, cum li aimanz ; dum quant li planète sunt moult prochien, il les fait retorner ; quant il sunt un poi[3] plus loing que il ne les puet faire retorner, si les fait ester ; quant il sunt bien loing, si s'en puent aler lor voie.

» Li autre dient que il ne estoisent[4] nule foiz, mes il apèrent aucune foiz ester, porce que il sunt eslevé aucune foiz plus haut, aucune foiz sunt plus bas ; et cèle élévations et cèle bassèce avient de la disposition et del ordenement de lor cercles.

» Aucun dient que ce avient de ce que li Solauz désèche aucune foiz plus lors cors, et lors sunt plus légier et montent plus haut ; et autre foiz ont plus de humor et sont plus grief, et lors descendent plus bas. Dum il avient que quant il sont eslevé ou abessié de droite manière, contremont[5] ou contreval[6], sunt dit stacionare ; et se il sunt eslevé ou abessié en obliquant ou de travers, lors sunt dit rétrograde ou progressif. »

Notre Astrologue expose ensuite ce qu'il sait des explications purement cinématiques du mouvement des planètes ; ce qu'il en dit, nous le retrouverons tout à l'heure. Puis il conclut en ces termes[7] :

« Einsi sunt diverses opinions de la station et de la rétrogradation des planètes ; si eslisez la mellor. Neporquant, Martians s'acorde à cels qui dient que la stations et la rétrogradations des planètes est de la force des rais del Soloil. »

Ce dernier passage nous dit ce que nous répéteraient nombre

1. Ms. cit., fol. 26, col. 6.
2. Ester = s'arrêter *(stare)*.
3. Poi = peu.
4. Il ne estoisent = ils ne s'arrêtent.
5. Contremont = en montant.
6. Contreval = en descendant.
7. Ms. cit., fol. 26, col. c.

d'autres passages de l'*Introductoire*, que notre « astrologien » reconnaissait, à Martianus Capella, une autorité toute particulière.

Il a certainement lu Martianus Capella et Pline ; vraisemblablement aussi, il sait ce que Saint Augustin, Macrobe et Saint Isidore de Séville ont dit à ce sujet ; mais on doit reconnaître qu'en exactitude et en clarté; il passe de beaucoup ses modèles. En particulier, dans la dernière explication qu'il rapporte, nous reconnaissons celle de Pline ; mais à la pensée vague et fumeuse du Naturaliste s'est substituée une pensée précise et lumineuse; cette pensée, nous le reconnaissons sans peine, a emprunté maint trait à Guillaume de Conches.

Selon cette explication, une planète monte ou descend sur son épicycle selon que le Soleil, en la desséchant, la rend plus légère, ou que, reprenant sa première humidité, elle devient plus lourde. Nous trouvons-là une application d'un principe qui pourrait se formuler ainsi : La hauteur plus ou mains grande qu'une planète atteint dans le ciel dépend de son degré de légèreté ; et cette légèreté est d'autant plus grande que l'astre contient moins d'eau.

De ce principe, nous trouvons plusieurs autres applications dans l'*Introductoire d'Astronomie ;* elles y sont généralement mises au compte d'Aristote.

Déjà, notre auteur, au sujet du mouvement des astres errants, nous a dit[1] :

« Aristotes... disoit que, tant cum il sunt plus haut, estoient-ils plus légier et plus isnel. »

De ce que cette phrase laisse entrevoir, nous lisons le développement au chapitre suivant[2] :

« *De la demande comment chascuns planètes se tient en sa région.*

» Et demandent aucun — porce que Martians dit, el commencement de se Astrologie, que li planète ont lor leus où ils corent et font lor cours d'un atemprement[3] de substance[4] — coment et de quèle matire il sunt si atempré que chascun ne court ne plus haut ne plus bas, fors tant cum il doit et cum sa région comprent.

» A ce respondent einsi, cum Aristotes, que, en lor créations, mist li Criators tèle atemprance qu'il prist, en lor composition, principalement II élémenz, le feu et l'aive, et cist[5] orent principa-

1. Ms. cit., fol. 26. col. a.
2. Ms. cit., fol. 27, coll. a et b.
3. Atemprement = tempérament.
4. Martianus Capella (*De nuptiis Philologiæ et Mercurii,* lib. VIII, 814) admet pleinement l'existence de la cinquième essence péripatéticienne ; l'opinion dont on va lire l'exposé n'est donc point sienne.
5. Cist = ceux-ci.

lement la seignorie ès cors des planètes, jà soit-ce que aucun poi i eust de l'air et de la terre. Et lor dona la légèreté et la grieflé par droite proportion. Et ce qu'il sunt en haut et que il ont resplendor, ce ont-il de nature de feu. Ce que l'en les puet voair et que il sunt ferm et ne sunt mie liquide ne décorant[1], et ce qu'il ne puent monter au derrenier leu del feu, ce ont-il de la nature de l'aive et de aucun poi de nature de terre. Dum la grieftez ne les laisse mie moult monter ne la légèreté moult descendre. Et porce que li feus et l'aive qui ont la segnorie en leur composition sont movable, porce se movent touz tems li planète ; et sunt-li un plus bas les autres selon la grieflé et la légèresce qui est en eaus, si cum vos avez oï ci-desuz.

» Or demandent dunques coment cil dui[2] élément porent assembler et durer en lor composition, qui sunt si contraire ; et coment la nature de l'aive qui est en eaus ne est destruite el feu où il se movent perdurablement. A ce respondent, si cum vos avez oï dessus, que il sunt II manières de feu. Li uns est ardens et menlables[3] et ociables[4], si cum est cist que nos avons çà-desouz, qui a ouveques soi meslée la nature des autres élémenz. Et est uns autres feus qui est assoagenz[5] et resplendissanz, qui ne art[6] ne ne gaste nule chose, si cum est cil qui est dès la Lune en amont[7], où il n'a nule répugnance et nule contrariété, et porce se tiènent et se gardent là li planète en lor perdurable movement.

» Et dient aucun philosophe que, de celui feu, est pris et tresportez li feus el cervel des homes et des bestes, dum la chalor de vie vient, et dum l'âme s'aide autresi cum de I estrument, et enuse en le ordenement de ses poessances et des V sens, ce est de voair, de oïr, de odorer, de goûter, de touchier. Ces manières de feu nos monstre Aristotes, là où il dit qu'il sunt III espices de feu : la lumière, la flamme et le charbon ; la première est là-desus ; les autres II avons-nos çà-desouz. »

La description de ce feu exempt de tout mélange, qui resplendit sans brûler et qui remplit les espaces célestes, paraît empruntée à Jean Scot Érigène[8].

La théorie que nous venons d'entendre exposer, et qui a été mise sur le compte d'Aristote, trouve occasion de s'appliquer à la

1. Décorant = découlant.
2. Dui = deux.
3. Menlable = mêlable, capable de mélange.
4. Ociable = meurtrier, destructeur.
5. Assoagenz = adoucissant, calmant.
6. Art = brûle.
7. Dès la Lune en amont = à partir de la Lune et au-dessus.
8. *Vide supra*, p. 60.

Lune ; cette application se trouve[1] dans un chapitre intitulé . *De chascun planète por soi.*

« De la Lune sunt II opinions », lisons-nous dans ce chapitre. « L'une de Aristote, qu'il tiènent à hérésie ; l'autre commune que li philosophes, presque tuit[2], distrent : Que li cors de la Lune est aquatikes et plus espès que li autre planète por la prochièneté de l'aive et de la terre ; et porce qu'èle est voisine as froides choses, ce est à l'aive et à la terre, elle n'a de soi ne chalor ne resplendor ; ainz covint qu'èle le eust del Soloil. Quar ce est I cors poliz et exters[3] autresi cum glace ou cristals ; et quant li rais del Soloil ce fièrent[4], si reluist autresi cum I mireor. Et jà soit-ce que il soit moult poliz si cum je vos ai dit, neporquant il est en aucunes parties plains de roil[5] et de eschardeus[6], là où il a plus amoncelé de la nature de l'aive et de la terre ; et por ce, a plus naturel obscurté en cel partie ; dum il apert plus de obscureté, en cèle partie, et de umbre, jà soit-ce que la Lune soit un core tote pleine de lumière.

» Aristote disoit que li cors de la Lune estoit de nature de feu ; mès, neporquant, il avoit moult de la nature de l'aive et de la terre ; et toute cèle matire pesant et griève se assist en la plus basse partie devers nos, et retint en soi sa naturel obscurté ; la légière matire, qui estoit de feu et de air, s'en ala ès parties dessus et garda en soi sa clarté et sa purté ; et la partie clère, qui est de nature de feu, regarde touz jors le Soloil por la semblance de la complexion et de la qualité. »

La dernière phrase, évidemment, ne se doit point prendre au pied de la lettre. Lorsque la Lune est en opposition, la partie de cet astre qui regarde le Soleil est aussi cette partie, « plus pesant et plus griève » qui est la plus basse et se tourne « devers nous ». Mais au lieu du seul mot : Soleil, lisons : région du ciel où se meut le Soleil, et toute la pensée s'éclaire ; dans le passage que nous venons de lire, nous reconnaissons un essai d'explication de cette vérité : La Lune tourne toujours vers nous la même face. Au dire de celui que notre auteur nomme Aristote, cet hémisphère toujours tourné vers le bas, c'est celui qu'alourdissent l'eau et la terre ; l'autre hémisphère, composé d'air et de feu, est plus

1. Ms. cit., fol. 28, col. d, et fol. 29, col. a.
2. Tuit = tous.
3. Exters = lisse, poli *(extersus)*.
4. Fièrent = frappent.
5. Roil = rouille.
6. Eschardeus = écailleux, raboteux.

léger ; aussi est-il toujours tourné vers le haut et regarde-t-il sans cesse le cercle que décrit le Soleil.

Notre astrologue nous donne donc, sous le nom d'Aristote, mais, en réalité, sous l'inspiration de Guillaume de Conches, une curieuse et cohérente théorie astronomique ; de la composition des planètes et des densités des éléments qui les forment, il cherche à tirer l'explication des diverses particularités que présente leur cours. Cette tentative est assurément bien naïve ; cependant, elle mérite intérêt ; des lois qui régissent, ici-bas, la pesanteur, elle essaye de tirer une Mécanique céleste ; c'est à quoi ne pouvaient songer les diverses philosophies anciennes, fidèles à l'enseignement péripatéticien, qui n'accordaient à la substance céleste aucune analogie avec les substances sublunaires.

Revenons à l'exposé, donné par notre auteur, des diverses explications des anomalies des planètes.

« Li autre, dit-il [1], i mistrent autre raison et distrent que li III plus haut planète, Saturnes, Jupiter, Mars, ont chascun II cercles ; I qui enclôt la terre, et par celui corent naturèlement contre lou firmament ; un autre, qui n'enclôt mie la terre, qui est diz épicercles porce que il est sour l'autre cercle ; et li planètes se torne en cel épicercle aucune foiz en montant, aucune foiz en descendent ; et quant il monte ou avale [2], si semble ester ; qnant il set en la grégnor [3] basèce de cel épicicle, que il vait la droite voie, si est diz progressis ; quant il est el plus haut de son épicercle, porce qu'il avale vers Occident, si est diz rétrogrades. Autresi comme un très grant roe [4] tornait en l'air sour nos chiés [5], où il eust atachié un cierge ou une lampe, et tornast vers Occident ; quant il montroit ou descendoit ès costez de la roe, il nos sembleroit qu'il estât et qu'il ne se meut ; quant il seroit el bas de la roe, si nos sembleroit que il alast vers Orient ; quand il seroit el haut de la roe et il avaleroit, sembleroit qu'il alast vers Occident. Einsi sunt diverses opinions de la station et de la rétrogradation des planètes ; si eslisiez la mellor. »

Quel traité a enseigné à notre « astrologien » cet exposé très clair du mouvement d'une planète sur son épicycle ? Est-ce l'*Almageste* de Ptolémée ? Sont-ce, du moins, les abrégés de l'*Alma-*

1. Ms. cit., fol. 26, coll. b. et c.
2. Avale = descend.
3. Grégnor = la plus grande.
4. Roe = roue.
5. Chiés = chefs, têtes.

geste qu'ont donnés Al Fergani et Al Battani ? Non, sans doute ; car il n'est fait, ici, aucune allusion à l'excentricité du cercle qui porte le centre de l'épicycle ; or un lecteur de Ptolémée ou de ses abréviateurs n'eût pu manquer de signaler cette excentricité. Il semble bien que l'Astrologue de Baudoin de Courtenay ait tiré de Chalcidius[1] tout ce qu'il sait de la représentation du mouvement des planètes au moyen de l'épicycle.

Ce n'est pas que notre auteur n'ait, parfois, ouï parler des doctrines ptoléméennes ; eût-il pu, en 1270, en être autrement ? Ainsi il emploie le mot *auge*, dont Al Fergani a introduit l'usage ; mais Al Fergani désigne par *auge* l'apogée de l'excentrique que parcourt le centre de l'épicycle ; notre astrologue, au contraire, entend par *auge* l'apogée même de la planète, le point où elle se trouve à la plus grande distance du centre de la terre, ce que Pline et ses lecteurs nommaient l'*apside* ; et comme le centre de l'épicycle est supposé mobile sur un cercle excentrique à la terre, la planète passe à l'*auge* lorsqu'elle atteint le plus haut point de son épicycle ; aussi cet épicycle est-il parfois nommé *cercle de l'auge*.

Tout ce que nous venons de dire apparaîtra clairement à la lecture du passage suivant[2] :

« *Des sègnefiances des planètes selonc les divert movemenz.*

»... Si devez savoir que lor sègnefiance qu'il ont sour les choses se diversefie selonc lor divers movemenz et selonc ce qu'il ont diverses manières de estat. Quar li planètes, si cum dist Albumaxar, est aucune foiz ascendenz el cercle de son auge, c'est-à-dire que il monte en la summité, c'est el sourain[3] leu, de son épicercle et de son brief cercle ; aucune foiz est descendantz en son brief cercles ; aucune foiz li planètes est el méjan[4] ceint[5] de son brief cercle ; aucune foiz est accreu en mouvement et en lumière et en grandor ; aucune foiz est d'ivel[6] movement et d'ivel lumière et d'ivel grandor...

» *Quant li planètes est ascendenz ou descendenz en son auge.*

» Li planètes est diz ascendanz en son auge quant il est en la

1. Chalcidii *Commentarius in Timæum Platonis*, LXXVII ad LXXXII (*Fragmenta Philosophorum græcorum.* Collegit F. G. Mullachius. Vol. II, Parisiis. A. Firmin Didot, 1867, pp. 199-201).
2. Ms. cit., fol. 35, col. d ; fol. 36, col. a.
3. Sourain = souverain, suprême.
4. Méjan = point médian, moitié, milieu.
5. Ceint = ceinture, enceinte ; ici, circonférence ; el méjan ceint = au milieu de la circonférence.
6. Ivel = égal ; prend ici le sens de moyen ; l'ivel movement est le moyen mouvement.

souraineté de son brief cercle ou quant il a entre lui et la souraineté meins de lxxxx[1] degrez à destre ou à sénestre ; et lors sera el cercle de son auge amenuisiez de sa lumière, et sera mendres ses movemenz de tant cum il sera plus el sourain leu de son cercle.

» Melment et quant il est loing de la souraineté de son cercle brief et de son auge par lxxxx[2] degrez, lors est-il el milieu de la cengle[3], c'est de la méjane, de son brief cercle, et lors est d'ivel movement.

» Et quant il aura descendu de cèle souraineté jusqu'a tant qu'il vendra à la quantité de clxxx[4] degrez, lors sera diz descendenz del milieu del cercle de son auge, et lores est accreuz en lumière; et de tant sera ses movemenz plus accreuz jusque à tant qu'il vendra en l'opposition de la souraineté de son auge.

» Et quant il sera el sourain degré de cel brief cercle et de son auge, lors n'aura-il nule adéquation el cercle devant dit.

» Et por ce est diz li planètes accreuz ou amenuisiez en lumière ; quar aucunes foiz est veuz li planètes petitz de cors, aucunes foiz granz, aucunes fois ivels de cors et de grandor ; et cèle grandor et cèle petitesce nos semble selon l'eslognement et l'aprochement qu'il a de la terre, quar li planètes en soi ne est plus granz ne plus petitz. Mes quant il est en la méjane cengle del cercle de son auge, lors sera ivels en grador et en lumière, et de tant cum il sera plus el milieu [de la cengle] de ce cercle, sera plus ivels. Et quand il montera et sera ascendenz del milieu de la devant-dite cengle, si sera amenuisiez en lumière, cum il sera el plus haut leu que il puet estre, et le plus long de la terre, et en la souraineté de son auge et de son brief cercle. Et quand il sera descendenz del milieu de la cengle de son auge, lors sera accreuz en lumière et en grandor. Et quant il sera en le opposition de son auge et de la souraineté de son brief cercle, lors sera accreu tant comme il porra en lumière et en grandor, de tant plus granz de lumière et de cors cum il sera plus près de la terre et cum il sera en la plus basse partie de son brief cercle.

» Or dient aucun que li III planète desus sunt dit accreu ou amenuisié de lumière si cum l'en dit de la Lune ; quar quant li Solauz les passe jusque à tant qu'il lor vient en opposition, il sunt dit acceru en lumière ; et d'iluèques jusqu'à tant qu'ils sunt con-

1. Le texte porte lx.
2. Le texte porte lx.
3. Cengle = enceinte (*cingulus*). Ici, cengle désigne la demie circonférence, comme l'expliquent les mots : C'est de la méjane.
4. Le texte porte lez xxx.

joint au Soleil, il sunt amenuisié de lor lumière. Mais en la première sentence, ce dit Albumaxar, s'accordent li plus des philosophes. »

Notre astrologue ne nous laisse pas ignorer la source à laquelle il a puisé; et, en effet, il nous est aisé de retrouver dans l'*Introductorium in Astronomiam* d'Albumasar le chapitre [1] dont ce que nous venons de lire s'est inspiré; entre le modèle et la copie, il est cependant certaines différences qu'il importe de signaler.

Pour définir ce qu'il nommera ascension ou descente d'une planète, pour dire comment varie la vitesse du mouvement de cette planète, Albumasar considère, tout d'abord, le mouvement sur le déférent excentrique, sur le cercle qu'en cet endroit, la très fautive édition de 1506 nomme *circulus centri*, qu'elle appelle ordinairement *circulus ex centri*, par altération des mots *circulus excentricus ;* la version latine du traité d'Abou Masar n'emploie d'ailleurs pas le mot : *aux*, mais le mot : *absides*. Il fait remarquer ensuite que les variations d'éclat de la planète ne dépendent pas seulement des changements que la marche sur ce cercle excentrique apporte à la distance entre l'astre et la Terre, mais encore des ascensions et des dépressions qui résultent de la marche sur le *cercle de rétrogradation*, c'est-à-dire sur l'épicycle. L'*Introductorium in Astronomiam* suit donc la doctrine de Ptolémée; à chaque planète, il fait décrire un épicycle dont le centre parcourt un déférent excentrique. L'*Introductoire d'Astronomie* donne une seule cause aux changements qu'éprouve la distance entre une planète et la Terre, et cette cause est la marche de la planète sur son épicycle; c'est supposer implicitement que le centre de ce cercle demeure toujours à la même distance de la Terre; l'Astrologue de Baudoin de Courtenay réduit donc les propositions d'Abou Masar à ce qu'admet la théorie astronomique simple donnée par le *Commentaire* de Chalcidius; remarquons, d'ailleurs, qu'en simplifiant de la sorte les considérations de l'Astrologue arabe, il a su les rendre singulièrement plus claires.

A ces considérations, Abou Masar joignait cette remarque :

« Comme la lumière de la Lune, la lumière des planètes supérieures augmente au fur et à mesure que ces astres s'éloignent du Soleil; elle diminue lorsqu'ils s'approchent du Soleil. »

1. *Introductorium in astronomiam* ALBUMASARIS ABALACHI *octo continens libros partiales*. — Colophon : Opus introductorij in astronomiam Albumasaris abalachi explicit feliciter. Uenetijs : mandato et expensis Melchionis (*sic*) Sessa : Per Jacobum pentium Leucensem Anno domini 1506 Die 5 Septembris. Regnante inclyto domino Leonardo Lauredano Uenetiarum Principe. Lib. VII, cap. I : De proprietatibus stellarum et habitu substantiali. 3e fol. après le fol. sign. f 4, v°, et fol. suiv. r°.

Quelques commentaires détaillaient cette proposition, mais ils ne cherchaient aucunement à briser le rapprochement erroné qu'elle semblait établir ; ils ne montraient point comment la position de la planète par rapport au Soleil n'est pas, comme elle l'est pour la Lune, la cause directe de la variation d'éclat ; ils ne faisaient pas remarquer qu'une planète supérieure est précisément apogée quand elle est en conjonction avec le Soleil et périgée quand elle est en opposition ; en observant que « li plus des philosophes » se gardent de comparer les variations d'éclat des planètes aux phases de la Lune, et en mettant cette observation au compte d'Albumasar, c'est un don gratuit que notre astrologue fait à l'auteur arabe.

Au lieu de faire courir une planète sur un épicyle dont le centre parcourt un cercle concentrique au Monde, certains auteurs anciens lui faisaient décrire un cercle excentrique fixe ; ce système avait, en particulier, la faveur de Pline. Les géomètres savaient qu'il n'y avait accord entre les deux modes de représentation que pour le Soleil, qui décrit son épicycle dans le temps même que le centre de celui-ci met à parcourir le déférent concentrique ; mais des astronomes peu instruits croyaient que les deux théories s'équivalaient d'une manière entièrement générale. Chalcidius semblait admettre cette équivalence lorsqu'il écrivait [1] : « Il faudrait une longue démonstration pour dire quelles sont, d'une étoile errante à la Terre, la plus grande distance, la plus petite, la distance moyenne, pour montrer quand elles adviennent, soit que l'astre parcoure un excentrique, soit qu'il parcoure un épicycle. » Guillaume de Conches avait reçu la pensée que cette phrase de Chalcidius suggérait [2]. Or, notre astrologue avait, sans doute, lu Chalcidius et, très certainement, Guillaume de Conches. Si donc, au passage que nous allons citer, il parle des planètes supérieures comme si chacune d'elles décrivait un excentrique fixe, nous n'en serons point étonnés.

Voici ce que nous lisons dans l'*Introductoire d'Astronomie* [3] :

» *Des III plus hauz planètes.*

» Et après nos dirons des III plus hauz planètes, et premièrement de Mars, coment il fait son cours, liquels a son cercle environ la terre, ja soit-ce que la terre ne est mie centres ne el milieu de son cercle. »

Le chapitre qui commence en ces termes ne fait plus la moindre

1. Chalcidii *Commentarius in Timæum Platonis*, LXXXVI ; éd. cit., p. 201.
2. *Vide supra*, pp. 108-109.
3. Ms. cit., fol. 34, col. c.

allusion à l'existence d'un épicycle, bien que, fort illogiquement, il parle des stations et des rétrogradations.

Semblables illogismes ne sont points rares dans l'*Introductoire d'Astronomie*. Pour expliquer les phénomènes astronomiques, l'auteur n'use que des deux hypothèses que lui pouvaient enseigner Pline et Chalcidius, l'hypothèse de l'excentrique fixe, et l'hypothèse de l'épicycle dont le centre parcourt un cercle concentrique au Monde. D'autre part, la pratique même de son métier d'astrologue l'amenait à connaître des phénomènes dont ces hypothèses ne pouvaient rendre compte, à consulter des tables construites selon d'autres théories. Il se contentait alors d'énoncer des faits et de formuler des règles dont il ne donnait aucune explication.

Il est temps d'arriver à ce que l'Astrologue de Beaudoin de Courtenay dit de la théorie des deux planètes inférieures, Vénus et Mercure.

« Uncore [1] ont li Solauz et la Lune et li III sourain planète, Saturnus, Jupiter, Mars, une communité que lui autre II, Vénus et Mercurius, ne ont mie ; quar lor cercles, par quoi il corent contre le firmament, environent la terre ; li cercles de Vénus et de Mercure ne l'environent mie. Ainz corent environ le Soloil et ont lor centre de lor cercles el cors del Soloil ; mes Mercurius a le centre de son cercle el milieu del cors del Soloil, Vénus l'a en la souraineté del cors del Soloil ; et por ce sunt il dit épicercle, qu'il n'environent mie la terre, si cum j'ai dit desus des autres.

» Et de ceste intrication et envelopement de cercle est solue une contrariétez qui est entre les philosophes. Quar li Calden, de cui sentence fu Tulles et Cicéro [2], distrent que li Solauz est el quart leu et el mileu des planètes ; li Égyptien, à cui Platons se consent, distrent que il estoit après la Lune ; et Macrobes en met lor opinions et lor raisons.

» Quar li Calden regardèrent que quant Vénus et Mercurius sunt plus bas qui li Solauz, il sunt veu plus apartement [3], porce que li Solauz ne nos puet mie si repoudre [4] les choses qui sont desoz lui cum cèles qui sunt desus ; dum, selonc l'estat qu'il qrent plus notable et plus apparaissant, distrent qu'il estoient desouz le Soloil ; et porce que li Solauz, qui est fontaine de toute chalor, devoit estre el milieu, si que par lui fust atemprée toute l'armonie, ce est la consonance, celestial, si qu'il fust melment gover-

1. Ms. cit., fol. 26, coll. c et d ; fol. 27, col. a.
2. Notre auteur semble regarder Tullius Cicero comme deux personnages distincts.
3. Apartement = apparemment.
4. Repoudre = noyer dans sa clarté, poudroyer.

nierres et atemprierres [1] des choses desus lui et des choses desouz.

» Li Égyptien i mistrent autres raisons, quar li Solauz ne puet tant estre hauz cum est Vénus el haut de son çercle, ne Mercurius cum Vénus ; et por ce dient que lui Solauz est plus bas que Mercurius et Mercurius que Vénus. Et si i mistrent autre raison porquoi il covint que li Solauz fut assis après la Lune ; quar la Lune si est froide et moete, li Solauz est chauz et sès ; et por ce covint ce que dient, que li Solauz fust prochiens à la Lune, que de sa chalor fust atemprée la froidure de la Lune, et de sa sécherèce fust atemprée la grant humiditez de la Lune ; quar autrement, la Lune, qui est voisine et prochiène de la terre, envoiast à la terre les rais de sa lumiere destremprez de la grant humor et de la grant froidure, et destremprast la terre. Et uncore i avoient autre raison ; quar la Lune n'a point de lumière de soi, aincors reçoit toute la lumière et la resplandor que èle a del Soloil ; dum il convenoit que li uns fust prochiens à l'autre senz ce qu'il i eust nul meïen entre II.

» Et ces diverses opinions avièment de l'intrication et de l'enlacement de cercles de Vénus et de Mercure, si cum je vos ai dit desus. »

L'hypothèse proposée par Héraclide du Pont, admise par Chalcidius, par Macrobe, par Martianus Capella, a toute la faveur de notre astrologue ; à maintes reprises, il lui renouvelle son adhésion ; on en peut juger par les trois passages que voici :

« *Coment il font lor cours en lor cercles* [2].

» Or devez savoir que chascuns des planètes fait son cours et parfait son cercle par touz les degrez des signes selonc ce que si cercles est granz. Li Solauz demore un jor naturel en 1 degré. Mars i demore II jors. Jupiter XII. Saturnes XXX. La Lune vait chascùn jor au meins XII degrez ; et aucunes minutes vont plus ou meins, qui sunt contées [3] plus certeinement par les tables. Vénus et Mercurius, qui ont leur centre el Soloil, ne mètent mie tant à parfaire lor cercle cum li Solauz, quar Vénus n'i met que CCC et XLIX jors, Mercurius CCC et XL..... »

« *Del cours Mercurii* [4].

» ..... Mercures met à faire son cercle CCCXL jorz, et aucunes foiz plus ou meins, si cum il est plus stationaires ou plus rétrogra-

1 Atemprierres = modérateur, qui tempère.
2. Ms. cit., fol. 27, col. b.
4. Contées = comptées.
4. Ms. cit., fol. 32, col. d. et fol. 33, col. a.

des ou meins. De lor station et de lor rétrogradation avez oï les opinions desuz, dont, quant ad Mercure, puet meauz estre adaptée cèle des épicercles. Et dit Martians que il ne s'eslogne del Soloil que XXXII degrez au plus. Et porce que si cercles est environ le Soloil, quant il est desus le Soloil, et il vait o le Soloil en Orient par son naturel cours, si est diz progressis ; quant il est desouz le Soloil, porce que il vait en Occident contre le Soloil, si est diz rétrogrades ; et quant il descent ou il monte, si est diz stationaires..... »

« *Del cours Vénus et de son movement*[1].

» Ci après vos covient dire coment Vénus fait le suen cours, liquels a sun cercle environ le Soloil si cum Mercurius.... Et est souvent rétrograde et stationaire, autresi cum Mercurius, et une foiz desuz le Soloil, autre foiz devant, autre foiz derrière, autre fois desoz..... »

Sur la Science de son temps, l'Astrologue de Baudoin de Courtenay est singulièrement en retard ; son livre a été écrit en 1270 ; il eût put l'être en 1150 ; il eût pu l'être avant que Michel Scot apportât aux Latins la *Théorie des planètes* d'Al Bitrogi, les traités de Physique et de Métaphysique d'Aristote ; il eût pu l'être avant que les Platon de Tivoli et les Gérard de Crémone, en traduisant Al Fergani et l'*Almageste*, eussent révélé aux Chrétiens d'Occident les doctrines de Ptolémée. L'Astronomie qu'enseigne notre « astrologien », c'est celle que connaissaient les contemporains de Guillaume de Couches et de Thierry de Chartres, celle qu'on pouvait tirer des enseignements de Pline, de Chalcidius, de Macrobe, de Martianus Capella. Et là est, pour l'historien, l'intérêt tout particulier de l'*Introductoire d'Astronomie ;* très complètement, avec une grande clarté, il fait revivre à nos yeux les querelles qui se débattaient, au sujet des mouvements célestes, dans les Écoles de Chartres parvenues au plus haut degré de leur splendeur, dans les Écoles de Paris, alors qu'elles commençaient d'asseoir, sur l'Europe latine, leur domination intellectuelle.

1. Ms. cit., fol. 33, col. d, et fol. 34, col. a.

XIV

L'HYPOTHÈSE D'HÉRACLIDE DU PONT AU XIVe SIÈCLE. — PIERRE D'ABANO

En la personne de Pierre d'Abano ou de Padoue, l'Université de Padoue nous offre, au début du XIVe siècle, un érudit curieux de recueillir, sur toutes les questions scientifiques ou médicales, les avis des auteurs les plus divers ; parmi les compilations de Pierre de Padoue, se trouve un *Lucidator astrologiæ*, écrit en 1310, et dont la Bibliothèque Nationale possède une fort mauvaise copie manuscrite[1].

Nous aurons occasion, en étudiant les progrès de l'Astronomie en Italie, de parler longuement de cet ouvrage. Pour le moment, nous nous arrêterons seulement à ce qu'il dit des mouvements de Vénus et de Mercure.

Après avoir exposé l'opinion qui met Mercure et Vénus entre la Lune et le Soleil, et l'opinion qui place ces deux planètes au-dessus du Soleil, Pierre d'Abano poursuit en ces termes[2] :

« Certains astronomes ont tenu une sorte de voie intermédiaire : ils ont placé Mercure et Vénus tantôt au-dessus du Soleil et tantôt au-dessous. Parmi eux, il en est qui ont démontré ce mouvement sans recourir aux épicycles et en se servant seulement d'excentriques qui se coupent ; c'est ce qu'indique Macrobe en son *Commentaire au Songe de Scipion*. En sorte que lorsque Vénus et Mercure parcourent les parties supérieures de leurs cercles respectifs, on doit les regarder comme placés au-dessus du Soleil ; lorsqu'au contraire, ces planètes décrivent les parties inférieures de ces mêmes cercles, on doit estimer que le Soleil se trouve au-dessus d'elles. La figure que voici la montre évidemment. »

Pierre d'Abano traçait, en cet endroit, une figure que ne reproduit pas le manuscrit que nous avons eu entre les mains. « D'autres », disait-il ensuite, « parmi ceux qui admettent cette sorte d'ordre intermédiaire, l'exposaient, je pense, non seulement au moyen d'excentriques, mais encore au moyen d'épicycles, car ils ont coutume d'user de ces deux sortes de cercles ». Parmi ceux qui devaient, dans l'hypothèse d'Héraclide du Pont, introduire à

1. Bibliothèque Nationale, fonds latin, ms. n° 2598.
2. Ms. cit., fol. 120, col. a.

la fois des excentriques et des épicycles, Pierre de Padoue range Abraham ben Ezra, dont il connaissait bien l'avis, puisqu'il avait traduit le *Liber rationum*. Pierre d'Abano cite, d'ailleurs, les termes mêmes en lesquels le célèbre rabbin exprime cet avis ; qu'en ces termes, que nous avons reproduits, on puisse deviner le détail des agencements d'excentriques et d'épicycles qu'Aven Ezra avait peut être imaginés, cela nous paraît fort contestable ; Pierre d'Abano, cependant, avait cru y parvenir : « Moi, Pierre de Padoue, dit-il [1], j'ai imaginé en cette sorte la configuration de ces cercles ». Malheureusement, le copiste ne nous a pas conservé la figure tracée par l'auteur.

Pierre d'Abano fait d'ailleurs remarquer combien Abraham ben Ezra a émis, dans ses divers écrits, d'opinions différentes touchant les mouvements de Mercure et de Vénus.

« La supposition de Macrobe, ajoute-t-il [2], ne saurait tenir ; elle néglige en effet les épicycles, et, hors l'usage de ces cercles, les apparences ne peuvent être sauvées, comme nous l'avons vu dans notre troisième différence ; elle confond complètement entre eux les divers orbes de ces planètes, à l'exception de trois de ces orbes. Pour la même raison, je ne saurais admettre l'opinion d'Abraham, bien qu'elle offre quelque apparence de vérité. »

Les écrits de Pierre d'Abano étaient certainement lus et médités à Paris, au XIVe siècle ; Jean de Jandun complétait le commentaire aux *Problèmes* d'Aristote composé par le Médecin padouan ; peut-être est-ce l'influence du passage que nous venons de citer qui marque sa trace dans une page que nous allons décrire.

Cette page se trouve dans un manuscrit [3] où sont réunis plusieurs traités d'astronomes qui ont illustré l'École de Paris durant la première moitié du XIVe siècle : Jean des Linières, Jean de Murs, Léon le Juif, Firmin de Belleval ; le manuscrit est, lui-même, du XIVe siècle. Dans ce manuscrit, un certain nombre de feuillets [4] sont occupés par des figures destinées à illustrer certains chapitres de la théorie des planètes ; le recto du premier de ces feuillets, par exemple, présente plusieurs dessins qui ont trait à la théorie du Soleil ; tous les feuillets de ce groupe, à partir du second, sont consacrés à la théorie de la Lune.

Au verso du premier feuillet, sont deux figures très remarquables consacrées à la théorie qui fait de Vénus et de Mercure des satellites du Soleil.

1. Ms. cit., fol. 120, col. b.
2. Ms. cit., fol. 121, coll. a et b.
3. Bibliothèque Nationale, fonds latin, ms. 7378 A.
4. Ms. cit., fol. 79, r°, à fol. 82, v°.

La première figure (fig. 17) nous représente un orbe, excentrique au Monde, que comprennent deux surfaces sphériques concentriques entre elles ; cette représentation est donc conçue sur le modèle des agencements d'orbes solides qu'avait imaginés Ptolémée dans ses *Hypothèses des planètes* ; au XIVe siècle, nous le verrons, ces agencements étaient très généralement reçus à Paris.

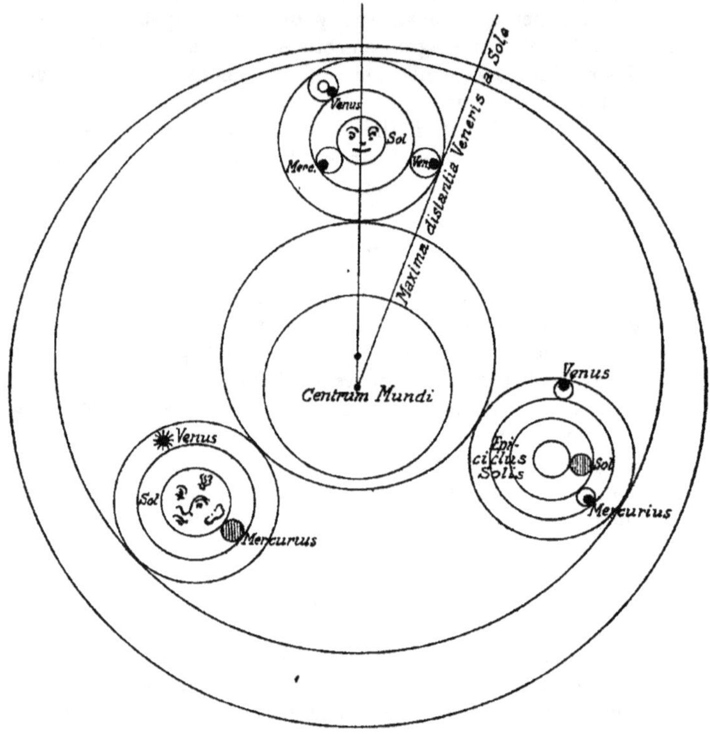

Fig. 17.

C'est à l'intérieur de cet orbe excentrique que vont se mouvoir le Soleil, Mercure et Vénus ; mais l'auteur du dessin conçoit comme possibles trois combinaisons différentes, auxquelles correspondent trois dessins.

Le dessin qui se trouve en bas et à gauche correspond à la disposition la plus simple. Le corps du Soleil est seulement entraîné par l'orbe excentrique dont nous venons de parler ; ce corps est entouré de deux orbes qui lui sont concentriques et qui sont donc disposés comme ce sont les sphères épicycles dans les modèles proposés par les *Hypothèses* ; la sphère épicycle contiguë au corps du Soleil porte Mercure ; Vénus est entraînée par la sphère épicycle extérieure.

En haut, un second dessin représente une disposition plus compliquée ; le corps du Soleil est encore entouré par deux orbes qui lui sont concentriques ; mais ces orbes n'entraînent plus directement l'un le corps de Mercure, l'autre le corps de Vénus ; chacun d'eux entraîne une sphère qui tourne sur elle-même en entraînant la planète ; Vénus et Mercure décrivent donc l'un et l'autre un épicycle d'épicycle autour du centre du Soleil, tandis que ce centre décrit lui-même un cercle excentrique à la Terre.

Il est piquant de remarquer que cette combinaison cinématique, imaginée au XIVe siècle par notre dessinateur anonyme, est semblable de tout point à celle que Copernic proposera pour représenter le mouvement de la Lune ; en effet, selon le Réformateur de l'Astronomie, la Lune décrira, autour du centre de la Terre, un épicycle d'épicycle, tandis que le centre de la Terre décrira un cercle excentrique au Soleil.

Une troisième disposition, encore plus compliquée, est représentée en bas et à droite par notre auteur. Selon cette troisième disposition, le grand orbe excentrique entraîne un orbe épicycle qui contient le corps du Soleil ; c'est autour du centre de cet épicycle du Soleil, et non plus autour du centre du corps même de l'astre, que tournent les orbes épicycles de Mercure et de Vénus ; en chacun de ces orbes épicycles, d'ailleurs, la planète est enchâssée dans une sphère épicycle d'épicycle.

Notre dessinateur a souvenir du célèbre théorème qu'admirait Hipparque, car à côté du troisième dessin, il a écrit la remarque suivante : « Si l'on imagine qu'il en soit ainsi, il ne faut pas que le Soleil ait un orbe excentrique ; l'éloignement et l'approche de cet astre se font par le seul épicycle ». La théorie du Soleil, de Vénus et de Mercure se réduirait alors à celle qu'ont décrite Adraste d'Aphrodisias et Théon de Smyrne.

La figure entière, d'ailleurs, est dominée par une réflexion presque effacée et dont nous transcrivons ici ce qu'il nous a été possible de déchiffrer :

« *Et sic* (?) *videtur* (?) *dictum quorundam qui dicunt Venerem aliquando esse supra Solem, et Mercurium* [*supra Solem*], *et Venerem supra Mercurium, et econverso. Potest salvari talis motus per epiclos et prima scilicet est ymaginatio... Mercurium...* ».

Guillaume de Conches, lorsqu'il décrivait, à l'imitation de Macrobe, l'hypothèse d'Héraclide du Pont, ne faisait pas intervenir d'épicycles ; il ne parlait que d'excentriques entrecroisés. Ce qu'il imaginait nous est représenté, dans une nouvelle figure (fig. 18), par notre dessinateur anonyme ; le Soleil, Mercure et Vénus y parcourent trois déférents égaux, excentriques au Monde,

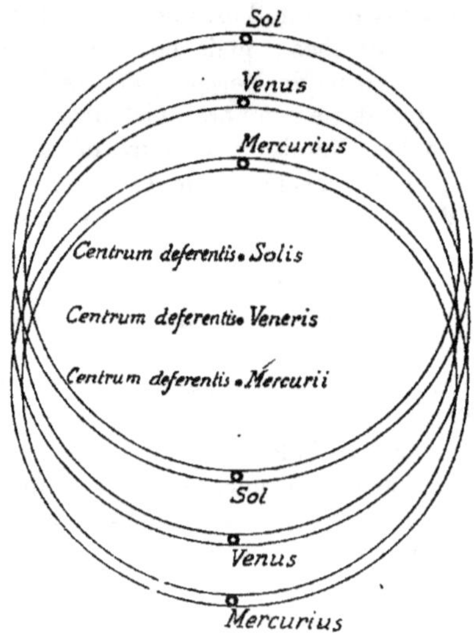

Fig. 18.

et ayant des centres différents ; d'ailleurs, en cette figure, une erreur manifeste a permuté les rangs qu'il convient d'assigner à Mercure et à Vénus si l'on veut garder l'accord avec la figure précédente.

XV

L'HYPOTHÈSE D'HÉRACLIDE DU PONT AU XVe SIÈCLE

Après cette curieuse page de dessins, le Moyen Age ne fournit plus, du moins à notre connaissance, aucune allusion claire à l'hypothèse d'Héraclide du Pont ; à peine pouvons-nous, comme nous le dirons dans un instant, soupçonner une telle allusion dans une phrase de Nicole Oresme. Mais à la fin du xve siècle, nous trouvons, de nouveau, cette hypothèse mentionnée par un écrit qui eut, au temps de la Renaissance, une très grande vogue ; nous voulons parler de la *Discussion contre les astrologues* composée par Jean Pic de la Mirandole[1].

Cette mention, il est vrai, est brève au point d'être, par elle-même, peu intelligible : « Aven Ezra », écrit Jean Pic[2], « place en une même sphère le Soleil, Vénus et Mercure ; ils ne sont séparés, selon lui, que par la position de leurs épicycles ».

Si brève que soit cette indication, elle nous montre toutefois qu'on lisait Aven Ezra au temps où Pic de la Mirandole écrivait.

L'allusion à l'hypothèse d'Héraclide du Pont, que nous venons de lire aux *Disputationes adversus astrologos* de Pic de la Mirandole nous autorise à reconnaître, dans une phrase du *Livre du Ciel et du Monde* de Nicole Oresme, la mention de cette même théorie ; par cette phrase, en effet, Oresme s'exprime à peu près comme Pic de la Mirandole s'exprimera quelque cent ans plus tard, mais il ne cite pas Aven Ezra, dont le nom nous a permis d'interpréter avec certitude la pensée de l'auteur italien.

Voici comment s'exprime Nicole Oresme à propos du nombre des cieux et des intelligences qui les meuvent[3] :

« *Glouse* : Par aventure que les astrologiens de ce temps [du temps d'Aristote] mettoient que le Solail, Vénus et Mercure estoient tousz en un meisme ciel pour ce que il font leurs cors en un meisme temps.

» Et semble que ce dit soit raisonnable, et que une meisme intelligence soit approprié à ce ciel total et le mouve du mouvement commun à ces III planètes.

» Mes encor ce ciel total est divisé en autres plusieurs cielz parcialz qui sont comme membres de luy, auxi comme la VIIIe espère est membre de tout le ciel.

» Et selon ce, sont pluseurs autres mouvemens de ces cielz parcialz, les uns de Mercure et les autres de Vénus, etc., et autres intelligences qui font ces mouvemens. »

Le rapprochement de ce passage avec celui que nous avons

1. Joannis Pici Mirandulæ Concordiæ Comitis *Disputationes adversus astrologos*. — Cette pièce se trouve insérée dans les diverses éditions des Joannis Pici Mirandulæ *Opera omnia*, dont les trois premières furent données en 1486, 1496 et 1498. Elle a été également imprimée à part, en 1495, à Bologne, par Benedictus Hectoris Bononiensis.

2. Joannis Pici Mirandulæ *Disputationum adversus astrologos* lib. III, cap. IX.

3. Nicole Oresme, *Traictié du Ciel et du Monde*, Livre II, Chapitre XIXe : De l'ordre des cieulx des planètes. Bibliothèque Nationale, fonds français, ms. n° 1083, fol. 82, coll. a et b.

emprunté à Pic de la Mirandole nous permet de supposer qu'en parlant des « astrologiens du temps d'Aristote qui mettoient que le Solail, Vénus et Mercure estoient tousz en un meisme ciel », Oresme entend désigner les tenants du système d'Héraclide du Pont.

Les *Disputationes adversus astrologos* nous apportent, en tout cas, un renseignement précieux, qui est celui-ci : Au moment même où l'Astronomie de Ptolémée, en dépit des retours offensifs incessants de la théorie des sphères homocentriques, atteignait au plus haut degré de son triomphe, l'hypothèse d'Héraclide du Pont continuait, parfois, à solliciter l'attention des esprits curieux ; elle les prédisposait à recevoir sans étonnement la révolution copernicaine.

Si l'on en croit Giovanni Schiaparelli et Paul Tannery, on ne s'était pas contenté, dans l'Antiquité, de faire circuler Vénus et Mercure autour du Soleil ; on avait étendu cette supposition à Mars, à Jupiter et à Saturne ; on s'était ainsi fait, du système du Monde, une idée semblable à celle que proposera Tycho Brahé [1].

Nous avons vu que Jean Scot Érigène avait admis presque en entier cette hypothèse ; Saturne était la seule planète qu'il ne fît pas tourner autour du Soleil, mais autour de la Terre. Dans l'Antiquité, au contraire, on ne trouve aucun document qui atteste formellement l'adhésion de quelque philosophe ou de quelque astronome à cette sorte d'ébauche du système de Tycho Brahé. Mais les lettres grecques ou latines semblent, en divers passages, garder, de cette théorie astronomique, comme un souvenir à demi effacé.

On peut, par exemple, reconnaître une trace de l'hypothèse qui prenait le Soleil pour centre du mouvement de toutes les planètes dans la relation, posée sans démonstration par Ptolémée, entre la durée de l'année, la durée de l'anomalie solaire et la durée de l'anomalie zodiacale [2].

On peut encore retrouver une semblable trace [3] dans certains développements où Théon de Smyrne nomme le Soleil « cœur de l'Univers..., à cause de la marche commune des corps qui sont autour de lui » ; dans un passage où Macrobe nous dit : « Le Soleil est appelé le modérateur des astres parce que c'est lui qui contient dans les limites précises d'une certaine distance la marche directe

1. Voir : Première partie, Ch. VII, § III ; t. I, pp. 409-410. — Ch. VIII, § III ; t. I, pp. 441-452.
2. Voir : Tome I, pp. 446-448.
3. Voir : Tome I, pp. 443-444.

et la marche rétrograde de ces astres. Il existe, en effet, pour chaque astre errant, une distance, définie avec précision, telle que l'étoile, lorsqu'elle est parvenue à cette distance du Soleil, semble tirée en arrière, comme s'il lui était défendu de passer outre ; inversement, lorsque sa marche rétrograde l'a conduite au contact d'un certain point, elle se trouve rappelée à la course directe qui lui est coutumière. Ainsi la force et le pouvoir du Soleil modèrent le mouvement des autres luminaires et le maintiennent dans une mesure fixée ».

A en juger par ce que dit Macrobe, il semble qu'en faisant circuler les diverses planètes autour du Soleil, les astronomes aient expliqué le pouvoir modérateur de cet astre par une force attractive qu'il exercerait sur les planètes, par cette ἐναντία δύναμις que le *Timée* invoquait déjà [1], que Lucain, que Pline le Naturaliste, que Chalcidius avaient admise à leur tour.

Ces diverses réminiscences d'un système astronomique héliocentrique, nous les retrouvons dans le livre *Sur le Soleil* que Marsile Ficin livra à l'impression, en même temps que son ouvrage *Sur la lumière*, en 1493.

Ce n'est pas que Marsile Ficin professe le moins du monde l'opinion que les planètes circulent autour du Soleil ; moins instruit, à cet égard, que Théon de Smyrne et que Macrobe, voire que son contemporain Jean Pic de la Mirandole, il ne paraît même pas soupçonner l'hypothèse qui met le Soleil au centre des circulations de Mercure et de Vénus. « La Lune, Vénus et Mercure, dit-il [3], sont appelés satellites (*comites*) du Soleil ; la Lune, parce qu'elle est très fréquemment en conjonction ou en opposition avec le Soleil ; Vénus et Mercure, parce qu'ils sont très voisins de cet astre et, en outre, parce que leur marche est égale à celle du Soleil. »

1. Voir : Première partie, Ch. II, § VIII ; t. I, p. 59.
2. *Vide supra*, p. 137.
3. MARSILII FICINI *Liber de Sole*, cap. VI (*Index eorum quae in hoc libro habentur*. IAMBLICHUS *de mysteriis Ægyptiorum, Chaldæorum, Assyriorum*. PROCLUS *in Platonicum Alcibiadem de anima, atque dæmone*. PROCLUS *de sacrificio et magia*. PORPHYRIUS *de divinis, atque dæmonibus*. SYNESIUS *Platonicus de somniis*. PSELLUS *de dæmonibus*. *Expositio* PRISCIANI *et* MARSILII *in Theophrastum de sensu, phantasia et intellectu*. ALCINOI *Platonici philosophi, liber de doctrina Platonis*. SPEUSIPPI *Platonis discipuli, liber de Platonis definitionibus*. PYTHAGORÆ *philosophi aurea verba*. *Symbola* PYTRAGORÆ *philosophi*. XENOCRATIS *philosophi platonici, liber de morte*. MERCURII TRISMEGISTI *Pimander*. EIUSDEM *Asclepius*. MARSILII FICINI *de triplici vita Lib. II*. EIUSDEM *liber de voluptate*. EIUSDEM *de Sole et lumine libri II*. *Apologia* EIUSDEM *in librum suum de lumine*. EIUSDEM *libellus de magis*. *Quod necessaria sit securitas, et tranquillitas animi*. *Præclarissimarum sententiarum huius operis brevis annotatio*. In fine : Venetiis in aedibus Aldi et Andreae soceri mense Novembri MDXVI. Fol. 103, v°).

Marsile ne prend donc le Soleil pour centre du mouvement d'aucun astre errant; il n'en regarde pas moins cet astre comme le régulateur des circulations des autres astres errants, et voici pourquoi [1] :

« Les planètes supérieures montent toutes les fois que le Soleil s'approche d'elles ; toutes les fois, au contraire, qu'il s'en éloigne, elles descendent. En effet, les points les plus élevés des épicycles sont en conjonction avec le Soleil, tandis que les points les plus bas de ces épicycles sont en opposition avec lui ; les points de hauteur moyenne sont, à son égard, en quadrature.

» La Lune est au sommet du cercle qui la porte [de son épicycle] dans les deux cas [au moment de la conjonction et au moment de l'opposition] ; aux quadratures, elle descend au point le plus bas.

» Vénus et Mercure ont leur plus grande élévation quand, dans leur marche directe, ils sont en conjonction avec le Soleil ; quand cette conjonction se produit durant leur marche rétrograde, ils sont au point le plus bas.

» Il n'est pas permis à une planète d'achever le parcours de son épicycle avant d'avoir revu, par une conjonction, le Soleil qui est comme son maître.

» Ce que nous venons de dire montre clairement que les planètes supérieures, au moment où, parvenues au *trine aspect* à l'égard du Soleil, elles renversent leur marche, éprouvent une profonde vénération pour la vue royale du Soleil ; lorsqu'elles sont conjointes au Soleil, elles atteignent leur plus grande élévation et progressent de marche directe, parce qu'à ce moment, elles sont encore avec le Roi ; au contraire, quand elles sont en discorde avec lui, c'est-à-dire quand elles lui sont opposées, elles ont une marche rétrograde et une position infime.

» Vénus et Mercure, au moment où ils atteignent le Soleil, s'ils progressent de marche directe, cas auquel ils obéissent au Maître, atteignent leur plus haute position ; mais si, comme des rebelles, ils suivent la marche rétrograde, ils sont alors abaissés.

» Enfin, que la Lune soit au plus haut point de sa course même quand elle est en opposition avec le Soleil, cela ne nous doit causer aucun étonnement. Qu'est-ce, en effet, que la lumière de la Lune? C'est la lumière même du Soleil, que le miroir lunaire réfléchit de tous côtés, et qui, au moment de la pleine-lune, est renvoyée vers le Soleil, placé en regard de ce miroir. Au moment

1. Marsilii Ficini *Op. laud.*, cap. IV ; éd. cit., fol. 102, v°.

de la quadrature, la Lune paraît descendre à son point le plus bas, parce qu'alors c'est de travers qu'elle regarde le maître. En outre, la Lune, comme le Soleil, ne renverse jamais sa marche ; elle ne rétrograde point ; la vitesse avec laquelle elle parcourt son épicycle l'en empêche. »

Tout en admettant l'Astronomie des épicycles, Marsile Ficin semble s'être complu à rechercher tout ce qui pouvait rappeler à cette Astronomie ses origines héliocentriques ; n'était-ce pas, d'une manière efficace, préparer les esprits à la révolution que Copernic allait bientôt accomplir ?

CHAPITRE IV

LE TRIBUT DES ARABES AVANT LE XIIIe SIÈCLE

I

LES PREMIERS ÉCRITS ASTRONOMIQUES TRADUITS DE L'ARABE. LES TRAITÉS DE L'ASTROLABE. GERBERT. HERMANN CONTRACT. ADÉLARD DE BATH. HERMANN LE SECOND.

Isidore de Séville connaissait fort peu de traités où fussent exposés les résultats de la Science antique ; l'*Histoire naturelle* de Pline ne semble pas lui avoir été révélée.

Cette *Histoire naturelle* donne à Bède, à Raban Maur, à Honorius Inclusus quelques pâles reflets des doctrines astronomiques contemporaines d'Hipparque.

Scot Érigène continue de puiser à cette source ; mais il emploie aussi d'autres documents ; le *Commentaire au Timée* de Chalcidius, les *Noces de Mercure et de la Philologie* de Martianus Capella enrichissent ses connaissances astronomiques.

Bientôt, à ces apports de Science antique, vient se joindre le *Commentaire au Songe de Scipion* composé par Macrobe ; à ce commentaire s'alimentent la Physique et l'Astronomie du Pseudo-Bède et de Guillaume de Conches.

Jusqu'ici, la pensée hellène ou latine n'a emprunté aucun intermédiaire pour venir à la connaissance des Chrétiens d'Occident ; elle va, désormais, leur parvenir en un flot plus abondant, mais elle empruntera, pour cela, le canal dérivé de la pensée islamique ; les livres traduits de l'Arabe vont se répandre, de plus en plus nombreux, dans les écoles latines ; la science enseignée dans ces écoles n'en sera pas seulement accrue; elle sera, en même temps, orientée suivant une direction toute différente de celle qu'elle avait suivie jusqu'alors.

Les premières infiltrations de la Science arabe en la Science latine sont, sans doute, très anciennes; il est fort probable qu'avant l'An Mil, les écoles de France possédaient déjà des livres traduits de ceux qu'avaient composés les savants sarrasins, et que certains de ces livres concernaient l'Astronomie pratique, celle qu'occupent la confection des tables et l'usage des instruments.

Bon nombre de très anciens manuscrits attribuent à Gerbert, le futur Silvestre II, un traité intitulé *Liber de astrolabio* ou *Liber de utilitatibus astrolabii*[1]; et l'on a fort à penser que cette attribution est légitime[2]. Comme Gerbert, ceignant la tiare, échangea en 999 son nom contre celui de Silvestre, nous devons croire que le *Livre de l'astrolabe* fut composé avant cette date.

C'est par les Arabes que l'auteur connaît l'astrolabe qui, dit-il, se nomme également *walzagora* ou planisphère de Ptolémée; les mots arabes fourmillent en son traité. Non pas, sans doute, que Gerbert ait étudié directement des ouvrages écrits dans la langue de l'Islam; il est plus probable qu'il a eu en mains des traductions latines de livres sarrasins; de telles traductions avaient donc cours, dès le xe siècle, au sein de la Chrétienté latine.

Quels écrits astronomiques avaient ainsi passé de l'Arabe au Latin? Il nous est malaisé de rien préciser à cet égard. Nous venons d'entendre Gerbert prononcer les mots de « planisphère de Ptolémée », mais sans que rien nous fît deviner en lui la connaissance de l'écrit composé sous ce titre par le grand Astronome. Ailleurs, il fait allusion[3] aux *Canones* de Ptolémée; mais rien ne prouve qu'il les connût autrement que par ouï-dire, à la façon dont les connaissait Isidore de Séville[4], qui s'était borné à reproduire un renseignement emprunté à Cassiodore.

L'existence de ces très anciennes traductions latines n'en est pas moins certaine.

Elle est confirmée, tout d'abord, par une découverte que M. Bubnov a faite à la Bibliothèque Nationale[5]; un manuscrit

1. Gerberti postea Silvestri II papæ *Opera mathematica*. Collegit Dr. Nicolaus Bubnov. Berolini, 1899; pp. 109-147.
2. Bubnov, *Op. laud.*, p. 109, n. 1; p. 116, n. 10; p. 117, n. 2.
3. Gerberti *De utilitatibus astrolabii* cap. I; éd. Bubnov, p. 116.
4. *Vide suprà*, p. 11.
5. Bubnov, *Op. laud.*, p. 124, n. 1.

latin du xe siècle[1] contient des traités d'Astronomie et d'Astrologie.

C'est en Espagne que se faisaient, dès ce moment, les traductions de ce genre. En 984, Gerbert écrit[2] de Reims à un certain Lopez de Barcelone (*Lupitus Barchinonensis*) pour lui demander l'envoi d'un traité d'Astronomie (*Liber de Astrologia*) que ce Lopez a traduit.

Ajoutons que M. Bubnov a pu découvrir[3] un fragment de traité de l'astrolabe, traduit et adapté de l'Arabe ; ce traité paraît bien avoir été entre les mains de l'auteur du *De utilitatibus astrolabii* attribué à Gerbert. Peut-être faut-il voir, en ce fragment, le *Liber de Astrologia* que Lopez de Barcelone avait traduit et dont Gerbert sollicitait l'envoi.

En écrivant son traité de l'astrolabe, Gerbert semble avoir joué le rôle d'un véritable initiateur; après lui, au xie siècle, les écrits sur les instruments astronomiques, plus ou moins imités des traités composés par les Arabes, vont se multipliant; et il semble bien que le livre de Gerbert ait été le germe de ce développement scientifique ; il paraît, en effet, avoir provoqué Hermann Contract à ce genre de recherches.

L'histoire soulève à peine le voile qui cache la figure d'Hermann Contract et, cependant, nous la devinons singulièrement touchante.

Hermann naquit en 1013 à Reichenau ; contrefait dès l'enfance par la paralysie, on le surnomma *le Contracté* (*Contractus*). Il mourut en 1054, à quarante-et-un ans, laissant un *Traité d'abaque* (Arithmétique pratique), un écrit sur le jeu mathématique inventé par Boëce et nommé *Rithmomachia*, enfin le livre sur l'astrolabe dont nous allons nous occuper.

Parmi les nombreux manuscrits où se rencontre ce livre *De compositione astrolabii*, il en est un qui appartient à la collection Digby, conservée à la Bibliothèque d'Oxford ; ce manuscrit porte une note, écrite par un anonyme en qui tout montre un homme fort bien informé de ce qu'il avance; cette note nous fait connaître en ces termes les circonstances où Hermann a écrit son ouvrage[5] :

« Gerbert avait composé un certain livre sur l'astrolabe qui, au

1. Bibliothèque nationale, fonds latin, ms. no 17868.
2. Gerberti *Epistola 24* : Lupito Barchinonensi ; éd. Bubnov, p. 101.
3. Gerberti *Opera mathematica*, éd. Bubnov; Appendix V : *Fragmentum libelli de astrolabio, a quodam (an Lupito Barchinonensi) ex Arabico versi* ; pp. 370-375.
5. Bubnov, *Op. laud.*, p. 113, D.

présent volume, a été mis après celui-ci; ce livre est confus à l'excès ; il n'enseigne pas le moyen de fabriquer l'instrument, mais seulement l'art de s'en servir. Bérenger donc, qui avait lu ce livre, connaissait l'art de se servir de l'instrument, mais il ne savait pas le construire. Il pria son ami Hermann de lui apprendre à construire cet instrument. A sa demande, Hermann composa le présent livre et, en second lieu, mit de l'ordre au livre de Gerbert. Il fait précéder son écrit d'un prologue où il sollicite la bienveillance de Bérenger et où il fait allusion à sa propre faiblesse. »

Rien ne peut égaler, en effet, l'humilité avec laquelle se présente, à son ami Bérenger, l'auteur du *Liber de compositione astrolabii*[1] :

« Hermann, plante des pieds des pauvres du Christ, de la Philosophie suivant plus lent qu'un petit âne, voire qu'un limaçon, à son cher B...[2], salut perpétuel dans le Seigneur.

» Souvent mes amis m'ont demandé d'essayer d'écrire sur la *Mesure de l'astrolabe* ; on la trouve, en effet, aux mains des nôtres, mais confuse, partant obscure, et souvent mutilée ; ils m'ont demandé d'écrire quelque chose de plus clair et de plus complet ; jusqu'ici, toutefois, je m'y suis soustrait, soit à cause de mon ignorance, soit à cause de la paresse qui est, hélas ! ma compagne familière; mais enfin, poussé surtout par tes instances, avec la permission de mon inertie et de ma paresse, j'ai pu y parvenir. Que la charité de mes amis soit indulgente pour moi

quæ imbecilli
Tam grave non pepercit onus imponere dorso
Gratanter.

Reçois donc cette simple mesure de l'instrument en question, de quelque façon qu'elle soit décrite. »

Ce Bérenger, ami d'Hermann Contract, était assurément un curieux d'instruments astronomiques ; c'est sans doute celui qui, dans un manuscrit de la Bibliothèque de Berlin[3], à côté du dessin d'une horloge de voyage, se donne pour inventeur de cette horloge.

En ce Bérenger, ne devons-nous pas voir le célèbre Bérenger

1. HERMANNI *Præfatio in librum de mensura astrolabii* (MIGNE, *Patrologia latina*, t. CXLIII, col. 381).
2. Les manuscrits ne portent que cette initiale; l'auteur de la note précédemment citée sait qu'elle signifie Bérenger; il est donc, comme le fait remarquer M. Bubnov, au nombre des familiers de Bérenger ou d'Hermann,
3. BUBNOV, *Op. laud.*, p. 113, n. 5.

de Tours (999-1088) ? On le pourrait soutenir avec grande vraisemblance. Bérenger de Tours, en effet, avait été disciple de Saint Fulbert de Chartres. Or, Fulbert, qui avait eu Gerbert pour maître, avait transmis à ses propres élèves le goût des Mathématiques et de l'Astronomie. Ceux-ci se préoccupaient ardemment de recueillir des renseignements sur les instruments astronomiques.

Rodolphe de Liège suivit d'abord les leçons de Wazo ; puis il se rendit à Chartres, sans doute dans les dernières années de Fulbert, qui faisait grand cas de son intelligence [1]. De retour en sa patrie, il se lia avec un écolâtre de Cologne, Ragimbald [2], qui était également venu à Chartres, où il avait eu, avec Fulbert, des conférences sur les Mathématiques. Entre ces deux scolastiques s'établit une correspondance que M. l'abbé Clerval a découverte. Rodolphe y écrit à Ragimbald [3] : « Je vous aurais envoyé volontiers mon astrolabe pour que vous en jugiez ; mais il me sert de modèle. Si vous voulez savoir ce que c'est, venez à la messe de Saint Lambert ; vous ne vous en repentirez pas ; il vous serait inutile de voir simplement un astrolabe. »

Un autre disciple de Fulbert, Francon, écolâtre à Liège en 1047, mourut en 1083 [4]. Il écrivit [5] un traité *De sphæra*, aujourd'hui perdu. Il s'agissait sans doute de la *sphère solide*, instrument astronomique capable de suppléer l'astrolabe en certains de ses usages [6]. Gerbert, à l'époque où il n'était encore qu'écolâtre à Reims (972-982), en avait déjà donné la description [7] à son ami Constantin. On trouve cette sphère solide dessinée dans un manuscrit du XIIe siècle conservé à Chartres [8].

De Gerbert donc à Fulbert, de Fulbert à ceux qui étaient venus à Chartres entendre sa parole, un grand désir s'était transmis de connaître la construction et l'usage des instruments astronomiques. Cette curiosité des choses de l'Astronomie, nous ne nous étonnerons pas de la voir passer des disciples de Fulbert à ceux qui les

1. Abbé A. CLERVAL, *Les écoles de Chartres au Moyen Age*. Paris, 1895 ; p. 88.
2. A. CLERVAL, *Op. laud.*, pp. 90-91.
3. A. CLERLAL, *Op. laud.*, p. 127.
4. A. CLERVAL, *Op. laud.*, p. 90.
5. A. CLERVAL, *Op. laud.*, p. 127.
6. PAUL TANNERY, *Le traité du quadrant de Maître Robert Anglès (Montpellier, XIIIe siècle). Texte latin et ancienne traduction grecque (Notices et extraits des manuscrits de la Bibliothèque Nationale*, t. XXXV, 2e Partie, 1897 ; p. 566).
7. GERBERTI *Opera mathematica*, éd. Bubnov, pp. 24-28.
8. A. CLERVAL, *Op. laud.*, p. 127. M. l'abbé Clerval confond cette sphère solide avec l'astrolabe.

eurent pour maîtres ; nous ne nous étonnerons pas que les philosophes qui tinrent école à Chartres durant la première partie du XIIe siècle se soient montrés avides de recueillir les enseignements de la science arabe, qu'ils aient eu commerce actif avec les traducteurs, qu'ils aient même incité leurs élèves à se faire traducteurs.

Leurs efforts pour prendre communication de la science que les Grecs avaient léguée aux Arabes furent couronnés de succès ; maint témoignage nous en donne l'assurance.

Abélard et ses contemporains ne connaissaient encore, de l'*Organon* d'Aristote, que les *Catégories* et l'*Interprétation* ; les *Analytiques*, les *Topiques* et les *Sophistiques* ne paraissent pas être parvenus jusqu'à eux. Or le manuel rédigé par Thierry de Chartres sous le titre d'*Eptateuchon*, et terminé en 1141, contient presque tout l'*Organon*, dont Thierry paraît avoir le premier fait usage [1]. En 1154, Gilbert de la Porrée, à son tour, citait ces traités.

Ce même Gilbert de la Porrée connaissait le *Liber de Causis* ; M. Berthaud, qui a mis ce fait en évidence [2], est allé jusqu'à supposer que Gilbert en fût l'auteur ; M. Baeumker [3] s'est élevé contre cette hypothèse ; il a remis en honneur la divination de Saint Thomas d'Aquin : Le *liber de causis* est formé de fragments remaniés de l'*Elementatio theologica* de Proclus. Bernard de Chartres et son frère Thierry ont également utilisé cet ouvrage [4].

Les ouvrages de Logique et de Métaphysique traduits de l'Arabe n'étaient pas les seuls que recherchât la curiosité des philosophes de Chartres ; cette curiosité n'était pas moins ardente à recueillir les écrits de Mathématiques et d'Astronomie. L'*Eptateuchon* de Thierry nous le prouve, ainsi que certains manuscrits de la même époque conservés à Chartres [5]. Nous y trouvons la mention non seulement du *De utilitatibus astrolabii* de Gerbert et du *De mensura astrolabii* d'Hermann Contract, mais encore d'ouvrages que Gerbert ne connaissait pas ou qu'il connaissait seulement de réputation, tels que les *Tables*, les *Canons* et le *Planisphère* de Ptolémée, tels encore que les *Tables Kharismiennes*.

Disons d'abord quelques mots de ces dernières tables et de leur traducteur.

1. A. Clerval, *Op. laud.*, pp. 244-245.
2. Berthaud, *Gilbert de la Porrée et sa Philosophie*, Poitiers, 1892 ; pp. 129-190.
3. Baeumker *Archiv für Geschichte der Philosophie*, Bd. X (Neue folge, Bd. III) p. 281.
4. A. Clerval, *Op. laud.*, p. 261.
5. A. Clerval, *Op. laud.*, p. 239.

Ces tables trigonométriques étaient l'œuvre de Mohammed ben Moses al Chwârizmî, qui florissait vers 820 ou 830[1] ; leur titre, dans la traduction latine qui en fut faite, est le suivant : *Liber Maumeti filii Moysi Alchoarismi de algebra et almucabula.*

A. A. Björnbo a établi[2] que le traducteur de cet ouvrage était l'anglais Adélard de Bath. Vers 1120 ou 1130, ce même Adélard avait donné la première traduction latine des *Éléments* d'Euclide ; Thierry de Chartres possédait ce traité de Géométrie[3].

Est-ce en Espagne qu'Adélard était allé faire ses traductions ? Peut-être. Mais assurément, il n'avait pas emprunté toute sa science aux Maures d'Espagne. On a de lui, en effet, un petit traité intitulé : *De eodem et diverso*[4]. Ce traité est dédié à Guillaume, évêque de Syracuse. Comment Adélard avait connu ce personnage, une phrase, que nous lisons en ce traité, va nous l'expliquer : « Lorsque je revenais de Salerne, dit-il[5], je rencontrai en Grande-Grèce un certain philosophe grec... ». Adélard était donc de ceux qui étaient allés s'instruire à l'École de Salerne, de ceux, sans doute, qui avaient rapporté en France et en Angleterre les écrits dont usait cette École, tels les traités de Johannitius et de Constantin l'Africain dont Guillaume de Conches faisait si grand cas.

D'ailleurs, que notre traducteur eût relation avec le groupe de philosophes et de savants dont l'École de Chartres était le centre, cela n'est point douteux. La présence de ses traductions aux mains de Thierry de Chartres en est un témoignage. Nous en trouvons un autre au début du traité *De eodem et diverso*[6] ; Adélard nous raconte une conversation avec un philosophe sage et vertueux, qui habitait Tours ; celui-ci pressait son interlocuteur, jeune encore, de se fixer en cette ville ; l'amour de la science, au contraire, dissuadait Adélard de prendre ce parti et l'entraînait, loin des écoles françaises[7], vers les pays transalpins où l'on peut recueillir les enseignements de la sagesse antique ; cette conversation semble indiquer qu'Adélard était disciple des Chartrains.

1. Le nom latinisé de cet auteur, *Algorismus*, devint un nom commun qui désigna, au Moyen Age, tout traité d'Arithmétique pratique ; nous en avons fait le mot *algorithme*, qui signifie règle algébrique.

2. AXEL ANTHON BJÖRNBO, *Gerhard von Cremonas Uebersetzung von Alkwarizmis Algebra und von Euklids Elementen (Bibliotheca mathematica*, VIte Folge, Bd. III, p. 239 : 1905). — AXEL ANTHON BJÖRNBO, *Al-Chwarizmi's trigonometriske Tavler* (*Festkeift til H. G. Zeuthen*, Köbenhavn, 1909).

3. A. CLERVAL, *Op. laud.*, p. 191 et p. 236.

4. *Des* ADELARD VON BATH *De eodem et diverso. Zum ersten Male herausgegeben und historisch-kritisch untersucht von* Dr HANS WILLNER (*Beiträge zur Geschichte der Philosophie der Mittelalters*, Bd. IV, Heft I ; Münster, 1903).

5. ADELARDUS BATHENSIS *De eodem et diverso*. Éd. cit., p. 33.

6. ADELARDI BATHENSIS *Op. laud.* ; éd. cit., p. 4.

7. ADELARDI BATHENSIS *Op. laud.* ; éd. cit., p. 32.

Selon Leland, notre philosophe aurait étudié à Tours et à Laon, enseigné à Laon; puis il aurait passé en Italie, en Grèce, en Asie Mineure ; après sept ans de voyage, il serait revenu en Angleterre sous le règne d'Henri I. Il s'en faut de beaucoup que tous ces renseignements sur la vie d'Adélard se puissent autoriser de documents assurés. Les deux séjours à Tours, puis à Salerne, nous sont seuls affirmés par le traité *De eodem et diverso*. Hors des ouvrages de l'auteur, un seul texte prononce son nom; c'est le *Pipe Roll* [1] ; il nous apprend qu'en 1130, sous le règne d'Henri I, Adélard reçut une modeste gratification sur les revenus du Wiltshire.

Adélard ne fut pas simplement un traducteur; il a composé plusieurs ouvrages originaux.

Nous avons eu occasion, déjà, de citer [2] ses *Quæstiones naturales* et l'édition qui en fut donnée en 1484. Mises, comme le traité *De eodem et diverso*, sous forme de dialogue entre Adélard et son neveu, les *Quæstiones* sont dédiées à Richard, évêque de Bayeux ; or Richard occupa le siège épiscopal de 1113 à 1133.

A notre auteur on doit également un traité d'Arithmétique pratique intitulé : *Regulæ abaci*. Ce traité a été très soigneusement étudié et publié par le prince Boncompagni [3].

A ces deux ouvrages, il faut joindre le traité *De eodem et diverso*.

En écrivant le traité *De eodem et diverso*, Adélard de Bath lui donne, nous l'avons dit, la forme d'une lettre à son neveu. L'épître dédicatoire explique que le titre a été composé à l'imitation de Platon ; celui-ci, au *Timée*, forme l'Ame du Monde de deux essences, l'essence d'identité et l'essence de diversité ; de même, Adélard divise la science en deux parties, la Philosophie, qui considère l'identique, et la Philocosmie, qui étudie le divers.

Ce début même nous désigne Adélard comme un fervent platonicien ; son admiration pour Platon se marque, d'ailleurs, à chaque instant ; *Princeps philosophorum*, *familiaris meus*, *meus Plato*, *Philosophus* sont les titres dont il salue l'auteur du *Timée* [4].

L'objet principal de l'opuscule est la description des sept arts

1. *Pipe Roll*, éd. Hunter, p. 22. — Cf. : ADANSON, art. *Adelard of Bath*, in : *Dictionary of National Biography*, éd. by Leslie Stephen, vol. I, p. 137 ; London, 1885.

2. *Vide suprà*, p. 116.

3. BALDASSARE BONCOMPAGNI, *Intorno ad uno scritto inedito di* ADELARDO DI BATH *intitolato « Regule abaci ». (Bulletino di Bibliografia e d'Historia delle Scienze matematiche et fisiche*, pubblicato.... da B. Boncompagni, t. XIV. 1881, pp. 1-134. — L'étude du prince Boncompagni occupe les pp. 1-90 ; la publication des Regulæ abaci, les pp. 91-134).

4. ADELARDUS BATHENSIS *De eodem et diverso*, éd. cit., pp. 4, 13, 15.

libéraux qui formaient le *trivium* et le *quadrivium* ; la Grammaire, la Logique, la Rhétorique, l'Arithmétique, la Musique, la Géométrie et l'Astronomie sont successivement décrites sous les figures de sept vierges.

La Géométrie, pour donner idée de sa valeur, enseigne le moyen de résoudre quelques problèmes pratiques, de mesurer la hauteur d'une tour ou la profondeur d'un puits.

L'Astronomie ne se sépare point de l'Astrologie. « Elle apparaît dans une lumineuse splendeur [1] ; une multitude d'yeux s'ouvrent à la surface de son corps [2] ; dans la main droite, elle tient l'alidade, dans la gauche, l'astrolabe ; aux hommes intelligents, elle explique tout ce qui, à l'intérieur de la sphère inerrante, a le mouvement et la grandeur qui conviennent au Ciel. Sa science embrasse et décrit la forme du Monde, le nombre et la grandeur des cercles [des astres errants], les distances des orbes, les cours des planètes, la position des signes ; elle trace les parallèles et les colures [3] ; elle divise, par une savante mesure, le Zodiaque en douze parties ; elle n'ignore ni la grandeur des étoiles, ni l'opposition des pôles, ni l'extension des axes.

» Si un homme pouvait s'approprier cette Astronomie, rien ne lui serait caché non seulement en l'état présent des choses du monde inférieur, mais encore en leurs états passés ou futurs. En effet, les êtres animés supérieurs et divers sont le principe et les causes des natures inférieures ».

Telle était, en la puissance de l'Astrologie, la confiance du traducteur des *Tables Kharismiennes*.

Outre ces *Tables*, Thierry de Chartres et ses collègues avaient acquis la connaissance des *Tables*, des *Canons* et du *Planisphère* de Ptolémée.

Nous ne connaissons pas le traducteur qui avait mis en Latin les *Tables* et les *Canons* de Ptolémée ; en revanche, nous savons comment le *Planisphère* du même astronome était venu aux mains de Thierry de Chartres ; celui-ci le tenait d'un traducteur célèbre, son élève, Hermann, que l'on nommait souvent *le Second*, *Herimannus secundus*, afin de le distinguer d'*Herimannus contractus* [4].

1. Adelardi Bathensis *Op. laud.*, éd. cit., pp. 31-32.

2. Les artistes ont fort longtemps conservé l'habitude de représenter l'Astronomie sous la figure d'une femme dont le corps porte une multitude d'yeux.

3. On nommait ainsi les deux méridiens de la sphère des étoiles fixes qui passent l'un par les points équinoxiaux, et l'autre par les points solsticieux.

4. Il convient également de distinguer Hermann Contract et Hermann le Second d'un Hermann l'Allemand qui vivait au XIIIe siècle.

Hermann le Second reçoit, d'ailleurs, dans les manuscrits, les épithètes de *Suevus*, de *Dalmata*, de *Sclavus* qui ne nous laissent point deviner quelle fut sa patrie. Il semble qu'accompagné de son fidèle collaborateur Robert de Rétines, il ait fait de longs voyages ; mais nous n'avons guère de témoignages certains que de ses séjours en Espagne, où nous le voyons occupé soit à faire des traductions, soit à composer des écrits originaux.

Pierre le Vénérable, abbé de Cluny, voyageant en Espagne, y rencontra en 1141, Hermann et Robert, auxquels s'étaient adjoints un arabe du nom de Mahomet et un juif converti de Tolède, du nom de Pierre ; il leur fit traduire le Coran en Latin, comme il le conte lui-même au prologue de son traité : *Contra sectam et hæresin Saracenorum*[1] : « Je me suis adressé, dit-il, aux hommes habiles dans la langue arabe, et je les ai persuadés, par mes prières et mes présents, de traduire le Coran ; à ces chrétiens, j'ai adjoint un sarrasin ; les chrétiens s'appelaient Robert de Rétines, Hermann le Dalmate, Pierre de Tolède ; le sarrasin se nommait Mahomet. Ils ont fouillé la bibliothèque de cette race barbare, et ils ont édité, à l'usage des Latins, un gros volume. C'était l'année que j'allai en Espagne et que j'eus un entretien avec Alphonse le Victorieux, c'est-à-dire en 1141. »

Bien que cette traduction fût l'œuvre collective des quatre traducteurs dont Pierre le Vénérable nous a laissé les noms, elle figure sous le seul nom de Robert de Rétines dans le manuscrit qui la conserve, à Oxford, sous le titre d'*Historia Saracenorum*[2]. La même observation peut souvent se répéter ; une traduction, due à la collaboration de plusieurs travailleurs, n'est bien souvent signée que par l'un d'entre eux ; parfois même des copies diverses ne portent pas la même signature.

Pierre le Vénérable nous dit, au prologue que nous avons cité, dans quelle région de l'Espagne il avait rencontré ses traducteurs : « Ces interprètes, versés dans les deux langues, je veux dire Robert de Rétines, archidiacre de Pampelune, et Hermann le Dalmate, étaient tous deux des écolâtres très fins et très lettrés. Je les ai trouvés en Espagne, sur les bords de l'Èbre, s'adonnant à l'Astronomie (*Astrologia*) ».

Au temps où Pierre le Vénérable écrivait, Robert avait donc quitté les bords de l'Èbre pour résider à Pampelune. Les deux traducteurs avaient, sans doute, séjourné dans bien d'autres villes

1. A. Clerval, *Op. laud.*, p. 189.
2. Bubnov, *Op. laud.*, p. CXI.

espagnoles, toujours activement occupés à transcrire en Latin les livres que possédaient les Arabes.

Ainsi, un manuscrit de Cambridge nous garde [1] une histoire *De generatione Mahumet et nutritura ejus* qui fut traduite par « *Hermannus Sclavus, scolasticus ingeniosus et subtilis apud Legionem civitatem Hispaniæ* ». Sans interrompre donc sa besogne d'interprète, Hermann tenait école à Léon.

C'est à Tolosa [2], en 1143, que les deux compagnons traduisirent le *Planisphère* de Ptolémée qu'Aboul Casîm Maslama, mort en 1007, avait transporté du Grec à l'Arabe. En effet, un manuscrit de la Bibliothèque Nationale [3] nous conserve cette traduction sous le titre suivant : *Planisperium Ptolomei ; Hermanni Secundi translatio* ; et le texte se termine par la phrase suivante : « *Explicit liber anno Domini M.C. quadragesimo tertio kal. Junii Tolose translatus* ».

Le titre du manuscrit que nous venons de citer fait au seul Hermann l'honneur de cette traduction ; mais nous savons que Robert de Rétines y avait également collaboré ; nous le savons par la lettre, datée de 1144, qu'Hermann écrivit à Thierry en lui envoyant le *Planisphærium* [4] ; cette lettre nous apprend, en outre, qu'Hermann et Thierry étaient tous deux disciples de l'Écolâtre chartrain.

« L'Astronomie, cette base des Sciences, disait Hermann, à qui pourrais-je mieux l'offrir qu'à vous qui êtes, en notre temps, l'ancre première et souveraine de la *Philosophie seconde* [le *Quadrivium*], le soutien immobile des études ballotées par toutes sortes de tempêtes, à vous, mon très diligent maître Thierry, en qui, je n'en doute pas, revit l'âme de Platon, descendue des cieux pour le bonheur des mortels, à vous le vrai père des études latines... Considérant votre vertu, mon illustre compagnon Robert de Rétines et moi, nous avons voulu vous imiter. »

Hermann et Robert ont-ils, seuls, traduit le *Planisphère* de Ptolémée ? N'ont-ils pas été aidés, dans cette besogne, par ce Rodolphe de Bruges qui, en toutes ses œuvres, prend le titre de disciple d'Hermann le Second ? Cela est fort possible et expliquerait les

1. Bubnov, *Op. laud.*, p. CXI.
2. Jourdain (*Recherches critiques sur l'âge et l'origine des traductions latines d'Aristote ;* Paris, 1819) et M. A. Clerval (*Op. laud.*, pp. 169 et 171) traduisent *Tolosa* par *Toulouse* ; cette interprétation me paraît en désaccord avec les témoignages que nous avons cités et qui nous montrent Hermann et Robert successivement sur les bords de l'Èbre, à Pampelune, à Léon, mais toujours en Espagne.
3. Bibliothèque nationale, fonds latin, ms. 7377 B, fol. 73, r° à fol. 81, v°.
4. A. Clerval, *Op. laud.*, p. 190.

raisons pour lesquelles Wüstenfeld [1] attribue à Rodolphe de Bruges la traduction du *Planisphère*.

On possède également [2] la lettre par laquelle Hermann envoie à Bernard Silvestre la traduction d'un traité sur l'Astrolabe ; or cette traduction semble encore être l'œuvre de Rodolphe de Bruges.

Il s'agit, selon Wüstenfeld [3], d'un écrit d'Aboul Casîm Maslama, dont le texte arabe est, encore aujourd'hui, partiellement conservé à la Bibliothèque de l'Escurial. La traduction latine, que beaucoup de manuscrits intitulent simplement : *De astrolabii descriptione et usu*, porte, dans une copie conservée au British Museum, ce titre plus complet : *Descriptio cujusdam instrumenti, cujus usus est in metiendis stellarum cursibus, per Rodolfum Brugensem, Hermanni secundi discipulum.*

C'est également à Bernard Silvestre qu'Hermann envoya un écrit, traduit de l'Arabe, dont l'Écolâtre chartrain fit une sorte de paraphrase [5] intitulée *Experimentarius Bernardi Silvestris.* « Ce n'est pas que je l'aie inventé, disait Bernard, mais je l'ai fidèlement interprété de l'Arabe en Latin » ; en réalité, il n'avait interprété qu'une traduction.

Parmi les traités traduits de l'Arabe en Latin par Hermann le Second, il nous faut mentionner encore un ouvrage d'Astrologie dont l'influence sera très grande pendant toute la durée du Moyen Age ; nous voulons parler du *Grand livre de l'Introduction à l'Astronomie* (*Kithâb al mudhal ilâ ilm ahkâm an nugûm*) composé par Abou Masar, que les Latins ont appelé Albumasar.

Parmi les nombreux écrits d'Astrologie judiciaire qu'Abou Masar avait composés, il en est trois au moins qui vinrent à la connaissance de la Scolastique latine ; ce sont les *Flores Astrologiæ*, le traité *De magnis conjunctionibus, annorum revolutionibus, ac eorum profectionibus ;* enfin l'*Introductorium in Astronomiam* [6] qui doit, un instant, retenir notre attention.

1. WÜSTENFELD, *Die Uebersetzungen arabischer Werke in das Lateinische* (*Abhandlungen der K. Gesellschaft der Wissenschaften zu Göttingen*, 1877, pp. 50 seqq.).
2. A. CLERVAL, *Op. laud.*, p. 190.
3. WÜSTENFELD, *Op. laud.*, p. 52.
4. BUBNOV, *Op. laud.*, p. CVI.
5. A. CLERVAL, *Op. laud.*, pp. 190-191.
6. De cet ouvrage, il existe deux éditions qui sont les suivantes : 1° *Introductorium in Astronomiam* ALBUMASARIS ABALACHI *octo continens libros partiales*. Colophon : Opus introductorii in Astronomiam Albumazaris abalachii explicit feliciter Erhaldi Ratdolt mira imprimendi arte qua nuper Venetiis nunc Augustæ Vindelicorum excellit nominatissimus. VII Idus Februarii MCCCCLXXXIX. — 2° *Introductorium in astronomiam* ALBUMASARIS ABALACHI *octo continens libros partiales*. Colophon : Opus introductorij in astronomiam Albumasaris abalachi explicit feliciter. Uenetijs : mandato et expensis Mel-

La traduction latine s'ouvre par une épître dédicatoire qui sert de préface au traducteur. Celui-ci raconte comment il avait fini par prendre en aversion « la prolixité et l'incontinence » du texte arabe qu'il avait entrepris d'interpréter ; il voulait supprimer l'exorde que l'auteur y a mis. « Alors toi, le compagnon spécial et inséparable de toutes mes études, toi, l'unique associé de mes affaires et de mes actes, tu t'es souvenu de moi, tu es venu vers moi, et tu m'as dit : « Assurément, mon cher Hermann, quelque » avis que te donne, pour l'amour de toi, un méprisable traduc- » teur, ni toi ni aucun interprète expert en une langue étrangère » n'avez à en tenir compte [1] ; il me semble, cependant, qu'avant » de poursuivre ta route, il te faut prendre un autre chemin. » — L'omission du prologue pourrait être attribuée à l'ignorance des traducteurs par le lecteur qui comparerait la version latine au texte arabe ; partant, il est bon de le conserver. « Si donc, poursuit notre traducteur, quelque chose se trouve ajouté, par nos études, au bagage latin, que le mérite ne m'en soit pas compté à moi plus qu'à toi ; c'est toi, en effet, qui a été la cause du travail, le juge de l'œuvre accomplie et le témoin très certain de l'un et de l'autre ; tu sais, néanmoins, combien la tâche est lourde, qui consiste à prendre ce flux de paroles qui est d'usage chez les Arabes, et à le transformer en quelque chose qui soit conforme à la mode latine, surtout en ces matières qui réclament une reproduction si exacte des choses. » Cette lettre nous apprend, d'une manière non douteuse, que la traduction de l'*Introductorium in Astronomiam* est l'œuvre d'Hermann. Le personnage auquel elle est adressée est, assurément, Robert de Rétines.

Nous ne connaissons pas seulement le nom du traducteur de l'*Introductorium*; un autre passage nous marque, à la fois, l'année où Abou Masar composa cet ouvrage et l'année où Hermann le mit en Latin. « Il faut savoir, nous dit ce passage [2], que les degrés et minutes de ces lieux se rapportaient aux jours d'Albumasar, comme il déclare lui-même, c'est-à-dire à l'an 1100 de l'ère d'Alexandre

chionis (*sic*) Sessa : Per Jacobum pentium Leucensem. Anno domini 1506. Die 5 Septembris. Regnante inclyto domino Leonardo Lauredano Uenetiarum Principe.

1. Nous ne garantissons pas l'exactitude de ce passage dont voici le texte (éd. de 1506) : *Quanquam equidem nec tibi pro amore tuo mi Hermanne nec ulli consulto aliene lingue interpreti in rerum translationibus abjecti sententia quandam nullatenus advertendam sit.*

2. Albumasaris *Introductorium in Astronomiam*, lib. VI, cap. IV, art : De signis ad formæ dignitatem, ad largitatem ducentibus, ad conjunctionis complementum. Éd. 1506, fol. sign. f. 4, v°.

[777 de J. C]. Mais en notre temps, c'est-à-dire en l'année 1140 de l'incarnation du Seigneur... »

La traduction de l'*Introductorium* n'a pas seulement initié les Latins aux principes de l'Astrologie judiciaire ; l'ouvrage d'Albumasar contenait, nous l'avons dit[1], une description très détaillée et très exacte du phénomène des marées ; cette description, nous le verrons, devint, pour ainsi dire, classique chez les Latins au Moyen-Age.

Les traducteurs, parfois, composaient aussi des traités originaux ; d'Hermann le Second, on a[2] un traité sur le calendrier (*De compoto*).

A leur exemple, les Chartrains s'adonnaient à l'Astronomie ; tel cet Ascelin le Teuton, d'Augsbourg, qui écrivait sur l'Astrolabe[3]. Ils se conformaient au désir qu'Hermann exprimait dans sa lettre à Thierry[4] :

« Je veux », disait-il, « vous gratifier des prémices de l'Astronomie, vous qui êtes l'unique père des études latines ; d'ailleurs, je n'ai rien de mieux à vous offrir, et je ne connais rien qui puisse vous être plus agréable. Je veux aussi qu'ils sachent par vous de quelle présomption ils se rendent coupables, ceux qui s'arrogent la science de l'Astronomie sans en avoir appris les éléments. Enfin j'ai voulu que ce travail de mon confrère, Robert de Rétines, qui offre aux Latins la clé de la science du Ciel, fût confirmé par votre sainte autorité avant de tomber dans les mains des curieux. »

Voici, en effet, que la Scolastique latine connaît les éléments de l'Astronomie pratique ; elle sait comment on construit une sphère solide ou un astrolabe, comment on s'en sert pour observer la position des astres, à quelles combinaisons mathématiques les canons et les tables soumettent ces observations. Il lui reste à s'instruire des théories de l'Astronomie.

Elle va, tout d'abord, recevoir une première et peu durable initiation à l'œuvre d'Aristote.

1. Voir : Première partie, Ch. XIII, § XIV ; t. II, pp. 369-386.
2. Bubnov, *Op. laud.*, p. CXI.
3. Bubnov, *Op. laud.*, p. 115, en note
4. A. Clerval, *Op. laud.*, p. 239.

II

LES PREMIERS TRADUCTEURS DES ŒUVRES PHYSIQUES D'ARISTOTE. DOMINIQUE GONDISALVI ET JEAN DE LUNA

C'est seulement au premier tiers du XIIe siècle que les écrits physiques d'Aristote et de ses disciples hellènes ou musulmans commencèrent à passer de l'Arabe au Latin.

Ces premières traductions furent l'œuvre d'un collège d'interprètes, établi à Tolède, et dont le savant et consciencieux Amable Jourdain a, le premier, révélé l'existence. Nous aimerions à citer ici, en entier, les considérations que Jourdain a consacrées à ce collège [1] ; c'est un modèle d'érudition minutieusement documentée dans ses prémisses, prudente en ces conclusions. Nous devons nous borner à un résumé.

Le promoteur de l'œuvre, c'est Don Raimond, archevêque de Tolède, qui était monté sur ce siège archiépiscopal vers 1130, et qui mourut en 1150 [2].

Sous sa direction, travaillent deux personnages, un arabisant et un latiniste ; l'arabisant traduit en langue espagnole vulgaire les ouvrages écrits dans la langue de l'Islam ; le latiniste les retraduit en Latin ; c'est ainsi que se firent la plupart des traductions de l'Arabe en Latin.

Le latiniste est ici un archidiacre de la cathédrale de Ségovie, Domengo Gondisalvi ou Gonsalvi ; Jourdain l'identifie [3] avec *Gundissalinus* dont Vincent de Beauvais cite une traduction du *De Cælo*.

L'arabisant est un personnage plus énigmatique. Il ne serait autre que le Juif converti Jean Avendeath (Aben Daüd, fils de David), plusieurs fois cité par Albert le Grand.

Selon Jourdain, d'ailleurs, ce Jean Avendeath serait identique à un personnage que les mathématiciens et les astrologues du Moyen Age prisaient fort, et qu'ils nommaient Jean de Séville, *Johannes Hispalensis*.

L'un des titres de ce Jean à la reconnaissance des mathémati-

1. Jourdain. *Recherches critiques sur l'âge et l'origine des traductions d'Aristote*. Paris, 1819, § VIII. De l'archidiacre Dominique Gondisalvi, et du Juif Jean, connu sous le nom de Johannes Hispalensis ; pp. 111-125.
2. Jourdain, *Op. laud.*, p. 119.
3. Jourdain, *Op. laud.*, p. 118.

ciens, c'est la traduction du *Traité d'Arithmétique pratique* d'Al Chwârizmi. Cette traduction commençait en ces termes : [1]

Incipit prologus in libro Alghoarismi de pratica arismetice a magistro Johanne yspalensi.

Grâce à cette traduction, le mot : *Algorismus*, après avoir été la version latine du nom d'Al Chwârizmi, devint le terme commun employé au Moyen Age pour désigner tout traité pratique d'Arithmétique ; sous la forme : *algorithme*, il est resté dans la langue algébrique moderne.

Le traducteur y était donné comme fils de Séville, *Hyspalensis*.

Or, cette dénomination serait le résultat d'une erreur ; Jean ne serait pas originaire de Séville, mais de Luna ; il n'aurait pas été surnommé *Hispalensis*, mais *Hispanensis*, épithète en laquelle Jourdain voit un barbarisme mis pour *Hispanus*.

L'un des textes qui corroborent cette opinion est celui-ci [2], qui se lit au ms. n° 6506 du fonds latin de la Bibliothèque nationale :

Interpretatus est a Joanne Hyspanensi atque Lunensi in Dei laude.

Un autre texte est plus explicite et plus important. Après Amable Jourdain, nous avons eu occasion de l'examiner ; nous demanderons au lecteur la permission d'en toucher ici quelques mots.

Il se trouve au fol. 119, v° du ms. n° 7377 B du fonds latin de la Bibliothèque nationale ; il met fin à une traduction du *Traité d'Astronomie* d'Al Fergani, l'une des premières qui aient fait connaître aux Chrétiens d'Occident les théories astronomiques de Ptolémée.

Le voici textuellement copié :

Perfectus est liber Affragani in scientia astrorum et indicibus motuum celestium interpretatus in luna a Johanne Hispanensi atque lunensi ac expletus est vicesimo die mensis antiqui lunari (sic) *mensis anni arabum quingentesimum* (sic) *XXIX, existente XI die mensis marcii LXXM sub laude dei et auxilio.*

Ce texte renferme une double date. Jourdain transcrit ainsi [3] le membre de phrase qui la contient :

Ac expletus est vigesimo die mensis antiqui lunaris anni Arabum existente, XI die mensis Martii 1070.

Ainsi rendue plus correcte dans son libellé, cette indication, si

1. *Trattati d'Aritmetica, pubblicati da* B. Boncompagni, II, pp. 22 sqq. — Cf: Moritz Cantor, *Vorlesungen über die Geschichte der Mathematik*, 2te Aufl., Bd. II, Leipzig, 1894, pp. 751-754.
2. Jourdain, *Op. laud.*, p. 122.
3. Jourdain, *Op. laud.*, p. 121.

précise en apparence, n'est cependant pas exempte d'ambiguïté : « L'une des dates donnée par cette note doit être fautive. Si l'on s'en tient à l'année de l'hégire, il faudra lire 1134 de J.-C., ce qui se rapproche beaucoup de l'âge assigné par Riccioli et Vossius. Au lieu de 1070, ne faut-il pas lire 1170 ? L'ère d'Espagne a dû être employée ici ; or, l'année 529 de l'hégire répond, dans ce système chronologique, à l'année 1172. »

Le Jean qui, à Luna, traduisait l'Astronomie d'Al Fergani, doit-il se nommer *Hispalensis* ou *Hispanensis* ? Est-il ou non le même que Jean Avendeath ? Quelle que soit la réponse réservée à ces questions, il n'en est pas moins vrai qu'il travaillait, vers l'an 1130, à faire passer certains écrits de l'Arabe au Latin.

Il n'est pas douteux, d'ailleurs, que Raimond, archevêque de Tolède, ne s'intéressât à ces traductions et qu'il ne les sollicitât ; nous en avons pour témoignage une phrase qui se lit en un manuscrit de la Bibliothèque Nationale (ancien fonds Sorbonne n° 1545) [1] ; voici cette phrase :

Explicit textus de differentia spiritus et anime ; Costa ben Luca cuidam amico, scriptori cujusdam regis, edidit ; et Johannes Hispolensis (sic) *ex arabico in latinum Ramundo Toletane* [*sedis*] *archiepiscopo transtulit.*

Jean de Luna travaillait donc à la même œuvre que Dominique Gondisalvi, car celui-ci dédiait aussi à Raimond les traductions qu'il exécutait.

Quels furent les livres de Philosophie que mit en Latin Gondisalvi, aidé sans doute par Jean de Luna ? Jourdain croit pouvoir affirmer [2] que ce furent ceux-ci :

Les quatre premiers livres de la *Physique* d'Aristote ;
Les quatre livres du *De Cælo et Mundo* ;
Les dix premiers livres de la *Métaphysique* du Stagirite ;
Le *De Scientiis* d'Al Fârâbi ;
Les *Libri de anima* d'Avicenne ;
La *Philosophia* d'Al Gazâli.

Jourdain soupçonnait, en outre, que le Moyen-Age avait reçu, du même collège de traducteurs, le *Fons vitæ* d'Avicébron (Ibn Gabirol). Cette supposition a été mise hors de doute par M. Cle-

1. JOURDAIN, *Op. laud.*, p. 122. — Cette référence est ainsi indiquée par Jourdain ; elle est, sans doute, erronée ; car le manuscrit qui, dans l'ancien fonds de la Sorbonne, portait le n° 1545, porte aujourd'hui, dans le fonds latin, le n° 13444 ; il ne renferme nullement l'écrit dont parle Jourdain.
2. JOURDAIN, *Op. laud.*, pp. 116-117.

mens Baeumker[1]; un exemplaire du *Fons vitæ*, conservé à la Bibliothèque Mazarine, se termine, en effet, par cette pièce de vers :

Libro prescripto sit laus et gloria Christo,
Per quem finitur quod ad ejus nomen initur.
Transtulit Hispanis interpres lingua Iohannis
Hunc ex Arabico, non absque juvante Domingo.

Ces traductions livrent déjà passage aux trois grandes influences philosophiques qui vont solliciter la Scolastique latine.

Les dix-huit livres d'Aristote interprétés par Jean de Luna et par Dominique Gondisalvi apportent aux Latins l'exposition de la plupart des doctrines du Péripatétisme.

Le Néo-platonisme arabe leur est révélé par les deux traités d'Al Fârâbi et d'Avicenne, et surtout par cette merveilleuse *Philosophia Algazelis*, où tout le système d'Avicenne se trouve exposé sous une forme aussi concise que claire ; un tel manuel était bien fait pour initier à cette Métaphysique les maîtres de la Scolastique.

Enfin, le *Fons vitæ* d'Avicébron, où les doctrines du Néo-platonisme hellénique se fondaient avec des pensées venues du Judaïsme et du Christianisme, devait séduire ces mêmes maîtres en réveillant dans leur âme le souvenir d'enseignements qui leur étaient déjà familiers, de systèmes auxquels Saint Augustin et Jean Scot Érigène les avaient accoutumés depuis longtemps.

Dominique Gondisalvi, d'ailleurs, ne se contentait pas du rôle de traducteur ; il était auteur ; il composait des livres où il s'inspirait de ceux qu'il avait traduits, s'efforçant de souder les doctrines nouvelles dont ceux-ci apportaient la révélation à la science dont les écoles avaient déjà l'usage. Il écrivit ainsi un *De immortalitate animæ*[2], où se reconnaît souvent l'inspiration d'Avicenne ; deux ouvrages, le *De creatione Mundi*[3] et le *De unitate et uno*[4], où l'imitation d'Avicébron va jusqu'à la transcription textuelle de

1. Avencebrolis (Ibn Gebirol) *Fons vitæ ex Arabico in Latinum translatus ab Johanne Hispano et Dominico Gundissalino*. Ex codicibus Parisinis, Amploniano, Columbino primum edidit Clemens Baeumker (*Beiträge zur Geschichte der Philosophie des Mittelälters*, Bd. I, Münster, 1892 ; pp. 1-339).

2. Georg Bülow, *Des* Dominicus Gundissalinus *Schrift von der Unsterblichkeit der Seele (Beiträge zur Geschichte der Philosophie des Mittelalters*, Bd. II, Heft. III ; Münster, 1897).

3. Publié dans : Menendez Pelayo, *Historia de los heterodoxos españoles*, vol. I, pp. 691-711.

4. Paul Correns, *Die dem Boethius fälschlich zugeschriebene Abhandlung des* Dominicus Gondisalvi *De unitate (Beiträge zur Geschichte der Philosophie des Mittelalters*, Bd. I, Heft. I ; Münster, 1891).

passages entiers de cet auteur; enfin, un *De divisione Philosophiæ*[1], sorte de rhapsodie de la *Logica* et de la *Metaphysica* d'Avicenne, de la *Philosophia* d'Al Gazâli et, surtout, du *De scientiis* et du *De ortu scientiarum* d'Al Fârâbi.

Les écrits de Dominique Gondisalvi ont été très lus au Moyen Age ; mais, par une singulière malchance, ils ont presque toujours été cités sous le nom d'auteurs qui ne les avaient point composés. L'opuscule *De ente et uno* a été constamment attribué à Boèce. Guillaume d'Auvergne a donné comme sien, après lui avoir fait subir d'insignifiantes retouches, le livre *De immortalitate animæ*. Enfin, Michel Scot avait écrit, sur la définition et la classification des diverses sciences, un ouvrage dont le *Speculum doctrinale* de Vincent de Beauvais nous a conservé plusieurs fragments[2] ; à en juger par ces fragments, l'ouvrage de Michel Scot n'était qu'un long plagiat du *De divisione Philosophiæ* de Gundissalinus.

Nous aurons, plus tard, à parler de nouveau de quelques-uns des traités de Dominique Gondisalvi. Pour le moment, nous ferons une simple remarque au sujet du *De divisione Philosophiæ*. L'auteur, en exposant les diverses parties de la science naturelle[3], indique sommairement quels sont les sujets traités aux différents livres qu'Aristote consacre à cette science, non seulement aux livres que l'archidiacre de Ségovie avait traduits, mais encore aux autres, tels que le *De generatione et corruptione* et les *Météores* ; ces indications, d'ailleurs, étaient textuellement empruntées au *De scientiis* d'Al Fârâbi, en sorte que, de deux façons à la fois, les Latins se trouvaient instruits du plan général suivi par Aristote dans la construction de son système de Physique.

Les traductions faites, sous les auspices de Don Raimond, par Dominique Gondisalvi et Jean de Luna ont-elles inspiré quelque auteur autre que le premier de ces deux interprètes? Sont-elles parvenues, parmi les maîtres qui enseignaient, vers le milieu du XIIe siècle, dans les écoles de la Chrétienté latine, à répandre le goût de la Physique et de la Métaphysique d'Aristote ou d'Avicenne? Jourdain ne le pense pas ; ces traductions furent, croit-il[4], peu remarquées :

« Vers le milieu du XIIe siècle, commença l'étude de la Métaphysique, de la Physique, de la Logique, connues par les écrits

1. LUDWIG BAUR, DOMINICUS GUNDISSALINUS *De divisione Philosophiæ, herausgegeben und philosophiegeschichtlich untersucht (Beiträge zur Geschichte der Philosophie des Mittelalters*, Bd. IV, Heft. 2-3, Münster, 1903).
2. LUDWIG BAUR, *Op. laud.*, pp. 398-400.
3. DOMINICI GUNDISSALINI *De divisione Philosophiæ*, éd. cit., pp. 20-23.
4. JOURDAIN, *Op. laud.*, pp. 227-228.

d'Avicenne, d'Algazel, d'Alfarabius, transmise de ces sources aux Latins par le diacre Dominique Gondisalvi et le Juif Jean Avendeath l'Espagnol... A cette époque, les écoles de France et d'Angleterre, divisées par les querelles des réaux et des nominaux, firent peu d'attention aux traductions de Gondisalvi et de son interprète; sans doute, elles circulaient, mais elles n'avaient pas encore la vogue, et il serait difficile de déterminer chaque degré de leur succès. Avant la première année du XIIIe siècle, les philosophes arabes et Aristote ne paraissent point cités dans les écrits des scholastiques. »

L'opinion que Jourdain exprime en ces dernières lignes est, croyons-nous, généralement reçue; on admet que le développement de la Scolastique latine s'est poursuivi, jusqu'au XIIIe siècle, sans subir l'influence de la Physique et de la Métaphysique péripatéticiennes.

Prise en ses grandes lignes, cette opinion est assurément conforme à la vérité; nous en avons pour garant cette phrase célèbre de Roger Bacon[1] : « La philosophie d'Aristote a pris un grand développement chez les Latins, lorsque Michel Scot apparut, vers l'an 1230, apportant certaines parties des traités mathématiques et physiques d'Aristote et de ses savants commentateurs. »

Avant le XIIIe siècle, donc, la Physique et la Métaphysique d'Aristote étaient peu connues des Latins; il serait imprudent d'en conclure qu'elles leur fussent demeurées totalement inconnues. Les traductions de Jean Avendeath et de Dominique Gondisalvi n'avaient pas attiré l'attention générale des philosophes; il n'en résulte pas qu'elles n'eussent pas été remarquées de quelque esprit plus particulièrement curieux. Un examen minutieux des œuvres que nous a laissées la Scolastique du XIIe siècle, nous révèlerait sans doute les traces qu'a marquées ce premier passage de la Physique d'Aristote en la Science occidentale.

Ces traces, où convient-il particulièrement de les rechercher?

Nous venons de trouver un groupe d'hommes extrêmement soucieux de connaître ce que les Arabes avaient pu sauver de la Science antique; nous avons vu ces hommes entretenir un continuel commerce avec les traducteurs établis en Espagne, traduc-

1. FRATRIS ROGERI BACON, *Ordinis Minorum, Opus majus ad Clementem quartum, Pontificem Romanum*, ex M. S. Codice Dubliniensi cum aliis quibusdam collato nunc primum edidit S. Jebb, M. D., Londini, typis Gulielmi Bowyer, MDCCXXXIII; pp 36-37. — *The « Opus majus » of* ROGER BACON. Edited by John Henry Bridges, London, Edimburgh and Oxford, 1900. Vol. I, p. 55.

teurs dont plusieurs étaient leurs propres disciples ; ces hommes, ce sont les écolâtres de Chartres. « L'École de Chartres, a dit fort justement M. l'abbé Clerval[1], fut un des canaux par lesquels les ouvrages d'Astronomie traduits de l'Arabe passèrent en Occident. » Les traités d'Astronomie ne sont pas, d'ailleurs, les seuls qui aient pénétré dans la Chrétienté par la porte de Chartres ; les livres de Logique et de Métaphysique ont souvent pris le même chemin ; Thierry, Bernard Silvestre, Gilbert de la Porrée semblent avoir été les premiers à lire l'*Organon* d'Aristote en son entier, et le *Liber de causis* de Proclus.

Il serait surprenant que les Scolastiques de Chartres, si heureux de recevoir les traductions faites par Hermann le Second et par ses auxiliaires Robert de Rétines et Rodolphe de Bruges, eussent ignoré celles que menaient à bien les interprètes de Tolède.

Ce serait d'autant plus surprenant que les deux collèges de traducteurs ne semblent pas être demeurés sans relation l'un avec l'autre. On conserve[2] à la Bibliothèque Nationale un écrit astronomique que Rodolphe de Bruges, disciple d'Hermann le Second, adresse « *Dilectissimo domino suo Johanni* » ; et M. Bubnov conjecture, avec vraisemblance, que ce Jean n'est autre que Jean de Luna.

Probablement donc, on recevait à Chartres, en même temps que les œuvres interprétées par le collège de traducteurs dont Hermann était le chef, les livres traduits par les interprètes de Raimond de Tolède.

En voici, d'ailleurs, une preuve péremptoire que nous fournit M. l'Abbé A. Clerval[3] :

A la Bibliothèques de Chartres, « le manuscrit 213, du XIIe siècle, rempli de tableaux et de notes astrologiques, renferme le traité d'Alkabizi, traduit par Jean de Séville, et celui d'Aben-Eizor ; ce dernier est suivi d'observations pour les années 1139 et 1140 ; il dut donc venir d'Espagne avec ceux d'Hermann et de Rodolphe ».

Si nous voulons découvrir, en la Scolastique latine, la première trace de l'influence exercée par les livres physiques et métaphysiques d'Aristote, nous serons assurément bien inspirés en la recherchant dans les écrits de Thierry de Chartres et de ses disciples.

1. A. Clerval, *Op. laud.*, p. 239.
2. Bubnov, *Op. laud.*, p CVI et p. 115, en note.
3. A. Clerval, *Op. laud.*, p. 239.

III

THIERRY DE CHARTRES ET LES PREMIÈRES TRACES DE LA PHYSIQUE PÉRIPATÉTICIENNE EN LA SCOLASTIQUE LATINE

Thierry, armoricain de naissance, est, en **1121**, *scolarum magister* à Chartres. Cette année-là, il assiste, avec son évêque Conon, au concile réuni à Soissons contre Abélard ; au grand mécontentement de Conon, il y prend parti pour Abélard. Quelques années après la mort de son frère aîné, Bernard de Chartres, qui laissa à Gilbert de la Porrée sa place de chancelier des Écoles de Chartres. Thierry part pour Paris où il figure, en **1141**, parmi les maîtres les plus fameux.

Vers ce temps, il revient à Chartres, où nous le voyons recevoir les titres de chancelier et d'archidiacre de Dreux. En **1148**, il assiste au concile de Reims, où est accusé Gilbert de la Porrée. Il meurt avant **1155**.

Thierry de Chartres avait composé un écrit intitulé : *Opusculum de opere sex dierum*. Cet écrit ne nous est pas parvenu en entier ; nous n'en possédons plus que le premier livre et quelques pages peu importantes du second livre. Du premier livre, quatre manuscrits de la Bibliothèque nationale reproduisent le texte. Usant des leçons de ces quatre manuscrits, Barthélemy Hauréau a pu donner une excellente édition de ce premier livre [1].

L'esprit qui anime l'ouvrage de Thierry s'affirme dès les premières lignes :

« Je me propose d'exposer, à la fois selon la Physique et à la lettre, la première partie de la *Genèse*, celle qui traite des six jours et distingue six sortes d'œuvres. Je commencerai donc par dire en peu de mots quelle fut l'intention de l'auteur et quelle est l'utilité du livre. J'arriverai ensuite à l'exposition de la lettre, prise dans son sens historique, en sorte que je laisserai absolument de côté l'interprétation allégorique et morale, qu'ont largement suivie les saints commentateurs.

» L'intention de Moïse, en cette œuvre, est de montrer que toutes les créations des choses, ainsi que la génération de l'homme,

1. Hauréau, *Notice sur le Numéro 647 des manuscrits latins de la Bibliothèque Nationale (Notices et extraits des manuscrits de la Bibliothèque Nationale et autres bibliothèques*, t. XXXII, 2e partie, pp. 167-186 ; 1888).

ont été l'œuvre d'un seul Dieu ; et qu'à ce Dieu seul est dû l'hommage du culte. L'utilité de ce livre consiste à faire connaître Dieu par ses œuvres, ce Dieu à qui seul doit être rendu le culte religieux. »

Pourvu que son interprétation ne formule rien qui aille à l'encontre de cette intention qu'il attribue à Moïse et de cet objet qu'il assigne à la *Genèse*, Thierry laissera la raison libre de commenter à sa guise le texte relatif à l'œuvre des six jours. Cette liberté permet, d'ailleurs, au génial Écolâtre de Chartres, les plus hautes envolées ; elle nous vaut, sur la génération du Verbe, des pages d'une extraordinaire puissance qu'au xve siècle, Nicolas de Cues n'hésita pas à incorporer presque textuellement dans sa *Docta ignorantia* [1].

L'audace de Thierry n'est guère moindre lorsqu'il commente le récit de l'œuvre des six jours ; à grands traits, il esquisse une théorie purement physique de l'évolution du Monde.

Dès l'instant de sa création, le feu, qui forme la partie externe de la sphère des éléments, dut, pour des raisons auxquelles nous reviendrons tout à l'heure, se mettre à tourner sur lui-même ; chaque révolution complète du feu constitua un jour naturel. Quels furent les effets produits durant chacune des révolutions de ce feu ? Thierry va les énumérer en les déduisant successivement d'un unique principe de Physique : Le feu a deux vertus, la splendeur et la chaleur ; par la splendeur, il illumine ; par la chaleur, il divise les solides et les liquides ; c'est donc seulement dans l'élément terrestre et dans l'élément aqueux que la chaleur peut se faire sentir ; l'air pur ne peut être échauffé, mais seulement illuminé par la splendeur ; si, parfois, l'air nous paraît capable d'échauffement, c'est parce qu'il est souillé d'éléments inférieurs, de parties aqueuses ou terrestres.

Déjà reçu au temps de Platon et d'Aristote, ce principe n'avait cessé d'être adopté par les Pères de l'Église et par les Scolastiques ; sous sa forme quelque peu naïve, il renfermait d'ailleurs une grande vérité, celle qu'en langage moderne, nous exprimerions ainsi : La lumière n'échauffe pas les milieux parfaitement transparents qu'elle traverse ; pour qu'elle produise de la chaleur, il faut qu'elle soit reçue en un milieu absorbant.

En vertu de ce principe, le feu va, dès sa première révolution, illuminer l'air, puis, par l'intermédiaire de cet air, échauffer l'eau et la terre ; voyons quels seront, durant les conversions sui-

1. Pierre Duhem, *Thierry de Chartres et Nicolas de Cues* (*Revue des Sciences philosophiques et théologiques*, 3e année, p. 525 ; 1909).

vantes, c'est-à-dire aux jours suivants, les effets de cet échauffement.

« L'air se trouvant illuminé par la vertu de l'élément supérieur, il en résulte nécessairement que le feu doit, par l'intermédiaire même de cette illumination, échauffer le troisième élément, qui est l'eau, et, en l'échauffant, le suspendre sous forme de vapeurs au-dessus de l'air. Par nature, en effet, la chaleur divise l'eau en très minimes gouttelettes et, par son mouvement, elle élève ces parcelles au-dessus de l'air; cela se montre en la fumée d'une bouilloire; cela est également manifeste par les nuées du ciel. Le nuage, en effet, ou la fumée n'est pas autre chose qu'une réunion de gouttes d'eau extrêmement ténues, élevée en l'air par la chaleur. Si la force de la chaleur devient plus puissante, cet ensemble de gouttelettes passe tout entier à l'état d'air pur; si elle s'affaiblit, au contraire, ces gouttelettes très minimes, se précipitant les unes sur les autres, produisent des gouttes plus grosses; d'où la pluie. Si ces gouttelettes très fines se trouvent contractées par le vent, c'est la neige; si cette contraction atteint de grosses gouttes, c'est la grêle. Au commencement, donc, les eaux susceptibles de retomber s'étendaient jusqu'à la région destinée à la Lune; la chaleur les a de suite suspendues à l'extrémité de l'éther, de telle sorte que, dès la seconde révolution du feu, le second élément, c'est-à-dire l'air, s'est trouvé placé entre l'eau susceptible de couler et l'eau suspendue sous forme de vapeurs. C'est ce que dit l'Auteur sacré : « *Et posuit firmamentum in medio aqua-* » *rum.* »

» ... De même qu'en sa première révolution, le feu avait illuminé l'air, et que la durée de cette première révolution avait constitué le premier jour; de même, la seconde révolution de ce feu a, par l'intermédiaire de l'air, échauffé l'eau et posé le firmament entre l'eau et l'eau; la durée de cette seconde révolution a été appelée le second jour. »

La chaleur, en élevant une partie de l'eau, sous forme de vapeur, au-dessus de l'air, avait diminué d'autant la masse de l'eau liquide; la terre ferme dut donc apparaître, non pas sous l'aspect d'une surface continue, mais sous forme d'îles. « De même, si une couche d'eau se trouve répandue sur une table, et si l'on approche du feu de la surface de cette eau, il arrive aussitôt que la chaleur placée au-dessus de la couche liquide en atténue l'épaisseur; l'eau se resserre et se ramasse en certaines régions, et l'on voit apparaître des taches formées par la surface desséchée de la table.

» L'air, donc, placé entre l'eau supérieure et l'eau inférieure et, par là même, agité par une plus forte chaleur, a, en entier, accompli sa troisième révolution ; durant cette révolution, il a découpé la terre ferme en un certain nombre d'îles. Durant cette même révolution, par la chaleur de l'air qui la recouvre mêlée à l'humidité d'une terre que l'eau venait à peine de délaisser, par ces deux forces, dis-je, la terre a reçu le pouvoir de produire des herbes et des arbres... Et la durée de cette troisième révolution fut appelée le troisième jour.

» Après que le firmament eût été posé entre l'eau supérieure et l'eau inférieure ; après que ces eaux dont le firmament est revêtu eussent engendré, en lui, une si grande chaleur que ce firmament pût, à l'aide de cette chaleur, restreindre l'eau liquide et faire apparaître la terre ferme ; après que tout cela eût été fait, dis-je, voici ce qui devait naturellement arriver : De la multitude des eaux que la chaleur du troisième jour avait amoncelées au firmament, les corps des étoiles allaient être créés en ce firmament céleste. »

C'est d'eau, en effet, que les étoiles sont formées ; faites de feu ou d'air, elles seraient invisibles ; d'autre part, la chaleur ne saurait élever la terre jusqu'au firmament. « La durée, donc, de la quatrième révolution est celle durant laquelle les corps des étoiles se sont concentrés sous figure de sphères au sein des eaux suspendues sous forme de vapeur ; et la durée de cette quatrième révolution fut appelée le quatrième jour.

» Les étoiles ayant été créées et ayant commencé de se mouvoir dans le ciel, la chaleur en fut accrue ; elle atteignit enfin le degré de la chaleur vitale ; sous cette forme, elle vint d'abord couver l'eau, puisque cet élément est au-dessus de la terre ; par là furent créés les animaux aquatiques et les oiseaux. La durée de cette cinquième révolution fut appelée le cinquième jour.

» Aidée par l'humidité, cette chaleur vitale parvint naturellement jusqu'aux corps terrestres, et par là, les animaux terrestres furent créés ; parmi eux se trouvait l'homme, fait à l'image et à la ressemblance de Dieu. Et la durée de cette sixième révolution fut appelée le sixième jour. »

L'œuvre des six jours s'est donc déroulée sans aucune intervention directe de Dieu, par le jeu naturel des puissances du feu ; il a suffi qu'au premier instant, Dieu créât la matière, pour que cette matière, livrée à elle-même, produisît le Monde tel qu'il est. Ni Descartes ni Laplace ne dépasseront l'audacieux rationnalisme de Thierry ; ils réclameront même, pour que le Monde se puisse organiser, une donnée que le Maître chartrain, nous l'allons voir, n'exigeait pas ; ils demanderont non seulement de la matière, mais encore du mouvement ; Kant, seul, réduira le rôle du Créateur au degré où Thierry le ramène.

C'est dans cet *Opusculum de opere sex dierum* d'une si grande audace rationnaliste, d'une telle profondeur métaphysique, que nous croyons reconnaître un reflet de la Physique d'Aristote, le plus ancien, peut-être, qui ait éclairé la pensée de la Scolastique latine.

Voici un premier passage [1] qui retiendra notre attention :

« Donc, *In principio creavit Deus cælum et terram*, c'est-à-dire qu'au premier instant du temps, Dieu créa la matière.

» Mais, dès là qu'il fut créé, le ciel, à cause de son extrême légèreté, ne put demeurer immobile ; d'autre part, il ne put progresser en s'avançant, en passant d'un lieu dans un autre, car il contient toutes choses ; donc, dès le premier instant de sa création, il a commencé à tourner circulairement sur lui-même ; cette première révolution s'acheva dans un espace de temps qui fut appelé le premier jour. »

Le ciel suprême contient toutes choses ; hors de lui, il n'y a pas de corps et il ne peut pas y en avoir ; partant, il n'y a pas de lieu. La sphère ultime ne peut donc pas être animée d'un mouvement progressif qui la transporte d'un lieu dans un autre. D'autre part, comme elle ne peut être immobile, il faut que son mouvement soit une rotation sur place.

C'est bien là la pensée que nous venons d'entendre de la bouche de Thierry de Chartres ; mais c'est aussi le résumé très précis d'une doctrine essentielle de la Physique péripatéticienne [2]. A la vérité, pour rédiger ce résumé, Thierry n'avait pas eu besoin de lire Aristote, car Macrobe le lui avait fourni.

« Le mouvement du ciel, disait Macrobe [3] est nécessairement un mouvement de rotation *(volubilis)* ; il est nécessaire, en effet, que le ciel se meuve sans cesse ; mais, hors de lui, il n'y a pas de lieu où puisse tendre un mouvement progressif (*accessio*) ; partant, il faut que son agitation consiste en un perpétuel retour sur soi-même ; il court donc là où il peut et dans ce qui lui est donné ; marcher, pour lui, c'est tourner ; en effet, pour la sphère qui embrasse tous les espaces et tous les lieux, il n'y a un seul cours, la rotation. »

1. B. HAURÉAU, *Op. laud.*, p. 173.
2. Voir : première partie, Ch. IV, § XI ; t. I, pp. 202-203.
3. THEODOSII AMBROSII MACROBII *Ex Cicerone in Somnium Scipionis* lib, I, cap. XVII.

Poursuivons la lecture de Thierry. La doctrine si particulière qu'Aristote et ses commentateurs ont soutenue au sujet du mouvement du Ciel, la doctrine par laquelle, de ce mouvement, ils ont prétendu conclure à l'existence nécessaire d'une terre immobile au centre du Monde, cette doctrine si aisément reconnaissable, nous allons la retrouver sous la plume de l'Écolâtre de Chartres[1] :

« *In principio creavit Deus cælum et terram.* C'est comme s'il disait : Au premier instant, il créa à la fois le Ciel et la Terre... Mais qu'appelle-t-il Ciel et Terre, et comment, selon l'enseignement rationnel de la Physique, ces deux corps ont-ils été créés en même temps ? C'est ce que je vais m'efforcer de démontrer.

» La raison reconnaît que tout corps compact tire la substance même de son épaisseur et de sa lenteur du mouvement agile et de la perpétuelle agitation des corps légers qui le compriment de toutes parts. D'ailleurs, les corps légers tirent la substance de leur agilité de ce fait qu'ils s'appuient sur un corps compact et solide. Réciproquement, donc, la légèreté exige la cohésion, et la cohésion requiert la légèreté. C'est, je pense, ce qu'il n'est pas hors de propos de prouver.

» Que la terre doive sa dureté aux corps légers qui la compriment de tous côtés, cela est manifeste. Une chose est dure, en effet, dont les parties ne cèdent pas facilement à l'effort fait pour les diviser. Or, que la terre soit telle, cela ne provient pas de la nature des particules dont elle est formée ; car, s'il en était ainsi, ces particules ne pourraient passer au sein des corps légers tels que l'air ou le feu ; et ce passage a manifestement lieu, car les éléments passent des uns aux autres. De même, si la terre et l'eau ont de la cohésion, cela ne provient pas du poids des éléments qui se trouvent au-dessus d'elles ; ces éléments, en effet, ne sont d'aucun poids.

» Il reste donc que les deux éléments inférieurs, la terre et l'eau, ont été contraints et concrétés jusqu'au degré de cohésion qu'ils présentent par l'agilité des éléments légers, qui les comprime de toutes parts.

» D'un autre côté, l'agilité des corps légers, comme l'air et le feu, ne peut se passer de mouvement ; mais ce mouvement, il est nécessaire qu'il ait lieu autour d'un corps cohérent tel que les précédents, afin qu'il soit soutenu par ce corps et qu'il s'y appuie.

» Que tout mouvement s'appuie à un support solide, cela est rendu probable par l'induction tirée d'une foule d'exemples.

1. B. Hauréau, *Op. laud.*, pp. 177-178.

» Lorsqu'un homme se déplace d'un lieu à un autre, il fixe un pied en terre tandis qu'il porte l'autre en avant ; ce transport s'appuie ainsi à quelque chose d'immobile. Qu'un doigt se meuve, il s'appuie à la main ; la main s'appuie au bras, le bras à l'épaule ; la même observation se peut répéter du mouvement des autres membres. Lorsqu'on lance une pierre, l'impulsion du projectile provient de l'effort que celui qui le lance fait contre un support solide ; plus fermement s'appuie celui qui jette la pierre, plus son jet est impétueux. Le vol des oiseaux a pour principe l'effort fait sur quelque chose.

» Que le mouvement circulaire prenne appui sur son centre, c'est ce qui est manifeste non seulement aux gens instruits, mais encore à ceux qui n'ont pas fait d'études.

» Or, c'est un mouvement circulaire que le mouvement du feu céleste, que celui de l'air qui se trouve au-dessous de ce feu. Cela se voit assez par le cours des étoiles ; et, d'ailleurs, il n'en peut pas être autrement.

» Ces corps, en effet, se meuvent nécessairement ; il faut donc qu'ils se meuvent tout droit devant eux ou bien qu'ils tournent sur eux-mêmes. Mais il ne leur a pas été possible de se mouvoir tout droit devant eux, car un tel mouvement a une fin. Il est donc nécessaire que ces corps aient un mouvement circulaire.

» Mais à tout mouvement circulaire il faut nécessairement quelque chose d'immobile à quoi il s'appuie en tournant autour ; le mouvement du feu et de l'air ne saurait donc se passer d'un moyeu central (*medio centro*) auquel il s'appuie.

» Ce corps médian est solide ; il est enserré et comprimé de toutes parts par le mouvement ; leur mouvement ne saurait donc exister qu'il ne s'appuyât à un corps solide.

» L'agilité et la légèreté de ces corps, avons-nous dit, proviennent du mouvement, car leurs diverses parties se meuvent indépendamment les unes des autres ; ces parties n'adhèrent pas fermement les unes aux autres ; c'est pourquoi ces corps sont fluides, qu'ils cèdent au toucher sans que celui qui les touche en ait la perception sensible ; ils ne peuvent résister, si ce n'est par un mouvement accidentel ; ils ne sauraient peser sur aucun corps ; c'est pourquoi ils sont légers.

» Ainsi la substance du feu et de l'air est faite de légèreté ; d'autre part, pour que la légèreté puisse être, elle exige qu'il y ait quelque part de la cohésion ; et inversement, pour qu'il y ait cohésion, il faut nécessairement qu'il y ait une légèreté qui enserre et comprime ; enfin la substance de la terre et de l'eau est faite de cohésion ; les choses étant telles, c'est avec raison, dis-je, que le Philosophe divin a annoncé que les quatre éléments ont été fondés. Mais, par le nom de Terre, il a désigné tous les corps doués de cohésion, les dénommant par la plus digne partie des choses qui ont cohésion ; quant aux éléments légers et invisibles, il les a appelés le *Ciel* (*cælum*), parce que leur nature les soustrait et les *cèle* (*celentur*) à nos regards. »

En cette audacieuse interprétation du verset : *In principio creavit Deus cælum et terram*, bien des influences se laissent deviner.

L'étymologie hasardée qui la termine est la trace de ces rapprochements, trop semblables à des calembourgs, qu'Isidore de Séville avait mis à la mode, que Bède le Vénérable et Rhaban Maur recherchaient, qui ne font pas défaut dans l'opuscule *De imagine Mundi* composé par Honorius Inclusus.

L'affirmation que les éléments se transmuent les uns dans les autres, le parallélisme entre la fluidité des corps légers et la cohésion des corps graves, pourraient passer pour des réminiscences de Jean Scot Érigène.

Mais auprès de ces influences, que nous pouvions nous attendre à constater, et dont la trace, cependant, est à peine visible, il en est une qui s'est fortement exercée et qui a profondément imprimé sa marque en l'*Opusculum de opere sex dierum* ; c'est l'influence de la Physique péripatéticienne.

Thierry reprend cette affirmation que nous lui avons déjà entendu émettre : Le feu céleste se meut nécessairement, et son mouvement est forcément un mouvement de rotation. Mais l'argument qui appuie cette affirmation a changé. Tout à l'heure, l'auteur invoquait cette preuve : Le ciel ne peut passer d'un lieu dans un autre, parce que le ciel contient toutes choses et que, hors de lui, il n'y a rien, partant pas de lieu ; ce raisonnement là, c'était celui du Stagirite au IVe livre de sa Physique. Thierry, maintenant, invoque cette autre preuve : Un mouvement qui doit être perpétuel ne peut être qu'un mouvement de rotation car, à un mouvement de translation, il faut une fin, un but (*finis*) ; ce raisonnement là, c'est celui qui est développé au premier livre du *De Cælo et Mundo*.

A ces affirmations si profondément péripatéticiennes, Thierry en joint une autre qui porte, gravé avec une particulière netteté, le sceau d'Aristote : Pas de mouvement circulaire s'il n'existe un corps central immobile autour duquel ce mouvement se produise, de même qu'une roue tourne autour de son moyeu.

Pour établir cette affirmation, Thierry use de comparaisons avec les mouvements de l'homme et des animaux; en tous ces mouvements, il montre l'existence d'appuis fixes, et ce qu'il dit résume, pour ainsi dire, le traité *De motibus animalium* attribué au Stagirite.

Bien que l'auteur de ce traité fasse allusion à la fixité de la Terre, il n'avait pas entendu se servir d'analogies avec le mouvement des animaux pour déduire l'immobilité de la Terre de la rotation du Ciel; mais ce qu'il n'avait pas fait, tous ses commentateurs l'ont fait; Alexandre d'Aphrodisias, Thémistius, Simplicius, pour démontrer que la rotation du Ciel exige la fixité de la Terre, invoquent tous les principes qui ont été établis au *De motibus animalium*; Thierry est donc, ici, leur imitateur comme le sera, un peu plus tard, Averroès.

Il est un point, cependant, où l'Écolâtre de Chartres ajoute à la Physique péripatéticienne; celle-ci affirmait que le mouvement du Ciel requiert l'immobilité de la Terre; elle ne prétendait pas montrer que ce mouvement produisît, à titre de cause efficiente, cette immobilité. Thierry ne garde pas la même réserve. A la pression produite par le mouvement circulaire du feu céleste et de l'air, il attribue la cohésion et la fixité des corps pesants.

Pour trouver l'origine de cette dernière opinion, c'est Macrobe qu'il nous faut lire. Ce sera, d'ailleurs, pour nous, l'occasion de rapporter ce que le *Commentaire au Songe de Scipion* avait retenu de la théorie péripatéticienne du lieu et de le comparer aux propos de Thierry.

Voici donc ce que dit Macrobe[1] :

« Tels sont les liens par lesquels la nature a enchaîné la Terre. Vers elle, en effet, tous les corps se portent, parce qu'étant au milieu du Monde, elle ne se meut point; elle ne se meut point parce que, de tous les corps, elle est le plus bas placé; et le corps vers lequel se portent tous les autres ne pouvait pas ne pas être le plus bas. Ces propositions, la nécessité des choses les a rattachées les unes aux autres, de telle manière qu'elles s'impliquent mutuellement; traitons chacune d'elles en détail.

» Elle ne se meut point, dit Cicéron. Elle est, en effet, le centre (*centron*). Or, dans une sphère [qui tourne sur elle-même], du centre seul nous disons qu'il est immobile, car il est nécessaire que la sphère tourne autour de quelque chose d'immobile. Il ajoute : Elle est le plus bas placé de tous les corps. Et cela aussi

1. Theodosii Ambrosii Macrobii *Ex Cicerone in Somnium Scipionis* lib. I, cap. XXII.

est exact ; ce qui est le centre, en effet, se trouve au milieu ; d'autre part, il est certain que rien, dans une sphère, ne peut être plus profondément situé (*imum*) que le milieu ; et si la Terre est placée au lieu le plus profond, il est, par suite, vrai de dire que tous les corps se portent vers elle, car la nature conduit toujours les masses pesantes au lieu le plus profond...

» Un air épais, qui tient bien plus du froid terrestre que de la chaleur solaire, l'entoure de tout côté ; par l'inertie (*stupor*) de ce gaz (*spiramen*) plus dense, elle est étayée et contenue ; tout mouvement, soit dans un sens, soit dans l'autre, lui est interdit par la force de ce fluide (*aura*) qui l'enceint et qui la tient en équilibre, la pressant de toute part avec une égale vigueur. Tout mouvement lui est également interdit par la forme sphérique de sa surface ; si cette surface s'écartait si peu que ce fût du milieu du Monde, elle s'approcherait de quelque point [du Ciel] (*vertex*) et quitterait le lieu le plus profond ; ce lieu le plus profond, en effet, se trouve seulement au milieu, car cette partie est la seule qui soit équidistante de tous les points de la sphère [céleste].

» Vers cette Terre, donc, qui est située au lieu le plus profond, et qui est comme le milieu du Monde, qui ne se meut point parce qu'elle est le centre, il est nécessaire que tous les poids se portent ; car elle-même, elle gît en ce lieu comme le ferait un poids. »

Que Thierry de Chartres ait lu ce passage et que, parfois, sa théorie en garde le souvenir, nul n'en doute ; mais comme sa pensée, touchant la fixité de la Terre, diffère de celle de Macrobe ! Comme elle est, à la fois, plus précise et plus voisine de la véritable doctrine péripatéticienne ! N'est-il pas clair que, pour se renseigner au sujet du lieu et du mouvement, l'Écolâtre chartrain a puisé à une autrè source que le *Commentaire au Songe de Scipion*, et plus abondante ? Ne saisissons-nous pas ici sur le fait la pénétration, au sein de la Scolastique latine, de la Physique aristotélicienne récemment traduite ?

IV

GILBERT DE LA PORRÉE ET LE *Livre des six principes*

Des théories péripatéticiennes, nous pourrions encore retrouver des traces en parcourant les divers écrits des plus célèbres émules de Thierry. Chose digne de remarque : La théorie du lieu, exposée au quatrième livre de la *Physique* d'Aristote, est peut-être, parmi les doctrines péripatéticiennes, celle qui a le plus vivement attiré l'attention de quelques-uns d'entre eux, tels que Guillaume de Conches et Gilbert de la Porrée.

Nous avons déjà entendu[1] Guillaume de Conches déclarer, au Περὶ διδαξέων, que « tout mouvement se reconnaît au moyen d'un corps immobile ou moins rapidement mobile. Lorsque quelque chose se meut, si nous voyons, en même temps, quelque objet immobile, et si nous constatons que le premier objet s'approche du second ou le dépasse, nous percevons le mouvement. Mais lorsque quelque objet se meut sans que nous voyions aucun autre objet immobile ou moins mobile, le mouvement n'est point senti; on peut le prouver par la considération du navire qui s'avance en pleine mer ».

Le bon sens, il est vrai, à défaut d'Aristote, suffisait à dicter cette réflexion à Guillaume de Conches ; plus nettement péripatéticienne est la pensée de Gilbert de la Porrée.

Gilbert de la Porrée est né à Poitiers en 1070 ou en 1076 ; il succéda à Bernard de Chartres en la dignité de chancelier des écoles chartraines ; il professa ensuite à Paris, où il se montra adversaire ardent des Nominalistes ; en 1142, il fut nommé évêque de Poitiers ; en 1148, un concile tenu à Reims condamna quelques-unes des propositions qu'il avait soutenues en Théologie, mais il se soumit, et ne s'occupa plus, jusqu'à sa mort (1154), que du soin de son diocèse.

Parmi les écrits de Gilbert de la Porrée, il en est deux qui ont exercé la plus grande influence sur la Philosophie scolastique.

Le premier de ces ouvrages est consacré à la Métaphysique et à la Théologie ; c'est un commentaire au traité de Boèce qui a pour titre *De Trinitate* ou encore *De hebdomadibus*.

Le second est le *Liber sex principiorum*.

1. *Vide supra*, p. 105.

Nous avons dit[1] qu'Aristote, après avoir distingué dix catégories, n'avait, dans ses *Catégories*, étudié en détail que les quatre premières ; des six autres, qui sont :

τὸ ποιεῖν (*agere*, l'action),
τὸ πάσχειν (*pati*, la passion),
τὸ κεῖσθαι (*poni*, la position),
τὸ ποτέ (*quando*, quand ?),
τὸ ποῦ (*ubi*, où ?),
τὸ ἔχειν (*habere*, *habitus*, l'état),

il se contentait, en un chapitre unique, de dire quelques mots.

A son commentaire aux *Catégories*, Simplicius avait adjoint un long appendice où il étudiait les six prédicaments qu'Aristote avait négligés. Gilbert de la Porrée avait-il eu connaissance de cette œuvre de Simplicius ? L'admettre serait faire une supposition des plus invraisemblables. Il est à peu près certain qu'il eut, de lui-même, la pensée d'accomplir une œuvre de même sorte ; cette pensée l'amena à produire le *Livre des six principes*.

Ce livre eut, au Moyen Age, une vogue extrême ; en effet, il se trouva d'emblée incorporé dans l'*Organon* ; de même que les collections de traités de Logique faisaient toujours précéder les *Catégories* d'Aristote de l'Εἰσαγωγή de Porphyre, de même leur donnèrent-elles pour suite le *Livre des six principes*. Ce traité fut commenté au même titre que ceux d'Aristote et de Porphyre ; parmi les commentaires qui en ont été conservés et imprimés, nous pouvons mentionner ceux d'Albert le Grand, d'Antonio d'Andrès, de Walter Burley.

Des pensées émises au *Livre des six principes*, les plus originales sont, peut-être, celles qui ont pour sujet la catégorie qu'Aristote nommait τὸ ποῦ et que Gilbert nomme *ubi*.

Un certain trouble régnait en ce qu'Aristote, au cours de ses divers ouvrages, avait dit de ce prédicament.

Ses *Catégories* ne marquaient point de distinction entre le lieu, ὁ τόπος, et le *où*, τὸ ποῦ. Mieux encore, elles regardaient le lieu comme ce qui fournit la réponse à la question : Où ? ποῦ ; Du lieu, d'ailleurs, elles faisaient une propriété du corps logé.

Aristote parlait tout autrement au quatrième livre de la *Physique* ; le lieu n'y était plus une propriété du corps logé, mais bien du corps qui entoure et loge celui-là ; le lieu d'un corps, c'était

1. Voir : Première partie, Chapitre II, § IV ; t. I, p. 43.

la partie, immédiatement contiguë à ce corps contenu, du corps qui le contient.

Là où Aristote avait laissé de la confusion, Gilbert introduisit une distinction.

Au lieu, *locus*, il laissa le sens qu'Aristote avait, en sa *Physique*, donné au τόπος ; il n'en fit pas un attribut du corps logé ; il ne le mit pas au nombre des catégories.

En revanche, le *Livre des six principes*[1] maintint au nombre des prédicaments ce que, par traduction littérale des mots τὸ ποῦ, il appela *ubi*. L'*ubi* fut regardé comme un attribut, comme une propriété du corps logé, attribut qui lui est conféré par le corps contenant, par le *locus*. De là, cette définition[2] que les Scolastiques répéteront à l'envi : « *Ubi est circumscriptio corporis a circumscriptione loci procedens. Locus autem est in eo quod capit et circumscribit* ».

Cette définition était suivie de l'explication que voici :

« Est donc en un lieu tout ce qui est circonscrit par un lieu ; mais le lieu et l'*ubi* ne résident pas en la même chose ; le lieu réside en ce qui contient ; l'*ubi*, au contraire, réside en ce qui est circonscrit et embrassé. »

D'où peut provenir le soin avec lequel l'auteur du *Livre des six principes* distingue l'*ubi* du *locus*, si ce n'est du désir de faire disparaître la contradiction qui semble exister entre ce qu'Aristote dit du lieu aux *Catégories* et ce qu'il en dit dans sa *Physique* ? Et comment Gilbert eût-il éprouvé ce désir s'il n'eût étudié que les *Catégories* ?

Nous trouverons un autre souvenir, plus reconnaissable encore, de l'étude du quatrième livre de la *Physique* si nous poursuivons la lecture du *Liber sex principiorum* ; en effet, dans ce même chapitre qui débute par la définition de l'*ubi*, nous entendrons Gilbert traiter du lieu de l'orbe suprême ; voici ce qu'il en dit[3] :

« Toute contenance (*contentio*) dérive de l'*extrémité* de la sphère céleste, car il n'y a rien au delà de cette extrémité. Mais, pour elle, il ne peut y avoir de lieu, car il n'y a rien au delà d'elle, et, comme il a été dit dans ce qui précède, un tel lieu doit entourer le corps logé. Supposons, en effet, que cette extrémité

1. Nous citons cet ouvrage d'après : ARISTOTELIS *Opera nonnulla* latine fecit Joannes Argyropilus, Augustæ Vindelicorum, Ambrosius Keller, 1479. Le *Liber sex principiorum* MAGISTRI GILBERTI PORRITANI commence au fol. 39, verso, et finit au fol. 48, verso, de la première partie de cet ouvrage.

2. GILBERTI PORRETANI *Liber sex principiorum*, cap. VII ; éd. cit., fol. 34, verso.

3. GILBERT DE LA PORRÉE, *loc. cit.*, éd. cit., fol. 44, verso.

soit en un lieu ; il nous faudra supposer aussitôt qu'il existe au delà quelqu'autre chose, et que le lieu de l'extrémité réside en ce quelque chose. Mais il n'y a rien au delà de cette extrémité. Cette extrémité n'est donc pas en un lieu. Se prononcer au sujet de cette question est insolite et occulte, et, en outre, dépasse ce qui tombe sous les sens. »

Qu'est-ce que l'*Auteur des six principes* entend par l'*extrémité*[1] de la sphère ? Ce peut être l'orbite suprême ou une couche sphérique, plus ou moins épaisse, qui confine à la surface ultime du Monde. Dès lors, ce qu'a dit Gilbert de la Porrée n'a rien qui ne soit très correctement péripatéticien.

Albert le Grand[2] interprète d'une façon qui nous paraît absolument inexacte la doctrine de l'*Auteur des six principes* ; il la réduit à cette affirmation : « le lieu de la huitième sphère, c'est la surface extérieure de cette sphère, qui se meut à l'intérieur de cette surface. »

Une telle théorie indigne l'Evêque de Ratisbonne : « *Planum est Porretanum mentiri !* » s'écrie-t-il. Un corps pourrait, selon cette doctrine, être en un lieu alors même qu'aucun corps ne l'environnerait ; le lieu serait la surface du corps logé et non la surface ultime du corps ambiant ; autant d'affirmations qui répugnent absolument à la Physique péripatéticienne.

En tous cas, que Gilbert ait, ici, bien ou mal compris les enseignements de la *Physique* d'Aristote, il semblerait difficile de soutenir qu'il les ait ignorés.

Mais nous n'insisterons pas davantage à ce sujet ; cette première pénétration de l'Aristotélisme en la Scolastique médiévale eut des effets si faibles et si fugitifs qu'il est à peine possible de les discerner ; elle n'influa pas sur les connaissances astronomiques des maîtres de la Scolastique ; au moment même, où elle se produisait, leur science des mouvements célestes allait recevoir un accroissement beaucoup plus considérable que tous ceux qu'elle avait reçus jusqu'alors ; le système de Ptolémée allait leur être révélé.

1. Le texte imprimé de l'édition que nous avons consultée dit : *extremitas*, mais le texte primitif devait porter : *extremum* ; en effet, tous les adjectifs et pronoms qui se rapportent à ce mot sont au neutre.

2. Alberti Magni *Physicorum* liber quartus ; tract. I, cap. XIII.

V

L'INTRODUCTION DE L'ASTRONOMIE PTOLÉMÉENNE EN LA SCOLASTIQUE LATINE. PLATON DE TIVOLI ET JEAN HISPANENSIS DE LUNA

Le système astronomique de Ptolémée demeura ignoré des maîtres de la Scolastique latine jusque vers le milieu du XIIe siècle ; lorsqu'il leur fut révélé, il ne leur apparut pas en sa plénitude, sous la forme d'une traduction de l'*Almageste* ; il leur fut livré, tout d'abord, sous une forme moins complète et moins parfaite ; il semble bien que le premier écrit d'Astronomie ptoléméenne qui parvint entre leurs mains fût le traité *De scientia stellarum* d'Al Battani (*Albategnius*) traduit par Platon de Tivoli (*Plato Tiburtinus*).

Les titres de quelques ouvrages traduits de l'arabe, et une date mise à la fin de l'un d'eux, c'est tout ce que nous savons [1] de celui qui initia l'Occident aux théories astronomiques.

Platon de Tivoli a traduit, sous le nom de *Liber embadorum*, un traité de Géométrie écrit en Hébreu par le Juif Savosorda ou Savasorda ; de cette traduction, on possède plusieurs copies manuscrites qui, toutes, portent cette date minutieusement et curieusement détaillée [2] :

« *Finit liber embadorum a Sauosorda Iudeo in Ebraico compositus et a Platone Tiburtino in latinum sermonem translatus anno arabum DX mense Saphar die XV ejusdem mensis hora tertia. Sole in XX gradu et XV minuto Leonis. Luna in XII gradu et XX minuto Piscium. Saturno in VIII gradu et LVII minuto Tauri. Iove in Arietis XXVI gradu et LII minuto. Marte in Libra XXVII, XV. Venus in Libra II. XXVIII. Mercurio in Leone XIIII. XLV. capite in Cancro ti. cauda in Capricornum. ti.* »

Le titre est, lui aussi, daté, mais exempt de ce luxe de renseignements astronomiques : « *Incipit liber Embadorum a Savasorda*

1. *Delle versioni fatte da Platone Tiburtino traduttore del secolo duodecimo. Notizie raccolte da* B. BONCOMPAGNI. Roma, tipografia delle belle arti, 1851. — En cet écrit, le célèbre érudit a réuni, avec la minutieuse précision dont il était coutumier, tout ce qu'on a pu recueillir de renseignements au sujet de Platon de Tivoli.

2. LIBRI, *Histoire des Sciences mathématiques en Italie depuis la renaissance des lettres jusqu'à la fin du dix-septième siècle*, t. II, pp. 38, 39 et 480. — B. BONCOMPAGNI, *Op. laud.*, pp. 31-33 et pp. 37-38.

in Ebraico compositus et a Platone Tiburtino in latinum sermonem translatus. Anno Arabum DX Mense Saphar. »

L'an 510 des Arabes commençait le 16 mai 1116 de l'ère vulgaire ; en l'an 1116, donc, Platon de Tivoli traduisait déjà des livres de Géométrie et s'intéressait aux choses de l'Astronomie ; il semble qu'à ce moment, ni Hermann le Second, ni Robert de Rétines, ni Dominique Gondisalvi, ni Jean de Luna n'avaient commencé leurs active carrière de traducteurs.

A Platon de Tivoli, nous devons encore la traduction, faite de l'Arabe, des *Sphériques* de Théodose, traduction qui fut souvent imprimée au XVIe siècle ; l'interprétation, demeurée inédite, d'un traité sur l'astrolabe composé par Aboul Castm Maslama ; enfin la traduction du *De scientia stellarum* d'Al Battani. Aucune de ces traductions, malheureusement, n'est datée ; la date portée au *Liber embadorum* fait supposer qu'elles ont été faites au voisinage de l'an 1120.

Il est intéressant de traduire ici la préface mise par Platon de Tivoli en tête de la version qui allait révéler aux Latins le système de Ptolémée.

« Parmi toutes les études, consacrées aux arts libéraux, dont on s'accorde à regarder les Grecs, et les Égyptiens avant eux, comme les inventeurs, la discipline qui nous enseigne la science des astres est, à juste titre, considérée comme la principale. Nous ne craindrions pas de le prouver par des raisons irréfutables si cela ne s'écartait grandement de notre objet, et si cette vérité, d'ailleurs, n'était reçue, auprès de ceux qui font profession de philosophie, avec une foi exempte de tout doute. Où donc, en effet, trouverait-on autant de subtilité dans l'invention, de rigueur dans la démonstration, d'agrément dans les divers exercices, autant de fécondité dans les résultats ? Est-il une circonstance où l'on ait à déplorer davantage l'aveugle ignorance de la Latinité, à en blâmer plus vivement la négligente paresse ? Occupée d'études plus faciles assurément, mais bien moins dignes, elle délaisse la subtile élégance de cette science, soit que la désespérance lui fasse craindre de s'y essayer, soit que le dédain l'en dégoûte. Sans doute, par son bonheur à la guerre, par l'étendue de son empire, Rome a surpassé non seulement l'Égypte et la Grèce, mais encore toute les nations qui soient au monde. Toutefois, dans les gymnases où l'on s'exerce aux arts, touchant les spéculations des études, bien que quelques-uns comparent insolemment Rome à la Grèce, que d'autres, plus insolents encore, la lui préférent, Rome est demeurée inférieure de beaucoup, non seulement à l'Égypte et à la

Grèce, mais encore à l'Arabie. Déjà, cela se peut aisément reconnaître pour les autres arts ; si les Latins les possèdent, ce n'est pas qu'ils les tiennent d'eux-mêmes, mais bien qu'ils les ont reçus d'autrui ; mais, surtout, cela se voit clairement en cette Astronomie dont nous parlions tout à l'heure. En Astronomie, la Latinité ne peut montrer, je ne dis pas aucun auteur, mais aucun traducteur dont elle ait à se vanter. Les Égyptiens possèdent une multitude de maîtres en cet art, parmi lesquels Hermès est le principal ; les Grecs ont Aristote, Abrachis (Hipparque), Ptolémée et d'autres innombrables ; les Arabes ont, avec beaucoup d'autres, Algorithme (Al Kharismi), Messahalla, Albatégni. Nos gens, au contraire, je veux dire les Latins, n'ont aucun auteur ; en guise de livres, ils n'ont que des folies, des songes, des fables de vieille femme.

» Voilà la cause qui m'a poussé, moi Platon de Tivoli, autant que mon intelligence m'en donnait le moyen, à enrichir notre langue de ce dont elle manquait le plus, en puisant dans les trésors d'une langue étrangère.

» Après en avoir longuement et soigneusement délibéré, je n'ai rien trouvé, en Grec ni en Arabe, qui eût trait à cette science et qui surpassât en perfection l'ouvrage de Ptolémée auquel on a donné le nom d'*Almageste*; chaque cause des événements y est déterminée suivant la proportion des nombres ; elle y est appuyée des démonstrations rigoureuses que donnent les figures de la Géométrie. J'ai reconnu égalcment que, parmi les Arabes, Albatégni avait été le parfait imitateur de Ptolémée ; il resserre en l'étendue d'un résumé la prolixité de Ptolémée ; il corrige les erreurs de celui-ci ; ces erreurs, d'ailleurs, sont fort rares, et Albatégni ne les impute pas à Ptolémée, mais aux observations initiales (*radix*) fournies par Abrachis ; il déclare, en effet, que sur une base fragile, le meilleur mécanicien ne saurait construire un édifice stable.

» J'ai donc pensé que cet Albatégni devait être, par mon labeur et avec l'aide de Dieu, traduit et offert aux oreilles latines. Si le lecteur, en cette œuvre, se heurte à quelque difficulté, qu'il n'y voie pas un effet du défaut du traducteur, mais bien de ce qu'il y a de pénible en la matière. Ce livre, en effet, est, même en Arabe, d'une lecture très difficile, soit parce que la science est très subtile et les raisonnements douteux, soit parce qu'en une foule d'endroits, les démonstrations géométriques en ont été retranchées à dessein, comme il convient à un ouvrage qui n'a pas été composé pour les ignorants, mais pour les savants.

» J'invoque donc l'aide de Dieu, auteur de la Science. »

Les dernières phrases de cette préface n'étaient pas, de la part de Platon de Tivoli, vaines précautions contre les reproches du lecteur. Le texte latin du *De scientia stellarum* fourmille d'erreurs astronomiques, et la langue en est fort barbare. Cette traduction dut, cependant, paraître singulièrement précieuse aux maîtres de la Scolastique occidentale ; ce qu'elle leur apprenait du mouvement des étoiles et des planètes surpassait immensément les pauvres leçons qu'ils avaient reçues de Pline l'Ancien, de Chalcidius et de Macrobe ; pour la première fois, il leur était donné de contempler une théorie si précise et si détaillée qu'elle se pût accorder numériquement avec les résultats des observations.

Ce don de Platon de Tivoli à la Scolastique latine fut bientôt doublé par celui que lui fit Jean Hispanensis de Luna. C'est, en effet, en 1134, nous l'avons vu [1], que l'actif collaborateur de Dominique Gondisalvi traduisit le *Liber in scientia astrorum et indicibus motuum cælestium* composé par Al Fergani.

La reconnaissance des scolastiques latins dut associer ces deux ouvrages par lesquels ils avaient été initiés au système de Ptolémée ; on les trouve souvent réunis dans les manuscrits, et c'est ensemble qu'ils furent imprimés à Nüremberg en 1537 [2], et réimprimés à Bologne en 1645.

VI

LES Tables de Marseille

Les infiltrations de la Science arabe au sein de la Chrétienté latine se produisaient, à la fois, en des régions bien éloignées ; tout un collège de traducteurs semble avoir eu pour centre l'école de Chartres, alors si brillante ; d'autres, tels que Platon de Tivoli, paraissent avoir conçu en Italie le désir de s'assimiler les connaissances des astronomes musulmans.

1. *Vide supra*, pp. 178-179.

2. *Continentur in hoc libro. Rudimenta astronomica* ALFRAGANI. *Item* ALBATEGNIUS *astronomus peritissimus de motu stellarum ex observationibus tum propriis tum Ptolomaei omnia cum demonstrationibus Geometricis et Additionibus* IOANNIS DE REGIOMONTE, *Patauii habita cum Alfraganum publice prælegeret*. EIUSDEM *introductio in elementa* EUCLIDIS. *Item Epistola* PHILIPPI MELANTHONIS *nuncupatoria ad Senatum Noribergensem. Omnia iam recens prælis publicata* Norimbergæ anno MDXXXVII. — Certains exemplaires renferment seulement l'ouvrage d'Al Fergani et celui d'Al Battani. Ils portent en titre : *Brevis ac perutilis compilatio* ALFRAGANI *astronomi peritissimi, totum id continens, quod ad rudimenta Astronomica est opportunum.* Fol. 26, r° : Explicit Alfraganus. Norimbergæ apud Ioh. Petreium, anno salutis MDXXXVII. — Puis, fol. 1, r° : *Præfatio* PLATONIS TIBURTINI *in* ALBATEGNIUM. Fol. 90, r° : Finis.

Que les côtes de la Provence et du Languedoc, dont les ports nombreux entretenaient, par leur commerce, d'incessantes relations avec les pays d'Islam, aient été comme ouvertes à la pénétration de la Science arabe, nous ne saurions nous en étonner. Que cette pénétration y ait été particulièrement précoce et profonde, nous en aurons l'assurance lorsque nous aurons étudié l'œuvre accomplie par un astronome dont le nom nous demeure inconnu, en la ville de Marseille, au milieu du XIIe siècle, avant donc que Gérard de Crémone ne se rendît en pays d'Islam à la conquête de l'*Almageste*.

Un manuscrit de la Bibliothèque Nationale, autrefois propriété de l'Abbaye de Saint-Victor, au milieu de plusieurs écrits d'Astrologie, contient un traité d'Astronomie [1] qui débute, sans aucun titre, en ces termes :

« *Ad honorem et laudem nominis Domini nostri, Patris et Filii et Spiritus Sancti, qui, cum sit Deus unus in trinitate perfecta, nichilominus Deus trinus in unitate individua credendus atque colendus est. Omnis creatura linguam in præconia solvat et Creatorem in suis operibus inimitabilem prædicet.* »

Cette pieuse invocation est suivie d'un éloge dithyrambique de l'Astronomie, éloge dont les variations se modulent sur ce thème [2] : « A tout homme qui ignore les merveilles des cieux, on devrait plutôt refuser le nom d'homme, et le ranger au nombre des êtres privés de raison ».

C'est d'Astronomie, donc, que l'auteur veut nous entretenir. Quelle sorte de livre a-t-il prétention d'écrire ? Il va nous le dire [3] :

« Si, comme nous l'espérons, Dieu y consent, nous nous efforcerons de composer un livre sur le cours des planètes, calculé pour notre pays (*juxta terræ nostræ situm cursuum librum*). Ce livre, nous le composons en l'honneur de Jésus-Christ, homme, médiateur de Dieu et des hommes, à qui nous vouons toute cette œuvre, en sa qualité de souverain Ouvrier de toutes choses ; nous le composons aussi pour l'utilité commune de toute la Latinité (*in... omnis Latinitatis utilitatem communem*). Donc, en l'an **1111** depuis l'incarnation du Seigneur, nous avons commencé à écrire ce livre calculé pour notre cité, c'est-à-dire pour Marseille (*Anno enim ab incarnato Domino M^oC^oX^oI^o hunc librum super nostram civitatem, id est Massiliam, scribere cœpimus*). Nous n'avons voulu

1. Bibliothèque Nationale, fonds latin, ms. n° 14704, fol. 110, col. a, à fol. 135, v^o.
1. Ms. cit., fol. 110, col. a.
2. Ms. cit., fol. 110, col. c.

le dater ni par les années du Monde, ni par celles des Grecs, ni par celles de l'*iezdazird* [ère des Perses] ou [de l'ère] des Arabes, mais au moyen des années comptées à partir de l'incarnation de notre Seigneur Jésus-Christ, afin qu'on n'y trouve rien d'hérétique, rien qui soit étranger à la foi véritable, mais que tout ce qui s'y rencontre soit catholique et dit avec l'assistance du Saint-Esprit. »

Notre auteur avait pris grand soin de marquer la date de composition de son ouvrage ; il n'avait pas négligé, non plus, de donner la raison de ses minutieuses précautions à cet égard :

« Peut-être, écrivait-il [1], demandera-t-on pourquoi nous avons marqué à quelle année, comptée depuis l'incarnation du Seigneur, correspondait notre temps.

» Qu'on sache donc que nous l'avons fait pour cette raison ci : Peut-être, dans très longtemps, par suite de l'accumulation de quelques fractions très petites, un défaut apparaîtra, ainsi que nous l'avons expliqué, vous vous en souvenez, dans notre *Traité de l'Astrolabe* ; alors, le lecteur habile pourra s'appliquer, à l'aide des cours des étoiles fixes et des sept planètes que des instruments très exacts auront vérifiés, à corriger, aussi bien ici qu'en notre *Astrolabe*, les défauts qui auront apparu par la longue durée des temps ; c'est ce que nous avons fait nous-même. »

En marquant avec précision le temps où il a commencé d'écrire son traité sur le cours des planètes, notre auteur avait compté sans les copistes. Le texte que nous avons eu sous les yeux porte : En l'an **1111** (*anno M°C°X°I°*). L'auteur avait certainement écrit : En l'an **1140** (*anno M°C°X°L°*). Le copiste a ensuite pris le caractère L pour le caractère I ; et, de fait, il les traçait lui-même d'une manière presque semblable, donnant seulement à l'l un peu plus de hauteur qu'à l'i.

Que l'ouvrage puisse être de **1140**, mais n'ait pu être écrit en **1111**, nous en aurons l'assurance lorsque nous aurons entendu l'auteur nous conter une dispute astronomique qu'il soutint à Marseille en l'année **1139**.

De la date du traité, nous avons encore une autre confirmation.

Parmi les tables astronomiques qui forment une grande partie de l'ouvrage, il en est qui sont dressées pour l'intervalle de temps compris entre l'incarnation de N. S. J.-C. et l'année 1904. Les années pour lesquelles elles donnent des renseignements sont

1. Ms. cit., fol. 110, col. d.

réparties en 34 couples; c'est-à-dire que ces années sont au nombre de 68 et qu'elles se succèdent de 28 ans en 28 ans ; ainsi y trouvons-nous les années 1120, 1148 [1], 1176, 1204. De ces années, l'année 1148 était la première qui se rencontrât après celle où l'ouvrage fut composé ; or, en chacune des tables dont nous venons de parler, un petit signe marque spécialement cette année ; pour l'une des tables [2], il est vrai, ce petit signe, dessiné à l'encre dans la marge, a pu être ajouté après coup ; mais pour les autres [3], il a été peint dans l'encadrement par le scribe même qui a copié les tables. Il semble nous annoncer, ce signe, que l'ouvrage a été écrit avant 1148, alors que nous le savions déjà postérieur à l'an 1139.

Le Marseillais dont nous allons lire l'ouvrage est donc un contemporain de Thierry de Chartres. Comme les écolâtres de Chartres, il se pique d'érudition, et tout prétexte lui est bon pour citer les auteurs classiques et leur emprunter des tirades de vers. Sa bibliothèque littéraire, cependant, semble n'avoir contenu qu'un fort petit nombre de volumes : Ovide, Lucain et le *De consolatione* de Boèce sont les seules sources où il ait puisé ses textes profanes ; il y joint, il est vrai, de nombreux textes tirés des Livres Saints.

Les problèmes philosophiques qui s'agitaient à Chartres à ce moment là n'étaient pas inconnus à Marseille ; on y platonisait, et l'on dissertait sur l'Ame du Monde. Parmi les opinions auxquelles la nature de cette Ame donnait occasion de se produire, notre astronome en choisit une où se marque le souci d'extrême orthodoxie qui le préoccupe sans cesse : « Puisque, dit-il [4], nous avons commencé à traiter de l'Ame du Ciel et des âmes des planètes, il nous semble juste de dire en peu de mots quelque chose de mieux adapté à ce sujet. Lorsque nous lisons les opinions des philosophes touchant l'Ame du Monde, il nous semble que ceux-là ont émis l'avis le meilleur et le plus juste qui ont dit : L'Ame du Ciel aussi bien que des sept planètes, c'est l'Esprit Saint. David, en effet, après avoir dit que les cieux avaient été affermis par le Verbe de Dieu, insinue tout aussitôt que les cieux ou les planètes sont mûs par l'Ame et ce qu'ils peuvent faire, ils ne le font point sans le secours de l'Esprit, et dans ce but, il ajoute : « *Et spiritu oris ejus omnis virtus eorum* ». C'est comme s'il disait : La vertu

1. Toutes les fois, le copiste a écrit 1118 au lieu de 1148, tandis que les années 1120, 1176, 1204 sont exactement écrites.
2. Ms. cit., fol. 123, v°.
3. Ms. cit., fol. 120 r°, et fol. 129, r°.
4. Ms. cit., fol. 115, col. a.

que possèdent les cieux et les planètes lorsque, d'avance, ils annoncent l'avenir, et aussi lorsqu'ils tournent d'un mouvement invariable, ils ne l'ont point d'eux-mêmes, mais ils la tiennent de l'Esprit du Seigneur ; elle est en eux comme par la grâce de l'Esprit Saint ; de même, les planètes sont au nombre de sept afin que leur nombre nous rappelle que cette grâce est septiforme. Mais que ce que nous venons de dire de l'Ame du Ciel ou des planètes soit tenu pour suffisant ; revenons à ce que nous traitions auparavant ».

L'Esprit de Dieu communique aux cieux et aux planètes une double vertu, la vertu de poursuivre leur cours d'une manière invariable, et la vertu de présager les événements futurs. On ne séparait guère à Marseille, au XIIe siècle, l'étude des effets produits par ces deux vertus ; si l'on suivait le cours des astres, c'était surtout en vue de prédire l'avenir ; on était, à la fois, astronome et astrologue, et l'on était astronome afin de pouvoir être astrologue.

Astronome, et des mieux informés de l'état de sa science, notre auteur l'était assurément ; ce qui va suivre nous le montrera ; mais il ne dédaignait pas l'Astrologie judiciaire, bien au contraire ; dans son *Traité du cours des planètes*, une longue digression [1], où les auteurs sacrés et les auteurs profanes sont, tour à tour, invoqués, est consacrée à établir la légitimité et la fécondité de cette doctrine ; dans un prochain chapitre, nous aurons occasion de mentionner les principes que formule, à cet égard, notre Marseillais.

Par l'influence que les astres exerçaient sur les jours critiques des maladies, par les circonstances favorables ou défavorables à telle ou telle médication que déterminait la configuration du ciel, l'objet de l'Astrologie était intimement uni à celui de la Médecine ; que l'auteur des tables de Marseille fut médecin en même temps qu'astrologue, on le soupçonnerait volontiers à voir le soin qu'il prend [2] de marquer l'utilité qu'a l'Astronomie pour le médecin et la compétence avec laquelle il cite Hippocrate et Galien.

Mais ce n'est ni l'astrologue ni le médecin qui nous intéressent ici, c'est l'astronome ; et, d'ailleurs, le *Traité sur le cours des planètes* est, essentiellement, une œuvre d'Astronomie.

Pourquoi cette œuvre fut-elle acccomplie ? L'auteur va nous le dire, en nous montrant à quels misérables traités les astronomes latins de son temps étaient forcés d'avoir recours.

1. Ms. cit., fol. 112, col. a, à fol. 114, col. b.
2. Ms. cit., fol. 113, col. d.

Il vient d'indiquer comment, au bout d'une année suffisamment longue, son livre aura besoin de corrections, et comment on devra s'y prendre pour les faire ; il poursuit en ces termes [1] :

« Lorsque la susdite correction sera devenue nécessaire, si quelqu'un se rencontre, dans l'avenir, d'assez industrieux pour savoir déterminer cette différence par rapport au ciel, qu'il n'aille se fier ni à une parole ni à un livre, mais à la vérité du ciel lui-même ; qu'il suive le ciel plutôt que mon propre avis ou que l'avis de n'importe quel livre !

» Il y a des gens qui possèdent les livres de certains auteurs apocryphes, au titre desquels on a faussement inscrit le nom de Ptolémée ; si amoureusement ils les embrassent, si religieusement ils s'y attachent et les authentifient, qu'ils ne prennent aucun soin de s'attacher à la vérité du ciel, mais encore qu'ils dénient de toutes manières au cours des planètes le pouvoir de se comporter autrement que ce qui est contenu dans ces livres.

» Qu'ils n'espèrent pas, du moins, de ce qu'ils trouvent écrit aux susdits livres, sauf le cas où cela s'accorderait avec le ciel, pouvoir tirer des jugements certains, comme si la vérité des jugements dépendait de leurs assertions et non des mouvements véritables des cieux ! Croient-ils donc que les livres soient véridiques parce que, selon l'opinion du vulgaire, Ptolémée leur est attribué comme auteur? Pour cette raison, beaucoup auront à rabattre [de leur confiance]. Ils disent souvent la vérité, mais ils mentent plus souvent encore ; pour avoir une fois dit vrai, tel a été merveilleusement loué qui, bientôt, pour avoir maintes fois menti, sera étrangement accusé et couvert de dérision. Ah ! c'est une gloire blamâble, c'est une louange bien méprisable, lors même qu'elle aurait une fois enorgueilli un homme, si la faute vient, aussitôt après, la souiller et la détruire ! »

Notre auteur nous a laissé le récit d'une circonstance où il a pu, par l'observation, convaincre d'erreur les tenants de ces livres mensongers. Ce récit d'un débat scientifique tenu à Marseille, en l'an 1139, vaut la peine d'être reproduit [2] :

« Il y a quelque temps, entre deux sectateurs d'un certain traité, plein d'erreurs, du cours des planètes, d'une part, et nous, d'autre part, une controverse si vive s'est élevée que ces deux personnages se déclaraient prêts à subir la peine capitale si, par un moyen quelconque, on pouvait raisonnablement convaincre leur livre d'erreur.

1. Ms. cit., fol. 111, col. a.
2. Ms. cit., fol. 111, coll. b et c.

» Or, au sujet du cours de Mars qui, parmi les cours des planètes, est regardé comme le plus important, nous avions reconnu que leurs tables étaient extrêmement fausses. Dix mois donc s'étant écoulés depuis le jour de la combustion [1] de Mars, nous les avons convaincus à ce point qu'ils éviteront, à l'avenir, de suivre les susdites tables.

» Comment cela se fit, écoutez-le :

» Ces astronomes avaient accoutumé d'observer les lieux des planètes au moment de leur combustion ; puis, lorsqu'ils voulaient connaître le lieu d'une planète, ils comptaient combien de jours s'étaient écoulés depuis la combustion de cette planète ; ajoutant alors la ligne de ce jour, [prise dans leur table], à la ligne de la combustion, ils obtenaient le lieu de la planète.

Or, l'année précédente, Mars avait été brûlé vers la dix-septième heure, comptée à partir de minuit, ou vers la onzième heure comptée à partir du lever du jour du 27 octobre de cette année-là, qui était la 1139e depuis l'incarnation du Sauveur ; le lieu de la planète au moment de la combustion avait pu être observé exactement ; il était 7 $^{sign.}$ 2°21′. Sur ce point, le désaccord entre ces astronomes et nous était à peu près nul.

» Voici donc par quel moyen nous avons prouvé la fausseté du livre dont ils se servaient.

» Au lieu de la combustion, nous avons ajouté la ligne que donnait leur table pour onze mois de trente jours et douze jours en plus ; cette ligne valait 70°10′ qui font 2 $^{sign.}$ 10°10′ [2] ; nous trouvâmes ainsi que Mars commençait à rétrograder à 12°31′ [3] de la tête du Bélier. Selon le même livre, après treize mois écoulés, Mars devait commencer sa marche directe à 6°20′ de la tête du Bélier. Or, cela était absolument faux ; le même jour, Mars se trouvait à 11°17′, non de la tête du Bélier, comme ils le prétendaient, mais du début du Cancer, et il était à peu près au milieu de sa première station. L'erreur de cette prévision n'était donc pas simplement de 1° ou de 2°, mais de 3 $^{sign.}$ 4°57′ [4]. Nous reconnûmes par là que l'auteur des tables les avait ainsi composées ou par excessive ignorance, ou par fraude. »

L'Astronome marseillais veut donc donner à ses contemporains des tables plus exactes que celles dont il a fait si rigoureuse justice. Non pas qu'il prétende prévoir le cours des planètes avec

1. La *combustion* d'une planète est la conjonction de cette planète avec le Soleil.
2. Le ms. porte 5 $^{sign.}$ 20°9′.
3. Le ms. porte 28°32′.
4. Le ms. porte 3 $^{sign.}$ 4°27′.

une précision telle que ses calculs se trouvent à tout jamais vérifiés ; il sait que de petites mais inévitables erreurs donneront, dans le cours des âges, de notables discordances, et que son livre aura besoin d'être corrigé ; de cette nécessité où se trouvent les tables astronomiques d'être, de temps à autre, soumises à une révision, il se montre continuellement préoccupé ; nous l'avons entendu, déjà, expliquer par cette préoccupation le soin qu'il avait pris de dater très exactement son traité ; il insiste sur ce travail de continuelles retouches que réclament les instruments astronomiques, tel que l'astrolabe, aussi bien que les tables numériques ; et ce qu'il en dit nous fait juger qu'il est véritablement astronome ; non seulement il est astronome parce qu'il est au courant des découvertes les plus délicates et les plus récentes, comme la découverte, faite par Al Zarkali, du mouvement propre de l'apogée du Soleil ; mais encore, il se manifeste astronome par la justesse des idées qu'il professe sur les méthodes d'observation et sur les corrections qu'elles exigent.

« Si la durée des temps, écrit-il [1], contraint le lecteur à corriger ce livre des cours des planètes, nous l'avertissons qu'il lui suffit de corriger la seule ligne de l'année courante, à moins qu'il ne veuille établir une racine nouvelle, et qu'il laisse le reste inchangé ; c'est de là, seulement, en effet, que dépend presque toute la correction du cours des planètes.

» De même, pour corriger l'astrolabe, doit-on remarquer qu'il suffit de changer, sur le dos de l'instrument, les minutes des mois, selon ce qu'exige l'époque alors en cours, ainsi que les étoiles fixes portées sur le réseau, après avoir vérifié leurs positions que fait varier le mouvement d'accès et de recès ; il n'y a, d'ailleurs, rien d'autre à modifier. En effet, selon l'avis d'Azarchel dont, en ce livre, nous sommes les imitateurs, pendant une durée de 168 années [2], le Soleil s'écarte de son ancien cours de $1^{\circ}4'19''$ au moins. »

Mais pourquoi les livres relatifs au cours des planètes ont-ils besoin de corrections ? Notre auteur va nous l'expliquer.

« Nous savons que le Maître des planètes a, de toute éternité, assigné, au cours de chacune d'elles, une loi fixe, en sorte qu'elle

1. Ms. cit., fol. 110, col. d, à fol. 111, col. a.

2. Ce nombre est inadmissible ; selon les déterminations d'Al Zarkali, rapportées par Aboul Hhassan (voir Chap. X, § VIII, t. II, p. 258), l'apogée du Soleil parcourrait $1^{0}4'19''$ en 328 années arabes ou en 320 années juliennes à peu près ; le copiste auquel nous devons le manuscrit que nous analysons a, sans cesse, altéré les nombres qu'il copiait ; nous en avons déjà rencontré mainte preuve ; il est permis de croire qu'il a écrit ici CLXVIII au lieu de CCCXXVIII.

ne puisse jamais courir ni plus vite ni moins vite que ne le veut cette loi. On me dira donc : Puisque nous sommes clairement assurés qu'il en est comme vous l'affirmez, pourquoi donc venez-vous, en vous contredisant vous-mêmes, déclarer que les cours des planètes peuvent varier un jour, et que, pour cette raison, il les faudra corriger ? A quoi nous répondrons ainsi :

» Les premiers savants qui ont étudié l'Astronomie, séparés du ciel par un immense intervalle, ont dû recourir aux instruments pour déterminer les voies que suivent les planètes. Ce qu'ils en ont pu mesurer, selon les forces de leur génie, à l'aide d'instruments et d'appareils, ils nous l'ont transmis au moyen de l'écriture. Les successeurs de ces premiers savants ont, à leur tour, pesé dans la balance d'un subtil jugement les dires des philosophes précédents ; ils ont gardé beaucoup de ce que ceux-ci avaient dit, mais ils ont ajouté plus de choses encore qu'ils avaient tirées de la capacité de leur intelligence ; aussi ont-ils pu traiter des étoiles, en leurs écrits, d'une manière plus exacte. Mais n'allons pas dénier ce qui est vrai : Jamais ni les prédécesseurs ni les successeurs n'ont pu discuter le sujet avec tant de précision qu'ils ne s'écartassent de la véritable connaissance du ciel d'une certaine quantité, si petite fût-elle. On en voit un exemple en l'astrolabe, comme nous l'avons montré en étudiant la composition de cet instrument. Nul savant n'a pu découvrir pleinement, nul n'a pu consigner d'une manière évidente dans ses livres, au bout de combien de temps et de quelle quantité les nombres de signes, de degrés, de minutes et de secondes qu'on trouve dans les traités sur le cours des planètes, s'écarteraient en plus ou en moins des nombres véritables.

» Nous le savons, d'ailleurs, d'une manière certaine, car Ptolémée a pensé que les traités du cours des planètes devraient être corrigés au bout d'un temps très long. Nous aurions l'espoir de pouvoir aisément déterminer la correction qu'il leur faut apporter si nous connaissions le nombre des années qui se sont écoulées depuis celle où l'astronome susnommé a composé son astrolabe jusqu'à l'instant présent. Mais entre les astronomes, il y a coutumière altercation à ce sujet. Comme onze rois égyptiens, qui portaient tous le nom de Ptolémée, ont excellé en Astronomie, quel est celui d'entre eux qui a composé l'astrolabe ? Toutefois, parmi ces rois, il en est deux qui ont, plus que les autres, laissé la réputation de savants ; aussi les plus anciens astronomes pensent-ils que l'astrolabe a été composé par Ptolémée qui fut surnommé le Grand. »

L'ignorance de notre Marseillais touchant l'époque où vécut Ptolémée, dont tout le Moyen Age faisait un roi d'Égypte, eût été dissipée par la lecture de l'*Almageste* ; mais Gérard de Crémone n'avait pas encore rendu cette lecture accessible aux Latins.

Si les livres et les tables d'Astronomie ne peuvent jamais prétendre à une rigueur absolue, ils tendent du moins, par ces corrections répétées, à une exactitude de plus en plus grande ; et, déjà, les traités qu'on possède méritent confiance.

« Nous croyons par Azarchel, qui vécut peu avant notre temps, car il n'y a pas cinquante ans [1] qu'il est mort, nous croyons par nous-même, qui n'avons pas épargné nos sueurs à ce labeur, que les cours erronés ont été assez exactement corrigés pour ne plus exiger à l'avenir qu'une correction petite ou nulle. Il faudra prendre soin, néanmoins, de les corriger s'ils ont un jour besoin d'être redressés. »

A ces observations, notre auteur ajoute cette très juste remarque qu'il est plus aisé de composer des tables qui, corrigées de temps à autre, demeurent très longtemps valables, que de construire un astrolabe qui demeure longtemps utilisable. « Un astrolabe devient vicieux d'autant plus vite qu'il est impossible, du moment qu'il est construit, d'y rien ajouter non plus que d'en rien retrancher [2]. »

Désireux de faciliter à ses contemporains l'étude du cours des planètes, quelle sorte d'ouvrage notre astronome écrira-t-il ? Fera-t-il un exposé du système des excentriques et des épicycles, une *Théorie des planètes* analogue à celle que Gérard de Crémone devait bientôt composer ? Non pas. Ce qu'il va donner aux Latins, ce sont des tables numériques, des canons propres à enseigner l'usage de ces tables, afin qu'ils puissent non pas discourir sur les mouvements des planètes, mais calculer ces mouvements.

« Nous avons donné nos soins, dit-il [3], à décrire le cours des planètes par nombres et par canons plutôt que de toute autre manière. Parmi les hommes instruits des disciplines philosophiques, personne n'ignore que les planètes se meuvent suivant certains nombres ; personne donc n'oserait nier qu'il fût plus facile de connaître leurs mouvements de cette manière que de toute autre. »

Ici encore, notre Marseillais se montre essentiellement astro-

1. On sait qu'Al Zarkali observait encore en 1080 ; il peut donc avoir vécu au delà de 1090, comme notre auteur l'affirme ici.
2. Ms. cit., fol. 110, col. c.
3. Ms. cit., fol. 116, col. b.

nome. Que des canons clairement et simplement formulés permettent de tirer des tables astronomiques tous les renseignements qu'on peut désirer sur le mouvement des corps célestes fixes ou errants, que ces renseignements se trouvent très exactement confirmés par les observations, voilà ce qu'au cours du Moyen Age, et longtemps même après que le Moyen Age aura pris fin, nous entendrons constamment souhaiter par l'unanimité des astronomes. Des principes théoriques dont s'autorise la composition des tables et des canons, ils se montreront, en général, fort insouciants ; ils laisseront aux physiciens le soin de discuter ces principes. Des hypothèses nouvelles n'auront le don de les intéresser que dans la mesure où elles permettent un calcul plus aisé et plus précis des mouvements célestes. Au XIIIe siècle, ils ne daigneront pas mettre le système d'Al Bitrogi, qui ne leur permet de déterminer le lieu d'aucun astre, en balance avec le système de Ptolémée, source des tables et des canons dont ils font usage. Au XVIe siècle, sans s'inquiéter beaucoup de savoir si la Terre tourne ou ne tourne pas, ils délaisseront la doctrine de Ptolémée pour la doctrine de Copernic, parce que celle-ci fournit des tables plus simples et plus exactes que les *Tables Alphonsines*. Ces tendances, que notre siècle appellerait positivistes ou pragmatistes, dirigent l'œuvre de notre astronome marseillais.

Il nous a dit son intention de composer des tables astronomiques et des canons, et, d'ailleurs, il s'est donné comme un disciple d'Al Zarkali ; les modèles qu'il va se proposer d'imiter nous sont donc connus d'avance ; ce sont les *Tables de Tolède* et les *Canons* qu'Al Zarkali a rédigés pour l'usage de ces tables. Que son œuvre soit une simple transposition de ces tables et de ces canons, il va, d'ailleurs, nous l'avouer ; ce sera l'objet du préambule [1], intitulé : *Regulæ ad loca planetarum invenienda*, qui précède les canons.

« Un grand nombre d'Indiens, de Chaldéens et d'Arabes, dont nous avons reconnu la grande valeur en Astronomie, ont publié des livres sur le cours des planètes ; ils les ont calculés pour le méridien de la ville d'Arin, que l'on dit avoir été très exactement construite au milieu du Monde, ou pour le méridien de Messera ; ils les ont datés par les années du Monde ou par les années des Grecs ou, enfin, par les années de *gezdazijt* [Yezdegerd, ère des Parsis]. Tout récemment, nous avons su qu'un habitant de Tolède, qui traitait de cette doctrine avec une particulière clarté, et que

1. Ms. cit., fol. 116, col. b.

l'on nomme Azarchel ou Albaténi, avait semblablement composé un livre des cours des astres, daté en années arabes et calculé pour Tolède ; cette ville est, [en longitude], distante de notre cité, c'est-à-dire de Marseille, d'une heure et un dixième d'heure. Dès lors, nous avons cru que ce ne serait pas œuvre indigne de dresser notre livre au moyen des années comptées depuis le Seigneur Jésus-Christ et du méridien de la susdite cité.

» Puisque nous avions été les premiers des Latins à qui cette science fût parvenue après avoir été traduite de l'Arabe (*Et quia nos primi Latinorum fueramus ad quos, post Arabum translationem, hæc scientia pervenerat...*), il ne semblait pas absurde que notre travail fût de quelque utilité pour certains Latins. Nous nous sommes donc mis à la présente œuvre, et nous avons transformé le susdit livre de Tolède en celui-ci (*atque prædictum Toletanum in eo immutati sumus*).

» Nous avons constitué les racines [1] des sept planètes et de la tête du Dragon sur l'heure de minuit après le septième jour de fête des calendes de janvier, jour où a commencé l'année des Latins en laquelle le Seigneur s'est incarné ; nous les avons constituées sur [le méridien de] Marseille dont la distance [en longitude] à la ville d'Arin, dont la longitude et la latitude sont également nulles, est de trois heures.

» Il faut remarquer qu'en ce livre, nous faisons commencer l'année aux calendes de Janvier ; ainsi, bien que ce livre soit fondé sur l'emploi des années comptées depuis l'incarnation du Seigneur, nous ne commencons pas à partir du jour même où le Seigneur s'est incarné ; ce n'est pas à ce jour-là que nous avons fixé les racines de nos tables, mais quatre-vingt-quatre jours auparavant, temps qui s'est écoulé entre les calendes de Janvier jusqu'au 8 des calendes d'Avril, jour où nous croyons que le Seigneur s'est incarné. C'est de Janvier, en effet, que l'année des Latins prend son commencement. »

Ce préambule aux canons composés par notre astronome de Marseille était précédé d'une table [2] des « auges fixes, qu'on nomme auges d'Albaténi ». Cette table faisait connaître les positions des apogées des déférents des planètes rapportées à la sphère des étoiles fixes, positions qui demeurent toutes invariables dans la suite des temps selon le système d'Al Battani, tandis que, selon Al Zarkali, l'auge du Soleil se déplace par rapport aux étoiles fixes.

1. *Radices*, le point de départ des tables.
2. Ms. cit., fol. 116, col. a.

Viennent ensuite les canons proprement dits ; peut-être ne trouvera-t-on pas mauvais que nous en donnions ici la liste.

Sous ce titre : *Communis inventionis regula*, nous trouvons d'abord [1] la règle que l'astronome devra suivre pour déterminer, par l'observation d'une éclipse de Lune, la longitude du lieu où il opère, lorsque ce lieu n'est pas Marseille.

Puis viennent [2] les canons proprements dits, enseignant l'art de se servir des tables qui les suivent ; en voici les titres :

Regula ad certum locum Solis inveniendum.
Regula brevis.
Regula Lunæ.
Regula ejusdem brevis.
Regula Saturni, Jovis et Martis.
Regula brevior earumdem.
Regula Veneris et Mercurii.
Regula capitis Drachonis.
Regula cognitionis V planetarum, utrum aliquis eorum sit directus aut stationarius aut retrogradus.
Regula latitudinis Lunæ.
Regula latitudinis planetarum V.
Regula latitudinis Veneris et Mercurii.
Regula cognitionis utrum aliquis V planetarum sit occultatus aut oriens aut occidens.
Regula eclipsium Solis et Lunæ.
Regula motus Solis et Lunæ in una hora.
Regula declinationis Solis.
Utrum in exordio anni bissextilis loca planetarum sciantur per hunc librum.

Une dernière règle [3], intitulée : *Qualiter libri cursuum emenduntur*, indique comment on devra, au cours des temps, apporter aux tables les corrections rendues nécessaires par les variations séculaires des astres.

« *Texuimus vero annorum lineas collectorum ab incarnatione Domini usque ad millesimum noningentesimum quartum*[4] » ; l'auteur nous avait annoncé en ces termes son intention de dresser des tables qui donnassent le cours des astres errants de l'incarnation du Seigneur à l'an 1904 ; ces tables viennent, en effet, aussitôt après les

1. Ms. cit., fol. 116, coll. b et c.
2. Ms. cit., fol. 116, col. d, à fol. 118, col. c.
3. Ms. cit., fol. 118, col. d.
4. Au lieu de : *quartum*, le texte porte : *primum*.

canons, et leurs colonnes de chiffres fins et serrés remplissent trente-et-une pages[1] du manuscrit que nous avons eu sous les yeux. Malheureusement, les fautes de copie y abondent. On en peut, cependant, tirer certains renseignements intéressants ; on y voit[2], par exemple, dans la table qui donne la déclinaison du Soleil pour chacune des positions, comptées de degré en degré, de l'astre sur l'écliptique, que l'auteur garde, à l'obliquité de l'écliptique, la valeur 23° 33' 30'' indiquée par les *Tables de Tolède*.

Notre astronome, nous l'avons dit, était, en même temps, astrologue ; après avoir enseigné à ses contemporains l'art de calculer le cours des planètes, il entendait également leur enseigner l'art d'en tirer des jugements et des pronostics.

« A la suite de notre livre sur le cours des planètes, dit-il[3], nous avons ajouté les règles à suivre en donnant des jugements. Ces règles sont extraites non seulement du livre Alcabitius, c'est-à-dire *Introductorium*, qu'Abdilalet a, dit-on, composé, mais encore des livres d'Abenbeisar et d'autres astrologues. » Les noms des astrologues cités en ce passage sont quelque peu maltraités. Alcabitius y est donné comme le titre d'un ouvrage. Qu'était-ce, d'autre part, que Abenbeisar ? A la place de ce nom, ne faut-il pas lire celui d'Abou Masar, que notre auteur cite ailleurs[4], plus correctement sous le nom d'Albumassar, et qu'il qualifie ainsi : « *hujus scientiæ indefessus investigator* ? »

Quoi qu'il en soit, l'addition relative aux jugements astrologiques, que notre auteur avait mise à la suite de ses tables astronomiques, fait défaut au manuscrit que nous avons lu.

L'astronome de profession n'a pas seulement besoin de tables et de canons qui lui permettent de calculer le cours des astres ; il lui faut encore des instruments à l'aide desquels il puisse observer ces mêmes astres, contrôler les indications des tables et les corriger au besoin.

Au Moyen Age, l'instrument astronomique par excellence est l'astrolabe qu'en pays d'Islam, savants ingénieux et artistes habiles perfectionnent à l'envi[5]. Que l'utilité d'un tel instrument ait été comprise par les Latins dès l'instant qu'ils se sont préoccupés de la science des astres, nous en avons eu le témoignage au début de ce chapitre. A partir de l'An Mil, on voit se multiplier les

1. Ms. cit., fol. 119, v°, à fol. 135, v°.
2. Ms. cit., fol. 135, r°.
3. Ms. cit., fol. 116, col. a.
4. Ms. cit., fol. 110, col. d.
5. L. Am. Sédillot, *Supplément au traité des instruments astronomiques des Arabes*, Paris, 1844 ; pp. 149-194.

écrits qui ont pour titre *De constructione astrolabii* ou *De utilitate astrolabii*.

Notre Marseillais avait, lui aussi, écrit un traité *De compositione astrolabii* qu'il cite fréquemment [1] dans son *Liber cursuum planetarum*. Et même, en ce dernier ouvrage, il prend occasion de la division de la terre en cinq zones ou climats pour rappeler sommairement [2] comment se construit cet instrument. Il résume les règles qui servent à tracer la *mère* de l'astrolabe, les deux *réseaux*, les *tablettes* ; il annonce les figures de ces diverses pièces ; malheureusement, les places du manuscrit [3] où devaient être dessinées ces figures sont demeurées en blanc ; et, d'autre part, les descriptions données au texte sont trop sommaires pour nous permettre de reconnaître quel est l'astrolabe construit par notre auteur. Avait-il connaissance de l'astrolabe perfectionné qu'Al Zarkali avait imaginé ? Est-ce celui-là qu'il enseignait à composer ? Il eût été intéressant de le savoir, et nous ne pourrions l'affirmer ni le nier.

A vrai dire, l'auteur dont nous venons d'analyser l'ouvrage n'apparaît pas comme un savant d'une grande originalité ; il n'a fait que transposer au méridien de Marseille et à la chronologie chrétienne l'œuvre d'Al Zarkali et des astronomes de Tolède ; il n'a été qu'un adaptateur. Mais un adaptateur est beaucoup plus qu'un traducteur ; à ce titre, il nous semble plus élevé d'un degré, dans l'ordre des connaissances astronomiques, que les Latins qui l'ont précédé ou qui ont été ses contemporains.

A ces Latins, il a voulu rendre un service très grand, et dont il comprenait l'importance, en leur facilitant l'usage des tables et des canons astronomiques les plus récents et les plus parfaits que l'on eût alors. A-t-il réussi, comme il le souhaitait, à répandre dans la Chrétienté latine la connaissance de l'œuvre d'Al Zarkali et des astronomes de Tolède ? Nous ne le croyons pas. Parmi les savants de la Chrétienté occidentale, cette œuvre va, semble-t-il, demeurer longtemps encore inconnue. Il faudra que, près d'un siècle plus tard, un autre astronome marseillais, Guillaume l'Anglais, la révèle au Monde Latin. Mais Guillaume l'Anglais luimême n'en devait-il pas la connaissance à l'auteur des *Tables de Marseille* ? Et lorsque nous aurons à nous occuper de l'École astronomique que Marseille et Montpellier virent fleurir au XIIIe siècle, ne devrons-nous pas chercher l'origine de cette École dans

1. Ms. cit., fol. 110, col. d; fol 112, col. a; fol. 115, col. b; fol. 116, col. a.
2. Ms. cit., fol. 115, col. b, et fol. 116, col. a.
3. Ms. cit., fol. 115, partie inférieure du recto et tout le verso.

la tradition créée par le *Liber cursuum planetarum* que la première de ces cités avait vu composer dès l'année 1140 ?

En tous cas, nous pouvons affirmer que ce *Liber cursuum planetarum* était encore en usage nombre d'années après que Guillaume l'Anglais eût achevé son œuvre.

En 1266 ou 1267, Roger Bacon, composant son *Opus Majus*, y cite [1] la théorie par laquelle le *Liber de cursibus planetarum* justifiait les jugements d'Astrologie ; et dans ce qu'il dit, nous reconnaissons clairement la doctrine de notre Marseillais.

Dans le *Speculum Astronomiæ de libris licitis et illicitis*, qui figure au nombre des écrits d'Albert le Grand, mais que le R. P. Pierre Mandonnet propose [2], avec grande vraisemblance, de restituer à Roger Bacon, nous lisons [3] :

« Nombre d'astronomes ont écrit beaucoup de livres contenant des canons calculés pour le méridien de leur ville et pour les années de N. S. J.-C.

» Tel est celui qui est calculé pour le méridien et l'heure de minuit *(ad mediam noctem)* de Marseille ; un autre est au méridien de Londres ; un autre au méridien de Barcelone, qui est sous le même méridien que Paris, dont la longitude occidentale est, à peu près, 40°47′, et la latitude 49° et un dizième de degré. »

VII

GÉRARD DE CRÉMONE ET LA TRADUCTION DE L'*Almageste*

Les Latins, cependant, n'avaient encore aucune connaissance du plus important traité astronomique que nous ait laissé l'Antiquité, de la Μεγάλη μαθηματικὴ σύνταξις τῆς ἀστρονομίας de Claude Ptolémée. Le désir de connaître cette œuvre monumentale et de la faire connaître à ses contemporains poussa vers l'Espagne le laborieux Gérard de Crémone.

Dans un manuscrit du XIVe siècle, conservé à la Bibliothèque Vaticane, le ms. n° 2392, le prince Boncompagni a découvert

1. Fratris ROGERI BACON *Opus majus*, pars IV ; éd. Jebb, p. 168 ; éd. Bridges, vol. I, p. 267.
2. PIERRE MANDONNET, O. P., *Roger Bacon et le Speculum Astronomiæ* (1277) (*Revue Néo-Scolastique de Philosophie*, Louvain, 1910, pp. 313 sqq.).
3. ALBERTI MAGNI *Speculum Astronomiæ de libris licitis et illicitis*, cap. II.
4. *Della vita e delle opere di Gherardo Cremonese, traduttore del secolo duodecimo, e di Gherardo di Sabbionetta, astronomo del secolo decimoterzo.*

une pièce qui nous fournit, sur Gérard de Crémone, les renseignements les plus précieux ; cette pièce comprend, en effet :

1° Un éloge de Gérard de Crémone, écrit en prose latine ;

2° Une liste, dressée par les compagnons de Gérard, de tous les livres qu'il avait traduits de l'Arabe ;

3° Une pièce de sept vers latins en l'honneur de l'actif interprète.

Bien que ce document se trouve en un manuscrit du XIVe siècle, il reproduit certainement un texte beaucoup plus ancien. En effet, au début du XIVe siècle, le Dominicain Francesco Pipino composait une chronique que Muratori a publiée [1]. Or ce que cette chronique disait de Gérard de Crémone était extrait de la notice dont le prince Boncompagni a retrouvé la copie.

Cette copie se retrouve également, avec une variante que nous signalerons dans un instant, dans un manuscrit du XVe siècle, le ms. n° 2393 de la Bibliothèque Vaticane.

Le document que cette copie reproduit mérite assurément une grande confiance ; que nous dit-il donc de notre personnage ?

« Dès l'enfance, il avait été élevé dans le giron de la Philosophie ; il en avait appris toutes les parties selon l'enseignement des Latins ; mais l'amour de l'*Almageste*, qu'il ne put aucunement trouver chez les Latins, le conduisit à Tolède. Là, lorsqu'il vit quelle était l'abondance des ouvrages, écrits en langue arabe, qui existaient sur chaque matière, il eut pitié de la pénurie de livres dont souffraient les Latins, pénurie qu'il avait connue ; et dans son désir amoureux de les traduire, il apprit la langue arabe. Il fut ainsi pénétré des deux connaissances indispensables, celle de la science et celle de la langue ; Ahmet le dit, en effet, en son livre *De proportione et proportionalitate* : « Il faut que l'interprète, » outre la connaissance parfaite des deux langues, de celle qu'il » traduit et de celle en laquelle il traduit, soit expert en l'art sur » lequel porte l'ouvrage qu'il traduit ». Il se mit alors à passer en revue toute la littérature arabe, à la façon prudente d'un homme qui se promène en de vertes prairies et qui ne cueille pas toutes les fleurs, mais tresse une couronne des plus belles. Il choisit donc, en chaque ordre de matières, les livres qui lui parurent les

Notizie raccolte da BALDASSARE BONCOMPAGNI. Dagli Atti dell' Accademia Pontificia de Nuovi Lincei. Anno IV. Sessione VII del 27 Giugno 1851. Roma, 1851.

1. *Chronicon* FRATRIS FRANCISCI PIPINI *ordinis Prædicatorum*; lib. I, cap. XVI. Apud MURATORI, *Rerum Italicarum scriptores ab anno aerae Christianae quingentesimo ad millesimum quingentesimum*, Mediolani, 1723-1751 ; t. IX, coll. 600-601.

plus élégants ; il commença de les transmettre à la langue latine, comme à son héritière chérie, en leur donnant la forme la plus claire et la plus intelligible qui fût en son pouvoir ; il ne s'arrêta plus tant que dura sa vie. A l'âge de soixante-treize ans, il entra dans le chemin que doit prendre toute chair ; c'était en l'année 1187 de N. S. J.-C. »

Cette date est celle que donne le ms. 2392 de la Bibliothèque Vaticane et la chronique de Francesco Pipino ; le ms. 2393 fait mourir Gérard en 1184.

Cette notice donne à entendre que Gérard mourut à Tolède où il continuait d'exercer son talent de traducteur ; la pièce de vers qui la suit semble confirmer cette supposition, car elle se termine ainsi :

Tolecti vixit, Tolectum reddidit astris.

Pipino, cependant, dit en sa chronique que Gérard fut enseveli au monastère de Sainte-Lucie, à Crémone, et qu'il avait légué tous ses livres à cette ville.

Par modestie, sans doute, Gérard ne mettait son nom sur aucune des traductions qu'il faisait. Craignant donc que d'autres n'en tirassent honneur ou profit, les amis de l'infatigable interprète dressèrent la liste des ouvrages qu'il avait fait passer de l'Arabe au Latin ; cette liste nous est conservée au texte que le prince Boncompagni a publié.

Cette liste ne comprend pas moins de soixante-quatorze ouvrages différents ; les uns sont des écrits composés par les philosophes arabes ; les autres sont des livres que l'Islam tenait de la Science hellène. Il faudrait reproduire ici cette énumération si l'on voulait rendre perceptible l'extraordinaire influence que Gérard a dû exercer sur les progrès de la Scolastique latine en la dotant, tout à coup, de cette multitude d'œuvres ; elles appartenaient, ces œuvres, aux branches les plus diverses du savoir humain et, dans chacune de ces branches, elles représentaient, bien souvent, ce que le génie avait produit jusqu'alors de plus parfait.

Il y avait là des livres de Dialectique, d'Arithmétique, d'Algèbre, de Géométrie, d'Optique, de Statique ; il y avait les écrits les plus importants sur l'Astronomie, la Physique, la Médecine et l'Astrologie. Gérard avait traduit les huit livres de la *Physique* d'Aristote, les quatre livres *De Cælo et Mundo*, les deux livres *De generatione et corruptione*, les trois premiers livres des *Météores ;* il avait traduit bon nombre de traités d'Hippocrate, de Galien, de Rasès ; il avait traduit un traité d'Archimède, le célèbre *Livre des Trois Frè-*

res, les quinze livres des *Éléments* d'Euclide complétés par Hypsiclès, le *Liber de crepusculis*, c'est-à-dire l'Optique d'Alhazen (Ibn al Haitam) ; il avait donné aux astronomes le *De scientia stellarum* d'Al Fergani et le *De motu accessionis et recessionis* de Thâbit ben Kourrah, le traité *De orbe* de Masciallah, enfin les neuf livres de l'*Astronomie* de Géber (Abou Mohammed Djeber ben Aflah).

Mais à la reconnaissance des astronomes, il acquerrait un titre sans égal en leur envoyant de Tolède ce qu'il y était allé chercher, la traduction de l'*Almageste* de Ptolémée.

L'une des copies manuscrites de cette traduction est conservée à la Bibliothèque Laurentienne de Florence[1] ; elle porte, comme titre, la phrase suivante :

Incipit liber Almagesti ptolomei pheludensis translatus a magistro Girardo cremonensi de arabico in latinum.

Elle se termine par cette autre phrase :

Finit liber ptholomei pheludensis qui grece megaziti, arabice almagesti, latine vocatur vigil, cura magistri thadei ungari anno domini Millesimo C. LXXV° toleti consumatus. Anno autem arabum quingentesimo LXX° mensis octavi XI° die translatus a magistro girardo cremonensi de arabico in latinum.

Contrairement à son habitude, Gérard avait signé et daté cette traduction. Heureuse exception ! Elle nous fait connaître la date d'un événement d'extrême importance en l'histoire de l'Astronomie ; elle nous apprend qu'en 1175, la Μεγάλη σύνταξις parvint à la connaissance des Latins.

Gérard ne se contenta pas d'être un traducteur d'une extraordinaire activité ; il voulut encore faire œuvre d'astronome.

Il existe de lui quelques tables[2]. Les unes servent à établir la concordance entre les dates écrites suivant les ères des Chrétiens, des Perses, des Arabes et des Grecs ; les autres sont des tables astronomiques dressées pour Tolède ou pour Crémone.

Il fit plus ; non content de rendre l'*Almageste* accessible aux Latins en le traduisant, il voulut composer un écrit qui donnât un rapide aperçu des doctrines exposées en la *Grande Syntaxe* et qui facilitât à l'écolier l'accès de cette œuvre imposante ; dans ce but, il rédigea sa *Théorie des Planètes*[3] ; c'est le premier écrit astro-

1. B. Boncompagni, *Op. laud.*, p. 17.
2. Boncompagni, *Op. laud.*, pp. 60-61.
3. Magistri Gerardi Cremonensis *Theorica planetarum* emendata per Petrum Bonum Avogarium Ferrariensem Ferrariæ, per Andream de Francia Ferrariensem, MCCCCLXXII — *Id. op.*, Venetiis, per Adam de Rottueil, 1478 — Le même ouvrage, joint à la *Sphæra* de Joannes de Sacro-Bosco, a eu quatre éditions ; l'une de ces éditions ne porte aucune indication typographique ; l'im-

nomique, composé par un latin, qui doive retenir notre attention.

Ce n'est pas que cet ouvrage, très court d'ailleurs, ait par lui-même une grande valeur scientifique ; il se borne à résumer ce que Ptolémée avait dit du mouvement des planètes, et la représentation qu'il en avait donnée au moyen des excentriques et des épicycles ; simplifié à l'excès, ce résumé n'est pas exempt d'inexactitudes qui devaient, au XVe siècle, soulever les très vives critiques de Régiomontanus.

De cet ouvrage, nous ne citerons qu'un passage, celui qui est relatif à la précession des équinoxes. Aux divers écrits astronomiques que nous allons étudier, le chapitre relatif à la précession des équinoxes retiendra tout particulièrement notre attention ; il est, en effet, plus que tout autre, capable de nous donner des indications sur l'ordre chronologique dans lequel ces divers écrits se sont succédés ; les plus anciens connaissent seulement, au sujet de cette théorie astronomique, ce qu'en ont dit Ptolémée, Al Fergani et Al Battani ; d'autres, venus après ceux-là, connaissent le système auquel sont attachés les noms de Thâbit et d'Al Zarkali ; d'autres encore, que nous ne rencontrerons guère avant le début du XIVe siècle, sont instruits du système proposé par les astronomes d'Alphonse le Sage.

De tous ces passages relatifs à la précession des équinoxes, le plus archaïque paraît être celui que nous lisons en la *Théorie des planètes* de Gérard ; le voici :

« Notez que les auges des astres errants sont entraînés vers l'Orient de 7 degrés en 900 ans, et d'autant de degrés vers l'Occident dans les 900 années suivantes. En ce moment, nous sommes dans le premier mouvement, en sorte qu'un certain nombre de secondes sont ajoutées à l'année. Albatégnius prétend qu'ils se meuvent toujours vers l'Orient d'un degré en 60 ans et 4 mois. Mais Alfraganus dit qu'ils se meuvent toujours vers l'Orient d'un degré en 100 ans. »

Gérard décrit ensuite, d'une façon très sommaire, les opérations qui permettent de marquer sur le Zodiaque la position de l'auge ou apogée du Soleil, puis il poursuit en ces termes : « Albaté-

primeur anonyme est Florentius de Argentina ; les trois autres portent les indications typographiques suivantes : Bononiæ, per Dominicum de Lapis, 1477. — Venetiis, per Franciscum Renner de Hailbrun, MCCCCLXXVIII. — Bononiæ, per Dominicum Fuscum Ariminensem, MCCCCLXXX. — Enfin, la *Theorica planetarum* de Gérard de Crémone est comprise en plusieurs collections de traités astronomiques qui sont décrites par les ouvrages suivants : BONCOMPAGNI, *Della vita e delle opere di Gherardo Cremonese e di Gherardo da Sabbionetta*, Roma, 1851. — RICCARDI, *Biblioteca matematica Italiana*, parte prima, I, coll. 591-593 ; Modena, 1870.

gnius a, dit-on, déterminé de la sorte de combien les auges des planètes se meuvent en un an, en un mois, en un jour ; il a dressé des tables relatives à ce mouvement. Il possédait un grand astrolabe qui mesurait trois coudées ou davantage ; maintes fois, nous l'avons eu entre les mains ».

Une première remarque mérite d'être faite au sujet de ce passage ; touchant les diverses hypothèses relatives à la précession des équinoxes, on s'attendrait à entendre citer le nom de Ptolémée, dont Al Fergani a simplement reproduit l'évaluation ; seuls les noms d'Al Fergani et d'Al Battani sont prononcés, comme si Gérard eût composé sa *Théorie des planètes* avant de traduire l'*Almageste*.

Cependant, il était déjà à Tolède lorsqu'il écrivit cet ouvrage, puisqu'il avait pu manier le grand astrolable d'Al Battani qui s'y trouvait, sans doute, précieusement conservé.

Ce fait, qui nous marque Tolède comme le lieu où fut composée la *Theorica planetarum*, permet de rejeter une hypothèse qui a été émise au sujet de l'auteur de cet ouvrage.

Au XIIIe siècle, Guido Bonati, nommant[1] quelques-uns des savants qui furent ses contemporains *(in tempore meo)*, cite un certain *Girardus de Sabloneto Cremonensis*.

Guido Bonati n'a pu regarder comme son contemporain le traducteur Gérard de Crémone, mort en **1187**. Il faut donc en conclure que le Crémonais Gérard de Sabbionetta est un personnage tout autre que ce traducteur.

Cette conclusion est fortifiée jusqu'à l'évidence par ce fait[2] qu'un manuscrit de la Bibliothèque Vaticane, le ms. n° **4083**, contient des prédictions astrologiques faites par Gérard de Sabbionetta à Umberto, marquis Pellavicini, et que, de ces prédictions, deux furent données en **1255**, une en **1258** et deux en **1259**.

A partir du XVe siècle, cependant, de continuelles confusions s'établirent entre ces deux hommes ; constamment, on attribua à Gérard de Sabbionetta des traductions qui avaient assurément été faites à Tolède au XIIe siècle, à Gérard de Crémone des écrits qui pouvaient avoir été composés au XIIIe siècle par son homonyme.

Pour démêler, ou mieux pour trancher ces complications, Tiraboschi proposa[3] un moyen aussi simple que brutal ; il consistait à donner toutes les traductions au Gérard de Crémone du XIIe siè-

1. Guidonis Bonati Foroliviensis *mathematici de astronomia tractatus X*. Pars II ; De nona domo cap. VI ; Basileæ, 1550 ; col. 335.
2. B. Boncompagni, *Op. laud.*, pp. 72-76.
3. Tiraboschi, *Storia della Litteratura italiana*, t. IV, pp. 276-277.

cle, toutes les œuvres originales au Gérard de Sabbionetta du XIIIe siècle. Par ce procédé sommaire, la *Theorica planetarum* devenait un ouvrage qu'aurait été composé ce Gérard de Sabbionetta, au plus tôt vers 1250. Le prince Boncompagni a reçu sans discussion la classification aussi commode qu'arbitraire de Tiraboschi.

Le principe de cette classification était, cependant, posé sans aucune critique ; la plus légère réflexion suffit à montrer que ce principe est sans fondement. La note biographique sur Gérard de Crémone ne nous montre pas seulement en lui un interprète sachant le Latin et l'Arabe, mais un homme versé dans toutes les sciences. Il existe, d'ailleurs, des tables astronomiques qui sont sûrement de lui. Pourquoi n'aurait-il pas accompli d'autres œuvres originales ?

Avant donc de décider si un écrit doit être attribué à l'interprète du XIIe siècle ou à l'astrologue du XIIIe siècle, il convient de lire de près cet écrit et d'y rechercher des indices qui justifient soit l'une soit l'autre des deux attributions.

Or un tel examen, appliqué à la *Theorica planetarum*, ne laisse aucune place au doute. Non seulement la théorie du mouvement des auges exposée dans ce traité serait singulièrement en retard sur les connaissances courantes si elle avait été rédigée après 1250, mais encore nous sommes assurés qu'elle a été rédigée à Tolède. Or rien n'indique que Gérard de Sabbionetta ait jamais mis le pied en Espagne.

Les conclusions de cet examen se trouvent confirmées par ailleurs. Un traité astronomique anglais que nous étudierons plus loin et que nous serons amenés à dater de 1232, cite *Magister Gelaldus Cremonensis*, et ce qu'il lui emprunte provient certainement des *Theoricæ planetarum ;* cet ouvrage était donc attribué à Gérard de Crémone avant le temps où Gérard de Sabbionetta composait ses pronostics. Bien plus, dès la fin du XIIe siècle, nous relèverons en l'*Anticlaudianus* d'Alain de Lille une trace laissée peut-être par la lecture des *Theoricæ planetarum*.

Nous croyons donc que la *Theorica planetarum* a été rédigée au XIIe siècle, à Tolède, par ce Gérard de Crémone à qui les Latins ont dû la première traduction de l'*Almageste ;* nous croyons qu'elle représente le plus ancien traité d'Astronomie théorique que la Scolastique latine ait composé.

Il semble d'ailleurs que Gérard, qui l'avait écrit, ait, dès le temps même de sa vie, trouvé des imitateurs ; tel serait ce Roger *Henofortensis* ou de Hereford que Leland nous fait connaître [1].

1. *Commentarii de Scriptoribus Britannicis*, auctore JOANNE LELANDO LONDI-

« Il y a peu d'années, nous dit Leland, j'examinais d'un œil avide la bibliothèque de Clare, lorsque le nom de cet auteur s'offrit justement à moi, inscrit sur un petit livre. Ce livre était une *Theorica planetarum*... J'ai lu ailleurs, de ce même Roger, un livre qui portait ce titre : *Introductorium in artem judiciariam astrorum*. Il a égàlement écrit à Hereford, en l'année 1170, un *Collectaneum annorum omnium planetarum*. »

Tout ce que nous savons de cet astronome et astrologue anglais, contemporain et émule de Gérard de Crémone, se réduit à ces quelques indications données par Leland.

L'opuscule où Gérard de Crémone traite de la théorie des planètes ne saurait retenir longtemps l'attention de l'historien si celui-ci se propose de retracer le tableau des progrès accomplis par les astronomes dans la représentation des mouvements célestes. Il n'en a pas moins une importance historique qu'il serait injuste de méconnaître ; il est, en effet, un type auquel, pendant plusieurs siècles, se conformeront des ouvrages extrêmement nombreux. De même que, jusqu'au XIIe siècle, tout auteur qui voulait écrire sur la Cosmographie tendait à imiter le *De rerum natura liber* d'Isidore de Séville, de même, du XIIIe siècle au XVIe siècle, quiconque se piquera d'enseigner l'Astronomie, composera une *Theorica planetarum* à l'image de la *Théorie* de Gérard de Crémone.

VIII

ALAIN DE LILLE

Alain de Lille, qui mourut en 1203, est surtout connu par un poëme latin intitulé *Anticlaudianus* ; ce poëme est comme un avant-coureur du *Paradis* de Dante.

La donnée de l'*Anticlaudianus* est la suivante :

La Nature délibère avant de créer un homme tel que l'homme eût été sans la chute originelle. Elle assemble le conseil des Vertus ; sur l'avis de la Concorde, la Prudence fait construire un char que la Raison sera chargée de conduire ; puis, sur ce char, elle gagne le ciel pour exposer à Dieu les vœux de la Nature et des Vertus. La Prudence parvient ici jusqu'aux limites du ciel des

NATE. Ex Autographo Lelandino nunc primum edidit Antonius Hall, A. M. Coll. Reg. Oxon. Socius. Tomus primus. Oxonii, e Theatro Sheldoniano, MDCCIX, p. 233 : Cap. CCXX, De Rogero Heneforteasi.

étoiles fixes ; mais la Raison ne la pourrait conduire plus loin ; il lui faut quitter le char qui l'a portée jusque là ; elle monte alors un coursier que mène la Théologie ; c'est en cet équipage qu'elle parvient enfin au pied du trône de Dieu.

La description du voyage que la Prudence, montée sur le char de la Raison, fait au travers des espaces célestes, donne occasion, à Alain de Lille, de faire mainte allusion à la science astronomique et astrologique. Les allusions aux enseignements de l'Astronomie sont, en général, fort courtes ; on devait s'y attendre en un poëme dont l'Astronomie n'est pas le principal objet ; par contre, quelques unes d'entre elles ont assez de précision pour nous renseigner exactement touchant certaines connaissances ou certaines lectures de l'auteur.

Aux yeux de la Prudence, les sept arts libéraux qui forment le *trivium* et le *quadrivium* se présentent successivement sous la figure de sept vierges ; la Grammaire, la Logique, la Rhétorique, l'Arithmétique, la Musique et la Géométrie nous sont successivement décrites ; l'Astronomie vient la dernière ; l'auteur nous dit [1] quels sont les sujets de ses méditations ; ils sont de deux sortes ; les premiers sont ceux que, proprement, nous nommerions, aujourd'hui, astronomiques ; des derniers, nous dirions qu'ils sont astrologiques.

C'est aux recherches astronomiques que se rapportent ces vers :

Hic legitur quæ sit cælestis sphæra, quis axis,
. . . .
Quis Lunæ motus, quis Solis sphæra, quis orbis
Mercurii, Veneris quæ semita, quæ via Martis,
Quæ mora Saturnum retinet, quo limite currit
Stella Jovis, motusque vagos quis circulus æquat ;
Quis sursum tendens egressa cuspide Terram
Exit, et in Terra nescit defigere centrum.

L'allusion au cercle équant,

motusque vagos quis circulus æquat,

introduit par Ptolémée dans la théorie de tous les astres errants autres que le Soleil, est d'une parfaite transparence ; plus nette encore est la définition de l'excentrique donnée par les deux derniers vers.

1. Alani de Insulis *Anticlaudianus, sive de officio viri boni et perfecti libri novem ;* lib. IV, cap. I [Alani de Insulis *Opera* (*Patrologiæ Latinæ* accurante J. P. Migne tomus CCX) coll. 510-511].

C'est par la définition de l'excentrique que débutent les *Theoricæ planetarum* de Gérard de Crémone ; la première phrase de cet ouvrage est, en effet, la suivante :

« *Circulus excentricus, vel egressæ cuspidis, vel egredientis centri dicitur qui non habet centrum suum cum centro mundi.* »

Cette expression : *circulus egressæ cuspidis* ne se rencontre d'ailleurs, croyons-nous, en aucun des traités astronomiques qu'Alain de Lille aurait pu lire, sauf aux *Théories des planètes* de Gérard et au traité d'Al Fergani.

Ce dernier traité, en effet, nous présente les lignes suivantes[1] :

Cuspis autem circuli signorum, qui est circulus stellarum fixarum, est cuspis terræ. Cuspides vero cæterarum stellarum 7, quæ sunt sphæræ planetarum erratiorum, sunt remotæ a cuspide terræ in partibus diversis. Et in unaquaque harum sphærarum 8 est circulus abscindens sphæram per duas medietates ab oriente in occidentem. Et circulus qui abscindit sphæram stellarum fixarum est cingulus circuli cujus mentio præcessit, et ad hunc refertur motus æquatus qui videtur omnibus planetis ab occidente in orientem. Unusquisque autem egressæ circulorum cuspidis vocatur circulus egressæ cuspidis...

» *Corpus vero Solis est compositum super sphæram suam, cujus cuspis egressa est a cuspide signorum volviturque in eo volutione æquali...* »

Des deux sources que nous venons de citer, quelle est celle dont le courant arrosa l'*Anticlaudianus* ? C'est une question à laquelle il est malaisé de répondre. Tout d'abord, ces deux sources ne sont peut-être pas entièrement distinctes, car la langue de Gérard de Crémone a pu imiter celle de Jean de Luna et lui emprunter l'expression : *Circulus egressæ cuspidis*. Puis, rien n'empêche de croire que le *Résumé* d'Al Fergani et les *Théoriques* de Gérard soient également venues aux mains d'Alain. Il semble, toutefois, que les deux derniers vers que nous avons cités soient une reconnaissable imitation de la définition par laquelle débute l'opuscule du traducteur de l'*Almageste*.

Si donc nous ne nous abusons point, n'aurions-nous pas ainsi une preuve manifeste que le Poëte lillois avait lu les *Theoricæ planetarum* ? N'y trouvons-nous pas, par contre-coup, une réfu-

1. *Brevis ac perutilis compilatio* ALFRAGANI .. Norimbergæ apud Joh. Petreium, MDXXXVII. De narratione formæ orbium stellarum, et de compositione eorum, et de ordinibus longitudinum eorum a terra. Diff. XII. Fol. 11, verso, et fol. 12, recto.

tation de l'hypothèse qui retarde jusqu'au milieu du XIIIe siècle la composition de ce livre, afin de l'attribuer, fort gratuitement d'ailleurs, à Gérard de Sabbionetta ?

Alain nous apparaît, dès lors, comme un curieux des choses de la science, qui, pour s'instruire de l'Astronomie, s'adresse aux livres tout récemment écrits ou traduits.

Il apportait sans doute le même soin à s'enquérir des connaissances astrologiques ; c'est, en effet, d'Astrologie qu'il est question en ce passage [1] :

> Illic astra, polos, cælum septemque planetas
> Consulit Albumasar, terrisque reportat eorum
> Consilium, terras armans, firmansque caduca
> Contra cælestes iras superumque furorem.

Alain connaissait Albumasar et le regardait comme le grand maître de la Science astrologique ; il n'est pas téméraire de penser qu'il avait puisé cette conviction dans la lecture de l'*Introductorium in Astronomiam* traduit par Hermann le Second.

Les *Theoricæ planetarum* et l'*Introductorium in Astronomiam* sont donc deux écrits qu'Alain de Lille avait probablement consultés avant de composer l'*Anticlaudianus*. Quelque autre traité consacré à la Science des astres était-il venu à sa connaissance ? Ce qu'il dit des positions respectives du Soleil, de Vénus et de Mercure nous donnera peut-être une indication à cet égard.

Au passage que nous venons de citer, les planètes sont énumérées comme si Vénus et Mercure se trouvaient au-dessus du Soleil ; en un autre passage [2], qui précédait celui-là, l'énumération des astres errants plaçait Vénus et Mercure entre la Lune et le Soleil ; ni l'un ni l'autre de ces deux passages contradictoires n'indiquait, d'ailleurs, que l'auteur eût l'intention d'y marquer l'ordre exact suivant lequel les sphères célestes se superposent ; ni de l'un ni de l'autre, il n'est permis de déduire ce qu'Alain pensait de cet ordre.

Il n'en est pas de même du passage qu'on rencontre en la description du voyage de la Prudence au travers des orbes du Monde. La vierge, que son char entraîne de plus en plus haut, atteint [3] les régions supérieures de l'air, puis la sphère de la Lune qu'elle traverse pour pénétrer dans l'orbe du Soleil [4] :

1. ALAIN DE LILLE, *loc. cit.* ; éd. cit., col. 521.
2. ALANI DE INSULIS *Anticlaudianus*, lib. II, cap. III ; éd. cit., col. 501.
3. ALANI DE INSULIS *Anticlaudianus*, lib. IV, cap. VI.
4. ALAIN DE LILLE, *loc. cit.* ; éd. cit., col. 526.

Altius evadens virgo conscendit in arcem
Sol ubi jura tenet. . . . .

Poursuivant son ascension, la Prudence arrive à la frontière de la sphère solaire ; elle franchit cette frontière et pénètre alors dans la région où les trajets de Vénus et de Mercure se trouvent étroitement enlacés[1] :

Egrediens Solis regnum maturat in altum
Gressus Virgo suos, sed gressum præpedit ipsa
Limitis anfractus anceps, multæque viarum
Ambages; tandem superato calle, laboris
Pondere, cautelæ studio, regione potitur
Qua Venus et Stilbon complexis nexibus hærent.
Hic præcursor Solis præcoque diei
Lucifer exsultat, terris solatia lucis
Præsignans ortuque suo præludit ad ortum
Solis, et auroram proprio prædicit in ortu.
Gressibus his Stilbon comes indivisus adhæret
Tanquam verna sui comitans vestigia Solis,
Obnubensque comas radiis solaribus, ignes
Temperat et Solis obnubilat astra galero.
Sphæraque Luciferi motu levis, ocior aura,
Motu parturiens sonitum, lascivit acuta
Voce, nec in cithara Veneris plebeia putatur
Musa, sed auditus assensum jure meretur.
Voce pari, similique modo, cantuque propinquo
Mercurii syrena canit, Venerisque camænam
Reddit, et ex æquo sonitu citharizat amico.

Après avoir traversé la région où circulent Vénus et Mercure, la Prudence, en sa montée vers Dieu, atteint la sphère de Mars[2] :

Progreditur Phronesis flammata palatia Martis
Ingrediens...

Après cette sphère, elle rencontre l'orbe de Jupiter et, enfin, celui de Saturne[3] :

Ulterius progressa suos Prudentia gressus
Dirigit ad superos, superans Jovis atria cursu,
Saturnique domos tractu majore jacentes
Intrat. . . . .

1. Alain de Lille, *loc. cit.*; éd. cit., col. 527.
2. Alani de Insulis *Op. laud.*, lib. IV, cap. VII; éd. cit., col. 527.
3. Alani de Insulis *Op. laud.*, lib. IV, cap. VIII; éd. cit., col. 528.

Nous voici maintenant délivrés de toute hésitation; l'auteur de l'*Anticlaudianus* attribue aux astres errants l'ordre que Platon leur assignait; il met la sphère du Soleil immédiatement au-dessus de la sphère de la Lune; Vénus et Mercure sont entre le Soleil et Mars.

Que ce fût bien là l'opinion d'Alain de Lille, nous en trouvons un nouveau témoignage dans un poëme en prose que cet auteur a composé et qu'il a intitulé : *De planctu Naturæ*.

Dans cet ouvrage se rencontre une description du système des astres assez semblable à celle que nous offre le mythe d'Er, dans la *République* de Platon; la *République*, cependant, était assurément inconnue d'Alain comme de ses contemporains.

Les astres sont figurés[1] par des pierres précieuses dont les mouvements circulaires produisent une musique délicieuse. Une couronne de douze gemmes représente les signes du Zodiaque. A l'intérieur de cette couronne, circulent sept pierres qui symbolisent les astres errants; un diamant figure Saturne, une agate Jupiter, une astrite[2] Mars; le Soleil est une escarboucle.

« L'hyacinthe, avec le saphir, marche sur les traces de cette escarboucle, semblable à un serviteur attaché à la suite de cette gemme; jamais celle-là n'est privée de la vue de la lumière qui est issue de celle-ci. Cette hyacinthe et ce saphir demeurent à une petite distance au-dessus (*brevique in superjacta distantia*) de l'escarboucle; ils parcourent l'orbe de celle-ci en même temps qu'elle; ou bien ils la suivent toutes deux; ou bien encore l'une des deux étoiles suit l'escarboucle, laissant à l'autre le soin de la précéder. De ces deux pierres, l'une s'accordait par nature avec la planète Mercure; l'autre exhalait l'effet que produit l'astre de Dianée. »

La dernière gemme, enfin, une perle fine, brillait de l'éclat lunaire.

D'où est venue à Alain de Lille cette opinion touchant l'ordre des diverses planètes?

Aux passages de l'*Anticlaudianus* et du *De planctu Naturæ* que nous venons de citer, on peut reconnaître, croyons-nous, l'influence du *Commentaire au Songe de Scipion* de Macrobe et du *Commentaire au Timée* de Chalcidius. Mais ces deux ouvrages n'étaient point de nature à fortifier, en l'esprit de notre auteur, la conviction

1. ALANI DE INSULIS *De planctu Naturæ liber*; éd. cit., coll. 434-435.

2. Nous ignorons quelle pierre désigne ce nom d'*astrites*; il ne figure pas au vocabulaire des pierres précieuses inséré par Albert le Grand dans son *De mineralibus*.

que nous y trouvons; ils l'eussent plutôt amené à la révoquer en doute ou, mieux encore, à donner son adhésion à l'hypothèse d'Héraclide du Pont; c'est à cette conclusion qu'ils avaient conduit, en effet, Scot Érigène, le Pseudo-Bède et Guillaume de Conches.

Alain avait vraisemblablement lu les *Theoricæ planetarum* de Gérard de Crémone et l'*Introductorium in Astronomiam Albumasaris*. Mais le premier de ces ouvrages ne dit aucunement si les deux planètes inférieures, Vénus et Mercure, sont au-dessus ou au-dessous du Soleil, tandis que le second, qui suit l'enseignement de Ptolémée, met[1] Mercure et Vénus au-dessus de la Lune et au-dessous du Soleil. Ni l'un ni l'autre de ces deux traités n'avait donc pu convaincre Alain de ranger les planètes comme il le fait constamment.

On en vient alors à se demander si le Poète lillois n'avait pas lu un écrit récemment traduit par Gérard de Crémone, et dont l'un des principaux objets était, justement, de rendre à Vénus et à Mercure le rang, supérieur à celui du Soleil, où Platon les avait élevés et d'où Ptolémée les avait fait descendre ; nous voulons parler des *Libri novem Astronomiæ* composés ou, plus probablement, plagiés par Djéber ben Aflah[2].

Si Alain avait lu les *Theoricæ planetarum* et la traduction des *Libri novem Astronomiæ*, n'avait-il point lu une autre œuvre de Gérard de Crémone, celle qui dut attirer le plus vivement l'attention des contemporains, nous voulons dire la traduction de l'*Almageste ?* Il est permis de penser que cette traduction ne lui était pas demeurée inconnue ; mais aucun argument positif ne nous permet d'affirmer qu'il l'ait étudiée ; sans doute, dans l'*Anticlaudianus*, il nomme[3] six personnages qui lui semblent occuper les sommets de la pensée profane ; parmi ces personnages, auprès d'Aristote, de Platon, de Senèque, de Cicéron et de Virgile, se trouve Ptolémée :

> Divitis ingenii vena Ptolemæus inundans,
> Devectus superas curru rationis in arces,
> Colligit astrorum numeros, loca, tempora, cursus.

1. *Introductorium in astronomiam* ALBUMASARIS ABALACHI *octo continens libros partiales*. Colophon : Opus introductorij in astronomiam Albumasaris abalachi explicit feliciter. Venetijs : mandato et expensis Melchionis (*sic*) Sessa : per Jacobum pentium Leucensem. Anno domini 1506. Die 5 septembris. Regnante inclyto domino Leonardo Lauredano Venetiarum Principe. Lib. II, cap. I, fol. sign. b 3, recto.
2. Voir : Première partie, Chap. XI, § VIII; t. II, p. 174.
3. ALANI DE INSULIS *Anticlaudianus*, lib. I, cap. IV; col. 491.

Mais il serait téméraire de prétendre que l'auteur de cet éloge connût, autrement que par ouï-dire, l'œuvre astronomique de Ptolémée.

De toute manière, si Alain a lu l'*Almageste*, s'il a lu les *Theoricæ planetarum* de Gérard de Crémone et les *Libri novem Astronomiæ* de Géber, les connaissances qu'il en a tirées pour les exposer dans son poème sont fort générales et, partant, fort superficielles. Il serait vain de rechercher dans l'*Anticlaudianus* des renseignements quelque peu instructifs sur l'état de la science astronomique à la fin du XIIe siècle. C'est ainsi que nous n'y trouverions même pas une allusion au phénomène de la précession des équinoxes, bien que ce phénomène fût étudié dans tous les traités qu'Alain avait probablement lus.

Arrivée à la limite du ciel des étoiles fixes, la Prudence cesse d'être guidée par la Raison, alors que la Raison, mieux informée des doctrines astronomiques du temps, lui eût encore montré la neuvième sphère et expliqué comment cette sphère est le véritable premier mobile.

Ce n'est plus la Raison, c'est la Théologie qui conduit la Prudence au sein des eaux supérieures au firmament; entre les théories multiples que les auteurs ont proposées au sujet de ces eaux, la Prudence ne sait où fixer son choix[1] :

> Nec mirum si cedit ad hæc Prudentia, quæ sic
> Excedunt matris Naturæ jura, quod ejus
> Exsuperant cursus, ad quæ mens deficit, hæret
> Intellectus, hebet ratio, sapientia nutat,
> Tullius ipse silet, rancescit lingua Maronis,
> Languet Aristoteles, Ptolemæi sensus aberrat.

Au sortir du ciel aqueux, c'est encore, bien entendu, la Théologie, et non pas la Raison, qui introduit la Prudence dans l'Empyrée[1] où s'achèvera cette ascension vers Dieu.

1. Alani de Insulis *Anticlaudianus*, lib. V, cap. VI; éd. cit, col. 526.
1. Alani de Insulis *Anticlaudianus*, lib. V, cap. VII.

CHAPITRE V

L'ASTRONOMIE DES SÉCULIERS AU XIIIᵉ SIÈCLE

I

LE PRÉAMBULE DES **Tables de Londres**

Nous avons épuisé les rares documents astronomiques, relatifs au XIIᵉ siècle, qu'il nous ait été donné de recueillir. L'écrit que nous allons étudier maintenant nous introduit en plein treizième siècle, puisque nous serons amenés à lui attribuer **1232** comme date probable. En outre, ce n'est pas seulement dans le temps, c'est aussi dans l'espace que nous franchissons une grande distance ; la dernière œuvre, écrite par un astronome de profession, que nous ayons étudiée est le traité qui accompagnait les *Tables de Marseille* ; nous allons analyser le préambule des *Tables de Londres*. A la vérité, les astronomes de ce temps ne redoutaient guère de franchir cette distance, puisqu'en cette même année **1232**, nous verrons qu'un Anglais, Guillaume, professait, à Marseille, la Médecine et l'Astronomie.

Le petit écrit dont nous allons parler se trouve inséré, nous ne savons par quel hasard, dans une fort belle collection [1], conservée à la Bibliothèque Nationale, et dont toutes les autres pièces concernent une œuvre que nous étudierons plus tard, celle de l'astronome gênois Andalò di Negro.

Une main du XIVᵉ siècle, qui n'était pas celle du copiste, a écrit dans la marge supérieure du premier feuillet de cet ouvrage :

1. Bibliothèque Nationale, fonds latin, ms. n° 7272, fol. 60, col. a, à fol. 67, col. d.

Incipit spera Thebit. Que cette indication soit purement erronée, ce que nous allons dire le montrera de reste.

Le copiste lui-même a écrit le titre suivant : *Alius tractatus de spera. Liber secundus.* Ici encore, il semble bien que nous devions relever une erreur. Le traité que nous allons lire ne ressemble aucunement au second livre d'un ouvrage dont le premier livre ferait défaut ; il paraît complet.

Il se compose de cinq chapitres.

Le premier chapitre débute par cette phrase [1] :

« *Mundus est universitas rerum visibilium cujus centrum est terra, superficies vero est firmamentum* ». Il est consacré à des considérations extrêmement élémentaires sur les quatre éléments et sur le mouvement des corps graves et légers.

Le deuxième chapitre, intitulé [2] : *De differentia celorum*, commence par définir la substancce des cieux, substance que l'auteur nomme éther ou encore cinquième essence [3] ; ce dernier nom est une trace de l'influence que la Physique péripatéticienne commence à exercer ; aucun scolastique n'avait parlé, jusqu'alors, de cette essence céleste conçue par Aristote ; mais que cette trace est encore faible, et que cette influence est fugitive !

Cette essence céleste est divisée en neuf orbes ou sphères [4] ; un orbe est attribué à chacun des astres errants ; la huitième sphère est celle des étoiles fixes. « Par dessus toute celles-là, est une neuvième sphère que nous appelons le premier mobile ; c'est par suite du mouvement de cette sphère que sont mues toutes les sphères inférieures qu'elle contient. Ainsi dit-on qu'il existe neuf cieux mobiles.

» Il faut donc qu'il existe un autre ciel immobile dont toutes les sphères inférieures reçoivent le mouvement et la puissance. Il est donc nécessaire que nous déclarions et que nous confessions un dixième ciel au-dessus du neuvième ; c'est en ce ciel que réside la gloire de Dieu ». A l'appui de l'existence de cet Empyrée immobile, l'auteur cite divers textes de l'Écriture.

« Les étoiles (*stellæ*) sont ainsi nommées [5] de *stando*, car elles demeurent en leurs lieux, fixes, immobiles et arrêtées. Elles se meuvent toutefois avec toute la roue du firmament, comme des clous fichés en une roue, selon Aristote. Selon les astronomes,

1. Ms. cit., fol. 60, col. a.
2. Ms. cit., fol. 60, col. c.
3. Ms. cit., fol. 60, col. d, et fol. 61, col. a.
4. Ms. cit., fol. 61, col. a.
5. Ms. cit., fol. 60, coll. c et d.

elles se meuvent d'un degré en cent ans, tout en gardant des figures et des constellations invariables. »

L'auteur admet, pour les étoiles fixes, l'opinion d'Aristote, selon laquelle un astre n'a d'autre mouvement que celui de la sphère solide en laquelle il est serti. Il ne garde pas cette hypothèse pour les astres errants. « L'éther [1] qui compose les neuf sphères doit, il est vrai, être considéré comme une substance unie et continue qui est mue toute ensemble d'Orient en Occident » par le mouvement diurne. Mais il n'en est pas de même des planètes. « Le chemin de chaque planète dans le ciel [2] n'est pas un corps solide, une chose rigide en laquelle la planète soit mue ; bien au contraire, c'est par elle-même que la planète se meut dans l'éther. On dit que les planètes sont les unes au-dessous des autres par locution analogique ; on emploie ce terme dans la pensée que chacune d'elles est d'autant plus éloignée de la Terre qu'elle est plus légère, et d'autant plus déprimée au sein de l'éther qu'elle est plus lourde ». Nous voici bien loin des principes péripatéticiens retatifs à la cinquième essence ; ces astres errants qui, selon qu'ils sont plus ou moins lourds, se tiennent plus ou moins bas au sein d'un éther fluide, nous rappellent les idées de Pline l'Ancien, et l'ouvrage que nous analysons en prend un caractère archaïque bien marqué ; on le devine contemporain des premiers rapprochements entre la vieille Astronomie du Moyen Age et la Physique péripatéticienne ; celle-ci ne s'est pas encore entièrement substituée à celle-là.

L'objet que notre auteur se propose est tout semblable à celui qui a sollicité les efforts de l'Astronome marseillais dont l'œuvre a été précédemment étudiée. « Nous désirons, dit-il [3], aborder un livre des cours des planètes, c'est-à-dire des tables d'Astronomie ». « Il faut savoir, poursuit-il [4], quelle est la longitude de la ville sur laquelle ces tables sont fondées ». Ce renseignement, il va nous le donner [5] : « La ville sur laquelle ces tables sont fondées est Londres ; la longitude de Londres, à l'occident d'Arim, ville de l'Inde, est 57° ; sa latitude est 51° » [6].

C'est donc une introduction à des tables astronomiques, dressées pour le méridien de Londres, que nous avons sous les yeux.

1. Ms. cit., fol. 60, col. d.
2. *Op. laud.*, cap. V : De notificatione quorundum terminorum supradictorum, et primo quid sit radix ; ms. cit., fol. 66, col. a.
3. *Op. laud.*, cap. IV : De tractatu Zodiaci ; ms. cit., fol. 65, col. d.
4. *Op. laud.*, *loc. cit.*, ms. cit. ; fol. 66, col. a.
5. *Op. laud.*, cap. V ; ms. cit. ; fol. 67, col. c.
6. Le copiste, qui a constamment altéré les nombres écrits en chiffres, a mis 19 et 15 au lieu de 57 et de 51.

L'auteur y donne la définition des différents termes usités en ces tables. Les connaissances astronomiques dont il a besoin pour cela, nous pouvons deviner d'où il les a tirées : « La longitude d'une ville, nous dit-il en ses définitions [1], est sa distance à l'ouest de la cité d'Arim, ville de l'Inde qui est exactement située sous le milieu de la zone torride ; c'est sur [le méridien de] cette ville que Ptolémée a composé l'*Almageste*, d'où les tables ont été tirées par le traducteur ; maître Gérard de Crémone (*Gelaldus Cremonensis*) dit que la distance de la ville de Tolède à Arim est de quatre heures et un dixième, ce qui fait 61° 5' [2]. »

Il semble bien résulter de ce passage que notre auteur ne connaissait que par ouï-dire l'*Almageste* de Ptolémée; en revanche, il lisait la *Théorie des planètes* de Gérard de Crémone. Dès 1232 donc (car c'est, nous l'allons voir, la date probable des *Tables de Londres*), cet ouvrage était lu et attribué à Gérard de Crémone, ce qui enlève toute possibilité de l'attribuer à Gérard de Sabionetta.

D'autres renseignements intéressants peuvent encore être tirés de la lecture de notre petit traité.

Près d'un siècle s'était écoulé depuis le temps où les *Tables de Marseille* avaient été dressées ; notre auteur nous apprend que, pendant ce temps, l'Bstronome marseillais avait eu de nombreux imitateurs ; il nous parle, en effet, d'une foule de tables astronomiques dressées au méridien de diverses villes [3] : « Dans les tables de Paris, de Londres, de Marseille, de Pise, de Palerme, de Constantinople, les lieux des planètes sont déterminés au moyen des années solaires, tandis que dans les tables de Gênes et de Tolède, ils sont déterminés au moyen des années lunaires. »

Un passage qui mérite de retenir l'attention est celui où notre auteur parle de l'erreur qui affecte le calendrier [4] :

« L'année, dit-il peut être solaire ou lunaire.

» L'année solaire est cet espace de temps au bout duquel le

1. *Op. laud.*, cap. V ; ms. cit., fol. 67, col. c.

2. Le texte porte : 61°7' — Au commencement du septième chapitre des *Theoricæ planetarum*, Gérard de Crémone dit ce qu'était la ville d'Arim et donne la liste des auteurs qui ont, selon lui, construit des tables rapportées au méridien d'Arim ; parmi ces auteurs, il range Ptolémée. Il ajoute : « Celui qui veut transformer les tables pour d'autres lieux, retranchera ou ajoutera le cours moyen des astres pendant autant d'heures qu'il y en a dans la distance d'Arim à ces lieux ». Les éditions des *Theoricæ planetarum* qu'il nous a été donné de consulter n'indiquent pas quel est ce nombre pour la ville de Tolède, soit que les copistes aient laissé tomber cette indication, soit, plutôt, qu'elle fût une glose introduite au manuscrit dont usait notre astronome anglais. Néanmoins, il ne paraît pas douteux que l'allusion faite par celui-ci n'eût trait au passage des *Theoricæ planetarum* dont nous venons de parler.

3. *Op. laud., loc. cit.*, fol. 67, col. c.

4. *Op. laud., loc. cit.*, fol. 66, coll. c et d.

Soleil, partant d'un point déterminé du firmament, revient au même point, ce qui, on le sait, arrive après 365 jours et un peu moins de six heures...

» Les computistes ecclésiastiques ne tiennent pas un compte exact de cet *un peu moins* ; et l'erreur qui en résulte s'est accrue au point que les fêtes ne sont plus célébrées quand elles doivent l'être. Bien plus, de la naissance du Christ jusqu'aujourd'hui, les fêtes des saints et les quatre-temps ont déjà rétrogradé de dix jours et plus par rapport aux solstices et aux équinoxes.

» Le solstice d'hiver, qui se trouvait alors au jour même de la naissance du Christ, se trouve maintenant dix jours avant. J'en dis autant du solstice d'été qui avait lieu à la fête de Saint Jean ; il a lieu maintenant dix jours avant. De même en est-il des équinoxes et des fêtes des saints.

» Aussi, si le Monde dure encore seize mille ans, la Nativité du Seigneur se trouvera en été ; l'été a lieu, en effet, lorsque le Soleil entre dans le Cancer ; on est, au contraire, en hiver, quand le Soleil est dans le Capricorne ».

Ce passage nous montre que les questions relatives à la Chronologie sont traitées avec un soin particulier en l'opuscule que nous analysons ; c'est ce qui nous permettra, croyons-nous, de le dater ; voyons de quelle manière.

Le copiste auquel nous devons la collection où se rencontre cet opuscule, utilisait tous les espaces blancs du parchemin, au risque de brouiller un peu les traités les uns avec les autres. Ainsi, entre le troisième chapitre et le quatrième chapitre du préambule des *Tables de Londres*, nous trouvons une figure [1] où les diverses sphères célestes sont représentées et où sont inscrites les dimensions de chacune d'elles ; cette figure n'a que faire en cet endroit ; elle a trait à la *Theorica distantiarum omnium sperarum, circulorum et planetarum a terra et magnitudine eorum* d'Andalò di Negro, traité qui commence vingt feuillets plus loin [2].

De même, en divers endroits du manuscrit, nous trouvons des tables qui sont sans lien avec les écrits d'Andalò di Negro ; ces tables sont toutes relatives à la Chronologie ; la comparaison avec le préambule des *Tables de Londres* nous paraît démontrer qu'elles nous présentent quelques-unes de ces tables, celles qui venaient en premier lieu.

Ainsi, à la suite de la *Théorie de la distance des sphères* d'An-

1. Ms. cit., fol. 64, r°.
2. Ms. cit., fol. 85, col. a, à fol. 99, col. d.

dalò di Negro [1], nous trouvons une table où sont indiquées les années initiales des principales ères ; nous y trouvons les *Anni Alexandri seu anni græcorum* (ère chaldéo-macédonienne), les *Anni æræ Cæsaris Augusti* (ère d'Espagne), les *Anni Arabum scilicet Machometi* (ère de l'Hégire), les *Anni Persarum id est iezdazir* (ère de Yezdegerd), les *Anni Ægyptiorum id est Chiluenidæ* (ère de Dioclétien, utilisée en Éthiopie). Or, les principales se trouvent, en effet, mentionnées au préambule des *Tables de Londres* [2] ; la liste que nous venons de citer figurait certainement parmi ces tables ; elle en formait vraisemblablement le début.

Aux *anni expansi*, comptées une par une, l'introduction aux *Tables de Londres* oppose les *anni collecti* [3]. « On dit : années réunies (*anni collecti*) parce qu'on réunit ensemble les mouvements des planètes pendant un certain nombre d'années pour en former une seule ligne ». Cette phrase est suivie de cette autre, qui appelle un commentaire : « *In quibusdam tamen tabulis colliguntur isti anni per* 20 *et* 20, *ut in Hyspanis et Londonibus ; in quibusdam per* 30 *et* 30, *ut in Januensibus et Tolletanis* ».

Les *Tables de Tolède*, construites au moyen des années lunaires, présentaient des tables où ces années étaient groupées trente par trente ; les *Tables de Gênes* les imitaient en cela ; nous n'avons pas à nous en étonner ; nous savons quelles étaient calculées, elles aussi, en années lunaires ; vraisemblablement, elles étaient une simple transposition des *Tables de Tolède* au méridien de Gênes.

Les tables dressées au méridien de villes chrétiennes étaient, en général, calculées en années solaires ; ainsi en était-il, nous l'avons vu, des *Tables de Marseille* ; aux *Tables de Marseille*, notre auteur joint celles de Paris, de Londres, de Pise, de Palerme et de Constantinople.

Or, dans les tables calculées en années solaires, les années étaient réunies, ordinairement, non plus trente par trente, mais vingt-huit par vingt-huit, vingt-huit années juliennes ayant à peu près même durée que vingt-neuf années arabes. Ainsi avons-nous vu que, dans les *Tables de Marseille*, les *anni collecti* formaient des groupes de vingt-huit années.

Cela posé, revenons à la phrase que nous avons citée. Qu'est-ce que ces *Tables d'Espagne*, *Tabulæ hyspanæ* ? Nous n'en connaissons pas qui portent ce nom, que notre auteur ne reproduit pas lorsqu'un peu plus loin, il donne la liste des tables calculées en

1. Ms. cit., fol. 100, r°.
2. *Op. laud.*, cap. V ; ms. cit., fol. 67, coll. c et d.
3. *Op. laud.*, *loc. cit.* ; ms. cit., fol. 67, col. b.

années solaires. Les tables astronomiques, d'ailleurs, sont généralement désignées par le nom de la ville dont elles adoptent le méridien ; *hyspanæ* ne pourrait être une telle désignation. Au lieu de *Tabulæ hyspanæ*, ne faut-il pas lire : *Tabulæ pisanæ*, les *Tables de Pise* étant précisément au nombre de celles que cite notre auteur ?

D'autre part, au lieu de : *Isti anni colliguntur per 20 et 20*, ne faut-il pas lire : *Isti anni colliguntur per 28 et 28* ? L'erreur du copiste serait bien vraisemblable ; il en commettait une plus grosse lorsqu'il donnait à Londres 15° de latitude au lieu de 51°. Si cette correction est justifiée, les *Tables de Pise* et les *Tables de Londres*, tout comme les *Tables de Marseille,* qui ont dû leur servir de modèles, auraient réuni les années par groupes de vingt-huit.

Dès lors, nous n'aurions plus aucune hésitation à restituer aux *Tables de Londres* les tables transcrites au verso du premier feuillet de garde du manuscrit que nous avons étudié.

C'est encore de Chronologie qu'il est question dans ces tables ; elles sont destinées à établir la concordance entre l'évaluation du temps chez les Chrétiens et l'évaluation du temps chez les Arabes. Cette concordance est présentée, d'une part, pour les *anni expansi*, ces années étant comptées de 1 à 28. d'autre part, pour les *anni collecti*, formant des groupes de vingt-huit ans.

Or les *anni collecti* progressent, de vingt-huit ans en vingt-huit ans, de l'an 1232 à l'an 1540. Les *Tables de Londres* auraient donc eu pour origine, pour *radix*, l'an 1232, et l'opuscule que nous venons d'étudier serait ainsi daté.

Après en avoir déterminé la date, en pourrions-nous nommer l'auteur ?

Les dernières lignes de ce petit traité sont les suivantes [1] :

« *Secundum tabulas quoque istas annus incipit in Martio* [2] *et quelibet dies incipit a medio sui et finitur et terminatur in medio quidem sui. Secundum magistrum P. etc.* »

Ordinairement, dans les textes du Moyen Age, la lettre *P* représente le mot *Petrus*. L'auteur de l'introduction aux *Tables de Londres* serait donc un certain *Magister Petrus*.

Tout aussitôt vient à la pensée ce *Magister Petrus* que Bacon

1. Ms. cit., fol. 67, col. d.

2. Cette indication est conforme à la liste des *Menses christiani* et de leurs *dies* que contient le texte copié sur le verso du premier feuillet de garde et que nous proposons d'attribuer aux *Tables de Londres* ; cette liste commence par *Martius*. Les *Tables de Marseille* faisaient commencer l'année en Janvier.

nomme en son *Opus tertium* [1] et dont bien souvent, sans le nommer, il fait un si enthousiaste éloge [2].

De ce Maître Pierre, Bacon nous fait connaître plus complètement le nom ; dans un passage de l'*Opus tertium* où il parle au pape Clément IV des mathématiciens de ce temps (1267), il s'exprime en ces termes [3] :

« Il n'y en a que deux qui soient parfaits ; ce sont maître Jean de Londres, et un picard, maître Pierre *de Maharne-curia*. Il y en a deux autres qui sont bons ; ce sont maître Campanus de Novare et maître Nicolas, docteur de Monseigneur Amaury de Montfort ».

Or le picard Pierre de Maricourt, surnommé Pierre le Pélerin, est demeuré dans l'histoire de la Physique par une de ses œuvres. Le 8 août 1269, du camp où Charles d'Anjou tenait le siège devant Nocera, *Petrus Peregrinus Maricurtensis* envoyait au chevalier Siger de Foucaucourt une *Epistola de magnete* où les propriétés essentielles des aimants étaient exposées avec une parfaite clarté ; la première partie de cette lettre mérite d'être citée comme un modèle de l'art de ranger les expériences en une suite logique, et d'en tirer exactement les enseignements qu'elles contiennent [4].

Pierre le Pélerin qui composait cette lettre en 1269, qu'en 1267, Bacon citait comme le plus sage de Latins, est-il le même que maître Pierre qui, en 1232, dressait les *Tables de Londres* ? Cette identité est possible ; elle ne paraît pas très probable ; elle n'a rien d'assuré.

II

JOANNES DE SACRO-BOSCO

Le mathématicien dont nous allons nous occuper maintenant était anglais et contemporain de l'auteur des *Tables de Londres*. Il s'appelait Jean et était originaire de Holywood (aujourd'hui Halifax) ; aussi, le latin du Moyen Age le nomme-t-il Joannes de Sacro-

1. ROGERI BACON *Opus tertium*, cap. XIII (FRATRIS ROGERI BACON *Opera quædam hactenus inedita* ; éd. Brewer, London, 1859, p. 43).

2. ROGERI BACON *Opus tertium*, capp. XII, XIII et XXXIII ; éd. cit., pp. 41, 46-47, 113. — FRATRIS ROGERI BACON *Opus majus ad Clementem IV*, Pars IV, Dist. II, cap. II ; éd. S. Jebb, p. 70 ; éd. Bridges, t. I, p. 116.

3. ROGERI BACON *Opus tertium*, cap. XI ; éd. cit., pp. 34-35.

4. La plus récente et la meilleure édition de l'*Epistola de magnete* est celle qui se trouve dans : *Neudrucke von Schriften und Karten über Meteorologie und Erdmagnetismus, herausgegeben von Professor* Dr G. HELLMANN, no 10, *Rara magnetica*. Berlin, 1896.

Bosco ou Joannes de Sacro-Busto. On l'a souvent identifié au Jean de Londres que Bacon place auprès de Pierre de Maricourt pour former le duo des seuls mathématiciens parfaits qui soient, en 1267, parmi les Latins ; cette identification n'a, d'ailleurs, rien de certain. On connaît peu de choses sur ce Joannes de Sacro-Bosco ; les biographes de la Renaissance écrivent, on ne sait sur quel renseignement, qu'il fut docteur de Paris.

Joannes de Sacro-Bosco eut le don de composer des traités élémentaires. Son *Algorismus* est resté, pendant tout le Moyen Age, le plus usité des manuels d'Arithmétique ; et, cependant, cet ouvrage fut moins lu, peut-être, que le petit écrit où Jean d'Holywood s'efforçait d'initier « les novices » aux vérités fondamentales de la Cosmographie et de l'Astronomie. La *Sphæra* ou le *Sphæricum opusculum* de Joannes de Sacro-Bosco, copié sans relâche, se répandit à profusion dans toutes les écoles ; les manuscrits qui le renferment fourmillent dans les bibliothèques ; ce fut le premier traité d'Astronomie reproduit par l'imprimerie naissante [1], qui en multiplia les éditions [2]. Au Moyen Age, au temps de la Renaissance, un très grand nombre de traités d'Astronomie reçurent la forme de commentaires à la *Sphère* ; on composait encore de tels commentaires vers la fin du XVIe siècle [3]. En plein XVIIe siècle, la *Sphère* de Jean d'Holywood servait encore de manuel d'Astronomie dans certaines écoles d'Allemagne et des Pays-Bas [4].

Cependant, les quatre chapitres qui devaient assurer à leur auteur cette réputation étendue et durable ne formaient qu'un petit traité bien humble, bien pauvre d'idées comme de faits et, pour tout dire, bien médiocre.

Ce que les premiers chapitres enseignaient des mouvements des sphères célestes n'excédait guère les connaissances astronomiques qu'on peut raisonnablement prêter à Pythagore ; au quatrième

1. Voici le titre de cette première édition : IOANNIS DE SACRO BOSCO ANGLICI V. C. *Spaera* (sic) *mundi feliciter incipit*. Le colophon porte : Impressi Andreas hoc opus cui Francia nomen tradidit : at civis Ferrariensis ego... MCCCCLXXII.

2. Houzeau et Lancaster (*Bibliographie générale de l'Astronomie*, Bruxelles, 1887, t. I. pp. 506-510, n°s 1639-1662), énumèrent cent-quarante-quatre éditions qui reproduisent, avec ou sans commentaire, le texte latin de la *Sphère* de Joannes de Sacro-Bosco. Il en existe, en outre, des traductions en Français, en Allemand, en Italien, en Espagnol, en Anglais et même en Hébreu.

3. Le commentaire de Giuntini est de 1578 (FR. JUNCTINI FLORENTINI, sacræ theologiæ doctoris, *Commentaria in Sphæram Joannis de Sacro Bosco accuratissima* ; Lugduni, apud Philippum Tinghium, MDLXXVIII).

4. *Sphæra* JOHANNIS DE SACRO BUSCO, *in usum scholarum Hollandiæ et West-Frisiæ emendata et illustrata* a Franc. Burgersdicio ; Lugduni Batavorum, ex officina Bonaventuræ et Abrahami Elzevier ; 1626, 1639, 1641, 1647 et 1656. — JOHANNIS DE SACRO BOSCO *Libellus de Sphæra ; accessit computus ecclesiasticus... cum Præfatione* PHILIPPI MELANCHTHONIS. Wittebergæ, 1629.

chapitre seulement, le système des épicycles et des excentriques était esquissé, mais d'une façon trop sommaire pour être claire.

Au delà de la sphère des étoiles fixes, Joannes de Sacro-Bosco place une neuvième sphère qu'il nomme la sphère du premier mobile ; mais il n'en justifie d'aucune manière l'introduction, car il ne fait pas la moindre allusion au phénomène de la précession des équinoxes.

Une courte allusion à ce phénomène se trouve dans le traité du *Calendrier ecclésiastique* composé par le même Joannes de Sacro-Bosco [1].

« La Grande Année, dit-il, est l'espace du temps au bout duquel toutes les planètes et, en même temps, toutes les étoiles de l'universel firmament reviennent aux places qu'elles occupaient à l'origine du Monde. Josèphe en a fait mention en ces termes :.... La Grande Année s'accomplit en six cents cycles annuels. Mais les philosophes ont émis une opinion plus exacte selon laquelle la Grande Année est définie par la somme de 15.000 années ; cette Année-là est celle de l'Univers entier...

» Toutefois, l'année parfaite de l'Univers semble contenir 36.000 révolutions solaires... »

On voit que Joannes de Sacro-Bosco s'en tenait à la détermination de la grandeur de la précession donnée par Ptolémée ; le système proposé par Thâbit ben Kourrah paraît lui être demeuré inconnu [2].

Le *Computus ecclesiasticus* de Joannes de Sacro-Bosco présente, pour nous, cet intérêt particulier qu'il est daté. Il se termine, en effet, par une pièce de vers où nous lisons :

Tu stabilire velis opus hoc per temporis ævum
M Christi bis C quarto deno quater anno
De Sacro Bosco discrevit tempora ramus.

Cet écrit fut donc composé en 1244 [3].

1. Joannis de Sacrobusto *Libellus de Sphæra*. Accessit ejusdem Autoris *Computus ecclesiasticus*, et alia quædam in studiosorum gratiam edita, cum præfatione Philippi Melanthonis. *Libellus* Joannis de Sacrobusto, *de anni ratione seu ut vocatur vulgo computus ecclesiasticus*. Cum præfatione Philippi Melanthonis, 1545. In fine : Impressum Vitebergæ, apud Vitum Creutzer. Anno MDXLV.

2. Peut-être Joannes de Sacro-Bosco faisait-il mention de ce système dans un écrit intitulé *Theorica planetarum* ou *Tractatus de numeris planetarum et de motibus ejusdem*. De ce traité, on signale deux manuscrits qui sont conservés l'un à la Bibliothèque de l'Université d'Oxford et l'autre au British Museum (Houzeau et Lancaster, *Bibliographie générale de l'Astronomie*, n°s 1663 et 1664). Mais, selon A. A. Björnbo, l'ouvrage que certains manuscrits attribuent à Joannes de Sacro-Bosco sous le titre de *Theorica planetarum*, n'est que la *Théorie* de Gérard de Crémone [A. A. Bjornbö, *Walter Brytes Theorica planetarum* (*Bibliotheca mathematica*, 3te Folge, Bd. VI, 1905 ; p. 113, n. 2)].

3. En 1550, Élie Vinet a composé, sur la *Sphère* de Sacro-Bosco, de courts

III

MICHEL SCOT

Jusqu'au début du XIIIe siècle, tous les traités astronomiques que les traducteurs avaient fait connaître aux Latins s'accordaient à leur présenter le système de Ptolémée comme admis sans conteste aussi bien par les astronomes de l'Islam que par les astronomes grecs. Sans doute, les *Libri novem Astronomiæ* que Geber s'était attribués dérangeaient l'ordre dans lequel l'Astronome de Péluse avait superposé les sphères des astres errants ; sans doute, le *Tractatus de motu octavæ sphæræ*, mis sous le nom de Thâbit ben Kourrah, donnait aux étoiles fixes un mouvement d'accès et de recès au lieu du mouvement de précession continuellement dirigé d'Occident en Orient ; mais aucune de ces corrections ne jetait le moindre discrédit sur les agencements d'excentriques et d'épicycles par lesquels l'*Almageste* sauvait les mouvements du Soleil, de la Lune et des cinq planètes. Les astronomes de la Chrétienté latine avaient donc pu donner leur confiance à cette construction astronomique sans qu'aucun soupçon les fît douter de la solidité des hypothèses qui la portent.

Mais voici venir le temps où la *Théorie des planètes* d'Al Bitrogi va leur être révélée, où ils vont apprendre que des savants se sont rencontrés pour douter du bien-fondé des doctrines de l'*Almageste*. Au sein de la Scolastique, va se poursuivre la guerre, que les Grecs et les Arabes ont déjà connue, entre l'Astronomie de Ptolémée et la Physique d'Aristote.

« La Philosophie d'Aristote », disait Roger Bacon[1] en 1267, « a

scholies qui sont joints à certaines éditions de cet ouvrage. Ces éditions sont précédées d'une préface du même Élie Vinet ; dans cette préface, le célèbre érudit saintongeois mentionne la pièce de vers dont nous venons de parler et en conclut que le *Computus* fut écrit en 1256 ; c'est là une erreur de lecteur ou de copiste. Riccioli, dans la chronique qui se trouve au début de son *Almagestum novum*, s'appuie sur l'autorité d'Élie Vinet pour prétendre que la *Sphère* fut écrite en 1256. Paul Tannery a corrigé ces fausses interprétations [PAUL TANNERY, *Le traité du quadrant de Maître Robert Anglès* (*Montpellier, XIIIe siècle*). *Texte latin et ancienne traduction grecque* (*Notices et extraits des manuscrits de la Bibliothèque Nationale*, t. XXXV, deuxième partie, 1897, p. 583, en note)].

1. FRATRIS ROGERI BACON, *Ordinis Minorum*, *Opus majus ad Clementem quartum, Pontificem Romanum*, ex MS. Codice Dubliniensi cum aliis quibus dam collato nunc primum edidit S. Jebb, M. D. ; Londini, typis Gulielmi Bowyer, MDCCXXXIII ; pp. 36-37. Éd. Bridges, vol. I, p. 55.

pris un grand développement chez les Latins lorsque Michel Scot parut, apportant certaines parties des traités mathématiques et physiques d'Aristote et de ses savants commentateurs. »

Parmi les traductions que les manuscrits attribuent à Michel Scot[1], se trouve, en particulier, la traduction du *De Cælo et Mundo* d'Aristote et du commentaire d'Averroès sur cet écrit.

Une seule[2] de ces traductions est datée ; mais elle l'est avec une précision singulière : « *Translatus est a Magistro Michaele Scoto, Tholeti, in 18° die Veneris Augusti, hora tertia, anno incarnationis Christi MCCXVII.* » Cette traduction, faite à Tolède en 1217, est celle de l'*Astrologie* d'Al Bitrogi, qu'elle nomme *Avenalpetrardus*, transcription du titre d'Ibn al Bitrogi que l'auteur se donne à la fin de son ouvrage.

Ces traductions du *De Cælo* d'Aristote, du *Commentaire* d'Averroès, de la *Théorie du mouvement des planètes* d'Al Bitrogi allaient répandre, au sein de la Scolastique occidentale, la doctrine des sphères homocentriques.

A ce moment, les « Latins » selon le mot par lequel Roger Bacon et nombre de ses contemporains désignent les membres de la Chrétienté d'Occident, se trouvent aux prises avec deux dilemmes, dont l'un concerne la Métaphysique et l'autre l'Astronomie.

En Métaphysique, faut-il accepter comme véritable le grandiose enseignement d'Aristote et de ses commentateurs, péripatéticiens ou néo-platoniciens, hellènes, arabes, ou juifs ? Faut-il, au contraire, tenir fermement pour la doctrine catholique qui, de cet enseignement, condamne nombre de dogmes essentiels ?

En Astronomie, faut-il recevoir les principes si logiquement coordonnés, si solidement agencés de la Physique péripatéticienne, principes qui nous obligent à n'attribuer aux corps célestes que des mouvements circulaires, uniformes et concentriques à la Terre ? Faut-il, au contraire, ajouter foi au témoignage des sens aidés des instruments astronomiques, qui nous montre la variation du dis-

1. Sur Michel Scot, voir : Amable Jourdain, *Recherches critiques sur l'âge et l'origine des traductions latines d'Aristote et sur les commentaires grecs ou arabes employés par les docteurs scholastiques ;* Paris, 1819 ; pp. 130-141. — Ernest Renan, *Averroès et l'Averroïsme, essai historique.* Paris, 1852, pp. 162-166

2. Bibliothèque Nationale, fonds latin, n° 16654 ; autrefois, fonds Sorbonne, n° 1820 ; Cf. : Amable Jourdain, *Op. cit.*, p. 139. — La Bibliothèque nationale possède un autre exemplaire (fonds latin, n° 7399) de la même traduction ; celui-ci porte les mêmes indications, avec la date de 1255 ; cette date équivaut, en l'ère espagnole, à la date de 1217 de l'ère chrétienne ; le début de ce manuscrit est reproduit par Amable Jourdain, *Op. cit.*, pp. 508-509.

mètre apparent de certains astres, qui nous fait observer, au même point du Zodiaque, des éclipses de Soleil tantôt totales et tantôt annulaires, qui, partant, nous contraint de conclure que le Soleil, la Lune et les planètes ne sont pas toujours à la même distance de la Terre ?

Ainsi la Doctrine catholique, d'une part, et, d'autre part, la Science expérimentale, que représentait alors le système de Ptolémée, allaient avoir, toutes deux, à livrer bataille ; de l'une et de l'autre, l'adversaire était le même ; c'était le parti d'Aristote et de ceux qui l'ont suivi, « *Aristoteles et ejus sequaces* », selon l'expression qu'employait volontiers Guillaume d'Auvergne ; c'était, comme on disait encore, le parti des Philosophes, des Physiciens (*Naturales*).

Comme elles avaient à lutter contre un même ennemi, la Science expérimentale et la Doctrine catholique allaient se trouver, de fait, alliées l'une de l'autre ; chacune d'elles, en bataillant pour elle-même, allait venir en aide à la querelle de l'autre ; bien souvent, d'ailleurs, les mêmes hommes devaient commander alternativement la charge contre la Philosophie gréco-arabe sur les deux champs qu'elle prétendait envahir.

Pour la clarté de l'exposition, il nous faudra mener séparément les récits de ces deux batailles dont, pendant un siècle, les diverses péripéties se trouvèrent entremêlées d'une façon si intime. Dans la troisième partie et dans la quatrième partie de cet ouvrage, nous conterons quels assauts la Scolastique latine lança contre la Métaphysique gréco-arabe. Nous allons consacrer le reste de cette seconde partie à montrer comment l'Astronomie de Ptolémée parvint à triompher du système des sphères homocentriques que la *Théorie des planètes* d'Al Bitrogi, traduite par Michel Scot, avait révélée aux Chrétiens d'Occident.

Les propres écrits de Michel Scot étaient également destinés à favoriser la diffusion de cette doctrine.

Lorsqu'il traite, dans son ouvrage sur *les Météores*, de la théorie de l'arc-en-ciel, Albert le Grand expose [1] et rejette l'opinion que Nicolas le Péripaticien avait émise en ses *Questions;* à sa critique, il ajoute ces sévères paroles : « Dans le livre qui a pour titre : *Questions de Nicolas le Péripatéticien*, il y a des affirmations honteuses (*fœda dicta*) ; aussi ai-je coutume de prétendre que ce livre n'est pas l'œuvre de Nicolas, mais celle de Michel Scot ; et celui-

1. ALBERTI MAGNI *Metheororum* liber III ; tractatus IV : De coronis et iride quæ apparent in nubibus ; cap. XXVI : Et est digressio declarans sententiam Avicennæ, et Algazelis, et Nicolai Peripatetici de iride.

ci, à dire vrai, n'a jamais su la Physique ni bien compris les livres d'Aristote ».

De même qu'Albert le Grand a cité les *Quæstiones* de Nicolas le Péripatéticien à propos de la théorie de l'arc-en-ciel, de même Pierre d'Abano invoque[1] les *Problemata* de Nicolas le Péripatéticien à propos de la nature des éléments. Or les propos de Pierre d'Abano paraissent bien apporter la preuve de l'accusation formulée par Albert le Grand.

Le Médecin padouan nous apprend, en effet, qu'au gré de Nicolas le Péripatéticien, l'air n'est chaud que d'une manière tempérée, tandis qu'il est humide au plus haut degré, parce que l'humidité lui est substantielle ; de même le froid est substantiel à l'eau, la sécheresse à la terre, la chaleur au feu.

Après avoir exposé cette opinion, Pierre d'Abano discute si « la qualité qui est, à titre principal, appropriée à un élément, en est la forme substantielle, comme Nicolas le Péripatéticien le paraît croire. »

Or cette doctrine qui nous est donnée comme propre à Nicolas le Péripatéticien, nous la reconnaissons, très explicitement formulée, dans un ouvrage de Michel Scot, dans ces *Questions sur la Sphère de Joannes de Sacro-Bosco* que nous allons analyser tout à l'heure.

« Remarquez, dit Michel[2], que tout élément a deux qualités dont une est essentielle et l'autre accidentelle. Ainsi, dans le feu, la chaleur est la qualité essentielle, tandis que la sécheresse est la qualité accidentelle. Dans l'air, l'humidité est essentielle et la chaleur accidentelle. Dans l'eau, le froid est essentiel et l'humidité accidentelle. Dans la terre, enfin, la sécheresse est essentielle et le froid est accidentel.

» En outre, dans certains éléments, la qualité accidentelle est plus manifeste que la qualité essentielle ; ainsi, dans l'eau, l'humidité est plus manifeste que le froid. »

N'est-il pas évident, maintenant, que ce sont ses propres pensées que Michel Scot a tenté de faire passer, comme Albert le Grand l'en accuse, sous l'autorité de Nicolas le Péripatéticien ?

Le XIIIe siècle possédait donc des *Questions* ou *Problèmes* portant sur les sujets qu'Aristote avait traités dans ses Μετεωρολογικά ; Michel Scot, sans doute, avait mis ces *Questions* en circulation, en

1. Petri de Abano Patavini *Conciliator differentiarum philosophorum et medicorum ;* differentia XIII.

2. Michaelis Scoti *Quæstiones super Auctorem sphæræ*. Au commentaire du passage qui débute par ces mots : Universalis Mundi machina.

les présentant comme la traduction d'un écrit de Nicolas de Damas; mais, si nous en croyons Albert le Grand, ces *Questions* étaient l'œuvre, fort médiocre, de Michel Scot.

Ces *Questions* sont aujourd'hui perdues.

Toutefois, dans un manuscrit de la Bibliothèque Nationale [1], Barthélemy Hauréau a découvert [2] un fragment qui a pour titre : *Extraits du livre de Nicolas le Péripatéticien. — Hec sunt extracta de libro Nicholai perypatetici.* Ce fragment, dit Renan [3], « offre la plus frappante analogie avec une digression du commentaire d'Averroès sur le XIIe livre de la *Métaphysique*, digression qui forme souvent dans les manuscrits un opuscule séparé, et dont les premiers mots sont : *Sermo de quæstionibus quas accepimus a Nicolao, et nos dicemus in his secundum nostrum posse.* Ces mots ont disparu dans les éditions imprimées ».

Or cet extrait des *Questions* de Nicolas le Péripatéticien se réduit à ceci [4]:

« Je dis que le temps est la mesure ou quantité du mouvement, en tant qu'il a un avant et un après. Le mouvement, en effet, est, comme le corps, au nombre des continus ; il faut donc que le mouvement, comme le corps, ait une certaine grandeur ; c'est cette grandeur qu'on appelle temps ou durée. A ce sujet, la doctrine d'Aristote diffère de celle de Platon. Aristote, en effet, en sa qualité de physicien, commence, comme la nature, par les choses les plus humbles ; Platon, à la manière de Dieu, commenca par les choses les plus puissantes; ce fut, en effet, un théologien; il imite le Seigneur qui a pris, pour commencer, la création la plus forte et la plus noble, la création des anges et des intelligences.

» Tout ciel est sphérique et tout corps sphérique est parfait; tout ciel est donc parfait ; mais aucun être parfait n'a besoin (*indiget*) de mouvement ; aucun ciel n'a donc besoin de mouvement. Mais les parties de ce ciel voient les biens qu'elles n'ont pas ; elles sentent que ces biens leur manquent ; alors elles se mettent en mouvement en vue d'acquérir ces biens qu'elles n'ont pas. Or le rapport que le tout a avec le tout, la partie l'a à l'égard de la partie. Notre salut s'accomplit donc dans le repos, tandis que le ciel atteint sa fin par le mouvement de ses parties ; et c'est là ce que dit Averroès. »

1. Bibl. Nat., fonds latin, ms. 16089, fol. 153, v°.
2. Barthélemy Hauréau, *De la philosophie scolastique*, t. I, pp. 470 seqq.
3. E. Renan, *Op. laud.*, pp. 165-166.
4. Se méfier de la traduction, riche en contre-sens, donnée par Hauréau et reproduite par Renan.

Ces doctrines sont attribuées, par le fragment manuscrit, à Averroès : « *Et hoc est quod dicit Averozt* ».

Il semble donc que le soi-disant Nicolas le Péripatéticien ne cherchât pas à dissimuler qu'il écrivait après Averroès. Il ne cherchait pas, non plus, à en juger par le premier des deux passages de l'extrait, à dissimuler l'influence chrétienne qu'il subissait. Le caractère apocryphe de ces questions sautait donc aux yeux.

Michel Scot, d'ailleurs, ne cachait pas sous le nom de Nicolas de Damas ses opinions, favorables à la théorie des sphères homocentriques ; c'est ainsi qu'il cite [1] Al Bitrogi dans le préambule de la traduction du *De Cælo et Mundo* d'Aristote.

A la demande de l'empereur Frédéric II, auprès duquel ses traductions et sa connaissance de l'Astrologie l'avaient mis en grande faveur, Michel Scot composa un commentaire et des questions sur la *Sphère* de Joannes de Sacro-Bosco [2].

Il est facile, en cet écrit, de retrouver mainte trace des doctrines d'Averroès et d'Al Bitrogi.

Une des questions qui y sont traitées est ainsi formulée : Le ciel,

1. AMABLE JOURDAIN, *Op. laud.*, p. 139.

2. Eximii atque excellentissimi physicorum motuum cursusque syderei indagatoris MICHALIS SCOTI *Super auctore Sperae cum questionibus diligiter emendatis*, incipit *expositio confecta Illustrissimi Imperatoris Domini D. Frederici precibus*. In fine : Bononiae... per Iustinianum de Ruberia, MCCCCLXXXV, die Septembris.

Nous connaissons de cet ouvrage trois autres éditions, dont deux de 1518 et une de 1531.

L'édition de 1531 a été décrite ci-dessus (Voir : Première partie, chapitre XI, § VI ; t. II, p. 146, en note) ; c'est celle qui contient la *Theorica planetarum* d'Alpétragius.

Les deux autres éditions sont les suivantes :

I. *Sphera cum commentis in hoc volumine contentis, videlicet :* CICHI ESCULANI *cum textu* — *Expositio* JOANNIS BAPTISTE CAPUANI *in eandem* — JACOBI FABRI STAPULENSIS — THEODOSII *de speris* — MICHAELIS SCOTI — *Questiones* revendissimi Dni PETRI DE ALIACO *etc* — ROBERTI LINCHONIENSIS *compendium* — *Tractatus de sphera solida* — *Tractatus de sphera* CAMPANI — *Tractatus de computo majori ejusdem*. — *Disputatio* JOANNIS DE MONTE REGIO — *Textus theorice cum expositione* JOANNIS BAPTISTE CAPUANI — PTOLEMEUS *de Specul̄is*. — Colophon : Venetiis impensa heredum quondam Domini Octaviani Scoti Modcotiensis, ac sociorum. 19 Januarii 1518.

II. *Sphera mundi noviter recognita cum commentariis et authoribus in hoc volumine contentis videlicet :* CICHI ESCULANI *cum textu*. — JOANNIS BAPTISTA *(sic)* CAPUANI — JACOBI FABRI STAPULENSIS — THEODOSII *de spheris cum textu*. — MICHAELIS SCOTI *questiones* — PETRI DE ALIACO cardinalis *questiones* — ROBERTI LINCONIENSIS *compendium* - THEODOSII item *de spheris cum textu*. — *Tractatus de sphera solida* — *Theorice planetarum conclusiones cum expositione* — CAMPANI *tractatus de sphera* — Ejusdem *tractatus de computo majori* — JOANNIS DE MONTE REGIO *in Cremonensem disputatio* — *Theorice textus cum* JOANNIS BAPTISTA *(sic)* CAPUANI *expositione* — PTOLEMEUS *de speculis*. — *Theorica planetarum* JOANNIS CREMONENSIS, plurimum faciens ad disputationem JOANNIS DE MONTE REGIO, quam in aliis hactenus impressis non reperies. — Colophon : Venitiis impensis nobilis viri Dni Luce Antonii de Giunta Florentini. Die ultimo Junii 1518.

en son entier, est-il un seul corps continu ? Non, répond Michel Scot, mais il est formé d'un certain nombre d'orbes contigus les uns aux autres. Entre deux orbes successifs, il ne peut exister d'intervalle, « car, entre ces deux orbes, il faudrait supposer soit le vide, soit un corps intermédiaire. Ce ne peut être le vide, qui est impossible. Ce ne peut, non plus, être un corps, car il faudrait que ce corps fût ou de nature céleste ou de la nature des éléments. Il ne peut être de nature élémentaire, car il serait corruptible et, dans le Ciel, selon Aristote, au IIe livre de la *Métaphysique*, rien ne peut changer en mal. Il ne peut davantage être de nature céleste, car alors les orbes qu'on a supposés séparés seraient contigus »... « Il existe un premier ciel absolument uniforme et absolument immobile ; en effet, comme il est sphérique et absolument homogène, il n'y a aucune raison pour qu'il commence à tourner dans un sens plutôt que dans l'autre ; il ne se mettra donc jamais en mouvement et il demeurera toujours immobile... D'ailleurs, comme le premier ciel est le plus noble de tous les corps, il reçoit sans aucun mouvement toute la perfection qu'il peut avoir.

» Le second ciel se nomme la neuvième sphère... Il reçoit de la lumière, mais n'en donne pas. Il est homogène en ce sens que ses parties ne diffèrent pas les unes des autres comme celles de la huitième sphère ; mais il présente une certaine difformité en ce qu'il a une droite et une gauche, ce que n'a pas le premier ciel ; il est donc mobile et son moteur est simple,.... en sorte que le ciel qui se trouve au-dessus de la sphère des étoiles se meut d'un mouvement simple et que son moteur est unique

» La troisième sphère est celle des étoiles ; elle est animée de plusieurs mouvements ; certaines parties de cette sphère sont constellées, d'autres non...

» Il faut placer ensuite les sept cieux des astres errants ; à l'égard de ces cieux, les sphères supérieures se comportent comme des âmes par rapport à des corps. Parmi les sept astres errants, le Soleil meut le feu, la Lune meut l'eau, d'autres meuvent l'air... Les étoiles de la huitième sphère meuvent la terre... »

Un peu plus loin, Michel Scot se demande si tous les cieux sont mus par un seul moteur ou par plusieurs moteurs. Il répond que « le mouvement des cieux est réglé par le mouvement du premier mobile, mais au moyen de deux mouvements, dont l'un est un mouvement réglé, et l'autre un mouvement réglant, en sorte qu'il suffit de supposer un moteur unique ». En ce *motus regulans*, on reconnaît sans peine le *mouvement complémentaire* qu'Al Bitrogi attribue en propre à chaque sphère, mouvement par lequel elle corrige le *défaut* de la rotation qui lui communique la neuvième sphère[1]; c'est assurément cette rotation imprimée du dehors que Michel Scot nomme *motus regulatus*.

Michel Scot ne cite, en cette exposition, aucun autre écrit que la *Métaphysique* d'Aristote et le *De substantia orbis* d'Averroès; mais, visiblement, il subit aussi l'influence de l'Astronomie d'Al Bitrogi; cette influence, d'ailleurs, n'est ni assez exclusive ni assez puissante pour le sauver de l'illogisme ; en d'autres parties de son écrit, il lui arrive, et cela à plusieurs reprises, d'invoquer l'excentricité de l'orbite solaire.

Nous avons vu Michel Scot attribuer à la sphère étoilée un pouvoir moteur capable d'influencer la terre ; de même, Al Bitrogi reliait au mouvement propre de cette sphère les grandes transformations qui ont mis dans le passé, qui mettront dans l'avenir des continents là où se trouvaient des mers, des mers aux lieux qu'occupaient des continents; Albert le Grand nous apprendra que d'autres astrologues arabes avaient professé et défendu cette opinion.

Dans une curieuse question, où il invoque l'autorité de ce *Liber de causis* qui eut si grande vogue auprès des Néo-platoniciens arabes et chrétiens, l'Astrologue de Frédéric II examine « si la première sphère est une cause plus puissante de génération et de corruption que les astres errants qui se trouvent sur l'écliptique ». Michel Scot pense que les générations et les corruptions dont le monde sublunaire est le théâtre sont surtout soumises aux influences des astres errants. La sphère supérieure, lorsqu'elle meut les sphères inférieures et les astres qu'elles renferment, engendre la continuité ; elle pourra, de même, produire des transformations dans le monde des éléments ; mais l'uniformité de sa disposition par rapport à ce monde l'empêchera d'y produire alternativement des effets opposés, comme la génération et la corruption.

Les événements brusques et discontinus qui se produisent en ce monde, les années alternatives d'abondance ou de stérilité, les pestes et les guerres dépendront du cours des astres errants et, surtout, de leurs dispositions relatives, telles que leurs conjonctions et leurs oppositions.

En cette question, nous reconnaissons une doctrine qu'Aristote avait déjà développée dans un chapitre, le dixième, du second livre *De la génération et de la corruption*. Les *Questions sur la Sphère* de Michel Scot montrent avec évidence l'emprise de la Physique péripatéticienne sur l'Astronomie.

1. Voir : Première partie, Ch. XII, § VI; t. II, p. 152.

IV

GUILLAUME D'AUVERGNE, ÉVÊQUE DE PARIS

A peine les traductions faites par Michel Scot eurent-elles révélé les doctrines aristotéliciennes aux Chrétiens d'Occident, qu'un champion se dressa, parmi eux, pour défendre l'orthodoxie menacée ; ce champion fut Guillaume d'Auvergne, né à Aurillac, qui occupa pendant vingt ans le siège épiscopal de Paris.

« Guillaume d'Auvergne [1], élevé au siège épiscopal de Paris en 1228, mourut en 1248, selon les historiens ecclésiastiques et les auteurs de la *Gallia christiana*. La fondation de Sainte-Catherine de la Couture, la dispersion de l'Université en 1229, l'érection de la chaire de Théologie chez les Franciscains et les Dominicains, l'admission des frères mendians au partage des honneurs académiques, le partage des bénéfices, objets de disputes très vives, enfin, ce qui nous intéresse le plus ici, la propagation des doctrines des philosophes grecs et arabes développées avec éclat par Albert le Grand, Alexandre de Halès, Robert, évêque de Lincoln, etc. ; tels sont les grands événements qui font de l'épiscopat de Guillaume d'Auvergne l'une des époques les plus intéressantes de l'histoire ecclésiastique de la France. »

Guillaume d'Auvergne ne s'est pas borné à présider à ce mouvement intellectuel intense qui se développa vers l'an 1230 et qui eut Paris pour centre ; il a pris part à ce mouvement, et d'une manière très active, par ses propres ouvrages ; mieux encore, on doit le regarder comme un initiateur ; il est le premier qui se soit emparé de la Philosophie et de la Science grecques et arabes importées par les traducteurs et, particulièrement, par Michel Scot ; il est le premier qui ait tenté d'épurer ces doctrines, de rejeter ce qu'elles contenaient de contraire à la foi chrétienne, de fondre le reste avec les enseignements de l'Église afin d'en composer une synthèse propre à satisfaire la raison catholique ; il a ouvert la voie où devaient marcher, avec plus ou moins d'audace, la plupart des grands scolastiques du XIIIe siècle.

1. JOURDAIN, *Recherches critiques sur l'âge et l'origine des traductions latines d'Aristote*, Paris, 1819 ; pp. 316-317. La notice sur Guillaume d'Auvergne, qui occupe, en cet ouvrage, les pp. 316 à 329, est d'un grand intérêt.
Voir aussi, sur ce personnage :
NOËL VALOIS, *Guillaume d'Auvergne, Évêque de Paris (1228-1249). Sa vie et ses ouvrages*, Paris, 1880.

Ses nombreux écrits ont été, plus ou moins complètement, réunis et publiés ; nous avons eu en mains trois éditions [1] de ses œuvres, qui ont été données à Paris, par François Regnault, en 1516 ; à Venise, par Damiano Zanari, en 1591 ; et de nouveau à Paris, en 1674, par Louis Billaine.

Parmi les divers ouvrages, philosophiques ou théologiques, qui composent cette collection trois fois imprimée, il en est un que son étendue même signale tout d'abord à l'attention ; c'est l'ample traité qui a pour titre *De Universo*.

Rien n'est plus propre à faire apprécier la renaissance scientifique dont la Chrétienté latine fut le théâtre pendant le second quart du XIIIe siècle, rien ne sert mieux à assigner le rôle que Guillaume d'Auvergne a joué dans cette renaissance, qu'une étude approfondie et comparée du *De Universo*.

Cet écrit forme la transition naturelle entre les anciens traités *De l'Univers* composés par Isidore de Séville, par Bède le Vénérable, par le Pseudo Bède, par Honorius Inclusus, et les encyclopédies qu'écriront, durant la seconde moitié du XIIIe siècle, les Albert le Grand et les Vincent de Beauvais.

Le traité de Guillaume d'Auvergne se rattache encore, par des liens nombreux, à la tradition qu'a inaugurée le *De natura rerum liber* écrit par Isidore de Séville. Il attribue une grande importance à des problèmes qu'agitaient les anciens livres de Cosmologie et qui, dans les œuvres nouvelles, ne tiendront plus qu'un rang secondaire ; mais la méthode même qui sert à traiter ces pro-

1. I. GUILLERMI PARISIENSIS EPISCOPI doctoris eximii *Operum summa divinarum humanarumve rerum difficultates profundissime resolvens...* Venales habentur in via Jacobea in officina Francisci Regnault sub divi Claudii intersignio. — Le second volume a pour titre : *Pars secunda operum* GUILLELMI PARISIENSIS EPISCOPI *morales, theologas, atque philosophicas difficultates dubiaque inaudita dilucide aperiens...* Ce second volume porte un colophon où ce lisent ces indications : Summa hic finem capiunt Guillermi Parisiensis episcopi... non modicis sumptibus honestissimi atque probi viri Francisci regnault librarii jurati universitatis Parisiane vigilantissimi : solis luce V Julii. Ab incarnato domino Anno XVI supra millesimum quingentesimum.

II. GUILIELMI ALVERNI EPISCOPI PARISIENSIS. Mathematici perfectissimi, eximii Philosophi, ac Theologi præstantissimi *Opera omnia, Quæ hactenus impressa reperiri potuerunt, Tomis duobus contenta...* Venetiis, ex officina Damiani Zenari, 1591. Le tome second, dont la pagination continue celle du tome premier, est intitulé : GUILIELMI ALVERNI EPISCOPI PARISIENSIS, doctoris eximii, *Opera quæ extant. Pars secunda*.

III. GUILIELMI ALVERNI EPISCOPI PARISIENSIS, mathematici perfectissimi, eximii philosophi, ac theologi præstantissimi, *Opera omnia quæ hactenus reperiri potuerunt, reconditissimam rerum humanarum, ac divinarum doctrimam abundè complectentia... Tomis duobus contenta*. Aureliæ, ex Typographia F. Hotot. Et væneunt Parisiis, apud Ludovicum Billaine, Typographum ac Bibliopolam, in Palato Regio. MDCLXXIV.

C'est à la première édition et à la troisième que se rapporteront nos citations.

blèmes a changé ; elles est devenue plus philosophique et moins théologique ; en Physique, l'auteur fait rarement appel à l'autorité de l'Écriture et des Pères ; c'est à la raison humaine qu'il demande d'appuyer ses thèses. La notion d'une Science cosmologique indépendante de la Théologie, notion qui transparaissait déjà dans le *De mundi constitutione liber* du Pseudo-Bède, s'affirme nettement au cours du *De Universo* de Guillaume d'Auvergne ; par là, cette œuvre prépare la séparation entre la Science naturelle et la Science révélée qu'Albert le Grand et Thomas d'Aquin marqueront avec une rigoureuse netteté.

En revanche, dans les écrits de Guillaume d'Auvergne, nous ne percevons plus aucune trace du rationalisme qui se marquait avec tant d'audace dans les œuvres des Thierry de Chartres et des Guillaume de Conches.

Un autre caractère distingue le *De Universo* de Guillaume d'Auvergne des écrits cosmologiques plus anciens. Non seulement l'érudition de l'Évêque de Paris est beaucoup plus étendue que celle de ses prédécesseurs, mais elle a, pour ainsi dire, changé de nature ; elle reçoit en abondance l'afflux de sources qui n'avaient pas fécondé la science des siècles précédents ; ces sources sont les œuvres d'Aristote et celles des auteurs arabes. La comparaison du traité de Guillaume d'Auvergne aux traités analogues qui avaient été composés auparavant nous révèle la bienfaisante influence exercée par l'œuvre des traducteurs ; elle nous permet d'apprécier la justesse du mot de Roger Bacon que nous rappellions au début du § précédent : « La philosophie d'Aristote a pris un grand développement chez les Latins lorsque Michel Scot parut, vers l'an **1230**, apportant certaines parties des traités mathématiques et physiques d'Aristote et de ses savants commentateurs ».

Amable Jourdain, dans la notice que nous avons mentionnée, a pris soin de relever la liste de tous les ouvrages d'Aristote que Guillaume d'Auvergne a cités, de tous les auteurs arabes qu'il a nommés ; cette énumération nous donne une juste idée de l'accroissement considérable que venait d'éprouver l'érudition des Latins.

Ce n'est pas à dire que cette érudition ait acquis, dès ce moment, une extrême sécurité, ni que l'Évêque de Paris distingue d'une manière très précise les doctrines philosophiques et scientifiques de tous les auteurs dont il fait mention. Aristote et les penseurs arabes, dont il confond volontiers les divers enseignements, forment, pour lui, une secte unique, qu'il désigne par cette phrase [1] :

1. GULLIELMI ALVERNI *De Universo* Partis primæ pars I, cap. XXIV ; éd.

« *Sequaces Aristotelis, et qui famosiores fuerunt de gente Arabum in disciplinis Aristotelis.* »

De cette confusion, par laquelle Avicenne et Al Gazâli deviennent, pour Guillaume, les interprètes de la pensée d'Aristote, nous aurons plus tard, à discourir plus longuement.

Parmi les Arabes, il en est un seul qui pouvait prétendre au titre de fidèle commentateur d'Aristote ; c'est Averroès. Guillaume a-t-il connu les commentaires d'Averroès ? Bien qu'il ne les cite pas, Renan paraît insinuer qu'il les avait lus et qu'il leur emprunte, en particulier, ce qu'il dit de la doctrine de l'unité de l'intellect humain. « Cette doctrine, dit Renan [1], il l'expose avec toutes les particularités qu'Averroès y a ajoutées et dont on ne trouve aucune trace dans le *Traité de l'âme* ». Mais ces détails, il pouvait tout aussi bien les tenir de Moïse Maïmonide, comme nous aurons occasion de le marquer dans un autre chapitre. Sans doute, il ne cite pas plus Rabbi Moïse qu'Averroès ; mais le *Guide des égarés* devait déjà être traduit, car, peu d'années plus tard, Albert le Grand en fera un fréquent usage.

On pourrait également, à l'appui de l'opinion qui fait de Guillaume un lecteur d'Averroès, citer les nombreux souvenirs que l'on croit rencontrer en ses écrits de l'argumentation dirigée par le Commentateur contre l'Astronomie de Ptolémée. Mais tous les passages qui rappellent cette argumentation peuvent tout aussi bien passer pour des échos de la discussion menée, contre cette même astronomie, par Alpétragius ; or ce dernier est explicitement cité par Guillaume.

Il semble, d'ailleurs, que cette discussion de l'hypothèse des épicycles et des excentriques ait très vivement attiré l'attention de l'Évêque de Paris, et que son esprit en ait gardé une très forte impression. Les objections qu'Alpétragius avait opposées à la théorie de Ptolémée, il les reprend et les façonne, afin de s'en servir, plus ou moins heureusement, à l'encontre de doctrines toutes différentes.

D'ailleurs, les opinions que Guillaume professe touchant les mouvements célestes sont singulièrement confuses et mal informées ; elles le sont à ce point qu'il est parfois malaisé de les analyser.

Voici une première question dans laquelle nous allons voir intervenir des arguments qui avaient été, tout d'abord, forgés contre l'Astronomie de l'*Almageste*.

1516, vol. II, fol. CIII, col. c. ; Cf. Ernest Renan, *Averroès et l'Averroïsme, essai historique*, Paris 1852. Ch. II, § 5, pp. 179-183.

1. Ernest Renan, *Averroès et l'Averroïsme*, p. 182.

Guillaume se demande [1] si la première création a été, ou non, celle du ciel empyrée. Le ciel, répond-il, et les quatre éléments ont été créés au même instant. Supposons, en effet, que le ciel ait été créé d'abord. Le lieu des éléments n'aurait pu demeurer vide, car le vide est impossible ; il aurait donc fallu que ce lieu se formât par un mouvement local du ciel ou par une condensation de la substance céleste ; ce mouvement local n'aurait pu se produire sans que le ciel se morcelât ; cette condensation supposerait que la substance céleste, compressible à l'origine, eût ensuite perdu sa compressibilité. Toutes ces suppositions sont inadmissibles. Les raisons par lesquelles Averroès rejetait le système de Ptolémée sont ici détournées vers un objet auquel le Commentateur ne songeait guère.

Ces mêmes raisons, Guillaume les invoque [2] pour démontrer que les astres se meuvent uniquement par suite du mouvement de leurs orbes, dans lesquels ils sont enchâssés comme les clous sont fichés dans une roue, et qu'ils n'ont aucun mouvement propre. En effet, ce mouvement propre est impossible, « car il n'y a place, en la substance céleste, ni pour la raréfaction, ni pour la condensation.... Si les étoiles se mouvaient au sein du ciel, elles le couperaient et le diviseraient. »

En démontrant que les astres sont forcément entraînés par le mouvement de leurs orbes, il pense [3] détruire l'opinion de ceux qui attribuent aux planètes un mouvement propre en sens contraire du mouvement du huitième ciel, c'est-à-dire vers l'Orient, tandis que le ciel lui-même les entraînerait vers l'Occident. Contre cette opinion, il pousse un nouvel argument ; « cela ne saurait être, dit-il, soit qu'il y ait égalité entre les vertus qui meuvent les planètes, soit qu'il n'y ait pas égalité ; si elles sont égales, la planète s'arrêtera et se rompra ; si elles sont inégales, la planète suivra celle qui est la plus forte. »

L'argument invoqué en dernier lieu tirait toute sa force des idées absurdes que Guillaume concevait au sujet de la composition des mouvements ; quant aux premières raisons, elles ne prouvaient rien à l'encontre d'un système astronomique tel que celui d'Aristote. L'Évêque de Paris, cependant, s'imagine que ses raisonne-

1. GULLIELMI ALVERNI *De Universo* Partis primæ pars I, cap. XXXI ; éd. 1516, vol. II, fol. CVII, coll. a et b : éd. 1674, t. I, p. 626.

2. GULLIELMI ALVERNI *De Universo* Partis primæ pars 1, cap. XLIV ; éd. 1516, vol. II, fol. CXIX, marqué CXI, col. a ; éd. 1674, t. I, p. 649.

3. GUILLAUME D'AUVERGNE, *loc. cit.* ; éd. 1516. vol. II, fol. CXIX, marqué CXI, col. c ; éd. 1674, t. I, p. 651.

ments ont ruiné ce dernier système au profit de la théorie d'Alpétragius.

Il est vrai qu'au système astronomique où des sphères homocentriques seraient douées de mouvements en sens contraires, Guillaume adresse des reproches auxquels les doctrines de l'*Almageste* sont seules à donner prise. Après avoir rappelé l'hypothèse qui attribue au Soleil deux mouvements, le mouvement diurne d'Orient en Occident, et le mouvement annuel d'Occident en Orient, il ajoute [1] : « On voit clairement que ce mouvement n'est pas celui du Soleil, et qu'il ne saurait être le mouvement d'aucun corps ; ce n'est pas un mouvement circulaire, car il ne s'accomplit pas autour d'un corps, en sorte qu'il n'a pas de centre ».

Un peu plus loin, d'ailleurs, Guillaume remarque que les difficultés qui s'opposent au mouvemement propre des astres au sein des cieux s'opposeraient également au mouvement de sphères épicycles dans lesquelles les planètes se trouveraient enchâssées. « Il faut, dit-il, qu'il existe des orbes multiples par lesquels soient mûs les corps des sept planètes. Je dis que ces corps doivent être mûs par ces orbes, et non pas se mouvoir au sein ou au travers de ces orbes, et cela à cause de ces déchirures et de ces divisions dont je vous ai parlé ci-dessus. Si ces orbes n'entouraient pas et n'enveloppaient pas tout ce qui est au-dessous d'eux, s'ils ressemblaient à de fort grands globes, beaucoup plus étendus que les masses planétaires, le mouvement et le repos de ces globes soulèveraient les mêmes questions que le mouvement des planètes elles-mêmes. Il reste donc que ces orbes soient de très grands corps sphériques dont chacun enveloppe complètement tout ce qui se trouve au-dessous de lui. »

De cette discussion confuse, où les mêmes attaques visent à la fois et indistinctement le système de Ptolémée et le système des sphères homocentriques tel que l'ont conçu Eudoxe, Calippe et Aristote, Guillaume conclut à l'adoption du système d'Al Bitrogi : « Il est manifeste, dit-il[2], que le Soleil ne se meut pas de mouvement propre, mais qu'il prend part au mouvement du corps qui le contient, et cela de la manière qui a été exposée par Alpétrangius dans le livre qu'il a composé sur ce sujet ; ses explications vous seront d'un grand secours pour comprendre l'objet qu'il traite, à savoir la constitution des cieux des sept planètes ».

1. GUILLAUME D'AUVERGNE, *loc. cit.* ; éd. 1516, vol. II, fol. CXIX, marqué CXI, col. d ; éd 1674, t. I, p. 651.

2. GUILLAUME D'AUVERGNE, *loc. cit.* ; éd. 1516, vol. II, fol. CXX, col. a ; éd. 1674, t. I, p. 651.

Guillaume d'Auvergne entreprend alors de donner à son lecteur une idée de la doctrine de l'Astronome arabe ; mais il se contente d'esquisser à très grands traits l'hypothèse fondamentale de cette doctrine. Lorsqu'un quelconque des astres errants a terminé sa révolution diurne, la sphère des signes a non seulement achevé sa révolution, mais elle a, en outre, commencé la révolution suivante ; de telle sorte que l'astre errant ne se trouve plus, à la fin de sa révolution diurne, au point de la sphère des signes qu'il occupait alors qu'il commencait cette même révolution.

« C'est là, ajoute Guillaume, l'intention qui a dirigé le philosophe Alpétragius ». Mais il s'en faut bien que cette indication sommaire puisse donner au lecteur la moindre idée du système que l'Astronome arabe a développé ; elle risquerait fort de lui inspirer une médiocre estime pour une théorie rudimentaire à ce point ; c'est ce que redoutait l'Évêque de Paris lorsqu'il écrivait [1] : « Veillez à ne point mépriser l'ingéniosité de ce philosophe. »

D'ailleurs, le système d'Al Bitrogi paraît à Guillaume tout aussi propre à représenter les phénomènes astronomiques que les systèmes où l'on attribue des mouvements particuliers aux divers astres, et nous savons que ces systèmes comprennent, selon lui, aussi bien l'Astronomie de Ptolémée que l'Astronomie d'Aristote. Ces systèmes doivent donc être rejetés « à cause du caractère superflu [2] de ce mouvement. Car la supposition d'un tel mouvement ne change rien à la vitesse, à la lenteur ou à la disposition des astres. Que l'on considère tout ce qui advient aux astres errants, lenteur, vitesse, oscillations, apparitions, conjonctions, oppositions, tous les phénomènes que les astronomes déduisent de l'hypothèse selon laquelle les astres ne se meuvent que par le mouvement de leurs cieux ; ces mêmes phénomènes leur adviennent si l'on fait ces autres hypothèses qui présentent tant de difficultés et de contradictions. Non seulement, donc, il est inutile de supposer que les astres possèdent un tel mouvement, mais encore cela est nuisible et pernicieux. »

Partisan du système d'Al Bitrogi, Guillaume d'Auvergne emprunte [3] à ce système la méthode propre à déterminer l'ordre dans lequel les astres se succèdent à partir de la Terre. « Ceux

1. GUILLAUME D'AUVERGNE, *loc. cit.* ; éd. 1516, vol. II, fol. CXX, col. b ; éd. 1674, t. I, p. 652.
2. GUILLAUME D'AUVERGNE, *loc. cit.* ; éd. 1516, vol. II, vol. CXX, col. b ; éd. 1674, t. I, p. 652.
3. GUILLAUME D'AUVERGNE, *loc. cit.*, éd. 1516, vol. II, fol. CXX, col. d. et fol. CXXI, col. a : éd. 1674, t. I, page 653.

dont le mouvement est le plus conforme au mouvement du huitième ciel sont les plus voisins de ce ciel. »

Cette question de l'ordre relatif des planètes donne occasion, d'ailleurs, à l'Évêque de Paris, de nous montrer combien il connaissait mal la portée des méthodes astronomiques. Il s'imagine qu'on peut « à l'aide des instruments d'Astronomie et de certains instruments de Géométrie », déterminer la distance de la Terre à chacune des étoiles fixes et à chacune des planètes.

Cette erreur a sans doute pris naissance, dans l'esprit de Guillaume, par une lecture mal comprise de la théorie qu'expose Al Fergani. Nous reconnaissons, en effet, dans un autre endroit, la trace laissée par cette lecture. En ce lieu[1], il s'agit de déterminer l'épaisseur des divers orbes célestes. Chacun d'eux, déclare notre auteur, ne peut avoir une épaisseur moindre que le diamètre de l'astre qu'il meut. Il ajoute d'ailleurs, fort sensément, que chaque orbe est, sans doute, beaucoup plus profond que cette règle ne l'indique.

Guillaume d'Auvergne traite longuement des cieux qui se trouvent au-dessus de l'orbe des étoiles fixes; mais il s'en faut bien que ses conclusions puissent toujours être dégagées avec une entière netteté.

Il célèbre[2] comme une vérité longtemps cachée aux astronomes, l'existence d'un ciel mobile, mais privé de toute étoile, au-dessus du ciel des étoiles fixes ; à ce neuvième ciel, il donne le nom d'*Aplanon*.

Pour quelle raison admet-il l'existence d'un tel ciel ? Cette supposition est, sans doute, un nouvel emprunt au traité d'Al Fergani. L'*Aplanon* communique à tous les astres le mouvement diurne, tandis que, « selon la démonstration de Ptolémée[3], chacune des étoiles fixes se meut d'un degré en cent ans », mouvement qui est celui du huitième ciel. Au bout de ces trente-six mille ans, toutes les étoiles reviennent également à leur point de départ, en sorte que la Grande Année est accomplie.

D'ailleurs, il a entendu parler du mouvement d'accès et de recès dont l'hypothèse est attribuée à Thâbit ben Kourrah. Les astronomes, dit-il[4] « ont admis beaucoup de diversité dans le mouvement

1. Gullielmi Alverni *De Universo* Partis primæ pars I, cap. XLV; éd. 1516, vol. II, fol. CXXXI, coll. a et b; éd. 1674, t. I, p. 654.

2. Gullielmi Alverni *De Universo* Partis primæ pars I, cap. XLIII ; éd. 1516, vol. II, fol. CXVII, col. a ; éd. 1674, t. I, p. 646.

3. Gullielmi Alverni *De Universo* Pars secunda, cap. XVI ; éd. 1516, vol. II, fol. CXLVII, col. c ; éd. 1674, t. I, p. 707.

4. Gullielmi Alverni *De Universo* Prima pars principalis ; éd. 1516, pars II,

des étoiles fixes ; ils ont supposé que la tête du Bélier et que la tête de la Balance avaient un mouvement dirigé tantôt en avant et tantôt en arrière ».

Au-dessus des neuf cieux mobiles, qui constituent le *firmament*, se trouvent des eaux [1].

Ces eaux ne sont pas à l'état liquide ni à l'état de vapeur [2] ; elles ne sont pas fluides ; elles constituent une masse éthérée parfaitement transparente et immobile, séparant les neuf cieux mobiles d'une autre partie du Monde qui est dénuée de tout mouvement ; cette dernière partie, c'est l'Empyrée.

L'Empyrée, le plus noble de tous les cieux, est le séjour des esprits angéliques et des âmes bienheureuses [3].

L'Empyrée est immobile [4] ; il est, en effet, le lieu du bonheur pur et parfait ; étant exempt de toute misère, il n'éprouve aucun besoin.

Or tout mouvement a pour origine un besoin ; le mouvement local n'existerait point si le mobile n'éprouvait le besoin du lieu qu'il cherche à atteindre par ce mouvement.

L'Empyrée, exempt de tout besoin, demeure donc dans un perpétuel repos.

Ce repos, d'ailleurs, sied à la majesté de Dieu. « Il est des gens [5] selon lesquels la matière générale et corruptible qu'enserre l'orbe de la Lune est dans la main du Créateur tout puissant comme l'argile est entre les mains du potier (Ils entendent par là que cette matière est soumise au bon plaisir et à la volonté de Dieu). Quant à tout ce qui se rencontre depuis le huitième ciel jusqu'à cette matière, c'est-à-dire quant aux huit cieux mobiles, ils les placent sous le commandement et dans l'obéissance du Créateur, comme une roue ou comme des roues multiples sous le pied d'un potier. Ils montrent par là la courte vue de leur intelligence... Ils n'imaginent le Monde qu'à la ressemblance d'un atelier de

tractatus de providentia, cap. VII, t. II, fol. CXCII, col a. — Éd. 1674, pars III, cap. XXVIII, t. II, p. 799, col. a.

1. Gullielmi Alverni *De Universo*, Partis primæ pars I, cap. XXXVIII, XXXIX, XLII, XLIII.

2. Gullielmi Alverni *De Universo*, Partis primæ pars I. cap. XLIII ; éd. 1516, vol. II, fol. CXV, coll. c et d ; éd. 1674, t. I, p. 645.

3. Gullielmi Alverni *De Universo*, Partis primæ pars I, cap. XXXII et cap. XLIV.

4. Gullielmi Alverni *De Universo*, Partis primæ pars I, cap. XXXII, éd. 1516, vol. II, fol. CVII, col. d, et fol. CVIII, col. a ; éd. 1674, p. 627 ; cf. : capp. XXXIII et XXXIV.

5. Gullielmi Alverni *De Universo*, Partis primæ pars I ; éd. 1516, vol. II, fol. CXVII, col. b ; éd. 1674, t. I, p. 646.

potièr ou de forgeron ; ils semblent comparer le Créateur tout puissant au potier ou au forgeron, et non pas à un roi dans la gloire suprême. » Les cieux mobiles n'offriraient pas à ce roi une habitation digne de sa majesté ; à son séjour convient le perpétuel repos.

L'Empyrée est absolument immobile. Le ciel des étoiles fixes et les cieux des astres errants sont tous animés de mouvements compliqués et composés. Il faut donc[1] qu'entre l'Empyrée et le ciel des étoiles fixes, se trouve un ciel mû d'un mouvement simple et uniforme. De là découle la nécessité de l'*Aplanon*, qu'anime le seul mouvement diurne.

Cette preuve de l'existence du neuvième ciel, non moins que le premier des arguments cités en faveur de l'immobilité de l'Empyrée, nous manifeste clairement l'influence que les théories de Michel Scot avaient exercée sur la raison de Guillaume d'Auvergne.

Michel Scot est évidemment un de ceux qui ont contribué à révéler à Guillaume le Péripatétisme islamique et l'Astronomie arabe. En parcourant les écrits de l'Évêque de Paris, nous voyons bouillonner la fermentation qu'engendre ce levain, au moment où il vient d'être mélangé à la vieille science des Chrétiens occidentaux.

Dans la raison de Guillaume d'Auvergne, toute pénétrée des enseignements du Christianisme, l'hérésie averroïste ne peut se développer ; si l'Évêque de Paris se laisse aller, en de rares circonstances, à lui faire quelques concessions, c'est par un illogisme inconscient ; constamment, il se montre l'adversaire résolu des dangereuses erreurs qu'il attribue à Aristote et à ses sectateurs arabes ; contre l'hérésie de l'unité de l'âme humaine, il veut qu'on emploie non seulement la raison, mais le glaive.

Mais si Guillaume est fermement défendu contre l'Averroïsme philosophique par sa connaissance de la doctrine chrétienne, sa science astronomique est autrement faible et chancelante ; aussi se laisse-t-il aisément séduire par la simplicité et l'harmonie des hypothèses sur lesquelles repose le système d'Al Bitrogi, sans être arrêté par l'insuffisance scientifique de ce système.

Il y a plus ; ce système le séduit par ses allures platoniciennes. Al Fârâbi, Avicenne, Al Gazâli, que Guillaume prend pour représentants autorisés de la pensée d'Aristote, imaginent autant d'Intelligences et d'Ames motrices qu'il y a de cieux à mouvoir. Il lui

1. Gullielmi Alverni *De Universo*, Partis primæ pars I, cap. XLIV ; éd. 1516, vol. II, fol. CXVII, col. a ; éd. 1674, t. I, p. 649.

semble, au contraire, comme il semblera plus tard à Albert le Grand, que le système d'Al Bitrogi requière, pour le ciel tout entier, un seul principe moteur ; ce principe unique, il l'assimile à l'unique Ame du Monde que concevait Platon.

Il a, d'ailleurs, pour représenter comment l'Ame, qui réside dans le Ciel suprême, propage son influence d'un ciel à l'autre, une ingénieuse comparaison :

« Platon, dit-il [1], semble avoir placé cette Ame en un ciel unique ou bien encore dans tout l'Univers qui contient les neuf cieux mobiles.

» Dans ce qui précède, on a objecté à ce discours de Platon les divisions et les diversités des cieux, disant qu'elles ne permettaient pas à une âme unique d'animer tous les cieux. Sachez, à ce sujet, que beaucoup de facultés naturelles, que beaucoup d'âmes nobles, peuvent être reliées les unes avec les autres et, par le contact de leurs corps, fortifier les liens qui les unissent.

» En ce qui concerne les propriétés naturelles, vous en trouverez un exemple dans le contact du fer et de l'aimant... Lorsqu'un morceau de fer touche un aimant, il attire un nouveau morceau de fer ; celui-ci, à son tour, en attire un autre, et peut-être cela se poursuit-il sans fin. Si donc une aiguille touche une semblable pierre, elle reçoit, de ce contact, le pouvoir d'attirer une autre aiguille et, pour ainsi dire, de la coller à elle-même ; alors la seconde aiguille agira de même sur une troisième, la troisième sur une quatrième, la quatrième sur une cinquième. On n'a pas éprouvé par l'expérience, du moins à ma connaissance, si cette action a une fin, si elle s'arrête à un certain nombre d'aiguilles. De ces aiguilles successives, vous verrez la première demeurer suspendue à la pierre qu'elle touche, la seconde adhérer à la première par un contact semblable, puis la troisième, puis la quatrième et ainsi des autres ; la vertu par laquelle l'aimant fait adhérer la première aiguille se transmet à toutes les autres.

» Qu'y a-t-il d'étonnant, dès lors, si la vertu de la vie ou de l'âme du premier ciel se transmet au second, puis du second au troisième, et ainsi de suite jusqu'à ce qu'elle parvienne au dernier ciel mobile qui est le ciel de la Lune ? Cela ne se peut-il produire même s'il n'y a, entre eux, d'autre lien que la contiguïté et le contact, comme il arrive en l'exemple proposé ?...

» Selon Platon, le ciel qui est le premier et le plus noble est le

1. GULLIELMI PARISIENSIS *De Universo*, prima pars principalis, éd. 1516, pars II, Tractatus de providentia, cap. VII, t. II, fol. CXCIII, coll. c et d ; éd. 1674, pars III, cap. XXIX, t. II, p. 802.

siège de l'Ame du Monde ; nécessairement, par la présence même de cette source, il possède une débordante plénitude de vie. Qu'y a-t-il d'étonnant à ce qu'il laisse écouler, au sein des corps célestes suivants, la vie, le mouvement et toutes les autres opérations de l'âme ? Par la ressemblance qu'ils ont avec ce premier ciel, par leurs très nobles dispositions, ces corps ne sont-ils pas très aptes naturellement à recevoir ces influences, et n'ont ils pas, pour cela, de grandes capacités ? Il me semble donc, conformément à l'avis de Platon, que ce premier ciel possède, en lui-même, la source de vie et de mouvement, comme le Soleil renferme la source de lumière et de chaleur; avec une semblable largesse, il répand la vie et le mouvement dans les corps qui sont capables de les recevoir. »

Les idées astronomiques, fort imparfaitement connues, d'Alpétragius venaient ainsi, dans la pensée de Guillaume d'Auvergne, rejoindre les doctrines de Platon ; elles lui semblaient, par là, propres à seconder ses efforts pour repousser la philosophie « d'Aristote et de ses successeurs ». Nous verrons, en effet, dans la troisième partie de cet ouvrage, que la lutte contre cette philosophie fut le grand labeur de l'Évêque de Paris.

V

LES *Questions* DE MAITRE ROGER BACON

Profondément bouleversée sous l'épiscopat de Guillaume d'Auvergne, dispersée en 1229, l'Université de Paris n'avait pas tardé à reprendre sa vie laborieuse et ardente. Qu'enseignait-on dans cette Université et, particulièrement, à la Faculté des Arts, vers la fin du pontificat de Guillaume et pendant les premières années qui suivirent sa mort ? Qu'y connaissait-on, en particulier, des choses de l'Astronomie ? Pour répondre à ces questions, nous ne disposons pas de renseignements bien nombreux ; mais, du moins, possédons-nous, semble-t-il, un monument particulièrement insigne de l'enseignement qui se donnait, à la Faculté des Arts de Paris, vers l'an 1250.

Un manuscrit conservé à la Bibliothèque municipale d'Amiens[1]

1. Bibliothèque municipale d'Amiens, ms. nº 406. — Nous devons à l'obligeance de M. A. G. Little d'avoir pu consulter une reproduction photographique de ce manuscrit; que notre savant collège d'Oxford nous permette de lui exprimer ici toute notre reconnaissance.

nous présente successivement deux séries de questions sur la *Physique* d'Aristote, des questions sur le traité *De plantis* attribué au même auteur, enfin trois séries de questions sur la *Métaphysique*. Au XIVe siècle, d'une écriture fine et serrée où abondent les abréviations et les ligatures, un copiste a transcrit, sur les doubles colonnes de cent trente-trois feuillets de grand format, cette ample collection de questions ; auparavant, il avait eu soin d'en dresser la table, qui suffit elle-même à remplir cinq feuillets.

Primitivement, ce manuscrit appartenait à l'abbaye de Saint-Pierre de Corbie[1]. Lors de la Révolution, il fut transporté à la Bibliothèque de la ville d'Amiens où il est demeuré depuis ce temps. Victor Cousin en a donné une description[2] dans laquelle il a inséré d'importants extraits de la table des matières. Émile Charles, qui n'en a pu faire qu'un examen très sommaire, en a également dit quelques mots[3].

L'auteur des deux séries de questions sur la *Physique* d'Aristote est très certainement Roger Bacon. En effet, en tête de la première série de questions sur la *Physique*, le copiste a inscrit ce titre[4] : « *Questiones primi physicorum Rogeri bachini* ». La seconde série de questions sur la *Physique* commence en ces termes[5] : « *Incipiunt questiones supra librum phisicorum a magistro dicto bacuun* ». Dans cette seconde série, « la division par livres[6] est accompagnée d'une autre par pièces, *peciæ* ou *petiæ*, division tout extérieure qui partage le manuscrit par cahiers de quatre feuillets ». Or dans la première marge supérieure de certains de ces cahiers, nous trouvons des indications telles que celles-ci[7] :

2 petia supra primum librum phisicorum a magistro Ro. b.
4 petia supra tertium phisicorum a magistro R. b.
5 pecia supra quartum phisicorum a magistro R. b.
6 pecia supra quartum phisicorum a magistro R. b.
7 pecia supra quartum phisicorum a magistro R. b.

1. MONTFAUCON, *Bibliotheca Bibliothecarum*, t. II, p. 1405.
2. VICTOR COUSIN, *Description d'un manuscrit inédit de Roger Bacon qui se trouve dans la Bibliothèque d'Amiens* (*Journal des Savants*, année 1848, pp. 459-472).
3. EMILE CHARLES, *Roger Bacon, sa vie, ses ouvrages, ses doctrines* (Thèse de Paris) Bordeaux, 1861, pp. 65-66.
4. Ms. cit., fol. 6, r°, dant la marge supérieure — Cité d'après V. Cousin (*loc. cit.*, p. 463) ; ce titre s'est trouvé hors du champ de la reproduction photographique que nous avons consultée.
5. Ms. cit., fol. 29, col. a. — V. Cousin, (*loc. cit.*, p. 463) a lu : *e magistro dicto bacon*.
6. VICTOR COUSIN, *loc. cit.*, p. 463.
7. Ms. cit., fol. 33, au-dessus de la col. a ; fol. 41, au-dessus de la col. a ; fol. 45, au-dessus de la col. a ; fol. 49, au-dessus de la col. a ; fol. 53, au-dessus de la col. a.

Ces multiples indications nous assurent que les deux séries de questions sur la *Physique* sont de maître Roger Bacon. Que les questions sur le *De plantis* soient du même auteur, nul ne l'a mis en doute.

La première série de questions sur la *Métaphysique* d'Aristote, où le XIe livre de cet ouvrage est, d'ailleurs, seul considéré, ne porte pas de nom d'auteur ; elle n'a d'autre titre que celui-ci [1] : *De XI° libro*. Mais la similitude des pensées et des expressions ne nous permet pas de douter qu'elle n'ait pour auteur celui qui a composé les deux séries de questions sur la *Physique* et aussi la seconde série de questions sur la *Métaphysique*. Or, au sujet de l'auteur de cette série-ci, les indications abondent.

Voici, d'abord, le titre [2] :

« *Ave maria gratia plena dominus tecum benedicta tu in mulieribus et gloriosissimus et dulcissimus fructus ventris tui.*

» *Incipiunt questiones supra primum metaphisice a magistro R. bacco. 1 pecia* ».

Puis, nous relevons ces mentions [3] :

2 pecia supra secundum metaphisice a magistro R. b.

3 pecia supra secundum metaphisice a magistro R. b.

Supra quintum librum metaphisice. — 4 pecia metaphisice a magistro R. b.

Supra quintum librum metaphisice. — 5 pecia metaphisice a magistro R. b.

Supra sextum librum metaphisice. — 6 pecia metaphisice a magistro R. b.

Supra septimum librum metaphysice. — 7 pecia metaphisice a magistro R. b.

Supra librum octavum metaphysice. — 8 pecia metaphisice a magistro R. b.

Supra nonum librum metaphysice. — 9 pecia metaphysice a magistro R. b.

Voilà donc l'affirmation, maintes fois répétée, que l'ouvrage est de maître Roger Bacon.

Nous n'avons plus la même assurance pour la troisième série de questions sur la *Métaphysique*.

1. Ms. cit., fol. 74, col. b.
2. Ms. cit., fol. 78, r°, dans la marge supérieure.
3. Ms. cit , dans les marges supérieures des foll. 82 r°, 87 r°, 91 r°. 95 r°, 99 r°, 103 r°, 107 r°, 111 r°.

Ces questions, qui portent seulement sur les trois premiers livres du traité d'Aristote, n'ont d'autre titre que celui-ci[1] :

Hic incipiunt questiones supra primum metaphisice Aristotilis.

Sont-elles de Bacon ? Cela est vraisemblable, mais non certain.

La première série de questions sur la *Physique* commente seulement les cinq premiers livres d'Aristote[2].

La seconde série des questions sur la *Physique* embrasse tous les livres[3] du traité de Stagirite ; mais elle présente une lacune ; ce qui a trait au septième livre commence au milieu d'une question dont le début fait défaut[4] ; cette lacune est d'autant plus regrettable que cette question est celle où Bacon exposait sa théorie du mouvement des projectiles ; ce qui en reste suffit, heureusement, à nous faire connaître la pensée de l'auteur ; nous le verrons plus tard.

L'examen de la table des matières montre que cette lacune ne s'est pas produite après l'œuvre du copiste auquel nous devons le manuscrit d'Amiens ; certainement, elle existait déjà dans le texte dont il a fait usage.

La première série de questions sur la *Métaphysique* ne comprend, nous l'avons dit, que le XIe livre[5]. La seconde série[6] passe en

1. Ms. cit., fol. 176, col. c.

2. Les questions sur le premier livre commencent au fol. 6, col. a, sur le second, au fol. 8, col. c ; sur le troisième, au fol. 16, col. b ; sur le quatrième, au fol. 19, col. d ; sur le cinquième, au fol. 24, col. c.

3. Le premier livre commence au fol. 29, col. a ; le second livre, au fol. 34, col. a ; le troisième livre, au fol. 40, col. b ; le quatrième livre, au fol. 43, col. a ; le cinquième livre. au fol. 53, col. d ; le sixième livre, au fol. 56, col. b.

A partir du fol. 57, col. a, la seconde série de questions sur la *Physique* se trouve interrompue par les questions sur le traité *De plantis*. Les questions sur le sixième livre se poursuivent à partir du fol. 64, col. a, et tiennent tout le fol. 64. La col. a du fol. 65 commence au milieu d'une question relative au septième livre. Le huitième livre commence au fol. 67, col. c, et prend fin au fol. 74, col. a.

4. Ms. cit., fol, 65, col. a.

5. Elles commencent au fol. 74, col. b. pour se poursuivre jusqu'au fol. 77, col. b ; le verso du fol. 77 est blanc.

6. Le premier livre commence au fol. 78. col. a ; en dépit du titre : *Supra secundum metaphysice* qui se lit en haut du fol. 87, col. a, il se poursuit jusqu'au fol. 87, col. d, où commence le cinquième livre ; le sixième livre commence au fol. 97, col. a ; en dépit du titre : *supra septimum metaphysice*, qui se lit en haut du fol. 103, col. a, le sixième livre continue jusqu'à la col. c. du fol. 106 où ces mots : *hic incipit octavus liber metaphisice* annoncent le commencement du *septième* livre ; fol. 108, col, c, les mots : *circa nonum librum metaphisice* annoncent le *huitième* livre ; fol. 113, col. a, les mots : *queritur circa X^m* inaugurent les questions sur le *neuvième* livre qui se poursuivent jusqu'au fol. 113, col. d.

Les questions de Bacon sur la *Métaphysique* d'Aristote sont alors interrompues par un commentaire sur le *Liber de causis*, un traité de Logique d'un certain *Magister P. H.* et un traité *De visu*.

Dans la marge supérieure du fol. 166, r^o, se trouvait une indication que le

revue le premier livre, les livres V, VI, VII, VIII et IX, enfin le onzième livre du traité d'Aristote sur la Philosophie première.

Partout où, dans le manuscrit d'Amiens, nous trouvons le nom ou les initiales de Roger Bacon, le titre de Maître les précède ; en aucun cas, ce manuscrit ne donne à Bacon le titre de Frère, ce que ne manquent jamais de faire les manuscrits de l'*Opus majus*, de l'*Opus tertium*, des *Communia naturalium*. N'en faut-il pas conclure que l'auteur de ces nombreuses questions n'était que maître ès arts séculier, qu'il n'avait pas encore revêtu la bure de Saint François ?

Cette conclusion, qu'Émile Charles avait très formellement proposée [1], peut être appuyée d'autres considérations. Certaines théories, discutées dans les questions sur la *Physique*, par exemple, se trouvent également traitées dans quelqu'un des grands ouvrages de Bacon ; ainsi en est-il, par exemple, de l'impossibilité du vide, qui est examinée en chacune des deux séries de questions sur la *Physique*, en l'*Opus tertium*, aux *Communia naturalium*. Or, si l'on reconnaît sans peine [2] qu'une même pensée a dirigé les diverses expositions, on reconnaît non moins aisément que dans l'*Opus majus*, dans l'*Opus tertium*, aux *Communia naturalium*, cette pensée a une maturité qu'elle n'avait pas lorsque furent rédigées les questions sur la *Physique* ; par là, de nouveau, nous sommes amenés à faire de ces questions une œuvre de jeunesse de Roger Bacon.

Des considérations du même genre nous montreraient, d'ailleurs, que les deux séries de questions sur la *Physique* ont dû, dans le temps, se succéder suivant l'ordre que leur attribue le manuscrit d'Amiens. Bien souvent, de la première série de questions à la seconde, la doctrine de Bacon s'est affermie et précisée. C'est ce que nous aurons occasion de noter, en particulier, lorsqu'il nous arrivera, dans cet ouvrage, d'examiner l'enseignement de Bacon touchant l'impossibilité du vide.

Nous pouvons également affirmer que la seconde série de questions sur la *Métaphysique* est antérieure à la seconde série de

relieur a coupée et dont on ne devine plus que le mot : *incipit* La col. à de ce folio commence en citant les premiers mots du XIe livre de la *Métaphysique*. Les questions sur ce XIe livre se poursuivent jusqu'au bas du fol. 176, col. b. Dans la marge, au-dessus de la col c, on lit : *Expliciunt questiones supra undecimum prime philosophie. amen.*

1. Émile Charles, *Op. laud.*, p. 21 et p. 78.

2. Pierre Duhem, *Roger Bacon et l'horreur du vide (Roger Bacon. Essays Contributed by Various Writers on the Occasion of the Commemoration of the Seventh Centenary of his Birth, Collected and Edited by* A. G. Little, Oxford, 1914, pp. 241-284).

questions sur la *Physique* ; entre le temps où Bacon a discuté ces questions-là et l'époque où il a examiné celles-ci, il s'est instruit en Astronomie, comme nous le verrons dans un moment.

Victor Cousin disait [1], au sujet de la seconde série de questions sur la *Physique* : « C'est vraisemblablement une autre rédaction, faite par quelque élève, du même enseignement ». Ce que nous venons de dire montre que cette supposition ne saurait être exacte ; en ces deux séries de questions, nous devons voir deux enseignements distincts, donnés au cours de deux années scolaires différentes.

La supposition de Victor Cousin est cependant juste en un point ; très certainement, les textes que conserve le manuscrit d'Amiens nous gardent la pensée, mais non la langue même de Roger Bacon ; ce sont rédactions d'élèves faites d'après un enseignement oral. Le style de Bacon abonde en formules imaginées, très caractéristiques, qu'on retrouve dans tous ses ouvrages et qui permettent aisément d'en reconnaître les fragments anonymes. Or, ces marques personnelles du verbe de Bacon, nous les chercherions en vain dans ces nombreuses questions. En revanche, nous y relèverions en grand nombre des solécismes grossiers et des barbarismes énormes, dont beaucoup ne peuvent être mis sur le compte du copiste, et qu'il est impossible d'attribuer à Bacon.

La rédaction est, le plus souvent, très concise ; elle emploie volontiers un style qu'on appellerait, aujourd'hui, télégraphique ; ce besoin d'économiser les mots, le désordre qui se remarque dans l'ordonnance de certaines questions, tout sent la note prise au cours, sous la dictée rapide du professeur, bien plus que l'œuvre achevée à loisir par le maître.

Nous croyons donc qu'on peut regarder le manuscrit d'Amiens comme un recueil de rédactions faites par des élèves, d'après l'enseignement de Bacon, alors que celui-ci, simple maître ès arts, commentait Aristote.

Mais en quelle université cet enseignement a-t-il été donné ? Est-ce à Oxford ou à Paris ?

Il serait peut être imprudent de répondre à cette interrogation d'une manière entièrement générale ; mais il semble qu'on puisse y répondre sans aucune témérité au sujet de la seconde série des questions sur la *Physique* et déclarer que ces questions ont été dis-

1. VICTOR COUSIN, *loc. cit.*, p. 465.

cutées à Paris. En effet, en un certain endroit [1], Bacon imagine qu'il plonge sa main dans l'eau : « *Ut si palma mea tangat Secanam* ». Ce n'est pas la Seine, c'est la Tamise qu'il eût nommée à ses élèves s'il eût enseigné à Oxford.

Or en quel temps Roger Bacon, muni du titre de maître ès arts, a-t-il pu discuter la *Physique* et la *Métaphysique* d'Aristote devant les étudiants parisiens ?

« Écoutons à ce sujet, dit É. Charles [2], Roger lui-même. Il est à Paris avant 1248, il y est encore en 1250. Il y entend d'abord l'Évêque Guillaume disserter à deux reprises sur la nature de l'intellect agent, en présence de toute l'Université réunie [3]. Or Guillaume meurt en 1248. Il y connaît aussi un certain Maître Pierre. « C'est de lui que je tiens toutes mes connaissances », s'écrie-t-il, en 1267, « et il y a de cela vingt ans », ce qui nous reporte à l'année 1247 [4]. Enfin le statut du légat Pierre de Courçon, de 1215, arrête qu'on ne parviendra pas à la maîtrise avant trente-cinq ans, et huit années au moins d'études. Cette dernière condition ne fut pas appliquée à la rigueur, et on n'en peut conclure que Bacon ait dû rester huit ans en France. La première eût force de loi ; Saint Thomas seul s'en affranchit en 1256 ; mais on sait quels orageux débats il eut à affronter, et quelle résistance lui opposa l'Université. Or Bacon n'eut l'âge qu'en 1249 ; nous sommes donc certains qu'il ne rentra pas à Oxford en 1240. Du reste, en 1250, il est encore en France ; il l'atteste lui-même ; il vient de raconter la révolte des Pastoureaux, de ces vagabonds fanatisés par un moine hardi qui, en 1250, troublèrent la France et firent trembler, dit-il, jusqu'à la régente Blanche de Castille, pour la plus grande confusion du clergé et de l'Église. « J'ai vu leur chef, ajoute-t-il [5], » et j'ai remarqué qu'il portait dans sa main quelque talisman sacré

1. Magistri dicti BACUUN *Questiones supra librum physicorum* ; lib. IV, (prima quæstio de vacuo). Ms. cit , fol. 47, col. d.

2. É. CHARLES, *Op. laud.*, pp. 10-11. — Cf. : A. G. LITTLE, *On Roger Bacon's Life and Works (Roger Bacon. Essays*....., Oxford, 1914. Introduction, pp. 4-5).

3. ROGERI BACONIS *Opus tertium*, cap. XXIII (FR. ROGERI BACON, *Opera inedita*, éd. Brewer, Londres, 1859, p. 74).

4. « Sed nullum vidi qui sciat illas æstus nisi virum a quo hæc didici transactis annis viginti » [ROGERI BACONIS *Opus minus* (ROGERI BACON, *Opera inedita*, éd. Brewer, p 359)]. En marge de ce passage, Émile Charles lit : Magistrum Petrum ; mais Brewer lit : Rob. Lincolniensem. Dans la préface de son édition (p. XXXVII), Brewer affirme « qu'on ne saurait trouver trace de Pierre de Maharn-curia dans l'exemplaire mutilé de l'*Opus minus* » qu'il publie. On ne peut donc faire état de ce texte en faveur de la thèse soutenue par Émile Charles ; heureusement, les autres textes suffisent à mettre cette thèse hors de doute.

5. FRATRIS ROGERI BACON *Opus majus*, pars IV ; éd. Jebb, p. 254 ; éd. Bridges, vol. I, p. 401.

» et, pour ainsi dire, des reliques ». Ailleurs, il affirme [1] avoir conféré avec Guillaume de Rubruquis à son retour de la Terre-Sainte, ce qui reporterait encore plus loin son départ de France, Guillaume n'ayant pu revenir de son ambassade chez les Tartares avant l'année 1254. »

Nous pouvons donc affirmer que Roger Bacon était à Paris au voisinage de l'an 1250 ; c'est à ce moment que, simple maître ès arts, il a dû examiner, au sujet de diverses œuvres d'Aristote, les questions conservées par le manuscrit d'Amiens.

Partant, ce manuscrit est, comme nous l'avons dit, une source précieuse et abondante de renseignements sur l'état des études, dans la Faculté des Arts de Paris, au milieu du XIIIe siècle. A cette source, nous aurons bien souvent occasion de puiser. Pour le moment, nous lui demanderons ce qu'à leurs élèves, les maîtres de la rue du Fouarre découvraient de la science astronomique ; et nous verrons que ce qu'ils en disaient se réduisait à fort peu de chose.

Dans ces questions, Bacon traite à deux reprises du mouvement des astres ; en premier lieu, lorsqu'au cours de sa seconde série de questions sur la *Métaphysique*, il en vient à commenter le XIe livre ; en second lieu, dans sa seconde série de questions sur la *Physique*, lorsqu'il discute le VIIIe livre. C'est dans cet ordre que nous résumerons ces deux exposés, car c'est assurément l'ordre chronologique dans lequel ils se sont succédés.

La seconde série de questions sur la *Métaphysique* consacre douze questions consécutives aux mouvement des cieux. Voici comment ces questions sont libellées dans le manuscrit d'Amiens [2] :

Quæritur PRIMO *cujus artificis sit considerare de motibus corporum cælestium.*

SECUNDO *quæritur utrum sint plures orbes.*

TERTIO *quæritur utrum sint plures orbes secundum numerum et secundum speciem.*

QUARTO *quæritur utrum orbes sint continui.*

QUINTO *quæritur utrum stellæ, quæ sunt in illis orbibus sicut partes, moveantur.*

SEXTO *quæritur utrum omnes orbes et stellæ eorum ab eodem movente moveantur.*

SEPTIMO *quæritur utrum omnes planetæ et erraticæ cum suis orbibus ab eodem motore moveantur.*

1. ROGERI BACON *Op. laud.*, pars IV ; éd. Jebb., p. 191 ; éd. Bridges, vol. I, p. 305.
2. Ms. cit., fol. 171, col d, à fol. 173, col. a.

OCTAVO *quæritur utrum secundum numerum mobilium multiplicetur numerus moventium.*

NONO *quæritur utrum quælibet cælestia, silicet tam orbes quam stellæ, moveantur pluribus motibus.*

DECIMO *quæritur utrum orbes inferiores moveantur motibus contrariis motui orbis primi.*

UNDECIMO *quæritur utrum orbes cælestes in movendo differant in velocitate et tarditate.*

DUODECIMO *quæritur utrum motus orbium et planetarum superiorum, ut Saturni, velocior sit motibus inferiorum, ut Lunæ.*

A qui appartient-il de traiter des mouvements célestes ? Est-ce au métaphysicien, au mathématicien ou au physicien ? Telle est la première question que se pose Bacon. Voici la réponse [1] :

« Il faut remarquer, à ce sujet, que, des orbes célestes et de leurs mouvements, il convient de parler à trois points de vue différents.

» D'une première manière, on les peut considérer en tant qu'êtres et sous le rapport qui est entre eux et la substance permanente, c'est-à-dire la Cause première ; de cette manière, c'est au métaphysicien qu'il appartient de les considérer.

» On peut, en second lieu, les considérer en raison de leur nature quantitative, c'est-à-dire sous le rapport de leurs grandeurs ; ainsi considérés, ils ressortissent au mathématicien.

» On peut, en troisième lieu, les considérer en raison de leur nature qualitative, c'est-à-dire en raison de leur influence sur les choses inférieures ; ils relèvent alors de la considération du physicien. »

Pendant la seconde moitié du treizième siècle, un grand débat va mettre aux prises les physiciens, c'est-à-dire ceux qui, au nom de la Physique péripatéticienne, tiennent pour l'Astronomie des sphères homocentriques, et les mathématiciens, c'est-à-dire ceux qui, au nom de l'observation, défendent l'Astronomie de l'Almageste ; à ce débat, Bacon, vingt ans plus tard, prendra le plus vif intérêt ; à l'époque où il discute ses questions sur la *Métaphysique*, il ne paraît même pas soupçonner la possibilité de cette opposition entre physiciens et mathématiciciens ; la distinction qu'il établit, dans l'étude du ciel, entre le domaine du mathématicien et le domaine du physicien correspond à la distinction que nous faisons aujourd'hui entre l'Astronomie et l'Astrologie.

De l'action exercée par les astres sur les choses sublunaires,

1. Ms. cit., fol. 171, col. d.

notre auteur ne doute aucunement ; il attribue même à cette action, dans toute sa Physique, un rôle particulièrement important ; nous aurons, à plusieurs reprises, occasion d'en faire la remarque. Dès maintenant, nous le voyons faire un fréquent appel aux raisons astrologiques. S'il soutient [1], par exemple, en réponse à la seconde question, que les orbes célestes sont multiples, ce n'est pas la multiplicité des mouvements des astres, mais la multiplicité de leurs effets ici-bas qui lui sert à corroborer son dire.

C'est encore cette diversité des influences répandues et des opérations produites dans le monde inférieur qui sert, au cours de la troisième question, à établir [2] qu'il n'y a pas seulement, entre les orbes, distinction numérique, mais aussi diversité spécifique.

Les orbes célestes sont-ils continus entre eux ? Telle est la quatrième question. Pour y répondre, notre maître ès arts distingue diverses sortes de continuités ; selon qu'il s'agit de l'une ou de l'autre d'entre elles, la réponse est affirmative ou négative.

« En troisième lieu, dit-il [3], il y a la continuité du mouvement ; mais cette continuité est de deux sortes, parce que le mouvement est aussi de deux sortes. Il y a, d'abord, un mouvement qui est commun à tous les orbes ; c'est le mouvement du firmament, qui est la huitième sphère ; par suite du mouvement de cette sphère, les sept orbes inférieurs sont mus, pour ainsi dire, d'un commun mouvement ; de cette façon, ils sont continus, puisqu'ils ont un commun mouvement.

» Il y a, en second lieu, le mouvement propre des orbes ; c'est le mouvement qu'a chaque orbe, par soi et d'une manière propre ; ce mouvement est distinct des autres mouvements propres ; à l'égard de ce mouvement, les orbes ne sont plus continus. »

Nous voyons que Bacon compte seulement huit sphères célestes, les sept sphères des astres errants et la huitième sphère, où résident les étoiles fixes ; c'est la huitième sphère qui, à tout le Ciel, communique le mouvement diurne. Nous voilà désormais avertis que les questions sur la *Métaphysique* ne feront aucune allusion au mouvement de précession des équinoxes ni à la neuvième sphère dont il requiert l'existence.

Cette indication se trouvera, d'ailleurs, confirmée par la réponse à la cinquième question : Les étoiles, qui sont contenues dans l'orbe et en font, en quelque sorte, partie, se meuvent-elles ?

« Il faut remarquer à ce sujet, dit Bacon [4], qu'il y a des étoiles

1. Ms. cit., *loc. cit.*
2. Ms. cit., fol. 172, col. a.
3. Ms. cit., *loc. cit.*
4. Ms. cit., fol. 172, col. b.

fixes, qui sont fixées dans la huitième sphère ou premier orbe ; ces étoiles se meuvent d'un seul et même mouvement qui est le mouvement du firmament. Il y a aussi des astres errants ; ce sont les sept astres qui sont fixés dans les orbes inférieurs ; on les nomme errants parce qu'ils se meuvent de deux mouvements ; ils sont également dits planètes. Pourtant, tous les astres, tant fixes qu'errants, sont en mouvement. »

Notre auteur admet, d'ailleurs, que « toute étoile est fixée dans son orbe, est de même nature que cette orbe », et « se meut du mouvement de cet orbe ».

Bacon sait-il, du moins, que les astronomes ont regardé le mouvement propre de tout astre errant comme la résultante de plusieurs mouvements ? Assurément, il ne s'en doute pas ou ne s'en soucie pas.

Nous le reconnaîtrons en lisant la réponse qu'il fait à la sixième question : Tous les orbes ou toutes leurs étoiles sont-ils mûs par un même moteur. Voici cette réponse [1] :

« Il y a deux sortes de moteurs.

» Il y a, d'abord, un moteur commun, qui n'est pas approprié à chaque orbe, qui commande toute la révolution ; c'est la Cause première. Si l'on parle de ce moteur-là, tous les orbes et toutes les étoiles sont mues par le même moteur ; il est le moteur commun, qui commande à la révolution et à l'entraînement ; en effet, par suite du mouvement du premier orbe, tous les orbes inférieurs sont entraînés et prennent part à la première révolution.

» Il y a ensuite le moteur propre, le moteur approprié à chaque orbe, le moteur exécutif ; c'est une intelligence ; à ce moteur correspond le mouvement propre qui est contraire au mouvement du premier mobile ; si l'on parle de ce moteur-là, chaque orbe inférieur a, pour moteur, une intelligence qui lui est députée.

» Partant le moteur du premier orbe se meut d'Orient en Occident [2], tandis que les orbes inférieurs se meuvent en sens contraire. »

A ces affirmations, la réponse à la septième question donne une nouvelle précision [3] :

« Le mouvement des orbes inférieurs est double. Il comprend d'abord, comme nous l'avons vu, un mouvement commun ; de cette façon-là, tous les orbes sont mus par le même moteur. Il y a,

1. Ms. cit., *loc. cit.*
2. Le texte, par une erreur évidente, dit : *Unde orbis primi motor in partem orientalem ab occidente.*
3. Ms. cit., fol. 172, col. c.

en second lieu, un mouvement propre ; celui-ci, les orbes le tiennent des intelligences et moteurs spéciaux. Partant, de même qu'il y a sept orbes, il y a sept intelligences. »

« De cette manière, dit encore notre auteur [1], en répondant à la huitième question, de même qu'il y a huit orbes, il y a huit moteurs. »

Dans ce XIe livre de la *Métaphysique*, que Bacon est en train de commenter, Aristote expose le système des sphères homocentriques tel que les travaux d'Eudoxe et de Calippe, tel que ses propres raisonnements l'ont constitué. A chaque astre errant, ce système attribue des orbes multiples ; et comme chaque orbe a pour moteur une intelligence séparée, on se trouve conduit à compter un grand nombre de telles intelligences. Bacon ne tient aucun compte de cette énumération.

S'il néglige, d'ailleurs, l'œuvre astronomique d'Eudoxe, de Calippe et d'Aristote, ce n'est pas pour s'embarrasser de celle de Ptolémée, qu'il ne paraît pas connaître. Il réduit tout l'ensemble des mouvements célestes à une excessive simplicité ; il n'y considère que le mouvement diurne, d'Orient en Occident, commun à toutes les sphères, et un mouvement d'Occident en Orient propre à chacun des sept orbes inférieurs, porteurs des astres errants.

Les raisonnements développés par Aristote au second livre du traité *Du Ciel* semblent se contenter de cette Astronomie simplifiée ; or, pour commenter le XIe livre de la *Métaphysique*, Bacon paraît avoir surtout lu le traité *Du Ciel* ; de cet écrit, nous allons trouver des réminiscences en lisant la neuvième question [2] : Chacun des corps célestes, orbe ou astre, se meut-il de plusieurs mouvements ?

L'une des raisons qui suggèrent la réponse affirmative nous rappelle ce que nous ont appris déjà les précédentes questions :

« A plusieurs moteurs correspondent plusieurs mouvements ; or chacun des sept orbes inférieurs a plusieurs moteurs, savoir le moteur commun et un moteur propre, comme on l'a vu ; il aura donc plusieurs mouvements. »

Aussitôt après cette raison, vient la « solution » que voici :

« A cette question, il nous faut répondre que le premier orbe se meut d'un seul mouvement uniforme ; cela provient de la proximité de son moteur, au sein duquel ne se trouve aucune diversité ; en outre, comme cet orbe contient un grand nombre d'étoi-

1. Ms. cit., *loc. cit.*
2. Ms. cit., *loc. cit.*

les, il faut qu'il s'assimile à son moteur par un mouvement unique ; il faut donc qu'il n'y ait ici qu'un seul mouvement.

» Mais chacun des sept orbes inférieurs se meut de plusieurs mouvements, et cela à cause de sa distance au premier moteur ; il s'assimile à ce moteur, par plusieurs mouvements, autant qu'il le peut faire, car une si grande distance ne lui permet pas d'y parvenir à l'aide d'un seul mouvement ; en outre, comme, en chacun de ces orbes, il y a une étoile unique, il y a plusieurs mouvements. »

Ces raisons de convenance sont exactement empruntées au traité *Du Ciel* d'Aristote[1]. Elles ont eu le don de plaire aux docteurs du Moyen Age ; Bacon y revient[2] dans la solution de la douzième question ; et nous verrons, au prochain chapitre, qu'Albert le Grand a pris plaisir à les développer.

Peut-être telle locution employée par Bacon dans le passage que nous venons de citer donnerait-elle à penser que notre auteur attribue, à chaque orbe planétaire, plusieurs mouvements propres. La discussion des objections, qui vient aussitôt après, ne tarderait guère à nous détromper. Nous y lisons en effet[3] :

« Par son moteur propre[4], chaque orbe inférieur est mû d'un mouvement naturel, et d'un autre mouvement par le moteur commun. Par ce mouvement commun, donc, qui provient de l'impulsion du firmament, chaque planète tourne, chaque jour, vers l'Occident et le Couchant ; mais par son mouvement propre, elle va, montant et descendant à travers les Signes, en suivant la disposition des Signes. »

La dixième question est ainsi formulée : Les orbes inférieurs se meuvent-ils d'un mouvement contraire à celui du premier orbe ? Bacon a-t-il déjà connaissance de la théorie d'Alpétragius et va-t-il nous en entretenir à propos de cette question ? Voici ce qu'il écrit[5] :

« Sachez, à ce sujet, que l'opinion des mathématiciens est la suivante : Les orbes inférieurs ne se meuvent que par suite du mouvement du premier orbe ; ils n'ont point de mouvements propres ; ils reçoivent l'impulsion qui provient du mouvement du premier mobile ; leurs mouvements sont retardés en raison de l'éloignement et de l'écart entre eux et ce premier orbe.

1. ARISTOTELIS *De Cœlo* lib. II, cap. XII (ARISTOTELIS *Opera*, éd. Didot, t. II, pp. 401-402 ; éd. Bekker, vol. I, p. 291, col. b ; p. 292 ; p. 293, col. a).
2. Ms. cit., fol. 172, col. a.
3. Ms. cit., *loc. cit.*
4. Au lieu de : *proprium*, le texte porte : *primum*.
5. Ms. cit., fol. 172, col. d.

» Mais l'opinion d'Aristote le philosophe est que ces orbes se meuvent d'un double mouvement, comme nous l'avons vu, et le mouvement propre de chacun d'eux est en sens contraire du mouvement du premier orbe ; ils se meuvent, en outre, du mouvement commun, qui est le mouvement par lequel le premier orbe les tire et entraîne tous. »

Lorsque la bataille entre partisans du système d'Al Bitrogi et partisans du système de Ptolémée sera dans son plein, c'est à ces derniers qu'on réservera le titre de mathématiciens ; les premiers, comme Al Bitrogi lui-même, se diront physiciens et se réclameront volontiers de l'autorité du Philosophe. Bacon use des mêmes dénominations dans un sens tout opposé ; ce sens est exactement celui où, sur le même sujet, les entendait Chalcidius [1]. Notre maître ès arts s'est, sans doute, renseigné auprès du Commentateur du *Timée* bien plutôt qu'auprès d'Alpétragius ; il est vraisemblable qu'il a entendu parler, mais sous une forme extrêmement vague, de la doctrine de ce dernier.

De ce qu'il en a ouï dire, le souvenir se retrouve, semble-t-il, au cours des deux dernières questions.

« Là où il y a plus grande influence du moteur, dit la discussion de la onzième question [2], il y a plus grande vitesse dans le mouvement, car le mouvement est déterminé par l'influence du moteur ; mais l'influence du premier moteur est plus grande dans le premier mobile qui est le plus rapproché de lui ; et, semblablement, elle est plus grande dans les mobiles les plus voisins, selon l'ordre de proximité.

» C'est pourquoi l'on demande, en douzième lieu, si le mouvement des orbes et planètes supérieures, tel Saturne, est plus rapide que le mouvement des astres inférieurs, de la Lune par exemple.

» Il semble que oui. En effet, plus un mouvement est rapproché du moteur, plus il est rapide, car l'influence est plus grande de près que de loin ; mais le mouvement des corps supérieurs, de Saturne par exemple, est de cette sorte, car ce corps est plus voisin du premier orbe qui est immédiatement mû par le premier moteur ; le mouvement de Saturne est donc le plus rapide, et il en est de même des autres, par ordre.

» Autre raison dans le même sens... La vertu motrice sera plus grande dans le plus grand orbe, qui est celui de Saturne, et il en

1. Voir : Première partie, Ch. XI, § VII ; t. II, p. 161.
2. Ms. cit., *loc. cit.*

sera de même des autres, par ordre. Dès lors, c'est le plus grand orbe qui se mouvra le plus vite. »

Cette dernière raison sent plus l'inspiration de Macrobe[1] que celle d'Alpétragius ; et l'on peut même se demander si l'auteur latin n'a pas, plutôt que l'auteur arabe, suggéré tout ce qui vient d'être rapporté. Pour commenter la *Métaphysique* d'Aristote à la Faculté des Arts de Paris, Maître Roger Bacon emprunte peut-être une bonne part de sa Science astronomique aux auteurs que consultaient déjà les écolâtres de Chartres, à Chalcidius et à Macrobe.

Aux raisons qui viennent d'être énumérées, notre auteur oppose les réponses suivantes :

Dans le mouvement diurne, tous les orbes ont même vitesse angulaire ; les orbes supérieurs, qui sont les plus grands, décrivent donc en effet, dans un même temps, des chemins plus longs que les orbes inférieurs.

Par leurs mouvements propres, au contraire, les orbes planétaires ont une vitesse angulaire d'autant plus grande qu'ils se trouvent situés plus bas et sont plus petits.

« Certains prétendent, cependant, que, par leur mouvement propre, toutes les planètes sont d'égale vitesse ; mais les orbes inférieurs, à cause de leur petitesse, achèvent plus vite leur révolution.

» Il faut remarquer ceci : De même que le souverain Ouvrier de toutes choses a décoré le premier orbe d'une multitude d'étoiles et d'un seul mouvement, de même a-t-il décoré les orbes inférieurs de plusieurs mouvements et d'un astre unique. En outre, l'ornement qu'il avait conféré aux orbes des planètes supérieures par la grande vitesse du mouvement commun, il l'a compensé, pour les orbes inférieurs, par la vitesse du mouvement propre. »

De nouveau, dans ce passage, nous reconnaissons des pensées issues du traité *Du Ciel*.

Dans sa seconde série de questions sur la *Physique* d'Aristote, et à propos du huitième livre de cet ouvrage, Bacon trouve occasion de parler de nouveau d'Astronomie et de nous montrer que, depuis le temps où il commentait la *Métaphysique*, il a enrichi sa connaissance des mouvements célestes.

Il semble, tout d'abord, qu'il ait relu la *Métaphysique* et qu'il ait prêté plus d'attention au chapitre où se trouve décrite l'Astronomie d'Eudoxe, de Calippe et d'Aristote. Il sait maintenant que

1. Voir : Première partie, Ch. XI, § VII; t. II, pp. 164-165.

les sphères homocentriques requièrent, pour les mouvoir, au moins cinquante intelligences[1].

En outre, nous voyons que notre maître ès arts a pris une connaissance exacte du mouvement de précession des équinoxes. Il se plaît à en parler à plusieurs reprises.

Il en parle, une première fois, à propos de cette question[2] : L'intelligence qui meut un ciel est-elle, elle-même, mobile ? Il écrit à ce sujet : « Aristote dit que les moteurs des orbes inférieurs se meuvent par accident, c'est-à-dire par suite du mouvement du premier mobile. Or la huitième sphère a, au-dessus d'elle, une autre sphère, la neuvième, qui se meut également ; il semble donc que l'intelligence motrice [de la huitième sphère] soit mue par accident.

» Que la huitième sphère soit ainsi mue par suite du mouvement d'une sphère plus élevée, c'est prouvé par les astronomes et par d'autres. Le firmament, en effet, par mouvement propre, se meut d'un degré en cent ans ; mais, d'autre part, en un jour naturel, il se meut autour de la Terre, d'Orient en Occident, et cela non par mouvement propre, mais par mouvement d'entraînement ; le ciel des étoiles fixes, en effet, est entraîné par le mouvement de la neuvième sphère, et il entraîne avec lui tous les autres orbes ; c'est ce que nous aurons à expliquer plus à plein au second livre *Du Ciel et du Monde*.

Plus loin, Bacon a affaire à l'opinion, si favorablement reçue par Guillaume d'Auvergne, qui, au-dessus de tous les orbes mobiles, requiert un ciel immobile. Parmi les raisons qu'il énonce en faveur de cette opinion, il en est une qui nous semble bien digne d'intérêt, encore que présentée confusément ; elle reprend, en effet, une supposition que Proclus avait déjà faite[3], que Campanus de Novare soutiendra bientôt : Ce ciel immobile est nécessaire à titre de lieu de l'Univers, de terme auquel se puissent rapporter tous les mouvements.

Voici ce qu'écrit Bacon à ce sujet[4] :

« Nous percevons le mouvement des planètes à l'aide d'un corps céleste qui se trouve au-dessus des orbes planétaires. Semblablement, donc, puisque nous percevons le mouvement du firmament

1. Ms. cit., fol. 72, col. b, à propos de cette question : *Quæritur qualiter reducit omnes motus ad unum motorem.*

2. *Quæritur de motore cœli conjuncto, cujusmodi est intelligentia, an moveatur*. Ms. cit, fol. 72, col. b.

3. Voir : Première partie, Ch. V, § XVI, t. I, pp. 341-342.

4. Ms. cit., fol. 72, col. d et fol. 73, col. a, à propos de cette question : *Quæritur an possit esse aliquod corpus cœleste quod semper quiescat.*

ou orbe des étoiles fixes, qui se meut d'un degré en cent ans, et cela par mouvement propre, ce mouvement sera perçu à l'aide d'un corps situé plus haut ; ce corps, c'est le neuvième ciel. Mais ce ciel est immobile, comme je le vais prouver. Qu'il soit immobile, cela est évident ; s'il se meut, en effet, c'est d'Orient en Occident ou bien en sens contraire ; mais ni l'un ni l'autre n'est vrai ; car Aristote dit, au livre *Du Ciel et du Monde*, que l'orbe des étoiles fixes se meut en sens contraire des planètes, et, ici, il en dit autant ; puis donc qu'il n'y a pas plusieurs orbes qui se meuvent d'Orient en Occident, et qu'excepté ceux des planètes, il n'en est pas qui se meuvent en sens contraire, il faut admettre que ce neuvième orbe est immobile. »

Voici ce que répond Bacon :

« Selon ce qui est touché dans la précédente raison et démontré en Astronomie, il faut supposer un neuvième ciel, et il faut admettre qu'il se meut ; sinon, il existerait en vain, bien que certains le disent immobile...

» Il se meut d'Orient en Orient [par l'Occident], et il entraîne avec lui tous les orbes inférieurs, leur imprimant une révolution en chaque jour naturel. Lorsqu'on veut prouver qu'il n'en est pas ainsi parce qu'Aristote dit que le firmament se meut d'Orient en Orient par l'Occident, répondons : Cela se doit entendre dans le bon sens ; Aristote ne veut pas que le firmament tourne ainsi par mouvement propre, mais par le mouvement du premier mobile, qui est le neuvième ciel ; sinon, Aristote, ou, tout au moins, les auteurs de l'Astronomie enseigneraient une erreur. »

Bacon, d'ailleurs, ne croit pas à cet antagonisme entre Aristote et les astronomes, car il invoque [1], à la fois, l'autorité de l'un et l'autorité des autres à l'appui de cette proposition : « Tous les orbes inférieurs se meuvent d'un double mouvement, un mouvement propre et un mouvement d'entraînement ».

Nous venons d'exposer ce qu'il nous est donné de connaître de la science astronomique de Roger Bacon au temps où, simple maître ès arts, il enseignait à l'Université de Paris. Cette science nous est apparue bien chétive encore et bien pauvre ; mais, déjà, nous avons constaté qu'elle était en voie d'accroissement, que, d'une année à l'autre, le jeune maître s'instruisait plus complètement des mouvements du ciel.

Laissons passer quelque vingt ans ; dans l'auteur de l'*Opus majus* et de l'*Opus tertium*, nous trouverons un des hommes

1. Ms. cit., fol. 73, col. a, à propos de cette question : *Queritur utrum necesse sit quod moveantur duplici motu.*

les mieux informés des choses de l'Astronomie, les plus attentifs aux discussions qui mettent aux prises les savants de son temps. Mais alors, Bacon portera la bure de Saint François ; il aura vécu à Oxford et là, comme les frères mineurs d'Angleterre, plus qu'aucun d'entre eux, il se sera pleinement instruit en lisant les écrits de Robert Grosse-Teste, évêque de Lincoln.

VI

ROBERT GROSSE-TESTE, ÉVÊQUE DE LINCOLN

De tous les contemporains de Guillaume d'Auvergne, il n'en est sans doute aucun qui ait été plus profondément versé dans l'étude des sciences positives que Robert Grosse-Teste, évêque de Lincoln, dont Roger Bacon proclame si fréquemment et si ardemment la haute puissance intellectuelle.

Robert Great-Head ou, en français, Grosse-Teste (*Robertus Capito*), naquit vers 1175, dans le comté de Lincoln ; il étudia d'abord à Cambridge et à Oxford, puis vint se perfectionner à Paris. En 1235, il fut sacré évêque de Lincoln ; à ce titre, il eut à soutenir un grave démêlé avec Innocent IV. Il mourut en 1253.

Dans une très vive critique des traductions d'Aristote qui avaient cours au XIIIe siècle, Roger Bacon écrit [1] :

« Il eût mieux valu pour les Latins, j'en suis certain, que la sagesse d'Aristote n'eût point été traduite, que de leur avoir été livrée sous une forme si obscure et si pervertie ; aussi se trouve-t-il des gens qui passent trente et quarante années à l'étudier, et plus ils la travaillent, moins ils la connaissent, comme j'ai pu l'éprouver de tous ceux qui se sont attachés aux livres d'Aristote. Aussi, Monseigneur Robert, autrefois évêque de Lincoln, de sainte mémoire, a-t-il complètement délaissé les livres d'Aristote et les méthodes qu'ils tracent ; c'est à l'aide de son expérience personnelle, par la lecture des autres auteurs, par l'étude des autres sciences qu'il a traité les sujets relevant de la sagesse d'Aristote ; et il a écrit sur les questions dont parlent les livres d'Aristote des choses cent mille fois meilleures que ce qu'on peut saisir dans de mauvaises traductions de ce philosophe. Nous en avons pour

1. FRATRIS ROGERI BACON *Compendium studii*, cap. VIII (FRATRIS ROGERI BACON *Opera quædam hactenus inedita*, éd. Brewer, Londres, 1859, p. 469).

témoins les traités que Monseigneur l'Évêque de Lincoln a composés sur l'arc-en-ciel, sur les comètes et sur d'autres sujets. »

Le mépris de Robert Grosse-Teste à l'égard des ouvrages d'Aristote ne fut peut-être pas aussi complet que Bacon le prétend ; nous avons, en effet, de l'Évêque de Lincoln, un exposé très concis, mais très substantiel, des huit livres de la *Physique ;* nous avons surtout, des *Seconds analytiques*, un Commentaire qui est demeuré classique pendant tout le Moyen Age. Il n'en est pas moins vrai que Grosse-Teste nous apparaît comme un esprit rebelle à l'emprise péripatéticienne, et singulièrement original lorsqu'il expose ses idées sur les diverses questions de la Métaphysique ou de la Physique.

Robert Grosse-Teste était, nous l'allons voir, fort soucieux des doctrines astronomiques. Il ne dédaignait même pas ce qui constituait, à cette époque, la seule application de l'Astronomie ; nous voulons parler de l'Astrologie ; du moins s'intéressait-il aux prédictions météorologiques qu'on pouvait, croyait-il, tirer de l'observation des astres.

On possède de lui[1] un petit écrit d'Astrologie météorologique, intitulé : *De dispositione aeris secundum Linconiensem*, ou encore : *Forma practicæ judiciorum de dispositione aeris secundum Linconiensem*, que l'imprimeur n'a pas compris, en 1514, dans la collection des opuscules de l'Évêque de Lincoln.

Ce très court opuscule commence en ces termes :

« Lorsque vous voulez pronostiquer la disposition de l'air à une certaine époque bien déterminée, il vous faut d'abord, à l'aide des tables, trouver le lieu précis de chacune des planètes à cette époque déterminée. Cela fait, vous noterez les témoignages que chacune d'elle a dans les signes [du Zodiaque], et vous porterez votre jugement par la planète qui a le plus de témoignages ; la planète qui aura le plus de témoignages sera celle, en effet, qui déterminera la distribution de cette époque.

» Exemple : Voici que je cherche les lieux des planètes pour la 646e année arabe achevée, c'est-à-dire pour l'année 1249[2], au

1. Bibliothèque Nationale, fonds lat., ms. n° 7443. Fol. 7, r°, incipit : Cum dispositionem aeris ad aliquem certum terminum pronosticare volueris... Fol. 7, v° : ... maxime si 3° aspectu aspexerit se in signis aquosis. Explicit forma practice judiciorum de dispositione aeris secundum Linconiensem. — Cet écrit a été récemment imprimé sous le titre : *De impressionibus aëris seu de prognosticatione* dans : LUDWIG BAUR, *Die philosophischen Werke der Robert Grosseteste, Bischofs von Lincoln*, p. 41 *(Beiträge zur Geschichte der Philosophie des Mittelalters*, Bd. IX, 1912).

2. Au lieu de 1249, le texte porte 1429 ; plus loin, la date 1249 se lit exactement. — Cf., éd. Ludwig Baur, p. 49.

quatrième mois et au quinzième jour du mois, c'est-à-dire au 17 des calendes de Mai... »

L'année que Grosse-Teste prend pour exemple est assurément, suivant un usage auquel se conforment tous les traités astronomiques du Moyen Age, l'année même où il écrivait ; en 1249, donc, alors qu'il était depuis fort longtemps évêque de Lincoln, il ne dédaignait pas, à ses heures de loisir, d'enseigner l'art des pronostics météorologiques.

Nous n'avons malheureusement pas le moyen de dater les ouvrages que Robert Grosse-Teste a consacrés à l'Astronomie proprement dite [1].

Parmi ses écrits astronomiques, il n'en est qu'un, croyons-nous, qui ait été imprimé ; celui-là est intitulé *Compendium Sphæræ* [2].

L'ordre même qui est suivi en ce petit écrit montre qu'il a été composé à l'imitation de l'opuscule de Joannes de Sacro-Bosco [3] ; il n'est guère plus complet que ce dernier ; il le dépasse, toutefois, en un point qui mérite d'être signalé.

L'Évêque de Lincoln expose brièvement à son lecteur ce qu'il sait du mouvement de précession des équinoxes. Après avoir indi-

1. Certains manuscrits donnent, sous le nom de Robert Grosse Teste, une *Theorica planetarum*. A. A. Bjornbö s'est assuré de l'identité de cette *Theorica planetarum* avec celle de Gérard de Crémone. [A. A. Bjornbö, *Walter Brytes Theorica planetarum (Bibliotheca mathematica,* 3te Folge, Bd. VI, 1905, p. 113)].

2. Cet écrit se trouve, en particulier, dans les collections de traités astronomiques qui ont été publiées à Venise, par Juncta de Junctis, en 1508 ; par Melchior Sessa, en 1513 ; par Octaviano Scot, en 1518 ; par Luca Antonio de Giunta en 1518 ; par le même éditeur, en 1531. Les trois dernières collections ont été décrites précédemment (p. 246, n. 2) ; voici la description des deux premières :

I. *Nota eorum quæ in hoc libro continentur : Oratio de laudibus Astrologiæ habita a* Bartholomeo Vespucio florentino *in almo Patavino gymnasio anno MDVI — Textus Sphaerae* Joannis de Sacro-Busto — *Expositio Sphæræ* eximii artium et medicinæ doctoris Domini Francisci Capuani de Manfredonia — *Annotations nonnulæ* (sic) ejusdem Bartholomei Vespucii *hinc inde interserta* — Jacobi Fabri Stapulensis *commentarii in eandem Sphæram.* — Revendissimi Domini Petri de Aliaco cardinalis et episcopi Cameracensis *in eandem quæstiones subtilissimæ numero XIIII* — Reverendissimi episcopi Domini Roberti Linconiensis *Sphæræ compendium* — *Disputationes* Joannis de Regiomonte *contra Cremonensia deliramenta — Theoricarum novarum textus cum expositione* ejusdem Francisci Capuani, *omnia nuper diligentia summa emendata* — Colophon : Impressum Venetiis per J. Rubeum et Bernard. fratres Vercellenses ad instantiam Junctæ de Junctis Florentini, MDVIII, die 6 mensis Maii.

II. Même titre, avec ce colophon : Impressum Venetiis per Melchiorem Sessa, Anno Salutis MDXIII, die vero 3 Decembris.

La *Sphæra* Roberti Linconiensis a été rééditée par M. L. Baur dans l'ouvrage précédemment cité.

3. Il semble, d'ailleurs, que le *Compendium* de Robert Grosse-Teste fût quelquefois donné sous le titre de *Commentarius in Sphæram Johannis de Sacro Bosco ;* tel paraît être le cas d'un manuscrit conservé à la Bibliothèque de l'Université d'Oxford. (Houzeau et Lancaster, *Bibliographie générale de l'Astronomie*, t. I, n° 1667).

qué la théorie de Ptolémée, il fait connaître les principes de la théorie de Thâbith, qu'il paraît considérer comme parfaitement satisfaisante. C'est la première fois, semble-t-il, que le mouvement de trépidation imaginée par Thâbith ben Kourrah est décrit dans un ouvrage composé hors du monde musulman.

Le *Compendium Sphæræ* n'est d'ailleurs pas le seul écrit astronomique qu'ait composé Robert de Lincoln ; on lui doit aussi un *Traité du calendrier* ou *Compotus*, qui paraît avoir exercé une grande influence sur les recherches, plusieurs fois séculaires, qui ont préparé la réforme Grégorienne.

En son *Compendium Sphæræ*, Robert de Lincoln parle des mouvements astronomiques comme si le système des excentriques et des épicycles n'était pour lui l'objet d'aucun doute.

Il en est autrement dans son traité du calendrier.

A la différence du *Compendium Sphæræ*, qui a été imprimé à plusieurs reprises, il ne paraît pas que le *Compotus episcopi Linconiensis* ait jamais été exhumé des manuscrits [1]. Le fait que le dernier mot de cet écrit est *Parisius* semble indiquer que Robert Grosse-Teste l'a composé au début de sa carrière, alors qu'il enseignait à l'Université de Paris.

L'intérêt de ce traité se trouve, pour nous, concentré au premier chapitre où l'auteur étudie les divers procédés propres à réformer le calendrier. Le jugement qu'on peut porter sur chacun de ces procédés dépend essentiellement de l'opinion qu'on professe touchant la loi qui préside à la précession des équinoxes ; par là, Great-Head est conduit à nous exposer les hypothèses qui ont pour objet de déterminer cette loi ; ce qu'il en dit diffère peu de ce que nous avons lu au *Compendium Sphæræ*.

Il reproduit d'abord l'opinion de Ptolémée. « Selon Ptolémée, la longueur de l'année est moindre que la longueur assignée par Abrachis (Hipparque) et par les premiers fondateurs du calendrier... Si donc, au bout de 300 années de notre calendrier, on retranchait un jour, le Soleil, à la fin de ces 300 ans, reviendrait à la position qu'il occupait au commencement, et notre calendrier

1. On en trouve un texte excellent dans le Ms. n° 7298 du fonds latin de la Bibliothèque Nationale. Ce manuscrit, écrit vers la fin du XIIIe siècle ou, au plus tard, au début du XIVe siècle, est d'une belle écriture gothique, disposée en deux colonnes sur des feuilles de parchemin de grand format; il contient une importante collection de traités mathématiques et astronomiques. Le *Compotus* de Robert Grosse-Teste débute au fol. 89, col. c, par ces mots : *Capitulum primum de causa bisexti et de modis magis unificandi kalendarium nostrum...* Il se termine au fol. 127, col. b, par ces mots : *post medium diem civitatis Parisius. Explicit compotus episcopi Linconiensis.*

deviendrait exact, du moins si la longueur véritable de l'année est celle qu'admet Ptolémée.

» Mais, selon Albatégni, la véritable durée de l'année est inférieure d'un centième de jour à la durée admise par Abrachis et par les créateurs du calendrier ; dès lors, pour la même raison que précédemment et selon l'hypothèse d'Albatégni, si de cent années de notre calendrier, on retranchait une journée, au bout de ces cent années, il y aurait retour du Soleil à son point de départ. »

Robert Grosse-Teste donne alors une description sommaire du mouvement oscillatoire que Thâbit ben Kourrah attribue à la huitième sphère [1] ; puis il ajoute : « Si l'on attribue aux étoiles et au Soleil un mouvement de cette sorte, la durée de l'année ne se déterminera pas par le retour du Soleil au même équinoxe ou au même solstice, mais par le retour du Soleil à la même étoile fixe ; la durée de ce dernier retour, en effet, est toujours la même; tandis que selon cette hypothèse, le temps que met le Soleil à revenir au même équinoxe ou au même solstice n'a pas une durée invariable ».

C'est à ce passage sans doute que faisait allusion Campanus de Novare lorsqu'il écrivait en son *Computus major* [2] : « L'écliptique fixe n'est donc pas le cercle que le Soleil décrit en son mouvement propre, ainsi que l'a dit, dans son *Computus*, cet homme digne de tout respect qu'est Robert, Évêque de Lincoln ; c'est un cercle de la neuvième sphère qui est incliné sur l'équateur de 22°33′30″ environ ».

La phrase de Campanus est ambiguë ; elle dit : « *Unde orbis signorum fixus non est circulus quem describit Sol motu proprio ; quemadmodum scripsit in computo suo multæ reverentiæ vir Robertus Linconiensis episcopus, sed est unus circulus major in nona sphæra...* » Cette phrase pourrait être prise pour un reproche ; elle accuserait Robert Grosse-Teste d'avoir regardé comme trajectoire du Soleil l'écliptique fixe, et non pas l'écliptique mobile. Cette accusation serait pleinement injuste ; l'Évêque de Lincoln a très nettement distingué [3], selon la doctrine de Thâbit,

1. « Ce mouvement de la huitième sphère, dit Robert Grosse Teste, est très lent ; en 30 années arabes, les têtes des constellations mobiles du Bélier et de la Balance décrivent seulement, sur les deux petits cercles dont il a été question, un arc de 2°34′58″. » En son *Compendium Sphæræ*, il avait écrit de même que ce mouvement « est de 1°2′ environ en douze ans ». Ces deux nombres sont extraits des tables qui, dans plusieurs manuscrits, sont insérées à la fin du traité *De motu octavæ sphæræ*, attribué à Thâbit ben Kourrah.

2. CAMPANI NOVARIENSIS *Computus major*, cap. X.

3. Ms. cit., fol. 90, col. c.

le Zodiaque fixe du Zodiaque mobile, lié à la huitième sphère ; « de ce mouvement de la huitième sphère, a-t-il ajouté, se meuvent les sphères de tous les astres errants et les auges de ces astres ». En vérité, Campanus a voulu féliciter Robert Grosse-Teste d'avoir exactement marqué cette distinction des deux écliptiques.

Après avoir terminé cet aperçu des diverses doctrines relatives à la précession des équinoxes et des conséquences qu'on en peut déduire pour l'exacte constitution du calendrier, l'Évêque de Lincoln poursuit en ces termes :

« Nous venons de considérer certaines formes des mouvements célestes ; mais, de l'avis d'Aristote, ces mouvements-là ne sont possibles que dans notre imagination ; il est impossible qu'ils soient réalisés dans la nature. Selon ce même Aristote, en effet, toutes les sphères célestes sont concentriques ; chaque sphère a un mouvement propre, d'Orient en Occident, autour d'un axe et sur des pôles qui lui sont particuliers ; en outre du mouvement qui lui est propre, chacune des huit sphères inférieures est mue, d'Orient en Occident, d'un mouvement diurne, par la vertu de l'orbe supérieur ; mais les mouvements diurnes des orbites planétaires retardent sur le mouvement de la première sphère, et leur retard surpasse l'avance, sur le mouvement de l'orbe suprême, que produit leur mouvement propre ; c'est pourquoi les planètes semblent marcher en un sens opposé au mouvement de la première sphère. Selon le même Aristote, une planète n'a aucun mouvement propre autre que le mouvement de son orbite, et le mouvement sur un épicycle excentrique est un pur néant. Récemment, Alpétragius a découvert un procédé ; il a montré de quelle manière il est possible de rendre compte des mouvements directs, des stations, des marches rétrogrades des planètes, de leurs inflexions et réflexions, en un mot de toutes les apparences qu'elles présentent, en suivant la méthode d'Aristote, sans invoquer ni excentrique ni épicycle.

» Selon le système d'Aristote et d'Alpétragius, la durée de l'année est nécessairement le temps qui s'écoule entre deux retours successifs du Soleil au même équinoxe.

» Relativement à la durée de l'année, Aristote et Alpétragius n'ont rien dit d'autre que ce qu'avait dit Ptolémée, car on n'a fait encore aucune observation à l'aide des instruments sur le système de mouvements célestes que proposent les philosophes de la nature.

» Le procédé pour fixer la longueur de l'année ou pour constituer un calendrier exact, selon le système de mouvements célestes qu'admettent Aristote et Alpétragius, ne diffère donc pas du premier des procédés que nous avons décrits. »

Par ce qui vient d'être dit, il est manifeste que Robert Grosse-Teste ne connaît pas le système des sphères homocentriques d'Aristote ; il l'identifie au système d'Alpétragius, auquel seul son exposé se rapporte en entier.

Croit-il, d'ailleurs, avec Averroès et Alpétragius, que le système des excentriques et des épicycles soit inconciliable avec les principes d'une saine philosophie naturelle ? Regarde-t-il, au contraire, l'Astronomie de l'Almageste comme sauve des objections qui lui sont adressées par les Péripatéticiens ? Son bref traité ne nous renseigne pas à cet égard.

Cherchons, dans ses *Opuscules*, quelque indice plus précis et plus significatif de sa pensée.

» Il s'est rencontré, dit Roger Bacon [1], des hommes célèbres, comme Robert, évêque de Lincoln, et frère Adam de Marsh (*de Marisco*), et beaucoup d'autres qui, par la puissance des Mathématiques, ont su expliquer toutes choses et exposer d'une manière satisfaisante les sciences divines aussi bien que les sciences humaines. La certitude de ce que j'affirme là est rendue évidente grâce aux ouvrages composés par ces grands hommes, tels que leurs écrits *De impressionibus*, *De iride*, et *De cometis*, *De generatione caloris*, *De locorum mundi investigatione*, *De cælestibus*, et divers autres, dans lesquels il est fait usage de la Théologie aussi bien que de la Philosophie.»

Ces écrits, que Bacon attribue ici collectivement à Robert Grosse-Teste et à Adam de Marsh, nous les retrouvons presque tous dans une collection d'*Opuscules* qui fut, en 1514, publiée sous le nom du premier de ces deux auteurs [2]. Il en est deux, cependant, qui

1. FR ROGERI BACON *Opus majus*, Pars IV, dist. I, cap. III (Éd. Jebb., p. 64 ; éd. Bridges, vol. I, p. 108).

2. RUBERTI LINCONIENSIS bonarum artium optimi interpretis *opuscula dignissima nunc primum in lucem edita et accuratissime emendata. Opuscula sunt hec. De artibus liberalibus. De generatione sonorum. De calore solis. De generatione stellarum. De coloribus. De statu causarum. De veritate propositionis. De unica forma omnium. De intelligentiis. De veritate. De impressionibus elementorum. De motu corporali et luce. De finitate motus et temporis. De angulis et figuris. De natura locorum. De inchoatione formarum Quod homo sit minor mundus. De motu supracelestium. De differentiis localibus. Finis.* Colophon : Expliciunt opuscula subtilissima : omnium fere septem artium principia perstringentia : domini Linconiensis in omni disciplinarum genere profundissimi : nunc primum in lucem edita : optime recognita : cunctis quoque mendis expurgata. Mandato et impensis heredum nobilis viri domini Octaviani scoti Modoetiensis et sociorum summa diligentia impressa Venetiis per Georgium arriuabenum anno reconciliate nativitatis 1514 die 4 Februarii.

manquent à cette collection ; ce sont les deux traités *De iride* et *De cometis* ; or, ces deux traités-là, Bacon les mentionne en un autre endroit [1], et les attribue formellement à Robert Grosse-Teste.

Les *Opuscula* publiés en 1514 sont-ils donc tous de l'Évêque de Lincoln ? Certains d'entre eux ne devraient-ils pas être attribués au franciscain Adam de Marsh ? Cette attribution n'expliquerait-elle pas quelques divergences entre ce que ces *Opuscula* enseignent des doctrines astronomiques et ce qu'on trouve en d'autres écrits de Robert Grosse-Teste ? Ce sont questions auxquelles nous n'essayerons pas de répondre ; jusqu'à plus ample informé, nous laisserons ces *Opuscules* à l'auteur que l'éditeur leur a donné.

Parmi ces *Opuscules*, il en est où l'on peut rencontrer diverses allusions, plus ou moins précises, aux théories d'Al Bitrogi.

Ainsi, dans son opuscule *De natura locorum*, l'Évêque de Lincoln nous apprend [2] que, « selon les mathématiciens, les rayons solaires brûlent plus ardemment les pays situés sous le tropique du Capricorne que les pays situés sous le tropique du Cancer, parce que le Soleil, lorsqu'il se trouve sous le Capricorne, est plus voisin de l'auge que lorsqu'il est sous le Cancer. » En donnant cette opinion comme particulière aux mathématiciens, l'auteur parait songer aux physiciens qui la déclarent inacceptable.

Un autre opuscule, intitulé *Tractatus de inchoatione formarum*, dessine [3] à grands traits une théorie cosmogonique où l'influence d'Alpétragius se laisse aisément deviner.

La lumière, selon cette théorie, est la première et la plus parfaite des formes corporelles ; elle a pour effet d'assimiler autant que possible les corps au sein desquelles elle se répand aux formes incorporelles supérieures, aux intelligences célestes ; elle les dilate donc et les raréfie autant que sa force le peut faire et que leur nature en est capable.

La lumière, également répandue dans toutes les directions et agissant sur la matière première, l'a façonnée selon la figure d'une sphère ; puis elle a raréfié au plus haut degré les parties extérieures de cette sphère, leur communiquant la perfection la plus grande dont la matière soit susceptible ; ainsi fut formé le firma-

1. FRATRIS ROGERI BACON *Compendium studii*, cap. VIII ; éd. Brewer, p. 469.

2. RUBERTI LINCONIENSIS *Opuscula*, éd. cit., fol. 11, col. c. — Cette considération, empruntée à la *Géographie* de Ptolémée, se trouve, plus développée, au chapitre IV du *Compendium sphæræ* de Robert Grosse-Teste ; nous y reviendrons en étudiant l'*Opus majus* de Roger Bacon.

3. RUBERTI LINCONIENSIS *Opuscula* ; éd. cit., fol. 11, col. d, et fol. 12.

ment, l'orbe suprême « qui ne renferme rien en sa composition, si ce n'est la matière et la forme première, en sorte qu'il est le corps le plus simple »[1].

Le firmament ainsi produit a propagé sa lumière vers le centre de la masse matérielle ; cette lumière émanée du firmament a dilaté et raréfié les parties superficielles de la matière contenue dans le firmament, ce qui ne pouvait être sans que, par compensation, les parties profondes se condensassent. Si puissante était la lumière émanée du firmament que les parties superficielles ont été amenées au plus haut point de raréfaction que leur nature comportât. Ainsi a été séparé un second corps très parfait ; mais la lumière qui informe ce second orbe céleste n'est plus une lumière simple comme celle qui informe le premier orbe ; elle est plus complexe, car elle a déjà traversé le premier orbe ; Grosse-Teste la nomme une lumière redoublée.

De même, la lumière émise par la seconde sphère a formé une troisième sphère ; la lumière transmise par cette troisième sphère en a engendré une quatrième, et ainsi de suite. Par l'action de la lumière sont nées, de la matière première, treize sphères emboîtées les unes dans les autres, qui sont les neuf sphères célestes et les quatre sphères des éléments ; chacune d'elles reçoit une lumière moins simple et moins puissante que celle dont a été imprégnée la sphère précédente ; chacune d'elles est donc plus complexe et plus dense que la précédente.

« Ce que nous venons de dire rend évidente l'intention de ceux qui disent que tout est un, par la perfection d'une lumière unique ; et cela rend également manifeste l'intention de ceux qui disent : la multiplicité des choses multiples provient de la diversité dans la propagation de cette même lumière.

» Les corps inférieurs participent à la forme des corps supérieurs ; et, par suite de cette participation que les corps inférieurs ont à la forme des corps supérieurs, la même vertu corporelle qui, par son mouvement, meut le corps supérieur, est aussi celle dont le corps inférieur recevra son mouvement.

» C'est pourquoi la vertu incorporelle d'une intelligence, voire de l'Intelligence divine, meut de mouvement diurne la sphère première ou suprême ; elle meut aussi toutes les sphères célestes inférieures de ce même mouvement diurne ; mais plus est inférieur le rang d'une sphère, plus est faible le mouvement qu'elle reçoit ;

1. Ceci porte la marque évidente de l'influence exercée sur la philosophie de Robert de Lincoln par les doctrines du *Fons vitæ* d'Avicébron (Ibn Gabriol), doctrines que nous étudierons plus tard.

plus basse, en effet, est une sphère, plus est faible, plus est impure la lumière corporelle primitive qui se trouve en elle.

» Bien que les éléments participent à la forme du premier ciel, le moteur du premier ciel ne leur communique pas, cependant, le mouvement diurne; quoiqu'ils participent à la lumière primitive, ils n'obéissent pas, toutefois, à la vertu motrice du premier orbe ; cette lumière, en effet, ils ne la possèdent qu'impure, affaiblie, et bien éloignée de la pureté de la lumière qui émane de la première sphère ; en outre, ils ont la densité de la matière, qui est une densité de résistance et de désobéissance.

» Toutefois, quelques-uns pensent que la sphère du feu tourne par l'effet du mouvement diurne ; comme marque de cette assertion, ils donnent le mouvement de circulation des comètes [1]. Ils disent encore qu'une dérivation de ce mouvement parvient jusqu'aux eaux de la mer, en sorte que le flux des mers résulte de ce mouvement. Mais tous ceux qui philosophent bien (*omnes recte philosophantes*) disent que la terre est exempte de tout mouvement.

» De même en est-il des sphères qui se trouvent après la seconde sphère, après celle qu'on nomme la huitième lorsqu'on les compte de bas en haut ; toutes ces sphères inférieures participent également de la forme de cette huitième sphère; elles communient donc toutes au mouvement de cette sphère, à celui qu'elle possède en propre, en sus du mouvement diurne. »

Cette doctrine cosmogonique s'enchâsse de la plus heureuse manière dans le cadre des théories physiques de Robert de Lincoln ; la lumière, en effet, et les lois selon lesquelles elle se propage, tiennent le premier rang dans cette Physique. Robert identifie la lumière avec cette influence, avec cette bonté qui, selon les Néo-platoniciens, émane de la Cause suprême, pour s'épancher, comme en une suite de cascades, suivant la gradation descendante des créatures inférieures. Assez souvent, les écrits néo-platoniciens et, en particulier, le *Fons vitæ* d'Avicébron avaient comparé cette effusion de la bonté à la propagation de la lumière, pour que Robert pût être naturellement conduit à conférer à la lumière le rôle essentiel que lui attribue toute sa philosophie. Et d'autre part, l'influence du système d'Alpétragius se reconnaît aisément en cette description du Monde. Grosse-Teste demeurait donc, au sujet des principes de l'Astronomie, dans une indécision que connurent également bon nombre de ses contemporains. Lorsqu'il vou-

1. Au lieu de *cometarum*, le texte porte *chartarum*.

lait suivre le mouvement des planètes et fixer le calendrier, il usait, en disciple de Ptolémée, des excentriques et des épicycles ; lorsqu'il philosophait, il se laissait séduire par la belle simplicité des sphères homocentriques d'Al Bitrogi.

VII

GUILLAUME L'ANGLAIS, DE MARSEILLE

Robert Grosse-Teste connaissait le *De motu octavæ sphæræ liber* attribué à Thâbit ben Kourrah ; il avait compris toute l'importance qu'il y a, avant de réformer le calendrier, à décider entre l'hypothèse d'une précession uniforme des équinoxes et l'hypothèse d'un mouvement d'accès et de recès ; après le livre attribué à Thâbit, il avait eu soin de remarquer que cette dernière hypothèse donnait à l'année tropique une durée variable.

Fort au courant du système de trépidation adopté par les calculateurs des *Tables de Tolède*, l'Évêque de Lincoln connaissait-il ces tables ? Nous n'en trouvons aucune marque en ses écrits. Le nom même d'Al Zarkali n'y est pas prononcé.

Le nom d'Al Zarkali, la table qu'il avait composée sous le titre d'*Astrolabe universel* ou *Saphea*, ainsi que sa table des étoiles fixes, se trouvaient révélés à la Chrétienté latine au temps même de Robert Grosse-Teste.

Un manuscrit du XIIIe siècle, conservé à la Bibliothèque Nationale [1], contient l'*Opus astrolabii secundum Arzachel* et le *De stellis fixis*.

Le premier de ces deux écrits est précédé d'un prologue où le traducteur, ou mieux l'abréviateur, déclare que « la connaissance de cette question nous était demeurée presqu'entièrement cachée jusqu'à ce temps, c'est-à-dire jusqu'à l'an **1231**. »

La *Tabula de stellis fixis secundum Azarchelem* est suivie d'une

1. Bibliothèque Nationale, fonds latin, ms. n° 16.652. Les mêmes documents un peu moins complets, se trouvent aussi dans le ms. n° 7.195. Cf. STEINSCHNEIDER, *Études sur Zarkali* (*Bulletino... da* B. BONCOMPAGNI, t. XVII, 1884, pp 771-775.; t. XX, 1887, pp. 576-579 et pp. 596-597). La première partie de cet écrit a été publié, dès 1841, par L. Am. Sédillot (*Supplément au Traité des instruments astronomiques des Arabes*, pp. 185-188). La publication de L. Am. Sédillot a été ensuite complétée par Paul Tamery [*Le traité du quadrant de Maître Robert Anglès (Montpellier, XIIIe siècle). Appendice. Sur le traité de l'Astrolabe universel ou saphea d'Arzachel par Guillaume l'Anglais* (*Notices et extraits des manuscrits de la Bibliothèque nationale*, t. XXXV, deuxième partie, 1897; pp. 633-640)].

déclaration où le même traducteur nous dit : « Dieu sait que moi, Guillaume l'Anglais, citoyen de Marseille, exerçant la profession de médecin, et surnommé l'astronome en vertu de ma science, à partir d'un bien débile principe, j'ai, pendant six ans, fatigué mon intelligence autant qu'il m'a été permis, au sujet de cet ouvrage, dont j'ai fait une forte étude et conçu une image claire... Cet ouvrage a été terminé en l'année du Seigneur 1231, le second jour de janvier. Je prie Celui qui voit ce traité et tous mes autres traités, afin qu'il nous dirige et nous orne ; que Dieu, qui voit tous vos actes, les dirige, et qu'il multiplie les vrais savants. »

Guillaume l'Anglais, citoyen de Marseille, médecin et astronome, était donc un contemporain de Michel Scot, de Guillaume d'Auvergne et de Robert de Lincoln. Les traités que nous venons de citer ne sont pas les seuls qu'il lui faille attribuer ; il vient de nous apprendre lui-même qu'il en avait composé d'autres ; les collections de manuscrits conservées dans les diverses bibliothèques de l'Europe nous en offrent plusieurs.

Voici d'abord un livre d'Astrologie médicale, l'*Astrologia de urina non visa*, dont on trouve des exemplaires à la Bibliothèque de l'Aula Maria Magdalena d'Oxford et à la Bibliothèque Vaticane [1].

Dans le préambule de cet ouvrage, Guillaume, s'adressant à son frère ou à son cousin (*mi germane*) qui a, autrefois, étudié avec lui à Marseille, se présente au lecteur dans les termes mêmes qu'il employait à la fin de son écrit *De stellis fixis* : « *Ego Gullielmus* (ou *Willelmus*), *natione Anglicus*, *professione medicus*, *ex scientie merito astronomus*, *nunc autem curiæ Marsiliensis* [2] ».

Bien souvent, les manuscrits désignent simplement Guillaume l'Anglais par le surnom de *Marsiliensis* ou *Massiliensis*, précédé parfois de l'initiale *W.* ou de l'abbréviation *Willel.* Ainsi un manuscrit conservé à Erfurt [3] donne le traité *Astrologia de urina non visa* en nommant l'auteur : *Marsiliensis*. Un autre manuscrit de la même bibliothèque contient [4] un traité dont le titre est le suivant : *Scripta Marsiliensis super Canones Archazelis* [5]. Ainsi

1. STEINSCHNEIDER, *Études sur Zarkali (Bulletino... da* B. BONCOMPAGNI, t. XVII, 1884, pp. 775-776). Fabricius attribue ce traité à Guillaume Grisaunt, médecin à Marseille vers l'an 1350 (FABRICII *Bibliotheca latina mediæ et infimæ ætatis*, 2ᵉ éd., Florent., 1858, t. III, p. 130 et p. 139). Cette attribution est évidemment erronée.

2. Un manuscrit que nous avons eu en mains porte : *Civis massiliensis*.

3. STEINSCHNEIDER, *Études sur Zarkali (Bulletino... da* B. BONCOMPAGNI, t. XX, 1887, p. 579).

4. STEINSCHNEIDER, *ibid.*

5. Un fragment de cet écrit a été publié par Maximilian Curtze [MAXIMILIAN CURTZE, *Urkunden zur Geschichte der Trigonometrie im christlichen Mittelalter. 3.(Bibliotheca mathematica*, 3ᵉ série, t. I, 1900, pp. 349-352)].

Guillame l'Anglais qui avait composé un abrégé de la *Saphea* d'Al Zarkali, avait également écrit un traité propre à faire connattre aux Latins les *Canons sur les tables de Tolède* du grand astronome arabe.

Nous voyons ainsi Guillaume l'Anglais reprendre l'œuvre qu'avait tentée, dès 1141, ce Marseillais anonyme auquel nous devons le *Liber cursuum planetarum*, et faire connaître aux Latins les canons, les tables, les instruments par lesquels les Arabes ont fait progresser l'Astronomie pratique. En cette œuvre, d'ailleurs, Guillaume l'Anglais aura, à Marseille et à Montpellier, des imitateurs, en sorte que ces deux villes vont être comme la porte par où pénétrera, dans la Chrétienté latine, l'œuvre accomplie par Al Zarkali et par les auteurs des *Tables de Tolède*.

Le traité sur les *Canons* d'Al Zarkali n'épuise pas la liste des ouvrages astronomiques produits par l'actif médecin de Marseille.

Guillaume avait composé (et c'est peut être la plus importante de ses œuvres astronomiques) un abrégé de l'*Almageste*, dans lequel il insistait d'une manière toute particulière sur les principes qui permettent de construire des tables astronomiques. Cette théorie des planètes se trouve dans un manuscrit de la Bibliothèque Nationale [1] sous le titre : *Astrologia W. Marsiliensis*. Ce même texte se peut lire en un manuscrit d'Erfurt [2], où il se termine par ces mots : *Explicit astr. mag. Willel. civis Massil.*

L'*Astrologie* de Guillaume l'Anglais n'est point sans présenter, dans son plan et dans ses proportions, certaines analogies avec la *Théorie des planètes* de Gérard de Crémone ; mais, en bien des endroits, se marque l'époque qui l'a vue naître.

De tous les traités astronomiques publiés en la Chrétienté latine, l'*Astrologie* de Guillaume de Marseille est le premier où nous trouvions, au sujet des dimensions du système solaire, la théorie que les astronomes grecs avaient imaginée et qu'Al Fergani avait enseignée à tous les auteurs arabes. Au *De Universo* de Guillaume d'Auvergne, nous avions perçu comme un vague reflet de cette théorie ; nous en trouvons ici l'exposé formel [3] :

« N'oublions pas que chacune des planètes a un orbe épais et

1. Bibliothèque Nationale, fonds latin, ms. nº 7.298. Fol. 11, col. d : *Incipit astrologia W. Marsiliensis*. Quoniam astrologie speculatio prima figuram ipsius applanos et motus attendit... Fol. 124, col. d : Et cetera de motibus que docentur in ipso auctore. *Explicit Astrologia Massiliensis*.

2. STEINSCHNEIDER, *Études sur Zarkali (Bulletino... da* B. BONCOMPAGNI, t. XX, 1887, p. 579).

3. *Astrologia* MASSILIENSIS, cap. VI. Bibliothèque Nationale, fonds latin, ms. nº 7.298 ; fol. 116, col. d.

de nature solide, dont les dimensions se conforment à la figure du firmament et qui est concentrique au Monde. L'épaisseur de cette orbite suffit à contenir l'excentricité augmentée du rayon de l'épicycle et du rayon de la planète. Par conséquent, lorsque le centre de l'épicycle est à l'apogée de l'excentrique et lorsqu'en même temps la planète est à l'apogée de l'épicycle, le corps de la planète est tangent à la surface supérieure de l'orbite. Au contraire, lorsque le centre de l'épicycle est au périgée de l'excentrique et lorsque la planète est en même temps au périgée de l'épicycle, le corps de la planète est tangent à la surface inférieure de l'orbite. L'orbite de chaque planète est immédiatement contigu à l'orbe de la planète qui la suit. »

Le dernier chapitre de l'*Astrologie* de Guillaume l'Anglais marque, avec une netteté particulière, l'époque où ce traité a été composé ; nous y trouvons, en effet, une courte mention des deux questions qui, au voisinage de l'an 1230, commencent à préoccuper la pensée latine, savoir, le système de la trépidation de Thâbit ben Kourrah et d'Al Zarkali, et la théorie des sphères homocentriques d'Al Bitrogi.

« Les anciens, est-il dit en ce dernier chapitre [1], ont remarqué, dans plusieurs de leurs observations, que certaines étoiles se trouvaient tantôt au delà de l'équateur et tantôt en deçà ; on en a déduit qu'il existe une sphère de mouvement contraire ; sur les pôles de cette sphère, se meut la huitième sphère ; on dit donc qu'en sus du mouvement qu'elle partage avec la neuvième sphère, cette huitième sphère a un mouvement qui ne se fait point sur les pôles de la neuvième sphère. Arzachel et Thébit ont imaginé » un mouvement que Guillaume décrit brièvement ; puis il ajoute : « Ce mouvement se nomme mouvement d'accès et de recès. Selon la détermination d'Arzachel, le rayon de ces cercles est 10°45' [2]. On a composé des tables relatives au mouvement de la tête du Bélier sur son petit cercle... »

« Alpétraligius, plus attentif aux mouvements naturels qu'aux mouvements mathématiques, a supposé que ces cercles étaient décrits autour des pôles de la neuvième sphère et qu'ils touchaient les pôles de la huitième sphère ; il a admis que ces derniers pôles tournaient sur ces cercles ; il a imaginé, touchant les mouve-

1. Bibliothèque Nationale, fonds latin, ms. n° 7.298, folio 124, coll. *c* et *d*.

2. Cette indication est erronée ; 10°45' est la demie amplitude de l'excursion de l'équinoxe mobile ; le rayon du cercle décrit par la tête du Bélier mobile est 8°37'26".

ments célestes, d'autres choses encore qu'on peut voir enseignées par l'auteur même. »

Après l'auteur du *Liber cursuum planetarum*, écrit en **1140** à Marseille, Guillaume l'Anglais, médecin de Marseille, est le premier astronome latin qui se soit soucié de l'œuvre astronomique d'Al Zarkali ; au pays où il avait exercé la médecine, on continua de s'occuper activement de cette œuvre, et son influence n'y fut sans doute pas étrangère.

VIII

L'ÉCOLE DE MONTPELLIER. ROBERT L'ANGLAIS

Cette influence fut, peut-être, aidée par cette circonstance que Guillaume l'Anglais semble avoir compté, dans les villes méditerranéennes, une nombreuse famille, ou, tout au moins, un groupe nombreux de compatriotes, dont plusieurs membres se seraient illustrés en cultivant la Médecine et l'Astronomie.

Nous avons vu que Guillaume dédiait son traité *De urina non visa* à un frère ou à un cousin (*germanus*) qui avait, autrefois, étudié avec lui à Marseille. Or, vers **1250**, un médecin du nom de Gilbert l'Anglais [1] (*Gilbertus Anglicus*), auteur probable d'un commentaire sur le poëme *De urinis* de Gilles de Corbeil, compose un remarquable *Compendium Medicinæ*. Des extraits de ce *Compendium* ont été rédigés sous ce titre : *Experimenta magistri Gilberti, cancellarii Montispessulani*. Ce Gilbert l'Anglais, médecin, et chancelier de l'Université de Montpellier, pourrait bien être le *germanus* qui avait étudié à Marseille avec l'astronome et médecin Guillaume l'Anglais.

D'autre part, Maître Gilbert l'Anglais, chancelier de Montpellier, avait peut-être quelque lien de parenté avec Maître Robert l'Anglais (*Robertus Anglicus*) qui enseignait à Montpellier en **1271** [2].

Maître Robert l'Anglais partageait le goût de Maître Guillaume l'Anglais pour les théories et pour les instruments astronomiques.

1. ÉMILE LITTRÉ, *Notice sur Gilbert l'Anglais (Histoire littéraire de la France*, t. XXI, 1847, pp. 393-403).

2. En 1240, un *Johannes Anglicus* et un *Robertus Anglicus* figurent parmi les témoins de l'acte statutaire de l'Université de Montpellier. [PAUL TANNERY, *Le traité du quadrant de maître Robert Anglès (Montpellier, XIIIe siècle), Texte latin et traduction grecque (Notices et extraits des manuscrits de la Bibliothèque Nationale*, t. XXXV, seconde partie, 1897, p. 580)].

Il nous est connu par deux ouvrages dont le premier est un commentaire à la *Sphæra* de Joannes de Sacro-Bosco.

Ce commentaire est ainsi intitulé[1] : « *Tractatus de spera Jo. de Sacro Boscho cum glosis Ro. Anglici* ». Il est daté de la manière suivante[2] :

« *Finita est ista compilatio super materiam de spera celesti ad maiorem introductionem scolarium in monte pessulano studentium quam composuit Magister Ro. anglicus et finivit a. d. 1271, sole existente in primo gradu tauri et scorpione existente in ascendente. Explicit tractatus de spera.* »

La *Sphæra* de Robert Grosse-Teste, celle de Campanus de Novare, dont nous parlerons bientôt, étaient des ouvrages originaux ; celui-ci et le commentaire de Michel Scot ouvrent la série des innombrables commentaires auxquels a donné lieu le traité de Joannes de Sacro-Bosco.

Paul Tannery s'est demandé si l'épithète d'*Anglicus*, attribuée à Maître Robert, désignait la nationalité de cet astronome ou bien traduisait un nom de famille qui, selon la langue provençale, devait être Anglès. La lecture des gloses à la *Sphère* de Joannes de Sacro-Bosco l'eût aisément tiré de cet embarras. Il y eût trouvé un passage[3] où l'auteur explique comment certaines éclipses de Lune sont funestes aux semences. « Je l'ai expérimenté, dit-il, en certaines régions de l'Angleterre (*sicut scivi per experimentum quibusdam partibus Anglie*) ; pendant une éclipse, quelqu'un avait semé de l'orge en une terre très fertile ; la semence, cependant, fut tuée et anéantie comme si l'on n'avait rien semé du tout dans ce champ ; les gens croyaient y voir l'effet patent d'un sortilège, jusqu'à ce que je leur aie démontré que cela devait naturellement arriver. »

Chez Robert l'Anglais, l'amour-propre national est fort chatouilleux ; aussi est-ce avec une véritable indignation qu'il voit les géographes mettre l'Angleterre en un climat qualifié d'inhabitable ; il ne veut point que les étudiants de Montpellier gardent une pareille opinion de son pays : « S'il en est ainsi, dit-il[4], ce n'est pas, comme quelqu'un l'a prétendu, parce qu'il est pénible d'y habiter, mais seulement parce qu'elle était encore inhabitée lorsqu'on a marqué les divisions des climats. C'est une terre, en

1. Bibliothèque Nationale, fonds latin, ms. n° 7392, fol. 1, v°.
2. Ms. cit., fol. 43, col. b.
3. MAGISTRI RO. ANGLICI *Glosæ super sphæram*, cap. IV, glosa II ; ms. cit., fol. 42, col. a.
4. RO. ANGLICI *Op. laud.*, cap. III, glosa III ; ms. cit. fol. 37, coll. a et b.

effet, qui fournit avec une inépuisable abondance tout ce qui est à l'usage des mortels ; elle est féconde en tous genres de métaux ; ses vastes plaines et ses collines se prêtent à une riche culture ; une terre fertile y produit, chacune en sa saison, des récoltes variées ; elle a des forêts remplies de bêtes sauvages de toute espèce ; il s'en trouve aussi dans ses bois ; ses herbages permettent d'alterner comme il convient le pâturage des troupeaux ; au pied de ses montagnes, des prés verdoyants offrent d'agréables sites ; de claires fontaines s'y écoulent en ruisseaux limpides ; de ceux-ci, le léger murmure semble lutiner ceux qui reposent étendus sur leurs rives délicieuses ». Cette fraîche et ombreuse Angleterre ne devait-elle pas apparaître comme un paradis terrestre aux étudiants de Montpellier ?

Ce n'est assurément pas un ouvrage de premier ordre que Rober l'Anglais a produit en glosant la sphère de Joannes de Sacro-Bosco ; l'auteur ne mérite nullement d'être mis au nombre des grands esprits qui ont illustré le XIIIe siècle ; mais, par sa médiocrité même, il attire notre attention ; il nous donne un exemple de ce qu'était sans doute, en son temps, la foule des astronomes.

Les pensées qui ont agité son siècle trouvent chacune un écho dans son opuscule, mais un écho affaibli, qui parfois les altère au point de les rendre méconnaissables, qui toujours les mêle ensemble sans souci de les accorder.

L'un des livres que Maître Robert cite le plus volontiers, c'est le *De substantia orbis* où Averroès conduit jusqu'à leurs plus extrêmes conséquences les principes péripatéticiens relatifs à la cinquième essence et aux intelligences motrices des cieux. Il lui arrive, sous l'influence de ce livre, d'embrasser les thèses les plus caractéristiques de l'Averroïsme. Il soutient, par exemple [1], que le ciel ne saurait cesser de se mouvoir et que, s'il cessait de se mouvoir, tout mouvement cesserait, par le fait même, en notre monde sublunaire. Ce sont là propositions qu'Étienne Tempier et les théologiens de Paris devaient condamner en 1277.

Or, tandis qu'en cette question, il suit sans hésiter l'opinion d'Averroès, nous le voyons, ailleurs, modifier dans un sens acceptable pour un chrétien ce raisonnement péripatéticien : Le ciel est sphérique, car le mouvement du ciel doit être éternel, et la

1. Ro. ANGLICI *Op. laud.*, cap. I, glosa III, quæstio : Utrum cessante motu cæli posset esse motus in istis inferioribus. Ms. cit., fol. 10, coll. c et d., et fol. 11, col. a.

figure sphérique est seule compatible avec une rotation éternelle. Voici comment Maître Robert présente ce raisonnement[1] :

« L'avis qu'on doit tenir devient évident si l'on considère ce que c'est que l'archétype du Monde, existant dans l'Intelligence divine avant la création du Monde ; c'est à la ressemblance de cet archétype que le Monde fut créé ; ce monde [idéal] est donc en l'Intelligence divine ; or, de l'avis de Saint Augustin, ce qui est en Dieu est identique à Dieu ; de même, donc, que Dieu n'a ni commencement ni fin, ainsi en est-il de ce Monde-là. Or la figure qui n'a ni commencement ni fin est la figure circulaire. Donc etc. »

C'est le Néo-platonisme chrétien de Saint Augustin qui inspirait ce passage. Parfois, Maître Robert se rattache au Platonisme pris sous sa forme première. Pour justifier l'existence des quatre éléments, il rappelle une doctrine du *Timée*[2] : « Platon dit qu'entre deux nombres cubiques, on doit insérer deux nombres intermédiaires qui aient même rapport [entre eux et] aux nombres extrêmes ; de même, entre les deux éléments extrêmes, faut-il placer deux éléments intermédiaires qui aient même rapport entre eux et aux éléments extrêmes ». L'auteur explique ce qu'il faut entendre par là, et termine par cette réflexion : « En effet, comme le dit Boèce, dès la première origine du Monde, toutes choses ont été formées en raison du nombre ».

Robert l'Anglais va jusqu'à modifier dans le sens platonicien la théorie des Intelligences motrices des cieux qu'exposait Averroès au *De substantia orbis*. En cette théorie, qui est celle même d'Aristote, Dieu, premier moteur est cause du mouvement diurne de la sphère suprême ; les autres sphères participent par entraînement à ce mouvement ; en outre, chacune d'elles doit son mouvement propre à une intelligence particulière ; en chaque sphère, est un moteur conjoint qui meut son orbe afin de s'assimiler à l'intelligence correspondante.

Ce n'est pas exactement ainsi que Maître Robert conçoit le mouvement des sphères ;

« Les sphères célestes, dit-il[3], ont deux mouvements. Le premier, d'Orient en Occident, fait, en une nuit et un jour, une révolution complète, de point en point, autour de la Terre et sur les pôles du monde ; de ce mouvement-là sont mues les neuf sphères, d'un mouvement uniforme et continuel, sous l'action de la pre-

1. Ro. Anglici *Op. laud.*, caput I, glosa III, sententia secundæ partis ; ms. cit., fol. 9, coll. a et b.
2. Ro. Anglici *Op. laud.*, cap. I, glosa II ; ms. cit., fol. 5, col. d.
3. Ro. Anglici *Op. laud.*, cap. I, glosa III. sententia primæ partis ; ms. cit., fol. 8, col. d, et fol. 9, col. a.

mière sphère, et par un certain moteur qui est une intelligence déléguée à cet effet ; cette intelligence se nomme l'Ame du Monde.

» Le second mouvement meut d'Occident en Orient, sur les pôles du Zodiaque, les huit [dernières] sphères célestes ; il les meut de rotations diverses. Ce mouvement est certainement double, bien que le texte le suppose seulement simple. L'un est le mouvement qu'ont les huit sphères d'Occident en Orient ; l'autre est le mouvement des astres eux-mêmes à l'intérieur de leurs sphères respectives.

» Le premier de ces mouvements d'Occident en Orient est un mouvement uniforme d'un degré en cent ans ; toutes les sphères, en effet, par une intelligence unique, sont mues de la sorte, du moins selon l'opinion de Ptolémée ; il en est autrement selon l'hypothèse de Thébit, comme on le verra plus loin.

» Le second est le mouvement d'Occident en Orient des astres eux-mêmes à l'intérieur de leurs propres sphères ; ce mouvement-là ne convient pas aux étoiles fixes, car elles n'ont pas d'autre mouvement que le mouvement de leur sphère ; il convient seulement aux sept planètes ; par un tel mouvement, chaque planète se meut à l'encontre du mouvement de sa sphère, comme une mouche sur une roue se peut mouvoir en sens contraire du mouvement de la roue. De la sorte, chaque planète a son moteur particulier qui est une certaine intelligence. C'est de cette manière que Saturne accomplit sa révolution en trente ans, Jupiter en douze ans, et ainsi des autres. »

« Remarquez donc, poursuit Robert [1], que le ciel a deux sortes de moteurs, des moteurs conjoints et un moteur séparé. Le moteur séparé, c'est la Cause première ; un moteur conjoint, c'est une certaine intelligence déléguée au mouvement du ciel. Ces intelligences sont de deux sortes. Il y en a une qui meut toutes les sphères d'Orient en Occident ; c'est l'Ame du Monde. Il y a aussi des moteurs qui meuvent du mouvement en sens contraire ; ces moteurs-là sont multiples, et leur nombre est le même que celui des mouvements d'Occident en Orient. Ainsi chaque planète a son propre moteur.

»... Le ciel se meut continuellement afin de se rendre semblable au Créateur ; il se meut continuellement afin de pouvoir acquérir ce vers quoi il tend ; et comme il ne pourra jamais l'acquérir pleinement, il ne cessera jamais de se mouvoir. »

1. Ro. Anglicus, *loc. cit.* : Ad evidentiam lectionis ; ms. cit., fol. 9, coll. b et c.

Cette sorte de synthèse entre la théorie platonicienne de l'Ame du Monde et la théorie péripatéticienne des Intelligences célestes mérite encore de retenir notre attention par un autre caractère ; Robert l'Anglais pense, comme Ptolémée dans l'*Almageste*, comme les Néo-platoniciens hellènes, que chaque planète se meut librement entre les deux surfaces sphériques qui bornent son domaine. Au temps où il écrivait, l'influence des idées d'Aristote avait fait délaisser cette pensée par la plupart des grands philosophes, même par ceux qui ne se livraient pas sans résistance au courant péripatéticien ; Saint Bonaventure et Roger Bacon, aussi bien qu'Albert le Grand et Saint Thomas d'Aquin, pensaient que tout astre, fixement serti dans un orbe solide, ne pouvait qu'être entraîné par cet orbe.

L'hypothèse, si contraire à la Physique d'Aristote, que les astres solides plongent au sein d'un éther fluide, semble naturelle à Robert.

Il admet volontiers [1] que les diverses sphères célestes soient simplement contiguës, et non point *continues*, c'est-à-dire soudées les unes aux autres ; mais il ne lui semble pas nécessaire, comme il eût semblé à un péripatécien, de rejeter cette continuité. « Nous pourrions supposer, en effet, que les parties extrêmes de l'orbe demeurent seules immobiles, tandis que ce qui est au milieu de l'orbe serait en mouvement. Ainsi voyons-nous qu'[en un vase], le milieu de l'eau se meut tandis que, sur les bords, l'eau demeure en repos. A plus forte raison cela semble-t-il possible au sein des orbes, qui sont beaucoup plus simples que l'eau. Dès lors, il n'est évidemment pas nécessaire que tous les orbes se meuvent parce que l'un d'eux se meut, et cela lors même qu'ils seraient continus ; de même, bien que l'eau soit continue, toute l'eau ne se meut pas nécessairement parce qu'une partie de l'eau se meut. »

Après avoir exposé ses raisons en faveur de la continuité des sphères célestes, Robert continue en ces termes [2] :

« Il est cependant une opinion selon laquelle les orbes sont seulement contigus. Et comme ces orbes, sauf le huitième, sont excentriques, il faut que l'intervalle entre deux orbes soit plus large d'un côté que de l'autre... La matière qui se trouve entre les orbes est susceptible de raréfaction et de condensation, en sorte que du mouvement de ces corps, il ne résulte aucun espace vide. »

1. Ro. Anglici *Op. laud.*, cap. I, glosa I, ad primam quæstionem ; ms. cit., fol. 4, coll. c et d.
2. Ro. Anglicus, *loc. cit.*, ms. cit., fol. 4, col. d.

Ce passage nous montre que Robert l'Anglais concevait les corps intermédiaires entre les orbes comme Thâbit ben Kourrah l'avait proposé, au dire de Moïse Maïmonide et d'Albert le Grand. Il ne semble pas connaître les orbes solides agencés par les *Hypothèses des Planètes*, bien que Roger Bacon ait, depuis quatre ans déjà, connaissance de ce mécanisme ; bien qu'à ce même moment, le rabbin Profatius entreprenne, peut-être à Montpellier, la traduction hébraïque du *Résumé d'Astronomie* d'Ibn al Haitam, où ce mécanisme est exposé.

Ce que Robert pense de la fluidité de la matière céleste ne lui peut faire attribuer grande importance à la querelle que les *physiciens* aristotéliciens et averroïstes ont cherché aux *mathématiciens* ptoléméens. Aussi, de cette querelle qui tient tant de place, à cette époque, dans les écrits des grands scolastiques de Paris, se borne-t-il à signaler l'existence : « Au sujet de ces orbes, dit-il [1], il y a contradiction entre les physiciens (*naturales*) et les mathématiciens ; les physiciens, en effet, supposent que tous les orbes sont concentriques [2], et les mathématiciens, non ».

Bien d'autres discussions moins importantes n'ont qu'un faible écho dans les gloses de Robert l'Anglais. Ainsi, au sujet de la variation des équinoxes, nous l'avons entendu signaler la différence entre la théorie de Ptolémée et la théorie de Thâbit ben Kourrah ; il nous promettait alors de revenir à cette question ; mais il n'a pas tenu sa promesse.

L'existence d'une neuvième sphère, que les tenants de ces deux théories admettaient également, ne lui paraît pas fort assurée ; l'argument invoqué en faveur de cette existence, et tiré du principe péripatéticien qu'un orbe unique ne peut avoir en propre deux rotations différentes, apparaît singulièrement déformé dans son écrit ; peut-être, en cette déformation, faut-il reconnaître l'influence de certaines pensées de Michel Scot.

« Il y a neuf orbes, dit Robert [3] ; cependant, je n'ai rencontré ni en Mathématiques ni en Physique d'autorité bien certaine pour affirmer qu'il y en a plus de huit. Toutefois, si l'on compare les raisons mathématiques avec les raisons physiques, il semble bien qu'il doive y avoir une neuvième sphère. Voici comment cela se met en évidence : La Physique veut qu'en tout genre de choses, on puisse trouver un minimum auquel se réduisent

1. Ro. Anglicus, *loc. cit.*, ms. cit., fol. 4, col. d.
2. Au lieu de : *concentrici*, le texte porte : *excentrici*.
3. Magistri Ro. Anglici *Op. laud.*, cap. I, glosa I, ad secundam quæstionem ; ms. cit., fol. 4, col. d, et fol. 5, col. a.

tous les objets qui sont en ce genre. Mais, selon les mathématiciens, les huit sphères se meuvent toutes de deux mouvements. Il faut, dès lors, admettre l'existence d'un corps céleste, autre que ces huit sphères, et qui se meuve seulement d'un mouvement simple unique. Il y aura donc une neuvième sphère. »

Si nous ajoutons que l'Astrologie, et surtout l'Astrologie médicale et l'Astrologie appliquée à la Météorologie tiennent la place principale dans les gloses de Robert l'Anglais, nous aurons assez fait connaître les tendances du manuel rédigé par cet auteur à l'usage des étudiants de Montpellier.

Outre son commentaire à la *Sphère* de Joannes de Sacro-Bosco, notre Robert l'Anglais est l'auteur d'un *Tractatus quadrantis* [1] rédigé avant 1276 à Montpellier (*in Montepessulano*) ; ce quadrant, sorte de cadran solaire portatif, était un instrument propre à déterminer les heures ; le traité, très clairement rédigé, que Robert l'Anglais lui a consacré, eut une vogue extraordinaire ; il fut traduit en Grec, en Hébreu et en Allemand ; soigneusement démarqué, il fut inséré dans l'édition, donnée en 1508, de la *Margarita philosophica*. Robert a composé également des *Canons pour l'usage de l'astrolable* qui furent imprimés au xve siècle [2].

IX

L'ÉCOLE DE MONTPELLIER (*suite*) — LES JUIFS. PROFATIUS

Marseille et Montpellier, donc, furent des portes largement ouvertes à la science orientale ; c'est par ces portes que l'œuvre d'Al Zarkali et des astronomes de Tolède a pénétré au sein de la Chrétienté latine. La situation de ces deux villes au bord de la Méditerranée, les relations fréquentes qu'elles entretenaient avec les pays d'Islam, expliquent en partie ce fait ; elles n'en sont pas la complète raison. Pour en rendre pleinement compte, il convient de ne pas oublier le rôle que joua la science rabbinique en des provinces où Israël comptait de nombreuses et florissantes communautés.

Répandus parmi les peuples de la Chrétienté latine, moins aptes, d'ailleurs, à inventer qu'à imiter, les Juifs éprouvent des

1. PAUL TANNERY, *Op. laud.*
2. ROBERTI ANGLICI *viri Astrologia prestantissimi de Astrolabio Canones Incipiunt*. s. l. a. typ. (Colle, Bonus Gallus, vers 1478, selon T. DE MARINIS, catalogue de *Manuscrits, autographes, incunables et livres rares*, Florence, 1911, n° 337, pp. 115-116).

préoccupations intellectuelles toutes semblables à celles qui, au même temps, sollicitent les Chrétiens latins. Prendre connaissance des doctrines de la sagesse hellénique, conservées et commentées par les Arabes ; concilier, dans la mesure du possible, les enseignements de cette sagesse avec les dogmes que révèlent les Écritures ; tels sont, au XIIIe siècle, les deux objets qui provoquent les efforts des rabbins de la Synagogue aussi bien que des clercs de l'Église.

Dans la Synagogue, d'ailleurs, un homme de génie venait de s'essayer à cette conciliation de la Philosophie péripatéticienne avec la Bible ; la tentative de Maïmonide, qui attira si vivement l'attention des docteurs chrétiens eux-mêmes, ne pouvait manquer de susciter de graves débats parmi les rabbins.

« L'exemple [1] de Maïmonide entraîna un grand nombre de Juifs vers l'étude de la Philosophie et des sciences naturelles. Les Arabes étaient alors les grands maîtres de ces sciences. Tous les juifs avides d'instruction se furent bientôt mis à leur école ; mais, comme l'Arabe était inconnu en Provence, un vaste travail de traduction fut nécessaire pour mettre la science arabe à la portée des Israëlites qui s'y voulaient initier.

» Ce travail de traduction d'Arabe en Hébreu, qui est le principal service que les Juifs aient rendu au Moyen Age, s'accomplit tout entier dans le midi de la France, par des familles juives venues d'Espagne, qui conservèrent, durant quelques générations, dans leur milieu nouveau, la connaissance de leur ancien idiome ».

Si le rôle des Juifs s'était borné à traduire en Hébreu les ouvrages arabes, nous n'aurions pas à nous en occuper ici ; cette transposition ne rendait guère plus lisible aux Chrétiens l'ouvrage qui en était l'objet. Mais les Juifs, nous l'avons déjà dit, ne traduisaient pas simplement en Hébreu les écrits rédigés en Arabe ; ils contribuaient à la traduction latine de ces ouvrages ; une telle traduction résultait, le plus souvent, d'une collaboration entre un Juif qui ignorait le Latin et un Chrétien qui ignorait l'Arabe ; le Juif traduisait de vive voix le texte arabe en idiome vulgaire, et le chrétien transcrivait en Latin ce qui lui était dicté dans sa langue. Le Juif, naturellement, voyait son travail simplifié lorsque l'œuvre à mettre ainsi en Latin avait déjà passé de l'Arabe à l'Hébreu. C'est ainsi que les traités traduits ou rédigés en Hébreu par les rabbins

1. ERNEST RENAN, *Les rabbins français du commencement du quatorzième siècle. Seconde partie : Communautés juives du Midi. Philosophes, savants et traducteurs* (*Histoire littéraire de la France*, t. XXVII, 1877, pp. 571-573).

étaient souvent mis en Latin. Nous en verrons bientôt des exemples.

De ces familles juives, venues d'Espagne et établies en pays de Langue d'Oc, qui ont transposé en Hébreu les textes de la sagesse Arabe, la plus connue est celle des Ibn Tibbon.

Le chef de cette famille est Samuel, fils de Jehouda ben Tibbon, surnommé le Prince des traducteurs.

« Samuel appelle [1], une fois, Lunel « l'endroit de ma naissance », et ailleurs il l'appelle « l'endroit de mon séjour ». Il résida également à Arles, à Marseille, à Tolède, à Barcelone et même à Alexandrie, ainsi qu'il résulte des souscriptions qu'on lit à la fin de quelques-unes de ses traductions. On ne connaît pas l'année de sa naissance. Sa mort doit être portée à l'année 1232. »

En 1210, Samuel achevait la traduction en Hébreu de la *Météorologie* d'Aristote ; en 1213, il terminait une *Explication des termes philosophiques du Guide* ; avant de rédiger ce commentaire du *Guide des égarés* de Maïmonide, il avait traduit cette œuvre même du célèbre rabbin ; il mit également en Hébreu plusieurs autres traités que le même auteur avait écrit en Arabe ; il y était d'autant mieux préparé qu'il avait connu Maïmonide et lui avait écrit plusieurs lettres qui nous ont été conservées.

Jacob, fils d'Abba Mari, fils de Simson, fils d'Anatolio, est, à la fois, gendre et neveu de Samuel ben Tibbon [2]. Ce Jacob d'Anatoli ou cet Antoli (c'est ainsi que les manuscrits le désignent) fut le premier traducteur proprement dit de commentaires d'Averroès. Il mit en Hébreu les commentaires sur l'*Isagoge* de Porphyre, sur les *Catégories*, le livre de l'*Interprétation*, les *Premiers* et les *Seconds analytiques* d'Aristote. Cette traduction fut finie à Naples en 1232. « Jacob dit dans le *post-scriptum* qu'avant de continuer son travail sur les autres ouvrages du même genre, il veut relire les parties qu'il a déjà exécutées et y faire diverses corrections ; après quoi, il se mettra à l'œuvre, « pour accomplir, ajoute-t-il, le » désir de l'empereur Frédéric, l'amateur de la Science, qui me » soutient. Que Dieu lui accorde sa grâce, qu'il l'élève au-dessus » de tous les rois, et que le Messie arrive sous son règne ! »

Jacob d'Antoli se trouvait donc au nombre des savants que l'empereur Frédéric II traitait à Naples. Frédéric ne dédaignait pas de communiquer à Jacob ses opinions sur certaines prescriptions de la Bible, comme le rabbin nous le conte en un de ses ouvrages.

1. Ernest Renan, *Op laud.*, p. 573.
2. Ernest Renan, *Op. laud.*, pp. 580-589.

Dans ce même ouvrage, se rencontre une autre indication intéressante. « Parmi les savants [1] avec lesquels il a été en rapport, Antoli cite, en effet, un grand savant chrétien, nommé Michel. Ce Michel lui donna plusieurs explications qu'il rapporte scrupuleusement à leur auteur « ne voulant pas se parer d'ornements » d'emprunt ». Selon une conjecture très vraisemblable de M. Sachs, le docteur cité par Antoli serait Michel Scot. »

« Antoli et Michel Scot [2] sont les deux principaux artisans de ce grand travail dont l'empereur Frédéric II fut le promoteur, et dont le résultat fut de donner aux Écoles de l'Occident une connaissance de l'encyclopédie aristotélique bien supérieure à celle que l'on avait eue jusque-là. »

L'œuvre principale d'Antoli ne fut cependant pas de répandre parmi ses coréligionnaires la connaissance de la Philosophie péripatéticienne car, de cette Philosophie, il ne traduisit que des traités de Logique ; ses goûts le portaient plutôt vers les sciences mathématiques. L'intérêt qu'il portait à ces sciences était assez grand pour sembler condamnable à ceux qui s'adonnaient exclusivement à l'étude du Talmud. « Un rabbin contemporain, écrit Jacob [3], m'a blâmé, parce que je m'occupe de temps en temps, sous la direction de mon beau-père Samuel, d'études de Mathématiques, d'après des livres écrits en Arabe. Je lui ai répondu que je ne perds pas mon temps en m'occupant de ces études. »

Dans la préface de sa traduction des commentaires d'Averroès à la Logique péripatéticienne, « Jacob [4] nous apprend qu'il avait d'abord eu l'intention de se mettre aux traductions de Mathématiques et d'Astronomie, traductions plus difficiles et pour lesquelles on a besoin de beaucoup de livres et de plus de réflexion, mais que ses amis de Narbonne et de Béziers ont insisté pour qu'il leur fît la traduction des livres de l'*Organon*. »

Bientôt, cependant, Antoli put suivre son penchant vers la Science des astres, car nous le voyons donner, presque coup sur coup, la traduction de l'*Abrégé de l'Almageste*, par Averroès, traduction qu'il achève à Naples en 1235 ; celle de l'*Almageste* de Ptolémée, qu'il accomplit en 1236 ; enfin celle de l'*Abrégé d'Astronomie* d'Al Fergani.

L'*Abrégé de l'Almageste*, composé par Averroès, n'a jamais été mis en Latin, et la version hébraïque de Jacob d'Anatoli nous con-

1. ERNEST RENAN, *Op. laud.*, p. 583.
2. ERNEST RENAN, *Op. laud.*, p. 586.
3. ERNEST RENAN, *Op. laud.*, pp. 581-582.
4. ERNEST RENAN, *Op. laud.*, p. 587.

serve seule, aujourd'hui, cet ouvrage ; au contraire, les Chrétiens possédaient, longtemps avant les Juifs, la version des deux autres traités ; c'est même sur la version latine de Jean de Luna que Jacob d'Antoli a exécuté sa traduction de l'*Abrégé* d'Al Fergani ; il l'a seulement revue sur l'original arabe.

« Moïse ben Samuel ibn Tibbon, de Montpellier [1], continua les traditions de sa famille, vouée tout entière à la traduction des ouvrages arabe sen Hébreu. » L'activité de ce Moïse fils de Samuel paraît avoir été extrême ; il a composé un grand nombre d'ouvrages originaux, en même temps qu'il écrivait une foule de traductions.

Parmi les œuvres qu'il a fait passer de l'Arabe en Hébreu, il faut citer, en premier lieu, presque tous les commentaires d'Averroès (grands commentaires, commentaires moyens, abrégés) et même quelques-uns des ouvrages de Médecine composés par Ibn Rochd ; certaines de ces traductions sont datées ; celle du commentaire au *Traité de l'Ame* est de 1261.

Les *Éléments* d'Euclide, les commentaires composés sur ces *Éléments* par Ibn al Haitam, les *Sphériques* de Théodose, mis en Hébreu par Moïse, développèrent, chez les Juifs, le goût des études géométriques. A ceux d'entre eux qui se livraient à la Médecine (et, dans le pays de Montpellier, presque tous les rabbins instruits étaient médecins), Moïse ben Samuel donna, en 1272, le *Petit canon* d'Avicenne, puis les *Aphorismes* d'Hippocrate avec le commentaire de Maïmonide, l'*Antidotaire* de Rhasès, et bon nombre d'autres ouvrages.

Il n'oublia pas les astronomes. Après avoir traduit, pour eux, un *Abrégé d'Astronomie*, en dix-sept chapitres, attribué à Ptolémée, il leur donna, en 1274, une version hébraïque de l'*Almageste*. Bien auparavant, dès 1249, il avait traduit sur le texte arabe la *Théorie des planètes* d'Al Bitrogi. Comme nous l'avons vu [2], c'est cette version hébraïque de Moïse ben Samuel ben Tibbon qui, en 1528, fut mise en Latin par le juif napolitain Calo Calonymos, et qui fut imprimée en 1531, tandis que l'ancienne version latine de Michel Scot est demeurée inédite.

Les rabbins Tibbonides dont nous avons cité les noms, Samuel ben Jehouda, Jacob Antoli, Moïse ben Samuel, n'ont travaillé que pour les Juifs ; leur versions hébraïques n'ont pas été traduites en Latin, ou elles ne l'ont été que fort tard, à une époque où elles n'apportaient aucune contribution nouvelle à la science des Chré-

1. ERNEST RENAN, *Op. laud.*, pp. 593-599.
2. Voir : Chapitre XI, § VI ; t. II, p. 146.

tiens. Il n'en fut pas toujours de même des traductions ou des ouvrages originaux dus au rabbin qui va nous occuper ; souvent, ces œuvres ont été immédiatement transcrites en Latin, en sorte qu'elles n'ont pas contribué seulement à instruire les communautés juives de Marseille et de Montpellier, mais qu'elles se sont encore répandues parmi les savants chrétiens de ces villes.

« Jacob ben Makir [1], de la famille des Tibbonides, est célèbre comme astronome et comme traducteur d'ouvrages mathématiques. Son nom provençal était Don Prophet Tibbon. Il est connu, chez les écrivains latins du Moyen Age, sous le nom de Profatius ou Profacius Judæus.

» La date de la naissance de notre Jacob n'est pas déterminée. Il est probable qu'il naquit vers 1236 ou un peu avant cette année, car sa traduction du *Traité de la sphère armillaire* fut faite, comme son petit-fils l'atteste,... en 1256. Or il est à présumer que Jacob traduisit les *Éléments* d'Euclide avant cet ouvrage ; dans le petit avant-propos des *Éléments* d'Euclide, il fait allusion à sa jeunesse... Nous savons d'ailleurs qu'en 1304, Abba Mari s'adresse à notre Jacob en l'appelant « vieillard », expression qui ne peut s'appliquer qu'à un homme qui a au moins soixante ans...

» Quant à la date de la mort de Jacob, elle doit être placée entre 1303 et 1306. Son dernier travail connu fut terminé.... en 1303 et, dans la réponse qu'En Douran de Lunel adresse à Don Vidal Salomon, réponse qui n'est pas postérieure au commencement de 1306, Jacob est déjà mentionné comme décédé.

» Jacob, selon toutes les apparences, était né à Marseille ; mais il fit sa principale résidence à Montpellier ; c'est d'après le nom rabbinique de cette ville qui se nomme lui-même *ha-Harri* (de la montagne). Par « la Montagne » ou « la Montagne de l'ébranlement » (nom d'une montagne d'Éphraïm), les Juifs du Moyen Age désignaient Montpellier. Les manuscrits latins qui contiennent, soit la traduction de son ouvrage sur le quart de cercle, soit celle de son calendrier perpétuel, le nomment *Prophatius Massiliensis*. Un manuscrit hébreu, contenant la traduction hébraïque de son ouvrage sur le quart de cercle, faite d'après une traduction latine, qui, elle-même, était considérablement remaniée, ainsi que nous le verrons dans la suite, porte l'épigraphe suivant : « Ici » finit l'ouvrage sur le quart de cercle, composé par R. S. le savant, » surnommé dans la langue des Chrétiens Profasio le juif, de Mar-

1. ERNEST RENAN, *Op. laud.*, Jacob ben Makir ou Profatius Judæus, astronome, pp. 599-623.

» seille, demeurant à Montpellier, ville située au pied de la montagne Pessulano. »

» ... Avant de se fixer à Montpellier, Jacob passa quelques années à Lunel. Nous ne savons pas quelle fut sa relation exacte de parenté avec la famille Tibbon ; mais ce qu'on peut affirmer, c'est que ce fut au sein de cette famille instruite qu'il apprit ce qu'il sut d'Arabe. La tradition de l'Arabe, vers le milieu du XIIIe siècle, devait être bien affaiblie dans ces familles venues d'Espagne ; nous verrons bientôt notre Jacob avouer qu'il savait médiocrement cette langue... »

Il n'en fit pas moins de très nombreuses traductions. Bornons-nous à signaler très rapidement quelques-unes de celles qui n'intéressent pas l'Astronomie.

Il en est plusieurs qui portent sur des livres de Géométrie ; ce sont celle des *Éléments* d'Euclide, faite vers 1255 ; celle des *Données* du même auteur, accomplie en 1272 ; celle du traité *De la sphère en mouvement* d'Autolycus, terminée en 1273 ; enfin celle des *Sphériques* composés par Ménélas d'Alexandrie.

Une autre, qui intéresse la Zoologie, et qui fut terminée en 1302 ou en 1303, mit en Hébreu les commentaires d'Averroès sur les livres XI à XIX de l'*Histoire des Animaux* d'Aristote.

Ni la Géométrie ni la Zoologie n'eurent la part de prédilection dans la pensée de Jacob ben Makir ; cette part, assurément, était réservée à l'Astronomie.

Parmi ses œuvres astronomiques se trouvent, d'abord, des traductions d'ouvrages théoriques. Ce sont celle de l'*Abrégé de l'Almageste* composé par Abou Mohammed Djaber Ibn Aflah (Géber), et surtout celle du *Résumé d'Astronomie* d'Ibn al Haitam, nommé Alhazen par les Scolastiques. Terminée en 1271 ou en 1275, cette version fut mise en Latin, au temps de la Renaissance, par Abraham de Balmès, comme nous l'avons dit autrefois [1].

De la préface que Jacob ben Makir a mise à sa traduction, nous avons alors produit un extrait où il nous conte comment il fut amené à entreprendre cette version. Un jour, il rencontra un étranger venu d'une terre éloignée ; cet étranger trouvait que les démonstrations du livre d'Al Fergani ne s'accordaient pas avec la nature des choses; il pressa Profatius de traduire en Hébreu le *Résumé* d'Ibn al Haitham.

Cette anecdote est, pour nous, fort intéressante ; elle nous montre les astronomes juifs en proie, vers l'an 1270, au souci qui, peu

1. Voir : Chapitre IX, § II; t. II, p. 121.

d'années auparavant, préoccupait si fort les astronomes chétiens ; les uns comme les autres tentaient d'accorder le système des excentriques et des épicycles avec la Physique d'Aristote.

Nous ne devons pas nous étonner, d'ailleurs, de retrouver ce souci dans l'esprit des rabbins adonnés à la science des astres ; Maïmonide l'avait connu ; et de même que Michel Scot l'avait fait naître chez les Chrétiens en traduisant les *Commentaires* d'Averroès et la *Théorie des planètes* d'Alpétragius, de même, les versions hébraïques de ces ouvrages, données par Moïse ben Samuel ben Tibbon, l'avaient ravivé chez les Juifs.

Aux astronomes juifs comme aux astronomes chrétiens, les agencements d'orbes solides d'Ibn al Haitham devaient paraître propres à fournir la conciliation désirée.

Remarquons, d'ailleurs, que les Chrétiens latins connurent avant les Juifs de Marseille et de Montpellier cette tentative pour résoudre le conflit entre l'Astronomie de Ptolémée et la Physique d'Aristote ; nous verrons plus loin que, dès l'an **1267**, Roger Bacon en discutait le principe en son *Opus tertium*.

C'est un juif venu de loin qui a conseillé à Profatius de traduire le résumé d'Astronomie ; Profatius paraît personnellement peu soucieux des disputes qui se sont élevées entre les disciples d'Aristote et les partisans de Ptolémée ; ce qui l'intéresse, c'est ce qui est utile à l'astronome de profession, ce sont les tables, les canons, les instruments ; par là, il se montre fidèle à la tradition qu'avait inaugurée, dès **1140**, l'auteur des *Tables de Marseille*, qu'ont prolongée, à Marseille et à Montpellier, les Guillaume l'Anglais et les Robert l'Anglais ; il suit si exactement cette tradition qu'il en réunit et compose en lui-même toutes les tendances.

Et d'abord, Jacob ben Makir ne cesse de s'occuper d'instruments astronomiques. Une de ses premières versions d'Arabe en Hébreu est celle du traité composé par l'Arabe chrétien Costa ben Louka *Sur l'usage de la sphère armillaire* ; il donne cette version dès **1256**. Plus tard, il traduit, également en Hébreu, le traité *Sur l'usage de l'Astrolabe* d'Aboul Casim Ahmed Ibn el-Safar.

Ces deux traductions ne peuvent être utiles qu'aux rabbins astronomes ; Profatius va en donner une autre qui sera utile aux Chrétiens.

Guillaume l'Anglais avait, en un traité, décrit la construction de l'astrolabe universel ou *saphea* imaginé par Al Zarkali ; en **1263**, Profatius entreprend de traduire l'ouvrage même qu'Al Zarkali avait écrit sur cet instrument ; mais, désireux que sa traduction, mise en Latin, se répande parmi les astronomes chrétiens, il la dicte en Provençal, selon l'usage du temps, à un certain Jean de Brescia qui la transcrit. Ainsi fut faite la version qu'un manuscrit de la Bibliothèque nationale [1] conserve sous ce titre : *Liber operationis tabulæ quæ nominatur saphea patris Isaac Arzachelis*. A la fin de cette version se lisent ces indications : « *Explicit liber tabulæ quæ nominatur Saphea patris Isaac Arzachelis cum laude Dei et adjutorio ; translatum est hoc opus, apud Montem Pessulanum, de arabico in latinum, in anno domini nostri J. X. 1263, Profatio gentis Hebræorum vulgarizante, et Johanne Brixiensi in latinum reducente. Amen* ». Le manuscrit qui nous a conservé cette version l'a placée aussitôt après le traité de Guillaume l'Anglais ; cette association si naturelle était, sans doute, coutumière ; elle met en évidence le lien qui unit ces deux Marseillais, l'astronome chrétien et le rabbin.

Nous venons de voir Profatius suivre les traces de Guillaume l'Anglais ; en lui, nous allons rencontrer un continuateur de Robert l'Anglais.

Au moment où Maître Robert l'Anglais écrivait son *Traité du quadrant*, l'instrument dont il enseignait l'usage était, en son genre, le plus parfait que l'on connût ; il avait fait reléguer d'autres formes de quadrants ; les plus anciens manuscrits du livre de Robert portent en titre : *Tractatus quadrantis secundum modernos* [2]. Mais, bientôt, l'instrument décrit par Maître Robert subit le sort commun des appareils imaginés par l'industrie humaine ; les améliorations qu'il avait reçues appellent et font créer de nouveaux perfectionnements ; le quadrant qui était en vogue cède la première place, dans l'ordre de préférence des astronomes, à un nouveau quadrant, et l'ouvrage de Robert l'Anglais s'intitule maintenant : *Tractatus quadrantis veteris*.

L'appareil qui lui a ravi le titre de *quadrans secundum modernos* est celui dont Profatius s'occupe avec une sorte de prédilection [3].

Quels étaient les avantages de ce nouveau quadrant, Jacob ben Makir va nous le dire au préambule de son ouvrage :

« Comme la connaissance de l'art astronomique ne peut être pleinement acquise sans l'aide des instruments, il a fallu que les

1. Fonds latin, ms. nº 7195.— Cette version a été publiée par L. Am. Sédillot (*Supplément au traité des instruments astronomiques des Arabes*, Paris, 1841, pp. 188-190).

2. Paul Tannery, *Le Traité du quadrant de Maître Robert Anglès* (*Notices et extraits des manuscrits de la Bibliothèque Nationale*, t. XXXV, seconde partie, 1897, p. 581).

3. Paul Tannery, *Op. laud.*, p. 582. — Ernest Renan, *Op. laud.*, pp. 607-616.

savants en composassent. Ils en ont donc imaginés de nombreux et de variés dont le meilleur, assure-t-on, est l'astrolable de Ptolémée ; par celui-là, on connait fort aisément plusieurs des mouvements célestes. Toutefois, la composition de cet instrument est difficile et fastidieuse, par suite de la multitude des arcs, des cercles et des lignes droites qui s'y trouvent et qu'il y faut tracer. D'ailleurs, les constructeurs ou compositeurs de cet instrument sont peu nombreux, on n'en trouve pas partout ; en outre, on ne peut en tirer en tous lieux tous les usages, à moins de posséder une multitude de tablettes que nécessite la diversité des latitudes, des lieux et des climats.

» Les Anciens avaient imaginé le quart de cercle [quadrant] ; ils s'en servaient pour prendre les hauteurs du Soleil, déterminer les heures et mesurer les ombres, et n'en faisaient rien d'autre ; toutefois, la composition et l'usage de ce quadrant étaient encore quelque peu fastidieux, et ce qu'il permettait de connaître, on ne le connaissait pas très exactement.

» Dieu, dont le nom soit béni, nous a conduit à la connaissance d'un quadrant dont la composition est assez facile ; à l'aide de cet instrument, on manifeste parfaitement et sans aucune erreur tout ce qui se peut voir par l'astrolabe, bien que par un procédé différent, et quelques autres choses encore ; on y peut tracer autant d'horizons que l'on veut... »

C'est en Hébreu que Profatius rédigea son *Traité du quadrant*. La date de cette première rédaction ne figure pas dans les textes hébraïques ; les traductions latines ultérieures la donnent d'une manière peu concordante ; les divers manuscrits portent tantôt **1288**, tantôt **1290** et tantôt **1293**.

De cette première rédaction hébraïque du traité de Jacob ben Makir, une traduction latine fut bientôt donnée ; au sujet de la composition de cette traduction, nous sommes exactement renseignés ; nous savons qu'elle fut faite en **1299**, à Montpellier, par Armengaud de Blaise, à qui l'auteur dictait, selon l'usage, la version en langue vulgaire. Voici, en effet, la formule qui, dans un manuscrit d'Oxford, se lit au commencement et à la fin de cette traduction :

« *Incipit* (ou *explicit*) *tractatus Profacag de Marsilia super quadrantem, quem composuit ad inveniendum quicquid per astrolabium inveniri potest, translatus ab hebreo in latinum a magistro Hermegaudo Blasin* (ou *Blasim*, lisez : *Blasii*), *secundum vocem ejusdem, apud Montem Pessulanum, anno incarnationis Domini 1299.* »

En 1301, Jacob ben Makir reprit son traité du quadrant, le corrigea et en donna une seconde édition. Le texte hébreu de cette seconde édition nous est connu; de plus, l'existence de ce texte et la date où il fut composé nous sont indiqués par la traduction latine qui en fut faite, et qui porte ce titre :

« *Incipit tractatus quadrantis novi, compositus a magistro Profacio Hobreo, anno dominice incarnationis 1288, et correctus ab eodem, anno Domini 1301. Laus Deo.* ».

Pendant ce temps, grâce à la traduction d'Armengaud de Blaise, la connaissance du traité de Profatius se répandait en la Chrétienté latine ; elle parvenait à Paris où l'on était alors, nous le verrons, particulièrement attentif aux progrès de l'Astronomie pratique. Un certain Pierre de Saint-Omer, qui était chancelier de Notre-Dame et qui, en 1296, remplissait, près de l'Église et de l'Université de Paris, des fonctions analogues à celles de bibliothécaire, s'intéressa au livre du rabbin marseillais ; il en donna une édition revue et corrigée dont voici le titre :

« *Ars et operatio quadrantis editi a magistro Profacio Marsiliensi, operis utilitate et factionis facilitate astronomie instrumenta, ut dicit in prologo, excedentis, et postea a Petro de Sancto Audomaro Parisius diligiter correcti et perfecti.* »

L'édition latine remaniée par Pierre de Saint-Omer eut la singulière fortune d'être retraduite en Hébreu au cours du XIVe siècle.

Le *Traité du quadrant* dont nous venons, d'après Ernest Renan, de retracer la curieuse histoire, nous a montré, en Profatius, un continuateur de Maître Robert l'Anglais de Montpellier ; nous allons voir en lui, maintenant, un imitateur de cet astronome qui, en 1140, dressait les *Tables de Marseille*.

On possède, en effet, de Profatius, un ouvrage astronomique, rédigé en Hébreu et traduit en Latin, qui se compose de tables, et de canons propres à régler l'usage de ces tables. Ces tables et ces canons, destinés au calcul des lieux des planètes et des éclipses de Soleil et de Lune, ont pour origine ou racine le 1er mars de l'année 1300 (1301, nouveau style). Les tables sont dressées pour le méridien de Montpellier.

Ces tables portent généralement, dans les manuscrits, le titre d'*Almanach Profatii* ou d'*Almanach perpetuum Profatii.* Les *Canones in almanach Profatii Judæi de Monte Pessulano* sont précédés d'un *Prologus* ou *Proœmium*[1].

1. Bibliothèque Nationale, fonds latin, ms. n° 7272, fol. 68, col. a., à fol. 69, col. b.

« Tous les hommes, dit Jacob au début de ce prologue, désirent naturellement de savoir, et surtout de connaître ce qui est très élevé et très caché ; aussi beaucoup de gens veulent-ils connaître la science de l'Astronomie, qui traite des corps les plus haut placés ; mais, en même temps, des causes multiples les retardent et les empêchent en l'acquisition de cette connaissance.

» C'est, d'abord, que beaucoup de personnes, bien que douées d'une intelligence très subtile, ne peuvent qu'à grand peine imaginer des figures tracées sur un plan ; à plus forte raison leur est-il difficile de se représenter les figures dans l'espace, et plus difficile encore d'en imaginer les projections coniques.

» En second lieu, les autres sciences sont peu sujettes au changement, en sorte que l'habitude qu'on en a acquise ne se perd point aisément, si ce n'est par cette altération et destruction générale qui entrave l'âme en l'usage de ses facultés. Mais de cette science-là, il ne suffit pas d'avoir acquis une fois pour toutes une connaissance habituelle ; il faut s'y exercer continuellement, en calculant des conjonctions et des oppositions d'astres, des mouvements de planètes, afin de savoir si elles sont en marche rétrograde, en marche directe ou en station ; la fatigue qu'entraîne la continuelle observation de ces mouvements vient attiédir l'ardeur de connaître ; en beaucoup, le désir de la science s'alanguit.

» En troisième lieu, beaucoup poursuivent, en l'étude des sciences, un autre objet que le savoir même... »

Profatius nous parle, tout d'abord, de la *Table des planètes* ou de l'*Almanach* « qu'a fait Arménius, disciple de Ptolémée, à l'usage à sa fille Cléopâtre. » Il n'est pas malaisé de deviner qu'il s'agit des *Tables manuelles* composées par Théon d'Alexandrie pour sa fille Hypatia ; que Théon soit devenu Arménius ou Armonius et Hypatia, Cléopâtre, il n'y a rien là qui puisse étonner beaucoup ceux qui connaissent les étranges déformations éprouvées par les noms propres au cours de leur passage du Grec au Syriaque, du Syriaque à l'Arabe, de l'Arabe à l'Hébreu et, enfin, de l'Hébreu au Latin.

« Toutefois, poursuit Profatius, au bout d'un temps très long, cet ouvrage fut trouvé rempli d'une multitude de défauts et d'erreurs ; aussi Isaac, fils d'Arzachel, de Séville [1], qui vivait six cents ans après le dit Arménius, c'est-à-dire en l'an 400 des Arabes, voulut « réparer » cet ouvrage. Il rétablit uniformément les équa-

1. Profatius écrit : *Ysaac Arzachelis de Sibilia*, et non *Hispalensis ;* il reproduit textuellement le mot arabe : *Al Schibili*.

tions des planètes, ajoutant ici quelque chose, retranchant là quelque autre chose ; mais cela n'était pas suffisant, car, je l'ai dit, il s'était écoulé un long espace de temps entre les deux astronomes ; il en résultait une grande différence entre les lieux véritables des planètes » et les lieux donnés par les tables.

Profatius critique donc avec vivacité le procédé qui a servi à construire les *Tables de Tolède ;* ces tables, selon lui, ne sont qu'un remaniement, qu'une retouche empirique des *Tables manuelles* de Théon d'Alexandrie. Cette critique n'est pas exempte d'aigreur à l'égard d'Al Zarkali :

« Au lieu de tant insister sur la décrépitude de l'autre, il eût été plus convenable qu'il produisît sur nouveaux frais une œuvre entièrement neuve ; il ne l'a pas fait, soit parce que le travail était trop grand, soit pour je ne sais quelle autre raison. Il eût été convenable, aussi, qu'il mît en son écrit une autre chose : C'est qu'il ignorait si les tables dudit Arménius, qu'il s'efforçait de corriger, étaient construites au moyen des années chaldéennes, uniformément composées de 365 jours, ou au moyen des années alexandrines ; dans toutes les tables, en effet, cette question [du choix de l'année] est comme la racine et le fondement de l'œuvre tout entière.

» Les gens studieux ne tiraient donc plus aucune indication utile ni des tables d'Arménius ni même de celles d'Isaac, par suite des défauts que j'ai signalés ; parfois, à l'aide de ces tables, on trouvait une planète au lieu voulu ; parfois, on l'en trouvait assez proche ; mais, parfois aussi, tout à fait éloignée et différente. »

Il semblerait qu'une telle critique des tables de Tolède fût la préface naturelle d'une œuvre entièrement nouvelle, de l'œuvre que Profatius reproche à Al Zarkali de n'avoir pas accomplie. Point du tout. Par une singulière inconséquence, c'est de ces *Tables de Tolède*, tant décriées, qu'use notre rabbin pour construire son *Almanach*. Aux reproches, en effet, que nous venons de citer, voici la conclusion qu'il donne, d'une manière fort inattendue :

« Moi donc, Profatius le Juif, de Montpellier, d'abord à l'honneur et à la gloire de Dieu, puis en vue d'être utile à mes amis et, plus généralement, à tous, j'ai publié ces nouvelles tables ; elles suivent les racines communément reçues des *Tables de Tolède*, mais l'origine de leurs évaluations est le 1er mars de l'an 1300 des Chrétiens. En outre, par des canons, j'ai enseigné la voie et la méthode qu'il faut suivre en l'usage de ces tables, afin qu'au bout d'un nombre quelconque de révolutions d'une planète, on puisse trouver le lieu exact de cette planète, comme on le trouve par les *Tables de Tolède.* »

Les *Tables de Montpellier* paraissent être une simple transposition des *Tables de Tolède*, analogue à celle qu'en 1140, avaient donnée les *Tables de Marseille.* Il ne semble pas que Profatius ait, par aucune observation nouvelle, corrigé l'œuvre d'Al Zarkali et de ses disciples. Sans doute, il ne donne plus à l'obliquité de l'écliptique que la valeur 23°32', mais il ne paraît pas que cette évaluation soit le résultat d'une détermination directe, comme Copernic semble l'avoir cru[1] ; bien plutôt a-t-elle été calculée à l'aide des tables fondées par Al Zarkali sur la théorie de l'accès et du recès.

Jacob ben Makir semble avoir senti lui-même ce qu'il y avait de peu logique dans l'usage qu'il faisait des *Tables de Tolède*, après les avoir soumises à une acerbe critique ; c'est peut-être pour atténuer l'éclat de cette contradiction qu'il ajoute cette phrase :

« Les livres des hommes que j'ai cités ci-dessus se trouvent être, aujourd'hui, tout à fait inutiles ; cela est évident à quiconque se donne la peine de regarder ; nous devons, toutefois, rendre grâce à leur bonne volonté et à leur labeur ; ce sont eux, en effet, qui nous ont ouvert la voie et qui nous ont indiqué la méthode suivie dans ce travail. »

L'inconséquence de Profatius lui allait être bientôt reprochée par les astronomes ; un commentateur et admirateur de notre rabbin, Andalò di Negro, nous l'apprendra[1].

Les critiques adressées par Jacob ben Makir à l'œuvre d'Al Zarkali et aux *Tables de Tolède* nous doivent suggérer une remarque : Il est clair que Jacob ignore que cette œuvre ait été reprise et que des tables nouvelles aient été dressées ; il ne connaît pas encore, lui, le rabbin le plus savant du Languedoc et de la Provence, l'existence des *Tables Alphonsines.*

Lorsqu'en 1140, un astronome de Marseille transposait les *Tables de Tolède* et dressait ses propres tables pour le méridien de sa ville natale et pour la chronologie chrétienne, il se montrait singulièrement en avance sur la science latine de son temps ; lorsque après cent-soixante ans écoulés, Jacob ben Makir reprenait une tâche toute semblable, on eût pu l'accuser de retarder quelque peu sur l'Astronomie de son époque ; en l'année 1300, les *Tables Alphonsines* étaient déjà connues à Paris ; c'est de ces tables nou-

1. NICOLAI COPERNICI THORUNENSIS *De revolutionibus orbium cœlestium libri sex.* Liber III, cap. VI : De æqualibus motibus præcessionis æquinoctium et inclinationis Zodiaci.

velles, non des *Tables de Tolède*, que les astronomes commençaient à disputer.

Écho de l'enseignement marseillais, l'œuvre de Profatius est légèrement en retard sur cet enseignement et, d'une manière plus générale, sur la science astronomique des Chrétiens. Il nous donne, en cela, une image fidèle de l'état où se trouvait l'esprit des Juifs du Midi ; les pensées qui agitaient les universités chrétiennes venaient aussi remuer les synagogues, mais elles y pénétraient alors qu'elles quittaient les universités ; les rabbins commençaient à disputer d'une question au moment que les maîtres venaient de clore les débats sur une question semblable. C'est ce que nous aurons occasion d'observer de nouveau lorsque nous conterons, en un prochain chapitre, le grave débat théologique auquel Profatius fut mêlé sur la fin de ses jours.

Le désir de suivre, à Marseille et à Montpellier, la tradition inaugurée par Guillaume l'Anglais, de montrer comment les études astronomiques des rabbins du midi de la France et, particulièrement, de Profatius, se rattachaient à cette tradition, nous a entraîné jusqu'aux premières années du XIVe siècle. Il est temps de revenir en arrière, de retrouver les astronomes chrétiens qui furent contemporains de Joannes de Sacro-Bosco, de Robert Grosse-Teste et de Guillaume l'Anglais. Parmi ces astronomes, Léopold, fils du duché d'Autriche, est le premier qui se présente à nous.

X

LA **Compilation** DE LÉOPOLD FILS DU DUCHÉ D'AUTRICHE. UNE **Théorie des planètes** ANONYME

Qu'était ce que Léopold fils du duché d'Autriche ? Sur la foi de Riccioli [1], les biographes le font vivre vers 1200 ; mais d'où Riccioli tenait-il ce renseignement ? Si nous voulons deviner, avec quelque chance de rencontrer la vérité, l'époque où cet astronome a écrit, il nous faut examiner de près sa *Compilation de la Science des astres* [2].

1. *Almagestum novum... auctore* JOANNE BAPTISTA RICCIOLO Tomus primus, pars I. Chronici astronomorum pars II, p. XL.

2. Cet ouvrage a eu deux éditions imprimées :

1° *Compilatio* LEUPOLDI DUCATUS AUSTRIE FILIJ *de astrorum scientia Decem continens tractatus.* — Colophon : Compilatio Leupoldi ducatus Austrie filij de

« Je suis, dit l'auteur en son préambule, Léopold, fils du duché d'Autriche ; j'ai fait de l'Astronomie une étude longue et continue ; et maintenant, en l'honneur de Dieu, j'ai la ferme intention de réduire en un volume unique tout ce que j'ai embrassé de la Science des astres. Toutefois, un grand nombre d'auteurs avant moi ont copieusement parlé et écrit des mouvements célestes ; je passerai donc sommairement sur ce sujet afin de pouvoir plus complètement et plus utilement m'arrêter à leurs effets; beaucoup de philosophes, il est vrai, en ont écrit déjà d'une manière suffisante ; toutefois, je n'en ai trouvé aucun qui eût réuni dans un unique ouvrage la science répandue en des livres divers et qui eût ainsi produit un résumé destiné aux étudiants. »

C'est donc, avant tout, un traité complet d'Astrologie que Léopold s'est proposé d'écrire ; et, de plus, ce traité est, en très grande partie, une compilation : l'*Introductorium magnum in Astronomiam* d'Albumasar y est presque en entier reproduit.

Certains chapitres, cependant, ont subi une plus personnelle élaboration ; tel est le chapitre consacré aux *changements de l'air*, c'est-à-dire à l'influence des astres sur les vents et les pluies[1]. Pour rédiger ce chapitre, Léopold nous apprend qu'il a étudié avec soin un grand nombre de volumes écrits par des philosophes. C'est, d'ailleurs, par ce chapitre météorologique que la compilation du fils du duché d'Autriche paraît avoir été surtout connue des scolastiques.

Vers 1320, un astronome de Paris, Firmin de Belleval, écrit un traité *De mutatione aeris*[2], dit aussi *Colliget astrologiæ ;* dans ce traité, le nom de *Leupaldus* se trouve fréquemment à côté des

astrorum scientia : explicit feliciter. Erhardi ratdolt Augustensis. viri solertis : eximia industria : mira imprimendi arte : qua nuper venecijs nunc auguste vindelicorum excellit nominatissimus. Quinto ydus Ianuarij. Mccccixxxix.

2° *Compilatio* LEUPOLDI DUCATUS AUSTRIE FILII *de astrorum scientia Decem continentis* (sic) *tractatus*. Colophon : Compilatio Leupoldi ducatus Austrie filii de astrorum scientia : explicit feliciter. Venetiis per Melchiorem Sessam : et Petrum de Ravanis socios. Anno incarnationis domini. MCCCCCXX. die XV Julii.

1. *Compilatio* LEUPOLDI ; tractatus sextus. De mutatione aeris.

2. *Incipit tractatus* FIRMINI *de mutacione aeris dictus Colliget astrologie continens sex partes aut capitula* (Bibliothèque Nationale, fonds latin, ms. n° 7482, fol. 34 r° à fol. 155 v°. — Ce manuscrit contient également le *Liber* ALKINDI *de imbribus sive de mutacionibus temporis*. D'une inscription mise au fol. 1, r°, il résulte qu'il a été donné par Charles VIII à Messire Jean Michel, maître en médecine de Paris, « physicien » ordinaire du roi et du dauphin, qui le légua le 17 juillet 1498 à un collège dont il était boursier. — Au fol. 70 r°, des tables sont suivies de cette phrase : *Tempus inter Alphonsium et radicem istarum tabularum 68 anni solares completi*. Les tables alphonsines ayant été dressées de 1248 à 1252, on voit que l'ouvrage de Firmin de Belleval dut être écrit vers l'an 1320.

noms de Jacob Alkindi, de Jean de Luna (*Johannes Hispanensis*) et d'Albert le Grand. Ce traité de Firmin de Belleval devint classique à son tour. On l'associait souvent à la *Compilation* de Léopold. Dans la bibliothèque du roi Charles VI se trouvait un volume que l'inventaire de cette bibliothèque[1] décrivait en ces termes : « *Summa* LUPOLDI DE AUSTRIA. *Compilacio* FIRMINI DE BELLEVALLE *de mutatione aeris, et alia plura*. Escript en papier de très menue lettre courant, couvert de parchemin, à deux coulombes. Comm^t. au IIe fo. « las coulz » et ou derrenier « architenens ». II sols parisis ».

Léopold nous a prévenus qu'il serait très bref au sujet des mouvements célestes ; ce qu'il en dit dans les premiers chapitres de sa *Compilation* constitue, cependant, une théorie des planètes analogue à celle de Gérard de Crémone ; les contradictions que, parfois, l'on peut relever en passant d'un chapitre à l'autre montrent assez qu'elle est faite de morceaux empruntés à des théories déjà existantes ; on doit donc la placer, dans le temps, après les écrits plus originaux où se rencontrent les mêmes connaissances ; aussi n'hésitons-nous pas à regarder la *Compilatio* de Léopold, fils du duché d'Autriche, comme postérieure à la *Théorie des planètes* de Guillaume l'Anglais.

Comme Guillaume l'Anglais, Léopold enseigne le principe grâce auquel les astronomes grecs et arabes croyaient pouvoir déterminer la distance des divers astres à la Terre. « Toutes les sphères, dit-il[2], sont concentriques[3] au Monde et assez épaisses pour contenir l'excentricité, plus le demi-diamètre de l'épicycle, plus le demi-diamètre de la planète ».

Léopold donne[4], d'ailleurs, les distances des divers corps célestes à la Terre et les rapports entre les diamètres de ces corps et le diamètre terrestre ; les nombres qu'il inscrit semblent empruntés à Ibn Rosteh plutôt qu'à Al Fergani ou à Al Battani ; mais de nombreuses fautes d'impression les rendent parfois méconnaissables.

Léopold compte[5] dix sphères célestes ; la huitième est l'orbe des étoiles fixes, la neuvième l'orbe des signes. A la dixième, il donne le nom de *firmament* ; c'est sans doute une allusion à l'Em-

1. *Inventaire de la Bibliothèque du roi Charles VI fait au Louvre en 1423 par ordre du Régent duc de Bedford*. A Paris, pour la Société des Bibliophiles, 1867 ; p. 138.
1. *Compilatio* LEUPOLDI, éd. 1520, fol. sign. B, v^o.
2. Le texte dit, par erreur, *ecentrice*.
3. *Compilatio* LEUPOLDI, éd. 1520, verso du fol. qui précède le fol sign. B.
4. *Compilatio* LEUPOLDI, éd 1520, fol. sign. A IIII.

pyrée immobile, si nettement admis par Guillaume d'Auvergne, et que nous verrons Campanus introduire en sa *Théorie des planètes*.

Léopold connait toutes les théories qui ont été proposées au sujet de la précession des équinoxes ; mais il ne paraît pas qu'entre ces théories, il ait su faire un choix ; ici, il invoque l'une d'elles ; là, il en paraît admettre une autre.

« L'orbe des étoiles fixes, dit-il [1], tourne de lui-même, vers l'Orient, d'un degré en cent ans, selon Ptolémée. »

Ailleurs, il parle [2] « de l'accès et du recès de l'orbe étoilé, qui est de 8 degrés en 640 années ». Cette phrase est, sans doute, un des nombreux emprunts faits par Léopold au traité *De magnis conjunctionibus* d'Albumasar [3].

Ailleurs encore, nous trouvons des allusions au *De motu octavæ sphæræ*.

Le passage suivant [4], assez obscur, est un mélange de la théorie de Ptolémée et de la théorie attribuée à Thâbit : « La marche des étoiles fixes est le mouvement rétrograde de la huitième sphère ou de la neuvième sphère, mouvement qui est d'un degré en cent ans. Le moyen mouvement de la huitième sphère est le mouvement des petits cercles autour du Bélier et de la Balance ».

En cette admission simultanée de la précession de sens invariable enseignée par l'*Almageste* et du mouvement d'accès et de recès proposé par le *De motu octavæ sphæræ*, on pourrait encore, avec assez de vraisemblance, reconnaître une influence exercée par Albert le Grand, dont le système embrasse, à la fois, ces deux hypothèses.

Ajoutons que Léopold cite [5] les tables dressées par Al Zarkali pour les mouvements de la Lune et des planètes. Si nous observons que les tables de Tolède paraissent être demeurées inconnues des Latins jusqu'aux écrits de Guillaume l'Anglais, nous sommes amenés à penser que la *Compilation* du fils du duc d'Autriche est postérieure à ces écrits, et à la dater de 1250 environ, voire de 1260.

Peut-être faut-il faire remonter à une époque un peu plus recu-

1. *Compilatio* LEUPOLDI, *ibid*.
2. *Compilatio* LEUPOLDI, tractatus quintus de annorum revolutionibus, éd. 1520, verso du fol. qui précède le fol. sign. F.
3. Voir : Tome II, p. 503.
4. *Compilatio* LEUPOLDI, éd. 1520, fol. sign. A III, verso.
5. *Compilatio* LEUPOLDI, éd. 1520, recto du second fol. après le fol. sign. B IIII.

lée une *Théorie des planètes* anonyme que nous avons trouvée dans un manuscrit de la Bibliothèque Nationale de Paris [1].

De cette *Théorie*, nous nous bornerons à extraire le passage suivant [2] :

« Le Soleil, au dire des philosophes, a deux mouvements... Le second mouvement du Soleil est de même grandeur que le mouvement de la sphère des étoiles fixes, c'est-à-dire qu'il est d'un degré en cent ans. De même, en effet, que, tous les cent ans, la sphère des étoiles fixes se meut d'un degré vers l'Orient ou vers l'Occident en tournant sur les pôles du Cercle des Signes, de même la sphère propre du Soleil se meut tous les cent ans d'un degré.

» Et remarquez bien qu'à partir du principe du Bélier, la huitième sphère se meut en avant, c'est-à-dire vers l'Orient, de huit degrés, et cela jusqu'au 22e degré ; puis elle revient sur ses pas et se meut de nouveau, à partir du principe du Bélier, en arrière, c'est-à-dire vers l'Occident ; elle se meut ainsi du même nombre de degrés, soit 8, puis elle retourne vers l'Orient ; c'est ce qu'on nomme le cercle d'accès et de recès. »

Nous trouvons ici, entre les diverses théories de la précession des équinoxes, la même inextricable confusion qu'en la *Compilation* de Léopold ; et cette confusion s'explique bien aisément ; Ptolémée, Al Fergani, Al Battani, Thâbit avaient émis ou rapporté, au sujet de la nature et de la durée de ce mouvement, des opinions nombreuses et contradictoires ; parmi tous ces avis divergents, les astronomes, encore bien novices, de la Chrétienté latine se trouvaient vite égarés.

Dans la première moitié du XIIIe siècle, les Chrétiens d'Occident s'emparent, souvent avec naïveté, mais toujours avec une ardeur extrême, de tout ce que les traducteurs leur livrent de la science arabe et, par l'intermédiaire de celle-ci, de la science hellène ; il nous semble voir la saine curiosité d'un enfant dont l'intelligence est avide de connaître ; ce vif besoin de savoir, et d'employer aussitôt la science qui vient d'être acquise, nous l'avons reconnu dans Guillaume d'Auvergne, évêque de Paris, en Robert Grosse-Teste, évêque de Lincoln ; nous venons de le retrouver dans l'acti-

1. Bibliothèque Nationale, fonds lat., ms. 7.298. Incipit, fol. 107. col c. : *Investigantibus autem astronomie homines* (sic) *primo ponendum est punctos esse, et lineas, et circulos.* — Desinit, fol. 111, col. d : *Per tabulam facile potest cognosci utrum sit ascendens vel descendens, et utrum in septentrionem vel meridiem, per ea que hic dicta sunt. Explicit theorica planetarum.*

2. Ms. cit., fol. 107, col. d.

vité de Guillaume l'Anglais, médecin de Marseille et de Léopold, fils du duché d'Autriche.

La Science se développe avec une étonnante rapidité dans la raison de cet enfant assoiffé de clartés qu'est alors l'Europe chrétienne ; bientôt ses maîtres n'auront plus rien à lui apprendre ; bientôt il en saura tout autant que les Arabes ; la Chrétienté latine aura dès lors licence de suivre les tendances de sa propre raison, de travailler à sa guise au progrès de l'Astronomie.

On peut assigner le moment où l'intelligence de l'Europe occidentale quitte l'école de l'Islam et commence à penser par elle-même ; ce moment correspond à peu près à l'an **1260** ; les écrits astronomiques de Campanus de Novare le signalent à l'attention de l'historien.

XI

CAMPANUS DE NOVARE

Campanus, auquel les éditeurs de ses œuvres ont souvent, on ne sait pour quelle cause, attribué le prénom de Jean [1], est demeuré longtemps célèbre pour avoir composé un commentaire sur les *Éléments* d'Euclide ; la mauvaise traduction sur laquelle ce commentaire fut fait n'était pas, d'ailleurs, l'œuvre de Campanus, mais celle d'Adélard de Bath ; divers manuscrits l'affirment : *Euclidis Elementorum libri XV ex arabico in latinum ab Adelardo Gotho Bathoniensi conversi, cum commentario magistri Campani Novariensis.*

De la vie de Campanus de Novare, nous savons peu de choses. En 1267, Bacon le met [2] au rang des bons mathématiciens, sinon des parfaits ; il le signale à ce titre au pape Clément IV. Mais nous savons que Campanus de Novare était déjà connu et apprécié du prédécesseur de Clément IV. Le document important qui nous renseigne à cet égard, est une lettre adressée par notre mathématicien au pape Urbain IV.

Cette lettre, découverte dans la Bibliothèque Ambrosienne par le bibliothécaire milanais Oltrocchi, fut communiquée par lui à Tiraboschi, qui l'inséra dans son *Histoire de la littérature italienne.*

1. DAUNOU, *Notice sur Campanus de Novare, mathématicien* (*Histoire littéraire de la France.* t. XXI, 1847, pp. 248-254).

2. FRATRIS ROGERI BACON *Opus tertium,* Cap. XI ; éd. Brewer, Londres, 1859 ; p. 35.

La Bibliothèque Nationale possède une copie manuscrite [1], assez peu correcte, de cette lettre ; cette copie, qui provient de l'ancienne abbaye de Saint-Victor, nous a fourni le texte que nous avons étudié.

La lettre de Campanus commence en ces termes : « *Clementissimo patri ac piissimo domino, unico mundane pressure solacio, Domino Urbano quarto, electione divina Sancte Romane Ecclesie summo pontifici, Campanus Novariensis, sue dignacionis servus inutilis, beatorum pedum osculum cum qua potest reverentia* ».

La lettre de Campanus à Urbain IV est un document précieux.

Tout d'abord, comme Urbain IV a occupé la chaire de Saint-Pierre pendant moins de quatre ans (1261-1265), elle se trouve assez étroitement datée.

Elle va, en outre, nous apprendre que ce pape avait mis Campanus au nombre de ses chapelains.

Elle commence par un éloge [2] du gouvernement d'Urbain IV ; sous ce gouvernement, dans toute l'Église, « la charité brûle à l'intérieur, la piété brille à l'extérieur, la science rayonne de toutes parts ».

Insensiblement, cet éloge se transforme en une satire [3] du luxe fastueux auquel se complaisait Alexandre IV, le prédécesseur d'Urbain IV :

« Père, vous avez tiré de sa poussière la Philosophie que le secours de nos prélats avait délaissée et qui avait accoutumé de pleurer en une misère de mendiante. A l'aspect de votre Sérénité, elle a relevé le front, elle s'est redressée, tandis que jusqu'ici, sa pauvreté domestique l'avait obligée à se couvrir la tête du manteau de la honte ; le flanc amaigri, elle préférait demeurer à l'écart, faible et pudique, que de se mêler impudemment aux opulents festins des courtisans. On ne l'y invitait qu'à la façon dont on invite les histrions, pour faire rire ceux qu'on regardait vraiment comme de la maison, et pour qu'ils la tournassent en ridicule, elle à qui il appartient de former les mœurs et d'imposer une mesure à la vie des hommes ».

Il n'en est plus de même à la table d'Urbain IV ; la Philosophie vient s'y asseoir avec joie, car elle n'est plus traitée en étrangère.

1. Bibliothèque Nationale, fonds latin, ms. n° 15.122 ; fol. 174, r° à fol. 175, v°. — Le catalogue sommaire, édité par les soins de Léopold Delisle, porte par erreur : *Campani epistola ad Clementem IV* (*Inventaire des manuscrits latins conservés à la Bibliothèque Nationale sous les nos 8823-18.813 ;* Paris, 1863-1871).
2. Ms. cit., fol. 174, r°.
3. Ms. cit., fol. 174, v°.

Campanus nous trace[1] un intéressant tableau des repas donnés par ce pontife.

Au « vénérable collège de ses chapelains », le pape fait servir, tout d'abord, une nourriture abondante (*fecundæ dapes*). Puis, aux convives assis à ses pieds, il propose un tournoi philosophique ; un problème est mis en discussion ; deux partis entrent vaillamment en lutte ; « l'agresseur presse fortement son adversaire en lui lançant les traits des arguments ; l'adversaire lui oppose courageusement les boucliers des réponses ». Enfin, réunissant les raisons données de part et d'autre, le pape ordonne à ceux qui l'entourent de définir la solution que la Philosophie impose au débat. « Ainsi, ajoute naïvement Campanus, ceux qui font profession de Philosophie trouvent à votre table bénie de quoi se refaire et le ventre et l'esprit — *Habent itaque philosophiam professi de vestre mense benedictione quo ventrem reficiant et quo mentem* ».

Afin de marquer sa reconnaissance au pape qui a bien voulu l'admettre à ces agapes, Campanus lui fait humblement hommage d'un ouvrage qu'il a composé.

Mais que la dent des envieux n'aille pas déchirer ce don de sa pauvreté : [2] « A l'occasion des imaginations nouvelles que je décris ci-dessous, si quelqu'un me voulait mordre, il lui faudrait tout d'abord mordre Ptolémée au sujet des démonstrations qu'il a données. Mes imaginations, qu'on trouvera ici, sont étroitement apparentées à ses démonstrations ; elles en sont comme les propres conclusions ; ce qu'on trouvera ici n'est que sous forme d'image ; mais on n'y trouvera rien qui, là, ne soit démontré. Mes imaginations ont donc pour solides fondements les démonstrations irréfragables du musicien Ptolémée (*Hec igitur sunt super irrefragabiles demonstrationes musici Ptholomei fundamentaliter solidata*) ».

La lettre de Campanus se termine par cette phrase : « *Deinceps vero quale sit istud munus qualemque cernentibus utilitatem parturiat est dicendum* ».

Cette phrase nous marque assez que, de l'épître dédicatoire adressée à Urbain IV, nous ne possédons qu'un fragment. Ce qu'était l'ouvrage offert par Campanus, l'auteur allait nous le dire. Tout ce que nous en pouvons deviner aujourd'hui, c'est qu'il commentait, à l'aide de représentations et de figures, quelque partie du traité de Musique de Ptolémée. Nous ne croyons pas, d'ail-

1. Ms. cit., fol. 175, r°.
2. Ms. cit., fol. 175, v°.

leurs, qu'aucun érudit ait retrouvé quelque livre consacré à la Musique parmi les ouvrages, imprimés ou manuscrits, attribués à Campanus.

Campanus, sans doute, était encore jeune lorsque Urbain IV le mit au nombre de ses chapelains ; il survécut fort longtemps à ce pontife, comme nous l'allons voir.

Simon de Gênes était médecin et chapelain du pape Nicolas IV (1288-1292) [1]. Son principal ouvrage, intitulé *Clavis sanationis*, est précédé d'une lettre qu'il adresse à Campanus, chapelain du pape et chanoine de Paris, et de la réponse de ce Campanus à Simon de Gênes, sous-diacre et chapelain du pape, et chanoine de Rouen.

La lettre de Simon de Gênes est ainsi intitulée : *Domino suo precipuo, domino magistro Campano, domini pape capellano, canonico parisiensi, Simon januensis, subdiaconus, scipsum ex debito commendat* ».

Simon prie Campanus de corriger une œuvre entreprise à sa prière ou même par son ordre ; il le nomme : *Philosophiæ culmen* et exprime sa confusion de ce que : « *ad hujusmodi vilia non dedignetur descendere* ». De tels hommages, de la part d'un homme déjà fort âgé et entouré de considération, ne se peuvent adresser qu'à un savant illustre ; le personnage qui les recevait ne pouvait être que Campanus de Novare, auquel ses travaux de Géométrie et d'Astronomie assuraient alors une universelle réputation.

La réponse de Campanus à Simon de Gênes porte cette entête : « *Venerabili viro, magistro Simoni januensi, domini pape subdiacono et capellano, canonico rothomagensi, amico suo carissimo, tanquam fratri, Campanus, ejusdem domini pape capellanus, canonicus parisiensis, salutem et quidquid est optabile sane mentis.* »

Campanus avise Simon de Gênes qu'il a choisi, pour l'ouvrage de celui-ci, le titre suivant :

« *Clavis sanationis elaborata per magistrum Simonem genuensem* (sic), *domini pape subdiaconum et capellanum, medicum quondam felicis recordationis Nicolai pape quarti, qui fuit primus papa de ordine minorum* ».

Ces lettres s'échangeaient donc après la mort de Nicolas IV (1292) ; c'est de son successeur, Boniface VIII, que Simon de Gênes et Campanus de Novare étaient encore chapelains, en même temps que pourvus de canonicats, celui-ci à Rouen et celui-là à Paris.

1. DAUNOU, *Notice sur Simon de Gênes, médecin* (*Histoire littéraire de la France*, t. XXI, 1847, pp. 241-248).

Nous avons vu Campanus offrir à Urbain IV un ouvrage sur la Musique ; l'hommage en plut sans doute au pape, car il pria son chapelain de lui composer une *Théorie des planètes* ; c'est ce que nous allons apprendre en lisant le *Traité de la sphère* rédigé par l'astronome de Novare.

Campanus de Novare, en effet, a donné un *Tractatus de sphæra*[1], construit sur un plan analogue à celui qu'avaient adopté Joannes de Sacro-Bosco et Robert Grosse-Teste.

La *Sphère* de Campanus était presque aussi souvent citée, au Moyen Age, que la *Sphère* de Joannes de Sacro-Bosco ; c'était, comme ce dernier écrit, un petit livre tout élémentaire, composé avec clarté, mais fort peu complet.

L'auteur avait soin, d'ailleurs, de renvoyer parfois son lecteur aux traités plus savants qu'il avait donnés. Nous apprenons ainsi[2] qu'il avait écrit, à la demande du pape Urbain IV, un livre sur la théorie des planètes : « *Quæ plenius perscrutati sumus,* dit Campanus, *in uno libro quem de modo æquationis planetarum ad instantiam Domini Urbani papæ quarti edidimus, ponendo hæc omnia in numeris certis et examinatis a nobis* ». Cette indication est précieuse ; elle nous apprend que la *Theorica planetarum*, dont nous aurons à nous occuper tout à l'heure, fut rédigée, au plus tard, en 1265, et que le *Tractatus de sphæra* fut composé après cette *Théorie des planètes.* Nous allons voir qu'il avait été précédé également par un autre traité de l'astronome de Novare.

Le *Traité de la Sphère* de Campanus ne donne[3] que de très brèves indications au sujet de la précession des équinoxes ; il indique sommairement la théorie de Ptolémée, puis lui substitue en quelques mots la théorie de Thâbit ben Kourrah ; s'il insiste si peu sur cet important sujet, Campanus en dit aussitôt[4] la raison ; il l'a longuement exposé dans son *Computus major*, c'est-à-dire dans son grand traité sur le calendrier : « *Hoc autem non tangimus nunc hic, quia nolumus nunc de isto motu accessionis et recessionis tractare, quoniam de ipso plene tractavimus in Com-*

1. Le *Tractatus de sphæra* CAMPANI se trouve dans les collections de traités astronomiques publiées à Venise en 1518 par Octaviano Scot, en 1518 par Luca Antonio de Giunta, en 1531 par le même éditeur. Ces collections ont été décrites ci-dessus, t. II, p. 156, note 1 ; t. III, p. 279, note 2. Ces collections renferment, en outre, le *Tractatus de sphæra solida* du même auteur ; celui-ci y décrit la construction d'une sphère armillaire propre à l'enseignement de la Cosmographie et à diverses observations astronomiques.

2. CAMPANI *Tractatus de sphæra,* cap. XIII.

3. CAMPANI *Tractatus de sphæra,* cap. XI.

4. CAMPANI *Tractatus de sphæra,* cap. XII.

puto nostro majori, in eo loco ubi veram quantitatem anni solis investigandam assumpsimus ».

Le *Computus major* de Campanus de Novare nous est heureusement parvenu [1] ; le mouvement de la sphère étoilée d'où résulte la précession des équinoxes y est, en effet, étudié [2] avec grand soin.

La théorie proposée par Ptolémée ne suffit pas, au gré de l'auteur, à rendre compte des phénomènes, tandis que la théorie de Thâbit lui paraît atteindre parfaitement cet objet ; il ne songe donc point à réunir ces deux théories et à composer entre eux les mouvements qu'elles considèrent, comme le font les traducteurs des *Tables Alphonsines*, dont il ne paraît pas, d'ailleurs, avoir connaissance.

Il y a plus : tout en exposant très fidèlement les considérations développées par Thâbit ben Kourrah dans son opuscule *Sur le mouvement de la huitième sphère*, Campanus n'assigne aucune durée déterminée au mouvement de trépidation. Il connaissait cependant les *Tables de Tolède* et, par conséquent, les tables de trépidation d'Al Zarkali.

L'enseignement de Campanus sur le mouvement des étoiles fixes est beaucoup plus complet que l'enseignement de Robert de Lincoln, qu'il connaissait et dont il fait mention : « *Quemadmodum scripsit in computo suo multæ reverentiæ vir Robertus Linconiensis* [3] ». En particulier, le chapelain d'Urbain IV développe les considérations par lesquelles Thâbit ben Kourrah a déduit de son système les variations séculaires de l'obliquité de l'écliptique.

Le mouvement de la huitième sphère semble, d'ailleurs, avoir vivement préoccupé Campanus de Novare ; il l'a pris pour objet d'une épître [4] au frère Prêcheur Rainier ou Raner de Todi.

Venons maintenant à cette *Théorie des planètes* que Campanus avait rédigée à la demande du pape Urbain IV.

Cette *Théorie des planètes* ne semble pas avoir été imprimée [5], mais il en existe de nombreux exemplaires manuscrits [6]. La Bibliothèque Nationale nous en a communiqué deux, qui portent res-

1. Cet ouvrage est compris dans les deux collections de traités astronomiques publiées à Venise en 1518, l'une par Octaviano Scot, l'autre par Luca Antonio de Giunta, qui ont été décrites ci-dessus (T. III, p. 279, note 2).

2. CAMPANI *Tractatus de computo majori*, cap. X.

3. CAMPANI *Op. laud.*, cap. X. — *Vide supra*, t. III, p. 281.

4. DAUNOU, *loc. cit.*, p. 253.

5. Riccardi, dans sa *Biblioteca mathematica italiana*, Houzeau et Lancaster, dans leur *Bibliographie générale de l'Astronomie*, n'en citent aucune édition.

6. HOUZEAU et LANCASTER, *Bibliographie générale de l'Astronomie*, n°s 1619 à 1623.

pectivement les nos 7298 et 7401. A la fin du second texte, le titre de l'ouvrage est simplement indiqué par ces mots : *Explicit theorica planetarum Campani ;* au commencement du premier se lit un titre plus compliqué : *Incipit opus Campani de modo adequandi planetas, sive de quantitatibus motuum celestium, orbiumque proportionibus, centrorumque distanciis, ipsorumque corporum magnitudinis* (sic).

L'écrit du chapelain d'Urbain IV débute par cette phrase : *Primus philosophiæ Magister ipsius negotium in tria prima genera dispartitur, quorum primum divinum nominat, secundum mathematicum, et tertium naturale.* Dans le ms. n° 7298, la dernière phrase est la suivante : *Directionem vero, stationem et retrogradationem istorum per istud instrumentum facile invenies, quemadmodum de Mercurio supra docuimus* ; au ms. n° 7401, cette phrase n'est que l'avant-dernière ; elle est suivie de celle-ci : *Nota quod modus operandi sequentium rotarum debet fieri in epyciclo vere circulationis et non in epyciclo opportune circulationis, ut patuit supra.*

Le *proœmium* du traité de Campanus nous fait connaître l'objet que l'auteur se proposait.

Ce *proœmium* classe les diverses sciences et arrive à l'Astronomie. « Cette science d'une haute noblesse, ceux qui l'ont professée dans l'ancien temps l'ont distinguée en deux chapitres. Nous pouvons, en effet, considérer les mouvements célestes en eux-mêmes ou bien les réfléchir vers les choses inférieures, sur lesquelles ils influent tandis qu'elles sont soumises à leur irradiation. La première considération sera celle de l'astronome qui donne des démonstrations ; la seconde concernera celui qui porte des jugements. Quant à cette partie de l'Astronomie qui s'appuie sur des démonstrations, elle se divise elle-même en Astronomie théorique et Astronomie pratique. Sa première partie syllogise, à l'aide d'observations très exactes aussi bien qu'à l'aide des premiers principes de la Géométrie, sur les quantités de chacun des mouvements, sur les proportions des orbes célestes, les distances des centres ainsi que les grandeurs des corps et autres choses semblables. Sa partie pratique est celle qui met en œuvre lesdites conclusions à l'aide de figures géométriques convenablement démontrées, et en les revêtant des nombres propres de l'Arithmétique ».

Pour être astronome, donc, il faut être, d'abord, expert en Arithmétique et en Géométrie.

Mais les calculs astronomiques sont longs et compliqués. « Non seulement ce travail est difficile pour ceux qui n'en ont pas l'expérience, mais il est fastidieux pour ceux même qui sont exercés et savants. Aussi, beaucoup se laissent-ils détourner de cet ouvrage, bien qu'ils aient de l'amour pour cette noble science ; soit par la faible connaissance qu'ils en ont, soit parce que d'autres études les occupent, ils ne peuvent s'adonner à des complications si grandes et si variées ; ils mendient alors, auprès des autres astronomes, la construction de ces équations annuelles qu'on nomme almanachs ; ils y trouvent la consolation du défaut engendré par leurs occupations ou par leur ignorance.

» Pour tous ceux qui ont éprouvé l'hésitation causée par les susdites difficultés, soit par suite de l'occupation des affaires, soit par leur peu d'expérience ou par la faiblesse de leur intelligence ; afin qu'ils puissent laisser de côté cette minutieuse variété de nombres dont nous avons parlé, et toujours trouver cependant les lieux exacts des planètes ; afin qu'ils puissent les contempler d'une manière visible à l'aide d'un instrument sensible, capable d'effectuer un mouvement semblable à la raison céleste, je me suis appliqué à fabriquer un tel instrument matériel qui convînt parfaitement à cette tâche. Si je ne me trompe, celui qui verra cet instrument et qui en connaîtra le mode d'emploi trouvera, dans la beauté de cet objet, de quoi repaître sa vue, et, dans l'utilité qu'il offre, de quoi refaire son intelligence.

» En cet opuscule, je veux expliquer comment cet instrument se doit composer et comment, par son intermédiaire, il convient de trouver les lieux des planètes. Je conterai donc, pour chaque planète, de quelle manière sont disposés les mouvements, les orbes et les sphères de cette planète, en conformité avec ce qu'a enseigné Ptolémée ; je dirai quelle est la grandeur de cette planète, quelles sont sa distance à la Terre, les proportions de ses orbes, les distances de leurs centres ; j'aplanirai l'emploi des tables ; j'apprendrai à composer un instrument qui s'accorde aux lois des mouvements, aux grandeurs des orbes et des centres ; enfin j'enseignerai le moyen de déterminer l'équation de la planète (*modum adæquandi planetam*) à l'aide de cet instrument ».

Campanus vient de nous décrire très exactement le plan de son traité ; il ne nous paraît pas utile d'insister davantage à ce sujet.

La *Théorie des planètes* de Campanus de Novare contient fort peu de passages qui requièrent notre attention. Tandis que les hypothèses sur lesquelles reposent les divers systèmes astronomiques sont ardemment débattues dans l'École dominicaine et dans l'École franciscaine, le chapelain d'Urbain IV ne prend aucune part à ces discussions.

Au sujet de la précession des équinoxes, il indique en quelques mots[1] le système de Ptolémée et le système de Thâbit ben Kourrah ; il ne songe nullement à composer ensemble ces deux systèmes, comme l'ont fait les astronomes d'Alphonse de Castille ; deux orbes, le huitième et le neuvième, lui suffisent donc à expliquer le mouvement des étoiles fixes.

Sur l'autorité de l'Écriture et des Pères, il admet[2] que la dernière sphère céleste est un Empyrée immobile, séjour des bons esprits ; toujours selon le témoignage de l'Écriture, il place un ciel *cristallin* au-dessous de l'Empyrée ; mais ce ciel cristallin doit-il ou non être regardé comme identique au neuvième ciel ? C'est une question à laquelle Campanus ne donne point de réponse, en sorte qu'il demeure dans l'incertitude au sujet du nombre des orbes célestes, ne sachant si l'on en doit compter dix ou onze.

Constamment, il détermine[3] les épaisseurs des orbites planétaires selon les hypothèses qu'ont admises Al Fergani et Al Battani. Toutefois, il indique[4] une restriction à cette théorie si universellement reçue. « Nous pouvons, dit-il, trouver le rapport des dimensions de l'orbe de Mercure au rayon terrestre, pourvu que nous admettions cette supposition : Le point le plus haut que la Lune puisse atteindre est, en même temps, le point le plus bas auquel Mercure puisse parvenir... En effet, s'il n'en était pas ainsi, il faudrait que les planètes pussent sortir de leurs propres sphères, ou qu'il restât un espace vide entre ces sphères, ou bien enfin que les orbes eussent une épaisseur plus grande que ne l'exige le mouvement des planètes ; les deux premières alternatives sont impossibles, et la troisième paraît être une supposition superflue ; toutefois, si l'on désirait l'adopter, les grandeurs calculées ici représenteraient seulement des limites auxquelles les dimensions véritables des orbites ne pourraient être inférieures ».

L'hypothèse que Campanus présente ici comme acceptable, Al Fergani s'était efforcé de l'exclure ; il avait invoqué, dans ce but, l'égalité des dimensions de l'orbite solaire données par sa théorie avec les dimensions que Ptolémée lui attribuait en se fondant sur l'étude des éclipses ; Campanus, qui ne cite pas l'argument de l'astronome arabe, regardait sans doute son calcul comme erroné.

1. CAMPANI *Theorica planetarum,* cap. I.
2. CAMPANI *Op. laud.*, cap. II.
3. CAMPANI *Op. laud.*, capp. I, II, IV.
4. CAMPANI *Op. laud.*, cap. IV.

De la figure de Campanus, nous ne donnerions pas une esquisse ressemblante si nous ne représentions en lui que le théoricien, uniquement soucieux des mouvements des planètes ou des étoiles fixes. Le chapelain d'Urbain IV et de Boniface VIII n'accordait pas un moindre intérêt au perfectionnement des divers instruments astronomiques. Non seulement on lui attribue un traité sur la construction et les usages de la sphère solide, mais, parmi ses écrits, celui qui eut le plus de vogue, si l'on en juge par le nombre des copies manuscrites qu'on en possède, est un certain *Tractatus de quadrante composito*. Sous le nom d'*instrumentum Campani*, ce cadran composé fut fort employé par les astronomes parisiens.

Simon de Gênes, qui est lui-même chanoine de Rouen, donne à Campanus le titre de chanoine de Paris. Ce titre n'indique pas nécessairement que Campanus ait jamais résidé au lieu de son canonicat. Il rend toutefois vraisemblable la supposition que l'astronome de Novare ait passé quelques années de sa vie à Paris.

D'autres raisons augmentent la vraisemblance de cette hypothèse ; c'est, d'une part, la séduction que la resplendissante Université de Paris exerçait alors sur tous ceux qui aimaient les sciences et la Philosophie ; c'est, d'autre part, l'influence que Campanus paraît avoir exercée à Paris. Les astronomes parisiens de la fin du XIIIe siècle, un Guillaume de Saint-Cloud par exemple, semblent suivre très exactement la voie dans laquelle a marché Campanus, tandis qu'en Italie, nul ne prend une telle route. Si Campanus n'a pas habité Paris, c'est cependant à Paris qu'il a fait école.

Avec Campanus, nous l'avons dit, l'Astronomie de la Chrétienté latine est vraiment hors de page ; elle n'a plus rien à recevoir de la science grecque ou arabe ; bientôt l'École de Paris produira des observateurs capables de se mesurer avec les maîtres arabes ; tel sera, par exemple, Guillaume de Saint-Cloud. Mais, en même temps que la technique ira se perfectionnant, les principes mêmes des théories astronomiques donneront lieu à de grands débats entre philosophes ; ces débats seront également ardents dans l'École dominicaine et dans l'École franciscaine ; l'heure est venue pour nous d'en retracer l'histoire.

CHAPITRE VI

L'ASTRONOMIE DES DOMINICAINS

I

ALBERT LE GRAND

Après que Michel Scot eût donné ses traductions, on vit se répandre rapidement, au sein de la Scolastique latine, les attaques d'Averroès contre les excentriques et les épicycles de Ptolémée ; on vit se propager le système astronomique, uniquement composé de sphères homocentriques, auquel Al Bitrogi avait donné son nom. Déjà, vers **1230**, Guillaume d'Auvergne adoptait certains des principes essentiels d'Alpétragius, et, peu après, Robert Grosse-Teste éprouvait la tentation de suivre la doctrine de cet arabe.

Les astronomes de profession, cependant, se montraient assez indifférents à la querelle qu'Averroès avait menée avec une ardeur passionnée. Imaginer des instruments propres à observer le cours des astres, construire des tables qui permissent de prévoir, à chaque instant, la position de chaque planète, telle leur semblait être la besogne propre de l'Astronomie. Les principes de Ptolémée, retouchés par Al Zarkali, leur donnaient le moyen d'accomplir cette besogne ; les principes d'Alpétragius n'avaient pas été poussés assez avant pour leur fournir, à cet égard, aucune ressource. Ils suivaient donc docilement l'enseignement de Ptolémée et n'accordaient qu'une brève mention à la querelle que les physiciens cherchaient aux mathématiciens. Parfois, comme Campanus de Novare, il ne paraissaient même pas soupçonner l'existence de cette querelle.

Mais tandis que les astronomes de profession prêtaient à peine attention au débat dont les fondements de leur art étaient l'objet, ceux qui philosophaient sur la Science de la nature, ceux qu'on nommait les naturalistes (*naturales*) se montraient fort anxieux de la contradiction qui mettait aux prises l'Astronomie de Ptolémée et la Physique d'Aristote. Ce débat entre la théorie mathématique, forte des confirmations de l'expérience, et la doctrine physique, déduite de principes métaphysiques qu'on jugeait certains, ce débat, disons-nous, agitait également, pendant la seconde moitié du XIIIe siècle, l'École dominicaine et l'École franciscaine. Or, à ce moment, ces deux écoles de frères mendiants brillaient du plus vif éclat ; elles dominaient l'enseignement de l'Université de Paris, régente, au Moyen Age, de la science universelle.

Avant que le XIIIe siècle ne fût arrivé au milieu de son cours, Albert le Grand avait achevé la plupart de ses commentaires, et la théorie des sphères homocentriques s'y trouvait amplement exposée et discutée.

L'œuvre d'Al Bitrogi paraît avoir sollicité très vivement l'attention du savant Dominicain ; le nom d'*Alpetrans Abuysac*, revient fréquemment dans ses divers écrits, et s'il multiplie les objections contre la théorie des sphères homocentriques, du moins montre-t-il, par sa critique même, le vif intérêt qu'il prend à cette tentative [1].

Il ne semble pas, toutefois, que l'Évêque de Ratisbonne ait exactement saisi la pensée de l'Astronome arabe. Le système d'Al Bitrogi lui est apparu comme un essai pour expliquer tous les mouvements célestes au moyen d'un moteur unique ; ce moteur imprimerait le mouvement diurne à la neuvième sphère ; ce mouvement se communiquerait aux sphères inférieures, dont chacune peut tourner uniformément autour de ses pôles particuliers, mais il se communiquerait avec un retard d'autant plus grand que la sphère mise en mouvement serait plus éloignée de la neu-

1. Albert le Grand, qui, dit-on, savait l'Arabe, a pu faire usage du texte même d'Al Bitrogi ; mais certainement il s'est aussi servi de la traduction de Michel Scot ; il dit quelque part *(a)* que le livre d'Alpétragius commence par ces mots : *Detegam tibi secretum*... ; or ce sont bien les premiers mots de la traduction de Michel Scot *(b)*.

(a) ALBERTI MAGNI *Speculum Astronomiæ in quo de libris licitis et illicitis pertractatur* ; Cap. II. — Il est vrai que le P. Mandonnet conteste l'attribution de ce *Speculum* à Albert le Grand et le regarde comme une œuvre de Roger Bacon [P. MANDONNET, O. P., *Roger Bacon et le Speculum Astronomiæ (1277)* (*Revue Néoscolastique de Philosophie*, août 1910)].

(b) Cf. : JOURDAIN, *Op. laud.*, p. 508.

vième ; aucune de ces sphères inférieures n'aurait de mouvement propre.

Ce système semble avoir séduit Albert par sa simplicité. Dans son commentaire au *Livre des causes*, il l'oppose[1] au système péripatéticien qui attribue à chaque orbite une intelligence capable d'en diriger le mouvement propre : « Des philosophes ont soutenu autrefois et soutiennent encore aujourd'hui que tous les corps célestes sont mûs par un seul et même moteur ; c'est l'avis auquel semble se ranger Alpétragius en son *Astrologie* ». Plusieurs physiciens multiplient les âmes ou les intelligences motrices. « Mais il en est un qui, à mon avis[2], soutient une opinion plus probable, et c'est Alpétragius... Tout ce qui se trouve sous le ciel, comme le feu, qui se trouve accumulé sous la concavité de l'orbe de la Lune, est entraîné par le ciel d'un mouvement qui n'est pas simple. Ce mouvement, le feu le reçoit par participation à la rotation de l'orbe au contact duquel il se trouve naturellement situé. L'air est entraîné à son tour, d'un mouvement moins régulier encore que celui du feu, car l'air est agité de mouvements multiples. L'élément de l'eau, au sein de la mer, n'accompagne pas l'air tout le long d'une révolution complète ; c'est pourquoi le flux de la mer suit le demi-cercle[3] ascendant de la Lune. Dans la terre, la vertu du moteur vient à défaillir, en sorte que le mouvement fait également défaut et que la terre demeure immobile ».

Cette exposition du système d'Al Bitrogi s'écarte en un point du sentiment de l'Auteur arabe ; selon celui-ci, les astronomes qui font dépendre le flux et le reflux de la mer du cours de la Lune sont dupes d'une apparence.

Dans son commentaire au livre des *Sentences*[4], Albert oppose encore le système d'Al Bitrogi aux systèmes péripatéticiens et néo-platoniciens qui, à chaque ciel, attribuent un moteur particulier. « Il est, dit-il, une opinion qu'Avenalpetras ou Alpétragius touche en son Astronomie, et qui est celle-ci : Tous les corps célestes sont mûs par un seul premier moteur, dont la force est plus puissante lorsqu'elle agit sur un mobile qui lui est immédiat

1. ALBERTI MAGNI, episcopi Ratisponensis, *Liber de causis et processu universitatis ;* tractatus II : De intelligentiis ; cap. I : De necessitate quæ coegit Peripateticos ponere intelligentias.

2. ALBERT LE GRAND, *ibid.;* tractatus IV : De fluxu causarum a Causa prima et causatorum ordine ; cap. VII : De quæstione utrum cælum moveatur ab anima, vel a natura, vel ab intelligentia.

3. Il faudrait dire : le quart de cercle.

4. ALBERTI MAGNI *Scriptum in secundum librum Sententiarum,* Dist. XIV, art. II, 2.

que sur un mobile médiat... Si l'on veut dire qu'il en est ainsi, qu'on se garde bien, par ce premier moteur, d'entendre Dieu même, dont la puissance n'est jamais achevée ni jamais en défaut, qu'elle soit appliquée à un mobile immédiat ou à un mobile médiat, mais, en tout mobile, demeure infinie. Qu'on entende donc par premier moteur une vertu que Dieu a créée et infusée au premier mobile. Celui-ci étend sa puissance motrice à chaque mobile, d'autant plus fortement que ce dernier lui est plus immédiat ».

Albert le Grand a grandement contribué à faire connaître le système d'Al Bitrogi, sous cette forme réduite et simplifiée à l'excès, aux écoles du Moyen Age et, particulièrement, aux écoles dominicaines ; dans celles-ci, comme nous le verrons, les écrits de l'Évêque de Ratisbonne étaient en effet, très lus et fort discutés.

Mais venons à ce qu'Albert, en commentant le *Traité du Ciel et du Monde*, nous fait connaître de la *Théorie des planètes* d'Alpétragius.

« Alpétrans Abuysac » réduit à neuf le nombre des sphères célestes [1] et, contrairement à l'avis de Ptolémée, il place l'orbe de Vénus au-dessus de l'orbe du Soleil ».

« Ces neuf orbites [2], toutes concentriques à la terre, sont toutes mues d'Orient en Occident par le premier moteur; elles n'ont point d'autre moteur; et comme un moteur unique et simple ne peut produire qu'un seul mouvement, il faut que chacune de ces orbites ait un seul mouvement; mais ce mouvement est plus fort dans l'orbite qui est immédiatement contiguë au moteur et plus faible dans une orbite plus éloignée ; ....lorsque le premier mobile a terminé sa révolution, le second n'a pas encore achevé la sienne..., en sorte que si l'on descend de sphère en sphère, le mouvement se montre toujours plus lent dans la sphère inférieure que dans la sphère supérieure, à cause de la distance plus grande qui la sépare du premier moteur... Ces retards donnent aux planètes un mouvement apparent d'Occident en Orient; ce déplacement n'est pas l'effet d'un mouvement réel, mais bien plutôt du retard que le mouvement de la sphère inférieure a sur le mouvement de la sphère supérieure. »

Il n'est ici question ni des pôles particuliers à chaque orbe ni de la révolution propre à cet orbe.

1. ALBERTI MAGNI *De Cœlo et Mundo* liber secundus ; tract. III, cap. XI.
2. ALBERTI MAGNI *De Cœlo et Mundo* liber primus ; tract. III, cap. V.

A la vérité, dans un autre endroit[1], Albert le Grand dit bien que les pôles de chaque sphère sont distincts des pôles du Monde, et qu'en vertu du retard du mouvement de cette sphère, ils semblent se mouvoir d'Occident en Orient sur deux cercles parallèles à l'équateur ; mais il continue à passer sous silence le mouvement propre de la sphère autour de ces pôles.

Albert a naturellement beau jeu à déclarer[2] que ce système, qu'il a simplifié d'une manière arbitraire, est incapable de représenter le cours compliqué des planètes. Lorsqu'il dit ensuite[3] que les pôles des sphères inférieures tournent autour des pôles des sphères supérieures ; que « chacun de ces pôles se meut de tous les mouvements qui animent les orbes plus élevés » ; que ces mouvements multiples sont invoqués pour expliquer les inégalités du cours des planètes, il semble prêter à Al Bitrogi la théorie des sphères homocentriques d'Aristote au lieu de celle que l'Auteur arabe a imaginée ou plagiée.

Un nouvel exposé du système d'Al Bitrogi se trouve dans l'écrit d'Albert le Grand sur la *Métaphysique* d'Aristote ; il diffère peu de ceux dont nous venons de parler.

Après avoir décrit le système d'Eudoxe[4] et celui de Calippe[5], après avoir dit quelques mots de l'Astronomie de Ptolémée[6], Albert continue en ces termes :

« Il existe une autre opinion qui dérive des Anciens, mais qui a été renouvelée récemment par un certain arabe d'Espagne nommé Alpétragius. Celui-ci prétend que toutes les sphères se meuvent d'Occident en Orient, et qu'elles sont toutes mues par un moteur unique, comme le mouvement qu'elles possèdent est unique ; mais la vertu de ce moteur est plus puissante dans le mobile qui lui est immédiatement contigu que dans un mobile qui lui est conjoint par un intermédiaire. »

Après avoir déduit de ce principe que chaque orbe retarde sur celui qui le précède et paraît ainsi marcher plus vite que lui vers l'Occident, Albert ajoute :

« Mais les planètes semblent s'écarter [de l'écliptique] suivant

1. ALBERTI MAGNI *De Cœlo et Mundo* liber secundus ; tract. II, cap. V.
2. ALBERTI MAGNI *De Cœlo et Mundo* liber primus ; tract. III, cap. V.
3. ALBERTI MAGNI *De Cœlo et Mundo* liber secundus ; tract. II, cap. V.
4. *Aureus liber Metaphysicæ* ALBERTI MAGNI RATISPONENSIS EPISCOPI, lib. XI, tract. II, qui est de substantia insensibili et immobili. Cap. XXII : Qualiter ex motibus sphærarum colligitur motorum numerus secundum Eudoxium.
5. ALBERTI MAGNI *Op. laud.*, lib. XI, tract. II, cap. XXIII : De numero sphærarum secundum Calippum
6. ALBERTI MAGNI *Op. laud.*, lib. XI, tract. II, cap. XXIV : Et est digressio de oppinionibus modernorum de numero orbium et motorum cælorum.

des longitudes diverses; elles paraissent s'élever et s'abaisser, demeurer en station, rétrograder ou prendre la marche directe, être éclipsées à une heure ou à une autre. Aussi [Alpétragius] prétend-il que tout cela arrive par la position diverse des pôles de ces orbes et par les mouvements de ces pôles qui se meuvent, à son avis, autour du pôle du Monde, qui montent et descendent autour de celui-ci. »

Cette description du système d'Al Bitrogi est bien vague ; un astronome aurait quelque peine à s'en contenter ; elle suffit à l'objet qu'Albert se propose, aussi bien dans son écrit sur la *Métaphysique* qu'en son commentaire au *Livre des causes* : « De tout cela, il faut retenir cette conclusion, qui importe seule à ce que nous nous proposons d'examiner : Selon les Anciens [dont Al Bitrogi s'est inspiré], il n'y a qu'un seul moteur des orbes célestes ».

Il est toutefois, dans ce trop sommaire exposé du système d'Al Bitrogi, une remarque qui mérite de retenir notre attention : « On a dessiné, dit Albert, une figure qui représente cette imagination ; mais cette Astronomie n'a pas été complétée par l'observation de la grandeur des mouvements ». Un peu avant, au sujet de l'hypothèse des excentriques et des épicycles, il avait dit : « C'est celle de Ptolémée, qui l'a complétée en démontrant les équations ». En ces quelques mots de l'Évêque de Ratisbonne, nous voyons apparaître la raison véritable de l'accueil favorable que les astronomes ont fait au système de Ptolémée comme du délaissement où ils ont laissé le système d'Al Bitrogi aussi bien que le système d'Héraclide du Pont. Pour un astronome, une hypothèse ne prend d'existence réelle qu'au jour où elle a fourni des tables propres à prédire les mouvements célestes et à soumettre ces prévisions au contrôle de l'observation. Bien des philosophes, avant Copernic, auront pu songer à l'hypothèse héliocentrique ; mais l'Astronomie héliocentrique n'existera que du jour où Copernic en aura tiré des tables plus exactes en leurs prévisions que les éphémérides issues du système de Ptolémée.

Que les combinaisons géométriques d'Alpétragius n'aient pas été poussées jusqu'au point où l'astronome en pourrait confronter *numériquement* les corollaires avec les mouvements observés, c'est, contre elles, l'objection essentielle, et qui porte.

Nous accorderions peu de valeur, aujourd'hui, à l'une des objections que l'Évêque de Ratisbonne adresse[1] au disciple d'Ibn

1. Alberti Magni *De Cœlo et Mundo* liber primus, tract. III, cap. V.

Tofail; les retards des mouvements des sphères successives sur le mouvement de la neuvième sphère ne présentent aucune régularité; Albert eût exigé d'eux qu'ils se succédassent suivant une progression arithmétique rigoureuse.

Une autre objection vaut au contraire, sans réplique possible, aussi bien contre le système d'Al Bitrogi qu'à l'encontre de toute théorie qui place la Terre au centre des orbites des diverses planètes : « Les étoiles se trouveraient à la même distance de la Terre, en quelque lieu du Ciel qu'elles apparussent; leur diamètre devrait donc sembler toujours de même grandeur; or cela est absolument faux, comme le font voir les instruments astronomiques ».

Cette objection ruine aussi bien les opinions d'Averroès que celle d'Al Bitrogi : « Nous observons[1] des changements dans le diamètre apparent d'une même étoile; nous le trouvons tantôt plus grand et tantôt plus petit; nous trouvons aussi que le Soleil, tantôt plus grand et tantôt plus petit, parcourt, d'un mouvement inégal, des quadrants égaux du Zodiaque; nous ne pouvons donc admettre que les planètes décrivent, dans le plan du Zodiaque, des cercles concentriques. Averroès a gravement erré, et il a induit ceux qui le suivent en une grave erreur touchant la nature des mouvements célestes ».

« Il n'appartient pas à la présente doctrine[2] de dire pourquoi il est nécessaire de poser des excentriques; cela ne se peut expliquer en peu de mots; nous remettrons donc cette explication à un autre temps où, Dieu aidant, il nous sera donné d'exposer, dans un traité d'Astronomie, les grandeurs et les mouvements des corps célestes. »

Pour nier les épicycles et les excentriques, Averroès avait affirmé qu'aucun mouvement circulaire ne pouvait se produire si le centre de ce mouvement n'était matériellement réalisé dans un corps immobile. L'Évêque de Ratisbonne n'est pas moins sévère dans le jugement qu'il porte[3] au sujet de cet argument :

« Lorsque nous disons que tout mouvement circulaire se fait autour d'un centre, il en est, dont Averroès est le prince et le chef, qui veulent que ce centre soit physiquement réalisé, qu'il ait, en toutes circonstances, la même nature, qu'il soit donc entièrement déterminé; ils prétendent que ce centre est le centre de la Terre, qui est en même temps le centre du Monde. Selon eux,

1. ALBERTI MAGNI *De Cœlo et Mundo* liber secundus, tract. III, cap. VIII.
2. ALBERTI MAGNI *De Cœlo et Mundo* liber secundus, tract. II, cap. III.
3. ALBERTI MAGNI *De Cœlo et Mundo* liber primus, tract. I, cap. III.

les astronomes mentent lorsqu'ils supposent l'existence d'épicycles qui tournent autour d'un centre pris sur un cercle déférent ; ils prétendent qu'on énonce une erreur lorsqu'on dit que les excentriques n'ont pas pour centre le centre de la Terre et qu'ils n'ont pas tous un même centre, selon ce qui est prouvé dans l'*Almageste* de Ptolémée. Il ne nous est pas possible d'entreprendre ici une étude suffisante de ces questions. Nous passerons donc outre, en faisant remarquer que l'argument d'Averroès ne saurait tenir que si tous les cieux étaient de même nature, de même espèce et de même matière, comme les éléments sont tous formés d'une même matière. Mais il n'en est pas ainsi, comme nous le montrerons au second livre. Puis donc que les corps célestes diffèrent les uns des autres par la forme et par la matière, ils diffèrent aussi par le mouvement ; dès lors, il n'y a aucun inconvénient à supposer à ces mouvements des centres différents. D'ailleurs, Averroès n'a nullement acquis une connaissance exacte de la nature des corps célestes ; aussi a-t-il formulé, au sujet des cieux, beaucoup de propositions abusives et absurdes ; la simple vue suffit à nous convaincre de la fausseté de ces propositions. »

Albert le Grand concède [1] à Ibn Rochd que les Mathématiciens, en posant des excentriques et des épicycles, formulent « des hypothèses qui ne peuvent être démontrées ; mais il n'est, dans le *De Cœlo et Mundo* d'Aristote, aucune raison qui soit de nature à les faire rejeter ».

Aux hypothèses des Mathématiciens, Averroès a opposé cette considération : Puisque le vide est impossible, il faudrait donc qu'entre les orbites excentriques qui guident, dans sa course, le *déférent* de chaque planète, il existât un corps non sphérique de même nature que le ciel. Ce corps, Albert ne fait point difficulté de l'accueillir [2] en ses théories. Ce sera un fluide, « plus rare que les orbites dont il remplit l'intervalle et, cependant, de même nature que ces orbites ; il pourra tantôt se resserrer et tantôt s'étendre, de manière que l'espace compris entre les sphères soit toujours exactement occupé... C'est, d'ailleurs, l'opinion que Thébit a émise en son livre sur le mouvement des sphères [3] ».

1. ALBERTI MAGNI *De Cœlo et Mundo* liber secundus ; tract. III, cap. IX.
2. ALBERTI MAGNI *De Cœlo et Mundo* liber primus; tract. I, cap. XI.
3. Nous n'avons rien pu trouver qui justifiât cette allégation d'Albert le Grand ni dans le traité *De imaginatione sphæræ* de Thâbit ben Kourrah, ni dans aucun des traités du même auteur dont on connait des traductions latines. Mais nous savons par le témoignage de Maïmonide (Voir : Première partie, Ch. XI, § II, t. II, p. 119) que Thâbit avait, en effet, composé un ouvrage où se trouvait sans doute cette assertion.

Qu'on n'aille pas objecter [1] à cette supposition que le corps dont elle imagine l'existence « n'a d'autre action que celle qui consiste à remplir le vide » entre les orbes excentriques.

« C'est par l'intermédiaire de ce corps[2] qui remplit l'intervalle de leurs orbites que les planètes participent au mouvement de l'orbite supérieure... Lorsque les planètes se meuvent d'Orient en Occident, elles sont entraînées par le mouvement de ce corps intermédiaire aux orbites, car ce corps a même nature que la sphère des étoiles fixes, qui entoure les planètes d'Orient en Occident. D'autre part, un moteur particulier meut chaque planète et lui fait décrire son orbite en un certain temps. »

Ces considérations sur le fluide qui réside entre les orbes, est-ce bien à Thâbit ben Kourrah qu'Albert les emprunte ? On ne les rencontre, nous l'avons dit, dans aucun des traités, composés par ce savant et traduits en Latin, qui soient venus à notre connaissance. L'Évêque de Ratisbonne ne les aurait-il pas plutôt tirées du *Liber de elementis* qu'avec tous ses contemporains, il prenait pour œuvre d'Aristote ? Voici, en effet, ce que nous lisons dans cet ouvrage apocryphe [3] :

« Puisque le feu a été engendré par le mouvement, il est nécessaire que nous disions ceci : Entre l'orbe de la Lune et l'orbe de Mercure, il peut y avoir du feu ; du feu, aussi, entre l'orbe de Mercure et l'orbe de Vénus ; du feu entre l'orbe de Mars et l'orbe de Jupiter ; du feu entre l'orbe de Saturne et les étoiles fixes.

» De tous ces feux, le plus considérable est celui que nous avons nommé orbe des étoiles fixes ; l'orbe des étoiles fixes, en effet, est celui d'un grand nombre de corps, tandis que chacun des autres orbes correspond à un corps unique.

» Il est donc nécessaire que l'espace compris entre l'orbe de Saturne et l'orbe des étoiles fixes soit d'un autre genre (*pluris generis*) et soit un lieu plus chaud. Il apparaît donc maintenant, par ce que nous avons dit, qu'entre les orbes se trouve un espace rempli de feu, c'est-à-dire d'air. Cet espace se trouve entre chaque orbe et l'orbe semblable qui est au-dessous de lui, [et aussi entre chaque orbe] et celui qui est au-dessus de lui. Nous voyons la même chose lorsqu'une pierre est frottée par un briquet ; de la

1. ALBERTI MAGNI *De Cœlo et Mundo* liber secundus ; tract. II, cap. III.
2. ALBERTI MAGNI *De Cœlo et Mundo* liber primus ; tract. III, cap. V.
3. Cité d'après l'édition des ARISTOTELIS *Opera* qui porte ce colophon : Impræssum (*sic*) est præsens opus Venetiis per Gregorium de Gregoriis expensis Benedicti Fontanæ Anno saluti fere incarnationis domini nostri MCCCCXCVI Die vero XIII Julii. Fol. 463 (marquée 365), r°.

pierre et du briquet, par leur mutuel frottement, du feu se trouve engendré. »

Le fluide compressible qu'Albert met entre les orbes ressemble grandement au feu aëriforme qu'y place le *Liber de elementis* ; Albert, qui a longuement commenté cet ouvrage, s'en est fort souvent inspiré ; nous en trouverons tout à l'heure une preuve nouvelle et plus décisive.

En dépit de la séduction qu'exerçait sur sa raison le système d'Alpétragius, par la simplicité qu'il lui prêtait ; en dépit de son admiration pour Aristote, dont il veut croire les principes conciliables avec les excentriques et les épicycles, Albert a pris une position très ferme dans la querelle qui divisait Mathématiciens et Physiciens ; fort du témoignage de l'observation, il a condamné les sphères homocentriques, il a pris parti pour l'Astronomie de Ptolémée ; c'est, à ce moment, l'attitude que devait prendre le véritable savant.

Quelles furent les idées d'Albert le Grand sur le mouvement lent de la sphère des étoiles fixes et sur les sphères, dénuées d'astre, qu'on peut imaginer au-dessus de celle-là, il nous faudra de multiples lectures pour le savoir.

Ces idées ne s'expriment pas partout avec netteté. Parfois, d'un ouvrage à un autre, voire d'un chapitre à un autre, elles paraissent contradictoires. Il ne semble pas, d'ailleurs, que leur progrès en clarté suive toujours l'ordre du temps. Nos citations d'Albert le Grand nous feront connaître de mieux en mieux sa pensée ; mais elles ne se rangeront pas selon la succession chronologique de ses écrits.

Les théologiens comme Guillaume d'Auvergne, certains astronomes, comme Michel Scot et Campanus, voulaient qu'il y eût, aux confins du Monde, un ciel immobile qu'ils nommaient, en général, l'Empyrée et, parfois, le ciel aqueux.

Albert le Grand, commentant le second livre des *Sentences*, examine[1] l'hypothèse de l'existence d'un ciel aqueux. Mais il n'en fait aucunement un dixième ciel immobile. Autorisé par un passage de Saint Jean Damascène, il affirme que ce ciel aqueux n'a pas été connu des seuls théologiens, mais encore des physiciens ; dès lors, il n'hésite pas à l'identifier avec le neuvième orbe auquel

1. *Scriptum secundum* ALBERTI MAGNI *super secundo Sententiarum*. Dist. XIV : De opere secundæ diei quo factum est firmamentum. Art. II : Quæritur secundum quam proprietatem sunt aquæ super cælum vel firmamentum.

les astronomes attribuent le mouvement diurne, tandis que le huitième orbe porte les étoiles et leur imprime le mouvement d'où résulte la précession des équinoxes.

Pour établir la nécessité d'un neuvième ciel non étoilé et mobile, Albert emprunte l'autorité et les raisons d'Alpétragius : Le double mouvement des étoiles fixes requiert un double moteur.

A cette occasion, Albert nous met au courant de ses connaissances touchant le mouvement lent des étoiles fixes.

Il sait que, pour Ptolémée, ce mouvement se réduit à une rotation uniforme de 1° par siècle autour des pôles de l'écliptique ; il attribue aussi cette doctrine à Aristote, parce qu'il la lit dans le livre *De causis proprietatum elementorum*, où elle est, en effet, exposée.

Il sait qu'Albatégni attribue aux étoiles fixes une rotation semblable, mais plus rapide.

Il formule enfin le principe du mouvement d'*accès* et de *recès* imaginé par Thâbit ben Kourrah.

Suivant l'exemple de Thâbit, d'Al Zarkali, des *Tables de Tolède*, il regarde l'hypothèse du premier de ces astronomes comme exclusive de l'hypothèse de Ptolémée ou d'Albatégni ; il ne songe nullement, comme le font à la même époque les astronomes d'Alphonse X, à recevoir à la fois ces deux suppositions et à les composer entre elles.

Si les astronomes diffèrent au sujet de la loi du mouvement lent des étoiles fixes, ils s'accordent donc tous à admettre la coexistence d'un tel mouvement et du mouvement diurne ; d'où la nécessité d'un neuvième ciel homogène et transparent, producteur du mouvement diurne, au-dessus du huitième ciel étoilé, producteur du mouvement lent. En invoquant le commentaire d'un certain Nicolas sur l'*Almageste* de Ptolémée, Albert s'efforce de prouver que tel fut bien l'avis du grand astronome alexandrin. « Ptolémée, dit-il, dans la première distinction de l'*Almageste*, parle de deux cieux ; à l'un, il rapporte le mouvement diurne ; à l'autre le mouvement suivant l'écliptique ; et, selon le commentaire de Nicolas sur ce passage, il n'entend pas, [par ce dernier ciel], le cercle du Zodiaque, mais le huitième ciel ; et par le premier, il entend la neuvième sphère ».

Ce passage de l'*Almageste*, nous avons vu[1] comment Masciallah en avait donné une interprétation très certainement contraire à

1. Voir : Première partie, ch. XII, § IV, t. II, pp. 205-206.

l'intention de Ptolémée; tandis que l'orbe des étoiles fixes communique à tout l'Univers le mouvement diurne, un ciel sans astre, placé au-dessous de cet orbe, présiderait à tous les mouvements des astres errants qui se font, d'Occident en Orient, dans le plan de l'écliptique.

Inspiré par la lecture de Masciallah, dont il corrobore bien à tort l'autorité par celle de Ptolémée, Albert le Grand admet[1] l'existence de dix cieux mobiles, dont deux sont dénués d'astres.

Le ciel suprême, le dixième, est un ciel sans astre qui communique à tout l'Univers le mouvement diurne; le huitième ciel porte les étoiles fixes, et est animé du mouvement très lent qui déplace les points équinoxiaux; entre ceux-là, le neuvième ciel, qui ne contient aucune étoile, communique le mouvement d'Occident en Orient à l'orbe des étoiles fixes et aux sept cieux des astres errants; sous l'influence de ce neuvième ciel, ces huit orbes marchent tous d'Occident en Orient avec la même vitesse; mais leurs vitesses angulaires se trouvent être inversement proportionnelles à leurs rayons.

Voici le passage où Albert expose clairement cette doctrine :

« Si nous voulions suivre l'avis de Ptolémée, de Nicolas en son commentaire sur l'*Almageste*, et de Messchalach, il nous faudrait, outre le ciel Empyrée que les philosophes n'ont pas connu, admettre dix cieux. Le premier tourne sur les pôles de l'équateur et communique le mouvement diurne à toutes les étoiles. Le second est un ciel sans étoile qui tourne sur les pôles d'un cercle incliné, savoir de l'écliptique, et qui communique à toute étoile un mouvement d'Occident en Orient; ce mouvement dépend de la grandeur du cercle de l'étoile; en effet, selon les philosophes et, aussi, selon Thébith, la Lune, Saturne, une étoile fixe se meuvent avec une égale vitesse; si la Lune parcourt son cercle en vingt-huit jours, Saturne en trente-six ans et une étoile fixe en trente-six mille ans, cela a lieu parce que c'est suivant ce rapport que la grandeur du cercle parcouru par un de ces astres surpasse la grandeur du cercle parcouru par l'autre; mais les espaces qu'ils parcourent pendant la durée d'un même jour naturel sont égaux entre eux. Le troisième est l'orbe des étoiles fixes qui résident toutes en une même surface... »

Quel est ce Nicolas dont Albert invoque ici l'autorité, et dont nous l'entendons citer le commentaire sur l'*Almageste*?

1. ALBERTI MAGNI *Op. laud.*, Dist. XV, art. III : Quid hic dicitur firmamentum.

Il existe un commentaire, une 'Εξήγησις sur le troisième livre de la *Syntaxe*, dont l'auteur est Nicolas Cabasilas. Le texte grec de ce commentaire a été publié à Bâle, en 1538, avec la *Syntaxe* et le commentaire de Théon d'Alexandrie[1]. La traduction latine n'en a jamais été imprimée ; elle est conservée, avec la traduction du commentaire de Théon, par certains manuscrits [2]. Mais Nicolas Cabasilas était évêque de Thessalonique au milieu du XIVe siècle [3] ; son commentaire n'est donc pas celui qu'a lu Albert le Grand.

D'autre part, Nicolas de Damas, dit Nicolas le Péripatéticien, mort vers le temps de la naissance de N. S. J. C., n'a pu commenter la *Syntaxe*.

Nous nous souvenons, à ce propos, de certains commentaires aux livres d'Aristote, que Michel Scot donnait comme composés par Nicolas de Damas et traduits par lui-même, mais dont Albert le Grand l'accusait, lui Scot, d'être l'auteur[4]. Michel Scot, faussaire impudent et ignorant de toute chronologie, n'aurait-il pas aussi composé des commentaires sur l'*Almageste*, et ne les aurait-il pas mis sur le compte de Nicolas le Péripatéticien ? N'aurait-il pas réussi, cette fois, à tromper la clairvoyance d'Albert ? Faute de documents précis et propres à nous tirer d'embarras, cette hypothèse nous paraît, du moins, plausible.

Dans ses écrits autres que le commentaire aux *Sentences*, Albert admet encore l'existence de dix orbes mobiles dont deux, dénués d'astres, se trouvent au-dessus de l'orbe des étoiles fixes. Mais il n'attribue plus au neuvième ciel le rôle que l'*Écrit sur les Sentences* lui donnait selon l'enseignement de Masciallah. Si deux sphères invisibles se trouvent au-dessus de la sphère des étoiles fixes, c'est que cette dernière se meut de trois mouvements distincts, du mouvement diurne et de deux mouvements lents.

Suivons, dans les divers traités d'Albert le Grand, l'exposé de cette doctrine.

Dans son commentaire à l'ouvrage apocryphe d'Aristote, *De causis proprietatum elementorum*, Albert revient [5] sur les divers

1. CLAUDII PTOLEMÆI *magnæ constructionis lib. XIII*. THEONIS ALEXANDRINI *in eosdem commentar. lib. XI. græce* (edidit Simon Grynæus). Basileæ, apud Jo. Walderum, 1538.
2. Bibl. Nat., fonds latin, ms. n° 7264.
3. FABRICIUS, *Bibliotheca græca*, vol. X, pp. 25-30. Hamburgi, MDCCCVII.
4. *Vide supra*, pp. 243-244.
5. ALBERTI MAGNI *De causis proprietatum elementorum* liber primus, tract. I, cap. III.

mouvements attribués aux étoiles fixes; un peu plus longuement qu'aux *Sentences*, il insiste sur le système de Thâbit ben Kourrah.

Après avoir parlé de la précession continue des équinoxes qu'admettait Ptolémée, après avoir exposé, comme nous l'avons rapporté dans un précédent chapitre [1], l'opinion professée par « les auteurs du livre *Altasimec,* c'est-à-dire *De imagine signorum* », Albert ajoute : « Mais, maintenant, ce mouvement a été plus exactement étudié par Thébit ben Cora; celui-ci a déclaré que l'accès et le recès étaient égaux entre eux; il a placé sur l'équateur le centre [de chacun des cercles décrits par le Bélier et la Balance]; il en a fixé le rayon à 9° à peu près, et il a dit que le mouvement de ce cercle était de 1° en 80 ans; Albatégni et les plus habiles astronomes sont d'accord avec lui ».

Cette hypothèse, si sommairement indiquée, et si faussement attribuée à Al Battani, doit-elle, dans la pensée d'Albert, supplanter celle de Ptolémée ? Doit-elle, au contraire, se composer avec elle, de telle sorte que la huitième sphère soit soumise à un double mouvement de précession et de trépidation ? La lecture du commentaire au traité *De causis proprietatum elementorum* ne permet guère de donner une réponse ferme à ces questions. Mais, auparavant, Albert y avait répondu dans son commentaire au *De cælo* et dans son commentaire à la *Métaphysique*.

Au traité *De Cælo et Mundo*, le célèbre Dominicain se prononce d'une manière fort nette [2].

Le principe qu'il formule est le suivant : « Le premier moteur, qui est un et simple, ne peut, en ce qu'il meut, produire autre chose qu'un mouvement unique ; d'où cette conséquence : si le mouvement d'un mobile n'est pas un et simple, ce mobile ne peut être le premier corps mû par le premier moteur.

» Or, dans la sphère des étoiles fixes, on a reconnu l'existence de trois mouvements. Le premier est le mouvement diurne qui s'effectue d'Orient en Occident sur les pôles du Monde, et qui est complet en vingt-quatre heures. Le second est le mouvement que les étoiles fixes font de l'Occident vers l'Orient; il est d'un degré tous les cent ans, et s'achève en trente-six mille ans. Le troisième est le mouvement d'accès et de recès qui parcourt un degré en quatre-vingts ans, selon Aristote. Aristote, en effet, à la fin du premier livre *De causis elementorum proprietatum*, fait mention

1. Voir : Première partie, chapitre XII, § VI, t. II, pp. 228-229.
2. ALBERTI MAGNI *De Cælo et Mundo* liber II, tract. III, cap. XI : De ordine sphærarum et motibus earum, in quo est digressio de numero sphærarum et ordine et causa quare superiores sunt tardiores inferioribus.

de ces trois mouvements de la sphère des étoiles fixes. La sphère des étoiles fixes n'est donc pas le premier mobile. La raison qui vient d'en être donnée a une très grande force auprès de quiconque sait bien la Science physique.

» On a donc reconnu trois mouvements en la sphère des étoiles fixes; partant, avant ce ciel, il faut qu'il y en ait un autre qui soit mû seulement de deux mouvements... Ainsi, il y aura dix sphères; la première de ces sphères possède le mouvement diurne; la seconde se nomme le cercle des signes dénués d'étoiles ou encore, ce qui est plus exact, le premier cercle oblique; cette sphère a deux mouvements; l'un est le mouvement diurne, d'Orient en Occident; l'autre est un mouvement oblique, d'Occident en Orient, très lent, qui parcourt un degré en cent ans. »

Ces passages déjà sont fort clairs; cependant, au traité sur le *De Cælo*, une certaine confusion vient, parfois, en troubler la doctrine, car, à l'exemple de Masciallah, dont il cite l'opuscule, le savant Dominicain veut que Ptolémée ait imaginé une sphère sans étoile chargée de présider à tous les mouvements qui se font d'Occident en Orient parallèlement à l'écliptique. Nous avons vu comment, dans son *Écrit sur les Sentences*, notre auteur avait admis cette interprétation.

Mais si nous voulons apercevoir en une parfaite clarté la pensée que nous venons d'entendre s'affirmer au *De Cælo*, il nous suffira d'ouvrir le commentaire d'Albert le Grand sur la *Métaphysique* d'Aristote.

« Il est, nous dit Albert [1], une autre opinion que suivent presque tous les modernes; c'est celle de Ptolémée, qui l'a complétée en démontrant les équations; quelques astronomes y ont ajouté, mais fort peu de chose; cette addition ne concerne que le mouvement du huitième ciel, nommé ciel des étoiles fixes.

» Cette opinion suppose l'existence d'excentriques, d'épicycles et de divers centres; elle admet, en somme, cinquante mouvements.

» Parmi ces mouvements, il y en a trois pour la huitième sphère. Le premier est le mouvement diurne. Le second est le mouvement qui entraîne les signes du Zodiaque et les étoiles, d'Occident en Orient, d'un degré en cent ans. Le troisième est celui que Thébith a découvert et qu'on nomme mouvement d'accès et de recès; il meut les têtes du Bélier et de la Balance sur [un cercle

1. ALBERTI MAGNI *Aureus liber Metaphysicæ*, lib. XI, tract. II, qui est de substantia insensibili et immobili. Cap. XXIV : Et est digressio de oppinionibus modernorum de numero orbium et motuum cælestium.

dont] le diamètre est de 8° à peu près, du Nord vers le Midi, et inversement. »

Que ces trois mouvements requièrent, au-dessus du ciel des étoiles fixes, l'existence de deux orbes mobiles et dénués d'étoiles, Albert va nous le dire dans l'important chapitre [1] où il entreprend d'énumérer les moteurs célestes.

Au *Timée*, Platon avait appelé le mouvement diurne, *mouvement de l'essence d'identité* (τῆς ταὐτοῦ φύσεως φορά) ; l'ensemble des mouvements parallèles au plan de l'écliptique formait le *mouvement de l'essence de variété* (τῆς θατέρου φύσεως φορά). Au *De generatione*, Aristote avait regardé le premier de ces mouvements comme une cause de pérennité pour les êtres sublimaires, tandis que le second était la cause de la génération et de la corruption de ces mêmes êtres.

Ce sont ces pensées qui inspirent Albert le Grand ; comme Platon, comme Aristote, il cherche dans les révolutions des orbes célestes les causes de l'existence et des transformations des êtres sublunaires.

Dans un tel être, il distingue un premier principe, le plus élevé de tous, l'*essence* (*essentia*) ; d'autres principes vont venir successivement déterminer cette essence et la rendre de plus en plus particulière.

Le premier de ces principes déterminant l'essence, ce sera la *matière* au sein de laquelle elle se réalise ; suivant une idée qu'on croirait empruntée à l'apocryphe *Théologie d'Aristote*, Albert paraît admettre que l'essence et la matière se portent l'une vers l'autre par deux mouvements opposés, afin que, de leur union, résulte une substance en acte.

Déjà particularisée par sa réalisation dans la matière, l'essence va se trouver plus complètement individualisée par le principe qui lui assignera des bornes, la circonscrira dans une certaine figure, lui accordera une certaine quantité ; ce principe sera la *figura quantitatis*.

Enfin, l'être acquerra sa complète détermination par le mélange qui se fera en lui, selon certaines proportions, des quatre qualités actives ou passives, le chaud et le froid, le sec ou l'humide.

Telles sont les déterminations successives des êtres sublunaires auxquelles doivent présider les moteurs célestes ; le nombre des déterminations différentes fixera le nombre des moteurs.

« Le premier moteur est simple par essence et son mouvement

1. ALBERTI MAGNI *Op. laud.*, lib. XI, tract. II, cap. XXV : Et est digressio de numero motorum ex principiis primæ Philosophiæ et per rationem.

est unique, continu et uniforme; il faut donc nécessairement que ce soit lui qui, par sa substance et son mouvement, produise l'existence (*esse*)[1] ; ce mouvement-là est l'*inerrant* (*aplanes*) ; il est, en toutes les sphères, la cause du mouvement diurne ; ainsi, d'un mobile unique et simple provient un mouvement unique et simple.

» Il est logique qu'au second mobile se rencontrent deux mouvements ; la sphère des étoiles fixes ne peut donc être le second mobile, comme nous l'avons déjà dit ailleurs[2]. Mais, il ne pourrait y avoir composition [de l'essence] avec la matière si l'un des deux principes composants ne se mouvait vers l'autre. Puis donc que le premier mouvement, cause de l'existence, se meut d'Orient en Occident, il fallait que le second mouvement se fît d'Occident en Orient, contre le premier mouvement. Ce second mouvement est celui du second mobile.

» Ces deux mouvements meuvent des cieux cachés [c'est-à-dire sans astre]; l'un de ces cieux a le mouvement diurne en vue de l'existence ; l'autre a le mouvement errant (*planes*) en vue de la composition dont il est cause dans tous les êtres.

» Aussitôt après cette composition [première], vient la détermination par la quantité et la figure ; or, de l'avis de tous les astronomes, cet effet provient du ciel étoilé ; c'est pourquoi une multitude d'images de constellations est attribuée à ce ciel. C'est donc là le troisième ciel, qui possède trois mouvements comme nous l'avons établi dans ce qui précède.

» Jusqu'ici les moteurs et les mobiles sont ordonnés d'une même manière ; ils croissent en même nombre au fur et à mesure qu'ils s'éloignent du premier, qui est simple. »

Reste à déterminer les mouvements et les moteurs qui produiront, au sein des êtres sublunaires, les mixtions de qualités actives et passives. Par une discussion que nous ne reproduirons pas, Albert s'efforce de prouver qu'il y a sept modes principaux de mélanges entre ces qualités ; à chacun de ces modes présidera un orbe planétaire, mû par un moteur spécial. Dix sphères célestes, donc, sont mises en mouvement par dix intelligences séparées.

Après, d'ailleurs, qu'il s'est laissé entraîner à construire ce système vaste et audacieux, Albert prend soin de nous mettre en garde contre la tentation d'accorder une confiance exagérée à de

1. Albert ne semble pas, ici, séparer l'essence *(essentia)* de l'existence *(esse)* ; on sait que son disciple Saint Thomas insistera sur la distinction de ces deux principes.
2. Au *De Cœlo et Mundo*. *Vide supra*, p. 340.

telles imaginations ; humblement, il nous suggère cette prudente remarque : « Il faut bien observer que je ne pense pas qu'en aucun temps, tous les mouvements célestes aient été compris par aucun des mortels. *Est autem attendendum quod non puto unquam fuisse comprehensos ab aliquo mortalium omnes motus cælorum* ».

De l'exposé de ce système, il est toutefois une conclusion qui se dégage maintenant avec une entière certitude, et qu'il nous faut retenir : Après quelques tâtonnements, Albert a reçu, au sujet du mouvement des étoiles fixes, une hypothèse fort analogue à celle que les auteurs de l'édition latine des *Tabulæ Alfonsii* ont proposée après 1252 ; il ne semble pas, cependant, qu'il ait eu connaissance des *Tables Alphonsines ;* vraisemblablement, même, son *De Cælo* était achevé avant que ces tables ne parussent.

Nous savons, d'ailleurs, par le propre témoignage d'Albert, quel est le livre dont il s'est inspiré ; c'est le *Liber de causis proprietatum elementorum* faussement attribué à Aristote. Très probablement, c'est ce même livre qui a suggéré aux auteurs des *Tabulæ Alphonsii* la théorie toute semblable qu'ils ont proposée, vers le même temps, pour rendre compte du mouvement lent des étoiles fixes.

Au delà des dix sphères mobiles, faut-il placer un Empyrée immobile ? Albert n'accorde ni à Guillaume d'Auvergne ni à Michel Scot l'existence de cet orbe fixe. Il reprend le raisonnement par lequel Michel Scot avait prétendu en établir la nécessité, mais c'est pour en tirer une conclusion bien différente, et conforme à la Philosophie d'Aristote.

Nous avons entendu Michel Scot invoquer ce principe : « Il est plus noble de posséder sans mouvement la perfection dont on est capable que de l'acquérir par le mouvement ». Il en déduisait l'existence d'un dixième ciel, plus noble que tous les autres, et immobile parce qu'il possède, sans aucun mouvement, toute sa perfection.

Albert le Grand, suivant le principe posé par Michel Scot, distingue [1] trois degrés de noblesse parmi les choses célestes. Au degré suprême, se trouve ce qui possède la perfection absolue sans avoir besoin d'aucune opération pour l'acquérir ; au second degré, se trouve ce qui participe de la suprême perfection au moyen d'une seule opération ; au troisième degré, ce qui a besoin de plusieurs opérations pour s'assimiler au bien absolu.

1. ALBERTI MAGNI *De Cœlo et Mundo* liber II, tract. III, cap. XIV : De solutione primæ quæstionis superius motæ, quæ est quare non multiplicantur motus sphærarum inferiorum proportionnaliter secundum quod sint propinquiores vel remotiores a sphæra mota prima.

A ce troisième ordre de noblesse appartiennent les orbites planétaires ; le plus haut ciel mobile, qu'anime un seul mouvement simple, représente le second ordre ; mais l'Être parfait et immobile qui est, à lui seul, le premier ordre de noblesse, n'est pas un dixième ciel, comme le voulait Michel Scot ; pour Albert le Grand comme pour Aristote, c'est Dieu même.

Les êtres qui composent le troisième ordre de noblesse, c'est-à-dire les orbites planétaires, participent, d'ailleurs, selon des mesures inégales à la Bonté suprême ; la part de perfection qu'ils en reçoivent va s'affaiblissant au fur et à mesure que croît leur distance au plus noble des cieux ; et voici qu'en cette nouvelle affirmation d'Albert, nous ne retrouvons plus l'influence de Michel Scot, mais celle d'Al Bitrogi et, par celle-ci, l'inspiration du Néo-platonisme.

Cette dernière influence va se marquer, de plus en plus nette, dans la suite.

Au-dessous des trois ordres de noblesse qui forment la hiérarchie céleste, se trouvent deux autres ordres moins excellents.

Les êtres qui composent ces deux ordres ne participent pas directement à la Bonté suprême ; ils participent seulement à une bonté située au-dessous de celle-là, savoir, à la bonté des cieux. Ces êtres, qui sont les quatre éléments, se partagent en deux catégories. De ces deux ordres, le plus élevé se compose des êtres qui prennent part à la perfection des orbites par une certaine opération, en épousant plus ou moins complètement les mouvements de ces orbes ; ces êtres-là sont le feu, l'air et l'eau. Le plus infime, au contraire, est réservé à la terre, qui ne prend part à la bonté des orbites célestes que par l'immobilité.

« Les trois premiers éléments produisent donc une certaine opération qui dépend des cieux ; le feu, en vue de mener à son accomplissement la forme qu'il a reçue des cieux, se meut circulairement, tandis que son mouvement naturel est rectiligne ; il en est de même de l'air dont les mouvements sont plus compliqués que ceux du feu ; il en est encore de même de l'eau, qui est moins matérielle que la terre ; aussi est-elle animée d'un mouvement semi-circulaire qui suit le mouvement de la Lune. »

Ces trois éléments sont les éléments *formels*. « La terre est matière ; par nature, elle est mue et ne meut point ; ce n'est donc point par une opération qu'elle peut recevoir la forme que les cieux lui impriment, mais par le seul repos. »

II

VINCENT DE BEAUVAIS

Vers l'an 1250, le Dominicain Vincent le Bourguignon, évêque de Beauvais, publiait une vaste encyclopédie[1] qui prétendait refléter fidèlement la Physique, le Dogme, la Morale et l'Histoire. Et en effet, si l'on ne peut demander d'idées neuves et de théories originales à cette imposante compilation, du moins y trouve-t-on l'exposé à peu près complet de ce qu'on savait au milieu du XIIIe siècle ; Vincent de Beauvais cite, à chaque instant, les docteurs qui l'ont précédé ; de leurs œuvres, il donne des extraits qui, d'ailleurs, ne sont pas toujours fort exacts. De tous ces maîtres, le plus souvent cité est, sans contredit, Albert le Grand.

C'est d'Albert que Vincent de Beauvais semble s'inspirer lorsqu'il parle de la théorie des sphères homocentriques ; cependant, le nom d'*Avenalpetras* qu'il donne à Al Bitrogi semble indiquer qu'il avait directement consulté la traduction de Michel Scot.

L'influence de Michel Scot lui-même se reflète, d'ailleurs, dans le passage que nous allons analyser[2].

Au delà du neuvième ciel, Vincent place un dixième ciel aqueux; il veut que l'eau qui forme le ciel soit, comme l'eau sublunaire, pesante et douée d'un mouvement naturel de haut en bas. A cette opinion, il prévoit une objection : cette eau supérieure n'a aucun mouvement, car le neuvième ciel lui-même est immobile ; en effet Avenalpetras dit que le neuvième ciel est homogène et uniformément lumineux ; il n'a donc ni droite ni gauche et ne peut tourner. Fort justement, Vincent de Beauvais réplique qu'Avenalpetras, dans son *Astrologie*, attribue au neuvième ciel un mouvement de rotation uniforme; il ajoute non moins exactement que les Anciens, au dire d'Avenalpetras, n'avaient pas connaissance de ce ciel.

Vincent de Beauvais met sur le compte d'Albert le Grand l'objection qu'il réfute ; dans les écrits de ce dernier, nous n'avons

1. VINCENTII BURGONDI, ex ordine Prædicatorum, episcopi Bellovacensis, *Speculum quadruplex, naturale, doctrinale, morale, historiale.*

2. VINCENTII EPISCOPI BELLOVACENSIS *Speculum naturale ;* lib. III, cap. XCVII.

rien trouvé qui justifiât cette attribution, bien au contraire. En revanche, nous avons vu Michel Scot prouver l'existence d'un dixième ciel immobile par la raison même que rapporte Vincent le Bourguignon ; les références de celui-ci, on le voit, sont parfois sujettes à caution.

Vincent examine plus loin[1] « s'il y a quelque espace entre les sphères des diverses planètes ». Selon Avenalpetras, ces sphères se touchent ; Averroès émet la même affirmation ; et, en effet, si les orbites des planètes étaient inégalement éloignées les unes des autres, il faudrait qu'il y eût entre elles le vide ou un corps fluide ; ces deux auteurs nient donc la possibilité des excentriques et des épicycles ; « tous deux expliquent les inégalités du cours des planètes par la diversité des pôles et des cercles sur lesquels s'effectuent leur révolution ».

« Mais certains disent qu'entre les sphères des planètes, il y a un corps fluide de même nature que ces sphères... » Les Mathématiciens, les Égyptiens, les Chaldéens et quelques Arabes pensent que les régions supérieures sont remplies d'une substance ignée ; il n'y a plus aucun inconvénient à supposer que ce fluide soit divisé par le mouvement des excentriques et des épicycles ». De fait, Vincent de Beauvais n'hésite pas à traiter[2] de la rétrogradation des planètes en fidèle disciple de Ptolémée.

L'influence d'Albert le Grand est bien reconnaissable dans le passage que nous venons de citer ; elle l'est encore dans ceux que nous allons analyser.

Vincent de Beauvais énumère[3] quatre raisons qui sont, dit-il, d'Avenalpetras, et qui rendent nécessaires l'existence d'un neuvième ciel ; parmi ces raisons, il indique la suivante : « Il est des sphères qui reçoivent leur perfection par deux mouvements ; telles sont les huit sphères inférieures. Il faut donc qu'il y ait une sphère qui reçoive cette perfection par un seul mouvement ; elle sera moins noble que la sphère supérieure, mais plus noble que les huit sphères inférieures ». L'auteur du *Miroir de la nature* nous indique qu'il emprunte à Albert le Grand cet argument d'Al Bitrogi ; en fait, cette raison n'est nullement de l'Astronome arabe, mais elle joue un rôle essentiel dans les théories de l'Évêque de Ratisbonne.

Il apparaît de là que Vincent le Bourguignon ne connaissait guère le système astronomique du disciple d'Ibn Tofaïl que par

1. VINCENT DE BEAUVAIS, *Op. laud.*, lib. III, cap. CIV.
2. VINCENT DE BEAUVAIS, *Op. laud.*, lib. XV, cap. XXVIII.
3. VINCENT DE BEAUVAIS, *Op. laud.*, lib. III, cap. C.

l'intermédiaire d'Albert. Cela se reconnaît encore dans l'exposé qu'il donne[1] de ce système.

« Avenalpetras suppose que le Ciel entier se meut par un seul premier mouvement qui est plus fort dans le mobile immédiatement contigu au moteur que dans le mobile suivant, plus fort dans le second mobile que dans le troisième et ainsi de suite. Le premier mobile accomplit donc, chaque jour, un mouvement qui le ramène de point en point à sa position initiale. Le second mobile et les mobiles inférieurs n'accomplissent pas, en un jour, une révolution complète ; il reste, au bout de la journée, une partie de cette révolution à parcourir ; il en reste une partie égale le jour suivant, et ainsi de suite. Ces défauts répétés donnent aux planètes, selon Avenalpetras, un mouvement apparent d'Occident en Orient, alors qu'elles ne se meuvent nullement de la sorte. Quant aux mouvements variés des planètes, le même astronome prétend qu'ils proviennent de la diversité des pôles et des cercles ».

Dans cet exposé de la doctrine d'Al Bitrogi, qui est visiblement tiré des écrits d'Albert le Grand, il est fait complète abstraction de ce mouvement propre des orbites inférieures que l'astronome arabe nomme *mouvement complémentaire* ; le système d'Alpétragius est faussement présenté comme faisant dépendre tous les mouvements célestes d'un moteur unique.

III

SAINT THOMAS D'AQUIN

Saint Thomas d'Aquin avait été élève d'Albert le Grand. Dans ses premiers écrits, tel que son commentaire aux *Sentences*, l'influence du maître est souvent très visible Mais, plus tard, Thomas se mit à penser par lui-même et, bien souvent, sa pensée s'éloigna fort de celle d'Albert.

Ces démarches de la doctrine professée par le *Doctor communis* (c'est le surnom que les Écoles du Moyen Age donnaient à Thomas d'Aquin) sont bien sensibles dans ce qu'il a professé au sujet des systèmes astronomiques.

Nous trouvons, en effet, dans l'*Écrit sur les Sentences*, un pas-

1. VINCENT DE BEAUVAIS, *Op. laud.*, lib. III, cap. X.

sage[1] qui reflète clairement l'enseignement qu'Albert avait emprunté à Masciallah. Il s'agit d'interpréter les eaux supracélestes dont parle la *Genèse* : « Ce ciel aqueux, dit Thomas d'Aquin, c'est la neuvième sphère à laquelle les astronomes rapportent le mouvement de l'orbe des signes, mouvement qui est commun à toutes les étoiles, et qui est dirigé d'Occident en Orient. Au-dessus est la dixième sphère, à laquelle ils réduisent le mouvement diurne, qui va d'Orient en Occident. »

Peu après[2], il est vrai, Thomas d'Aquin semble abandonner cette théorie et ne plus compter que neuf orbes mobiles, dont un seul est privé de tout astre. « Si nous distinguons les cieux d'après leur nature et leur propriété céleste, il y a trois cieux. Le premier est homogène et immobile ; c'est l'Empyrée. Le second est homogène et mobile ; c'est le ciel cristallin. Le troisième est hétérogène et mobile ; c'est le ciel étoilé... Sous le ciel étoilé, sont enfermés les sept cieux des astres errants. »

Il apparait, toutefois, qu'en cette classification, la sphère des étoiles fixes et les sept sphères des astres errants forment un ciel unique, le ciel hétérogéne et mobile. Il est donc permis de penser que le ciel cristallin, homogène et mobile, se compose des deux sphères sans astre que Thomas d'Aquin avait définies auparavant.

Pendant toute sa vie, d'ailleurs, Thomas d'Aquin continue de s'en rapporter à l'enseignement d'Albert le Grand touchant certaines doctrines qui, sans doute, l'intéressent peu, et dont il ne prend pas la peine de s'informer directement. Ainsi en est-il pour le système astronomique d'Al Bitrogi.

Nous avons vu comment Albert le Grand et, d'après lui, Vincent de Beauvais avaient artificiellement simplifié la théorie d'Alpétragius ; comment ils y avaient cru voir un système propre à expliquer tous les mouvements des astres à l'aide d'un seul premier moteur.

C'est sous cette forme, faussée par une simplification arbitraire, que la Mécanique céleste d'Al Bitrogi a été connue de la plupart des Scolastiques.

C'est sous cette forme, en particulier, que Saint Thomas d'Aquin la signale[3] brièvement, sans citer, d'ailleurs, le nom de l'auteur.

1. Sancti Thomæ Aquinatis *Scriptum in secundum librum Sententiarum,* Dist. XIV, quæst. I, art. I : Utrum aquæ sint super cælos.
2. Sancti Thomæ Aquinatis *Op. laud.*, lib. II. dist. XIV, quæst. I, art. IV : Utrum numerus cælorum convenienter assignetur a Rabano.
3. Sancti Thomæ Aquinatis *Expositio super libro de Cælo et Mundo Aristotelis;* lib. II, lectio XV.

A la philosophie astronomique que constitue le système, ainsi simplifié, d'Al Bitrogi, Thomas d'Aquin en substitue une autre qui fait dépendre tous les phénomènes célestes de deux principes de mouvement, et non pas d'un mouvement unique.

Selon Al Bitrogi, les mouvements célestes sont tous soumis à la direction du mouvement diurne de la neuvième sphère ; le mouvement propre de la huitième sphère, au contraire, préside aux lentes transformations qui se produisent au sein des éléments susceptibles de génération et de corruption ; cette dernière hypothèse avait trouvé crédit auprès de divers astronomes arabes, comme nous l'apprend Albert le Grand qui, d'ailleurs, la rejette.

Ces suppositions inspirent le Docteur Angélique ; ils les modifie cependant en les combinant avec certaines hypothèses d'Aristote. Au second livre de son traité *Sur la génération et la corruption*, le Stagirite [1] avait mis tous les changements qu'éprouvent les êtres sublunaires sous la dépendance des mouvements célestes ; mais un mouvement toujours identique à lui-même, comme l'est le mouvement diurne, la rotation suprême, ne peut être alternativement principe de vie et de mort ; ce rôle convient seulement au mouvement propre du Soleil et des planètes suivant l'écliptique : « Διὸ καὶ οὐχ ἡ πρώτη φορὰ αἰτία ἐστὶ γενέσεως καὶ φθορᾶς, ἀλλ' ἡ κατὰ τὸν λοξὸν κύκλον ».

L'opinion exposée par Aristote en ce passage semble, d'ailleurs, dérivée, nous l'avons dit [2], de la doctrine que Platon expose au *Timée* ; là, le mouvement diurne est le *mouvement de l'essence d'identité*, tandis que tout mouvement parallèle au plan de l'écliptique est *mouvement de l'essence de diversité*.

Le Commentateur avait pleinement adopté cette opinion du Stagirite [3].

Albert le Grand l'avait aussi fort longuement développée [4]. Nous avons vu précédemment que Michel Scot avait également embrassé cette doctrine. Enfin, Thomas d'Aquin lui-même l'avait très clairement enseignée [5] en commentant le *De generatione et corruptione*.

1. ARISTOTE, Περὶ γενέσεως καὶ φθορᾶς τὸ B, ι (*De generatione et corruptione liber secundus*, cap. X) (ARISTOTELIS *Opera*, éd. Didot, t. II, pp. 464-465 ; éd. Bekker, vol. I, p. 236, col. a).

2. Voir : Première partie, chapitre IV, § V, t. I, p. 163.

3. AVERROIS CORDUBENSIS *Media expositio in libros Aristotelis de generatione et corruptione* ; lib. II, summa IV, cap. II.— AVERROIS CORDUBENSIS *Media expositio in libros meteorologicorum Aristotelis* ; lib. I, cap. I.

4. ALBERTI MAGNI Ratisponensis Episcopi *Liber de generatione et corruptione* ; lib. II, tract. III, capp. IV et sqq.

5. S. THOMÆ AQUINATIS *In libros Aristotelis de generatione et corruptione commentaria* ; lib. II, lectio X — Ces commentaires ne sont peut-être pas

Nous ne nous étonnerons donc pas qu'il s'en inspire en sa théorie des mouvements célestes.

Selon lui, deux sortes de natures doivent être distinguées dans cet Univers; d'une part, sont des êtres qui ont, en apanage, la perpétuité, et ce sont les substances séparées; d'autre part, sont des êtres susceptibles de génération et de corruption, et ce sont les quatre éléments.

Les substances célestes sont intermédiaires entre ces deux catégories; elles participent de la nature des substances permanentes, comme de la nature des substances engendrables et corruptibles; et chacune de ces participations se fait par un certain mouvement.

Les corps célestes sont donc animés de deux mouvements. L'un de ces mouvements est un principe d'éternelle durée; c'est un mouvement de rotation uniforme, d'Orient en Occident, autour des pôles du Monde. L'autre mouvement est une cause de génération, de corruption et de transformations; c'est une rotation uniforme, d'Occident en Orient, autour d'une normale à l'écliptique.

Au premier mouvement, toutes les orbites célestes prennent également part; toutes accomplissent, en un même jour, leur révolution d'Orient en Occident.

Au second mouvement, au contraire, les diverses orbites prennent part à des degrés inégaux, d'autant moins qu'elles sont plus nobles. Le neuvième ciel, qui est le plus proche des substances séparées et le premier en excellence, est absolument exempt de ce mouvement. Une rotation d'Occident en Orient, très lente à la vérité, entraîne déjà la sphère des étoiles fixes. Cette rotation s'accélère au fur et à mesure qu'on descend d'orbite en orbite pour se rapprocher de l'ensemble des éléments susceptibles de génération et de corruption.

Il n'est pas nécessaire, d'ailleurs, que la rapidité de ces mouvements rétrogrades croisse suivant une progression régulière, comme l'avait soutenu Albert le Grand; les mouvements des orbites célestes, en effet, ne sont pas seulement naturels; ils sont encore volontaires.

Cette doctrine, Saint Thomas d'Aquin la regarde assurément comme le principe qui domine toute l'Astronomie ; à l'énoncé de ce principe se réduit presque tout ce que la *Somme théologique* dit de la Science des astres.

Dans cet ouvrage, Saint Thomas d'Aquin regarde comme dou-

rédigés par Saint-Thomas lui-même; certains auteurs les attribuent à son disciple Pierre d'Auvergne.

teuse[1] l'existence d'un Empyrée immobile, existence admise par Saint Basile, par Bède le Vénérable et par une foule de théologiens. En revanche, nous le voyons fréquemment admettre l'existence, au delà de la sphère des étoiles fixes, d'un ciel sans étoile, que plusieurs nomment le *ciel cristallin* ou le *ciel aqueux*. « Selon une seconde opinion, dit-il[2], les eaux qui sont au-dessus du firmament sont un ciel entièrement diaphane et privé d'étoiles. On suppose que ce ciel est le premier mobile, qui imprime au Monde la révolution diurne ; de même, par sa révolution suivant le Zodiaque, le ciel au sein duquel se trouvent les astres produit, par approche et éloignement [successif de chaque astre] et par les diverses vertus des étoiles, la diversité de la génération et de la corruption. »

La doctrine est, ici, presque réduite au texte d'Aristote qui lui a donné naissance. Les développements qui lui sont adjoints dans l'*Exposition* du *De Cælo et Mundo* trahissent les influences les plus diverses. Nous y retrouvons la marque de certaines considérations de Ptolémée sur les deux mouvements principaux qui animent les cieux, considérations qui avaient été diversement commentées par l'énigmatique Nicolas, par Masciallah et, d'après ceux-ci, par Albert le Grand. Nous y retrouvons surtout certaines pensées qui semblent empruntées au *Timée*.

Cette théorie des révolutions célestes sauve tous les principes de la Métaphysique péripatéticienne ; s'accorde-t-elle également avec les observations astronomiques ? Thomas d'Aquin sait bien qu'il n'en est rien[3]. Déjà Eudoxe, Calippe et Aristote ont été obligés, pour représenter les divers accidents du cours des planètes, de compliquer extrêmement le système des sphères homocentriques ; et plusieurs des complications qu'ils ont introduites ne trouvent point leur justification dans la philosophie du Stagirite. A plus forte raison en peut-on dire autant des excentriques et des épicycles, imaginés par Hipparque et par Ptolémée, et dont Saint Thomas d'Aquin donne une description sommaire, mais exacte.

Quelle créance le Docteur Angélique accorde-t-il aux hypothèses astronomiques de l'*Almageste?*

Les objections par lesquelles Averroès avait, à ces hypothèses,

1. SANCTI THOMÆ AQUINATIS *Summa theologica,* Pars I, quæst. LXVI, art. IV.
2. SANCTI THOMÆ AQUINATIS *Summa theologica,* pars I, quæst LXVIII, art. XIII, ad 3.
3. SANCTI THOMÆ AQUINATIS *Expositio super libro de Cælo et Mundo Aristotelis,* lib. II, lect. XVII.

opposé les enseignements de la Physique d'Aristote ont, tout d'abord, paru très fortes à la raison de Thomas d'Aquin ; peu s'en faut qu'elles ne l'aient convaincu, au temps où il commentait la *Métaphysique* d'Aristote[1]. « De cette sorte d'hypothèse, écrivait-il alors[2], il semble qu'il découle quelque chose de contraire à ce qu'on démontre en Physique.

» S'il en était ainsi, en effet, tout mouvement ne serait pas autour du centre, vers le centre ou à partir du centre.

» Puis, la sphère qui contient la sphère excentrique ne serait pas partout de même épaisseur ; ou bien, entre deux sphères consécutives, il y aurait quelque vide ; ou bien encore, s'il y avait quelque corps intermédiaire, en sus de la substance des sphères, ce ne serait pas un corps sphérique, et il n'aurait aucun mouvement propre ; il n'existerait qu'à cause des excentriques.

» En outre, il en résulterait que la sphère dans laquelle se meut un épicycle ne serait pas continue et indivise, à moins qu'elle ne soit divisible, susceptible de raréfaction et de condensation, à la façon de l'air qui est divisé, qui est épaissi ou raréfié par un corps qui se meut en son sein.

» Il s'ensuivrait aussi que la masse de l'étoile se mouvrait par elle-même, et non pas seulement par le mouvement de son orbe ; puis encore, qu'un son proviendrait du mouvement des corps célestes, ce qu'accordaient, d'ailleurs, les Pythagoriciens.

» Or, toutes les conséquences de ce genre sont contraires à ce qu'on démontre en Physique. »

Saint Thomas ne formule pas de conclusion ; il laisse sa pensée comme suspendue au doute ; c'est qu'il n'ignore pas, d'autre part, les raisons que peuvent faire valoir les partisans de l'Astronomie de l'*Almageste*, car il vient de les énumérer sommairement :

« Les Pythagoriciens, pour réduire à l'ordre requis les irrégularités qui apparaissent dans le mouvement des planètes, par leurs stations, leurs marches rétrogrades, leur vitesse ou leur lenteur, et les variations de leur grandeur apparente (*diversa apparentia quantitatis*), ont admis que les mouvements des planètes se faisaient dans des sphères excentriques et sur de petits cercles qu'on nomme épicycles. Ptolémée a également suivi cette opinion. »

Ces raisons, le bon sens de Saint Thomas en devait peser toute

1. Le commentaire à la *Métaphysique* paraît avoir été composé sous le pontificat d'Urbain IV (1264-1265) (QUÉTIF et ÉCHARD, *Scriptores ordinis Prædicatorum*, t. I, p. 285).

2. SANCTI THOMÆ AQUITANIS *Expositio in duodecim libros Metaphysicæ Aristotelis*, lib. XII, lect. X.

la gravité ; il en est une, entre autres, qui rend inadmissible tout système fondé sur la seule considération de sphères homocentriques ; et le Docteur Angélique en connait la valeur car, en commentant le *De Cælo*, il l'oppose [1] aux hypothèses d'Eudoxe, de Calippe et d'Aristote ; ces hypothèses ne peuvent « sauver toutes les apparences relatives aux étoiles, et surtout celle qui est relative à la proximité ou à l'éloignement d'une même étoile par rapport à nous ; cette apparence, on la constate par ce fait que, l'air étant disposé de la même manière, chaque planète nous paraît [tantôt plus grande et] tantôt plus petite. »

Ces raisons semblent avoir lentement modifié l'opinion de Saint Thomas. Lorsqu'à la fin de sa vie, il commente le *De Cælo*, il ne rappelle plus les objections qui ont été faites au système des excentriques et des épicycles, et il en adresse au système des sphères homocentriques ; sa confiance abandonne Averroès pour incliner vers Ptolémée.

Comment, cependant, adhérer pleinement à des hypothèses si évidemment contraires à la Physique d'Aristote ?

Déjà Averroès avait insisté sur ce fait que les considérations par lesquelles les géomètres les justifient n'ont rien d'une démonstration logique. La critique d'Averroès semble avoir inspiré à Saint Thomas la réflexion suivante [2] :

« Les suppositions que les astronomes ont imaginées ne sont pas nécessairement vraies ; bien que ces hypothèses paraissent *sauver les phénomènes* (*salvare apparentias*), il ne faut pas affirmer qu'elles sont vraies, car on pourrait peut-être expliquer les mouvements apparents des étoiles par quelque autre procédé que les hommes n'ont point encore conçu. »

Cette réflexion, d'ailleurs, il l'avait déjà formulée auparavant [3], quoique d'une manière un peu plus concise, alors qu'il exposait cet axiome fondamental d'Aristote : Tout mouvement circulaire simple se fait autour du centre du Monde :

« En effet, une roue qui se meut autour de son propre centre ne se meut pas d'un mouvement purement circulaire ; son mouvement se complique de montée et de descente.

» Mais il semble, selon cette remarque, que les corps célestes ne sont pas tous mûs de mouvement circulaire. En effet, d'après Ptolémée, les mouvements des planètes s'accomplissent selon des épicycles et des excentriques, et ces mouvements-là ne se font

1. S. Thomæ Aquinatis, *Expositio in libros de Mundo*, lib. I, lect. XVII.
2. S. Thomas d'Aquin, *loc. cit.*
3. S. Thomas d'Aquin, *Op. laud.*, lib. I, lect. III.

point autour du centre du Monde, qui est le centre de la Terre ; ils se font autour de certains autres centres.

» Il faut observer, à ce propos, qu'Aristote n'admettait pas qu'il en fût ainsi ; il supposait, comme les astronomes de son temps, que tous les mouvements célestes sont décrits autour du centre de la Terre. Plus tard, Hipparque et Ptolémée imaginèrent les mouvements des excentriques et des épicycles pour sauver ce qui se manifeste au sens dans les corps célestes. Cela n'est donc point chose démontrée ; c'est seulement une certaine supposition (*Unde hoc non est demonstratum, sed suppositio quædam*). Si toutefois cette supposition était vraie, les corps célestes continueraient tous à se mouvoir autour du centre du Monde par le mouvement diurne, qui est le mouvement de la sphère suprême ; celle-ci entraîne tout le Ciel dans sa révolution ». Cette dernière remarque est, notons-le, textuellement empruntée à Simplicius[1].

Les hypothèses qui portent un système astronomique ne se transforment pas en vérités démontrées par cela seul que leurs conséquences s'accordent avec les observations ; Thomas d'Aquin le déclare après Averroès, bien que sous une forme moins rude ; et ce principe de Logique lui paraît, sans doute, fort essentiel, car il le formule encore en un autre ouvrage[2] : « On peut de deux manières différentes rendre raison d'une chose. Une première manière consiste à établir par une démonstration suffisante l'exactitude d'un principe dont cette chose découle ; ainsi, en Physique, on donne une raison qui suffit à prouver l'uniformité du mouvement du ciel. Une seconde manière de rendre raison d'une chose consiste à n'en point démontrer le principe par preuve suffisante, mais à faire voir que des effets s'accordent avec un principe posé d'avance ; ainsi, en Astrologie, on rend compte des excentriques et des épicycles par le fait qu'au moyen de cette hypothèse, on peut *sauver les apparences sensibles* touchant les mouvements célestes ; mais ce n'est pas là un motif suffisamment probant, car ces mouvements apparents se pourraient peut-être sauver au moyen d'une autre hypothèse. »

En ces divers passages, Saint Thomas d'Aquin adopte les idées que nous avons entendu exprimer par Simplicius[3] ; il emprunte presque exactement les termes dont celui-ci s'était servi. Nous reconnaissons ici les marques bien visibles d'une influence exer-

1. Voir : Première partie, Ch. X, § I ; tome II, p. 66.
2. SANCTI THOMÆ AQUITANIS *Summa theologica*, pars I, quæst, XXXII, art. I, ad 2.
3. Voir : Première partie, Ch. X, § VI ; t. II, pp. 113-115.

cée par le commentateur grec sur le commentateur scolastique.

De cette influence, nous avions occasion, il y a un instant, de relever une autre trace. D'ailleurs, elle n'est point niable ; dans ses *Leçons* sur le *De Cælo et Mundo* d'Aristote, Saint Thomas d'Aquin cite, à plusieurs reprises[1], les commentaires que Simplicius avait composés sur le même ouvrage.

Thomas d'Aquin semble avoir été l'introducteur, dans la Scolastique occidentale, du célèbre commentateur grec. En l'an 1271, Guillaume de Moerbeke qui était, en quelque sorte, le traducteur attitré du Docteur Angélique, mit en Latin, sans doute à la demande de son saint et savant ami, les commentaires au *De Cælo et Mundo*[2].

Trois ans après l'achèvement de cette traduction, Thomas d'Aquin mourait sans pouvoir terminer son commentaire au *De Cælo*, l'un des derniers ouvrages auxquels il ait mis la main ; la traduction de Simplicius par Guillaume de Moerbeke lui avait assurément servi pour la rédaction de ce commentaire.

Recommandé par l'autorité de Saint Thomas d'Aquin, l'enseignement de Simplicius exercera désormais une profonde influence sur le développement de la Physique scolastique. Parfois, nous verrons cette influence contrebalancer celle d'Aristote et même l'emporter sur elle.

Mais revenons à l'opinion que Thomas d'Aquin, disciple de Simplicius, professe au sujet des hypothèses astronomiques.

Prendre comme prémisses quelques-unes des propositions que la Philosophie première des Péripatéticiens regarde comme assurées ; par une déduction rigoureuse, en tirer l'explication précise et détaillée des mouvements des astres, telle serait la première des deux méthodes décrites par Saint Thomas, celle assurément qu'il regarde comme la plus parfaite. Malheureusement, nul n'a pu suivre cette méthode jusqu'à la construction d'un système astronomique satisfaisant. Des principes de la Physique d'Aristote, on a bien pu conclure l'existence d'une substance céleste dont le mouvement naturel est le mouvement circulaire uniforme ; mais lorsqu'on a voulu pousser plus loin, lorsqu'on a

1. Voir, en particulier : In lib. I lect. VI et in lib. II lect. IV.

2. Cette traduction, intitulée : SIMPLICII philosophi acutissimi *Commentaria in quatuor libros de Cœlo Aristotelis*, a été trois fois imprimée (Venetiis, apud Hieronymum Scotum, 1540, 1544 et 1563). En 1526, les Aldes donnèrent, à Venise, une édition grecque des *Commentaires* de Simplicius ; mais Peyron et M. Heiberg ont montré que cette édition ne reproduisait nullement le texte primitif de l'auteur ; elle n'était qu'une version grecque, faite par Bessarion, de la traduction latine de Guillaume de Moerbeke (Cf. SIMPLICII *In Aristotelis de Cœlo commentaria*. Edidit L. L. Heiberg, Berolini, 1894, pp. X-XII).

voulu détailler les révolutions du Ciel, on n'a plus trouvé suffisante assistance dans les axiomes universellement admis de la Physique ; à ces axiomes, on s'est vu forcé d'adjoindre des propositions plus conjecturales ; reçues par un astronome, certaines de ces propositions étaient rejetées par un autre, en sorte qu'il en est issu des systèmes astronomiques divers ; encore, ces différents systèmes astronomiques, tels que le système d'Aristote ou le système d'Al Bitrogi, sont-ils loin de donner une représentation suffisante des mouvements célestes.

Cette exacte représentation des aspects du ciel aux diverses époques a été le seul souci des astronomes qui ont suivi la seconde méthode ; pour parvenir plus sûrement au but qu'ils s'étaient assigné, ils se sont donné pleine et entière liberté dans le choix des hypothèses ; leur objet a été atteint, car ils ont dressé des tables astronomiques suffisamment exactes ; mais il leur a fallu acheter cet heureux résultat au prix de la simplicité et de la vraisemblance de leurs suppositions.

L'une comme l'autre des deux méthodes astronomiques est donc hors d'état de satisfaire les désirs légitimes d'un esprit juste ; l'une part de principes qui jouissent du consentement universel, mais elle demeure impuissante à les conduire jusqu'aux conséquences observables ; l'autre classe et résume avec clarté ces conséquences, mais elle fait appel à des principes dénués de toute vraisemblance ; l'astronome sera plus sensible aux défauts de la première méthode et le métaphysicien plus sévère aux vices de la seconde ; l'un et l'autre, s'ils sont clairvoyants, trouveront, en chacune des deux doctrines astrologiques, des motifs de douter. Il semble bien que ce sentiment ait été celui de Saint Thomas d'Aquin.

Nous avons déjà soupçonné Robert Grosse-Teste d'avoir été tenu en suspens par une semblable hésitation. Cette hésitation, nous la retrouverons bientôt dans l'esprit d'un disciple de Robert Grosse-Teste, d'un contemporain de Saint Thomas d'Aquin, du franciscain Roger Bacon.

IV

UN DISCIPLE D'ALBERT LE GRAND : ULRICH DE STRASBOURG

Il est fort rare que les doctrines professées par Thomas d'Aquin touchant les systèmes astronomiques nous offrent le moindre reflet des doctrines d'Albert le Grand ; ses idées à ce sujet, Thomas ne les a pas empruntées à celui qui fut son maître ; il les a demandées à la lecture des auteurs anciens et à ses propres méditations.

De l'exemple de Thomas d'Aquin, il ne faudrait pas inférer que l'enseignement scientifique d'Albert le Grand eût trouvé peu de retentissement au sein de l'Ordre dominicain ; la vérité, en effet, est toute contraire. Déjà, nous avons vu Vincent de Beauvais enchâsser dans son *Speculum naturale* maint fragment de l'œuvre de son confrère ; nous allons trouver d'autres exemples de l'influence qu'Albert le Grand a exercée, au XIIIe siècle, sur la science astronomique des Dominicains, en étudiant successivement les écrits d'Ulrich de Strasbourg et de Bernard de Trille.

Ulrich, fils d'Engelbert [1] (*Udalricus Engelberti*) ou Ulrich de Strasbourg (*Udalricus de Argentina*) était frère prêcheur.

En 1272, le chapitre général de Florence releva de sa charge le prieur de la province d'Allemagne afin qu'il pût aller enseigner les *Sentences* à Paris ; à ce prieur, le chapitre donna comme successeur Ulrich de Strasbourg.

En 1277, le chapitre général de Bordeaux releva, à son tour, Ulrich de ses fonctions de prieur et le désigna pour enseigner les *Sentences* à Paris ; mais Ulrich mourut en arrivant dans cette dernière ville, avant d'avoir pu inaugurer ses leçons.

Ce dernier renseignement nous est donné, au prologue de sa *Summa confessorum*, par Jean de Fribourg ou de Freiberg (*Johannes de Friburgo*) qui avait été disciple d'Ulrich.

Avant d'être prieur de la province d'Allemagne, Ulrich, au rapport de Jean de Fribourg, enseignait à Strasbourg ; c'est au cours de cet enseignement qu'il composa un volumineux ouvrage en huit livres intitulé : *Tractatus de summo Bono* ou encore : *Summa de Theologia et Philosophia*. Un exemplaire manuscrit de cet ouvrage,

1. Sur ce personnage, voir : Quétif et Échard, *Scriptores ordinis prædicatorum*, t. I, pp. 355-358. — B. Hauréau, *Notice succincte sur Ulrich de Strasbourg* (*Histoire littéraire de la France*, t. XXVI, 1873, p. 575).

qui appartenait à la Bibliothèque de l'ancienne Sorbonne, se trouve aujourd'hui, avec le fonds de cette Bibliothèque, à la Bibliothèque Nationale.

Cet exemplaire remplit deux gros volumes[1] qui avaient été légués à la Sorbonne, en 1469, par Johannes Tinctoris, docteur en théologie de Cologne et ancien membre de la maison de Sorbonne. Nous lisons, en effet, en tête du second volume[2], cette mention :

« *Iste liber est pauperum magistrorum et scolarium collegii Sorbone. in theologica facultate parisius studentium. ex legato magistri johannis tinctoris. doctoris in theologia coloniensis et socii predicte domus de Sorbona qui obiit et suo obitu hoc volumen cum precedente legavit. anno domini 1469.* »

Une mention analogue, bien qu'un peu moins complète, se trouve en tête du premier volume[3].

L'auteur, dans ces manuscrits, est nommé[4] Monseigneur Ulrich de Strasbourg, *Dominus Ulricus de Argentina*. L'ouvrage est intitulé[5] : *Liber de summo Bono*.

Cet exemplaire, d'ailleurs, ne renferme pas l'ouvrage complet. Le second volume prend fin dès le début du cinquième traité du livre VI. Le membre de la maison de Sorbonne qui, en tête des deux volumes, a rappelé le legs fait par Johannes Tinctoris, connaissait, dans sa propre patrie ou dans la patrie d'Ulrich, l'existence d'un exemplaire complet ; ce renseignement, il voulait le laisser à la postérité sous forme d'un vers latin qu'il n'est pas parvenu à mettre sur pieds, comme en témoignent ces essais[6] :

« *Patria autem habet opus perfectum. alleluia. alleluia. alleluia.*
Patria opus.
Patria autem perfectum opus habet. »

Dans sa *Somme*, où l'influence d'Albert le Grand se marque à chaque instant, Ulrich s'exprime en ces termes[7] :

« Ptolémée, dans l'*Almageste*, dit que ce ne sont pas des intelligences qui meuvent les cieux, mais la seule volonté de Dieu. Beaucoup de mathématiciens l'affirment également et, en parti-

1. Bibliothèque Nationale, fonds latin, ms. n° 15900 et n° 15901.
2. Ms. n° 15901, fol. 1, verso.
3. Ms. n° 15900, premier fol., non numéroté, verso.
4. Ms. n° 15901, fol. 2, recto.
5. Ms. n° 15900, fol. 1, col. a.
6. Ms. n° 15901, dernier fol., non paginé, verso.
7. Ulrici de Argentina *Liber de summo Bono*, lib. IV, tract. III, cap. I. Bibl. Nat., fonds latin, ms. n° 15900, fol. 297, col. a.

culier, Alpétragius, en sa *Science des secrets de l'Astronomie*, secrets qu'il affirme lui avoir été révélés. Il dit que tous les cieux sont mûs immédiatement par la vertu de Dieu ; s'ils sont mûs de diverses manières, c'est à cause du degré de leur distance au premier moteur ; car la puissance du premier moteur est plus grande lorsqu'elle agit sur un mobile qui lui est immédiat [que sur un mobile médiat] ; ce mobile immédiat se meut donc plus vite. Alpétragius a donné cette raison des stations et rétrogradations apparentes des astres. Mais il a nié l'existence des excentriques et des épicycles, ainsi que le mouvement des planètes en sens contraire du mouvement premier mobile. »

Ulrich, qui écrit ces lignes, n'a sûrement jamais lu le livre d'Alpétragius auquel il attribue un titre étrangement fantaisiste. Qu'il ait puisé ces renseignements dans les ouvrages d'Albert le Grand, nous en pouvons être convaincus par cette remarque [1] de Saint Denys le Chartreux, qui reproduit le passage précédemment cité : « Ce qu'Ulrich rapporte d'Alpétragius, qu'il affirme avoir eu révélation du secret de l'Astronomie, Albert, en son écrit sur le second livre des *Sentences*, le raconte d'Alfarabi [2] ». Alpétragius, Alpharabius sont noms assez semblables pour que le bon Ulrich les ait confondus ou, mieux, pour que le copiste auquel Ulrich devait l'écrit d'Albert sur les *Sentences* les ait substitués l'un à l'autre.

Comme Albert le Grand, Ulrich de Strasbourg admet qu'il existe dix cieux mobiles. A l'appui de cette opinion, qu'il met au compte de Ptolémée, il n'invoque aucune raison d'Astronomie ; les motifs qui lui font ajouter foi à ce nombre sont ceux qu'Albert exposait en commentant la *Métaphysique* d'Aristote.

« Après que le Philosophe, dit-il [3], eût prouvé que le nombre des moteurs dépend du nombre des mobiles, il n'a pas procédé à une détermination nouvelle du nombre des mobiles ou des moteurs ; il s'est contenté de rapporter l'opinion que professaient à ce sujet les anciens astronomes comme Eudoxe et Leucippe (Calippe)...

1. Divi Dionysii Carthusiani *In Sententiarum librum II Commentarij Locupletissimi*. Venetijs, Sub signo Angeli Raphaelis, MDLXXXIIII. Dist. XIV, quæst. IV, p. 324, col. b.

2. Alberti Magni *Scriptum in secundum librum Sententiarum* — Nous n'avons pu découvrir le passage d'Albert le Grand auquel a trait cette indication de Denys le Chartreux.

3. Ulrici de Argentina *Op. laud.*, lib. I, tract. III, cap. II : De natura intelligentiarum et de numero et principiis earum essentialibus, et qualiter sit composita et hoc aliquid, et qualiter sit ubique et immobilis, et de diffinitionibus ejus et de modo ejus intelligendi. Ms. cit., fol. 302, coll. c et d, et fol. 303, col. a.

» Mais maintenant qu'avec Ptolémée, nous supposons l'existence de dix sphères, nous assignerons le nombre des intelligences en partant de cette proposition que nous avons formulée : Les intelligences et les orbes sont les principes de l'existence des choses ; il faut donc que les différences qui se rencontrent dans l'existence et dans la vie de ces choses aient pour causes les différences des moteurs et les différences des mobiles.

» Or dans cette existence et dans cette vie, nous trouvons quatre différences : Tout d'abord, l'existence absolue (*esse simplex*) qui provient purement et simplement de l'essence ; en second lieu, l'existence déterminée par la matière ; puis celle qui consiste à être quelque chose de déterminé par la grandeur et la figure ; enfin l'existence déterminée par le mélange et la composition des qualités premières.

» La première de ces existences a pour cause le premier moteur ; il est, en effet, essence simple, et son mouvement est, de tous les mouvements, le plus simple ; partant, par sa substance et par son mouvement, il est cause de l'effet le plus simple, c'est-à-dire de l'existence même.

» La cause de la seconde existence, c'est le second moteur. Ce moteur est, tout d'abord, cause du mouvement d'Occident en Orient ; aussi son mobile a-t-il deux mouvements ; le mouvement d'Orient en Occident, causé dans tous les orbes inférieurs par le premier moteur qui se meuve lui-même, puis le mouvement causé par son propre moteur, mouvement qui se fait en sens contraire, d'Occident en Orient.

» Ces deux sphères sont au-dessus de la huitième sphère ; elles sont cachées à notre vue, comme nous le prouverons plus loin [1].

» Par suite de cette contrariété entre les mouvements, chacun des principes de la composition essentielle va au devant de l'autre ; en effet, la composition de l'essence (*esse*) avec la matière ne se ferait pas si l'un des principes composants n'était mû vers l'autre ; il est donc évident que, par sa substance et son mouvement, ce moteur est cause de cette seconde existence.

» Quant à la détermination que la grandeur et la figure vont conférer à ce composé, elle a pour cause le mobile dans lequel se concentrent les premières images, qui sont celles des constellations, et le moteur de ce mobile. Ce mobile, c'est le ciel des étoiles fixes ; aussi, de l'avis de tous les astronomes, est-ce là l'effet de ce ciel.

1. Ulrich n'a pas tenu cette promesse.

» L'existence déterminée par le mélange et la combinaison des qualités premières est causée par les sphères des sept astres errants.

» Dans le mélange, en effet, quatre espèces sont à distinguer.

» En premier lieu, il y a le mélange du sec avec le froid, qui a pour effet de bien tenir la grandeur et la figure ; ce mélange est causé par la sphère de Saturne.

» En second lieu, vient le mélange du froid avec l'humide. Mais ce mélange se fait de deux manières. Ou bien, il est le mélange du sec avec l'humidité élémentaire, avec l'humidité de l'eau ; cette humidité-là est mise en mouvement, elle est induite dans les corps miscibles par la sphère de la Lune ; cela est rendu évident par le fait que la mer flue et reflue suivant le cours de la Lune. Ou bien il est le mélange du sec avec l'humidité complexe qui est la substance de la vie ; cette humeur-là, c'est à la sphère de Vénus qu'il appartient de la mouvoir.

» La troisième espèce qui se rencontre en la mixtion, c'est celle du chaud avec l'humide ; cet humide-là ne peut être que l'humide gazeux (*humidum spirituale*) dont sont faites les espèces vitales ; quant à ce chaud, ce ne peut être la chaleur parfaite (*calidum excellens*), car celle-ci ne se rencontre qu'avec le sec ; c'est une chaleur complexe ; cette mixtion-là a pour moteur la sphère de Jupiter.

» En quatrième lieu, nous trouvons le mélange du chaud avec le sec. Cette chaleur est de deux sortes. Ou bien c'est une chaleur qui émeut la matière en totalité, c'est la chaleur furieuse et brûlante qui a pour moteur la sphère de Mars. Ou bien c'est la chaleur par laquelle la matière, déjà mise en mouvement, est digérée et mûrie ; cette chaleur, c'est la sphère du Soleil qui la meut.

» Puisque ces six astres errants mettent en mouvement les principes de la mixtion, il faut qu'un septième astre ait force pour appliquer ces principes les uns aux autres et les mélanger entre eux. Cette septième planète, c'est Mercure.

» Ainsi donc il n'y a que dix cieux et dix moteurs célestes. »

A ce que nous venons de citer, ajoutons un passage [1] où Ulrich rappelle incidemment « que les étoiles se meuvent du pôle méridional vers le pôle de l'Aquilon d'un degré en cent ans », et nous aurons rapporté, croyons-nous, tout ce qu'on peut trouver d'As-

1. ULRICI DE ARGENTINA *Op. laud.*, lib. IV, tract. II, cap. XIX : De loco, quia est et quid est, et qualiter differencie loci que sunt sursum et deorsum, dextrum et sinistrum, ante et retro, sunt in celo et in mundo, et qualiter scilicet primum celum sit et moveatur in loco, et de ubi, et de vacuo, et de situ. Ms. cit., fol. 268, col. c.

tronomie dans le *Liber de summo Bono*. Il est clair qu'en aucun cas, Ulrich n'a puisé aux sources mêmes ses connaissances astronomiques ; tous les renseignements dont il a eu besoin, il les a empruntés à l'encyclopédie qu'Albert avait composée ; cette vaste exposition des sciences profanes l'a dispensé de recourir aux ouvrages qui, les premiers, avaient traité de ces sciences. Dans l'ordre de Saint Dominique comme au dehors de cet ordre, nombre de philosophes et de théologiens suivaient très certainement l'exemple du frère prêcheur strasbourgeois.

V

UN AUTRE DISCIPLE D'ALBERT LE GRAND : BERNARD DE TRILLE

L'influence de l'enseignement astronomique d'Albert le Grand s'est manifestée pour nous, de la manière la plus nette, dans plusieurs passages du *Liber de summo Bono* composé par Ulrich fils d'Engelbert. Celui-ci n'était pas seul, parmi les Dominicains, à subir cette influence. Nous allons rencontrer maintenant, en la personne de Bernard de Trille, un disciple, presque toujours fidèle, de l'évêque de Ratisbonne, en attendant que Thierry de Freiberg nous présente un adversaire des hypothèses astronomiques proposées par ce maître.

Sous ce titre : JOANNIS PARISIENSIS *Opera*, la Bibliothèque de la ville de Laon possède un manuscrit [1] peu fait pour tenter les bibliophiles; écrit en deux colonnes, sur parchemin grossier, d'une écriture irrégulière et difficile à déchiffrer, il a grandement souffert des injures de l'humidité; cependant, l'un des anciens possesseurs de ce manuscrit y attacha sans doute quelque prix, car il eût soin de noter en quelles circonstances il l'avait acquis ; à la fin du texte [2], il ajouta cette mention : *Liber iste est Michaelis Casse Cancellarii Noviomensis quem emit Avinione ab Episcopo Bethlemitarum Fratre Jo. Vera de anicio.*

Le livre que frère Jean Véra, du Puy-en-Velay (*Anicium*), évêque de Bethléem, avait, en Avignon, vendu à Michel Casse, chancelier de Noyon, est, encore aujourd'hui, précieux pour nous : il contient, en effet, le texte d'un traité d'astronomie dont nous n'avons trouvé, ailleurs, aucune mention.

1. Bibliothèque municipale de Laon, ms. n° 171.
2. Ms. cit, au bas du fol. 104, verso (dernier fol. écrit).

Ce traité débute par une courte préface. L'auteur cite [1] ce texte du livre de Job : « *Numquid nosti ordinem celi et ponere rationem ejus in terra. Job 39* ». Ce texte, il en commente le développement en ces termes : « *Divinorum astrologorum Job preclarissimus Astrologie scientiam cui presens opusculum supponitur quadrupliciter commendat in aliquibus propositis et attollit* ». C'est à l'éloge de l'Astronomie qu'est consacré ce commentaire du texte de Job ; cet éloge est, bien entendu, inspiré par un esprit bien plus hellénique que biblique ; nous en avons pour garant la proposition qui le termine [2] : « Il y a, dans les corps célestes, des raisons et des forces universelles qui, par l'intermédiaire du mouvement, sont appliquées aux choses sublunaires. *Sunt enim in corporibus celestibus rationes et virtutes universales que per motum applicantur inferioribus.* »

Aussitôt après ces lignes, vient le commentaire de l'ouvrage que notre auteur veut exposer ; comme de juste, c'est le commentaire du titre même qui se présente en premier lieu : « *Titulus talis est : Incipit tractatus de sphera editus a Magistro* JOHANNE DE SACRO-BOSCO. »

Au sujet de ce titre, notre auteur développe les considérations suivantes :

« Dans toutes les autres doctrines, on trouve des auteurs principaux et des auteurs secondaires ; les premiers nous exposent la science considérée dans son existence même (*tradunt scientiam quoad esse*) ; les seconds s'occupent seulement de la perfectionner (*quantum ad bene esse*). De même, en cette science-ci, nous trouvons un auteur principal, Ptolémée, puis des auteurs secondaires comme Alfraganus, Thébit et les autres. Le présent traité est, aux écrits de ces auteurs, une introduction et un préambule. En effet, ce que le livre de Donat est pour la Grammaire, le présent traité de Maître Jean l'est pour l'Astronomie (*Astrologia*). »

Ce passage nous apprendrait, si nous ne le savions déjà par ailleurs, que la *Sphère* de Joannes de Sacro-Bosco était le traité élémentaire de Cosmographie usité dans toutes les écoles, le manuel que tous les maîtres commentaient lorsqu'ils voulaient initier leurs élèves à la Science des astres.

L'écrit que nous avons sous les yeux est un commentaire ou, mieux, une suite de questions sur la *Sphère* de Joannes de Sacro-Bosco, questions évidemment composées en vue de l'enseignement.

Du maître qui a rédigé ces questions, quel était le nom ? Nous

1. Ms. cit., fol. 68, col. a.
2. Ms. cit., fol. 69, col. a.

allons le savoir. Après avoir copié une phrase [1] qui appartient à la dernière question, mais n'est pas la dernière de l'ouvrage, le scribe a écrit cette mention : « *Expliciunt questiones de spera edite a magistro* BERNARDO DE TRILIA. »

Une table des questions traitées [2] est suivie [3] de la fin de la dernière question qui se termine par cette invocation [4] :

«... *A centro deferentis solis usque ad celum ad quem nos perducat F. dei benedictus in secula seculorum.* »

Puis, tout aussitôt, nous lisons cette nouvelle mention :

« *Explicit tractatus de spera editus a magistro* BERNARDO DE TRILIA *conventus nem* [*ausi*]. »

Quel personnage était ce *Bernardus de Trilia* du couvent de Nîmes, les PP. Quétif et Échard vont nous le dire [5].

Bernard de Trille était né à Nîmes vers **1240** ; en **1263**, il fut admis comme *alumnus* au couvent des Frères prêcheurs de sa ville natale ; il avait auparavant, à Montpellier peut-être, revêtu la robe dominicaine. Ce fut, dans son Ordre, un personnage éminent, dont le nom revient souvent au cours des délibérations des chapitres généraux ou provinciaux.

En **1266**, le chapitre provincial de Limoges confie à Bernard de Trille la seconde chaire de Théologie au gymnase général de Montpellier ; en **1267**, le chapitre provincial de Carcassonne le transfère dans la même chaire en Avignon. Frère Bernard dut alors, sans doute, passer deux ou trois ans à Paris, afin d'y poursuivre l'étude et l'enseignement de la Théologie ; après ce stage, prescrit par les règlements de l'Ordre, le chapitre provincial de Castres le nomme second définiteur de sa province. De **1280** à **1282**, nous le trouvons à Paris, où il donne des lectures sur les *Sentences*. En **1288**, le chapitre général de Lucques nomme Bernard de Trille définiteur de la province de Toulouse ; en **1290**, pendant l'absence du prieur provincial, le chapitre général de Pamiers confie au dominicain nîmois le vicariat de sa province ; en **1291**, au chapitre général de Palencia, nous le voyons renommé définiteur de la province de Toulouse, et confirmé dans la dignité de supérieur provincial ; mais en **1292**, au chapitre général de Rome, il est destitué pour avoir trop vivement défendu le maître général Munio, révoqué par le pape Nicolas IV.

1. *Et talem umbram projicit terra in oppositum Solis.* (Ms. cit. fol. 98, col a).
2. *Incipiunt tituli questionum lectionis prime (loc. cit.).*
3. Ms. cit., fol. 98, col. c.
4. Ms. cit., fol. 99, col. b.
5. QUÉTIF et ÉCHARD, *Scriptores ordinis prædicatorum*, t. I, pp. 432-433.

Bernard de Trille mourut en Avignon le 4 août de cette même année 1292 ; il fut enseveli à Nîmes, dans l'église des Dominicains.

Bernard de Trille a beaucoup écrit ; parmi les ouvrages sortis de sa plume et que mentionnent les PP. Quétif et Échard, on peut relever des commentaires (*postillæ*) sur divers livres saints, des leçons sur les *Sentences*, et plusieurs opuscules qui ont pour objets les questions philosophiques les plus ardemment controversées au temps de Saint Thomas d'Aquin et à la fin du XIIIe siècle ; tels sont les traités intitulés : *De cognitione animæ conjunctæ corpori, De cognitione animæ separatæ, De distinctione esse et essentiæ*. Des *Questions sur le traité de la sphère*, que nous allons maintenant étudier, les PP. Quétif et Échard n'ont pas eu connaissance.

Parmi les questions que ce traité pose et résout, il en est beaucoup qui ont l'Astrologie pour objet ; nous les laisserons de côté. D'autres ont trait à divers sujets de Physique ou de Métaphysique ; nous les retrouverons aux moments où ces sujets s'offriront successivement à notre examen. Maintenant, nous nous attacherons seulement à rechercher ce que Bernard de Trille a pensé des deux problèmes qui préoccupaient surtout les astronomes de son temps. Le premier de ces problèmes peut se formuler ainsi : Faut-il, au ciel, mettre des excentriques et des épicycles ? Au second, convient cet énoncé : Comment doit-on rendre compte des mouvements des étoiles fixes ?

Par suite du plan défectueux que Bernard a suivi en composant ses questions sur la *Sphère*, chacun de ces deux problèmes s'y trouve examiné à deux reprises.

La première leçon de l'opuscule de Joannes de Sacro-Bosco fournit à Bernard l'occasion de poser les problèmes suivants[1] :

Du nombre des cieux ;

De leur mouvement ;

De leur genre et de leur nature.

Le premier problème : Du nombre des cieux, est lui-même subdivisé en six questions qui sont ainsi formulées :

« Quel est le nombre des spères célestes ?...

» Toutes les sphères célestes sont-elles contiguës, de telle sorte qu'il n'y ait, entre elles, aucun intermédiaire ?

» Sont-elles toutes concentriques ?

» Sont-elles uniformément profondes, c'est-à-dire sont-elles d'épaisseur uniforme ?

1. Ms. cit., fol. 69, col. a.

» Sont-elles de nature diaphane ?

» Enfin bornent-elles la vue ? »

« A la seconde question, dit notre auteur[1], nous répondrons qu'il y a, à cet égard, deux opinions.

» Certains ont nié les excentriques et les épicycles. De même qu'en la région des éléments, les sphères sont contiguës les unes aux autres sans aucun corps intermédiaire, de même, supposent-ils qu'en la région éthérée, toutes les sphères sont contiguës sans aucun corps intermédiaire.

» Mais cette supposition ne peut tenir ; l'observation géométrique a reconnu, en effet, qu'une même planète se trouve tantôt plus haut [au-dessus de la Terre], et tantôt plus bas ; comme la planète n'a que le mouvement circulaire et point de mouvement rectiligne, cela ne se pourrait comprendre hors de l'excentricité des cercles et de l'hypothèse des épicycles.

» Aussi d'autres personnes disent-elles qu'il y a, entre les sphères ou orbes, un corps intermédiaire, dont la nature est génériquement la même que celle de ces sphères ou orbes ; les corps des planètes, assurent-elles, se meuvent au sein de ce corps intermédiaire, et c'est en lui que se produisent les élévations ou les dépressions de ces astres.

» Mais entre ces personnes se rencontre une diversité d'avis.

» Certaines disent que les planètes, en passant au travers de ce corps intermédiaire, ne le divisent pas ; le corps céleste, en effet, n'est pas divisible ; les astres le traversent sans aucune division, comme la lumière traverse l'air. Cela, disent-ils, convient aux corps célestes à cause de leur nature qui est celle d'une forme (*propter formalitatem*). Si on leur objecte que deux corps ne sauraient, par voie naturelle, être en même temps dans un même lieu, ils répondent que cela est vrai des corps inférieurs qui sont grossiers et chargés de matière corporelle, et que cela est vrai surtout des corps naturels[2].

» Mais cela est impossible ; cette nature formelle n'empêche pas ces corps d'avoir de véritables dimensions, car celles-ci accompagnent tout corps ; or, de l'avis du Philosophe, des dimensions diverses ne se souffrent pas les unes les autres un même lieu. Ce qui est dit de la lumière ne s'applique pas à ce qui est en ques-

1. Ms. cit., fol. 70, coll. a et b.

2. Certains néo-platoniciens remplissaient tout l'espace d'un corps, conçu à l'image de la χώρα dont parle le *Timée*, et dont les propriétés étaient exactement celles que Bernard prête ici au corps intermédiaire ; Syrianus, par exemple, a émis des idées qui conduiraient aisément à la théorie exposée par notre auteur. — Voir : Première partie, Ch. V, § XV, t. I, pp. 336-337.

tion, car la lumière n'est pas un corps ; c'est seulement une qualité, dérivée du corps lumineux, qui réside dans le milieu diaphane, comme la chaleur est une qualité dérivée du corps qui échauffe. Quant à ce qui est dit du corps céleste, qu'il n'est point divisible, cela est vrai du corps des sphères ou orbes.

» D'autres personnes prétendent donc que ce corps intermédiaire est compressible et dilatable, de telle manière que l'espace compris entre les cercles ou orbes des planètes soit toujours plein ; ce corps cède passage au corps de la planète qui est plus condensé et plus solide. Si l'on objecte que la rareté et la densité sont des propriétés de la matière élémentaire et non point de la cinquième essence, on répondra que lorsque l'on emploie ces mots, d'une part, pour les corps inférieurs et, d'autre part, pour les corps supérieurs, on en use par homonymie (*æquivoce*) ; au sein des corps inférieurs, ces qualités résultent des qualités premières, du chaud, auquel il appartient de raréfier, et du froid, auquel il appartient de condenser ; au sein des corps supérieurs, au contraire, elles proviennent uniquement de la subtilité ou de la densité plus grande ou plus petite des différentes parties du ciel, subtilité ou densité qui, à l'égard du mouvement des corps supérieurs, produit les effets qui ont été supposés.

» Cette opinion paraît, de toutes, la plus probable, et cela pour deux raisons.

» Tout d'abord, elle est celle que professent des hommes éprouvés en Philosophie, comme Avicenne, en sa *Sufficientia cœli et mundi*, et le sage philosophe Thébith, dans le livre qu'il a composé *Sur le mouvement des sphères*.

» En second lieu, elle se peut prouver d'une manière démonstrative, si l'on suppose l'excentricité des cercles des planètes, qu'admettent presque tous les astronomes. »

Bernard reproduit alors [1], avec d'insignifiantes variantes verbales, un raisonnement qu'Albert le Grand avait exposé [2]. Chaque planète est contenue dans un orbe dont les deux surfaces limites sont sphériques, concentriques entre elles, mais excentriques au Monde. L'espace compris entre deux de ces orbes successifs ne peut être rempli par un solide indéformable, car l'auge de l'orbe inférieur, par exemple ne demeure pas toujours vis-à-vis du même point de l'orbe supérieur.

Pour que cette démonstration soit concluante, il faut que le mouvement de l'auge ou apogée ne soit pas le même pour toutes

1. Ms. cit., fol. 70, coll. b et c.
2. ALBERTI MAGNI *De Cœlo et Mundo* lib. I, tract I, cap. XI.

les planètes. Albert le Grand avait négligé de faire cette remarque et, par là, son raisonnement prêtait à objection. Son disciple prend soin de se mettre en garde contre cette objection ; il nous rappelle que « selon certains astronomes, le [centre du] cercle de chacune des planètes se meut sur un petit cercle décrit autour de la Terre ; quelques astronomes, cependant, n'accordent pas qu'il en soit ainsi pour toutes les planètes ; ils l'accordent seulement pour certaines d'entre elles. » On sait, en effet, que Ptolémée avait reconnu à la Lune et à Mercure un mouvement propre de l'apogée, qu'Al Zarkali avait étendu cette observation au Soleil. La correction apportée par Bernard au raisonnement d'Albert lui vient donc rendre très heureusement la force démonstrative qu'on eût été en droit de lui contester.

Jusqu'ici, Bernard a paru, à la suite de son maître, adopter l'hypothèse des excentriques et des épicycles « que presque tous les astronomes admettent ». Son opinion semble plus hésitante lorsqu'il examine, trop sommairement, d'ailleurs, la troisième question[1] : Toutes les sphères célestes sont-elles concentriques ?

« Nous devons répondre, dit-il, qu'il y a, à ce sujet, trois opinions différentes.

» La première est celle des physiciens ; ceux-ci supposent que toutes les sphères sont concentriques ; ils nient les excentriques et les épicycles. A leur avis, de même que la région des éléments se divise en sphères concentriques, de même en est-il de la région éthérée ou céleste.

» Mais voici qui semble contraire à cette opinion : L'observation géométrique a reconnu qu'une même planète tantôt s'éloigne de la Terre et tantôt s'abaisse vers elle ; cela ne se peut entendre si l'on ne confère pas l'excentricité aux cercles [déférents] et si l'on n'admet pas les épicycles, car une planète a le mouvement circulaire et non pas le mouvement rectiligne.

» La seconde opinion est celle des mathématiciens. Ils admettent que les sept sphères des planètes sont excentriques, tandis que les autres sphères, aussi bien celles qui se trouvent au-dessus des sphères planétaires que celles qui se trouvent au-dessous, sont concentriques à la Terre. De l'avis de tous, en effet, les trois sphères des éléments et les trois sphères célestes les plus élevées sont concentriques ; mais les sphères intermédiaires, celles des astres errants, sont excentriques à la Terre. Tous s'accordent à reconnaître que le cercle des signes, qui est dans la huitième

1. Ms. cit., fol. 70, coll. b et c.

sphère, est concentrique à la Terre; c'est pourquoi la Terre est appelée par le Philosophe : centre du ciel étoilé. Ainsi donc, selon ces mathématiciens, entre les sphères concentriques des trois éléments et les sphères concentriques des trois cieux les plus élevés, se trouvent les sept sphères des sept astres errants, sphères qui sont excentriques, en vue de l'élévation et de l'abaissement qui sont nécessaires pour produire la diversité d'aspect de chacun de ces astres. Mais, selon cette supposition, ces sphères ne seraient pas, partout, d'uniforme épaisseur.

» La troisième opinion est intermédiaire entre celle des physiciens et celle des mathématiciens; les tenants de cette opinion supposent que toutes les sphères, tant supérieures qu'inférieures, sont concentriques, mais que les cercles déférents des astres errants sont excentriques, pour la cause qui a été dite et pour celle que nous dirons plus loin. »

Qu'est-ce que Bernard entend désigner au juste par cette troisième opinion? Est-ce l'opinion des *Hypothèses des astres errants* et d'Ibn al Haitham, qui commençait alors à se répandre dans les écoles et que, dès 1267, dans son *Opus tertium*, Bacon avait exposée et discutée, comme nous le verrons au prochain chapitre? Cette supposition n'aurait rien d'invraisemblable; mais notre auteur définit trop sommairement ce qu'il appelle la troisième opinion pour que nous osions porter une affirmation catégorique.

Quoi qu'il en soit, nous pourrions nous attendre, à la suite de la discussion que nous venons de reproduire, à ce que Bernard de Trille, tout en hésitant peut-être entre les deux dernières opinions, rejetât résolument la première; nous sommes donc quelque peu surpris de l'entendre conclure en ces termes :

« De ces trois opinions, quelle est la plus vraie? Cela n'a, jusqu'ici, rien d'assuré. Chacune d'elles est seulement possible. »

En un autre endroit de son traité, Bernard revient au sujet dont il vient d'être question, et son adhésion va, cette fois, d'une manière plus assurée, au système de Ptolémée.

La dixième leçon sur la *Sphère* donne occasion [1] à notre auteur « de s'enquérir de trois choses :

» Du mouvement des planètes;

» Du mouvement des étoiles fixes;

» Du mouvement des sphères. »

1. Ms. cit., fol. 92, coll. a et b.

« Au sujet du premier problème, dit-il, deux questions se posent :

» Premièrement, les planètes se meuvent-elles d'un mouvement propre ?

» Il semble que non ; il est impossible, en effet, qu'un seul et même corps, qui demeure toujours en semblable état, se meuve de mouvements divers ; mais les astres errants, entraînés par le firmament, se meuvent déjà d'Orient en Occident ; il est donc impossible qu'ils se meuvent, en même temps, de mouvement propre, en sens contraire, c'est-à-dire d'Occident en Orient.

» En outre, si l'astre errant se meut de mouvement propre, il faut que le lieu que le corps de cette planète va venir occuper soit un lieu plein ; sinon, il faudrait accorder l'existence du vide. Si ce lieu est plein, ou bien le corps qui le remplit cède sa place à l'astre, ou bien non. S'il cède sa place, il y a scission au sein du corps céleste. S'il ne la cède pas, il y aura deux corps en un même lieu. Ces deux conclusions sont, l'une et l'autre, absurdes.

» A l'encontre de ce qui vient d'être exposé, va ce que l'auteur [Joannes de Sacro-Bosco] dit dans le texte.

» A côté de cette question s'en pose une autre : Est-ce que toutes les planètes se meuvent de mouvement uniforme ?

» Nous répondrons à la première question qu'il y a deux opinions au sujet du mouvement des planètes. La première est celle de Ptolémée et de tous les astronomes. La seconde est celle d'Aristote et de tous les physiciens.

» Ptolémée et tous les mathématiciens admettent, d'une manière générale, que chaque astre errant se meut de deux mouvements. Le premier est un mouvement propre, qu'il a par lui-même, et qui s'accomplit d'Occident en Orient ; ainsi en serait-il d'une fourmi qui, sur une roue, marcherait en sens contraire du mouvement de la roue ; ce mouvement est dit mouvement oblique. Le second est un mouvement par accident, que le firmament produit par entraînement ; il est dirigé d'Orient en Occident et se nomme mouvement droit.

» Aristote, au contraire, et tous les physiciens supposent que chaque planète ne se meut que d'un seul mouvement, qui est un mouvement par accident, dû à l'entraînement du firmament ; ainsi se meut le clou fiché dans une roue. Si l'on observe, en ce mouvement, des stations, des rétrogradations et autres choses de ce genre, cela est dû, selon ces physiciens, à la diversité des cercles et des mouvements ; il arrive, en effet, que tel cercle se meut plus vite que tel autre, que tantôt il le précède et tantôt le suit. »

C'est évidemment au système d'Al Bitrogi, et non pas au système du Stagirite, que s'applique cette trop courte description de « l'opinion admise par Aristote et par tous les physiciens. »

« Mais, poursuit notre auteur, on a reconnu à l'aide des instruments qu'une même planète se trouve tantôt plus bas et tantôt plus haut, ce qui ne dépend pas du mouvement diurne qui est toujours uniforme. La thèse des mathématiciens est donc regardée comme plus exacte ; elle est plus communément soutenue, et par les meilleurs (*Ideo positio mathematicorum verior reputatur et communius a melioribus tenetur.*) »

Bernard n'hésite plus, dès lors, à suivre Ptolémée et les mathématiciens dans les explications qu'ils donnent des diverses inégalités des mouvements planétaires.

La discussion des divers systèmes astronomiques n'est menée par Bernard de Trille ni avec force détails ni avec grande profondeur ; elle ne laisse cependant pas d'être instructive.

Elle nous montre, d'abord, qu'au temps où Bernard écrivait, le système des sphères homocentriques ne trouvait plus guère de partisans ; le système de Ptolémée était communément admis, et les meilleurs s'y étaient ralliés.

Ce qui avait ôté toute confiance au système des physiciens, c'est la certitude, acquise par l'observation, qu'une même planète ne demeure pas toujours à la même distance de la Terre. A l'encontre de ce fait, dûment constaté, tous les arguments du Péripatétisme n'avaient pu tenir.

A la constitution que le Péripatétisme attribuait aux sphères célestes, quelle constitution convenait-il de substituer ? A ce sujet, les avis n'étaient point, semble-t-il, fermement arrêtés. L'hypothèse de sphères déférentes solides, excentriques au Monde, séparées les unes des autres par un milieu fluide, est celle qui paraît avoir le plus vivement, alors, séduit les esprits. Des agencements d'orbes solides imaginés par Ptolémée, dans ses *Hypothèses des astres errants*, repris par Ibn al Haitham dans son *Résumé d'astronomie*, la connaissance n'était pas, croyons-nous, fort répandue ; en tous cas, ces mécanismes n'avaient pas encore la vogue dont ils allaient, bientôt, devenir l'objet.

Bernard de Trille est disciple d'Albert le Grand ; il se montre disciple fidèle, et particulièrement bien inspiré, dans ce qu'il dit du mouvement des étoiles fixes.

Après quelques hésitations, dont nous avons retracé les phases, Albert le Grand était arrivé à formuler nettement les hypothèses qu'il proposait pour rendre compte de ce mouvement.

Au-dessus de la sphère des étoiles fixes, il mettait deux sphères sans astre, la neuvième et la dixième. La huitième sphère avait pour mouvement propre, à son gré, le mouvement d'accès et de recès. Le mouvement propre de la neuvième sphère était une rotation, continuellement dirigée d'Occident en Orient, autour des pôles de l'écliptique. Enfin la dixième sphère était le premier mobile, animé du mouvement diurne. Les mouvements de ces deux dernières sphères se transmettaient, d'ailleurs, à la huitième sphère et se composaient avec le mouvement propre de celle-ci.

Cette hypothèse est identique à celle que les auteurs de la version latine des *Tables Alphonsines* admettaient vers le même temps.

C'est en faveur de cette hypothèse que Bernard de Trille va se prononcer nettement, et à plusieurs reprises ; il aura soin, d'ailleurs, d'en attribuer la paternité à Albert le Grand.

Nous avons dit qu'en sa première leçon sur la *Sphère*, il examinait successivement trois sujets : Le nombre des cieux, leur mouvement, enfin leur genre et leur nature. Le premier sujet donnait lieu à six questions dont la première était ainsi libellée [1] :

« En quel nombre les sphères sont-elles ? Il semble qu'il y en ait seulement huit, car, en plusieurs endroits, le Philosophe donne à la sphère des étoiles fixes le nom de sphère ultime. Il semble même qu'il y en ait seulement sept, car Rhaban Maur n'en admet pas davantage.

» A l'encontre de ces opinions s'oppose ce qui est dit dans le texte. »

A cette question, voici comment répond notre auteur :

« Il y a, à ce sujet, des opinions multiples.

» Certains n'ont admis qu'un ciel unique ; ils ont assuré qu'un seul corps continu s'étendait depuis la surface convexe du ciel ultime jusqu'à la surface concave de l'orbe de la Lune. Il est vrai que dans l'Écriture Sainte, on rencontre, à plusieurs reprises, l'expression *cæli cælorum* ; mais, selon Saint Jean Chrysostome, qui semble avoir adopté l'opinion dont nous parlons, cette manière de parler tient à une particularité de la langue hébraïque, en laquelle le mot ciel ne se peut ordinairement exprimer qu'au pluriel ; de même, en Latin, trouve-t-on plusieurs noms qui manquent de singulier.

» Mais cette opinion ne se peut soutenir. Sur un même centre, et par l'effet d'un même moteur, un corps continu unique ne peut

1. Ms. cit., fol. 69, coll. a, b, c, d.

se mouvoir à la fois en des sens contraires. Or, nous voyons les sphères inférieures se mouvoir en sens contraire du mouvement diurne, qui est le mouvement de la sphère ultime. On ne saurait donc éviter qu'il n'y ait, dans la masse du cinquième corps, distinction entre les sphères diverses, comme il y a distinction entre les éléments au sein de la masse élémentaire. Quant à Saint Jean Chrysostome, il considère le ciel au point de vue de la nature commune qui convient, à la fois, à toutes les sphères.

» D'autres alors, dont le dernier a été Moïse [Maïmonide] l'Égyptien, ont dit qu'il y avait autant de sphères que d'étoiles ; de même qu'une sphère correspond à chaque planète, ainsi en est-il pour chaque étoile fixe.

» Mais il ne paraît pas que cette thèse puisse, elle non plus, se soutenir. Les étoiles qui paraissent fixées à une même surface concave doivent, semble-t-il, se trouver au sein d'une même sphère, car une même surface ne peut appartenir à plusieurs corps. Or, les étoiles fixes se trouvent toutes en une même surface ; il faut donc qu'elles soient toutes en une même sphère. D'ailleurs, si les diverses étoiles étaient en des sphères différentes, elles ne conserveraient pas des configurations et des aspects immuables ; elles feraient comme les planètes qui ne demeurent pas toujours dans la même situation les unes par rapport aux autres ; or cela est évidemment faux

» D'autres personnes ont admis seulement huit sphères ; elles ont dit que le firmament était la dernière ; les sens, en effet, ne perçoivent rien au delà de la sphère des étoiles fixes. Cette thèse fut celle de tous les philosophes de l'Antiquité jusqu'au temps de Ptolémée.

» Mais cette thèse ne se peut soutenir. Bien qu'au delà de la huitième sphère, aucune autre sphère ne se laisse percevoir, elle se laisse, cependant, saisir par le raisonnement, à partir des effets que le sens perçoit.

» D'un seul moteur simple, en tant que tel, ne peut résulter qu'un seul mouvement ; on en déduit, par réduction à l'absurde, que si un mobile n'est pas mû seulement d'un mouvement unique et simple, il n'est pas le premier mobile mû par le premier moteur. Or, dans la sphère des étoiles fixes, les savants ont reconnu trois mouvements différents. Le premier est le mouvement diurne qui se fait d'Orient en Occident autour des pôles du Monde et s'achève en vingt-quatre heures. Le second est le mouvement que les étoiles fixes font d'Occident en Orient, c'est-à-dire en sens contraire du précédent ; il parcourt un degré en cent ans et est complet au bout de 36.000 ans. Le troisième est le mouvement d'accès et de recès ; selon Albatégni, avec qui les astronomes les plus experts sont d'accord, il parcourt un degré en 88 ans[1] ; ce dernier mouvement, comme on le dira plus loin, est le mouvement des constellations des douze signes ; on le nomme mouvement d'accès et de recès parce que, dit-on, la tête du Bélier et la tête de la Balance s'écartent chacune de l'équateur, tantôt vers le Midi et tantôt vers le Nord, en décrivant un petit cercle dont le centre est sur l'équateur, et dont le rayon est de 11° environ. Le Philosophe semble faire mention de ces trois mouvements à la fin du traité *Des propriétés des éléments*. Il est donc manifeste que la huitième sphère n'est pas le premier mobile et qu'il nous faut chercher quelque chose au-dessus d'elle.

» Voilà pourquoi Alpetras Abuxat[2], guidé par la susdite raison, a supposé neuf sphères.

» Mais le nombre de sphères qu'il a supposé n'est pas encore suffisant. En effet, il résulte bien du raisonnement précédent qu'il y a plus de huit sphères ; mais il n'en résulte pas qu'il y en ait seulement neuf ; bien plus, on en conclut qu'il y en a plus de neuf. Des trois mouvements considérés, le dernier seul est propre à la huitième sphère ; dès lors, les deux autres se doivent attribuer à un moteur plus élevé ; mais comme ils sont opposés l'un à l'autre, ils ne peuvent être réduits à provenir d'un seul moteur ; le raisonnement nous amène donc à placer, au-dessus de la sphère des étoiles fixes, deux autres sphères mobiles ; au moteur de l'une d'elles se ramène, à titre de mouvement propre, le mouvement oblique ; au moteur de l'autre se rapporte le mouvement diurne.

» D'autres astronomes, donc, comme Ptolémée et ceux qui suivent son parti, prétendent qu'il y a dix sphères ou orbes célestes ; les savants regardent cette opinion comme plus probable que les autres, et cela pour deux raisons.

» En premier lieu, toutes les fois qu'en des êtres multiples, se trouve une chose qui y présente la même nature (*ratio*), cette chose est, en tous, en vertu d'un principe unique qui est la cause de tous ces êtres-là. Ainsi la chaleur du feu est la cause unique par laquelle tous les corps chauds sont chauds. Or, en chacun des huit orbes inférieurs, on trouve deux mouvements qui sont, en tous, de même nature (*ratio*) ; l'un de ces deux mouvements se

1. On remarquera que Bernard de Trille prête à Al Battani une opinion toute différente de celle qu'il a soutenue ; c'est d'Albert le Grand qu'il tient cette indication erronée — *Vide supra*, p. 340.

2. Ibn al Petraus abou Ysak, c'est-à-dire Al Bitrogi.

fait sur les pôles du Monde, et l'autre sur les pôles du cercle zodiacal ou de l'orbe des signes ; il faut donc que chacun de ces deux mouvements existe en quelque orbe supérieur ; ainsi, avant l'orbe des étoiles fixes, il faut, d'une manière nécessaire, qu'il en existe deux autres ; au premier de ces deux orbes, les astronomes rapportent le mouvement diurne ; au second, le mouvement oblique. »

Cette première raison est une adaptation de l'hypothèse qu'Albert le Grand avait empruntée à Masciallah et au pseudo-Nicolas.

« Voici la seconde raison : Selon ce que dit le Philosophe au livre *Des animaux*, la nature ne va jamais d'un extrême à l'autre sans passer par les intermédiaires ; en sorte que la nature ne saute point de ce qui a un seul mouvement à ce qui en a trois, si ce n'est en passant par ce qui a deux mouvements. Partant, au-dessus de la sphère des étoiles fixes qui a trois mouvements, il en faut placer deux, dont la première, celle qui lui est immédiatement contiguë, ait deux mouvements, et dont la dernière n'ait plus qu'un mouvement. »

L'enseignement que Bernard vient de donner se trouve complété en deux autres endroits, et cela suivant deux sens différents.

Le quatrième problème formulé à propos de la première leçon est celui du mouvement des cieux. Il est, pour Bernard, l'occasion de reprendre des considérations qu'Aristote avait inspirées, que Michel Scot et Albert le Grand avaient développées en les modifiant différemment selon la diversité de leurs théories astronomiques particulières. Ces considérations, Bernard les transforme à son tour, afin d'y introduire, en même temps, les dix cieux mobiles admis par Albert le Grand, et l'Empyrée immobile auquel croyait Michel Scot.

« Voici, écrit-il[1], ce qu'il faut dire à propos du quatrième sujet :

» Selon ce qu'enseigne le Philosophe au second livre *Du Ciel et du Monde*, parmi les choses, celles qui forment le Monde inférieur ne peuvent atteindre la parfaite bonté ; elles peuvent seulement, à l'aide de mouvements peu nombreux, atteindre une bonté imparfaite. Les choses, au contraire, qui se trouvent au-dessus de celles-là atteignent à la parfaite bonté, mais par des mouvements multiples. Puis, plus haut encore, viennent les choses qui acquiè-

1. Ms. cit., fol. 72, coll. b, c et d.

rent la bonté parfaite à l'aide d'un petit nombre de mouvements. Enfin, la plus haute perfection se rencontre dans les choses qui, sans mouvement, possèdent la parfaite bonté.

» Ces quatre degrés, nous les retrouvons en toutes choses, soit du côté des formes et perfections accidentelles, soit du côté des formes substantielles.

» Nous les trouvons du côté des accidents. Cet homme, par exemple, est, au degré le plus infime, disposé à recevoir la santé, qui ne peut se procurer une santé parfaite, mais qui, à l'aide d'un petit nombre de remèdes, obtient une modique santé ; celui-ci a, pour la santé, une meilleure disposition qui peut acquérir une santé parfaite, bien qu'en usant d'un grand nombre de remèdes ; mieux encore est disposé celui qui obtient cette santé parfaite par un petit nombre de remèdes ; mais celui-là possède la disposition la meilleure qui, sans aucun remède, jouit d'une parfaite santé.

» Nous les trouvons du côté des formes et perfections substantielles, dans le genre des formes, par exemple. Les formes matérielles occupent le degré infime de la perfection, car elles ne peuvent acquérir la bonté parfaite ; elles atteignent seulement une certaine bonté particulière et diminuée, à l'aide d'un petit nombre d'opérations et de forces. Plus parfaites que celles-là sont les formes rationnelles ; par leur nature, elles sont aptes à atteindre la bonté parfaite et universelle, la béatitude première, mais, toutefois, par des opérations multiples tant de la nature que de la grâce. Plus parfaites encore que ces dernières sont les formes intellectuelles qui acquièrent une bonté aussi grande, et cela par un petit nombre d'opérations et de forces. Mais la plus parfaite de toutes les formes est la nature divine qui, sans aucun mouvement, possède, par essence, la bonté parfaite.

» Il en résulte que, dans l'ordre des cieux, on peut également assigner ces quatre degrés.

» Les orbes des astres errants, qui sont les moins élevés, ne peuvent acquérir la bonté parfaite, parce qu'ils sont éloignés du premier orbe et rapprochés de la Terre ; ils acquièrent seulement une certaine bonté diminuée, mais ils l'acquièrent par un petit nombre d'opérations et de vertus ; aussi n'ont-ils que peu d'étoiles et leurs diverses parties diffèrent-elles peu les unes des autres.

» Plus élevé et plus noble est l'orbe des constellations formées par les étoiles fixes ; il atteint à la parfaite bonté, bien qu'en usant d'opérations et de vertus multiples ; c'est pourquoi il a beaucoup d'étoiles, c'est pourquoi ses parties offrent une grande diversité.

» Plus élevés et plus nobles encore que tous ces orbes, sont le ciel cristallin et la dixième sphère ; ces deux orbes atteignent la bonté parfaite au moyen d'un petit nombre de mouvements, savoir le mouvement oblique et le mouvement diurne ; chacun d'eux a, sur les diverses choses, un effet unique et simultané (*reddendo singula simul*) ; ils n'ont donc pas besoin de porter d'étoiles ni d'avoir des parties qui diffèrent les unes des autres.

» Enfin, plus élevé, plus noble que tous les autres cieux, est le ciel Empyrée, qui est le lieu des bienheureux ; la bonté parfaite, il la possède sans aucun mouvement, sans aucune diversité.

» Ces raisons, le Philosophe paraît en toucher quelques mots à la fin du second livre *Du Ciel et du Monde*. »

Aristote, en effet, avait invoqué des raisons de convenance analogues pour expliquer comment les sphères célestes inférieures portent un seul astre et se meuvent de mouvements complexes, tandis que la sphère des étoiles fixes compte une multitude d'astres et se meut d'un mouvement simple. Ces raisons, Michel Scot, Albert le Grand, Bernard de Trille les ont, successivement, assouplies et distendues pour les accommoder aux théories astronomiques, différentes les unes aux autres, qu'ils professaient. N'est-ce pas le propre de ces raisons d'ordre et de convenance, de se prêter ainsi à toutes les doctrines qu'on en veut revêtir ? La science du Moyen Age se laissait volontiers séduire par ces sortes de considérations, sans remarquer que leur extrême souplesse suffirait à les priver de toute force démonstrative. Il est vrai qu'elles semblent compenser par leur poétique beauté la rigueur logique qui leur fait défaut.

Plus positives et mieux nourries des enseignements précis de l'Astronomie sont les réflexions qu'en sa dixième leçon, Bernard développe au sujet du mouvement des étoiles fixes ; des trois problèmes auxquels cette leçon est consacrée, c'est, on s'en souvient, le second.

« A ce sujet, dit-il[1], deux questions seront posées :

» En premier lieu, les étoiles fixes se meuvent-elles ? Il semble que non. Le Philosophe dit, en effet, qu'elles ne se meuvent pas par elles-mêmes : qu'elles demeurent en repos, fixement attachées à leur orbe avec lequel elles se meuvent. En outre, Isidore dit que les étoiles (*stellæ*) sont ainsi nommées de *stando*, car elles demeurent toujours fixes dans le ciel.

» En faveur de l'opinion contraire sont ce que dit Ptolémée et

1. Ms. cit., fol. 92, col. d, et fol. 93, coll. a, b, c et d.

aussi ce que dit Alfraganus. Celui-ci tient de celui-là que les étoiles fixes se meuvent, en sens contraire du firmament, d'un mouvement très lent, différent du mouvement diurne, et qui est d'un degré en cent ans.

» En outre, nous nous demanderons si les étoiles fixes ont des épicycles sur lesquels elles se meuvent.

» A la première question, nous devons répondre qu'il y a sur ce point deux opinions.

» Quelques-uns disent, avec le Philosophe, que les étoiles de la huitième sphère ne se meuvent d'aucun mouvement propre, qu'elles se meuvent seulement par accident, par l'effet du mouvement de leur orbe. »

Cette première opinion n'est pas conciliable avec les observations astronomiques.

« Aussi y a-t-il une autre thèse, qui est celle des mathématiciens, selon laquelle les étoiles fixes se meuvent de mouvement propre, en changeant de situation », et non pas simplement, donc, en tournant sur elles-mêmes.

« Mais les mathématiciens, à leur tour, sont divisés. Les uns, comme Ptolémée et ceux qui le suivent, disent qu'elles se meuvent seulement en longitude, de l'Occident vers l'Orient. D'autres, comme Thébith et ceux qui le suivent, prétendent qu'elles ont un mouvement en latitude qui les approche et les éloigne alternativement de l'écliptique[1]. Quelques-uns, enfin, s'accordent à la fois avec les premiers et avec les seconds, et disent que les étoiles se meuvent simultanément de ces deux mouvements; c'est ce qu'Albert paraît trouver exact.

» Au livre de l'*Almageste*, Ptolémée suppose que toutes les étoiles, ainsi que les auges des planètes, se meuvent sur les pôles du Zodiaque, à l'encontre du mouvement du firmament, [d'un degré en cent ans]; comme un signe compte trente degrés, elles parcourent un signe en trois mille ans; et comme il y a douze signes, il arrivera qu'en trente-six mille ans, les étoiles fixes achèveront de décrire leur cercle au firmament; c'est là cette Grande Année dont les philosophes ont parlé. De là, Ptolémée a conclu[2] que l'auge du Soleil, qui se trouve à présent dans les signes septentrionaux du Zodiaque, arriverait un jour dans les signes méridionaux; la région aujourd'hui inhabitée deviendra

1. Le texte dit : l'équateur.

2. Ptolémée, qui croyait l'apogée solaire animé du seul mouvement diurne, ne professait pas cette opinion ; notre auteur ne l'emprunte pas à l'*Almageste*, mais au traité d'Al Fergani.

habitable, comme on le voit évidemment par ce qui a été dit précédemment ; maintenant, en effet, la région australe est inhabitable à cause de la petitesse du rayon vecteur de la partie de l'orbe du Soleil qui se trouve dans les signes méridionaux.

» D'autre part, Thébith, qui a repris l'œuvre de Ptolémée, a trouvé, par des observations exactes, que le mouvement des étoiles fixes était tout autre.

» Pour comprendre ce mouvement, nous devons, à son avis, imaginer au firmament, qui est la neuvième sphère, un Zodiaque composé de douze signes ; nous devons le diviser en quatre parties égales par deux points équinoxiaux et deux points solsticiaux ; nous devons imaginer également qu'un Bélier et une Balance commencent aux points équinoxiaux, un Cancer et un Capricorne aux points solsticiaux ; ce Zodiaque imaginaire est appelé Zodiaque fixe ; les douze signes de ce Zodiaque seront seulement dans la sphère du firmament ou dans la neuvième sphère que Thébith nomme firmament.

» Sous le firmament, c'est-à-dire sous la neuvième sphère, est la sphère des étoiles fixes, dans laquelle nous imaginerons, selon cet auteur, un Zodiaque, numériquement différent du précédent, que forment douze constellations composées d'étoiles ; ce dernier cercle est, plus proprement, nommé Zodiaque, de *zoon*, qui signifie animal, à cause des animaux que représentent les constellations dont il est formé.

» Ces préliminaires posés, prenons pour centre la tête du Bélier fixe, et, sur ce centre, décrivons un cercle qui occupe [1], [suivant son diamètre] 8°37'26" ; sur la tête de la Balance fixe, décrivons un second cercle égal à celui-là ; imaginons que la tête du Bélier et la tête de la Balance des constellations tournent sur les deux circonférences de ces deux cercles. Les têtes du Bélier et de la Balance des constellations se meuvent sur lesdites circonférences dans le sens même où se meut le firmament, de telle manière que la tête du Bélier, lorsqu'elle est en la partie septentrionale [de la circonférence qu'elle décrit], se meut dans le même sens que le mouvement du firmament, c'est-à-dire de la neuvième sphère, et parcourt, en douze ans, à peu près 1°2' [2] ; lorsqu'elle

1. Nous sommes obligés de rétablir tous les nombres d'après le *Tractatus de motu octavæ sphæræ* de Thâbit ben Kourrah ; par la faute du copiste, sans doute, les nombres donnés par Bernard de Trille sont inadmissibles et incohérents ; nous les reproduirons en note. Ici, le texte porte : « *8 gradibus et 22 minutis 37* »

2. Plus exactement, 1° 1' 39" ; le texte porte : « *uno gradu et 22 minutis fere* ».

est en la partie australe [de la circonférence qu'elle décrit], elle se meut contre le mouvement du firmament; elle revient, par la partie inférieure du susdit cercle, à son point initial, en marchant, pour ainsi dire, d'Orient en Occident[1].

» Lors donc que les deux Zodiaques sont tellement placés que l'un se trouve exactement au-dessous de l'autre, la tête du Bélier mobile est à la 37e minute du neuvième degré[2] du Bélier fixe, et la tête de la Balance mobile occupe une place analogue dans la Balance fixe ; ou bien encore, la tête du Bélier mobile est à 21°22'34" [de la tête] des Poissons fixes[3], et la tête de la Balance mobile occupe une position toute semblable dans la Vierge fixe.

» Pendant ce temps, la tête du Cancer et celle du Capricorne des constellations demeurent adhérents à l'écliptique [fixe] ; ils se meuvent en s'avançant et reculant alternativement sur cette écliptique. Lorsque la tête du Bélier [mobile] commence à s'éloigner de la minute susdite [21°22'34" des Poissons fixes], la tête de la Balance mobile commence, elle aussi, à s'éloigner de l'écliptique ; et la tête du Bélier mobile ne reviendra pas sur l'écliptique tant qu'elle ne sera pas revenue à ladite minute [8°37'26"] du Bélier fixe ; or, tandis que la tête du Bélier mobile sera à ladite minute dans les Poissons, la tête du Cancer mobile occupera, sur l'écliptique [fixe], une position toute semblable dans les Gémeaux ; lorsqu'ensuite la tête du Bélier mobile remontera au degré et à la minute susdits du Bélier fixe, en décrivant la [demie] circonférence [australe] du cercle considéré, la tête du Cancer s'avancera constamment sur l'écliptique [fixe], jusqu'à ce qu'elle parvienne à 8°37'26" du Cancer fixe[4], tandis que la tête du Bélier mobile parviendra à la même minute du Bélier fixe. Lorsqu'ensuite la tête du Bélier, marchant sur la susdite circonférence, descend de nouveau vers les Poissons, la tête du Cancer se met à reculer sur l'écliptique d'une quantité égale à celle dont elle s'était avancée.

» Selon Thébith, donc, le mouvement que nous avons ainsi ima-

1. On voit que ce que Bernard de Trille nomme « sens du mouvement du firmament ou de la neuvième sphère », c'est le sens de rotation d'Occident en Orient ; il en est bien ainsi selon l'hypothèse qu'il admet avec Albert le Grand et les *Tables Alphonsines*, puisque cette hypothèse attribue à la neuvième sphère un mouvement de précession constamment dirigé d'Occident en Orient ; mais il n'en était pas ainsi pour Thâbit ben Kourrah qui faisait de la neuvième sphère le premier mobile et lui attribuait le mouvement diurne.

2. Le texte porte : « *in 9 minuto ultimi gradus* ».

3. Le texte porte : « *In 22° minuto et 6 gradibus* ».

4. Le texte dit : « *in 19 m. minutum 5 gradus* ».

giné sur ces deux cercles entraîne toute la sphère des étoiles fixes et les auges de toutes les planètes ; il est d'un degré en 86 ans. »

» Quelques modernes embrassent à la fois les deux opinions ; ils disent que les étoiles fixes se meuvent, à la fois, de ces deux mouvements. Partant, ils enseignent que les étoiles ont trois mouvements : Le mouvement qu'admettent les physiciens (*naturales*) ; le mouvement que suppose Ptolémée ; enfin le mouvement qu'ajoute Thébith. Mais comment cela se peut-il comprendre ? Si nous supposions que ces trois mouvements provinssent d'un même moteur et qu'ils s'effectuassent sur les mêmes pôles, cela serait impossible à imaginer. Mais si ces mouvements se font sur des pôles différents et s'ils sont produits par des moteurs différents, il est possible, comme nous l'avons dit, qu'on ait non seulement ces mouvements-là, mais même des mouvements plus nombreux. »

Bernard de Trille, donc, a reçu d'Albert le Grand l'hypothèse qui attribue, à la fois, aux étoiles fixes, une continuelle précession d'Occident en Orient et un mouvement d'accès et de recès ; cette hypothèse, il lui a donné tous les développements que sa Science astronomique pouvait concevoir ; en particulier, pour l'exposer plus complètement, il a lu avec soin le traité *De motu octavæ sphæræ* attribué à Thâbit ben Kourrah ; il en a très exactement formulé les principes, dont Albert n'avait jamais parlé que d'une manière sommaire et confuse. Pas plus que son maître, il ne paraît avoir soupçonné que les traducteurs des *Tables Alphonsines* eussent, en même temps que l'Évêque de Ratisbonne, proposé une hypothèse toute semblable. D'ailleurs, en France, les *Tables Alphonsines* semblent être demeurées inconnues jusqu'à la fin du XIIIe siècle, même des astronomes de profession. Mais si ces *Tables* n'ont aucunement suggéré, à Albert et à Bernard, leurs hypothèses astronomiques, en revanche, l'enseignement de ces deux docteurs dominicains a dû préparer les esprits à recevoir plus volontiers le système proposé par les astronomes d'Alphonse X.

Unir, dans un même système astronomique, l'hypothèse de la précession continue proposée par Hipparque et par Ptolémée et l'hypothèse de l'accès et du recès attribuée à Thâbit ben Kourrah, c'était, de la part d'Albert et de Bernard, une heureuse initiative ; c'était seconder une théorie dont, jusqu'à Copernic, les astronomes allaient communément user.

Or cet essai de synthèse, proposé par Albert le Grand et développé par Bernard de Trille, un autre maître dominicain, Thierry de Freiberg, allait bientôt s'y opposer avec force ; par là, Thierry marcherait à l'encontre de ce qui, au temps où il vivait, constituait le progrès de la Science ; il était, cependant, homme de science ; il l'était plus que Bernard de Trille et plus qu'Albert ; il ne voyait pas qu'autour de lui, les astronomes se préparaient à délaisser l'hypothèse d'un simple mouvement d'accès et de recès, admis par Al Zarkali et par les *Tables de Tolède*, pour composer ce mouvement avec une précession de sens invariable ; mais plus clairvoyant en Optique qu'en Astronomie, Thierry allait, par ses recherches sur l'arc-en-ciel, frayer la voie à Descartes.

VI

UN ADVERSAIRE D'ALBERT LE GRAND : THIERRY DE FREIBERG OU DE SAXE

Le commentaire au *De Cœlo*, où Saint Thomas d'Aquin nous laisse entrevoir ses hésitations au sujet des doctrines astronomiques, est une des dernières œuvres du Docteur Angélique, qui mourut en 1274. Or, durant le dernier quart du treizième siècle, de grands changements se sont produits dans la position que les systèmes astronomiques occupent l'un par rapport à l'autre. Au temps de Thomas d'Aquin et de Roger Bacon, l'action est engagée entre la théorie des mathématiciens et la théorie des physiciens, et la victoire demeure indécise. Au moment où s'achève le XIIIe siècle, le sort des deux théories est fixé ; les physiciens ont perdu la bataille ; battue en brèche de toutes parts, la philosophie d'Aristote et d'Averroès n'a pu garder les positions d'où elle défiait les contradictions de la Science expérimentale ; Bernard de Trille nous l'a dit : La plupart des hommes d'étude, et les meilleurs, ont abandonné le parti des physiciens pour soutenir celui des mathématiciens.

La lecture des œuvres de l'École franciscaine nous fera connaître, au prochain chapitre, quelques-unes des péripéties du combat. Dès maintenant, Thierry de Freiberg va nous faire entendre le langage qu'on tenait dans le parti victorieux.

De la vie de Thierry de Freiberg ou de Saxe, nous connaissons un petit nombre de faits datés avec certitude[1]

1. ENGELBERT KREBS, *Meister Dietrich (Theodoricus Teutonicus de Vriberg) Sein Leben, seine Werke, seine Wissenschaft. (Beiträge zur Geschichte der Philosophie des Mittelalters. Texte und Untersuchungen.* Herausgegeben von Clemens Bäumker und Georg Freih. von Hertling, Bd. V, Heft 5-6, Münster, 1906).

De ces faits, le plus important est, sans contredit, celui que le chevalier Giambattista Venturi révéla en 1814 aux historiens de la Science[1] : Dès le début du XIVe siècle, l'explication des deux arcs-en-ciel par la réflexion simple ou multiple du rayon lumineux au sein d'une goutte d'eau sphérique avait été très exactement donnée et très ingénieusement soumise au contrôle de l'expérience. Cette explication se trouvait consignée dans un traité manuscrit que conservait la Bibliothèque de Bâle. Du prologue de ce traité, Venturi nous fait connaître le début[2] :

« *Reverendo in Christo Patri Fr. Aymerico Magistro Ordinis Fratrum Prædictorum Fr. Theodoricus ejusdem ordinis Provinciæ Theutonicæ, Theologicæ facultatis qualitercunque professor.* »

Peu après la phrase que nous venons de reproduire, se trouve celle-ci :

« *Placuit Reverentiæ vestræ et ad hoc me hortabamini, cum apud vos Tholosæ essem in Capitulo generali, ut quod de causis et modo generationis et apparitionis Iridis et aërarum impressionum, quæ fiunt in alto hujus elementaris regionis, conceperam, scripto mandarem... Feci ergo, Pater, quod mandatis... Ratione autem majoris evidentiæ, tractatus præsens, qui* De radialibus impressionibus *intitulatur, in quatuor partes distinguitur.* »

Ces quelques lignes nous apportent de précieux renseignements.

Fr. Thierry, de l'ordre des Frères prêcheurs de la province d'Allemagne, assistait au Chapitre général de l'Ordre tenu à Toulouse en 1304. Il y rencontra Aymeric de Plaisance, que ce chapitre élut maître général de l'Ordre. Aymeric l'invita à mettre par écrit ses idées sur la théorie de l'arc-en-ciel. Cette demande suscita le *Tractatus de iride et radialibus impressionibus* ; ce traité, Thierry l'envoie à Aymeric, Maître général de l'Ordre ; cet envoi est donc antérieur à l'an 1311, pendant lequel Aymeric déposa sa haute fonction ; au moment de cet envoi, Thierry était professeur en la Faculté de Théologie de Paris.

Autour de ce premier noyau de données, d'autres renseignements vont venir se grouper.

Le *Traité de l'arc-en-ciel* que Venturi a découvert et résumé se trouve[3] dans un manuscrit de la Bibliothèque de Leipzig ; il y

1. *Commentari sopra la Storia e le Teorie dell' Ottica del Cavaliere* Giambattista Venturi *Reggiano*. Tomo primo, Bologna, 1814. III. Dell' Iride, degli aloni e de paregli. pp. 149-246.
2. Venturi, *Op. laud*, p. 151.
3. Krebs, *Op. laud.*, p. 26*.

porte ce titre : *Tractatus mag. Th. de Vriberch de iride.* Il se trouve également[1] dans un manuscrit de la Bibliothèque Vaticane, le Cod. Vatic. Lat. 2183, avec un grand nombre d'écrits du même auteur ; le titre général de cette collection est[2] : *Theodorici de Vriburgo tractatus varii philosophici.* De ces traités philosophiques, plusieurs se retrouvent en d'autres manuscrits de la même Bibliothèque Vaticane, et l'auteur y est nommé[3] : *Theodoricus de Vribergh* ou *de Vriberg* ou *de Vriberch*, ou, enfin, *de Vriburgo.*

Ces manuscrits divers nous font connaître la très grande activité intellectuelle de Frère Thierry, puisqu'ils contiennent vingt-trois traités[4] relatifs aux questions les plus variées de Physique, de Philosophie et de Théologie ; mais, en outre, ils nous révèlent la patrie de l'auteur ; la ville natale de Thierry, qu'ils nomment *Vriberg* ou *Vriburgum*, n'est point, comme on l'a cru parfois, Fribourg en Brisgau, mais bien Freiberg en Saxe ; c'est pourquoi les P P. Quétif et Échard, dans leurs *Scriptores ordinis prædicatorum*, désignent Thierry par ce nom : *Theodoricus de Saxonia.*

Les divers traités que la Bibliothèque Vaticane conserve et attribue à *Theodoricus de Vriberg* se retrouvent tous, avec quelques écrits aujourd'hui inconnus, dans la première liste d'écrivains de l'Ordre de Saint Dominique qui ait été dressée. Dans cette liste, composée vers l'an 1330, l'auteur de ces traités est simplement nommé : *Theodoricus Teutonicus, magister in Theologia*[6]. C'est donc ainsi qu'on désignait habituellement, dans l'Ordre des Dominicains, l'auteur du *Tractatus de iride*, et l'on peut avec assurance lui attribuer tout ce que les annales nous rapporteront du frère prêcheur Thierry l'Allemand, maître en Théologie.

Il serait imprudent, cependant, de lui conférer tout ce qui peut concerner un dominicain du nom de Thierry ; il y avait, sans doute, dans l'Ordre, plus d'un frère de ce nom ; en 1285, par exemple, un certain *Frater Theodoricus* est nommé prieur du couvent de Wurtzbourg ; il n'est pas démontré que ce fût Thierry de Freiberg[7].

C'est assurément lui, au contraire, ce *Fr. Theodoricus, magister in Theologia*, que le Chapitre général et provincial, tenu à Strasbourg en 1293, nommé supérieur de la province d'Allemagne et

1. Krebs, *ibid.*
2. Krebs, *Op. laud.*, p. 8*.
3. Krebs, *Op. laud.*, pp. 8*-9*.
4. Krebs, *Op. laud.*, pp. 6*-8*.
5. Quétif et Échard, *Scriptores ordinis prædicatorum*, t. I, p. 513.
6. Krebs, *Op. laud.*, p. 4.
7. Krebs, *Op. laud.*, p. 9.

qui garde cette fonction de provincial jusqu'en 1296[1]. Tandis qu'il remplit cette charge, Thierry écrit au cardinal Jean de Tusculum, touchant les affaires de l'Ordre dominicain et la rivalité qui le mettait aux prises avec l'Ordre franciscain, deux lettres qui ont été conservées et publiées[2].

C'est probablement[3] durant l'année 1297 que Thierry se rendit à Paris pour y donner des leçons sur les *Sentences* de Pierre Lombard.

En 1303, nous voyons[4] Maître Thierry figurer à Coblentz dans une commission chargée de délimiter les domaines respectifs des couvents de Retz et de Krems. En 1304, il prend part, nous le savons, au chapitre général de Toulouse. En 1310, Jean de Lichtenberg, provincial d'Allemagne, se démet de sa charge pour aller à Paris prendre le titre de maître en Théologie ; le chapitre général de Plaisance nomme alors[5] Thierry *vicarius provinciæ Teutonicæ*, en attendant la nomination d'un nouveau provincial.

C'est là, semble-t-il, le dernier renseignement certain que nous possédions sur la vie de Thierry de Freiberg. En 1311, le chapitre général envoie un certain *Fr. Theodoricus de provincia Saxonica* enseigner les *Sentences* à Paris ; comme on chargeait toujours de cet enseignement des aspirants au titre de maître en Théologie, et non point des professeurs déjà pourvus de ce titre, il ne semble pas que cette décision puisse viser l'auteur du *De iride*[6]. Partant, tout ce que nous savons d'assuré touchant la vie de cet auteur se resserre entre l'année 1289 et l'année 1310.

Si sa vie nous demeure presque cachée, sa pensée nous est beaucoup mieux connue. La liste des écrivains dominicains, composée vers l'an 1330, lui attribue trente-et-un traités divers ; de ces traités, nous en possédons vingt[7], auxquels il faut joindre un certain écrit : *Quod substantia spiritualis non sit composita ex materia et forma,* omis par la liste de 1330.

Parmi les traités de Thierry de Freiberg qui nous ont été conservés, il en est un qui a pour titre : *De intelligentiis et motoribus cælorum*[8]. C'est en cet ouvrage que le savant dominicain nous

1. KREBS, *Op. laud.*, p. 5.
2. KREBS, *Op. laud.*, p. 116*.
3. KREBS, *Op. laud.*, p. 10.
4. KREBS, *Op. laud.*, p. 9.
5. KREBS, *Op. laud.*, pp 10-11.
6. KREBS, *Op. laud.*, p. 12.
7. KREBS, *Op. laud.*, pp. 4*-5*.
8. Ce traité se trouve deux fois reproduit dans le Cod. Vat. Lat. 2183 ; la première rédaction va du fol. 55, col. d, au fol. 68, col. d ; la seconde, copie de la première, va du fol. 188, col. a, au fol. 193, col. d (KREBS,

a fait connaître son opinion touchant les théories astronomiques.

Mais avant même que nous lisions cet écrit, nous pouvons prévoir la position que Thierry va prendre dans le débat auquel ces théories donnent lieu. Le débat met aux prises l'autorité de la philosophie péripatéticienne et la certitude de l'expérience ; entre les deux puissances en lutte, le choix de Thierry est fait ; à l'autorité du Philosophe, il préfère le témoignage des sens ; et en faisant un tel choix, il peut se réclamer de l'exemple même du Stagirite.

En effet, voici la déclaration très nette que nous trouvons au traité *De iride*, touchant l'autorité d'Aristote [1].

« Nous dirons, à ce sujet, qu'on doit exposer ce qu'a dit le Philosophe, à cause de l'autorité de sa doctrine philosophique et du respect dont elle est digne ; que chacun interprète ensuite ce dire dans la mesure de sa science et de son pouvoir. Mais sachons bien que, suivant ce même Philosophe, nous ne nous devons jamais écarter de ce qui est manifesté par le sens — *Dicendum ad hoc quod, pro reverentia et auctoritate philosophicæ doctrinæ, dictum Philosophi exponendum est ; et interpretetur quilibet sicut scit et potest ; sciendum autem quod, secundum eundem Philosophum, a manifestis secundum sensum nequaquam recedendum est.* »

Cette méthode, qui reçoit le témoignage des sens avec une entière confiance et ne permet à aucune autorité philosophique d'en suspecter la certitude, c'est celle que nous verrons suivre par Thierry au cours du *Tractatus de intelligentiis et motoribus cælorum*.

Le prologue de ce traité débute par la phrase que voici : [2]

« *Reverendis et in Christo dilectis fratribus Heinrico de Friburgo* (ou *de Fribergo*) *et Heinrico de Eitelingin ordinis predicatorum, fratrer Theodoricus ejusdem ordinis habitu fratrer predicator sed vita peccator, eam veritatem que Deus est veraciter intelligere, et intelligendo amare, et amando et fruendo feliciter possidere.* »

C'est une sorte d'épître dédicatoire que ce souhait nous annonce ; de cette courte épître [3], voici la traduction :

« En l'état où l'âge m'a mis, vous eussiez dû réclamer de moi

Op. laud., pp. 56'-62'). M. Krebs a donné un résumé de ce traité. Grâce à l'obligeance du R. P. Ehrlé, S. J., Préfet de la Bibliothèque Vaticane, nous avons pu faire prendre une photographie de la première rédaction. Que le R. P. Ehrlé reçoive ici le témoignage de notre vive gratitude.

1. Venturi, *Op. laud.*, pp. 157-158.

2. Bibliothèque Vaticane, Cod. lat. 2188, fol. 56, col. a. — Krebs, *Op. laud.*, p. 56'.

3. Ms. cit., fol. 56, coll. a et b. — Krebs, *Ibid.*

des sermons, et non point me poser des questions, surtout de celles qui ont trait à la recherche philosophique ; voilà bien longtemps que j'ai cessé d'en faire profession; vous me forcez à tourner mes regards en arrière et à remettre la main à la charrue que j'avais abandonnée. Toutefois, je ne puis rien vous refuser, car je prête attention à l'ardeur de vos études et j'en désire la perfection ; j'ai donc, en conformité avec les principes de la recherche philosophique, satisfait à vos désirs (sauf meilleur et plus exact jugement, et sauf aussi ce qui doit être tenu pour certain, selon la Sainte Écriture et la vérité de la foi) sur tous les sujets, et dans toutes les questions que vous m'avez adressées ; ces sujets, cependant, sont difficiles, et c'est à peine si l'industrie humaine et le pouvoir de la Science y peuvent atteindre ».

Que faut-il penser touchant la nature des intelligences qui meuvent les corps célestes ? Telle est la question principale à laquelle se rattachent toutes celles que Thierry va examiner au cours des dix-neuf chapitres de son traité.

De cette question principale, nous ne dirons rien pour le moment ; ce que Thierry met en sa réponse, nous le retrouverons dans un prochain chapitre, où nous étudierons ce que le XIIIe siècle et le XIVe siècle ont enseigné des célestes moteurs. Ce que le Dominicain saxon, afin de résoudre cette question, a dit des corps célestes et de leurs mouvements nous doit seul retenir ici.

Pour déterminer le nombre des intelligences diverses qui meuvent les cieux, il faut, tout d'abord, fixer le nombre des sphères célestes ; c'est à quoi Thierry consacre son troisième chapitre qu'il intitule : *De numero intelligentiarum secundum philosophos et circa hoc considerando diversas causas motivas ex numero sperarum celestium*. Ce chapitre prête à diverses remarques que nous développerons plus à l'aise lorsque nous en aurons donné la traduction [1] :

« Touchant le nombre des intelligences, nous trouvons des suppositions diverses chez les différents philosophes ; les uns, en effet, ont considéré ces causes motrices autrement que les autres.

» Avicenne, en sa *Métaphysique*, a compté neuf ou, plutôt, dix intelligences, selon les dix parties principales dont est composé ce monde matériel, savoir les neuf sphères célestes et la sphère que forme la région des éléments ; à chacune de ces sphères, il a préposé une intelligence.

1. Ms. cit., fol. 56, coll. c et d ; fol. 57, col. a.

» Selon cette méthode, suivant ce que chacun pense du nombre des sphères célestes, soit qu'il en admette dix ou neuf ou seulement huit, il lui est nécessaire d'admettre autant d'intelligences, puisque à chaque sphère, une intelligence a été préposée, comme on le montrera ci-dessous.

» Selon ce que dit Albert, cet homme fameux, dans son livre *Du Ciel et du Monde*, on doit admettre dix sphères célestes. Si donc à la région élémentaire, considérée en particulier, il a préposé une intelligence, et s'il en a préposé une à chacune des sphères célestes, qui sont au nombre de dix, il est manifeste qu'il lui était nécessaire d'admettre onze intelligences, une en chacune de ces onze sphères.

» Au contraire, aux philosophes qui supposaient seulement huit sphères célestes, il était nécessaire d'admettre neuf intelligences selon ce qui a été dit ci-dessus, c'est-à-dire au cas où ils préposaient également une intelligence à la sphère des éléments prise en son ensemble

» Or, jusqu'aux philosophes de l'époque moderne et, surtout, jusqu'aux astronomes de ce temps, à qui il appartient spécialement de s'enquérir de cette question, on n'a découvert que neuf sphères célestes ; et voici par quelle raison on les a découvertes :

» A chaque corps simple appartient un mouvement local simple et unique. Admettons donc qu'il existe sept sphères, mises en évidence par les sept corps qu'elles contiennent et que nous voyons se mouvoir au-dessous de l'orbe des étoiles fixes ; la raison qui justifie cette conséquence sera touchée ci-dessous. On a découvert que la huitième sphère, celle qui est la sphère des étoiles fixes, se meut de deux mouvements ; l'un est le mouvement d'Orient en Occident que nous nommons mouvement diurne ; l'autre est un mouvement d'accès et de recès selon deux petits cercles [1] sur lesquels se meuvent, selon Thébit, les têtes du Bélier et de la Balance ; ils se meuvent tantôt vers l'Orient et tantôt vers l'Occident ; le diamètre de chacun de ces petits cercles comprend huit degrés du cercle céleste ; ce mouvement est tantôt d'un degré en 100 ans, tantôt d'un degré en 90 ans et, tantôt, en 80 ans, selon les diverses positions qu'occupent lesdites têtes du Bélier et de la Balance. On a donc uniformément reconnu que la huitième sphère, avec toutes les étoiles fixes, se meut de ces deux mouvements ; or, à chaque corps simple appartient un mouvement local simple et unique ; on admet, d'ailleurs, que cette huitième sphère est for-

1 Le ms. dit : un petit cercle.

mée d'une substance simple, plus simple même que ne l'est chacun des éléments en sa propre substance; il est donc raisonnable de placer, au-dessus de la huitième sphère, c'est-à-dire de la sphère des étoiles fixes, une autre sphère qui est la neuvième. Dès lors, si à chaque sphère céleste, nous préposons, comme la raison nous y conduit, une intelligence ; si nous en préposons également une à l'orbe sphérique des éléments, il est nécessaire d'admettre l'existence de dix [1] intelligences.

» C'est cette même raison qui a poussé ledit seigneur Albert à admettre dix [2] sphères célestes, de telle sorte que deux sphères se trouvassent au-dessus de l'orbe sphérique des étoiles fixes. Il disait, en effet, que la sphère des étoiles fixes est mue de trois mouvements ; le premier de ces mouvements est le mouvement diurne d'Orient en Occident ; le second est un mouvement d'Occident en Orient [3] sur l'axe et les pôles du cercle des Signes ; ce mouvement est, à peu près, d'un degré en cent ans ; il procède dans le sens direct selon la ligne du cercle des Signes, et est accompli en 36.000 ans ; enfin, il disait que cette sphère était mue d'un troisième mouvement, de celui qu'on nomme mouvement d'accès et de recès et qui est d'un degré en 80 ans. Il regardait ces deux derniers mouvements comme différents l'un de l'autre ; il lui fut donc nécessaire de placer deux sphères au delà de la huitième ; il lui fallut admettre dix sphères célestes.

» Ce mouvement qu'il supposait procéder constamment dans le sens direct, selon la ligne des Signes, et d'un degré en cent ans, il l'a emprunté à Ptolémée qui l'admet en l'*Almageste*, au chapitre VIII du livre premier et au chapitre II du livre VII. Comme, en effet, au temps de Ptolémée, ce mouvement [d'accès et de recès] avait lieu d'Occident en Orient, Ptolémée pensa qu'il procédait toujours dans le sens direct et qu'il s'achevait en 36.000 ans, décrivant, en ce temps, toute la longueur du cercle des Signes. Mais, dans la suite des temps, on s'aperçut que ce mouvement rétrogradait vers l'Occident de la manière qui a été dite ci-dessus, c'est-à-dire sur le cercle d'accès et de recès. L'auteur de cette observation fut Thébit, dont quelqu'un a dit [4] : Jamais les Chrétiens n'ont eu un philosophe aussi subtil et aussi profond que ne l'a été, assure-t-on, ce Thébit.

1. Le ms. dit : neuf.
2. Le ms. dit : neuf.
3. Le ms. dit : d'Orient en Occident.
4. Thierry ne vise-t-il pas ici Roger Bacon qui, nous le verrons au § V du chapitre suivant, a écrit : « *Thebit vero maximus Christianorum astronomus* » ?

» Chez les modernes, donc, on n'admet pas la diversité des deux mouvements qu'en outre du mouvement diurne, Albert attribue à la huitième sphère ; on a découvert qu'ils ne sont qu'un seul mouvement ; dès lors, il n'est pas nécessaire de supposer plus de neuf sphères célestes ; au-dessus de la huitième sphère, il en faut placer une, et non pas deux ; il n'y a donc que neuf intelligences chargées de présider aux neuf orbes célestes. »

La lecture de ce chapitre nous montre, en Thierry l'Allemand, ce physicien si expert aux problèmes d'Optique, un philosophe peu versé aux études astronomiques.

Du mouvement d'accès et de recès, si familier, au temps où notre auteur écrivait, à ceux qui s'occupaient du cours des astres, il conçoit une très fausse idée. Il pense que le mouvement des étoiles fixes, dirigé d'Occident en Orient au temps de Ptolémée, a rétrogradé depuis ce temps, et que Thâbit ben Kourrah a observé ce renversement. Il ignore que le mouvement de la huitième sphère continue, à l'époque où il vit, sa marche directe, et que la trépidation d'accès et de recès n'est qu'une hypothèse théorique dont l'avenir démontrera la fausseté. Plus anciens que Thierry, Robert Grosse-Teste, Campanus, Roger Bacon, Bernard de Trille ont, cependant, de la doctrine attribuée à Thâbit, une connaissance tout autrement juste et précise.

Aux discussions qui passionnent les astronomes de son temps, notre frère prêcheur ne semble pas prêter grande attention. Il nie que les astronomes modernes attribuent à la huitième sphère, outre le mouvement diurne, deux mouvements distincts, l'un de précession continuellement directe, l'autre d'accès et de recès. Le traité *De intelligentiis et motoribus cælorum* est cependant, le prologue en fait foi, une œuvre que Thierry a composée dans son âge mur, peut être dans sa vieillesse ; le XIVe siècle avait, sans doute, commencé au moment où il fut écrit ; or, à ce moment, toute l'attention des astronomes était dirigée [1] vers les *Tabulæ Alfonsii* et vers l'hypothèse du double mouvement lent que les auteurs de ces tables attribuaient à l'orbe des étoiles fixes.

Lors donc que Thierry s'écarte, au sujet du mouvement de l'orbe des étoiles fixes, du sentiment exprimé par son illustre frère Albert, admis par son autre frère Bernard de Trille, il s'éloigne, en même temps, de l'opinion qui se trouvait être, de son temps, celle des astronomes les mieux informés de leur science.

Thierry s'écarte encore [2] des astronomes de son temps en ce qui

1. Voir, ci-après, le chapitre VIII.
2. THEODORICI *Op. laud.*, cap. VIII : De ordine sperarum celestium et ratione

touche l'ordre des planètes ; tandis que ceux-ci, à l'imitation de Ptolémée, plaçaient tous Mercure et Vénus entre la Lune et le Soleil, notre auteur approuve Géber, « *qui fuit mirabilis considerator in hac facultate* », d'avoir placé Mercure et Vénus au-dessus du Soleil.

En revanche, il va donner raison à l'Astronomie de ses contemporains, lorsqu'il va [1] « considérer les arguments qu'Averroès élève contre les astronomes, et, en particulier, contre l'hypothèse par laquelle ils font mouvoir les planètes selon des excentriques et des épicycles » ; lorsqu'il va examiner « avec soin quelle est la force probante de ces raisons, ou bien si elles ne sont pas concluantes ».

Le résultat auquel cet examen conduira Thierry se devine, car voici ce qu'il déclare tout d'abord :

« Il faut, en premier lieu, garder l'hypothèse que les astronomes ont posée au sujet de ces mouvements ; il faut remarquer qu'il ne semble pas possible de sauver ce qui apparaît au sens, avec lequel s'accorde la raison, si ce n'est pas le moyen de l'hypothèse que les astronomes font au sujet de ces mouvements, c'est-à-dire à l'aide des excentriques et des épicycles. »

Les principes que la raison fournit à cette discussion sont les suivants :

Tout mouvement céleste est circulaire et uniforme.

Lorsqu'une étoile décrit un cercle, elle demeure à une distance invariable du centre de ce cercle.

Ce dernier principe « est peut-être, ajoute Thierry, celui que le Philosophe entendait énoncer au livre *Du Ciel et du Monde*, lorsque, distinguant les mouvements naturels des principales parties de ce Monde, il disait : Tout corps naturel se meut vers le centre ou à partir du centre ou autour du centre ».

On peut penser, en effet, qu'en décrivant la troisième espèce de mouvementnaturel, le Philosophe en tendait simplement, par centre, le centre, du cercle qu'un astre décrit. « Il est manifeste alors que le dire du Philosophe est vrai car, de cette manière, il s'accorde avec l'expérience sensible, dont il ne faut pas s'écarter à la légère ».

Il n'en serait plus de même si, par centre, on voulait, dans l'axiome d'Aristote, entendre le centre naturel du Monde, qui est

quamponit Gheber super uno modo ordinis quem ponit. Ms. cit., fol. 58, col. a.

1. Theodorici *Op. laud.*, cap. XI : Quomodo firmatur sententia et positio astrologorum de excentricis et epyciclis. Ms. cit., fol. 58, b et c.

la Terre. « Nous voyons, en effet, les étoiles que nous nommons errantes se mouvoir inégalement dans leurs propres sphères, tantôt plus vite et tantôt plus lentement, tantôt dans le sens direct, en marchant vers l'Orient, et tantôt dans le sens rétrograde en marchant vers l'Occident ; nous les voyons tantôt s'approcher davantage du centre du Monde et tantôt s'en éloigner davantage ; nous en avons pour témoins certaines tables dont on se sert pour établir les équations des planètes et qui ont surtout pour objet de connaître les variations du diamètre apparent du Soleil et de la Lune. Tout cela serait impossible si les planètes se mouvaient seulement autour du centre du Monde. »

Or, « c'est précisément là ce qu'admettait le Commentateur Averroès [1] ; il supposait que toute étoile se mouvait, également et naturellement, seulement autour du centre du Monde ; il en tirait la raison de l'autorité du texte du Philosophe qui a été rapporté ci-dessus, et qu'il interprétait en son sens. » Selon ce texte, tout mouvement simple de l'un quelconque des corps simples de ce Monde procède vers le centre ou à partir du centre ou autour du centre. « Dans cette division à trois membres, Averroès prend, en chacun des membres, le mot centre avec la même signification, celle de centre du Monde, autour duquel tourne tout l'Univers ».

De toutes les objections qu'Averroès a élevées contre l'Astronomie des excentriques et des épicycles, Thierry ne retient et ne discute que celle-là ; et, en effet, de toutes, elle est bien la plus essentielle, celle qui oppose au système de Ptolémée une raison tirée des principes profonds du Péripatétisme dont Averroès est vraiment, ici, le fidèle défenseur.

« Mais cette conclusion » d'Averroès, déclare Thierry [2], « ne saurait tenir ni en elle-même, ni dans ses fondements ».

Et, tout d'abord, cette conclusion ne saurait tenir en elle-même ; « la fausseté en peut être démontrée par les effets (*per efficaciam*) ». Pour édifier cette réfutation expérimentale de la fausseté de l'hypothèse homocentrique, Thierry renvoie aux divers passages de l'*Almageste* où Ptolémée établit l'excentricité des mouvements planétaires; il invoque l'opinion des astronomes ; « il est impossible, non seulement à leur avis, mais encore absolument impossible de réduire ce qui apparaît en la diversité des mouvements des planètes, ainsi que leur rapprochement ou leur éloigne-

1. THEODORICI *Op. laud.*, cap. XII : De ratione Averrois commentatoris que dictis est contraria, et de fundamentis sue rationis. Ms. cit., fol. 58, coll. c et d.

2. THEODORICI *Op. laud.*, cap. XIII : Quomodo inducta ratio Averrois destruitur quoad suam conclusionem. Ms. cit., fol. 58, col. d.

ment alternatif du centre du Monde, et encore toutes les autres choses qu'on voit en elles, il est impossible, dis-je, de ramener tout cela à la concentricité d'un certain cercle concentrique, de telle sorte qu'une telle étoile se mût sans cesse autour du centre d'un tel cercle, centre qui serait identique à celui du Monde ».

L'expérience dément donc la conclusion d'Averroès.

« Ainsi, cette fausse conclusion[1] ne peut tenir en elle-même ; mais elle ne peut tenir, non plus, dans les fondements de la raison qu'elle allègue. En premier lieu, elle ne peut tenir », parce qu'en interprétant le texte d'Aristote sur la distinction des trois espèces de mouvements simples, « elle prend uniformément le nom de centre dans un sens unique ; et cela, il le faut nier, car cela est contredit par l'expérience sensible, à laquelle il faut s'appuyer plus qu'à toute autre chose ».

Telle est la confiance du Dominicain allemand dans la certitude de l'expérience qu'il lui demande plus qu'elle ne peut donner ; les observations des astronomes peuvent bien démontrer qu'Averroès invoque un principe faux ; elles ne sauraient prouver que le Commentateur, en attribuant ce principe au Stagirite, interprète à faux les paroles de cet auteur. Thierry, cependant, veut qu'on s'appuie sur l'expérience des astronomes pour traduire Aristote : « Lorsque[2] le Philosophe déclare que le troisième mouvement, le mouvement naturel circulaire, se fait autour d'un milieu, on doit plutôt prendre ce mot : *milieu* comme signifiant tout centre naturel de tout cercle naturel sur lequel la nature détermine un tel mouvement ; et cela suffit à l'intention du Philosophe ». Assurément non ; on force ainsi le texte du Περὶ Οὐρανοῦ à ne contredire ni au système de Ptolémée ni aux mouvements observables des astres, mais on le met en opposition flagrante avec la pensée de son auteur.

Les variations que Thierry développe sur le thème qu'il vient de poser ne sauraient dissimuler l'irréductible désaccord entre sa pensée et celle d'Aristote. Et l'on se prend à regretter qu'il n'ait pas résolument affirmé ce désaccord ; qu'il n'ait pas déclaré, comme il le fait en son traité *De radialibus impressionibus*, le devoir de délaisser la Philosophie péripatéticienne là où l'expérience lui inflige un démenti.

Il semble, d'ailleurs, qu'il ait senti combien son opinion s'écar-

1. Theodorici *Op. laud.*, cap. XIV : Quomodo inducta ratio dicti Averrois destruitur quantum ad fundamenta sua, et primo quia inconvenienter sumit significationem hujus nominis [medium] et adducitur cum hoc sui ipsius testimonium. Ms. cit., fol. 58, col. d.

2. Theodoricus, *loc. cit.* ; ms. cit., fol. 58, col. d, et fol. 59, col. a.

tait de celle du Stagirite, et son dernier chapitre [1] paraît destiné à diminuer cet écart ; le titre même de ce chapitre nous en avertit : « Comment, selon la manière qui est approuvée ici, se trouve vérifiée l'opinion visée par le Philosophe lorsqu'il dit : Le mouvement simple procède à partir du milieu ou vers le milieu ou autour du milieu, en prenant : *milieu*, dans le sens de centre du Monde ».

Voici en quels termes Thierry développe cette proposition :

« Si l'on considère toutes les parties animées du Monde, aussi bien les parties célestes que les parties terrestres, dans leur relation ultime et dans leur propriété finale, on peut dire que le mouvement des parties est le même que celui du tout ; en effet, selon le rapport ultime et final qu'ont toutes les parties du Ciel à l'égard de ce centre qui est, par nature, centre de tout le Ciel, ces parties se meuvent toutes autour du centre du Monde. De même, les diverses parties des êtres animés qui nous entourent, de quelque manière qu'elles soient mues par leurs mouvements propres, se meuvent cependant du même mouvement qui meut le tout, si l'on considère le rapport ultime et final qu'elles ont, par nature, à l'égard du tout ; elles se meuvent, en effet, au même terme, quel que soit ce terme. De cette manière, lorsque le Philosophe dit que tout mouvement naturel simple se fait à partir du milieu ou vers le milieu ou autour du milieu, on peut maintenir cette opinion dans les limites de la vérité, tout en prenant, dans les trois cas, le mot milieu avec une signification unique, celle de centre du Monde. En ce sens, le Commentateur Averroès, souvent nommé, ne pourrait rien contre les astronomes mathématiciens au sujet des excentriques et des épicycles dont ils supposent l'existence. »

Assurément, le principe fondamental dont Aristote a déduit toute sa théorie des mouvements naturels n'a rien qui contredise aux hypothèses de Ptolémée si on le réduit à cette affirmation : Le Ciel, pris en son ensemble, a un mouvement de rotation autour du centre du Monde Mais Aristote n'eût pas permis qu'on le réduisît à cette proposition-là. C'est Simplicius, nous l'avons vu[2], qui a osé atténuer à ce point la doctrine du Stagirite, afin de la rendre impuissante contre les hypothèses des astronomes. Thierry de Freiberg ne fait, ici, que profiter de l'échappatoire

1. THEODORICI *Op. laud.*, cap. XIX : Quomodo secundum dictum modum hic approbatum etiam verificitur sententia Philosophi quam tractat dicens quod motus simplex vel est a medio vel ad medium vel circa medium, sumendo medium pro centro mundi. Ms. cit., fol. 59, col. c.

2. Voir : Première Partie, Ch. X, § I, t. II, p. 65.

ouverte par le Commentateur athénien et reprise sommairement par Thomas d'Aquin [1].

L'autorité d'Aristote inspire à Thierry une trop sincère vénération pour qu'il ose déclarer purement et simplement que le Stagirite s'est trompé ; mais cette vénération n'est pas telle qu'elle prévaille sur la certitude expérimentale ; entre une proposition affirmée par la philosophie péripatéticienne et une proposition contraire vérifiée par l'observation, Thierry n'hésitera jamais ; toujours, il donnera au témoignage des sens la primauté sur les déductions du raisonnement ; il s'efforcera, toutefois, de pallier les erreurs d'Aristote, de les interpréter de telle sorte qu'elles se puissent accommoder aux enseignements de la Science expérimentale ; seul, Averroès sera durement condamné pour des doctrines fausses dans lesquelles il n'a été, cependant, que le fidèle commentateur du Philosophe.

Triomphe incontesté de la Science expérimentale, abandon à peine dissimulé de la Physique péripatéticienne, tels sont, selon le traité de Thierry, les résultats auxquels a conduit la lutte entre ces deux méthodes. Cette lutte, dont l'étude des œuvres écloses en l'Ordre de Saint Dominique nous a fait connaître quelques phases, elle s'était débattue, non moins ardente, au sein de l'Ordre de Saint François ; et là encore, nous verrons la méthode expérimentale, si fortement et si justement préconisée par Aristote, renverser les doctrines de ce même Aristote.

1. *Vide supra*, p. 355.

CHAPITRE VII

L'ASTRONOMIE DES FRANCISCAINS

I

ESQUISSE DES PROGRÈS ACCOMPLIS AU XIIIe SIÈCLE, ET AU SEIN DE L'ORDRE DE SAINT FRANÇOIS, PAR LES DOCTRINES ASTRONOMIQUES

Les plus savants représentants que l'École dominicaine ait compris au XIIIe siècle hésitent entre le système astronomique de Ptolémée et le système des sphères homocentriques ; le premier rend compte d'une manière plus satisfaisante des observations auxquelles les mouvements célestes ont donné lieu ; le second semble plus conforme aux principes de la Philosophie naturelle.

A la même époque, les mêmes hésitations se manifestent parmi les docteurs de l'École franciscaine.

En tête de cette École, qui revendique Alexandre de Hales pour son premier maître, nous devons placer Saint Bonaventure, dont l'enseignement s'ouvre, à l'Université de Paris, durant la dernière année de la vie de Guillaume d'Auvergne. Comme l'Évêque de Paris, le Docteur Séraphique est plus métaphysicien qu'astronome ; comme lui et sous son inspiration manifeste, il adopte le système des sphères homocentriques de préférence au système de Ptolémée.

Roger Bacon se trouve, à la fois, soumis à deux influences ; l'influence de Robert Grosse-Teste qu'il a éprouvée à Oxford ; l'influence de Guillaume d'Auvergne et de Bonaventure qu'il a subie à Paris ; il a vu Robert Grosse-Teste suivre Ptolémée lorsqu'il voulait faire œuvre d'astronome, et s'attacher à la doctrine des sphères homocentriques lorsqu'il se proposait d'être métaphysicien ; quant à Guillaume d'Auvergne et à Bonaventure, leur enseignement le sollicitait d'adhérer à la théorie d'Al Bitrogi.

Entre les deux systèmes, dont l'un s'accorde mieux avec les observations des astronomes, dont l'autre semble plus conforme aux principes des physiciens, Bacon hésite ; et malgré un effort immense pour résoudre enfin cette hésitation en une adhésion formelle soit à l'un, soit à l'autre des deux partis, toute sa vie, il demeurera dans le doute ; pour faire cesser ce doute, cependant, il n'épargnera aucune étude ; l'*Almageste* de Ptolémée aussi bien que la *Théorie* d'Alpétragius, il les lira avec plus d'attention, il les résumera avec plus d'exactitude et de soin qu'aucun docteur scolastique ne l'avait fait avant lui ; chacun de ses grands ouvrages marquera, sur les précédents, un progrès dans la connaissance des systèmes astronomiques ; mais ce progrès ne parviendra pas à fixer le choix de l'auteur.

L'un de ces progrès, que nous noterons en lisant l'*Opus tertium*, se manifestera par l'exposition des agencements d'orbes solides qu'avait imaginés Ptolémée, dans ses *Hypothèses des astres errants*, et qu'avait repris Ibn al Haitam ; de ces agencements, aucun des ouvrages, antérieurs à l'*Opus tertium* de Bacon, que nous ayons pu connaître ne contient la moindre indication ; en les décrivant très exactement, Bacon avouera que leur emploi fait évanouir bon nombre des objections formulées par Averroès contre le système des excentriques et des épicycles; mais il trouvera encore, en ce système, trop d'hypothèses inacceptables pour qu'il consente à l'adopter sans restriction.

L'invention de Ptolémée, exposée par Ibn al Haitam, ravira plus complètement l'adhésion d'un franciscain qui avait subi l'influence de Roger Bacon ; nous voulons parler de Bernard de Verdun. Bernard de Verdun verra, dans ces mécanismes, le moyen de mettre le système de Ptolémée à l'abri des objections de la Physique péripatéticienne ; comme ce système est le seul qui permette de prévoir les observations, de dresser des tables, en un mot de sauver les phénomènes, il n'hésitera pas à le proclamer vrai et à condamner le système d'Alpétragius.

La composition du traité de Bernard de Verdun semble, du moins pour l'École de Paris, signaler une date essentielle de l'histoire des doctrines astronomiques ; à partir de ce moment, le système de Ptolémée règne sans conteste sur l'enseignement scientifique de cette École ; le système d'Alpétragius et la lutte menée en sa faveur contre la théorie des excentriques et des épicycles n'y sont plus que des souvenirs.

Telle est, en résumé, l'histoire des doctrines astronomiques au sein de l'École franciscaine ; essayons de retracer en détail la suite de cette histoire.

II

ALEXANDRE DE HALES

C'est en étudiant la *Somme* d'Alexandre de Hales que nous verrons naître, dans l'Ordre de Saint François, les connaissances astronomiques.

Alexandre, élevé au monastère de Hales, dans le comté de Glocester, était déjà avancé en âge lorsqu'en **1222**, il prit la bure de frère mineur ; il mourut en **1245**. De l'homme et de la *Somme théologique* qui porte son nom, lisons ce que Roger Bacon écrivait en **1267** [1] :

« Nous avons vu de nos yeux deux hommes qui ont écrit, et nous savons qu'ils n'ont jamais rien vu de ces sciences dont ils se vantent, qu'il ne les ont jamais ouï enseigner...

» L'un d'eux est mort, l'autre est vivant. Celui qui est mort, » — c'est Alexandre de Hales que Bacon entend désigner, — « fut un excellent homme, riche, archidiacre important et, en son temps, maître en Théologie. Lorsqu'il fut entré dans l'Ordre des Frères Mineurs, il fut tout aussitôt le plus grand des Mineurs devant Dieu, non pas seulement à cause de ses louables qualités, mais pour les raisons que je viens de dire. En ce temps-là, l'Ordre des Mineurs était nouveau et le monde n'y prenait pas garde ; il a édifié le monde et relevé l'Ordre. Dès son entrée, les Frères le portèrent aux nues, lui conférèrent l'autorité en tout genre d'études et lui attribuèrent cette grande *Somme*, plus lourde qu'un cheval. Il ne l'avait pas faite ; elle avait été écrite par d'autres ; et cependant, par respect pour lui, on la mit sous son nom, on l'appela la *Somme* de frère Alexandre. L'eût-il faite en grande partie, qu'une chose n'en demeurerait pas moins vraie ; c'est qu'il n'a jamais ni ouï enseigner ni lu les Sciences naturelles et la Métaphysi-

1. FRATRIS ROGERI BACON *Opus minus* ; tertium peccatum studii Theologiæ. (FR. ROGERI BACON I. — *Opus tertium*. II. — *Opus minus*. III. — *Compendium Philosophiæ*. Edited by J. S. Brewer. London, 1859, pp. 325-327).

que, car les principaux livres traitant de ces sciences et les commentaires dont ils ont été l'objet n'avaient pas été traduits lorsqu'il prenait ses grades ès arts ; et, par la suite, ces livres demeurèrent fort longtemps frappés d'excommunication et interdits à Paris, où il a fait ses études. Aussi entra-t-il dans l'Ordre avant que ces livres eussent été enseignés une seule fois ; cela se reconnaît aisément par la date de son entrée dans l'Ordre et par celle de la dispersion de l'Université de Paris ; ces livres, en effet, demeurèrent prohibés jusqu'au temps de ses études et jusqu'au retour de l'Université, et, aussitôt après ce retour, il entra en religion, déjà vieux et maître en Théologie. Bref, il a ignoré ces sciences qui sont, aujourd'hui, communément répandues, savoir la Physique et la Métaphysique, qui sont la gloire de nos modernes études. Or, à défaut de connaître ces sciences, on ne peut savoir la Logique ; cela est évident pour tous ceux qui connaissent ces sciences. Les dix premiers livres de la Métaphysique, en effet, portent sur les sujets mêmes dont traite la Logique ; la Physique, d'autre part, a de nombreux contacts avec la Logique, tandis qu'en certains points, elle lui oppose de cruelles contradictions, contradictions qu'on ne peut connaître si l'on n'est versé en Logique. S'il lui arrive, en quelque partie de son ouvrage, de discuter de ces sciences, de l'avis de tous les théologiens, il est, en cette partie, plus terre-à-terre qu'en toute autre. Il a conservé bon nombre de propositions philosophiques vaines et fausses. De tout cela, nous avons un signe manifeste ; personne ne songe à faire écrire une nouvelle copie de cette *Somme ;* l'original pourrit chez les Frères ; personne, de nos jours, ne le touche ni ne le regarde. Assurément, il a ignoré toutes ces sciences dont je traite dans mes écrits, sciences sans lesquelles on ne peut rien savoir de celles qui sont plus répandues. Qu'il les ait ignorées, cela se voit, car en toute la *Somme* qu'on lui attribue, il n'y a pas une parcelle de vérité relative à ces sciences. »

Ce jugement de Roger Bacon sur la *Somme* d'Alexandre de Hales émane d'un homme bien informé ; et tout ce qu'on a pu, de nos jours, remarquer au sujet de cette *Somme*, n'a fait que confirmer ce qu'en disait l'*Opus minus ;* elle est bien moins une œuvre originale qu'une rhapsodie de morceaux de diverses provenances. S'il nous fallait donc apprécier quelle fut, sur certains sujets, la propre pensée d'Alexandre de Hales, elle nous serait d'un fort médiocre secours ; elle nous sera précieuse, au contraire, si nous la prenons comme un document capable de nous faire connaître l'état général de la Science, au sein de l'Ordre franciscain, au voisinage de l'an 1230 ; le caractère anonyme et, pour ainsi dire, collectif qu'elle présente en rehaussera pour nous le prix.

L'étude de l'œuvre des six jours de la création est, en la *Somme*, l'occasion de quelques considérations astronomiques ; ces considérations, d'ailleurs, semblent porter la marque de deux origines différentes.

Les plus étendues paraissent avoir été rédigées en un temps où l'emprise de la Physique péripatéticienne ne s'était pas encore établie ; Aristote n'y est guère cité, tandis que Bède ou Saint Jean Damascène y sont très fréquemment invoqués ; la substance qui forme les cieux y porte le nom de lumière. Dans un passage qui semble plus récent, au contraire, cette substance reçoit le nom de cinquième essence ; dans ce passage, d'ailleurs, le *De Cælo et Mundo* d'Aristote est cité, et il semble bien que l'auteur ait lu le commentaire d'Averroès ; ce passage paraît être un morceau ajouté après coup pour rajeunir les développements d'une science qu'on trouvait surannée.

Examinons d'abord, dans l'Astronomie qu'enseigne la *Somme* d'Alexandre de Hales, les parties que nous croyons être les plus anciennes.

La lumière ou substance lumineuse qui forme les cieux est divisée en un certain nombre d'orbes sphériques emboîtés les uns dans les autres et dont la perfection croît au fur et à mesure qu'on s'élève d'un orbe à l'orbe qui le contient. « Selon les philosophes [1], on admet l'existence de neuf sphères, savoir : Les sept sphères des astres errants, la sphère des étoiles qu'on appelle fixes, et la sphère du mouvement diurne ; selon certains philosophes, en effet, on dit que celle-ci est distincte de la sphère des étoiles. D'après cela, si l'on ajoute le ciel Empyrée, qui n'est aucun des cieux précédents, il y aurait dix sortes de lumières. »

L'existence des sept orbes des astres errants et de l'orbe des étoiles fixes ou firmament ne fait pas question ; la réalité des deux cieux les plus élevés est donc la seule que notre auteur se propose d'établir.

L'existence de l'orbe qui enveloppe le ciel des étoiles fixes est établie au sujet de cette question : Y a-t-il des eaux au-dessus du

1. ALEXANDRI DE ALES *Summe* Pars II, quæst. XLVII, membrum I. — Nous citons d'après l'édition *princeps*, en quatre volumes in-f°, dont le second volume a pour titre : *Tabula tractatuum huius secunde partis summe* ALEXANDRI DE ALES. — Colophon : Explicit secunda pars summe Alexandri de Ales irrevocabilis anglici doctoris Anthonii koburger impensis Anno christiane salutis M°. cccc°. lxxx I. III kalendas decembris.

firmament ? Alexandre de Hales examine les difficultés que la Physique antique objectait à ceux qui voulaient croire à ces eaux supra-célestes ; il conclut en ces termes[1] :

« A ce sujet, on ne saurait avoir autre chose qu'une opinion, car les saints n'ont rien défini de certain ; c'est donc à titre d'opinion que j'accorde cette conclusion : Le ciel aqueux ou cristallin est formé de lumière... »

La substance du ciel qui enveloppe le firmament est donc semblable à celle qui forme les autres cieux.

Pourquoi convient-il d'admettre l'existence de cet orbe ? En le nommant sphère du mouvement diurne, Alexandre de Hales nous a laissé entrevoir qu'il connaissait la raison, tirée du mouvement lent des étoiles fixes, qui a conduit les astronomes à poser cette hypothèse ; mais cette raison astronomique, il ne l'invoque pas ; il en donne une autre qu'il tire de principes péripatéticiens.

Dans les divers mouvements des astres errants, sensiblement parallèles au plan de l'écliptique, Aristote voyait les principes de toute génération et de toute destruction, parce que ces mouvements tantôt rapprochent certains astres et tantôt les éloignent ; le mouvement diurne de l'orbe des étoiles fixes, au contraire, était un principe de permanence. Cette conclusion semblait peu logique ; le mouvement de l'orbe des étoiles fixes amène chaque jour une même étoile au-dessus du méridien d'un lieu, puis l'en éloigne ; il semblerait plus naturel de placer le principe de perpétuité dans un ciel entièrement homogène, partant dépourvu de tout astre. C'est ce que fait Alexandre de Hales.

« C'est le mouvement diurne, dit-il [2], qui conserve les choses en existence ; il est clair qu'il faut que ce mouvement soit celui de quelque corps ; il faut, d'ailleurs que ce corps soit uniforme en son tout et dans chacune de ses parties, ce que n'est pas le ciel des étoiles fixes ; il y aura donc un ciel aqueux.

»... Je crois que c'est la raison pour laquelle il a été utile et nécessaire de poser l'existence de ce ciel. Par la diversité de leur mouvement, les autres corps célestes sont des principes de génération et de corruption ; celui-là, par son mouvement toujours conforme à lui-même, détermine les choses à se conserver dans leur être. Il y a, en effet, entre les cieux, une certaine continuité. Le ciel aqueux, en son continuel mouvement, meut le ciel qui lui est voisin ; celui-là meut le suivant ; ainsi le ciel aqueux fait se mouvoir d'une manière actuelle les choses qui ont possibilité de

1. ALEXANDRI DE ALES *Op. laud.*, Pars II, quæst, L, membrum I.
2. ALEXANDRI DE ALES *Op. laud.*, Pars II, quæst. L, membrum IV.

se mouvoir ; ainsi produit-il la conservation des choses en leur existence. »

« Le ciel qu'on nomme empyrée existe [1], lui aussi, pour une certaine cause ; mais sa raison d'être n'est ni la continuation de la génération et de la corruption, ni la conservation des choses corruptibles en leur être ; il a pour objet de compléter l'Univers relativement aux genres de corps qui s'y trouvent, de faire qu'il s'y rencontre un milieu entre des extrêmes bien déterminés, et de manifester par là la suprême Puissance, la suprême Sagesse et la suprême Bonté. Les extrêmes, en effet, sont la substance lumineuse portée à son extrême limite et la substance opaque portée à son extrême limite ; or la substance lumineuse portée au suprême degré c'est ce qu'on nomme l'Empyrée » ; tandis que la terre est, cela va sans dire, la substance opaque portée à son suprême degré.

Le ciel empyrée se meut-il [2] ? Non, à cause de son homogénéité et de sa symétrie absolues ; « comme il est uniforme, il n'y a en lui rien qui distingue la droite de la gauche ; dans sa nature, il n'y a ni principe ni milieu ni fin ; il ne se meut donc pas », ni de mouvement circulaire, car le mouvement circulaire exige une dissymétrie qui oppose la gauche et la droite, ni de mouvement rectiligne, qui requerrait un commencement, un milieu et une fin.

Le ciel empyrée complète l'Univers qui, grâce à lui, renferme tous les genres de corps qui se puissent concevoir.

« La substance qui donne la lumière [3] peut exister de deux manières extrêmes différentes ; ou bien elle sera uniforme et sans mouvement, ou bien non-uniforme et douée de mouvement ; elle peut aussi exister d'une manière intermédiaire, car elle peut être non-uniforme et privée de mouvement ou bien uniforme et en mouvement.

» Cette substance est-elle absolument uniforme et immobile ? C'est alors le ciel empyrée. Est-elle absolument uniforme, mais en mouvement ? C'est le ciel cristallin. Si elle n'est pas entièrement uniforme et si, en même temps, elle est en mouvement, ce sera le ciel étoilé, car celui-ci n'a pas une égale luminosité dans toutes ses parties. Quant à la quatrième sorte de substance lumineuse, celle qui ne serait pas uniforme et serait cependant immobile, elle ne saurait exister, car ce qui n'est pas uniforme se meut nécessai-

1. ALEXANDRI DE ALES *Op. laud.*, Pars. II, quæst. XLVII, membrum I.
2. ALEXANDRI DE ALES *Op. laud.*, Pars. II, quæst. XLVII, membrum III.
3. ALEXANDRI DE ALES *Op. laud.*, Pars. II, quæst. XLVII, membrum V.

rement. L'ordre dans lequel se doivent ranger ces divers cieux est, d'ailleurs, en évidence ; ce qui est uniforme et immobile est plus digne que ce qui est uniforme et en mouvement ; de même, ce qui est uniforme et en mouvement est plus digne que ce qui n'est ni uniforme ni immobile. »

Assurément, en tout cela, il n'y a guère d'Astronomie, et Bacon ne se trompait sans doute pas lorsqu'il accusait son confrère d'être peu versé dans cette science ; mais on ne saurait refuser à ces aperçus une certaine grandeur métaphysique.

Alexandre de Hales, d'ailleurs, ou les Frères mineurs auxquels il prête son nom, ont entendu quelque écho de la querelle qui met aux prises, au sujet du problème astronomique, les mathématiciens et les physiciens. Cette querelle, ils la comprennent comme Guillaume d'Auvergne la comprenait vers le même temps, comme Saint Bonaventure la comprendra un peu plus tard. Les agencements d'orbes solides à l'aide desquels Ptolémée et Ibn Al Haitam donnaient aux astres des mouvements semblables à ceux que l'*Almageste* leur attribue sont absolument ignorés d'Alexandre de Hales et de ses collaborateurs ; pour eux, deux doctrines astronomiques sont en présence ; l'une, qui est celle d'Aristote et des physiciens, imagine que chaque astre est enchâssé dans un orbe solide dont le mouvement l'entraîne ; selon l'autre, qui est celle de Ptolémée et des mathématiciens, chaque astre se meut librement au sein de la substance fluide qui remplit son orbe et qu'entraîne le mouvement diurne.

De ces deux doctrines, quelle est celle qui est admise par la *Somme* mise au compte d'Alexandre de Hales? Il semble bien que les divers rédacteurs de cette compilation aient, sur ce point, oublié de se mettre d'accord entre eux.

L'un d'eux, en effet, celui qui paraît avoir écrit presque tout ce qui concerne les cieux, celui qui nomme la substance céleste la lumière ou le lumineux, paraît opter pour le système qui fixe chaque astre à son orbe solide.

La lumière qui constitue les orbes des diverses planètes est d'autant plus noble, pense-t-il [1], partant d'autant plus légère que l'orbe au sein duquel elle se trouve est plus élevé ; la lumière de Saturne doit être plus parfaite et plus légère que celle des autres planètes ; « d'après cela, Saturne devrait se mouvoir plus vite que les autres astres errants, tout comme nous voyons, parmi les corps d'ici-bas, que celui qui est le plus léger se meut le plus vite, que

1. ALEXANDRI DE ALES *Op. laud.*, Pars II, quæst. XLVI, membrum V, art. II.

le feu, par exemple, se meut plus vite que l'air. Or cette conséquence est fausse ; bien plus, Saturne semble se mouvoir plus lentement que toutes les autres planètes, car il n'achève sa course qu'en vingt-huit ans ».

« Au sujet de cette objection selon laquelle Saturne devrait se mouvoir plus vite que les autres astres errants », poursuit notre auteur, « je dis qu'il pourrait bien se faire que Saturne se mût plus vite que les autres si les planètes se mouvaient d'un mouvement propre, indépendamment du mouvement de leurs sphères, comme l'admit un certain philosophe. Mais il n'en est pas ainsi ; Saturne se meut du mouvement de sa sphère qui ne se meut pas plus rapidement que les sphères des autres planètes. »

Ce langage surprendrait de la part d'un auteur qui connaîtrait le système d'Alpétragius ; il saurait qu'on peut, à la fois, fixer chaque planète à son orbe, et admettre que les orbes des diverses planètes tournent tous d'Orient en Occident, d'autant plus vite qu'ils sont plus élevés. Mais le Frère mineur auquel on doit cette partie de la *Somme* ignore encore la *Théorie des planètes* d'Alpétragius, que Michel Scot venait de traduire ; l'hypothèse qui fait marcher tous les astres dans le même sens lui apparaît sous la forme que lui donnait Cléanthe ; il la relie à l'hypothèse qui donne à chaque astre la liberté de son cours au sein du ciel fluide ; ainsi apparaissait-elle à ceux qui la connaissaient seulement par des écrits tels que le *Commentaire au Timée* de Chalcidius.

Dans la question que nous venons de citer, la *Somme* d'Alexandre de Hales affirme que chaque astre, serti dans son orbe, suit le mouvement de cet orbe ; elle soutient une opinion différente dans un autre passage [1]. Ce passage semble être d'une rédaction plus récente ou d'un rédacteur mieux informé ; l'opinion soutenue au *De Cælo et Mundo* par le « Philosophe » y est invoquée ; l'auteur résume, un peu confusément il est vrai, l'argumentation d'Aristote contre le mouvement propre des étoiles et, probablement, l'argumentation d'Averroès contre les hypothèses de Ptolémée.

« Si les astres », dit-il, « se mouvaient de mouvement propre, ou bien ils diviseraient la substance qui forme leurs orbes, ou bien ils ne la diviseraient point. S'ils ne la divisaient pas, il faudrait que deux corps fussent, en même temps, au même lieu, ce qui ne saurait être. S'ils la divisaient, c'est donc que la cinquième essence

1. ALEXANDRI DE ALES *Op. laud.*, Pars II, quæst. LII, membrum II, art. V.

souffrirait d'être partagée comme le souffrent l'air et l'eau, en sorte qu'elle serait un corps susceptible de raréfaction et de condensation ; comme telle, elle serait corruptible ; or il est de la volonté de Dieu que les corps célestes ne se corrompent pas ; ils ne peuvent donc se raréfier ni se condenser.

» En outre cette condensation et cette raréfaction attesteraient que cette substance peut avoir plus ou moins de matière ; cela est rare, en effet, qui a plus de volume et moins de matière, et il en est au contraire pour le dense. Or cela ne saurait convenir à ce corps ; il ne saurait donc être susceptible de condensation ni de raréfaction.

» Par ces raisons, donc, et par d'autres que le Philosophe expose au livre *Du Ciel et du Monde*, il reste qu'un astre ne se meut point de mouvement propre, mais qu'il participe au mouvement de son orbe. »

Mais à ces raisons, l'auteur de la *Somme* en oppose d'autres qu'il semble regarder comme plus puissantes :

« Ces suppositions », dit-il, « supprimeraient les différents mouvements que les astronomes disent être au cours de la Lune, mouvements qui se font selon l'excentrique, selon l'épicycle et selon les divers cercles qu'ils allèguent ; les progressions, les rétrogradations et les autres variations qui s'observent en la marche des planètes disparaîtraient si ces astres n'avaient pas de mouvements propres.

» On dit que le ciel n'admet pas de division et qu'ainsi, une planète ne saurait se mouvoir dans les espaces célestes ; mais cette objection ne vaut pas, car cette planète se peut mouvoir comme elle se mouvrait au travers de l'air sans diviser cet air ; aucun accident ne pourrait survenir lorsqu'elle se déplacerait d'un lieu dans un autre au sein de l'air qui demeurerait immobile ; et la substance au sein de laquelle elle se trouve n'est pas autre chose qu'une substance corporelle ; on aura donc affaire au mouvement d'un corps au sein d'un autre corps qui demeure sans division, ces deux corps n'étant pas de même fluidité ; [les partisans de cette opinion] affirment donc que la planète, qui possède plus de luminosité, se meut à travers l'espace qu'occupe la substance céleste sans laisser de division dans cette substance. »

Cette opinion, qui paraît ravir le suffrage de l'auteur, est exactement celle que Ptolémée professait dans l'*Almageste*.

Le Frère mineur auquel la *Somme* a emprunté ce passage n'ose pas, d'ailleurs, donner à ce débat une conclusion tranchante ; aux astronomes, et non aux théologiens, il appartient de le juger.

« Voici ce qu'il faut dire à ce sujet : Les astres sont-ils placés dans le firmament de telle manière ou de telle autre ? Chacun d'eux est-il fixé dans son orbe ou bien se meut-il par lui-même ? L'examen de cette question doit-il être laissé à ceux qui s'occupent spécialement de ces sujets, tout en supposant la vérité de ce que dit l'Écriture ; mais s'il arrivait qu'un des partis pût se trouver assuré par les textes de l'Ecriture, il faudrait adhérer à ce parti ». Liberté donc aux astronomes de disputer entre eux au sujet des divers systèmes, là où les Saintes Lettres n'imposent pas une doctrine déterminée.

III

SAINT BONAVENTURE

A cet Alexandre de Hales dont toute la gloire, peut-être, est d'avoir prêté son nom à une *Somme* qu'il n'avait point écrite, faisons succéder son illustre disciple Saint Bonaventure.

Né en 1221 à Bagnorea, en Toscane, Jean Fidanza prit le nom de Bonaventure en revêtant l'habit franciscain. En 1242, il vint à Paris suivre les études de son ordre, études auxquelles Alexandre de Hales présidait ; Guillaume d'Auvergne était alors évêque de Paris. En 1248, il reçut la *licentia publice legendi* à l'Université parisienne ; en cette même année, il commença la rédaction de ses commentaires aux *Quatre livres des Sentences* de Pierre Lombard. Général de son ordre en 1257, cardinal en 1273, le *Docteur séraphique* mourut à Lyon, en 1274, pendant les sessions du concile ; son saint émule Thomas d'Aquin l'avait, de quelques semaines, précédé dans la mort.

C'est en commentant ce que le Maître des Sentences a dit de la création du Ciel que Bonaventure trouve occasion de développer ses pensées au sujet de l'Astronomie [1].

Bonaventure expose le différend qui s'est élevé entre les mathématiciens, partisans du système de Ptolémée, et les physiciens, défenseurs du système d'Aristote ; mais pour lui, comme pour Guillaume d'Auvergne, le point essentiel du débat est celui-ci : Les physiciens enseignent que chaque astre est incrusté dans son orbe et ne peut avoir d'autre mouvement que celui qui emporte

1. Celebratissimi Patris Domini BONAVENTURÆ DOCTORIS SERAPHICI *In secundum librum Sententiarum disputata ;* dist. XIV, pars. II, quæst. II : Utrum luminaria moveantur in orbibus suis motibus propriis.

cet orbe ; les mathématiciens admettent que chaque planète se meut d'un mouvement propre au sein de la substance fluide qui la baigne ; que les mouvements attribués aux planètes par les mathématiciens puissent, eux aussi, être réalisés par des rotations d'orbes solides en certains desquels les planètes seraient serties, Bonaventure n'y songe pas plus que ses maîtres, Alexandre de Hales et Guillaume d'Auvergne. Faute de faire cette remarque, il deviendrait malaisé de comprendre ce que Bonaventure écrit à propos de cette question : Les astres, dans leurs orbites, se meuvent-ils de mouvements propres ?

« A ce sujet, il y eut une controverse entre les naturalistes et les mathématiciens.

» Les mathématiciens considèrent surtout l'apparence céleste ; ils cherchent à sauver cette apparence en même temps que la perpétuité et l'uniformité du mouvement ; dans ce but, ils imaginent des excentriques et des épicycles, et ils supposent que les planètes se meuvent d'un mouvement propre sur ces épicycles ; par ce procédé, bien que l'uniformité du mouvement soit sauvegardée, une planète semble tantôt s'abaisser, tantôt s'élever, par l'effet des mouvements de la planète elle-même sur son épicycle, de l'épicycle sur l'excentrique, enfin de l'excentrique autour de son centre propre qui est extérieur au centre du Monde. »

A cette théorie on peut faire diverses objections ; Bonaventure les expose ; voici la dernière, qui paraît empruntée à Averroès :

« Si les planètes se meuvent de mouvements propres, il arrivera que deux corps occuperont en même temps le même lieu ; ou bien, il faudra que la voie selon laquelle la planète doit cheminer demeure vide ; ou bien, enfin, que le corps céleste soit susceptible de condensation et de raréfaction, c'est-à-dire de corruption. Or ces trois suppositions sont manifestement impossibles.

» A l'objection que leur font les naturalistes touchant la continuité du corps céleste, les mathématiciens répondent qu'il n'y a aucun inconvénient à supposer la division de ce corps par suite du mouvement de la planète, car ce corps est de nature ignée. D'autres disent que les planètes peuvent se mouvoir au sein de ce corps sans le diviser, car le corps qui constitue la lumière peut se trouver au même lieu qu'un autre corps.

» L'hypothèse admise par les naturalistes est conforme à celle d'Aristote et du Commentateur. Ils supposent que les planètes n'ont aucun autre mouvement que le mouvement de leurs orbites ; de même, un clou fiché dans une roue se meut du mouvement de la roue, mais non d'un mouvement propre. Ils admettent cette supposition à cause de l'incorruptibilité du corps céleste, qui ne peut être divisé, et qui ne peut livrer passage à aucun corps étranger. Ils admettent, en outre, que tous les orbes, tant inférieurs que supérieurs, ont un même centre, qui est le centre du Monde ; tous ces orbes sont d'une rotondité parfaite ; ils tournent sans se compénétrer aucunement les uns les autres. Ils admettent, enfin, que les orbes divers ont les uns une vitesse plus grande, les autres une vitesse moindre ; c'est de là que résultent les mouvements tantôt directs et tantôt rétrogrades des planètes ; en effet, lorqu'un corps marche beaucoup plus vite qu'un autre corps, celui-ci semble reculer. Toutes ces suppositions semblent s'accorder fort bien avec la raison. »

En faveur du système de Ptolémée, les géomètres invoquent l'accord des observations avec les prévisions déduites de ce système. A cet argument, Bonaventure oppose une réponse identique à celle que lui oppose Thomas d'Aquin :

« Au jugement des sens, il semble que la supposition des mathématiciens soit la plus exacte, car les déductions et les jugements qu'ils fondent sur cette supposition ne les conduisent à aucune conséquence erronée touchant les mouvements des corps célestes. Toutefois, au point de vue de la réalité, il n'est pas nécessaire que cette position soit plus vraie (*secundum rem tamen non oportet esse verius*) ; car le faux est souvent un moyen de découvrir la vérité ; il semble que le philosophe de la nature use d'une méthode et d'une supposition plus raisonnable. »

Saint Bonaventure accumule les preuves en faveur du système des sphères homocentriques ; il réfute les objections que font valoir, contre ce système, les adeptes de l'*Almageste* ; il assure, en particulier, que les orbes contigus ne se gênent pas l'un l'autre en leurs mouvements ; puis il ajoute :

« On tire objection des mouvements directs ou rétrogrades des planètes ; à cette objection, il faut faire une réponse dont nous avons déjà touché un mot. Les sens semblent nous manifester de tels mouvements ; mais ils sont dûs simplement aux vitesses plus ou moins grandes des divers orbes ; celui qui saurait bien expliquer ces diverses vitesses pourrait rendre compte, par cette méthode, des apparences que les mathématiciens se proposent de sauver lorsqu'ils imaginent les excentriques et les épicycles. Mais cette explication concerne une autre science. »

Très nettement, en ce dernier passage, nous retrouvons la pensée, et presque le discours d'Averroès.

La science à qui il appartiendrait de mener à bien l'explication dont Bonaventure se borne à marquer le principe, c'est l'Astronomie ; il ne paraît pas que le Docteur Séraphique ait consacré beaucoup de temps à la culture de cette science ; il semble qu'il n'en ait pas acquis la connaissance sérieuse qu'en avaient les docteurs dominicains, ses illustres contemporains, qu'en avaient Albert le Grand et Saint Thomas d'Aquin ; en particulier, la *Théorie des planètes* d'Alpétragius semble lui être demeurée inconnue.

De cette connaissance médiocre des théories astronomiques familières à ses contemporains, Bonaventure nous laisse le témoignage en son commentaire aux *Livres des Sentences*. Il y discute, en effet, cette question [1] : Existe-t-il, au delà du firmament qui porte les étoiles fixes, un neuvième orbe céleste dépourvu d'étoiles ?

A ce sujet il écrit :

« A la question posée, on doit faire cette réponse : Il est un orbe qui peut se mouvoir bien qu'il soit privé d'étoile ; c'est le ciel aqueux, qui est le premier mobile ; il se meut uniformément de l'Orient à l'Orient en passant par l'Occident ; par sa vertu sont entraînés le firmament et tous les orbes inférieurs, de telle sorte qu'ils accomplissent une révolution d'Orient en Orient dans un jour naturel, c'est-à-dire dans une durée de vingt-quatre heures ; ce ciel, cependant, n'est point perceptible à nos sens. Certains philosophes ont pensé que le firmament était le premier mobile ; mais certains autres philosophes ont reconnu que le firmament lui-même était animé d'un mouvement propre et qu'il avançait d'un degré en cent ans. Que cette dernière proposition soit vraie ou fausse, il faut retenir cette conclusion : Les docteurs en Théologie admettent communément qu'il existe, au delà du firmament, un ciel mobile privé d'étoiles. »

Bonaventure ne semble pas s'être soucié de ce qu'on a pu dire, au sujet de la précession des équinoxes, depuis le temps de Ptolémée ; de ce mouvement même, tel que l'*Almageste* le faisait connaître, il ne paraît pas fort assuré ; il n'ose en citer l'existence comme une preuve péremptoire de l'existence du neuvième ciel. Robert Grosse-Teste, cependant, donnait, de ce phénomène et des théories qu'il a provoquées, une connaissance autrement profonde et détaillée à ceux des Frères mineurs qui furent ses disciples ; nous en serons convaincus par la lecture des écrits de Roger Bacon, confrère et presque contemporain de Saint Bonaventure.

1. Celebratissimi Patris Domini BONAVENTURÆ DOCTORIS SERAPHICI *In secundum librum Sententiarum disputata* ; dist XIV, pars II, quæst. III : Utrum conveniat alicui orbi moveri absque stellis.

IV

ROGER BACON. LE **Traité du calendrier**. L'**Opus majus**

Nous avons déjà entendu [1] l'enseignement de Roger Bacon, alors que, simple maître ès arts, il commentait, à l'Université de Paris, la *Physique* et la *Métaphysique* d'Aristote ; cet enseignement nous a semblé fort pauvre de connaissances astronomiques, presque aussi pauvre que celui d'Alexandre de Hales ou que celui de Saint Bonaventure.

Le Bacon dont nous allons maintenant lire les œuvres a, des choses du ciel, une science tout autrement profonde et étendue. C'est qu'il est allé à Oxford revêtir la bure des Mineurs, et que, dans leur couvent, il a trouvé les études en pleine floraison, grâce à l'influence de deux hommes dont, bien souvent, ses louanges uniront les noms : Robert Grosse-Tête, évêque de Lincoln, et frère Adam de Marsh.

La lecture des opuscules de ces deux savants a révélé à Roger Bacon les principes de l'Astronomie ; elle l'a initié à cette science où ses études ultérieures lui feront accomplir d'incessants et rapides progrès.

Constamment occupé par la solution d'un certain nombre de problèmes, Roger Bacon se hâte de faire connaître au pape, lorsqu'il ne peut la rendre publique, la solution qu'il pense avoir trouvée de chacun de ces problèmes; mais tout aussitôt, à son intelligence toujours désireuse de plus de clarté, de plus d'unité, cette solution semble imparfaite ; il la reprend alors pour la rendre plus complète, pour la mieux relier aux solutions des autres problèmes qui hantent sa pensée ; aussi, en chacun des écrits que son inlassable activité et son inépuisable fécondité précipitent les uns sur les autres, reprend-il, pour les retoucher, les perfectionner, les transformer, les exposés qu'il avait donnés dans ses écrits précédents. Pour suivre l'évolution de cette pensée toujours en travail et toujours en progrès, il nous faut examiner successivement, et dans l'ordre même où ils ont été produits, les divers ouvrages où elle est venue se fixer pour un bref moment.

Roger Bacon est un fidèle disciple de Robert Grosse-Teste ; dans ses écrits, il cite fréquemment le nom de ce maître, en l'accompagnant des éloges les plus flatteurs; on ne saurait donc s'étonner de reconnaître, dans la pensée de Bacon, la marque

1. Voir : Seconde partie, Ch. V, § V ; ce tome, pp. 260-277.

laissée par l'influence de l'Évêque de Lincoln. En fait, bon nombre des théories que Bacon développe avec le plus de complaisance, la théorie des marées, par exemple, ou la théorie *de multiplicatione specierum*, se trouvent en germe dans les *Opuscules* de Grosse-Teste [1].

La réforme du calendrier avait vivement préoccupé Robert Grosse-Teste ; il avait, nous l'avons dit, composé un traité du calendrier, *De compoto*. *De compoto* est également le titre d'un ouvrage de Roger Bacon, le plus ancien que nous connaissions.

Malheureusement, ce traité, conservé en manuscrit à la *Royal Library* du *British Museum* est, jusqu'ici, demeuré inédit ; seuls, le préambule et la table des chapitres ont, été reproduits par Émile Charles dans sa thèse sur Roger Bacon [2]. En outre, Émile Charles a cité [3] une phrase extraite du corps de l'ouvrage ; cette phrase est la suivante : « De notre temps, c'est-à-dire quatre cent quatre-vingts ans après la découverte de Thébith et l'an de l'Incarnation **1263**, nous adhérons à cette opinion ».

Cette phrase est précieuse ; d'abord, elle nous fait connaître l'année, **1263**, où Bacon écrivit son traité *De compoto ;* puis elle nous apprend qu'à l'exemple de Robert Grosse-Teste, Bacon connaissait et adoptait la théorie de la précession des équinoxes proposée par Thâbit ben Kourrah.

La réforme du calendrier ne cessera d'être l'objet de l'une des des plus vives préoccupations de Bacon. En son *Opus majus* [4], qui fut composé à Paris, au plus tard en **1267** [5], et que nous allons analyser, il presse vivement le pape Clément IV d'accomplir cette urgente transformation ; il réitérera ses instances dans l'*Opus tertium* [6] qu'il date lui-même de l'année **1267** [7].

1. Voir à ce sujet : LUDWIG BAUR, *Der Einfluss der Robert Grosseteste auf die Wissenschaftliche Richtung des Roger Bacon (Roger Bacon, Essays contributed by Various Writers on the Occasion of the Commemoration of the Seventh Centenary of his Birth.* Collected and Edited by A. G. Little. Oxford, at the Clarendon Press, 1914, pp. 34-54).

2. ÉMILE CHARLES, *Roger Bacon, sa vie, ses ouvrages, ses doctrines, d'après des textes inédits ;* thèse de Paris. Bordeaux, 1861, pp. 336-337.

3. ÉMILE CHARLES, *Op. laud.*, p. 78.

4. FRATRIS ROGERI BACON, Ordinis Minorum, *Opus majus ad Clementem quartum, Pontificem Romanum*, ex MS. Codice Dubliniensi, cum aliis quibusdam collato, nunc primum edidit S. Jebb., M. D., Londini, typis Gulielmi Bowyer, MDCCXXXIII. — *The Opus majus of* ROGER BACON edited with Introduction and Analytical Table by John Henry Bridges, London, Edimburgh and Oxford, 1900.

5. ROGERI BACON *Opus majus*, éd. Jebb., præfatio ; éd. Jebb., p. 177, en note ; éd. Bridges, p. 281. — ÉMILE CHARLES, *Op. laud.*, p. 79.

6. FR. ROGERI BACON *Opera quædam hactenus inedita*. Vol. I contained : I. *Opus tertium*. II. *Opus minus*. III. *Compendium philosophiæ*. Edited by J. S. Brewer. London, 1859.

7. ROGERI BACON *Opus tertium*, cap. LXX ; éd. Brewer, p. 289 et p. 290.

Le problème de la réforme du calendrier ne peut être résolu si l'on ne connaît la loi de précession des équinoxes ; Roger Bacon se montre donc, comme Robert Grosse-Teste, vivement préoccupé de la théorie de ce mouvement ; mais, pas plus que son maître, il ne paraît avoir arrêté son choix sur l'une des formes que cette théorie avait successivement revêtues.

Parfois, nous le voyons admettre [1], avec Ptolémée, que la sphère des étoiles fixes accomplit une révolution complète en 36.000 ans. Ailleurs [2], il suppose que l'équinoxe avance seulement d'un jour en cent-vingt ans ; « c'est », ajoute-t-il, « l'opinion qui semble, de nos jours, la mieux prouvée ».

Il connaît, aussi, le mouvement oscillant que Thâbit ben Kourrah a proposé de substituer au mouvement de précession imaginé par Hipparque et Ptolémée ; en faveur du système de Thâbit, il donne [3] même un argument dont nous reparlerons tout à l'heure.

Il paraît ignorer, d'ailleurs, que certains astronomes aient proposé d'admettre simultanément le mouvement de précession et le mouvement de trépidation. Par deux fois [4], il cite les *Tables de Tolède* où, conformément aux doctrines de Thâbit et d'Al Zarkali, le mouvement de trépidation est le seul qui se compose avec le mouvement diurne pour déterminer le déplacement des étoiles ; mais, il ne semble pas connaître l'hypothèse admise par les *Tables Alphonsines*, qui font coexister le mouvement de trépidation avec le mouvement de précession admis par Hipparque et par Ptolémée.

La sphère des étoiles fixes n'est donc animée que de deux mouvements, savoir le mouvement diurne et un autre mouvement très lent; celui-ci est ou bien le mouvement de précession admis par Hipparque, Ptolémée et Albatégni, ou bien le mouvement de trépidation imaginé par Thâbit et Al Zarkali. Partant, au-dessus de la huitième sphère, qui porte les étoiles, Bacon n'a besoin d'admettre qu'une seule sphère mobile, la neuvième. A la vérité, il parle d'une dixième sphère [5]. Mais il nous rappelle [6] que « les théologiens, aux *Livres des Sentences* et dans leurs traités sur les *Livres des Sentences*, s'inquiètent de savoir si les cieux sont continus ou discontinus, quel en est le nombre, surtout à cause du neuvième ciel et du

1. ROGERI BACON *Opus majus*, éd. Jebb, p. 112 ; éd. Bridges, vol. I, p. 181.
2. ROGERI BACON *Opus majus*, éd. Jebb, p. 173 ; éd. Bridges, vol. I, p. 275.
3. ROGERI BACON *Opus majus*, éd. Jebb, p. 120 ; éd. Bridges, vol. I, p. 192.
4. ROGERI BACON *Opus majus*, éd. Jebb, p. 123 et p. 187 ; éd. Bridges, vol. I, p. 195 et p. 298.
5. ROGERI BACON *Opus majus*, éd. Jebb, p. 144 ; éd. Bridges, vol. I, p. 229.
6. ROGERI BACON *Opus majus*, éd Jebb, pp. 112-113 ; éd. Bridges, vol. I, pp. 181-182.

dixième. ». Lors donc que Bacon compte un dixième ciel, c'est assurément, à l'imitation de plusieurs commentateurs des *Livres des Sentences*, d'un ciel immobile qu'il entend parler.

Comment convient-il de représenter le mouvement des planètes? Faut-il recevoir les excentriques et les épicycles de l'*Almageste ?* Avec Averroès et Alpétragius, faut-il les rejeter et n'admettre que des sphères célestes homocentriques? Bacon n'ignore pas le différend qui s'est élevé, à ce sujet, entre les philosophes et les mathématiciens ; il sait[1] qu'en leurs commentaires aux *Livres des Sentences*, les théologiens ont coutume d'examiner s'il y a des excentriques et des épicycles ; mais il ne paraît pas qu'en cette dispute, il ait pris parti ; il semble bien plutôt qu'il se soit laissé porter tantôt vers l'une des solutions proposées, tantôt vers l'autre, au gré d'une fantaisie variable du jour au lendemain.

Certains passages de l'*Opus majus* semblent dictés par une absolue confiance au système de Ptolémée.

Nous l'entendons, par exemple, déclarer[2] « que les actions des planètes varient beaucoup par l'effet des excentriques et des épicycles ». Ces planètes agissent plus fortement lorsqu'elles sont à l'apogée que lorsqu'elles sont au périgée car, dans le premier cas, leur course diurne est plus étendue et plus rapide que dans le second. « Lorsque la Lune est à l'apogée[3], comme il arrive en la nouvelle-lune et en la pleine-lune, ses opérations sont plus puissantes, comme les marées et la chair des poissons permettent de le constater. ». La considération des apogées des planètes joue, en Astrologie, un rôle essentiel[4].

Ailleurs, il parle[5] de la théorie compliquée des mouvements de Mercure. « Les mouvements de Mercure sont difficiles ; il tourne à la fois dans son épicycle, dans son excentrique et dans son équant.. Ce sont les plus étonnants et les plus difficiles des mouvements planétaires, comme on le voit par ce qu'en dit Ptolémée, mieux encore par les sentences d'Albatégni, de Thébit, d'Archasel (Al Zarkali), et plus probablement par les dires d'Alfragan (Al Fergani) ».

Al Fergani est, d'ailleurs, l'auteur auquel Bacon emprunte, à

1. ROGERI BACON *Opus majus*, édit. Jebb, pp. 112-113 ; éd. Bridges, vol. I, p. 181. — Cf. : *Opus tertium*, cap. LIII, édit. Brewer, p. 200.

2. ROGERI BACON *Opus majus*, édit. Jebb, p. 238 ; éd. Bridges, vol. I, p. 378.

3. ROGERI BACON *Opus majus*, édit. Jebb, p. 245 ; éd. Bridges, vol. I, p. 388.

4. ROGERI BACON *Opus majus*, édit. Jebb, p. 245 ; éd. Bridges, vol. I, pp. 387-388.

5. ROGERI BACON *Opus majus*, édit. Jebb, p. 162 ; éd. Bridges, vol. I, p. 257.

peu près textuellement, tout ce qu'il dit [1] des dimensions des divers orbes. Comme Al Fergani, il attribue à chaque planète un orbe compris entre deux sphères concentriques au Monde ; l'une de ces sphères a pour rayon la distance de l'apogée de la planète au centre de l'Univers ; l'autre a pour rayon l'écart entre ce même centre et le périgée de la planète. Chaque orbe est immédiatement contigu à l'orbe de la planète précédente et à l'orbe de la planète suivante.

A côté de ces passages de l'*Opus majus* où Roger Bacon s'exprime en disciple de Ptolémée et de ses commentateurs arabes, il en est qui semblent écrits par un partisan du système des sphères homocentriques. Il y a plus ; l'autorité de Ptolémée et celle de ses adversaires acharnés, Averroès et Al Bitrogi, sont invoquées dans un même passage [2], et presque dans une même phrase ; il s'agit, il est vrai, d'un bien étrange projet :

« Les Mathématiques peuvent construire un astrolabe sphérique dans lequel se trouve décrit tout ce que l'homme a besoin de connaître des phénomènes célestes, où les cercles et les étoiles occupent des positions exactes tant en longitude qu'en latitude ; il suffit de suivre l'artifice indiqué par Ptolémée au huitième livre de l'*Almageste ;* je veux dire par un artifice semblable, et non tout à fait par ce procédé-là, car il y faut un peu plus de soin. Mais qu'un tel instrument se meuve par l'effet du mouvement diurne, voilà qui n'est plus au pouvoir de la Mathématique. Cependant, l'expérimentateur parfait peut rechercher les moyens de produire un tel mouvement ; il est poussé vers cette recherche par une foule d'objets qui suivent le mouvement des corps célestes. Tels sont, en premier lieu, les trois éléments, qui sont animés d'un mouvement de rotation engendré par l'influence céleste, selon l'enseignement d'Alpharagius (Alpétragius), dans son livre des mouvements célestes, et d'Averroès au premier livre *Du Ciel et du Monde.* »

L'indécision entre les divers systèmes qui se partagent les esprits des doctes, l'acceptation successive ou simultanée de chacun d'eux nous paraissent caractériser, dans l'*Opus majus*, l'œuvre astronomique de Roger Bacon. Nous aurons un exemple de cette

1. ROGERI BACON *Opus majus*, édit. Jebb, pp. 143-144 ; éd. Bridges, vol. I, pp. 227-229.

2. ROGERI BACON *Opus majus*, Pars sexta hujus persuasionis et etiam sexta pars Majoris Operis. *De scientia experimentali ;* Capitulum de secunda prerogativa scientiæ experimentalis ; exemplum I ; édit. Jebb, p. 465 ; éd. Bridges, vol. II, pp. 202-203. — Cf. : *Epistola* FRATRIS ROGERI BACONIS *de secretis operibus artis et naturæ et de nullitate magiæ ;* Cap. VI ; De experimentis mirabilibus ; éd. Brewer, p. 537.

attitude hésitante qui, d'un problème posé, imagine des solutions variées, mais qui ne sait se fixer à aucune d'entre elles, en étudiant les réponses multiples que le célèbre Franciscain donne à cette question : L'homme peut-il vivre entre les tropiques et dans l'hémisphère austral ?

La région comprise entre les tropiques est inhabitable par excès de chaleur ; tout lieu situé en cette région de la Terre voit, deux fois l'an, le Soleil passer à son zénith ; la chaleur produite par le Soleil est alors extrêmement forte, parce que les rayons réfléchis ont même direction que les rayons incidents. D'autre part, le cercle décrit annuellement par le Soleil étant excentrique à la Terre, il se trouve que l'hémisphère boréal jouit d'un climat beaucoup plus tempéré que l'hémisphère austral ; l'été de l'hémisphère boréal correspond, en effet, au temps où le Soleil est le plus éloigné de la Terre, et l'hiver au temps où il en est le plus rapproché ; au contraire, le Soleil est au périgée pendant l'été des régions australes et à l'apogée pendant l'hiver de ces régions.

Tel était l'enseignement que Ptolémée donnait en sa *Géographie*.

D'autres, il est vrai, ne partageaient pas cet avis ; Avicenne, par exemple, affirmait que la zone comprise entre les tropiques jouissait d'un climat tempéré, et certains théologiens allaient jusqu'à prétendre que le Paradis terrestre se trouvait en cette région.

Robert Grosse-Teste partageait l'opinion de Ptolémée [1].

« De cette élévation du Soleil, disait-il, il résulte que la région située au delà de l'équateur est inhabitable. Le Soleil, en effet, est de 5° plus proche de la Terre lorsqu'il se trouve à l'opposé de l'*aux* (au périgée) que lorsqu'il se trouve à l'*aux*. Lors donc que le Soleil parcourt les signes méridionaux du Zodiaque, il est beaucoup plus voisin de la Terre et, en même temps, il se trouve verticalement au-dessus des régions australes ; ces deux causes réunies doublent la chaleur de l'été en ces régions. Au contraire, lorsque le Soleil traverse les signes septentrionaux du Zodiaque, il s'écarte du zénith des régions australes et, en même temps, il s'éloigne de la Terre ; d'où résulte une double cause de froid pour ces régions. Inversement, quand le Soleil approche du zénith qui se trouve au-dessus de notre tête, il s'éloigne de la Terre ; quand il s'écarte de notre zénith, il s'approche de la Terre. Il en résulte que l'hémisphère boréal jouit d'un climat tempéré, tandis que l'hémisphère austral a des saisons extrêmes. »

1. REVENDISSIMI EPISCOPI ROBERTI LINCONIENSIS *Sphæræ compendium*, cap. IV.

Ces considérations, empruntées à la *Géographie* de Ptolémée, fournissent à Robert de Lincoln une objection[1] contre le mouvement de précession des équinoxes tel qu'il est défini dans l'*Almageste :*

« Selon cette méthode de Ptolémée, il arriverait que l'*aux* (apogée) du Soleil, qui est actuellement dans les signes septentrionaux du Zodiaque, finirait par atteindre les signes méridionaux ; alors, la région actuellement habitée deviendrait inhabitable. »

Aussitôt après cette remarque, que Bernard de Trille reproduira[2], Robert de Lincoln expose le système de Thâbit ben Kourrah ; il semble, bien qu'il n'en dise rien, qu'il préfère ce système à celui de Ptolémée, parce qu'il écarte cette prophétie menaçante pour les régions actuellement habitées. Cette pensée demeure implicite en l'écrit de Robert Grosse-Teste ; nous allons la voir explicitée par son disciple Roger Bacon.

Avec Avicenne, Roger Bacon veut[3] que la zone comprise entre les tropiques jouisse d'un climat tempéré ; « mais, ajoute-t-il, je ne comprends pas, jusqu'ici, que cette zone soit très tempérée ; aussi n'est-il pas assuré que le Paradis se trouve en cette région. En effet, si l'excentricité du cercle du Soleil est disposée comme le disent les mathématiciens, il est impossible qu'il se trouve au-dessous de l'équateur un climat purement tempéré ; car le point de l'excentrique qu'on nomme l'opposé de l'*aux* s'approche de la Terre, plus que l'*aux* ne s'en approche, d'une quantité égale au cinquième du rayon de l'excentrique ; lors donc que le Soleil vient à l'opposé de l'*aux*, il brûle la région de la Terre qui se trouve au-dessous de lui, de telle sorte que rien n'y puisse vivre ».

En revanche[4], cette ardeur du Soleil dans l'hémisphère austral doit y déterminer une plus grande rareté des mers qu'en l'hémisphère boréal ; il est vrai que la grande extension de la terre ferme en l'hémisphère austral demeurerait justifiée lors même qu'on n'attribuerait pas d'excentrique au Soleil, car Averroès nous enseigne, au premier livre *Du Ciel et du Monde*, qu'il se trouve, en cet hémisphère, de plus nobles étoiles ; l'influence de ces étoiles suffirait à maintenir les continents.

1. ROBERTI LINCONIENSIS, *Op. laud.*, cap. V.
2. *Vide supra*, pp. 379-380.
3. ROGERI BACON *Opus majus*, Pars quarta hujus persuasionis, distinctio quarta, cap. IV ; éd. Jebb, p. 83 ; éd. Bridges, vol. I, pp. 136-137. — Cf. *Opus tertium*, cap. XXXVII ; édit. Brewer, pp. 119-120.
4. ROGERI BACON *Opus majus*, édit. Jebb, p. 185 ; éd. Bridges, vol. I, p. 294.

L'opinion de Pline et d'Avicenne, qui placent des régions tempérées au sud de l'équinoxe, plaît fort à Roger Bacon, et il paraît vivement préoccupé des objections que les astronomes élèvent à l'encontre de cette opinion, au nom du système de Ptolémée ; il revient encore[1] à l'examen de ces objections :

« Si le Soleil a un excentrique, il y aura, sur la Terre, du moins quant à la disposition du Ciel, des lieux qui seront inhabitables, par excès de chaleur, lorsque le Soleil se trouvera aux signes du Sagittaire et du Capricorne ; alors, en effet, le Soleil se trouve plus voisin de la Terre, ses trajectoires diurnes successives se confondent sensiblement les unes avec les autres, et les rayons solaires tombent à angle droit. Il y aura aussi des lieux qui seront inhabitables, par excès de froid, lorsque le Soleil se trouvera aux signes des Gémeaux et du Cancer, car le Soleil est alors éloigné et ses rayons tombent très obliquement. Toutefois, en ces premières régions même, il peut se trouver des pays habitables au moment où le Soleil est au périgée, grâce à certaines dispositions accidentelles de ces pays, telles que de hautes montagnes mettant obstacle à la chaleur du Soleil ou d'autres raisons analogues ; en particulier, les lieux souterrains pourront être habitables. D'autre part, dans les secondes régions, il peut se trouver certains pays qui soient plats du côté du Soleil, tandis qu'il se trouve derrière eux des montagnes très lisses et figurées comme des miroirs ardents ; malgré le froid, ces pays-là pourront être habitables alors que le Soleil est à l'apogée...

» Si nous attribuons au Soleil non pas un excentrique, mais un déférent concentrique avec un épicycle — Ptolémée dit, dans l'*Almageste*, que cela est possible — il devient facile d'expliquer que l'hémisphère austral soit habitable ; dans ce cas, en effet, le Soleil ne s'approche pas assez de la Terre pour brûler tout ce qui se trouve sous le tropique austral, et il ne s'en éloigne pas assez pour la rendre inhabitable par excès de froid.

» Si nous n'admettons ni excentrique ni épicycle, ainsi que le proposent les physiciens (*naturales*), l'habitabilité des régions australes ne présente plus aucun inconvénient. »

Nous voyons Roger Bacon hésiter, dans ce passage, non seulement entre les diverses hypothèses proposées par l'*Almageste*, mais encore entre le système de Ptolémée et le système des sphères homocentriques.

1. ROGERI BACON *Opus majus*, édit. Jebb, pp. 192-193 ; éd. Bridges, vol. I, pp. 306-307.

Ailleurs [1], nous le voyons reprendre l'objection de Robert Grosse-Teste contre le mouvement de précession des équinoxes admis par Hipparque et Ptolémée : « L'*aux* du Soleil se déplacerait d'un mouvement semblable à celui des planètes, à savoir selon l'ordre des signes du Zodiaque, et en sens contraire du mouvement diurne. Mais cela ne peut être, car les régions habitables, au-dessus desquelles se trouve l'*aux* (apogée), deviendraient inhabitables dans la suite des temps, alors que l'opposé de l'*aux* viendrait se placer au-dessus d'elles ; et au contraire, les contrées inhabitables deviendraient habitables ; cela est absurde. Il faut donc admettre que l'*aux* se meut, il est vrai, par suite du mouvement du ciel des étoiles fixes, mais que ce mouvement n'est point celui qui vient d'être imaginé. Ce mouvement est celui qu'ont admis les Indiens et Thébit ; il consiste en un mouvement alternatif de descente et d'ascension des pôles du ciel des étoiles fixes, ou bien encore en deux petits mouvements circulaires que la tête du Bélier et la tête de la Balance du ciel des étoiles effectuent respectivement autour de la tête fixe du Bélier et de la tête fixe de la Balance, qui sont deux points du neuvième ciel. Par ce même mouvement, les têtes du Cancer et du Capricorne se meuvent alternativement en avant et en arrière, vers l'Orient, puis vers l'Occident, sur la circonférence de l'écliptique immobile. C'est ce qu'on voit dans le système imaginé par Thébit ; celui-ci, suivant les avis des Indiens, a complété, en cette partie, l'œuvre de Ptolémée. Tel est donc le mouvement que Thébit attribue à la huitième sphère. Azarchel, dans ses canons et dans ses tables, partage son avis, et aussi Albumasar, dans son livre *Des grandes conjonctions ;* tous les astronomes, aujourd'hui, en usent de même. Mais, de la sorte, ils attribuent à l'*aux* solaire un mouvement qui est alternativement direct et rétrograde ; il ne dépasse pas le signe des Gémeaux, en sorte qu'il ne fait pas le tour de la Terre et que l'opposé de l'*aux* ne se trouve jamais au-dessus des régions actuellement habitables. »

1. ROGERI BACON *Opus majus*, éd. Jebb, p. 120 · éd. Bridges, vol. I, p. 192.

V

L'Opus minus DE ROGER BACON

Au cours de l'*Opus majus*, la pensée de Bacon nous est apparue singulièrement flottante ; ballotée entre les deux doctrines incompatibles qui se partagent, à ce moment, les préférences des astronomes et des physiciens, elle se laisse porter tantôt vers l'une et tantôt vers l'autre ; parfois même, par un étrange éclectisme, elle semble les accueillir toutes deux à la fois, en dépit des contradictions qui les opposent l'une à l'autre.

Si l'*Opus majus* témoigne de l'hésitation où Bacon se trouvait entre le système de Ptolémée et le système d'Al Bitrogi, il ne nous montre aucune discussion systématique par laquelle le savant Franciscain ait tenté de faire un choix raisonné.

A peine Bacon avait-il envoyé l'*Opus majus* à Clément IV qu'il reprenait la plume pour rédiger une seconde lettre, également adressée au pape, qui complétât la première ; cette seconde lettre fut l'*Opus minus*.

L'*Opus minus* est, aujourd'hui, presque entièrement perdu ; on n'en possède d'une manière certaine qu'un fragment peu étendu qui a été publié, en 1859, par J. S. Brewer[1] ; et ce fragment ne contient rien qui concerne les théories astronomiques.

Cependant, l'*Opus minus* contenait des développements étendus sur l'Astronomie et, aussi, sur l'Astrologie ; c'est Bacon lui-même qui nous l'apprend dans un écrit composé ultérieurement, l'*Opus tertium* ; résumant, dans cet ouvrage, le contenu de l'*Opus minus*, il dit :[2]

« En énumérant, [dans l'*Opus minus*], les diverses parties de l'*Opus majus*, j'ai inséré, dans la partie mathématique, beaucoup de choses touchant la connaissance des corps célestes ; elles y sont considérées soit en elles-mêmes, soit dans leurs rapports avec les choses inférieures qui sont engendrées par leurs vertus, selon les diverses régions et, en une même région, dans des temps dif-

1. Fr. Rogeri Bacon *Opera quædam hactenus inedita*. Vol. I contained : *Opus tertium*. II. *Opus minus*. III. *Compendium philosophiæ*. Edited by J. S. Brewer, London, 1859.

2. Bibliothèque Nationale, fonds latin, ms. n° 10.264, fol. 221, v°. — *Un fragment inédit de l'Opus tertium de* Roger Bacon, *précédé d'une étude sur ce fragment, par* Pierre Duhem. Ad Claras Aquas (Quaracchi), 1909 ; p. 180.

férents ; c'est un de mes écrits les plus importants (*et hoc est unum de majoribus quæ scripsi*) ».

Il serait bien intéressant, pour notre objet, de connaître ce traité *De cælestibus* qui se trouvait inséré dans l'*Opus minus* et, en particulier, ce que Bacon y pouvait dire des systèmes astronomiques. Or, nous croyons avoir retrouvé le fragment de ce traité où les théories d'Alpétragius et de Ptolémée étaient comparées l'une à l'autre ; nous allons dire comment.

A titre de couronnement de ses travaux, Bacon avait écrit, ou commencé d'écrire, un vaste ouvrage où il se proposait d'exposer les principes généraux de la Physique ; *Communia naturalium* est le titre que le savant Franciscain donnait à cet ouvrage. Divers manuscrits nous ont conservé un fragment très étendu de ce traité de Physique [1] ; peut-être même nous en gardent-ils tout ce que Bacon en avait rédigé.

Pour composer cet ample exposé de la Physique, Bacon se servait, cela va de soi, de ses écrits antérieurs ; il en reprenait les diverses parties qu'il modifiait, résumait ou étendait jusqu'à ce qu'elles lui parussent aptes à prendre place en l'ouvrage qu'il avait conçu.

C'est ainsi qu'en l'appareil du premier livre des *Communia naturalium*, nous reconnaissons maint fragment, plus ou moins retaillé de l'*Opus majus*. Les matériaux fournis par l'*Opus tertium* ont été, plus immédiatement encore, employés à la construction du nouvel édifice ; parfois, ils portent encore la marque de leur première origine en des phrases telles que celles-ci : « *In hoc Opere tertio* ». Avant que ne fût connue la partie de l'*Opus tertium* à laquelle ces fragments ont été empruntés, ces indices si nets avaient pu induire en erreur un érudit comme Émile Charles, et lui faire prendre les *Communia naturalium* pour un débris de l'*Opus tertium*.

Ce procédé de composition des *Communia naturalium*, qui en fait une sorte de mosaïque de chapitres empruntés plus ou moins textuellement aux anciens écrits de Bacon, est particulièrement net en la partie qui termine l'ouvrage ou, pour parler plus exactement, qui termine ce que le manuscrit de la Bibliothèque Mazarine conserve de cet ouvrage ; nous voulons parler de la cinquième partie du second livre.

1. Entre autres le ms. 3.576 de la Bibliothèque Mazarine, qui est celui que nous avons consulté. — Depuis ce moment, les *Communia naturalium* ont été publiés par M. Robert Steele. La partie de cette publication qui nous intéresse ici est la suivante : *Opera hactenus inedita* Rogeri Baconi. Fasc. IV. *Liber secundus communium naturalium* Fratris Rogeri. *De celestibus.* Partes quinque edidit Robert Steele. Oxonii, MCMXIII.

Au début du premier chapitre de cette cinquième partie, l'auteur nous annonce [1] qu'il va traiter « de la grandeur, de la hauteur et de l'épaisseur des corps célestes (*de magnitudine et altitudine et spissitudine cælestium*). Naturellement, il consacre son premier chapitre à exposer, d'après Al Fergani, ce qu'on sait de la grandeur de la Terre. Or ce premier chapitre commence par un extrait, textuellement reproduit, de l'*Opus majus*, et continue par une paraphrase, un peu plus détaillée que l'original, de ce même traité.

Bacon nous annonçait, au début de ce premier chapitre, qu'il se proposait d'étudier la grandeur, la hauteur et l'épaisseur des corps célestes ; visiblement, son intention était d'exposer la théorie qu'il a donnée dans l'*Opus majus* d'après le traité d'Al Fergani. Mais cette théorie repose sur l'emploi du système des excentriques et des épicycles tel qu'il est développé dans l'*Almageste*. Il est donc naturel qu'avant d'aborder la mesure des dimensions des diverses sphères célestes, Bacon présente les principes de la doctrine de Ptolémée et examine la valeur des raisons qu'on peut invoquer pour ou contre ces principes. C'est, en effet, l'objet des chapitres II à XVI de la cinquième partie du *De cælestibus*.

Ces quinze chapitres exposent le débat pendant entre le système de Ptolémée et le système d'Al Bitrogi sous la forme la plus complète, la plus détaillée, la mieux renseignée qu'aucun docteur scolastique lui ait jamais donnée. Or cette discussion, que nous résumerons au prochain paragraphe, est textuellement extraite de l'*Opus tertium*.

La cinquième partie de la dissertion *De cælestibus*, qui forme le livre II des *Communia naturalium*, nous a donc présenté, en premier lieu, un chapitre où la mesure de la Terre était traitée d'après l'*Opus majus*, puis quinze chapitres, textuellement tirés de l'*Opus tertium*, où le système de Ptolémée était exposé et discuté ; si Bacon était fidèle au plan qu'il a tracé en commençant cette dissertation, il devrait aborder maintenant la détermination des grandeurs des orbes célestes.

A la place où nous nous attendions à rencontrer cette détermination, nous trouvons trois chapitres qui terminent le texte manuscrit conservé à la Bibliothèque Mazarine. Ces trois chapitres font double emploi avec les quinze chapitres qui les précèdent, et cela de la manière la plus flagrante. Ils contiennent, en effet, une exposition du système de Ptolémée, une comparaison de ce sys-

1. Bibliothèque Mazarine, ms. 3.576, fol. 120, coll. a et b. — Éd. Steele, p. 414.

tème avec le système d'Al Bitrogi, un résumé de la théorie du mouvement de la huitième sphère proposée par Thâbit ben Kourrah, toutes choses dont Bacon avait traité dans l'*Opus tertium*, toutes choses auxquelles il avait consacré les quinze chapitres déjà reproduits par les *Communia naturalium*.

Si, d'ailleurs, ces sujets déjà examinés aux chapitres II à XVI sont repris par les chapitres XVII, XVIII et XIX, ce n'est pas que Bacon ait voulu compléter par ceux-ci ce qu'il avait déjà dit en ceux-là. Sans doute, le chapitre XIX donne, du système de la trépidation, une analyse plus circonstanciée que celle du chapitre VI ; mais le résumé du système de Ptolémée, que fournit le chapitre XVII, est notablement moins complet que l'exposition du même système donnée aux chapitres II à V.

C'en serait assez déjà pour nous autoriser à croire que les trois derniers chapitres du texte manuscrit de la Bibliothèque Mazarine n'ont pas été rédigés par Bacon pour être mis à la place où ils se trouvent. Une autre circonstance accroît encore notre confiance en cette opinion. Au chapitre XVII, l'auteur s'excuse [1] de ne pas reproduire la théorie d'Alpétragius ; il renvoie le lecteur à l'étude de l'ouvrage de cet astronome : « *Objecta igitur per radices Averrois et Alpetragii solvi debent, et lectorem præsentium ad sentencias eorum transmitto, et præcipue ad librum Alpetragii, propter copiam sermonis quem ego hic non possem brevitate qua tunc competit explicare. Quod si hic fieret, oporteret librum ejus hic inseri, quod non decet* ». Or la dissertation qui a passé de l'*Opus tertium* aux *Communia naturalium* renferme un exposé assez détaillé de la doctrine d'Al Bitrogi ; cet exposé remplit les chapitres VII, VIII, IX et X de la cinquième partie du *De cœlestibus* ; à lire le texte conservé par la Bibliothèque Mazarine, on croirait que l'auteur avait oublié ces quatre chapitres alors qu'il rédigeait le chapitre XVII.

Il est visible donc que les trois derniers chapitres des *Communia naturalium*, tels que nous les présente le *Codex Mazarineus*, n'ont pas été rédigés par Bacon pour être insérés dans l'ouvrage où nous les rencontrons.

Qu'ils soient, d'ailleurs, de Bacon, nous ne saurions le mettre en doute ; nous y trouvons, de la manière la plus nette, les caractères, si aisément reconnaissables, du style de cet auteur. Nous sommes donc amenés à conclure que ces trois chapitres sont un débris de quelque ouvrage composé par Bacon avant les *Communia naturalium*

1. Bibliothèque Mazarine, ms. n° 3.576, fol. 130, col. a. — Éd. Steele, p. 445.

ralium, et que la similitude des sujets traités a pressé l'auteur ou le copiste d'accoler ce fragment à la dissertation extraite de l'*Opus tertium*.

Ce fragment nous semble, d'ailleurs, plus ancien que la belle dissertation de l'*Opus tertium*, dont il paraît être comme un premier essai, encore incomplet. Dès lors, il semble assez naturel de croire qu'il provient du traité *De cœlestibus* que Bacon, nous en avons l'assurance, avait inséré dans l'*Opus minus* [1].

Le XVIIe chapitre de la cinquième partie du traité *De cœlestibus* que renferment les *Communia naturalium* est, nous l'avons dit, le premier chapitre du fragment que nous nous proposons d'étudier ; il commence en ces termes : [2]

« Bien qu'il se présente ici une autre difficulté (*et licet ista habeant difficultatem aliam*), ceux qui visent à détruire les épicycles et les excentriques disent qu'il vaut mieux sauver l'ordre de la Nature et contredire au jugement des sens, qui se trouve souvent en défaut, surtout par l'effet de la grande distance ; il vaut mieux, disent-ils, faire défaut dans la solution de quelque sophisme difficile que de faire sciemment des suppositions contraires à la Nature. Car Aristote dit que les sages sont parfois en défaut lorqu'il leur faut résoudre certaines subtilités de Physique. Aussi Averroès, commentant le XIe livre de la *Métaphysique*, dit-il que l'Astronomie véritable se fonde sur des principes vrais qui détruisent les épicycles et les excentriques ; et toutefois, il confesse qu'il ne pourrait développer cette Astronomie ; mais il en touche les racines, afin de donner aux gens studieux qui viendront après lui occasion de poursuivre cette recherche.

» En outre, tous, les mathématiciens aussi bien que les physiciens, reconnaissent qu'il y a deux manières de sauver les apparences ; l'une emploie les excentriques et les épicycles ; l'autre, un orbe unique qui se meut sur plusieurs sortes de pôles, deux, trois ou davantage, de telle façon que les mouvements des orbes ne soient pas des mouvements simples, mais des mouvements composés.

1. M. A. G. Little pense que ce fragment n'appartenait pas à l'*Opus minus*, mais qu'il est un premier essai de rédaction de la discussion dont nous trouverons, en l'*Opus tertium*, la forme définitive. Cette hypothèse, aussi plausible que celle que nous avons émise, a, avec celle-ci, une conséquence commune ; elle place la rédaction de ce fragment entre celle de l'*Opus majus* et celle de l'*Opus tertium* (British Society of Franciscan Studies Vol. IV. *Part of the Opus Tertium of* Roger Bacon *including a Fragment now Printed for the First Time. Edited by* A. G. Little. Aberdeen : The University Press. 1912. Introduction, p. XXII). Cette conséquence est tout ce qui nous importe ici.

2. Ms. cit., fol. 130, coll. a et b. Éd. Steele, pp. 443-444.

» C'est ce qu'enseigne Averroès, à propos du XIe livre de la *Métaphysique* ; il prétend que, par ce moyen, il est possible de sauver les apparences ; car il dit qu'il est possible de sauver l'apparence la plus difficile à expliquer, savoir les variations du diamètre apparent de la Lune et des autres planètes vues de la Terre.

» Alpétragius, suivant Averroès, et peut être encouragé par les racines qu'Averroès avait plantées, les a développées et leur a fait produire des rameaux, des fleurs et de beaux fruits.

» Si donc les physiciens mathématiciens, suivant les voies de la Nature, s'efforcent de sauver les apparences tout aussi bien que les mathématiciens purs, ignorants de la Physique, et si, en même temps, ils sauvent constamment l'ordre et les principes de la Physique, tandis que les mathématiciens purs détruisent cet ordre et ces principes, il vaut mieux, semble-t-il, faire les mêmes suppositions que les physiciens, dussions-nous nous trouver en défaut lorsqu'il s'agit de résoudre certains sophismes auxquels le sens nous conduit bien plutôt que la raison ».

Bacon nous montre alors comment les mathématiciens, en imaginant des excentriques et des épicycles, contredisent aux principes de la Physique :

Le mouvement de la substance céleste n'est plus un mouvement circulaire pur ; il est mêlé de mouvement rectiligne vers le haut ou vers le bas.

Toute circulation de la substance céleste requérant une Terre fixe en son centre, il faudrait qu'il existât autant de Terres qu'il existe d'orbes excentriques.

Pour que les orbes pussent se mouvoir dans le ciel, il faudrait qu'il y eût production d'espaces vides, ou compénétration de corps célestes les uns par les autres, ou condensation et dilatation de la substance céleste.

Toutes ces raisons montrent que les suppositions des mathématiciens contredisent aux principes de la Physique péripatéticienne.

« La position des physiciens, poursuit Bacon [1], est plus difficile ; elle a été négligée jusqu'au temps d'Averroès et d'Alpétragius ; aussi n'est-elle pas encore suffisamment aplanie ; il n'y a encore ni instruments ni canons ni tables construits en vue de contrôler la thèse des physiciens ; et il n'est pas étonnant [qu'ils ne soient pas encore parvenus à sauver toutes les apparences], alors qu'un des astronomes, Albatégni, à cause de la contradiction évidente

1. Ms. cit., fol. 130, coll. c et d. — Éd. Steele, p. 445.

qui règne entre les dires des divers philosophes, dit qu'il existe peut être quelque mouvement céleste qui, jusqu'ici, leur est demeuré caché à tous.

» Il reste donc à résoudre les diverses objections, au moyen des principes posés par Averroès et par Alpétragius ; je renvoie le lecteur du présent écrit aux avis de ces auteurs et, particulièrement, au livre d'Alpétragius ; la brièveté qui convient ici ne me permet pas d'expliquer l'avis d'Alpétragius ; il y faudrait un trop copieux discours ; le faire, ce serait insérer ici le livre entier de cet auteur, ce qui ne convient pas.

» Mais il est une chose qu'il faut avoir soin de bien connaître ; sans doute, les mathématiciens purs, d'une part, et, d'autre part, les mathématiciens qui savent la Physique, emploient des procédés différents en vue de sauver ce qui apparaît dans les corps célestes ; toutefois, bien que par des voies diverses, ils tendent tous à un même but, qui est de connaître les positions des planètes et des étoiles par rapport au Zodiaque ; ainsi, bien qu'ils soient en désaccord au sujet du chemin qu'il faut suivre, ils se proposent cependant, par ce chemin, de parvenir à la même fin et au même terme. »

Le premier chapitre du fragment que nous étudions nous a fait connaître l'opinion des physiciens mathématiciens, c'est-à-dire d'Averroès et d'Alpétragius ; l'opinion des mathématiciens purs, c'est-à-dire de Ptolémée et de ses disciples, fait l'objet du chapitre suivant, qui est le XVIIIe de cette partie des *Communia naturalium*.

Nous n'analyserons pas ici l'exposé succinct du système de Ptolémée que Bacon nous donne, et nous nous bornerons à reproduire le passage suivant : [1]

Les mathématiciens purs « n'ont cure de la contradiction qui existe entre le mouvement qu'ils supposent et la Nature. Ils n'ont pas l'intention de prétendre que les principes de la Physique soient faux ; mais comme ils ne savent faire concorder avec ces principes les apparences qui se manifestent au ciel, ils laissent de côté les vérités de la Physique ; non pas en vue de soutenir le contraire, mais simplement parce qu'ils ne comprennent pas comment ils pourraient sauvegarder l'ordre et les principes de la Physique et, en même temps, les phénomènes qui apparaissent dans les corps célestes.

» Comme, d'ailleurs, on a fabriqué des instruments, construit

1. Ms. cit., fol. 130, col. d, et fol. 131, col. a. — Éd. Steele, p. 446.

des canons, composé des tables pour vérifier si les apparences célestes sont conformes à l'opinion de Ptolémée ; comme divers astronomes, tels qu'Albatégni, Thébith et Arzachel, ont ajouté aux observations de Ptolémée des observations nouvelles, en vue de déterminer le mouvement du ciel des étoiles fixes et des auges des planètes ; comme ils ont exposé la théorie de Ptolémée et complété ce qui y faisait défaut, je veux, en un bref discours, résumer la position de Ptolémée et donner une succinte exposition de ce que les autres y ont ajouté. »

Aucune conclusion ne termine l'exposition que nous venons de résumer ; et, semble-t-il, il est juste qu'il en soit ainsi ; l'auteur veut laisser son lecteur en suspens comme il y demeure lui-même.

D'une part, Bacon est physicien ; comme tel, il admet que l'Astronomie doit reposer sur les principes de la saine Physique, et, pour lui comme pour Averroès, la saine Physique, c'est la Physique d'Aristote ; il n'est donc pas possible de donner son adhésion aux hypothèses des mathématiciens purs qui, comme Ptolémée, ignorent la Physique, car ces hypothèses contredisent aux principes de la Physique ; il ne faut pas hésiter à recevoir les fondements essentiels des doctrines d'Averroès et d'Al Bitrogi, et cela en dépit des contradictions qu'opposent les phénomènes à ces doctrines ; il vaut mieux se fier à la raison des philosophes qu'au témoignage des sens, qui peut nous tromper ; qui sait, d'ailleurs, si la découverte de quelque mouvement céleste, inconnu jusqu'ici, ne viendra pas faire évanouir toutes ces difficultés ?

Mais, d'autre part, Bacon est astronome et astrologue ; il a souci des observations qui se font à l'aide des instruments ; il lui faut donc des canons et des tables qui lui permettent de calculer d'avance la position des divers astres à un instant donné. Or, l'Astronomie d'Al Bitrogi n'a pas été réduite, jusqu'ici, en canons et en tables ; seul le système de Ptolémée a été conduit jusqu'à ce degré de perfection où il est possible de prévoir les observations et de constater si elles sont conformes aux prévisions. Bacon usera donc du système de Ptolémée, mais sans croire à l'exactitude des hypothèses qui le portent ; il en usera provisoirement, en attendant le jour où, à l'aide des principes d'Al Bitrogi, on aura construit des canons et des tables adaptés aux observations.

Bacon a promis d'exposer ce que les successeurs de Ptolémée ont ajouté à l'œuvre de cet astronome ; c'est ce qu'il fait au XIXe chapitre de la cinquième partie du livre *De cœlestibus*, qui est le dernier du texte manuscrit conservé à la Bibliothèque Mazarine. En effet, après avoir rappelé les hésitations d'Al Battani touchant l'évaluation de la précession des équinoxes proposée par Ptolémée, ce chapitre, expose la théorie de l'accès et du recès telle qu'elle est présentée dans le traité *De motu octavæ sphæræ* attribué à Thâbit ben Kourrah.

De Thâbit, Bacon fait [1] un chrétien : « *Thebith vero maximus Christianorum astronomus* ». C'est la seule remarque qu'il y ait lieu de faire ici au sujet du résumé précis, mais dénué d'originalité, qu'il donne du *De motu octavæ sphæræ*.

VI

L'*Opus tertium* DE ROGER BACON. INTRODUCTION, DANS L'ASTRONOMIE DES CHRÉTIENS, DES ORBES SOLIDES DE PTOLÉMÉE ET D'IBN AL HAITAM

Un texte manuscrit, copié à Naples en 1476 par Arnaud de Bruxelles, et conservé aujourd'hui à la Bibliothèque Nationale [2], est intitulé de la manière suivante :

Tertius liber Alpetragii, In quo tractat de perspectiva ; De comparatione scientiæ ad sapientiam ; De motibus corporum celestium secundum Ptolomeum ; De opinione Alpetragii contra opinionem Ptolomei et aliorum ; De scientia experimentorum naturalium ; De scientia morali ; De articulis fidei ; De Alkimia.

Ce texte ne reproduit nullement un écrit d'Alpétragius, mais bien un fragment important de l'*Opus tertium* de Roger Bacon ; caché par cette sorte de pseudonyme qui, assurément, n'avait pas été voulu de l'auteur, il est demeuré longtemps inaperçu ; il est aujourd'hui publié [3].

Dans cette partie de l'*Opus tertium*, Bacon reprend, plus complètement qu'il ne l'avait fait jusqu'alors, plus complètement qu'aucun philosophe ne l'avait fait avant lui, la comparaison des deux systèmes de Ptolémée et d'Al Bitrogi ; la discussion très soignée à laquelle il y soumet ces deux systèmes lui dut, à juste titre, sembler particulièrement satisfaisante, car il l'a textuelle-

1. Ms. cit., fol. 133, col. c. — Éd. Steele, p. 454.
2. Bibliothèque Nationale, fonds latin, ms. n° 10264.
3. *Un fragment inédit de l'Opus tertium de* ROGER BACON, *précédé d'une étude sur ce fragment par* PIERRE DUHEM. Ad Claras Aquas (Quaracchi), 1909. — Il en a été donné une seconde édition : *Part of the Opus Tertium of* ROGER BACON, *including a Fragment now Printed for the first Time*. Ed. by A. G. Little. Aberdeen : The University Press. 1912. Mais cette édition ne contient pas la discussion astronomique qui va nous occuper.

ment reproduite au traité *De cælestibus* que contiennent les *Communia naturalium ;* elle forme les chapitres II à XVI de la cinquième partie de ce traité.

Cette dissertation de Bacon sur les systèmes astronomiques mérite de nous arrêter longuement ; elle est l'étude la plus approfondie qui ait été faite sur le dilemne qui a partagé l'Astronomie ancienne, sur le duel qui a mis aux prises le système des sphères homocentriques avec le système des excentriques et des épicycles.

Cette discussion sur les théories des mouvements célestes débute par un court préambule [1] où Bacon, s'adressant au pape Clément IV, lui dit : « Je consigne ici ce qui est ignoré, chez les Latins, non seulement par le vulgaire, mais encore par ceux qui sont à leur tête dans la Science ; ce n'est, cependant, qu'une sorte d'exposé des opinions professées par ceux qui sont particulièrement autorisés auprès des astronomes et par les philosophes de la Nature ; elle a la forme d'une discussion efficace ; à cette discussion, tous les savants astronomes latins n'avaient rien ajouté jusqu'ici ; ils y en a trois qui avaient fidèlement réuni ces opinions. »

Quels sont ces trois astronomes dont l'exposé des théories astronomiques était jugé fidèle par Roger Bacon ? Il nous en laisse malheureusement ignorer les noms.

C'est par le résumé des théories astronomiques de Ptolémée que commence [2] l'étude de Bacon ; ce résumé, précis et clair, est suivi d'une indication très succincte [3] de la théorie de l'accès et du recès attribué à Thâbit ben Kourrah.

En face de ce tableau du système des excentriques et des épicycles, se trouve dépeint le système d'Alpétragius ; ce résumé de la *Théorie des planètes* composée par l'auteur arabe, est, en l'*Opus tertium*, une des innovations qui méritent de retenir l'attention. Les démonstrations géométriques, quelque peu compliquées, au moyen desquelles cette théorie se développe, avaient sans doute, jusqu'alors, effrayé la plupart des lecteurs ; ils s'étaient donc bornés à parcourir le préambule d'Al Bitrogi, et ils en avaient tiré, du système de cet auteur, une idée simplifiée jusqu'à l'erreur. Roger Bacon a soigneusement étudié la *Theorica planetarum* et il en

1. *Un fragment inédit...*, p. 98-99.
2. *Un fragment inédit...*, pp. 99-107. — *Liber secundus communium naturalium*, éd. Steele, pp. 418-423.
3. *Un fragment inédit...*, pp. 107-108. — *Liber secundus communium naturalium*, éd. Steele, pp. 423-424.

présente, avec beaucoup d'ordre et de clarté, tous les principes essentiels [1].

« Maintenant que nous avons vu, poursuit l'auteur de l'*Opus tertium* [2], quelles sont les opinions, aussi bien de Ptolémée que d'Alpétragius, touchant les qualités des mouvements célestes, il nous reste à examiner certains doutes qui subsistent de part et d'autre. Nous examinerons donc, en premier lieu, les doutes relatifs à l'opinion de Ptolémée. »

La première question qu'examine Bacon [3] est celle-ci : Convient-il, à l'imitation de Ptolémée, d'admettre qu'il y a, dans les cieux, deux mouvements principaux en sens contraire l'un de l'autre, l'un dirigé d'Orient en Occident, l'autre d'Occident en Orient?

Contre l'opinion de Ptolémée, et en faveur de l'hypothèse qui oriente dans le même sens toutes les rotations des orbes célestes, militent, tout d'abord, les diverses raisons invoquées par Alpétragius : unité du moteur du Ciel, simplicité de la substance céleste, nécessité, pour les divers orbes, d'avoir un mouvement d'autant plus lent qu'ils sont plus éloignés du premier moteur. « Mais, semble-t-il, ce qui donne le plus de vraisemblance à l'opinion que les mouvements célestes ne sont pas dirigés en des sens différents les uns des autres, c'est ceci : Tout ce qui apparaît dans le ciel peut être aussi bien sauvé en admettant que les mouvements célestes sont tous dirigés dans le même sens qu'en les supposant dirigés en des sens différents ; et, dans toutes les questions de Physique, il vaut mieux supposer la simplicité et l'unité que la composition et la pluralité, toutes les fois que ni le sens ni la raison ne s'opposent à cette simplicité. » Bacon use ici, pour combattre le système de Ptolémée, du principe de Philosophie naturelle que Ptolémée semble avoir reconnu et proclamé le premier : Les hypothèses doivent être choisies de telle sorte que les apparences soient sauvées de la manière la plus simple.

Ces raisons, et plus particulièrement la dernière, conduisent Bacon à la conclusion suivante :

« L'opinion la plus probable consiste à supposer qu'il existe un seul premier mouvement et que tous les mouvements célestes se font dans le même sens ; la raison, en effet, s'accorde plus volontiers avec cette opinion que le sens ne contredit pas.

1. *Un fragment inédit*..., pp. 108 113. — *Liber secundus communium naturalium*, éd. Steele, pp. 424-429.
2. *Un fragment inédit*..., p. 114. — *Liber secundus communium naturalium*, éd. Steele, p. 429.
3. *Un fragment inédit*..., pp. 114-119 — *Liber secundus communium naturalium*, éd. Seele, pp. 429-433.

» Ce qui précède nous montre clairement comment Ptolémée se trompait en prenant le seul sens pour guide.

» De même, ce qu'Aristote dit des sens divers en lesquels sont dirigés, d'une part, le mouvement du premier mobile et, d'autre part, le mouvement des planètes, doit être regardé comme erroné ; ou bien il faut comprendre qu'Aristote parlait selon l'apparence ou selon l'opinion reçue communément par les astronomes de son temps ; ceux-ci, comme Ptolémée, tenaient seulement compte de l'apparence sensible. »

Si Bacon accueille volontiers, en faveur de l'opinion qu'il croit probable, les raisons qui lui paraissent sensées, il n'hésite pas à traiter sévèrement les raisons qu'il juge absurdes :

« Pour démontrer qu'il n'y a pas, dans le ciel, de mouvements dirigés en des sens différents, certains arguent d'une raison qui est sophistique, mais qui, pour eux, est difficile à résoudre. Si un orbe, inférieur au premier, est mû vers l'Orient tandis que le premier mouvement l'entraîne vers l'Occident, ces deux mouvements proviendront de vertus contraires ; ces vertus, donc, seront ou égales, ou inégales ; si elles sont égales, les deux mouvements en sens contraire seront égaux ; il faudra alors que l'orbe demeure en repos ou bien qu'il se trouve simultanément en deux lieux différents ; si elles sont inégales, l'orbe se mouvra du mouvement que lui communique la vertu la plus puissante, bien qu'avec une vitesse moindre ; il se mouvra donc en un seul sens. »

En ces sophismes, nous reconnaissons ceux auxquels Guillaume d'Auvergne attribuait une valeur démonstrative [1] ; Bacon montre fort bien que les promoteurs de semblables objections n'ont pas compris le sens de ces mots : Un même orbe est entraîné, en même temps, par deux mouvements en sens contraires.

« Lorsque nous disons qu'un corps céleste ou que quelque mobile pris ici bas est mû, à la fois, de plusieurs mouvements, il faut savoir ou que nous disons une erreur, ou que notre discours doit être pris comme ayant rapport à plusieurs moteurs et au mouvement que chacun d'eux communiquerait au mobile, s'il le mouvait séparément et à part des autres. Lorsque le mobile, en effet, reçoit une vertu qui est formée par la composition des vertus de plusieurs moteurs, le mobile ne se meut pas du mouvement que causerait l'un de ces moteurs, ni du mouvement que causerait un autre de ces moteurs, mais d'un mouvement qui est différent de tous ceux-là et qui est, pour ainsi dire, composé d'eux

1. Voir : Seconde partie, Chapitre V, § IV ; ce vol., p. 253.

tous. Ainsi, sauf le premier orbe, n'y a-t-il aucun corps céleste qui soit mû de mouvement circulaire, à moins qu'on entende cette affirmation au sens qui vient d'être défini, car tout corps céleste est mû de plusieurs mouvements [circulaires] effectués sur des pôles différents. Bien plus ! Toute planète, toute étoile fixe, décrit non pas un cercle, mais des spires ; la figure ainsi décrite est nommée par les Arabes *leuleb,* » selon le texte manuscrit qui nous a gardé ce fragment de l'*Opus tertium* [1], et *lealeth,* selon la copie des *Communia naturalium* conservée à la Bibliothèque Mazarine [2]. Albert le Grand donnait[3], à cette même spirale, les noms de *laulab* et de *lenbech,* qui sont évidemment les deux mêmes noms diversement déformés par les copistes.

L'argumentation qui vient d'être exposée par Bacon vise aussi bien le système des sphères homocentriques d'Aristote que le système des excentriques et des épicycles de Ptolémée. D'autres objections visent exclusivement ce dernier système.

Ces objections sont celles d'Averroès ; Bacon les fait connaître [4] avec la précision et la clarté qu'il a su mettre en toute cette discussion. Il montre, en même temps, que certaines objections ne sont pas fondées ; l'une d'elles « se résout aisément si l'on fait mouvoir l'orbe excentrique autour de son propre centre, et non point autour du centre du Monde » ; cette remarque, toutefois, ne supprime pas toute difficulté.

Mais l'argumentation d'Averroès va se trouver singulièrement affaiblie par les considérations que Bacon se propose maintenant de nous faire connaître. « Avant d'argumenter contre l'hypothèse des corps épicycles, il nous faut, dit-il [5], examiner une certaine imagination que les modernes ont créée afin d'éviter les inconvénients susdits et de sauver les apparences à l'aide des excentriques et des épicycles.

Qu'est-ce que cette *ymaginatio modernorum* dont l'*Opus tertium* va nous entretenir ? Ce n'est point autre chose que l'agencement d'orbes solides conçu par Ptolémée et repris par Ibn al Haitam. Pour nous en donner une idée nette, Bacon choisit deux exemples caractéristiques ; l'exemple du Soleil nous montre [6] comment sont

1. Bibliothèque Nationale, fonds latin, ms. n° 10.264, fol. 200, r°.
2. Bibliothèque Mazarine, ms. n° 3.576, fol. 126, col. c. — Éd. Steele, p. 433.
3. Voir : Première partie, Ch. XI, § IV ; t. II, p. 137, note 1.
4. *Un fragment inédit...,* pp. 119-125. *Liber secundus communium naturalium,* éd. Steele, pp. 433-437.
5. *Un fragment inédit...,* p. 125. *Liber secundus communium naturalium,* éd. Steele, pp. 437-438.
6. *Un fragment inédit...,* pp. 125-128. *Liber secundus communium naturalium,* éd. Steele, p. 438.

emboîtés les divers orbes d'un astre qui décrit un excentrique sans épicycle ; l'exemple de la Lune [1] nous apprend à combiner les divers corps célestes qui font mouvoir un astre sur un épicycle dont le centre parcourt un excentrique.

Le nom même d'*imagination des modernes* que Bacon donne à ce mécanisme nous montre que ces combinaisons d'orbes solides emboîtés les uns dans les autres avaient apparu depuis peu chez les astronomes latins, et que ceux-ci les regardaient comme une nouveauté ; en effet, nous n'avons rencontré, à cette figuration mécanique des mouvements célestes admis par le système de Ptolémée, aucune allusion ni dans les écrits des astronomes chrétiens qui ont précédé Bacon [2], ni dans les traités composés par Bacon avant l'*Opus tertium*.

Quelques remarques méritent d'être faites au sujet de la forme

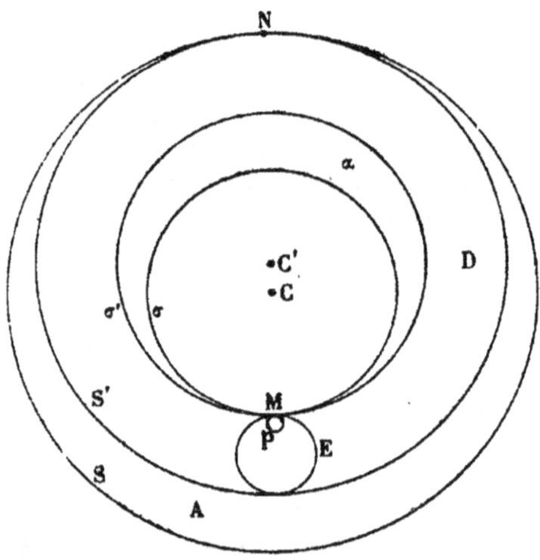

Fig. 19

sous laquelle Bacon présente les agencements d'orbes solides proposés par Ptolémée aux *Hypothèses des planètes*.

1. *Un fragment inédit*..., pp. 128-131 ; *Liber secundus communium naturalium*, éd. Steele, pp. 438-439.

2. On trouve, il est vrai, certaines allusions fort nettes à ce mécanisme en des *Conclusiones planetarum* qui sont, parfois, attribuées à Campanus de Novare ; mais nous étudierons plus loin (Ch. IX) ces *Conclusiones* et nous verrons qu'elles sont assurément très postérieures au temps où vivait Campanus ; nous reconnaîtrons, en outre, qu'elles sont très certainement d'un auteur soumis à l'influence de Bacon.

En premier lieu, nous savons que, dans l'*Opus majus*, Bacon exposait, d'après Al Fergani, la méthode qu'ont suivie la plupart des astronomes arabes pour déterminer la distance des divers corps célestes au centre du Monde. Il imagine donc les orbes des divers astres de telle manière que cette méthode demeure valable. C'est pourquoi il a soin de placer (fig. 19) les deux surfaces sphériques S′ et σ′, concentriques entre elles, qui bornent l'orbe déférent D, à une distance l'une de l'autre qui soit exactement égale au diamètre de l'astre, s'il s'agit du Soleil, et au diamètre de la sphère épicycle E, s'il s'agit de la Lune ou d'une planète. C'est pourquoi aussi cet orbe déférent, en son point N le plus éloigné du centre, est exactement tangent à la surface sphérique S, concentrique au Monde, qui borne extérieurement le ciel de l'astre, tandis qu'en son point M le plus rapproché du centre du Monde, cet orbe déférent touche la surface sphérique σ qui borne intérieurement le ciel de l'astre ; l'orbe déférent est ainsi compris entre deux autres corps ; le corps extérieur A a une épaisseur nulle en un point N situé sur le rayon

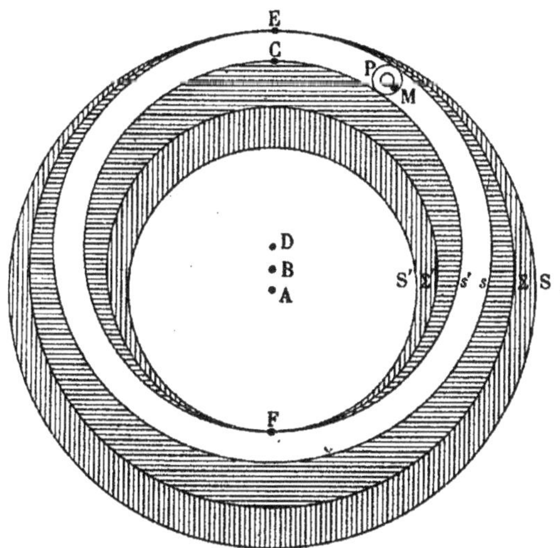

Fig. 20.

vecteur qui va du centre du Monde à l'auge de l'astre ; le corps intérieur α a une épaisseur nulle en un point M situé sur le rayon vecteur qui va du centre du Monde à l'opposé de l'auge.

En second lieu, il a soin de préciser[1] que l'épicycle est « un corpuscule qui a une convexité, mais pas de concavité » ; c'est donc, pour lui, une sphère pleine ; certains auteurs en feront une sphère creuse, de même épaisseur que la planète, et, dans la cavité entourée par cette couche sphérique, ils placeront une masse sphérique de substance céleste ; cette masse prendra part au mouvement de l'orbe déférent, mais point à la rotation de l'épicycle autour de son propre centre.

Quel jugement Bacon va-t-il porter sur cette « imagination des modernes ? »

« Il ne semble[2] pas que, de cette imagination résulte aucun des inconvénients susdits », c'est-à-dire des inconvénients objectés par Averroès au système des excentriques et des épicycles ; « et, cependant, à l'aide de ce procédé, on parvient à sauver l'apparence comme l'enseigne Ptolémée...

» Mais ceux que réjouit une telle imagination, croyant avoir éclairci, par là, la possibilité des cercles et des mouvements que suppose Ptolémée, montrent quelle est leur propre ignorance de ces mouvements. »

Des objections que Bacon va, en dépit de ces mécanismes imaginés par les modernes, accumuler contre le système de Ptolémée, il en est que l'Astronomie des *Hypothèses* ne peut éviter, mais que ses partisans ne regardent pas comme valables. Bacon remarque[3] que les deux corps entre lesquels chaque déférent est compris ont, en leurs diverses parties, une épaisseur inégale ; or, dit-il, « les physiciens nient qu'une telle difformité puisse se rencontrer dans les corps célestes, et cela à cause de leur simplicité et de leur homogénéité ». Il pense également « qu'il ne convient pas de supposer un corps céleste dénué de tout mouvement qui lui soit propre ; mais c'est ce que suppose ladite hypothèse, car les orbes partiels doivent nécessairement demeurer en repos ou se mouvoir d'un même mouvement qui leur soit commun avec l'orbe tout entier ». Depuis longtemps, ces objections avaient été faites à l'encontre des corps intermédiaires imaginés par Thâbit ben Kourrah.

D'autres objections semblent prouver que Roger Bacon avait eu

1. *Un fragment inédit...*, p. 128. — *Liber secundus communium naturalium*, éd. Steele, p. 438.
2. *Un fragment inédit...*, p. 131. — *Liber secundus communium naturalium*, éd. Steele, pp. 438-439.
3. *Un fragment inédit...*, p. 133. — *Liber secundus communium naturalium*, éd. Steele, p. 440.

en mains un exposé incomplet du système proposé par les *Hypothèses* et suivi par Ibn al Haitam, ou bien qu'il avait mal compris cet exposé. Il objecte, en effet, à ce système, la complexité des mouvements de Mercure et de la Lune, alors que les *Hypothèses des planètes* et le *Résumé d'Astronomie* avaient montré quels orbes il convenait d'introduire pour rendre compte de cette complexité ; il objecte le mouvement des auges des planètes, identique à celui de la huitième sphère, alors que ce mouvement est si naturellement représenté par le mécanisme qu'a combiné Ptolémée.

D'autres objections, enfin, visent certaines suppositions du système de Ptolémée, qui sont parfaitement conciliables avec les agencements d'orbes solides imaginés par les *Hypothèses* et par Alhazen, sans être, d'ailleurs, nécessitées par ces agencements.

C'est ainsi que Bacon juge[1] inadmissible les mouvements oscillatoires qu'en l'*Almageste*, Ptolémée impose aux épicycles des planètes ; seuls, des mouvements de rotation toujours dirigés dans le même sens lui paraissent compatibles avec les principes de la Physique. Dans ses *Hypothèses des planètes*, Ptolémée attribuait aux épicycles des mouvements qui eussent pu satisfaire aux exigences de Bacon ; mais il est probable que celui-ci ne lisait pas les *Hypothèses des planètes* ; ces *Hypothèses*, au Moyen Age, paraissent être demeurées inconnues des astronomes. Du moins eût-il été logique qu'il admît la théorie de l'oscillation des épicycles proposée par l'*Almageste*, puisqu'il reçoit avec admiration le mouvement tout semblable que le *Tractatus de motu octavæ sphæræ* attribue à la sphère des étoiles fixes.

Enfin, l'auteur de l'*Opus tertium* dresse, contre l'hypothèse de l'épicycle solide, imaginée par les modernes, une très forte objection que nul, à notre connaissance, n'avait proposée avant lui.

Aristote et, à sa suite, tous les Péripatéticiens ont admis que toute planète est invariablement liée à son orbite, qu'elle y est fichée comme un clou dans une roue ; une planète n'a donc aucun mouvement propre ; elle se meut seulement κατὰ συμβεβηκός, *per accidens*, entraînée par le mouvement de son orbite.

De cette proposition, la Lune fournit une démonstration palpable ; entraînée dans la révolution d'un orbe concentrique à la Terre, elle doit tourner vers nous toujours le même hémisphère ; aussi la tache qui s'y dessine garde-t-elle toujours le même aspect.

1. *Un fragment inédit...*, p. 134. — *Liber secundus communium naturalium*, éd. Steele, pp. 440-441.

Cette observation, que la Lune garde toujours même figure, était une heureuse confirmation des suppositions d'Aristote ; elle contrarie singulièrement les suppositions des *Hypothèses* et d'Ibn al Haitam. Si la Lune est fixée dans l'orbe de son épicycle comme le chaton à la bague, la rotation de cet épicycle doit présenter successivement à la Terre toutes les parties de la Lune. Telle est la difficulté que Bacon formule en ces termes [1] :

« Il résulte de ladite imagination que ce n'est pas toujours la même partie du corps d'une planète qui est tournée vers la Terre ou, en d'autres termes, vers notre regard. Or, Aristote prouve le contraire au moyen de la Lune, dont la tache nous apparaît toujours sous la même figure... Cet inconvénient ne peut être évité, à moins que nous n'attribuions à la planète un mouvement propre autour de son centre, ce qui est contraire à ce qu'Aristote enseigne au livre *Du Ciel et du Monde*. »

Ainsi les orbes solides combinés par les modernes ne font évanouir certaines des difficultés opposées par Averroès au système des épicycles et des excentriques qu'en faisant surgir de nouveaux inconvénients.

Toute cette discussion va-t-elle conduire Bacon à rejeter le système de Ptolémée pour embrasser l'opinion d'Alpétragius ? Nous n'avons encore entendu que l'une des parties en cause ; il est temps d'entendre l'autre.

« Bien que ces objections semblent détruire l'Astronomie de Ptolémée [2], il existe des raisons expérimentales, difficiles à réfuter, qui confirment cette Astronomie touchant la supposition des épicycles et des excentriques.

» L'une de ces raisons se tire de la non-uniformité des mouvements des planètes ; c'est de cette raison que Ptolémée a fait usage pour mettre en évidence l'existence des excentriques et des épicycles...

» Un autre argument, plus difficile à réfuter, peut être invoqué dans le même but ; un même astre errant est tantôt plus rapproché de la Terre et tantôt plus éloigné. »

Ce changement de distance d'un même astre errant à la Terre « peut être montré par diverses raisons expérimentales ».

La Lune, passant au méridien, a un diamètre apparent tantôt plus grand et tantôt plus petit.

1. *Un fragment inédit...*, pp. 132-133. — *Liber secundus communium naturalium*, éd. Steele, p. 440.
2. *Un fragment inédit...*, pp. 134-137. — *Liber secundus communium naturalium*, éd. Steele, pp. 440-443.

« On le voit encore par les éclipses de Lune. La Lune se trouvant à la même distance du nœud et, partant, à la même distance de l'axe du cône d'ombre de la Terre, ou même se trouvant au nœud et, partant, rencontrant l'axe même de l'ombre, demeure tantôt plus longtemps et tantôt moins longtemps dans l'ombre ; cela ne peut avoir d'autre cause que la largeur de l'ombre que la Lune doit traverser, largeur plus grande dans le premier cas que dans le second ; et comme l'ombre a la figure d'un cône dont la Terre est la base, il faut que la Lune soit plus rapprochée de la Terre lorsqu'elle traverse une ombre plus large, et plus éloignée lorsqu'elle traverse une ombre plus étroite.

» Mais cette raison pourrait être sauvée en invoquant le mouvement non-uniforme de la Lune, mouvement qu'Alpétragius sauve également, sans admettre ni excentrique ni épicycle ; aussi, de la grandeur variable de l'éclipse peut-on tirer une autre raison plus difficile à éviter ; en effet, la Lune se trouvant à la même distance du nœud et, partant, de l'axe du cône d'ombre de la Terre, il arrive que la partie éclipsée du corps de la Lune est tantôt plus grande et tantôt moindre ; il semble impossible que cela se produise sinon par l'effet de la proximité plus ou moins grande de la Lune à la Terre ».

Enfin, à qui rejetterait toutes ces raisons, il en resterait encore une à proposer « que peut soumettre à l'épreuve du témoignage de ses yeux non seulement celui qui est expert en Philosophie, mais encore celui qui est ignorant et inexpérimenté ». Les trois planètes supérieures sont d'autant plus grandes qu'elles sont plus près d'être en opposition avec le Soleil, d'autant plus petites qu'elles sont plus près de se conjoindre à lui. « Ce changement dans la grandeur de chacune des trois planètes est surtout apparent pour Mars... ; il l'est moins pour Jupiter... et moins encore pour Saturne ». Cette variation du diamètre apparent ne peut s'expliquer que par une variation de la distance entre la planète et la Terre.

Ces diverses raisons tirées de l'expérience et favorables au système de Ptolémée terminent la longue discussion dans laquelle Bacon a mis ce système aux prises avec l'Astronomie d'Alpétragius. Cette discussion, en effet, n'a pas de conclusion ; après avoir été minutieusement et complètement plaidée par les deux parties, la cause demeure en suspens ; aucun jugement n'est rendu. A la fin de l'*Opus tertium*, Bacon retrouve la même incertitude qui le faisait hésiter lorsqu'il rédigeait l'*Opus minus* ; il ne paraît pas qu'en sa raison, cette incertitude ait jamais fait place à une pleine adhésion soit à l'Astronomie d'Alpétragius, soit à l'Astronomie de Ptolémée.

Comme son maître Robert Grosse-Teste, comme son contemporain Thomas d'Aquin, Bacon est demeuré, pendant toute sa vie, suspendu entre le système de Ptolémée et le système d'Alpétragius. Aussi bien que Robert de Lincoln ou que Thomas d'Aquin, il connaît les observations par lesquelles on prouve la distance variable des astres errants à la Terre ; il sait donc que le système des sphères homocentriques est indéfendable ; et cependant, escomptant toujours quelque découverte impossible à prévoir, il ne peut se décider à repousser les hypothèses astronomiques que la Philosophie péripatéticienne regarde comme nécessaires. Il a connu les combinaisons d'orbes solides imaginées par Ptolémée ; il a vu que ces combinaisons rendaient vaines plusieurs des objections dressées par Averroès contre les excentriques et les épicycles ; mais il a reçu avec une sorte de mauvaise humeur cette « imagination des modernes » qui énervait les forces des adversaires de Ptolémée. Bacon s'était fait le hérault de la science expérimentale, de la science « qui regarde l'argumentation[1] comme capable de persuader la vérité, mais non de la rendre certaine ; qui, par conséquent, néglige les arguments ; qui, non seulement, recherche à l'aide des expériences les causes des conclusions, mais qui, de plus, soumet les conclusions mêmes à l'épreuve de l'expérience ». Cette science-là, il n'avait pas hésité à déclarer qu'elle était « plus digne que toutes les autres parties de la Physique ». Et voici, cependant, que son attachement obstiné aux dogmes de la Physique péripatéticienne l'a conduit à cette monstrueuse affirmation[2] : « Il semble qu'il vaille mieux faire les mêmes suppositions que les physiciens, dussions-nous rester en défaut lorsqu'il s'agit de résoudre quelques sophismes auxquels le sens nous mène bien plutôt que la raison. — *Videtur quod melius est ponere sicut naturales, licet deficeremus a solutione sophismatum aliquorum ad quæ sensus magis quam ratio ducit* ». Par cette affirmation, il donnait son adhésion à l'avis qu'émettent les adversaires du système de Ptolémée[3] : « Ils disent qu'il vaut mieux sauver l'ordre de la Nature et contredire au sens, car celui-ci est maintes fois en défaut, surtout par l'effet d'une grande distance ; il vaut mieux,

1. *Un fragment inédit...*, p. 137.
2. ROGERI BACON *Communia naturalium ;* lib. II : De cælestibus ; pars V, cap. XVII ; Bibl. Mazarine, ms. nº 3.576, fol. 130, coll. a et b. — Éd. Steele, p. 444.
3. ROGER BACON, *loc. cit.* ; ms. cit., fol. 130, col. a. — Éd. Steele, p. 443.

comme ils disent, se trouver en défaut dans la solution de quelque sophisme difficile que de supposer sciemment ce qui est contraire à la Nature ; Aristote dit, en effet, que les savants sont quelquefois en défaut lorsqu'il s'agit de résoudre des subtilités de Physique. — *Dicunt quod melius est salvare ordinem Naturæ et sensui contradicere, qui multotiens deficit, et præcipue ex magna distantia, atque melius est, ut dicunt, deficere in solutione alicujus sophismatis difficilis quam scienter ponere contrarium Naturæ ; nam Aristoteles dicit quod sapientes aliquando deficiunt in dissolutione physicorum subtilium* ».

Contre un si aveugle attachement à la Physique d'Aristote, la Logique d'Aristote proteste ; expression précisée du bon sens, elle s'accorde avec lui pour témoigner qu'aucune proposition de Philosophie ne peut prétendre à la certitude en dépit du témoignage de la perception sensible.

C'est qu'en effet, l'auteur des *Seconds analytiques* a traité avec une pleine maîtrise de la méthode expérimentale ; admirablement, il a décrit cette méthode qui raisonne à partir de principes tirés de l'expérience par l'induction, et qui soumet ses conclusions au contrôle de l'expérience, en sorte que si l'expérience est au point de départ comme au point d'arrivée, c'est par le raisonnement que ces deux termes sont reliés l'un à l'autre. Bacon a chanté les louanges de la *science* expérimentale ; il n'a jamais pratiqué ni, sans doute, jamais bien compris la *méthode* expérimentale ; la science expérimentale n'a pas été, pour lui, la science qui raisonne sur des vérités fournies par l'expérience, pour en déduire d'autres vérités susceptibles d'être, à leur tour, observées ; elle a été la science qui méprise le raisonnement et le remplace par l'observation (*certificatio*) : « *Novit*[1] *enim quod argumentum persuadet de veritate, sed non certificat ; ideoque negligit argumenta* ».

Le Picard Pierre de Maricourt, qui était un contemporain de Roger Bacon et que Roger Bacon admirait fort, a très exactement connu la méthode expérimentale ; dans la première partie de sa *Lettre sur l'aimant*, il en a donné un modèle digne d'être à jamais admiré. Aussi croyons-nous volontiers Bacon lorsqu'il nous dit[2] que, des Latins ses contemporains, Maître Pierre est le seul qui comprenne les principes de l'étude expérimentale de l'arc-en-ciel.

Thierry de Freiberg, qui a vécu peu après Bacon, a non moins

1. *Un fragment inédit...*, p. 137.
2. Rogeri Baconis *Opus tertium*, cap. XIII ; éd. Brewer, p. 43.

bien pratiqué cette méthode ; son *Traité de l'arc-en-ciel* témoigne de l'habileté avec laquelle il savait en user.

Ce qu'ont su Pierre de Maricourt et Thierry de Freiberg, Bacon l'a ignoré. L'expérience n'a pas été, pour lui, un moyen de démontrer des vérités, mais bien un procédé propre à manifester des faits. Il lui a demandé de découvrir des faits utiles, d'enrichir l'homme et de prolonger la vie, et c'est pourquoi il a mis l'Alchimie et la Médecine dans la dépendance de la Science expérimentale [1]. Il lui a demandé, surtout, d'inventer des faits suprenants, d'accroître de merveilles nouvelles le trésor de l'Alchimie et de la Magie naturelle [2].

C'est par la production de ces effets propres à étonner que la Science expérimentale surpasse les autres sciences ; c'est parce qu'elle est seule en état de les manifester que les autres sciences, tenues de lui en fournir les moyens, sont comme ses servantes :

« En tant que cette Science commande aux autres sciences, elle peut faire des choses admirables ; car toutes les sciences lui sont soumises, comme l'art du forgeron est soumis à l'art militaire et l'art du charpentier à l'art naval. Aussi cette Science commande-t-elle aux autres de lui faire des ouvrages et des instruments dont elle puisse user en maîtresse. — *Unde hæc Scientia imperat aliis, ut faciant ea opera et instrumenta quibus hæc utatur ut dominatrix.*

» C'est ainsi qu'elle ordonne à la Géométrie de lui tracer la figure d'un miroir ovale ou annulaire ou voisin de ces formes, de telle sorte que toutes les lignes venant d'un corps sphérique à la surface concave du miroir y forment des angles d'incidence égaux. Mais le géomètre ignore à quoi peut être bon un miroir de cette sorte, et il ne sait pas s'en servir. L'expérimentateur, lui, sait, à l'aide de ce miroir, brûler tout corps combustible, liquéfier tout métal, calciner toute pierre ; il sait détruire toute armée ou toute forteresse qu'il lui plaira de détruire, non seulement de près, mais à la distance qu'il voudra.

» La Science expérimentale prescrit au géomètre de faire d'autres choses plus admirables encore que celle-là...

» Elle prescrit de même à l'astronome de choisir les constellations bien déterminées que réclame l'expérimentateur ; et celui-ci, sous ces constellations, fabrique des œuvres, compose des nourritures et des médecines à l'aide desquelles il peut altérer toute

1. *Un fragment inédit...*, pp. 148-149.
2. *Un fragment inédit...*, pp. 149-156. — Cf. ROGERI BACONIS *Opus tertium*, cap. XIII ; éd. Brewer, pp. 43-47.

personne, l'exciter à faire tout ce qu'il veut, sans en pouvoir, toutefois, contraindre le libre arbitre.

» Ainsi c'est cette Science qui fait toutes ces choses, à titre principal et en dominatrice ; l'Astronomie en est la servante en ce cas, comme elle est la servante de la Médecine lorsqu'il s'agit de choisir les temps propres aux saignées et aux médecines laxatives, ainsi qu'en une foule de circonstances...

» La Science expérimentale commande de même à toutes les sciences ouvrières, afin qu'elles lui obéissent, qu'elles lui préparent ce qu'elle veut, les moyens dont elle use pour produire les admirables effets de la nature et de l'art sublime. *Similiter imperat omnibus aliis scientiis operativis, ut ei obediant, et præparent quæ vult, quibus utitur in admirandis effectibus naturæ et artis sublimis.* »

Celui qui a écrit ces lignes a pu chanter les louanges de la *science* expérimentale ; il n'a jamais compris ce que c'est que la *méthode* expérimentale.

Dès lors, ne nous étonnons plus que, dans le grand débat entre la Physique d'Aristote et l'Astronomie de Ptolémée, Bacon n'ait pas su délaisser sans merci le parti que l'observation condamnait ; qu'il ait mieux aimé contredire au témoignage des sens que bouleverser l'ordre imposé par le Péripatétisme à la Nature ; que le démenti formel de l'expérience ne lui ait pas semblé, pour une théorie physique, marque assurée de fausseté.

VII

BERNARD DE VERDUN

Pour rappeler à Bacon ce principe premier de toute science, pour en conclure que le système des sphères homocentriques doit être impitoyablement rejeté, et donc que le système de Ptolémée doit être admis, puisqu'il est le seul par lequel les phénomènes soient sauvés, il va se rencontrer un astronome. Franciscain comme Bacon, il empruntera à Bacon même les connaissances au moyen desquelles il le combattra.

Cet astronome se nomme Frère Bernard de Verdun.

« On lit [1] à la fin d'un manuscrit de la Bibliothèque Royale de

1. *Notices succintes sur divers écrivains, de l'an 1286 à l'an 1300*, par Emile Littré ; in : *Histoire littéraire de la France*, ouvrage commencé par les religieux Bénédictins et continué par les membres de l'Institut, t. XXI, pp. 317-320 ; Paris, 1847.

Paris [1] ; *Tractatus optimus super totam Astrologiam, editus a fratre Bernardo de Virduno, professore, de ordine fratrum Minorum.* C'est là tout ce que nous savons de cet auteur : il était de *Virdunum*, Verdun sur Meuse ou quelque autre Verdun de France, professeur, et de l'ordre des frères Mineurs, quoique son nom ne figure ni dans la Bibliothèque de Wadding, ni dans le Supplément. Tout renseignement nous manque sur l'âge où il a vécu [2]. L'écriture du manuscrit est du commencement du XIVe siècle ; dès lors, on ne peut faire descendre l'auteur plus bas ; et il est vraisemblable qu'il appartient au XIIIe. Les seuls auteurs qu'il cite sont Aristote, Euclide, Ptolémée, Albatenius, Thesbit, Arsachel, Averroès et Alpétragius.

» Le traité sur toute l'Astrologie, de 48 feuillets sur deux colonnes in-f°, commence ainsi : *Quia ex scientiis fructu dignioribus, et ex loco ordinis sublimioribus elegantiaque pulcrioribus*, etc., et finit par ces mots : *Hec sufficiant ; fui enim prolixior quam credideram, sed non inutiliter.* »

Indépendamment du manuscrit signalé par Littré, la Bibliothèque Nationale possède un second exemplaire [3] du traité de Frère Bernard de Verdun ; ce second exemplaire fut écrit également au XIVe siècle ; à ce moment, donc, l'ouvrage du frère Mineur jouissait vraisemblablement d'une vogue assez grande ; et cette vogue dut se maintenir longtemps, car André Stiborius le Bohémien, qui professait l'Astronomie à Vienne au commencement du XVIe siècle, possédait en sa Bibliothèque, comme nous le verrons, l'*Epitoma Almajesti Virduni* qui, sans doute, ne différait pas du *Tractatus super totam Astrologiam.*

Après avoir chanté les louanges de l'Astronomie, Frère Bernard nous apprend, en terminant le préambule de son traité, quel fut son objet tandis qu'il écrivait : « Pour que tout homme qui possède la Géométrie, puisse, en peu de temps, connaître non seulement la substance de livres qu'une lecture continue de deux ans suffirait à peine à expédier, mais encore beaucoup d'autres objets qui manquent dans ces livres, à cette fin, me confiant dans le secours

1. Bibliothèque Nationale, fonds latin, n° 7.333, fol. 1, col. a, à fol. 48, col. a.

2. Il existe à Oxford, un volume manuscrit de la Bibliothèque Bodléienne, (Digby, 164) : *Chi sont les lettres frère Nichole envoiiées à Bernard de Verdun et les lettres de frère Bernard, envoiiées à frère Nichole sur la pierre des philosophes.* M. Henri Labrosse a émis, sans d'ailleurs y insister, la supposition que ce frère Nichole était peut-être Nicolas de Lyre (HENRI LABROSSE, *Œuvres de Nicolas de Lyre*, in : *Études franciscaines*, 10e année, t. XIX, pp. 46-47 ; 1908).

3. Bibliothèque Nationale, fonds latin, n° 7.334.

divin, je commence et je tâcherai de terminer selon mes forces cet opuscule, qui tient la place d'ouvrages innombrables et d'énormes volumes ».

Le *Tractatus super totam Astrologiam* de Bernard de Verdun est formé par une suite de dix *traités* ; plusieurs de ces traités sont, à leur tour, partagés en segments qui sont nommés tantôt *divisions*, tantôt *distinctions* ; vient enfin un nouveau départ en nombreux chapitres.

La première division du premier traité expose les notions qu'on trouve, au Moyen Age, au début de la plupart des écrits cosmographiques : L'existence des quatre éléments, l'incorruptibilité de la matière céleste, le mouvement du ciel, sa figure sphérique. Un chapitre [1] est consacré à la figure sphérique de la terre et de l'eau ; les considérations par lesquelles cette figure est prouvée ressemblent fort à celles qu'on lit dans l'ouvrage célèbre de Joannes de Sacro-Bosco ; Bernard de Verdun n'ignorait assurément pas cet ouvrage. Il ajoute que la terre et l'eau devraient, selon la nature, être terminées par deux surfaces sphériques concentriques : c'est afin que les êtres animés puissent vivre que la terre ferme se trouve plus loin du centre du Monde. Cette explication finaliste de l'existence des continents et des îles était, nous le verrons, une des doctrines favorites de Campanus de Novare, qui la reprend en presque tous ses écrits ; il semble bien que Bernard de Verdun s'inspire ici des théories du Chapelain d'Urbain IV ; ce renseignement, joint à ceux que nous avons empruntés à É. Littré, nous assurerait que Bernard de Verdun a écrit, au plus tôt, durant le dernier quart du XIIIe siècle et, au plus tard, pendant les premières années du XIVe siècle.

Notre auteur admet [2], cela va sans dire, que la Terre est immobile au centre du Monde ; la seule preuve qu'il en donne est celle qu'Aristote regarde comme tirée de la raison même de ce repos : Les graves n'ont d'autre mouvement naturel que le mouvement rectiligne dirigé vers le centre du Monde.

La seconde division du premier traité expose les notions indispensables sur les arcs, les cordes, les sinus droits et verses ; l'auteur y donne le procédé qui permet de construire les tables des cordes et des sinus.

Le second traité est divisé en trois parties ; la première est rela-

1. FRATRIS BERNARDI DE VIRDUNO *Tractatus super totam Astrologiam*, tract. I, divisio I, cap. VI.
2. BERNARDI DE VIRDUNO *Op. laud.*, tract. I, divisio I, cap. XI.

tive à l'obliquité du Zodiaque et aux cercles dont la sphère matérielle est composée ; la seconde, à la recherche de toutes les déclinaisons, et la troisième aux ascensions.

Le troisième traité comprend trois distinctions ; les deux premières traitent du premier ciel et de son mouvement, de la longueur de l'année et des computations différentes du temps.

La troisième distinction a pour titre : Explication des causes des irrégularités qui se manifestent dans le mouvement du Soleil. Mais l'auteur excède aussitôt le programme restreint que ce titre lui trace ; il aborde, en son entière généralité, la discussion des principes sur lesquels doit reposer la théorie des planètes ; la querelle pendante entre le système de Ptolémée et le système des sphères homocentriques va être débattue plus amplement qu'elle ne l'a jamais été.

Très logiquement, Bernard de Verdun commence par énumérer[1] les faits dûment constatés par l'observation et dont toute théorie devra tenir et rendre compte. Ces faits sont les suivants :

1° Chaque planète, au cours de sa révolution, change constamment de vitesse ;

2° Le diamètre apparent de la Lune est de grandeur variable ;

3° En des circonstances diverses, la Lune se trouve éclipsée plus ou moins complètement, bien qu'en toutes ces circonstances, cet astre se trouve au même point de l'écliptique ;

4° Les planètes supérieures, et surtout Mars, paraissent plus grandes lorsqu'elles sont opposées au Soleil que lorsqu'elles sont en conjonction avec lui ; ce ne peut être, d'ailleurs, un effet qui s'explique par la distance plus ou moins grande de ces planètes au Soleil, car, en ce cas, les étoiles fixes présenteraient le même effet ;

5° Mercure, et surtout Vénus, ont un plus grand diamètre apparent lorsque ces planètes quittent le Soleil pour commencer à se mouvoir dans le sens des signes du Zodiaque que lorsqu'elles le quittent pour commencer à se mouvoir en sens inverse de l'ordre des signes.

Ces faits d'expérience posés, Frère Bernard décrit[2] les deux systèmes par lesquels on a tenté de les expliquer ; il montre que le

1. BERNARDI DE VIRDUNO *Op. laud.*, tract. III, dist. III, cap. II.
2. BERNARDI DE VIRDUNO *Op. laud.*, tract. III, dist. III, cap. III (marqué cap. IV dans le ms. 7333 lat. de la Bibliothèque Nationale) : In quo ponitur duplex modus salvandi apparentia prædicta, et excluditur primus, et ideo infertur secundum esse necessarium.

premier de ces deux systèmes doit être exclu, ce qui entraîne la nécessité d'adopter le second.

« De l'avis de tous ceux qui parlent raisonnablement de cette question, il n'y a, dit-il, que deux moyens de sauver les apparences précédemment énumérées.

» Le premier de ces moyens est celui dont Averroès touche quelques mots au XIIe livre de la *Métaphysique* ; il y déclare que la véritable Science des astres est fondée sur des principes de Physique qui détruisent la possibilité des excentriques et des épicycles ; il ajoute qu'on peut sauver les apparences au moyen d'un orbe unique mû sur des pôles multiples, de telle sorte que son mouvement soit composé de plusieurs autres ; il confesse, d'ailleurs, qu'il n'est pas en état de développer cette Astronomie.

» Alpétragius suivit Averroès et, peut-être, fut-il excité dans sa recherche par les propos de ce dernier ; des racines plantées par Averroès il sut tirer des rameaux auxquels il fit porter de belles fleurs et de beaux fruits, du moins au jugement de quelques-uns. ».

Ce discours, nous nous souvenons de l'avoir lu vers la fin des *Communia naturalium* de Roger Bacon, dans un des chapitres qui proviennent, croyons-nous, de l'*Opus minus ;* la ressemblance devient saisissante entre le langage de Bacon et le langage de Bernard de Verdun si nous avons soin de rapprocher ces deux langages en les laissant revêtus de leur forme latine.

Voici, d'abord, la page écrite par Roger Bacon aux *Communia naturalium* [1] :

« *Unde Averroes dicit super XI° Metaphysicæ quod Astronomia vera fundatur super principia naturalia quæ destruunt epicyclos et excentricos, et tamen confitetur se non posse explicare hanc Astronomiam, sed tangit radices ut det occasionem sequentibus studiosis. Dicunt etiam omnes tam mathematici quam naturales quod duplex est modus salvandi apparentia, unus per excentricos et epicyclos, alius per motus orbis ejusdem secundum multa genera polorum, scilicet duo, tria et plura, ut sint motus compositi non simplices, sicut Averroes docet super XI° Metaphysicæ, ubi dicit quod possibile est omnia salvari per hunc modum, nam quod difficilius est, scilitet longitudinem Lunæ majorem et minorem secundum visum a Terra, et aliarum planetarum, dicit esse possibile salvari. Et*

1. FRATRIS ROGERI BACON *Communia naturalium ;* lib. II ; De cælestibus ; pars V, cap. XVII. Bibliothèque Mazarine, ms. n° 3576, fol. 130, col. a. — Ed. Steele, pp. 443-444.

Alpetragius, sequens eum, et forsan excitatus per radices Averrois, deduxit eos in ramos et flores et fructus pulchros. »

Voici maintenant le texte latin de la page que nous lisions il y a un instant au *Tractatus super totam Astrologiam* de Frère Bernard de Verdun :

« *Cum enim, ut ab omnibus de hac materia rationabiliter loquentibus, tantum sit duplex modus salvandi prædicta ; unus quem tangit Averroes XI° Metaphysicæ, ubi dicit quod astrorum Astronomia vera fundatur super principia naturalia quæ destruunt excentricos et epicyclos, quod dicit posse contingere si unus orbis movetur super multos polos ut sint motus compositi ex multis motibus, et tamen confitetur se non posse explicare hanc Astronomiam ; unde Alpetragius, sequens eum, forsan ex hiis excitatus, radices Averrois deduxit in ramos et flores et fructus pulchros, ut aliquibus videtur.* »

Le rapprochement de ces deux passages ne saurait laisser place au doute ; l'un des deux auteurs a reçu l'inspiration de l'autre, a lu l'écrit de l'autre. Quel est celui qui a fourni le modèle ? Quel a été l'imitateur ? La réponse à cette question ne saurait, non plus, être arrêtée longtemps par l'hésitation, tellement la page que nous venons de citer porte, nettement reconnaissable, la marque du style de Roger Bacon.

En particulier, la métaphore qui termine cette page semble avoir été, pour Bacon, l'objet d'une véritable prédilection. En voici quelques emplois, notés au hasard parmi ses divers écrits :

« *Quamvis* [1] *autem scriptum principale non transmitto, nihilominus meliores et majores sapientiæ radices, juxta posse meum, et ramos proceriores, cum florum suavitate et fructuum dulcedine, Vestræ Reverentiæ gaudeo præsentare ex quantitate sufficienti scripturæ, donec placeat Vestræ Sanctitati majorem requirere.* »

« *Sed* [2] *horum omnium radices et ipsa stipes erecta apud Sacram Scripturam reperiuntur. Rami vero penes expositores ejusdem ut in canone folia, flores, fructus salutiferi capiantur. Nam sermones canonici suavis ornatus foliis comparantur secundum Scripturam. Flores autem et fructus sunt segetum aurei palmites et uvarum maturitio. Et ideo jus canonicum sine potestate Scripturæ in uno corpore continetur, sicut unius arboris corpus ex radicibus et stipite, ramis, floribus et fructibus constituitur.* »

1. ROGERI BACON *Epistola ad Clementem IVm* ; Bibliothèque Nationale, fonds latin, nouv. acq., ms. 1715, fol. 145, recto.
2. ROGERI BACON *Opus majus*, Pars secunda, cap. II ; éd. Jebb., p. 24 ; éd. Bridges, vol. I, p. 35.

« *Protraxi* [1] *hauc partem tertiam Philosophiæ Moralis gratis propter pulchritudinem et utilitatem sententiarum moralium, et propter hoc quod libri raro inveniuntur, a quibus erui hos morum radices, flores et fructus.* »

« *Patet igitur* [2] *quod scriptum principale non potui mittere, sed oportuit me formare aliquid præambulum, in quo radices meliores, et ramos proceriores, et flores pulchriores, et fructus dulciores præmitterem.* »

« *Nam non remansit unus Parisius* [3], *qui tantum novit de philosophiæ radicibus, quamvis ramos et flores et fructus nondum produxerit propter ætatem juvenilem.* »

« *Et hic sunt* [4] *radices totius sapientiæ rerum et scientiarum, propter quod diligenter volui has revolvere et examinare, et ad ramos et flores et fructus applicare* ».

« *Nam prius posui* [5] *radices de complexionibus locorum ; nunc autem aliquos ramos, fructus et flores* ».

« *Deinde* [6], *quia textus et quæstiones Theologiæ multum utuntur cælestibus, et loquuntur de altitudine cælorum, et de eorum et stellarum spissitudine et magnitudine, et non possunt hæc sciri nisi per magnam numerorum potestatem, ideo posui radices circa hæc, et extraho flores et fructus.* »

« *Ab Aristotele* [7] *et aliis habemus fundamenta, sed non omnes ramos utiles et fructus universos.* »

Ces diverses citations imposent cette conclusion : Au *Tractatus super totam Astrologiam*, il est une page que Bernard de Verdun a presque textuellement empruntée à son frère en Saint François, Roger Bacon.

De là à conclure que Bernard de Verdun connaissait les divers écrits où Roger Bacon traitait de l'Astronomie, qu'il connaissait, en particulier la grande et belle discussion des systèmes astronomiques instituée dans l'*Opus tertium*, il n'y a qu'un pas bien aisé à franchir, et que nous franchirons; bientôt, d'ailleurs, nous aurons la preuve que nous n'avons pas fait un faux-pas.

Or cette supposition donne, croyons-nous, la véritable significa-

1. ROGERI BACON *Opus majus*, Pars septima principalis (De morali Philosophia) pars IV, cap. I; éd. Bridges, t. II, p. 366. — Cette partie de l'*Opus majus* ne se trouve pas reproduite dans l'éd. Jebb.
2. ROGERI BACON *Opus tertium*, cap. XVIII ; éd. Brewer, p. 60.
3. *Ibid.*, cap. XIX ; éd. Brewer, p. 62.
4. *Ibid.*, cap. XXXI ; éd. Brewer, p. 108.
5. *Ibid.*, cap. LIV ; éd. Brewer, p. 204.
6. *Ibid.*, cap. LVIII; éd. Brewer, p. 228.
7. ROGERI BACON *Compendium Philosophiæ ;* cité par ÉMILE CHARLES, *Roger Bacon, sa vie, ses ouvrages, ses doctrines ;* p. 409.

tion qu'il convient d'attribuer au *Tractatus super totam Astrologiam*. Cet écrit clôt par un jugement formel le procès qui, sans jamais aboutir à une décision, s'est plaidé au cours des divers ouvrages de Roger Bacon et, notamment, de l'*Opus tertium*. Rendu par un autre que par Bacon, ce jugement n'est pas en faveur de la partie pour laquelle le grand Franciscain semblait prévenu ; les sphères homocentriques d'Alpétragius sont, au nom de l'observation, condamnées sans appel ; muni de cette « imagination que les modernes » ont empruntée aux *Hypothèses des planètes* ou au *Résumé d'Astronomie* d'Ibn al Haitam, le système de Ptolémée est déclaré indemne des accusations portées par Averroès.

Ce qui donne à ce jugement une importance hors de pair, c'est qu'il semble avoir été reçu sans opposition, aussitôt que prononcé, par l'Ordre franciscain et par l'Université de Paris, où cet ordre exerçait, au voisinage de l'an 1300, une puissante influence.

Frère Bernard entreprend [1] de décrire le système d'Al Bitrogi ; sa description veut être très concise malgré la complication de la théorie qu'il s'agit d'exposer ; elle devient forcément très obscure ; les lignes suivantes en donnent une interprétation bien plutôt qu'une traduction :

Alpétragius « suppose que chacun des astres errants se meut d'un mouvement propre autour de pôles distincts des pôles du premier mobile ; ces pôles sont voisins de ceux du Zodiaque [2] ; Alpétragius suppose, en outre, que ces pôles se meuvent sur la circonférence d'un petit cercle décrit autour des pôles du Zodiaque, ou à peu près.

» Le long de l'une des moitiés de ce petit cercle, le pôle se meut en sens contraire de l'ordre des signes du Zodiaque ; supposons qu'à l'arc ainsi décrit contrairement à la succession des signes, corresponde une partie du Zodiaque plus grande que la partie décrite par l'orbe de la planète en sa révolution autour [de ses pôles voisins] des pôles du Zodiaque ; la planète semblera rétrograder ; elle paraîtra stationnaire si ces deux parties sont égales ; si la seconde partie du Zodiaque est plus grande que la première, la planète aura un mouvement direct, mais lent ; le mouvement de l'astre sera direct et rapide tandis que le pôle se mouvra sur son petit cercle dans le sens même où se succèdent les signes du Zodiaque ; pour chaque planète, chacune de ces apparences se pré-

1. BERNARDI DE VIRDUNO *Op. laud.*, cap. cit.
2. Le texte, souvent fautif d'ailleurs, dit : *Super polos zodyaci*.

sentera toujours au moment où le pôle de son orbite occupera une position bien déterminée sur le premier cercle qu'il décrit ».

Si écourté soit-il, cet exposé du système d'Al Bitrogi surpasse de beaucoup en exactitude ce qu'en ont dit ou ce qu'en diront les autres scolastiques ; il décrit le mouvement attribué aux planètes plus complètement encore que ne le fait l'*Opus tertium* de Bacon ; Bernard de Verdun a lu la *Théorie des planètes* d'Alpétragius ; il l'a lue en astronome, et point seulement en philosophe.

Ce n'est pas à dire que les critiques adressées par le Frère mineur à l'Astronome arabe soient toutes justifiées ; il s'en faut bien ; la première de ces critiques montre même qu'il n'avait pas du tout compris le mécanisme du mouvement propre attribué à chaque planète par le disciple d'Ibn Tofaïl ; ce mouvement se compose de deux rotations distinctes ; Frère Bernard veut que ces deux rotations n'en puissent faire qu'une :

« De multiples raisons, dit-il, montrent que tout cela est impossible. Dès là qu'un point de la sphère se meut, toute la sphère se meut, et il en est de même de chacun de ses points, à l'exception de deux points qui sont les pôles dudit mouvement. Partant, lorsque les pôles auront parcouru le quart du petit cercle sur lequel ils se meuvent, selon la supposition d'Alpétragius, toute la sphère aura accompli le quart de sa révolution ; elle achèvera sa révolution entière en même temps que le pôle terminera la sienne ; la ligne qui part du pôle du petit cercle en question, qui passe par le pôle de la sphère dont le mouvement entraîne la planète, et qui se termine au corps de la planète, ne décrit pas seulement, pendant une révolution du pôle sur le petit cercle, l'arc du Zodiaque qu'interceptent deux arcs de grand cercle issus du pôle du Monde et tangents au petit cercle ; elle décrit le Zodiaque tout entier. On voit donc que cette hypothèse mérite grandement qu'on en rie ».

Frère Bernard de Verdun eût risqué très fort que les rieurs ne fussent pas de son côté, si sa critique du système d'Al Bitrogi eût été réduite à ce seul argument ; il en produisait heureusement de meilleurs.

« Selon cette théorie, disait-il, les arcs parcourus directement par une planète seraient toujours égaux ; il en serait de même des trajets rétrogrades ; la planète serait toujours stationnaire aux mêmes points ; toutes ces conséquences sont absolument fausses.

» En outre, le mouvement, tant direct que rétrograde, atteindrait toujours son maximum de vitesse au moment où la planète a sa plus grande latitude ; c'est l'opposé qui est vrai, comme nous le verrons.

» De plus, le Soleil aurait une latitude, ce qui est entièrement inexact ».

A certaines de ces critiques, il est vrai, Al Bitrogi avait paré d'avance en introduisant dans son système des complications dont Frère Bernard ne fait pas mention ; mais en dépit de ces perfectionnements, l'Astronome franciscain pouvait dire à bon droit :

« Si le système d'Alpétragius était vrai, il faudrait regarder comme fausses les propositions que nous avons formulées d'avance au chapitre précédent ; or la vérité de ces propositions se manifeste avec évidence à quiconque est capable de raisonner ; aussi, bien que nous puissions citer encore d'autres arguments contre cette théorie, ceux-ci suffiront.

» Ainsi le premier des deux procédés qu'on peut imaginer entraîne des impossibilités ; il ne suffit pas à rendre compte des faits que tout homme capable de raisonner est tenu d'admettre tout d'abord ; il faut reconnaître comme nécessaire l'adhésion au second système, au système où l'on admet l'excentrique ou l'épicycle... »

Les philosophes péripatéticiens, à l'exemple d'Averroès, ne veulent pas reconnaître cette nécessité. L'accord du système de Ptolémée avec les apparences célestes ne prouve nullement l'exactitude des hypothèses sur lesquelles ce système est bâti ; de suppositions fausses, on peut fort bien tirer des conséquences justes. Pour qu'on fût tenu d'adhérer à ce système, il faudrait que les axiomes dont il use fussent prouvés au moyen des principes de la Philosophie naturelle ; tant que cette preuve n'a pas été donnée, on doit tenir le système de l'*Almageste* pour un système douteux auquel un autre système, plus satisfaisant aux yeux des philosophes et tout aussi concordant avec les observations des astronomes, pourrait un jour être substitué.

Cette attitude réservée est celle de Saint Bonaventure et de Saint Thomas d'Aquin ; il semble bien qu'elle soit aussi celle de Roger Bacon ; Frère Bernard la réprouve avec indignation : « Au moyen de ce système, dit-il, on évite tous les inconvénients qui viennent d'être énumérés, on sauve tous les phénomènes qui, d'avance, ont été formulés au chapitre précédent ; en le prenant pour principe, on peut pousser ses recherches sur tout ce qu'il est utile de savoir touchant les mouvements célestes, les grandeurs et les distances des corps célestes, et, jusqu'aujourd'hui, tout ce qu'on a découvert de la sorte s'est trouvé vérifié ; cela ne fût certainement pas arrivé si le point de départ de ces déductions eût été faux : car, en toute matière, une petite erreur au début entraîne une grande erreur à la fin.

» Ainsi tous les phénomènes célestes s'accordent avec ce second système tandis qu'ils contredisent tous au premier ; or ces phénomènes posés comme prémisses doivent, de toute nécessité, être maintenus... C'est sottise que de nier ces propositions plus certaines que toutes les raisons, sottise semblable à celle des Anciens qui, en vertu de quelques arguments sophistiques, niaient le mouvement, le changement ou la pluralité des êtres, affirmant des erreurs dont le contraire apparaît avec évidence au seul sens commun. Sans doute, ce sont des choses qu'on ne peut démontrer, de même qu'on ne peut démontrer que le feu est chaud ou que l'être comprend substance et accident ; mais ce sont choses que nous recevons du sens. De ces choses-là, le Philosophe affirme que nous avons une certitude supérieure à celle qu'aucune raison peut donner, en sorte qu'il ne convient pas de chercher à en rendre raison ; en effet, tout raisonnement construit par nous présuppose le sens ».

Nous pouvons nommer celui à qui s'adresse cette diatribe de Bernard de Verdun ; celui-ci avait lu le traité où Bacon osait, en faveur du système d'Al Bitrogi, écrire ces lignes : « Il semble qu'il vaille mieux suivre les suppositions des physiciens, dussions-nous faire défaut en la solution de quelques sophismes auxquels on est conduit par le sens bien plutôt que par la raison ». Fidèle interprète des principes posés aux *Seconds Analytiques*, l'auteur du *Tractatus super totam Astrologiam* renvoie l'épithète de sophistes à ceux qui, comme son illustre frère en Saint François, se fient plutôt à leur raison qu'au témoignage des sens.

Mais les Péripatéticiens ne se sont pas contentés de réputer douteux les principes du système astronomique de Ptolémée ; avec Averroès, ils ont prétendu prouver que ces principes étaient des absurdités ; il importe assurément de réfuter leurs objections ; Frère Bernard ne veut point faillir à cette tâche ; il y consacre tout un chapitre [1].

Voici, tout d'abord, les objections d'Averroès :

« On prétend que l'existence d'un orbe excentrique ou d'un épicycle exigerait que la substance du ciel fût divisible et raréfiable, ou bien que le vide fût possible, ou bien encore que deux corps se trouvassent en même temps dans un même lieu. En effet, la partie

1. BERNARDI DE VIRDUNO *Op. laud.*, tract. III, dist. III, cap. IV (marqué par erreur cap. V dans le ms. 7333 lat. de la Bibliothèque Nationale).

de l'excentrique qui est la plus éloignée de la Terre doit venir, au bout d'un certain temps, remplacer celle qui en reste la plus rapprochée, et inversement ; de même, en tournant le long de l'orbe, l'épicycle devra le couper.

» Nous répondrons que la première de ces deux difficultés peut être évitée ; on ne suppose pas que l'excentrique se meuve autour du centre du Monde, si ce n'est d'un mouvement *per accidens*, [c'est-à-dire d'un mouvement communiqué par un autre orbe dans lequel il est contenu] ; de lui-même, il se meut seulement autour de son propre centre, en sorte que ses diverses parties se succèdent continuellement les unes aux autres au sein d'espaces les uns plus éloignés du centre du Monde, les autres plus rapprochés, qu'on suppose ménagés dans l'épaisseur de l'orbe qui environne l'excentrique.

» Nous évitons de même la seconde difficulté ; en effet, nous ne supposons pas qu'en réalité le centre de l'épicycle se meuve sur la circonférence du déférent ; nous supposons que l'épicycle est une petite sphère logée dans l'épaisseur de l'orbe excentrique ; cette sphère est entraînée par le mouvement de cet orbe, et le corps de la planète est logé dans cette petite sphère. Nous verrons, d'ailleurs, que cette orbite en laquelle se trouve l'épicycle peut comprendre plusieurs sphères destinées à sauver les irrégularités qui se manifestent dans le mouvement de la planète ».

Bernard de Verdun connaît donc, comme Bacon, ce que tous leurs prédécesseurs de la Chrétienté latine, ou du moins tous ceux dont les écrits nous sont parvenus, semblent avoir ignoré, cette *ymaginatio modernorum* qu'Ibn al Haitam avait empruntée à Ptolémée et qu'il avait systématiquement exposée dans son *Résumé d'Astronomie*. Il connaît même ce mécanisme beaucoup mieux que Bacon ne semble l'avoir connu ; comme nous le verrons dans un instant, il sait de quelle façon les divers orbes de la Lune et de Mercure doivent être agencés si l'on veut que ces astres se meuvent selon les suppositions de l'*Almageste*.

L'admiration que notre Franciscain professe pour cette combinaison d'orbes solides est extrême ; il n'est pas d'avantage qu'il n'en attende. En y introduisant, par exemple, certains orbes compensateurs analogues aux ἀνελιττοῦσαι σφαῖραι d'Aristote, on pourrait supposer, comme en la *Métaphysique* du Stagirite, que le mouvement de chaque sphère se transmet à toutes les sphères contenues par elle :

« Il ne semble pas qu'il y ait inconvénient à supposer que le mouvement des sphères supérieures se propage jusqu'aux sphères inférieures ; j'entends parler du mouvement qu'on appelle le mouvement du centre de l'épicycle sur l'orbite excentrique et inclinée ; le mouvement d'un excentrique inférieur peut être considéré comme le résultat d'un mouvement propre et de tous les mouvements des excentriques plus élevés ; l'inclinaison de ce mouvement peut être regardée comme la somme d'une inclinaison propre et des inclinaisons de tous les mouvements précédents; prenons, par exemple, le Soleil, qui ne manifeste aucune inclinaison ou latitude ; si l'accumulation des inclinaisons des astres plus élevés y faisait apparaître une inclinaison ou latitude, on imaginerait un épicycle qui porterait le Soleil et ferait varier uniquement sa latitude, de manière à compenser exactement la latitude précédente ; ou bien encore on imaginerait plusieurs grandes sphères qui se mouvraient de telle sorte que le mouvement du Soleil fût ramené à celui que nous voyons ; et si ces suppositions ne convenaient pas à tout le monde, on pourrait imaginer [entre les orbes des diverses planètes] des orbes, d'épaisseur variable d'un point à l'autre, qui demeureraient immobiles ; on ne serait plus obligé dès lors, de regarder les mouvements des sphères inférieures comme composés de tous les mouvements des sphères supérieures, et, cependant, on éviterait que les sphères eussent à se diviser ou à se compénétrer ou que le vide eût à se produire ».

Dans le système d'Ibn al Haitam, chaque orbe déférent excentrique est contenu par deux orbes et chacun de ces orbes est limité par deux surfaces sphériques qui ne sont pas concentriques. Reprenant les objections d'Averroès contre les corps intermédiaires de Thâbit ben Kourrah, Bacon déclarait inutiles ces orbes contenants, puisqu'ils n'ont aucun mouvement propre ; il les déclarait incompatibles avec la simplicité et l'homogénéité des cieux.

« Ces sphères, répond Bernard de Verdun, ne sont pas les résultats d'hypothèses superflues, car les mouvements des autres sphères les requièrent à titre d'objets nécessaires. Nous retrouvons ici ce que nous constatons dans tous les êtres de la nature ; dans chacun de ces êtres, il y a quelque chose qui en est le principal, et aussi certaines choses qui s'y trouvent seulement en vue de cette chose principale. Il en est, de même, dans les objets artificiels ; toutes les parties d'une cithare ne produisent pas de son ; mais s'il n'y avait pas, dans la cithare, ces parties qui ne sont pas sonores, les autres parties ne résonneraient pas. Pour la même raison, il y a dans les animaux des os qui sont, par eux-mêmes, immobiles, mais autour desquels tournent les autres os.

» En outre, la beauté et l'ordre des créatures consiste bien plutôt dans la multiplicité et dans la variété que dans une complète uniformité ; la beauté de l'orbe des étoiles fixes consiste dans le nombre et la variété des astres qu'il porte ; de même, la beauté des sphères inférieures consiste dans la variété et le nombre des mouvements et des orbes, comme le montre le deuxième livre *Du Ciel et du Monde* ».

Mais voici que Frère Bernard voit se dresser devant lui une nouvelle objection contre la théorie des épicycles ; cette objection, que nous avons rencontrée pour la première fois en lisant l'*Opus tertium*, se tire de la figure invariable que nous présente la tache de la Lune.

Cette objection, voici comment notre auteur l'expose et la résout :

« En second lieu, on fait cette objection : Si la Lune ou n'importe quelle planète est entraînée par la révolution de son épicycle, ce ne sera pas toujours la même partie du corps de la planète qui se trouvera en regard de la Terre. Aristote prouve justement le contraire à l'aide de la Lune, dont la tache nous apparaît toujours sous la même figure.

» S'il en était ainsi, on réduirait la Lune au mouvement que cette observation exige au moyen du mouvement de certains orbes qui contiendraient l'épicycle à leur intérieur ». Frère Bernard ne nous dit pas, d'ailleurs, comment il faudrait combiner ces orbes.

Chose digne de remarque : Bernard semble avoir eû sous les yeux l'*Opus tertium* de Roger Bacon au moment où il formulait cette objection ; il écrit en effet :

« *Secundo arguitur sic : Si luna et quælibet planeta revolvitur motu epicycli, tunc eadem pars corporis planetæ non semper respiciet Terram, cujus contrarium ostendit Aristoteles per Lunam, cujus macula nobis semper sub eadem figura apparet* ».

Et Bacon avait écrit [1] :

« *Item sequitur ex dicta imaginatione quod eadem pars corporis planetæ non semper respicit Terram, sive aspectus nostros, cujus contrarium ostendit Aristoteles per Lunam, cujus macula nobis sub eadem figura semper apparet* ».

Ce n'est donc pas seulement de l'ouvrage qui a fourni aux *Communia naturalium* leurs trois derniers chapitres que Bernard de

1. *Un fragment inédit*..., pp. 132-133. — *Liber secundus communium naturalium*, éd. Steele, p. 440.

Verdun avait connaissance ; il s'est également instruit par la lecture de l'*Opus tertium* ; peut-être aussi lisait-il les *Communia naturalium*, où les deux sources dont nous venons de parler avaient conflué.

Au manuscrit n° 7.333 du fonds latin de la Bibliothèque Nationale, le passage que nous venons de citer est accompagné d'une note marginale ; cette note n'a pas été écrite par le scribe qui a copié le *Tractatus super totam Astrologiam*, mais bien par un de ses contemporains. L'annotateur a-t-il voulu reprendre un passage de l'œuvre de Bernard de Verdun que le premier copiste avait omis ? a-t-il voulu exposer une opinion personnelle ? Nous ne saurions le dire ; toujours est-il que la solution par laquelle il pense délier la difficulté vaut, par son étrangeté, la peine d'être citée.

Selon cet annotateur, la Lune peut fort bien nous présenter successivement des hémisphères divers ; mais cet astre est un globe transparent qui contient à l'intérieur une masse opaque ; c'est cette masse opaque qui prend, pour nous, l'apparence d'une tache ; de quelque côté qu'on la regarde, son aspect demeure le même.

Si l'annotateur eût été le moins du monde géomètre, il eût reconnu que son hypothèse était inconciliable avec la figure offerte par la tache de la Lune.

Il reste encore une objection, et non des moindres, contre le système des excentriques et des épicycles. Cette objection qui se relie, nous le savons, aux théories les plus essentielles des philosophes péripatéticiens sur le lieu et le mouvement, peut se formuler ainsi : Tout mouvement de révolution s'effectue autour d'un centre immobile réalisé dans un corps concret ; les mouvements des excentriques et des épicycles, qui tournent autour de points purement géométriques, voire autour de points qui sont eux-mêmes mobiles, sont incompatibles avec les principes de la saine Physique.

Voici comment Frère Bernard de Verdun expose et réfute cette objection :

« Tout mouvement naturel est ou bien un mouvement dirigé vers le centre du Monde, ou bien un mouvement à partir du centre, ou enfin un mouvement autour du centre. A cela il faut répondre que les mouvements des excentriques et des épicycles, étant des mouvements circulaires, se font aussi autour de milieux, car chacun d'eux se fait autour de son propre centre... Le centre autour duquel s'effectue le premier mouvement, le mouvement qui entraîne tous les orbes inférieurs, est le centre absolu (*simpliciter*) ; mais les centres autour desquels tournent les orbes inférieurs sont des centres relatifs (*secundum quid*) ».

Frère Bernard adhère donc avec pleine confiance au système des excentriques et des épicycles de Ptolémée ; mais il y adhère à la condition que ces excentriques, que ces épicycles seront matériellement réalisés au moyen d'orbes solides et contigus ; par cet artifice, en effet, il devient aisé de réfuter la plupart des objections d'Averroès et de ses continuateurs contre l'Astronomie de l'*Almageste*.

L'Astronome franciscain sait fort bien, d'ailleurs, que la théorie de certaines planètes ne peut être convenablement représentée par le mécanisme simple qu'il a décrit tout d'abord ; dans ces cas particuliers, il a soin d'indiquer comment ce mécanisme devra être complété en vue de figurer exactement les mouvements reconnus par les observateurs.

Pour représenter, par exemple, le déplacement des nœuds de l'orbitre lunaire, de la *tête* et de la *queue du dragon*, Ptolémée a dû animer l'excentrique sur lequel roule l'épicycle de la Lune d'un mouvement de rotation uniforme autour du centre du Monde. Bernard de Verdun remarque [1] qu'il faudra donc attribuer à la Lune, outre les orbes dont sont doués les autres planètes, un orbe compris entre deux surfaces sphériques concentriques au Monde.

De même, l'excentrique qui porte l'épicycle de Mercure doit être, selon la théorie de Ptolémée, animé d'un mouvement de rotation autour du centre de l'équant. Pour produire ce mouvement, Bernard de Verdun attribue [2] à Mercure « un orbe dont la convexité est concentrique au centre de l'équant ».

Que de semblables artifices suffisent à représenter tous les mouvements célestes, Frère Bernard n'en doute aucunement; nous en aurons la preuve en étudiant ce qu'il dit du mouvement de précession des équinoxes.

En cette question, comme en sa discussion des systèmes astronomiques, Frère Bernard procède d'une manière absolument logique ; il pose d'abord les faits constatés par les observateurs ; ce sont autant d'indications auxquelles les systèmes des théoriciens devront se conformer.

1. Fratris Bernardi de Virduno *Tractatus super totam Astrologiam*, tractatus IV, cap III.
2. Fratris Bernardi de Virduno *Tractatus super totam Astrologiam*, tractatus VII, divisio II, cap. I.

« Toutes les étoiles, dit-il [1], se meuvent entraînées par le mouvement d'un même orbe et, [en outre du mouvement diurne], elles ont un mouvement propre.

» Qu'elles se meuvent par le mouvement d'une même orbite, cela est rendu manifeste par ce fait qu'elles ont aujourd'hui, les unes par rapport aux autres, et en tout sens, le même éloignement ou la même proximité » que dans l'Antiquité.

» D'autre part, les observations montrent qu'elles ne demeurent pas toujours à la même distance des points équinoxiaux ; Abrachis (Hipparque) a trouvé que le *Cœur du lion* était à une distance de 119°40′ du point équinonial de printemps ; pour cette même distance, Ptolémée a trouvé 122°30′, Thesbith 133°12′, Albatégni 134°28′, Arzachel 137°40′.

» Pour la distance de l'apogée du Soleil au même point vernal, Abrachis a trouvé 64°30′, Ptolémée 68°20′, Thesbith 81°39′, Albatégni 84°30′, Arzachel 89°49′.

» Ces observations montrent que les étoiles ont un mouvement différent de ce premier mouvement qu'on nomme mouvement du premier mobile ».

Quelle est la loi de ce mouvement?

On constate aisément [2] qu'il ne consiste point en une révolution autour des pôles du premier mobile, mais bien en une révolution autour des pôles du Zodiaque.

« On a trouvé, toutefois [3], et cela se reconnaît évidemment lorsque l'on compare les observations successives, que le mouvement de l'apogée solaire n'est pas identique au mouvement des étoiles fixes ; l'apogée se meut plus vite que les étoiles fixes [4] ; en outre, on constate que les étoiles s'éloignent de chacun des deux tropiques avec des vitesses différentes.

» Thesbith suppose que ce mouvement est un mouvement alternatif, qu'il consiste en un premier mouvement, dont l'amplitude est 10°, d'un point équinoxial vers le point solsticial qui le suit, puis d'un second mouvement, ayant également une amplitude de

1. Fratris Bernardi de Virduno *Tractatus super totam Astrologiam*, tract VI, cap. II.

2. Bernardi de Virduno, *Op. laud.*, tract. cit., cap. III.

3. Bernardi de Virduno, *Op. laud.*, tract. cit., cap. IV.

4. Dans le Cod. 7.333 lat. de la Bibliothèque Nationale, il y a *retro stellarum fixarum* ; il faut alors supposer que Bernard de Verdun veut parler du mouvement accompli chaque jour par l'apogée et par les étoiles, par l'effet combiné du mouvement diurne et du mouvement de précession ; on peut encore — et d'autres passages de Bernard de Verdun nous y autorisent — traduire ainsi ces mots : *par rapport aux étoiles fixes*.

10°, du même point équinoxial vers le point solsticial qui le précède ; en sorte que l'amplitude totale de cette oscillation soit de 20°.

» Mais on ne voit pas d'où Thesbith a pu tenir cette hypothèse. Jamais, en effet, on n'a constaté de renversement dans le sens de ce mouvement. Il a consisté en une continuelle précession par laquelle les étoiles se sont avancées de 18°, tandis que l'apogée du Soleil s'est déplacé de 25°19'.

» D'ailleurs, s'il en était comme le prétend Thesbith, si la tête du Bélier mobile tournait en cercle autour de la tête du Bélier fixe, les diverses étoiles ne garderaient pas une distance invariable à la trajectoire du Soleil ; elles éprouveraient des variations non seulement en leurs distances à l'Équateur, mais encore en leurs distances au Zodiaque, selon ce qu'exigerait la révolution des points équinoxiaux mobiles sur ces petits cercles ; il ne paraît pas possible d'assurer par les observations qu'il en soit ainsi ».

L'objection que Frère Bernard adresse ici à Thâbit ben Kourrah n'est pas fondée sur une exacte connaissance du système proposé par l'Astronome Sabian ; selon celui-ci, en effet, la trajectoire du Soleil, l'écliptique mobile, prend part au mouvement de trépidation des étoiles, en sorte que les étoiles gardent une position invariable par rapport à ce grand cercle ; ce qui varie incessamment, et d'une manière différente pour les diverses étoiles, c'est la distance de chacune d'elles à l'écliptique fixe.

En revanche, le refus d'attribuer aux étoiles le mouvement oscillatoire que leur confère le *De motu octavæ sphæræ*, alors que l'observation n'y a décelé qu'une précession toujours de même sens, fait grand honneur au sens expérimental de notre Mineur.

Si toutefois l'observation venait à reconnaître que les étoiles sont animées d'un tel mouvement oscillatoire, Bernard de Verdun n'en chercherait pas l'explication dans la voie suivie par Thâbit ben Kourrah ; il s'efforcerait de le représenter par un procédé imité de l'*Almageste*.

« Cependant, si les étoiles éprouvaient des mouvements variés, comme Thesbith prétend l'avoir observé, cela pourrait provenir de ce qu'elles seraient contenues dans des orbes excentriques à celui qui produit le mouvement précédemment décrit ; ces orbes leur communiqueraient des mouvements qui ne seraient point des rotations uniformes par rapport au centre du Monde, bien qu'ils fussent des rotations uniformes autour des centres propres de ces orbes ».

Frère Bernard de Verdun termine son traité par ces paroles :

« *Hec igitur sufficiant ; fui enim prolixior quam credideram, sed non inutiliter* ».

En argumentant au nom de l'expérience, avec l'ardeur d'une pleine conviction, contre les hypothèses d'Alpétragius ; en vulgarisant la connaissance des mécanismes qui sauvaient les excentriques et les épicycles des objections d'Averroès, Bernard de Verdun a, sans doute, grandement contribué au triomphe du système de Ptolémée parmi les Frères mineurs et à l'Université de Paris. S'il en est ainsi, il était en droit de dire qu'il n'avait pas écrit inutilement ; il avait bien servi la Science positive dont l'Astronomie de l'*Almageste* était, à ce moment, la plus parfaite émanation.

VIII

LA *Somme de Philosophie* FAUSSEMENT ATTRIBUÉE A ROBERT GROSSE-TESTE

On conserve, dans les bibliothèques anglaises, plusieurs exemplaires d'un traité assez volumineux que le manuscrit le plus ancien, composé au début du XIVe siècle, intitule simplement [1] : *Tractatus difficilium ad scientiam veram universaliter spectantium*, tandis que d'autres copies plus récentes le nomment [2] : *Summa philosophiæ domini Lincolniensis*, ou simplement, *Summa Lincolniensis*.

M. L. Baur, qui a publié ce texte, en a fort judicieusement reconnu le caractère apocryphe.

Sans nous arrêter, en effet, à un passage de lecture douteuse [3] qui fait peut-être mention de la mort de Saint Louis (1270), nous rencontrons cette phrase [4], qu'il ne paraît pas possible de regarder comme une interpolation :

« Nous avons vu récemment le seigneur Aschone » — c'est une comète — « avant la guerre dans laquelle le comte Simon de Montfort périt avec d'autres nobles, en l'an de grâce 1264, au commencement du mois d'août ».

1. LUDWIG BAUR, *Die philosophischen Werke des Robert Grosseteste, Bischofs von Lincoln (Beiträge zur Geschichte der Philosophie des Mittelalters*, Bd. IX, 1912 ; Münster i. W.), p. 129* et p. 725.

2. L. BAUR, *Op. laud.*, p 725.

3. L. BAUR, *Op. laud.*, p. 134* et p. 588.

4. L. BAUR, *Op. laud.*, pp. 135*-136* et p. 586 (*Summa* LINCOLNIENSIS, cap. 241).

Robert de Lincoln étant mort en 1253, cette date nous assure que l'œuvre ne peut être de lui. Que pouvons-nous deviner de l'auteur véritable ?

Il est un passage qui a sollicité l'attention de M. Baur[1] ; le voici[2] :

« Mon maître, qui était très expert en Sciences naturelles et mathématiques, très parfait en Théologie, très saint par sa vie et sa religion, a jugé que le Déluge avait nécessairement inondé le Monde, en la six-centième année de la vie de Noë, par l'effet d'une telle constellation, et que, de toute éternité, Dieu avait préordonné de détruire les débauches du Monde passé par un déluge universel, au moyen d'une telle constellation. »

Quel était le maître dont l'auteur de la *Somme de Philosophie* parle avec une si grande vénération ? M. Baur fait justement remarquer qu'un langage tout semblable à celui qu'on prête ici à ce maître est tenu par Roger Bacon dans l'*Opus majus* : « Si nous considérons, dit Bacon[3], les opinions émises par Albumasar au livre *Des conjonctions*, nous voyons qu'il place le commencement du Monde et le premier homme, qui est Adam, et à partir de ce premier homme, il compte les années jusqu'au Déluge, et il marque le jour et l'heure où le Déluge a commencé ; puis, par les révolutions des planètes et par leurs conjonctions, il détermine les siècles suivants ».

Nous croyons que M. L. Baur a été bien inspiré en faisant ce rapprochement, et que le maître dont l'auteur de la *Summa philosophiæ* vante la science et la vertu n'est autre que Roger Bacon. Il n'est pas, peut-on dire, une seule des théories exposées dans la *Somme* faussement attribuée à Robert Grosse-Teste qui ne reflète clairement la pensée de Bacon. Comment lire, par exemple, les chapitres où, touchant la matière et la forme, cette *Somme* expose avec tant de force et d'étendue la doctrine d'Avicébron, sans songer à l'ample développement que Bacon donne à cette doctrine dans ses *Communia naturalium* ?

A côté de cette concordance générale entre la philosophie de la *Somme* et la philosophie de Bacon, concordance que nous aurons maintes fois à signaler, il est permis de relever des détails où se reconnaissent certaines pensées chères à ce dernier.

L'auteur de la *Somme*, parlant des philosophes les plus renom-

1. L. Baur, *Op. laud.*, p. 137*.
2. Lincolniensis *Summa*, cap. 242 ; éd. Baur, p. 589.
3. Rogeri Bacon *Opus majus*, De necessitate Mathematicæ in divinis ; éd. Jebb, p. 118 (Cf. p. 121) ; éd. Bridges, vol. I, p. 189 (Cf. p. 193).

més parmi les Arabes, les Espagnols ou les Latins, termine ce qu'il en dit par ces paroles [1] : « Nous croyons que Jean le Péripatéticien et Alfred, puis Alexandre, le mineur, et Albert de Cologne, le prêcheur, qui sont plus modernes, doivent être estimés philosophes éminents, mais qu'on ne les doit point tenir pour des autorités (*nec tamen pro auctoribus habendos*). »

Qui était Jean le Péripatéticien ? Nous l'ignorons. Peut-être un copiste inattentif a-t-il mis Jean au lieu de Nicolas. Alfred de Sereshel, traducteur et auteur de la fin du XIIe siècle, est parfois cité par Bacon [2]. Mais ce ne sont pas ces deux premiers noms qui attirent notre attention ; ce sont les deux derniers. Dans ce que notre auteur dit d'Alexandre de Hales, le frère mineur, et d'Albert de Cologne, le frère prêcheur, comment ne pas reconnaître un écho atténué de la diatribe violente par laquelle Bacon, dans l'*Opus minus*, s'indignait de l'autorité que les écoles attribuaient à ces deux docteurs ?

D'ailleurs, en dépit des réserves qu'elle a posées, la *Summa Philosophiæ* porte témoignage de la vogue extraordinaire qu'avait alors Albert le Grand au sein des écoles ; elle le nomme [3] « *Albertus Coloniensis theologorum modernorum famosissimus* » ; elle cite maintes fois son nom et ses opinions.

Ce que la *Somme* dit de l'éternité du Monde contient également des allusions qu'il est intéressant de relever. Nous y lisons, d'abord, le passage suivant [4] :

« Quelques-uns des modernes qui s'occupent de philosophie prétendent que l'éternité du Monde ne peut être démontrée par aucun raisonnement certain, mais que, de la nouveauté du monde, on ne peut être persuadé, sinon par raisons qui sont seulement probables. Ces philosophes admettent [la possibilité d'] une éternité qui n'est pas la mesure de l'existence divine (celle-ci est l'éternité proprement dite), mais qui est un temps infini dans le passé aussi bien que dans l'avenir. Ils affirment que ce n'est pas là un véritable infini en soi, mais un infini par rapport à notre compréhension ou encore à notre intelligence. »

L'allusion est transparente ; nous reconnaissons la doctrine que Saint Thomas d'Aquin défendait avec ardeur « *contra murmurantes*. »

1. Lincolniensis *Summa*, Cap. VI ; éd. Baur, p. 280.
2. Rogeri Bacon *Communia naturalium*, Pars I, dist. I, cap. II ; Bibl. Mazarine, ms, n° 3576, fol. 2, col. c. ; éd. Steele, p. 7.
3. Lincolniensis *Summa*, Cap. CLXXIX ; éd. Baur, p. 505.
4. Lincolniensis *Summa*, Cap. CIX ; éd. Baur, p. 408.

Un peu plus loin, notre auteur écrit [1] :

« A d'autres, il a semblé qu'Aristote n'avait pas voulu prouver d'une manière absolue l'éternité du monde, bien que Rabbi Moïse et Averroès lui imposent cette intention. »

Ce fut, on le sait, un des soucis constants de Roger Bacon, de défendre Aristote contre l'accusation d'avoir affirmé l'éternité du Monde ; il a été, semble-t-il, dans la Chrétienté latine, seul à tenter cette paradoxale réhabilitation, encore qu'au contraire de ce que dit la *Somme*, il en ait emprunté l'idée à Moïse Maïmonide.

L'auteur de la *Somme* n'est pas assez aveugle pour admettre la thèse singulière de Bacon ; mais il ne va pas non plus jusqu'à la rejeter d'une manière formelle : « Il semble aux savants, dit-il, qu'Aristote s'est trompé, ou bien qu'Averroès et Alfarabi, tout de même qu'Avicenne, Avempace et Rabbi Moïse, lui ont imposé une opinion fausse. »

Ne semble-t-il pas que nous voyions ici l'auteur de la *Somme*, tout en se rangeant à la commune manière de voir, dont il reconnaît la vérité, accorder comme une marque de déférence à celle de Bacon, que nul n'admet ? Et cette attitude ne trahit-elle pas le disciple respectueux du grand Franciscain ?

Maintes fois, au cours de cet ouvrage, nous aurons occasion de relever, dans la *Somme* attribuée à Robert Grosse-Teste, la trace de l'influence exercée par Roger Bacon ; par là, nous reconnaîtrons de mieux en mieux qu'un disciple de celui-ci a été l'auteur de cet ouvrage.

La *Somme de Philosophie* consacre de nombreux chapitres aux questions astronomiques ; mais, dans ces chapitres, on remarque beaucoup de désordre et de confusion. Assurément l'auteur n'a pas, de ces matières, la connaissance exacte et méditée que possédait un Robert Grosse-Teste ou un Bacon.

Des ignorances et des obscurités qui hantent son esprit, veut-on quelque bref, mais saisissant exemple ?

Notre auteur, comme tous ses contemporains, regarde, nous le verrons, le mouvement diurne comme une rotation uniforme d'Orient en Occident, accomplie par la neuvième sphère ; la huitième sphère, qui est le firmament ou le ciel des étoiles fixes, éprouve, d'Occident en Orient, un lent mouvement uniforme découvert par Ptolémée. Nul n'ignore que la première rotation s'effectue autour des pôles du Monde et la seconde autour des pôles du Zodiaque. Or la *Somme* écrit [2] :

1. Lincolniensis *Summa*, Cap. CXI ; éd. Baur, pp. 409-410.
2. Lincolniensis *Summa*, Cap. CCXXV ; éd. Baur, p. 564.

« Nous avons supposé que les mêmes pôles fussent communs à la neuvième sphère et à la huitième. Cela paraît plus convenable tant à cause de l'uniformité des mouvements essentiels de ces deux sphères qu'à cause du sens à droite et du sens à gauche qui, nécessairement, leurs sont communs à toutes deux. »

Il est vrai que notre auteur conçoit, des pôles, une notion si singulière !

« Cela est vrai, poursuit-il, soit qu'on nomme pôles deux points diamétralement opposés, dans chacune de ces deux sphères, soit qu'on nomme pôles des cercles qui s'étendent en rond depuis ces points jusqu'aux pôles du Zodiaque (*sive circuli a prædictis punctis usque ad polos zodiaci circumferenter porrecti*). » Ce que signifie ce dernier membre de phrase, nous serions peut-être embarrassés pour le deviner, si nous ne trouvions, quelques lignes plus loin, cette définition : « Les pôles du Zodiaque, aussi bien ceux qui font partie du firmament mobile que ceux qui appartiennent à la neuvième sphère, dessinent, par leur mouvement autour des pôles du Monde, de très petits cercles, qu'on appelle également pôles. »

Or, celui qui écrit cette phrase vient de dire : « La distance des pôles du Monde aux pôles du Zodiaque est égale à la plus grande déclinaison du Soleil. » En outre, il a déclaré que Ptolémée évaluait cette plus grande déclinaison à 23° 50′ et Alhazen à 23° 35′. Nous pouvons, je crois, sans le calomnier, déclarer qu'il ne comprenait rien aux choses de l'Astronomie et de la Géométrie ; assurément, il ne méritait pas qu'on le prît pour Robert Grosse-Teste.

Notre auteur admet l'existence de dix sphères célestes. La dixième est un Empyrée immobile ; c'est le terme fixe par rapport auquel on peut juger du repos ou du mouvement des autres corps [1].

« Qu'il existe une neuvième sphère [2], Avenalpetras s'efforce de le démontrer par un grand nombre de raisons. »

Ces raisons, on nous les présente sous la forme suivante [3] :

« Selon Avenalpetras, comme le premier moteur est le plus simple, il donne le mouvement le plus simple, c'est-à-dire un mouvement uniforme et unique. Or, suivant Aristote aussi bien que suivant Ptolémée, la huitième sphère ne se meut pas d'un mouvement unique ; elle se meut de deux mouvements.

1. LINCOLNIENSIS *Summa*, Cap. CCXIII et CCXIV ; éd. Baur, pp. 544-548.
2. LINCOLNIENSIS *Summa*, Cap. CCXIII ; éd. Baur, p. 544.
3. LINCOLNIENSIS *Summa*, Cap. CCXV ; éd. Baur, p. 549.

» En second lieu, puisque plusieurs sphères reçoivent, par le moyen de plusieurs mouvements, la bonté première qui convient au corps mobile, il devra nécessairement exister une sphère unique qui reçoive cette bonté par un seul mouvement ; cela, Aristote semble l'avoir pensé, lui aussi.

» Puis, il y a un mouvement naturellement propre qui s'effectue selon la sphère droite et un mobile propre à ce mouvement ; de même en est-il selon la sphère oblique ; il y a donc un mouvement propre selon la sphère droite aussi bien que selon la sphère oblique » — C'est-à-dire qu'il y a un mouvement de rotation autour des pôles du Monde et un mouvement de rotation autour des pôles de l'écliptique — « Mais le second membre de cette alternative est impossible [si l'on n'admet pas un neuvième ciel] ; alors, en effet, le mouvement des planètes se fait suivant la sphère oblique tandis que le mouvement du firmament se fait, à la fois, suivant la sphère droite et suivant la sphère oblique. Il faudra donc qu'il y ait une sphère, entièrement distincte de toutes celles-là, qui se meuve seulement suivant la sphère droite.

» De même, enfin, que les moteurs se peuvent nécessairement ramener à un certain moteur unique et simple, de même les mouvements et les mobiles se doivent ramener à un certain premier mobile mû uniformément qui, selon le cours de la génération des choses, est la cause de l'unité, de l'ordre et de la permanence dans la voie suivie par la nature. »

Pour affirmer que la sphère des étoiles fixes se meut d'un double mouvement, notre *Somme* s'autorise non seulement de Ptolémée, mais encore d'Aristote ; il s'agit évidemment du traité que cette *Somme* désigne ailleurs [1] en ces termes : « Le livre *De proprietatibus elementorum* qui est attribué à Aristote. »

Parmi les raisons citées, il en est qui sont plus ou moins nettement indiquées par Al Bitrogi ; d'autres ont été puisées par notre auteur à d'autres sources; certains arguments rappellent ceux de Michel Scot.

Qu'est-ce que notre auteur sait du mouvement propre des étoiles fixes ?

« La huitième sphère, dit-il [2], se meut de deux mouvements. Tout d'abord, un mouvement essentiel » — il aurait dû dire : accidentel — « se fait sur les pôles de l'équateur et suivant des cercles équidistants qui se nomment parallèles ; ce mouvement-là, c'est le mouvement diurne d'Orient en Occident. En

1. LINCOLNIENSIS *Summa*, Cap. CCXII ; éd. Baur, p. 543.
2. LINCOLNIENSIS *Summa*, Cap. CCXVI ; éd. Baur, pp. 550-551.

second lieu, un mouvement accidentel » — il eût fallu : essentiel — « se fait sur les pôles du Zodiaque, et, par lui, elle se meut d'un degré en cent ans, en sorte que, suivant Ptolémée, elle accomplirait sa révolution en trente-six mille ans. Toutefois, Albatégni a prouvé que cette circulation s'achèverait plus vite. Quant à Thébith, il a supposé que ledit mouvement était un mouvement d'accès et de recès qui s'effectuait sur des cercles de huit degrés de diamètre, décrits sur les têtes du Bélier et de la Balance. C'est suivant cette supposition que sont composées, dans son ouvrage, les tables d'accès et de recès. »

Ailleurs, il dit[1] :

« Un très digne sujet de recherche, c'est la raison ou l'expérience en vertu de laquelle Ptolémée a pensé que la sphère des étoiles fixes et les sphères des sept astres errants se meuvent d'un degré en cent ans, d'Occident en Orient, sur l'axe du cercle des Signes ; le firmament, au contraire, que nous avons nommé ci-dessus neuvième sphère ou ciel aqueux, tournerait incessamment d'Orient en Occident. En effet, il paraît fort difficile de prouver ce mouvement du firmament par une expérience qui s'adresse à la vue, puisque ce ciel est privé d'astre. Thébith passe, d'ailleurs, pour avoir reconnu que le mouvement des étoiles fixes se faisait tantôt en sens contraire du mouvement du firmament [et tantôt dans le même sens] ; ce changement se ferait tous les cinq mille quatre cents ans à peu près. »

Au passage que nous venons de citer, il est déjà dit que le mouvement propre des étoiles fixes se communique également aux sphères des sept astres errants. L'auteur de la *Somme* qui, à chaque instant, cite Al Fergani, ne peut ignorer cette doctrine. Il n'en exclut pas le Soleil, comme le faisait Ptolémée, dont il ignore l'opinion à ce sujet.

« Si l'on affirme, dit-il[2], que la tête du Bélier est aujourd'hui la même qu'au temps de Sem ou d'Abraham, qui furent les premiers astronomes, et des astronomes très éclairés, on commet une erreur et l'on tombe dans une contradiction énorme. Tous les cent ans, en effet, le Soleil, comme les autres planètes, rétrograde d'un degré, ainsi que l'a prouvé Ptolémée ; or, depuis ces jours jusqu'à présent, suivant un calcul fidèle, il s'est écoulé environ quatre mille ans ; il en résulte donc nécessairement que le Soleil est aujourd'hui distant de quarante degrés environ de la position qu'il occupait en ce temps-là. Si, depuis l'origine du Monde, selon

1. LINCOLNIENSIS *Summa*, Cap. CCXXXVIII ; éd. Baur, p. 582.
2. LINCOLNIENSIS *Summa*, Cap. CCXXVII ; éd. Baur, pp. 567-568.

des histoires très fidèles et auxquelles on ne peut contredire, il s'est écoulé à peu près six mille cinq cents ans, il s'ensuit qu'à l'égard du Bélier et des autres signes [de la neuvième sphère], la disposition des planètes diffère par soixante-quatre degrés de ce qu'elle était au commencement. Cela posé, on voit chanceler presque tout ce qu'affirment les mathématiciens et les astronomes.

» Albatégni, dit-on, a prouvé qu'en cent ans, les planètes se meuvent de plus d'un degré en sens contraire du firmament. Macrobe, auquel on n'est point tenu de se fier à ce sujet, a pensé que la Grande Année de leur révolution complète s'achevait en quinze mille ans. »

Ailleurs, notre auteur définit[1], pour chaque planète, la tête et la queue du *dragon*, c'est-à-dire le nœud ascendant et le nœud descendant en lesquels la trajectoire de cette planète coupe l'écliptique. « Il y a donc autant de dragons, de têtes et de queues, qu'il il y a d'astres errants, fors le Soleil; c'est-à-dire qu'il y en a six. Mais peut-être bien que cette supposition ou assertion des astronomes n'a rien de fixe et d'éternel ; en effet, comme nous l'avons dit, les sphères des planètes déplacent leur mouvement d'un degré en cent ans ; par là, depuis le commencement de leur mouvement, les auges et les opposés des auges n'ont pas cessé de changer, bien que plusieurs années ne suffisent pas à constater cette variation ».

Enfin, nous lisons plus loin[2] cette déclaration très nette :

« Il y a trois sortes de mouvements qui sont communs à toutes les planètes. Le premier est le mouvement d'Orient en Occident, qui accompagne le mouvement de la sphère des étoiles. Le second est le mouvement d'Occident en Orient, regardé par Al Fergani, Ptolémée et les autres comme celui qu'elles éprouvent au sein de leurs sphères respectives, autour de leurs axes propres et sur leurs centres particuliers. Il en est encore un troisième, qui est le mouvement des sept sphères, d'Occident en Orient, sur l'axe de l'écliptique ; par ce mouvement, elles se meuvent, avec la sphère des étoiles fixes, d'un degré en cent ans, selon ce qu'a prouvé Ptolémée. Toutefois, comme nous l'avons rappelé précédemment, Albatégni paraît avoir été d'un autre sentiment. Par ce mouvement, il advient que, pour chaque planète, l'auge, ainsi que la tête et la queue du dragon, change [d'un degré] en cent ans. »

Si l'auteur de la *Somme* n'accorde au système de l'accès et du recès que deux mentions sommaires où tout n'est pas exact, il

1. LINCOLNIENSIS *Summa*, Cap. CCXXVIII ; éd. Baur, p. 570.
2. LINCOLNIENSIS *Summa*, Cap. XXI ; éd. Baur, p. 575.

paraît, au contraire, bien instruit de ce qu'Al Fergani enseignait touchant le mouvement lent des étoiles fixes et des auges des astres errants ; d'ailleurs, sans plus ample informé, il attribue à Ptolémée tout ce qu'il lit dans l'ouvrage d'Al Fergani.

Notre auteur a une connaissance très sommaire de la théorie d'Al Bitrogi ou, du moins, de la principale hypothèse sur laquelle repose cette théorie.

« Avenalpétras, dit-il [1], et les Arabes modernes, tout en admettant que les divers mouvements célestes s'accomplissent sur des pôles différents, ont nié, cependant, qu'ils fussent de deux espèces, les uns vers l'Occident et les autres vers l'Orient. La variété des apparitions, des mouvements, des occultations, des progressions, des rétrogradations des planètes, dont la vue rend témoignage, ils affirment qu'elle provient de la seule diversité des pôles sur lesquels tournent les sphères de ces planètes, et de la diversité des vitesses de leurs mouvements ; elles tournent, en effet, plus ou moins vite, selon que leurs cercles sont plus ou moins grands.

» Avenalpétras a pensé que le moteur du premier orbe, c'est-à-dire du ciel aqueux, meut en même temps, d'une manière uniforme, tous les orbes inférieurs ; qu'il a, dans un orbe, plus de force que dans un autre, lorsque celui-là est plus immédiat et celui-ci moins immédiat au premier orbe ; ainsi, tout d'abord, la sphère de Saturne se meut, elle, très rapidement, et plus rapidement que les autres sphères planétaires ; puis vient celle de Jupiter, et ainsi de suite. Mais cela n'est aucunement vrai, comme on l'expliquera plus loin. »

« Le premier moteur, dit encore la *Summa Philosophiæ*[2], meut d'Orient en Occident toutes les sphères, aussi bien la huitième sphère que les sphères des astres errants. Néanmoins, les orbes des astres errants se meuvent chacun d'un mouvement particulier, d'Occident en Orient, et comme à gauche, selon les Pythagoriciens et les Péripatéticiens. Toutefois, comme nous l'avons dit, Avenalpétras et d'autres modernes ont pensé le contraire ».

Notre auteur n'a pas, du système d'Al Bitrogi, la connaissance directe et précise qu'avait acquise son maître Roger Bacon ; il se contente d'une vue générale et très vague qu'a pu lui découvrir la lecture des traités d'Albert le Grand.

Il n'a pas, non plus, profondément réfléchi au débat soulevé entre mathématiciens et physiciens au sujet des excentriques et des épicycles. La description, sommaire et plus ou moins pré-

1. LINCOLNIENSIS *Summa*, Cap. CCXVI; éd. Baur, p. 551.
2. LINCOLNIENSIS *Summa*, Cap. CCXXIII; éd. Baur, p. 561.

cise, de certaines particularités des mouvements solaires ou planétaires sert à justifier des conclusions telles que celles-ci :

« Pour sauver les apparences[1] dont la vue rend témoignage, les astronomes ont, avec grande raison et nécessité, admis l'excentricité des planètes et les divers cercles sur lesquels elles sont portées. De ces cercles, Ptolémée et son sectateur Al Fergani ont pris soin de traiter d'une manière assez achevée. »

« Ptolémée[2] et les autres mathématiciens modernes ont, pour sauver les apparences, admis l'épicycle, l'équant et le déférent. Mais ils n'ont pas déterminé d'une manière parfaite s'il en était en réalité comme il en est en apparence, ni quel était le mouvement véritable (*motus per se*) des planètes ou, plutôt, de leurs sphères. »

La fin de ce passage fait déjà allusion au désaccord qui sépare les physiciens des mathématiciens. La *Summa* mentionne, à plusieurs reprises, ce désaccord.

« Averroès, dit-elle[3], nie avec véhémence l'existence des épicycles, tandis que les mathématiciens affirment de multiple façon qu'elle est nécessaire. »

« L'excentricité des planètes paraît, en effet[4], violemment contraire à la Philosophie naturelle. »

L'impossibilité du vide exige que toutes les sphères célestes soient contiguës les unes aux autres, partant, qu'elles aient toutes pour centre le centre du Monde. « Il est donc absolument nécessaire que le centre du Monde leur soit commun à toutes, comme il l'est au firmament et à la sphère du feu, et que le mouvement de toutes ces sphères sur ce même centre soit également circulaire.

» D'autre part, les mathématiciens, par une étude très ancienne et très considérable, par une longue expérience, ont reconnu que le Soleil ne demeurait pas également en chacun des quadrants qu'il parcourt... Si donc tout mouvement céleste est absolument uniforme, comme tout le monde l'admet, ou bien il sera impossible qu'un astre errant demeure plus longtemps dans un des quadrants qu'il parcourt que dans un autre, ou bien il paraîtra tout à fait contradictoire que les astres errants aient pour centre commun le centre du Monde, et qu'ils se meuvent sur ce centre.

» Ce serait chose vile de nier les expériences de ces grands

1. LINCOLNIENSIS *Summa*, Cap. CCXXVIII; éd. Baur, p. 569.
2. LINCOLNIENSIS *Summa*, Cap. CCXXV; éd. Baur, p. 565.
3. LINCOLNIENSIS *Summa*, Cap. CCXXXII; éd. Baur, p. 576.
4. LINCOLNIENSIS *Summa*, Cap. CCXXVI; éd. Baur, pp. 565-566.

hommes qui furent, à la fois, si sagaces et si studieux ; d'ailleurs, il est difficile de l'infirmer. Mais, d'un autre côté, la supposition même des épicycles est, incomparablement, plus puissante pour nous troubler ; on ne peut plus, en effet, sauvegarder ni l'uniformité du mouvement ni la supposition d'un centre propre, dès là qu'on attribue à un astre errant tantôt une élévation et tantôt une dépression, à l'égard d'une seule et même sphère. Et cependant, on ne saurait ainsi dédaigner à la légère ce qui est démontré par le sens, par la raison ou par de multiples expériences. »

Entre la thèse des mathématiciens et la thèse des physiciens, notre auteur demeure perplexe ; il ne sait qu'invoquer l'ignorance des hommes.

L' « imagination des modernes », où un Bernard de Verdun trouvait le moyen de dissiper ses doutes, ne lui est pas connue. Voici, en effet, comment il conçoit l'hypothèse des excentriques et des épicycles :

« Il a paru nécessaire aux mathématiciens [1] que les astres errants eux-mêmes, et non leurs sphères, se meuvent sur des centres distants du commun centre du Monde. »

« Les astronomes [2] attribuent une excentricité aux planètes, mais pas à leurs sphères, qui ont un commun centre avec les quatre éléments et le firmament..... Il y a donc une première rotation que chacun des orbes planétaires, ainsi que la sphère du Soleil, décrit en partant de l'Orient d'un diamètre de la terre ou de la sphère des étoiles fixes, et en revenant enfin à ce même point à l'Orient ; puis, il y a un autre cercle que l'astre errant décrit par le mouvement de son propre corps, depuis le point de départ de sa circulation, point arbitrairement choisi dans l'orbe de la planète, jusqu'au point où vient s'achever cette circulation totale. Les orbes, en effet, se meuvent tous sur un centre immobile qui est unique et toujours le même. Au contraire, tantôt une planète est, par rapport à la terre, à la plus grande distance qui soit en son orbe, tantôt elle est à la distance la plus voisine du centre de la terre, et tantôt enfin à une distance intermédiaire »

« Si les mathématiciens parvenaient [3] à démontrer, non d'une manière relative, mais d'une manière absolue, que les [mouvements des] astres errants sont vraiment excentriques à la terre et au firmament, il ne faudrait pas admettre, cependant que les sphères de ces astres sont bossues ou excentriques ; c'est à leurs

1. Lincolniensis *Summa*, Cap. CCXXVI : éd. Baur, p. 566.
2. Lincolniensis *Summa*, Cap. CCXXXII ; éd. Baur, pp. 575-576.
3. Lincolniensis *Summa*, Cap. CCXXVII ; éd. Baur, p. 568.

moteurs qu'il faudrait attribuer la cause de cette élévation et de cette dépression et les divers mouvements que ces astres accomplissent sur les épicycles. Il en résulterait nécessairement que les sphères ne sont pas seules à se mouvoir, mais que les corps des astres errants eux-mêmes se meuvent à l'intérieur de leurs sphères.

» Toutefois, selon les Chaldéens, les Égyptiens et les Arabes, qui font cette supposition, il n'en découlera pas que la substance des sphères soit, en ce mouvement, coupée ou divisée ; de même que l'air ne divise pas la lumière et n'est pas divisée par elle. Cet exemple, cependant, ne convient pas tout à fait. »

Notre auteur conçoit l'hypothèse des excentriques et des épicycles telle que Ptolémée la présentait dans l'*Almageste*, et non telle qu'il la figurait dans les *Hypothèses des planètes*. Des combinaisons d'orbes imaginées par ce dernier ouvrage, Bacon eut connaissance en **1267**, alors qu'il rédigeait l'*Opus tertium* ; notre auteur, qui écrivait sans doute vers le même temps, les a ignorées.

IX

UN TRAITÉ ANONYME D'ASTRONOMIE RÉDIGÉ PAR UN DISCIPLE DE BACON

C'était certainement un disciple de Bacon que l'auteur de la *Summa philosophiæ* faussement attribuée à Robert Grosse-Teste ; plus sûrement encore, c'en était un que l'auteur du traité anonyme d'Astronomie dont nous allons donner l'analyse.

Ce traité est conservé par un manuscrit de la Bibliothèque Nationale, et par un autre manuscrit de la Bibliothèque municipale de Bordeaux [1].

Les deux textes ne sont pas identiques. La rédaction que présente le manuscrit de Bordeaux est plus détaillée et plus élégante que la rédaction conservée par le manuscrit de Paris ; celle-ci semble être un résumé de celle-là.

La rédaction de Paris est, d'ailleurs, incomplète. Elle prend fin [2] sur cette phrase évidemment inachevée : « *Hoc fabulatur in universali eclipsi, tamen non potest.* » Or, c'est au milieu d'un chapitre que le manuscrit de Bordeaux nous donne à lire cette phrase [3] : « *Sed quamvis hoc fabulari possit de eclipsi lune gene-*

1. Bibliothèque Nationale, fonds latin, ms. n° 16089, fol. 184, col. a, à fol. 187, col. b — Bibliothèque municipale de Bordeaux, ms. n° 419, fol. 1, col. a, à fol. 10, col. b. — Nous nommerons le premier : ms. P., le second : ms. B.
2. Ms. P, fol. 187, col. b.
3. Ms. B, fol. 8, col. d.

rali, sed non tamen in eclipsi particulari. » Et après ce chapitre-là, il s'en trouve encore quatre autres. Le dernier prend fin sur cette phrase, empruntée au *Livre des causes* [1] : « *In quibus virtus divisa minus est infinita quam que relicta est indivisa in virtutis* (sic). »

Après cette phrase, vient une courte déclaration dont plusieurs mots nous sont restés illisibles ou inintelligibles ; nous en transcrivons ce que nous avons pu déchiffrer :

« *Simplicioribus scripsi precior* (un blanc) [2] *obtemperare finem* (?) *dand*[*o*] *parvum quod habeo quam magnum aliquid denegasse* [3] *indicans* (?). *Simplicioribus etiam cum scripsi, non majoribus ab eis, veniam petens sicubi defeci.* »

Rien n'indique la date de ce petit traité ; mais il ne contient rien qui n'ait pu être écrit aussitôt après la rédaction de l'*Opus majus*. Il n'a point de titre et commence en ces termes [4] :

« *Corporum principalium mumdanorum numerum et figuram et motum intendo in presenti opusculo explicare quantum sufficit ad intelligentiam scripture sacre verborum.* »

« Dans le présent opuscule, j'ai l'intention d'expliquer le nombre, la figure et le mouvement des principaux corps du Monde, dans la limite où cela suffit à l'intelligence des termes de la Sainte Écriture. »

C'est là, déjà, une intention bien conforme aux pensées habituelles de Roger Bacon [5].

Nous trouvons, d'abord, l'énumération des quatre éléments et de leurs qualités premières. Puis nous passons à la description de la région éthérée.

« Cette région est appelée éthérée [6] parce qu'elle n'est ni grave ni légère, ce qu'on connaît par son mouvement qui n'est dirigé ni vers le bas ni vers le haut ; elle se meut circulairement, et non de mouvement rectiligne ; on voit par là qu'elle n'est pas immédiatement du même genre que les corps placés au-dessous d'elle.

» Au huitième orbe, les physiciens (*naturales*) donnent le nom de premier mobile, parce qu'ils ne s'élèvent pas au-dessus du sens. Cependant le Philosophe, au *Traité du Ciel*, insinue quelque autre

1. Ms. B, fol. 10, col. b.
2. Peut-être pour : *potiorem*.
3. Pour : *denegando*.
4. Ms. P., fol. 184, col. a ; ms. B, fol. 1, col. a.
5. Cf. Rogeri Bacon *Opus majus*, éd. Jebb, pp. 112-114 ; éd. Bridges, pp. 180-184.
6. Ms. P., fol. 184, col. a; ms. B, fol. 1, col. b et c.
Le ms. B ajoute que le Philosophe l'appelle la cinquième essence.

chose ; il insinue qu'en dehors et au-dessus du huitième orbe, se trouve un lieu suprême.

» Mais Messieurs les mathématiciens (*domini mathematici*), et surtout Ptolémée, disent qu'il y a nécessairement un orbe au-dessus du huitième, à cause du mouvement contraire du Zodiaque, afin qu'un même corps ne se meuve pas de mouvements propres opposés entre eux, bien qu'un même corps se puisse mouvoir d'un mouvement propre et, par accident, d'un autre mouvement opposé à celui là ; ainsi en est-t-il du marin dans son navire.

» Les théologiens admettent, en outre, l'Empyrée dans lequel se trouve le trône de Salomon ; selon les Saints, ce ciel est fixe et immobile ; cela convient mieux, en effet, à la félicité de la cour céleste, où la paix et le repos trouvent leur consommation.

» Certaines personnes, également expertes dans les lettres profanes et dans les lettres sacrées, admettent, entre le ciel cristallin et l'Empyrée, un ciel intermédiaire qui se meut du mouvement suprême ; de la sorte, il y a onze cieux et quatre régions élémentaires ; partant, depuis la plus basse région jusqu'au trône de Salomon, il y a quinze sphères. »

En ces hommes « *utrisque literis periti* » qui admettent dix cieux mobiles, il est permis de reconnaître Albert le Grand et ses disciples.

Bacon s'était si souvent complu à chanter les louanges de la *Perspective*, c'est-à-dire de l'Optique, et à flétrir l'ignorance de ceux qui n'en sont pas instruits, que ses disciples ne pouvaient manquer de se montrer experts en cette science. La *Summa Philosophiæ*, faussement attribuée à Robert Grosse-Teste, consacre de nombreux chapitres à la Perspective. Quant à l'auteur du traité que nous analysons, il prend prétexte d'une discussion sur la figure sphérique des corps célestes pour décrire [1], assez hors de propos, l'expérience de la chambre noire.

Après avoir donné, d'après Al Fergani, les dimensions du globe terrestre, notre traité démontre que l'eau est terminée par une figure sphérique : « Au traité *Du ciel* [2], le Philosophe démontre cette convexité au moyen de deux suppositions; l'une, c'est que l'eau, parce qu'elle est pesante, coule toujours vers un lieu plus bas situé ; l'autre, c'est qu'un lieu est d'autant plus bas qu'il est plus voisin du centre. »

1. Ms. P, fol. 184, col. b et c; ms. B, fol. 2, col. c et d. — Voir la Note qui suit ce Chapitre.
2. Ms. P, fol. 184, col. c; ms. B, fol. 3, col. d.

La démonstration, bien connue, d'Aristote conduit à la conclusion suivante[1] :

« Ainsi la surface de l'eau et, d'une façon semblable, la surface de tout liquide non visqueux est nécessairement sphérique ; on le peut également prouver de l'eau qui est contenue dans un vase ou dans un verre.

» En outre, on peut prouver qu'un verre contient plus de liquide à la cave qu'au grenier. En effet, plus bas on porte ce verre, plus est petite la sphère dont une portion forme la surface terminale du liquide contenu dans cette coupe. Mais la corde de ce segment de sphère est le diamètre de l'orifice du verre ; et une corde égale détache, d'une plus petite sphère, une partie plus considérable que d'une sphère plus grande, comme cela est évident au sens. A la cave, donc [le liquide contenu dans] le verre sera plus bombé qu'au grenier, et le verre contiendra plus de liquide, bien que l'excès soit imperceptible. »

Bacon, lui aussi, dans l'*Opus majus*, après avoir démontré[2], par la méthode d'Aristote, que la surface des mers est sphérique, formule ce même corollaire ; il le célèbre[3] comme « une grande merveille de la nature, *magnum naturæ miraculum* ».

Que notre auteur ait emprunté à Roger Bacon cette proposition curieuse, nous n'en saurions douter si nous comparons les phrases suivantes :

OPUS MAJUS.	TRAITÉ ANONYME.
Sed nunc per figuram aquæ magnum naturæ miraculum potest suscitari, quoniam si scyphus continens aquam ponatur in loco inferiori, poterit plus capere de aqüa, quam in loco superiori, ut in cellario et in solario.	*Et etiam probari potest ulterius quod ciphus plus teneat in cellario quam in solario.*

L'auteur du petit traité que nous analysons examine maintenant des questions que Bacon avait discutées dans l'*Opus majus* : Y a-

1. Ms. P, fol 184, col. d ; ms. B, fol. 4, col. a.
2. ROGERI BACON *Opus majus*, Pars quarta, Dist. IV, éd. Jebb, cap. IX, pp. 94-97 ; éd. Bridges, cap. X, p. 156.
3. ROGERI BACON *Opus majus*, Pars quarta, Dist. IV, éd. Jebb, cap. X, pp. 97-98 ; éd. Bridges, cap. XI, pp. 157-159. — Cf. ROGERI BACON *Opus tertium*, cap. XL ; éd. Brewer, p. 135.

t-il des lieux habitables sous l'équateur ? Y a-t-il des lieux habitables dans l'hémisphère austral ? Non seulement, à propos de chacune de ces deux questions, les raisons qui tendent à l'affirmative et les raisons qui appuient la négative sont, la plupart du temps, les mêmes dans l'*Opus majus* et dans le traité anonyme ; mais encore les phrases de celui-ci se reconnaissent parfois dans celui-là.

Voici, par exemple, une raison d'autorité que font également valoir les deux ouvrages en faveur de cette opinion : La région de la terre qui se trouve sous l'équateur est habitable :

OPUS MAJUS [1].	TRAITÉ ANONYME [2].
Atque Avicenna docet I° de animalibus, *et primo* artis medicinæ, *quod locus ille est temperatissimus. Et propter hoc theologi ponunt his diebus, quod ibi sit paradisus.*	*Avicenna libro* de animalibus *et primo* artis medicine *dicit habitationem* [*esse*] *sub equinoctiali circulo. Hoc etiam dicunt theologi quod ibi sit locus amenissimus, scilicet paradisus terrestris.*

Cette citation de l'*Opus majus* est, précisément, une de celles que Pierre d'Ailly devait insérer en son *De imagine mundi*, celle qu'en marge d'un exemplaire de ce dernier ouvrage, devait relever la main de Christophe Colomb ou de son frère Barthélemy Colomb.

Contre la possibilité d'habiter sous l'équateur, nos deux auteurs font également valoir la même raison : Deux fois par an, les habitants recevraient les rayons solaires perpendiculairement sur leur tête.

Au delà de l'équateur, dans l'hémisphère austral, l'homme peut-il habiter, la vie peut-elle se maintenir ? Les réponses à cette question sont encore extrêmement semblables dans nos deux écrits, et ces réponses semblables sont souvent formulées en des termes analogues. Voici, par exemple, le premier argument que l'auteur anonyme invoque en faveur de l'affirmative [3] ; c'est un argument que Bacon a mentionné à deux reprises [4].

1. ROGERI BACON *Opus majus*, Pars quarta, Dist. IV, cap. IV ; éd. Jebb, pp. 82-83 ; éd. Bridges, vol. I, p. 136.
2. Ms. P, fol. 185, col b. — Cf. ms. B, fol. b, col. a, où le passage est quelque peu paraphrasé.
3. Ms. P, fol. 185, col. b et c ; ms B, fol. 6, col. b.
4. ROGERI BACON *Opus majus*, pars V^a ; éd. Jebb, p. 185 et p. 193 ; éd. Bridges, vol. I, p. 294 et p. 307.

OPUS MAJUS.

Et iterum sumitur argumentum ad hoc per Aristotelem in primo Cæli et Mundi *et per Averroem, quod reliqua medietas terræ ultra æquinoctialem circulum est locus sursum in Mundo et nobilior, et ideo maxime competit habitationi.*

. . . .

Sed quamvis locus ultra tropicum Capricorni sit optimæ habitationis, quia est superior pars in Mundo et nobilior per Aristotelem et Averroem primo Cæli et Mundi, *tamen non invenimus apud aliquem auctorem terram illam describi*

TRAITÉ ANONYME.

Item queritur si ultra equinoctialem sit habitatio et vita. Quod sic, quia Mundus iste sensibilis factus est propter hominem ; ergo quanto dignior sit pars Mundi, tanto magis convenit homini ; sed illa est dignior, ut probabo ; quia, secundum Aristotilem, illa pars est superior Mundi, illa [l. *ista*] *in qua habitamus inferior ; ergo illa dignior.* . . . . .

. . . .

. . . .

. . . .

. . . .

Oppositum videtur quoniam ibi nulle sunt habitationes note, cum omnes civitates note sint citra equinoctialem.

Après avoir exposé mainte raison qui conclut à la possibilité pour l'homme d'habiter dans l'hémisphère austral, et riposté par maint argument en sens contraire, notre auteur conclut enfin par cette considération [1] :

« D'autres disent qu'au delà de l'équateur ou, tout au moins, sous le tropique d'été, il n'y a pas d'habitation possible. La raison en est la suivante : L'auge du Soleil, c'est-à-dire sa plus grande distance, est dans les Gémeaux ; l'opposé de l'auge est donc dans le Sagittaire (On appelle *auge* la partie de l'excentrique qui est la plus éloignée de la Terre, et *opposé de l'auge* la partie qui en est la plus voisine). Il advient, par là, que la partie de la Terre qui est soumise aux signes hivernaux [du Zodiaque] est inhabitable ; lorsqu'en effet, le Soleil se trouve dans ces signes, il est à sa moindre distance ou à l'opposé de l'auge, et il est beaucoup plus voisin de la Terre que lorsqu'il se trouve dans les autres signes. Il nous faut donc reconnaître qu'il ne se trouve pas là de région habitable ».

1. Ms. P, fol. 185, col. d; ms. B, fol. 6, col. d.

Or cette raison est une de celles auxquelles Bacon accorde le plus de force [1].

Tous ces rapprochements démontrent de reste que notre auteur avait l'*Opus majus* sous les yeux tandis qu'il rédigeait son traité d'Astronomie ; cet opuscule nous est donc un nouveau témoin de l'influence exercée par Roger Bacon sur l'Astronomie de son temps ; c'est pourquoi nous accorderons intérêt à ce qu'il nous apprendra des systèmes astronomiques.

Il ne nous en apprendra rien, d'ailleurs, qui ne soit très sommaire et très vague.

Il ne nous dit [2], d'abord, comment les stations et les marches rétrogrades des planètes ont contraint les mathématiciens à douer chacun de ces astres d'un épicycle. « C'est un petit orbe dans l'épaisseur duquel (*parvus orbis in cujus spissitudine*) l'astre errant peut, pendant sa circulation, aller et venir, s'arrêter ou rétrograder ». Ces mots semblent indiquer que notre auteur faisait, de l'épicycle, une petite sphère, et donc qu'il connaissait l' « imagination des modernes ». Toutefois, cette allusion disparaît dans le manuscrit de Bordeaux, où les mots : *parvum orbem in cujus spissitudine*, sont remplacés par ceux-ci : *circulum parvum in cujus circumferentia.* Cet auteur sait, d'ailleurs, que la Lune ne présente ni station ni rétrogradation ; que Ptolémée n'attribue pas d'épicycle au Soleil.

« Mais, poursuit-il [3], puisque nous avons touché des mouvements en sens contraires, que nient Aristote et Alpétragius, on demande si la supposition des mathématiciens possède la vérité.

» Il semble qu'il ne puisse y avoir deux mouvements, car l'un des deux se ferait par violence et ne pourrait être perpétuel ; qu'une chose violente soit perpétuelle, cela va contre le Philosophe. Ce mouvement, d'ailleurs, défaillerait peu à peu ; les tables, elles aussi, tomberaient en défaut, et le mouvement qui y est inscrit ne se maintiendrait pas toujours. »

A ces arguments qui tendent à nier l'existence de mouvements célestes opposés les uns aux autres, notre auteur mélange les raisons qui ont été invoquées contre les excentriques. Par ces élévations et ces dépressions qu'un astre, au gré des mathématiciens, éprouve sur son excentrique ou son épicycle, il s'éloigne du centre ou s'en approche ; cela ne saurait convenir au corps du ciel, qui n'est ni grave ni léger. D'ailleurs, « la sphère intérieure qui, d'un

1. ROGERII BACON *Opus majus*, Pars quarta, Dist. IV, cap. IV ; éd. Jebb, p. 83 ; éd. Bridges, vol. I, p. 137. — Éd. Jebb, p. 192 ; éd. Bridges, vol. I, p. 307.
2. Ms. P, fol. 186, col. d ; ms. B, fol. 8, col. b.
3. Ms. P, fol. 187, col. a ; ms. B, fol. 8, col. b et c.

côté, se trouve rapprochée du ciel des étoiles fixes et, de l'autre, en est éloignée », ne pourrait se mouvoir sans briser l'orbite, ou sans délaisser un espace vide, ou sans contraindre deux corps à occuper le même lieu.

De même que les arguments contre diverses suppositions des mathématiciens se sont trouvés mêlés, de même les raisons en leur faveur sont-elles présentées en désordre. Avec justice, l'autorité d'Aristote est invoquée en faveur de la supposition qui admet des mouvements célestes opposés les uns aux autres; cela ne veut pas dire qu'Aristote eût admis les excentriques et les épicycles.

Notre auteur revient bientôt à la théorie d'Al Bitrogi. « Plus un orbe est inférieur, dit Alpétragius, plus son mouvement se trouve retardé ; plus il est élevé et voisin du premier mobile, moins son mouvement est en retard. »

Après avoir expliqué cette supposition par l'exemple de la Lune et par celui de Saturne, il la juge en ces termes :

« Mais cela ne vaut rien. Si la distance était la raison du retard, Vénus et Mercure seraient constamment en retard sur le Soleil, comme la Lune; ce n'est pas ce que nous voyons; car ces astres sont toujours au vosinage du Soleil, qu'ils le précèdent le matin ou qu'ils le suivent le soir. »

A la vérité, Alpétragius ne plaçait pas Vénus au-dessous du Soleil, comme le suppose notre auteur; il mettait cet astre au-dessus du Soleil; mais l'objection n'a besoin que d'un léger changement pour demeurer valable; au lieu de toujours retarder sur le Soleil, Vénus devrait toujours avancer sur lui.

A cette objection, notre auteur en ajoute quelques autres qu'il tire du mouvement de la Lune. Le retard du mouvement de la Lune sur celui des étoiles fixes n'est pas constant; très grand lorsque la Lune est en la partie supérieure de son épicycle, il devient beaucoup plus petit lorsqu'elle se trouve en la partie inférieure de ce même cercle. Dans les éclipses, la Lune ne met pas toujours le même temps à traverser le cône d'ombre de la Terre.

Il est vrai qu'Alpétragius fournirait des réponses à ces objections. « Il admet, en effet [1], que toute marche retrograde des planètes, toute station, accélération, déclinaison par rapport à l'écliptique provient de la diversité des pôles; il suppose, en effet, que le pôle de chaque déférent est mobile, et il dit que le mouvement du pôle est l'occasion de cette diversité. Cela se peut raconter de l'éclipse de lune prise en général; mais on ne saurait [2] le dire

1. Ms. P, fol. 187, col. a et b; ms. B, fol. 8, col. d.
2. Ici le ms. P prend fin.

de telle éclipse particulière ; on voit, en effet, d'une manière sensible qu'en un certain temps, la Lune s'enfonce dans l'ombre plus qu'en un autre temps.

» On peut dire encore qu'elle ne saurait demeurer inaperçue, cette variation du pôle en vertu de laquelle une même étoile est vue tantôt sous un plus grand angle, tantôt sous un angle plus petit, et avec une différence si sensible. Les étoiles, en effet, sont vues tantôt sous des angles plus grands, tantôt sous des angles plus petits, sans aucun changement de l'œil ni du milieu. »

Contre l'hypothèse des mouvements homocentriques, notre auteur invoque une raison que nous n'avons rencontrée dans aucun ouvrage autre que le sien, et qui est celle-ci : La Lune, lorsqu'elle revient, dans le ciel, à une même position, ne reprend pas toujours la même parallaxe.

« On peut encore, dit-il[1], invoquer, à ce sujet, l'argument suivant :

» Si un même corps céleste, sur le même méridien, placé sur une même ligne joignant le centre du Monde au même point du Ciel, a, à l'égard du même climat [c'est-à-dire du même lieu terrestre], tantôt une plus grande parallaxe (*diversitas aspectus in latitudine*) et, tantôt une parallaxe moindre, c'est qu'à une certaine époque, il est plus proche du centre du Monde, et qu'il en est plus éloigné à une autre époque.

» Mais, lorsque la Lune se trouve, à la fois, au périgée de son excentrique et au périgée de son épicycle, elle a une plus grande parallaxe que lorsqu'elle se trouve, à la fois, à l'apogée de ces deux cercles. La Lune s'approche donc du centre du Monde à une certaine époque et s'en éloigne à une autre époque.

» Par parallaxe (*diversitas aspectus*), j'entends la portion de circonférence qui se trouve comprise, dans le ciel, entre deux lignes, dont l'une part de l'œil (*a visu*) et passe par le centre de la Lune, et dont l'autre, issue du centre de la terre (*a centro terre*), passe de même par le centre de la Lune[2].

» A ces dernières raisons, il est, je crois, impossible de répondre. »

Ces derniers mots nous annoncent clairement dans quel sens notre auteur va conclure :

« A la question posée voici ma réponse, dit-il.

» Jamais je n'ai entendu dire jusqu'à présent, je l'avoue, qu'on soit en état de sauver toutes les apparences et d'expliquer tout ce

1. Ms. B, fol. 8, col. d, et fol. 9, col. a.
2. Le copiste a mis : *idem transiens per circumferentiam lune.*

qui arrive. Toutefois, c'est dans la thèse des mathémathiciens que se rencontre la plus grande probabilité ; aux raisons qu'ils invoquent, on n'a jamais donné, que je sache, de réponse raisonnable.

» Au contraire, aux raisons données en faveur de l'autre partie, on peut répondre la plupart du temps.

» A la première raison, voici ce qu'on répondra : Dans un même ciel, il y a deux mouvements, et ils sont tous deux naturels ; mais l'un d'eux est naturel en vertu de la nature particulière, et l'autre en vertu de la nature universelle.

» En vertu de son inclination particulière, un ciel se meut d'Occident en Orient ; mais, aux êtres inférieurs, l'obéissance envers les êtres supérieurs est naturelle ; ce même ciel se meut donc naturellemeut de l'Orient vers l'Occident ; chacun des deux mouvements peut être appelé naturel, bien que pour des raisons différentes.

» Au second argument, on répondra que toute élévation d'un corps ne provient pas de la légèreté, car le fer monte vers l'aimant ; de même, toute descente ne provient pas de la pesanteur ; elle peut provenir d'une convenance naturelle. L'objection n'est donc valable que dans le cas où l'ascension ou la descente a la perfection locale pour objet ; autrement, elle ne l'est pas.

» Enfin, quelques personnes, répondant au troisième argument, accordent que l'existence de deux corps en un même lieu n'est pas impossible, surtout lorsqu'il s'agit de deux corps subtils.

» Mais je laisse pour le moment de côté la solution de cette difficulté ; Ptolémée lui-même ne l'a pas résolue d'une manière satisfaisante ; il se contente d'insinuer que les règles qui sont naturelles aux corps inférieurs ne sont plus à leur place lorsqu'il s'agit des corps supérieurs. »

Nous voyons que notre auteur avait lu l'*Almageste* ; nous voyons aussi, par l'embarras où le jettent certaines objections dressées à l'encontre des excentriques et des épicycles, qu'il ne connaissait pas ce que Bacon nommait l'*imaginatio modernorum*, les combinaisons d'orbes solides créées par les *Hypothèses des planètes*.

Il se montre assez exactement instruit des diverses théories relatives au mouvement du ciel des étoiles fixes. Voici la traduction du chapitre qu'il leur consacre [1] :

« Il nous faut parler maintenant du mouvement de la huitième

1. Ms. B, fol. 9, col. c. et d.

sphère et des étoiles fixes. Lorsqu'ils ont voulu assigner ce mouvement, les Anciens ont émis des opinions diverses ; toutefois, voici ce qu'ils ont admis d'un commun accord : Ces étoiles sont appelées fixes, non parce qu'elles ne se meuvent point, mais parce qu'elles se meuvent toutes de la même manière, gardant entre elles des distances invariables, en sorte que chacune de leurs constellations conserve toujours sa configuration particulière ; elles sont donc appelées fixes en vertu de la fixité de leurs situations ou dispositions mutuelles.

» Ptolémée a supposé que toutes les étoiles fixes, ainsi que les auges des planètes, se mouvaient sur les pôles du Zodiaque, en sens contraire du mouvement du firmament, d'un degré en cent ans.

» Mais Thébit réprouve cette opinion pour la raison que voici. » C'est, nous l'allons voir, l'argument favori de Roger Bacon en faveur du système de Thâbit ben Kourrah que notre auteur va faire valoir, en l'attribuant à l'Astronome sabian. « S'il en était ainsi, les auges des planètes et les étoiles qui se trouvent dans les signes septentrionaux [1] parviendraient un jour aux places qu'occupent les signes méridionaux ; la région de la Terre qui était, auparavant, habitable, deviendrait inhabitable ; et déjà, le quartier de la Terre que nous habitons serait moins habitable qu'il ne l'était anciennement.

» C'est pourquoi Thébit, guidé par son expérience et son infaillible observation, a supposé que le mouvement des étoiles fixes était tout autre.

» Pour comprendre ce mouvement, certains enseignent qu'il faut considérer deux Zodiaques, l'un fixe, l'autre mobile ; le Zodiaque mobile [2] est formé par les douze constellations ; l'autre existe dans un ciel homogène, au-dessus du ciel étoilé.

» Thébit suppose que les têtes du Bélier et de la Balance du Zodiaque mobile tournent en deux petits cercles décrits sur les têtes du Bélier et de la Balance du Zodiaque fixe. Le diamètre de chacun de ces petits cercles a pour grandeur 8°23′. Ce mouvement est très lent, car, sur le susdit cercle, la tête du Bélier ou la tête de la Balance du Zodiaque mobile ne décrit, en trente années arabes, que 2°30′37″.

» Au dire de Thébit, les auges de tous les astres errants se meuvent de ce mouvement de la huitième sphère ; ces auges n'ont

1. Au lieu de *septentrionalium*, le copiste a écrit : *septembrium*.
2. *Fixum* a écrit le copiste.

pas, selon lui, d'autre mouvement que celui-là ; il le nomme mouvement d'accès et de recès. Mais aujourd'hui, certains des modernes qui sont venus après Thébit contredisent fort à cette supposition. (*Cui tamen modo aliqui posteriorum modernorum contradicunt magis*). »

Notre auteur nous laisse entrevoir qu'au moment où il écrit, on bataille fort au sujet du mouvement propre des étoiles fixes. Nous verrons, en effet, au Chapitre suivant, qu'à la fin du XIIIe siècle, plusieurs astronomes de Paris, peu satisfaits de l'exactitude des *Tables de Tolède*, étaient disposés à rejeter l'hypothèse de l'accès et du recès, et à reprendre le mouvement de précession, continuellement dirigé d'Occident en Orient, qu'avaient admis Hipparque et Ptolémée. D'autre part, sous l'influence du *Liber de elementis*, faussement attribué au Stagirite, Albert le Grand et ses disciples combinaient l'un avec l'autre le mouvement d'accès et de recès et le mouvement continuel de précession ; cette supposition complexe était adoptée par les auteurs de l'édition latine des *Tables alphonsines*.

Dès son premier chapitre, notre auteur avait fait, à ces discussions, une reconnaissable allusion. Il y consacre de nouveau son avant dernier chapitre [1], auquel certaines omissions, attribuables peut-être au copiste, ne laissent malheureusement pas toute la clarté désirable.

« Au sujet du dixième orbe, dit ce chapitre, il n'est pas déraisonnable de se demander s'il est en repos ou en mouvement.

» Il semble qu'il soit en repos, selon la thèse des théologiens ; ceux-ci admettent, en effet, que ce ciel empyrée n'est pas en mouvement, mais en repos.

» A cette même conclusion tend cet argument : Les deux termes du Monde doivent offrir une semblable disposition ; mais le terme inférieur, qui est la terre, est immobile ; semblablement donc le terme supérieur doit être immobile.

» Au contraire : Le mouvement diurne est le mouvement le plus simple ; or, en tout genre de choses, c'est le premier terme qui est le plus simple ; le mouvement diurne est donc le premier mouvement. Mais le mouvement du corps qui se trouve immédiatement au-dessus du ciel étoilé n'est pas le mouvement diurne ; par lui, en effet, le ciel étoilé est entraîné d'un mouvement autre que le mouvement diurne, et ce mouvement [par lequel il entraîne le ciel étoilé] ne peut être que le mouvement dont il se meut lui-

1. Ms. B, fol. 9, col. d, et fol. 10, col. a.

même ; il y aura donc un autre corps plus élevé, mû du mouvement diurne. »

Ce dernier argument, c'est évident, n'a de sens que pour qui attribue aux étoiles fixes, outre le mouvement diurne, le double mouvement considéré par le *Liber de elementis*, par Albert le Grand, par les *Tables alphonsines*.

« Réponse : Comme nous l'avons dit ci-dessus, au premier chapitre, certains admettent qu'il existe onze orbes célestes ; ils admettent que l'orbe immédiatement contigu au ciel étoilé se meut d'un mouvement propre, qui est le mouvement d'accès et de recès ; le dixième orbe, à leur avis, se meut du mouvement diurne ; enfin le onzième orbe est entièrement immobile. » Bien que notre auteur ne le dise pas, ces astronomes admettent évidemment que le mouvement propre du ciel étoilé est le mouvement de précession continuellement dirigé d'Occident en Orient ; ils intervertissent les mouvements attribués au huitième ciel et au neuvième ciel par Albert le Grand et par les *Tables alphonsines*.

« D'autres admettent dix[1] orbes, et ils supposent, en même temps, que le dixième, qui est l'Empyrée, est en mouvement ; cela va directement contre Bède. »

Cette opinion, qui suppose dix cieux mobiles et nie tout Empyrée immobile, est précisement celle d'Albert le Grand.

« D'autres, enfin, n'admettent que dix orbes ; ils supposent que le dixième demeure immobile, que le neuvième se meut du mouvement diurne ou équinoxial qui en est le mouvement propre ; mais ce mouvement diurne n'est propre ni au ciel étoilé ni aux orbes inférieurs, qui reçoivent tous le mouvement diurne par l'entraînement de ce ciel invisible ; ils disent, en outre, que le très lent mouvement d'accès et de recès de la huitième sphère en est le mouvement propre. »

Ce dernier système concilie l'existence d'un Empyrée immobile avec les neuf cieux mobiles qu'admettaient Thâbit ben Kourrah et ses partisans.

« De ces diverses suppositions, conclut notre auteur, quelle est la plus vraie ? Cela est fort douteux, et je laisse au lecteur le soin de le discerner. — *Que istarum positionum verior sit, quod ambiguum est valde, lectoris relinquo industrie discernendum.* »

Le petit traité que nous venons d'analyser subit d'une manière très évidente l'influence de Roger Bacon ; mais, en même temps, il se montre bien informé de discussions qui se débattaient surtout

1. Le copiste dit : *3o orbes*.

parmi les disciples d'Albert le Grand ; par là, il établit un lien entre l'Astronomie des Dominicains et l'Astronomie des Franciscains.

Il offre encore un autre intérêt ; il nous montre quelles étaient les principales préoccupations des astronomes à la fin du XIIIe siècle ou au commencement du XIVe siècle.

La querelle qui s'était élevée entre mathématiciens, partisans des excentriques et des épicycles, et physiciens, tenants des seules sphères homocentriques, était maintenant jugée ; la position des physiciens était regardée comme irrémédiablement perdue ; les astronomes n'attachaient plus aucun intérêt à ce débat.

Il est, au contraire, une discussion qui les préoccupait au plus haut point. Quel est le mouvement lent des étoiles fixes ? Faut-il, avec Hipparque et Ptolémée, leur attribuer seulement une continuelle précession d'Occident en Orient ? Faut-il, suivant le système qui porte le nom de Thâbit ben Kourrah et selon les *Tables de Tolède*, les douer uniquement d'un mouvement d'accès et de recès ? Faut-il, comme le veulent Albert le Grand et les *Tabulæ Alphonsii*, admettre la coexistence de ces deux mouvements ? La question est grave ; sa portée n'est pas seulement philosophique ; elle importe grandement aussi à la pratique, puisque, selon la réponse qu'on lui donnera, les principes propres à construire les tables et à effectuer les calculs astronomiques seront changés. Cependant, la plupart des astronomes ne discernent pas clairement la solution qu'il convient d'adopter, et, comme eux, notre auteur demeure en suspens.

X

RICHARD DE MIDDLETON

Bacon vivait encore en 1292, car, en cette année, il composait [1] son *Compendium studii Theologiæ*. Il put donc lire l'ample commentaire aux *Sentences* de Pierre Lombard qu'avait écrit son compatriote et confrère en Saint François, Richard de Middleton [2]. Sbaraglia a montré [3], en effet, que cet ouvrage dut être accompli

1. ÉMILE CHARLES, *Roger Bacon, sa vie, ses ouvrages, ses doctrines*, p. 39.

2. Clarissimi théologi Magistri RICARDI DE MEDIAVILLA Seraphici Ord. Min. Convent. *Super quatuor libros sententiarum Petri Lombardi quæstiones subtilissimæ, Nunc demum post alias editiones diligentiùs, ac laboriosius (quoad fieri potuit) recognitæ, et ab erroribus innumeris castigatæ... Brixiæ, apud Vincentium Sabium*, MDXCI (4 vol.).

3. SBARALEÆ *Supplementum ad Scriptores trium ordinum S. Francisci*, art. Ricardus de Mediavilla.

peu après l'année **1281**. S'il lut, les *Questions* sur le second livre des *Sentences* discutées et résolues par Richard de Middleton, Roger Bacon y put voir le système de Ptolémée accepté sans conteste ; il y était présenté à l'aide de cette *ymaginatio modernorum* où l'*Opus tertium* ne reconnaissait qu'un artifice incapable de satisfaire ceux qui sont experts aux choses de l'Astronomie.

Résumons ce que Middleton enseignait au sujet du système du Monde.

Tout d'abord, comme Michel Scot, comme Guillaume d'Auvergne, comme Campanus de Novare, comme une foule de docteurs de la Scolastique, notre auteur attribue le rang suprême, qui est le dixième, à un ciel immobile qu'il nomme l'Empyrée [1]. Ce ciel ne contient aucune étoile [2] ; la lumière y est uniformément répartie. « Au-delà du ciel empyrée [3], il n'y a absolument aucune créature, il n'y a ni plein ni vide », selon ce qu'Aristote enseignait de l'au-delà de la sphère suprême.

Immédiatement au-dessous du ciel empyrée se trouve le ciel cristallin. Ce ciel cristallin n'est pas de nature aqueuse [4], comme beaucoup de docteurs l'ont soutenu ; ainsi que tous les autres orbes, il est formé par la cinquième essence qu'admet la Physique péripatéticienne.

Bien que dépourvu d'étoile, le ciel cristallin se meut [5], et son mouvement est mis en évidence par la raison que voici : « Il est impossible que, par son mouvement propre, une même sphère soit mue en deux sens différents; mais, par son mouvement propre, la sphère des étoiles fixes se meut, de l'Occident vers l'Orient, d'un degré en cent ans ; et, toutefois, nous voyons qu'elle est mue de l'Orient vers l'Occident par le mouvement diurne ; il faut donc que ce dernier mouvement soit produit, dans la sphère des étoiles fixes, par le mouvement d'une autre sphère qui l'entoure et l'entraîne dans sa rotation ; comme, d'ailleurs, au-dessus de la sphère des étoiles fixes, il n'y a que deux cieux, le ciel empyrée et le ciel cristallin, il faut bien accorder que la sphère

1. RICARDI DE MEDIAVILLA *Quæstiones in libros Sententiarum* ; lib. II, distinct. II, art. III, quæst. I ; éd. cit., t. II, pp. 43-44.
2. RICARDI DE MEDIAVILLA *Op. laud*, lib. II, dist. II, artic. III, quæst. II ; éd. cit., t. II, p. 44.
3. RICARDI DE MEDIAVILLA *Op. laud.*, lib. II, dist. XIV, art. III, quæst. VI ; éd. cit., t. II, p. 192.
4. RICARDI DE MEDIAVILLA *Op. laud.*, lib. II, dist. XIV, art. I, quæst. I ; éd. cit., t. II, pp. 167-168
5. RICARDI DE MEDIAVILLA *Op. laud.*, lib. II, dist. XIV, art. I, quæst. II ; éd. cit., t. II, pp. 168-169.

qui, par son mouvement, meut l'orbe des étoiles fixes d'Orient en Occident, n'est autre que le ciel cristallin ; celui-ci se meut donc d'Orient en Occident. »

Le ciel cristallin communique ainsi le mouvement diurne non seulement à la sphère des étoiles fixes, mais encore aux sphères des sept planètes.

Le ciel cristallin contient le ciel des étoiles fixes ou firmament[1]. Le firmament est animé, selon Richard de Middleton, de la rotation uniforme que lui attribuait Ptolémée ; notre auteur ne fait aucune allusion à l'hypothèse de l'accès et du recès. Par cette rotation propre du ciel des étoiles fixes, les pôles de la rotation diurne changent sans cesse de position par rapport aux étoiles ; « l'étoile qu'on nomme étoile du navigateur était communément regardée autrefois comme se trouvant au pôle ; maintenant, elle se meut d'une manière sensible en décrivant un cercle autour du pôle. »

Les étoiles que contient le firmament n'ont d'autre mouvement que celui du firmament ; celui-ci se compose de deux rotations ; l'une, la rotation propre, se fait d'Occident en Orient et parcourt un degré en cent ans ; l'autre, la rotation diurne d'Orient en Occident, est communiquée par la neuvième sphère.

Toute planète participe également[2] à ces deux rotations ; mais, en outre, le déférent de cette planète tourne autour de son centre particulier, et, à son tour, l'épicycle tourne autour de son centre, qui est compris entre la surface externe et la surface interne du déférent ; seul, le Soleil a un déférent dénué d'épicycle.

Le déférent du Soleil[3] est compris entre deux surfaces sphériques qui sont concentriques entre elles, bien que leur centre commun, qui est le centre du déférent, soit séparé du centre du Monde. Évidemment, on en peut dire autant des déférents des autres astres errants.

Beaucoup d'astronomes prétendent[4] « que les corps célestes, formés de la cinquième essence, sont solides et ne peuvent être divisés... Si les orbes étaient fluides et, par conséquent, susceptibles

1. Ricardi de Mediavilla *Op. laud.*, lib. II, dist. XIV, art. I, quæst. III et IV ; éd. cit., t. II, pp. 169-171. — Art. III, quæst. II ; éd. cit., p. 185.

2. Ricardi de Mediavilla *Op. laud.*, lib. II, dist. XIV, art. III, quæst. II ; éd. cit., t. II, p. 185.

3. Ricardi de Mediavilla *Op. laud.*, lib. II, dist. XIV, art. I, quæst. IV ; éd. cit., t. II, p. 171.

4. Ricardi de Mediavilla *Op. laud.*, lib. II, dist. XIV, art. III, quæst. I ; éd. cit., t. II, p. 184.

d'être divisés, il semblerait raisonnable à beaucoup d'entre ces astronomes qu'ils fussent corruptibles... Les sphères célestes ne sont donc pas continues les unes aux autres, mais contiguës. Il en est de même des déférents ; le déférent, en effet, est compris entre la surface extérieure et la surface intérieure de la sphère de l'astre ; il est contigu à la partie de la sphère qui l'entoure et aussi à celle qui est entourée par lui. De même, l'épicycle, dont le centre et la surface sont compris entre la surface interne et la surface externe du déférent, est contigu avec les diverses parties du déférent. Enfin, la planète, dont le centre et la surface se trouvent entre la surface externe et la surface interne de l'épicycle, est contiguë avec l'épicycle. »

Dans cette courte page, nous reconnaissons très nettement cette *ymaginatio modernorum* dont Bacon nous avait présenté la description et la critique, et que Bernard de Verdun avait admise avec un si vif enthousiasme.

Bacon voulait que l'épicycle fût une sphère pleine ; Richard de Middleton lui donne ici la figure d'une sphère creuse. Bernard de Verdun avait dit [1] que l'épicycle était une petite sphère, mais il avait ajouté que « cette sphère en comprend plusieurs autres, destinées à sauver les diversités qui apparaissent dans le mouvement de cet épicycle. » En outre, le premier de ces docteurs avait particularisé le mécanisme de Ptolémée et d'Ibn al Haitam de telle sorte que les calculs d'Al Fergani sur les dimensions des orbes célestes demeurassent exacts; comme Bernard de Verdun, Richard de Middleton ne fait aucune mention de cette hypothèse particulière.

Les planètes ont-elles [2], outre les mouvements qui viennent d'être décrits, un mouvement de rotation autour de leur propre centre ? « On le croit assez du Soleil ; que Saturne, Jupiter, Mars, Vénus et Mercure n'aient aucun mouvement de ce genre, je n'en suis pas certain... Mais beaucoup trouvent une preuve du mouvement de la Lune autour de son propre centre, situé entre la surface externe et la surface interne de l'épicycle, dans ce fait que la tache de la Lune ne nous apparaît jamais renversée, que la partie de cette tache qui se trouve vers le bas à un certain moment ne se trouve pas vers le haut à un autre moment, et inversement [3]... Si, en effet, la Lune ne se mouvait pas de mouvement

1. FRATRIS BERNARDI DE VIRDUNO *Tractatus super totam Astrologiam*, Tract. III, dist. III, cap. V.

2. RICARDI DE MEDIAVILLA *Op. laud.*, lib. II, dist. XIV, art. III, quæst. II ; éd. cit., t. II, p. 185.

3. Richard de Middleton a mal compris l'effet que produirait dans la Lune

propre, cette tache se trouverait transposée par suite du mouvement de l'épicycle ; la partie inférieure deviendrait la partie supérieure et inversement. La Lune doit donc se mouvoir autour de son propre centre, en sens contraire du mouvement de l'épicycle, et en telle proportion que la transposition que cette tache éprouverait par suite du mouvement de l'épicycle soit exactement compensée par le mouvement propre de la Lune en sens contraire. »

Si Bernard de Verdun a écrit avant Richard de Middleton et s'il a connu l'ouvrage de ce dernier, il en a pu être grandement réjoui ; le commentateur des *Sentences*, en effet, a pleinement adhéré aux doctrines que préconisait l'astronome franciscain ; sa foi au système de Ptolémée est si complète qu'il ne daigne faire allusion ni aux objections qu'Averroès avait formulées contre ce système, ni à la théorie qu'Alpétragius avait tenté de lui substituer.

XI

GUILLAUME VARON

De Guillaume Vare ou Varon, on ne sait à peu près rien, si ce n'est qu'il fut, à Oxford, le maître de Duns Scot et qu'il a commenté les *Sentences*. Ce commentaire n'a jamais été imprimé ; il nous a été donné de l'étudier dans un texte manuscrit conservé à la Bibliothèque municipale de Bordeaux [1].

Dans ses *Questions*, Varon n'a souci que de Théologie ; s'il lui arrive donc de parler Astronomie, ce n'est que d'une manière accidentelle. Les rares passages qu'il consacre à la Science des mouvements célestes ne vaudraient guère la peine d'être cités, s'ils n'étaient remarquables par leur origine ; le maître de Duns Scot, en effet, les a tous textuellement empruntés à Moïse Maïmonide qu'il nomme simplement le Rabbin (*Raby*).

Les discussions relatives au mouvement des anges amènent, tout d'abord, Varon à supputer le diamètre de la sphère des étoiles

le seul mouvement de l'épicycle ; il ne nous montrerait pas la même partie de la face de la Lune tantôt en haut et tantôt en bas, mais il nous montrerait tantôt une face de la Lune et tantôt la face opposée. Cette façon vicieuse de comprendre ou seulement, peut-être, de décrire le changement d'aspect que présenterait la Lune si elle était dénuée de mouvement propre, se retrouve dans les écrits d'une foule de maîtres scolastiques postérieurs à Richard de Middleton ; ils la tiennent sans doute de celui-ci.

1. Bibliothèque municipale de Bordeaux, ms. nº 163. Inc. (fol. 1, col. a) : *Queritur utrum finis per se et proprius theologie, ut est habitus scientificus per-*

fixes ; il écrit à ce sujet [1] : « Le Rabbin dit, au CXLIIIe chapitre [2] : » Il est prouvé que la distance du centre de la Terre à Saturne est » d'environ huit mille années [3], dont chacune compte trois cent » soixante-cinq jours, le chemin parcouru chaque jour contenant » XLI milles [4]. » Il dit, en outre, « que chacun des milles dont il » parle contient deux mille coudées... Il en résulte que la distance » du centre de la Terre aux étoiles fixes ne saurait d'aucune » manière être inférieure à celle dont nous venons de parler et » qu'elle lui est peut-être de beaucoup supérieure. Car la gran- » deur des cieux n'est déterminée qu'à titre de limite inférieure, » comme on le prouve dans les livres qui traitent des distances » célestes. De même, l'épaisseur des corps qui se trouvent entre » le centre et le ciel,... selon ce qu'exige le bon sens [5], ne peut » être exactement évaluée, comme le dit Thébit, car en eux, il n'y » a pas d'étoile qui puisse servir à cette évaluation. L'épaisseur du » ciel des étoiles fixes est au moins de X ans [6] de marche ; on sait, » en effet, par la grandeur du chemin parcouru par les étoiles, que » le corps de chacune de ces étoiles est cent quatre-vingt-dix fois [7] » celle de la sphère terrestre ; mais peut-être l'épaisseur de ce ciel » est-elle encore plus grande ; quant au neuvième ciel, qui com- » munique à tous les autres la rotation diurne, on n'en connaît » aucunement la grandeur, car il n'y a en lui aucune étoile, et » nous n'avons aucun moyen d'en mesurer l'épaisseur... »

Une autre circonstance va conduire Varon à invoquer, de nouveau le sentiment de Maïmonide.

Faut-il, comme Aristote l'enseigne en sa *Métaphysique*, admettre que le nombre des purs esprits est précisément égal au nombre des sphères qui meuvent les astres ? Avons-nous ainsi le moyen de nombrer les individus que compte le genre des intelligences séparées ? C'est la question [8] que Varon discute : « Le Philosophe

ficiens viatorem, sit cognitio veri vel dilectio boni... Explic. (fol. 221, col. d) : *Quod non obstante quod sit cognoscitivus qualitatum tangibilium, tamen patitur a qualitatibus tangibilibus. Explicit liber quartus Varonis.*

1. GUILLELMI VARONIS *Quæstiones in libros Sententiarum* ; lib. II, quæst. XX ; ms. cit., fol. 112, col. c et d.

2. MOÏSE BEN MAIMOUN, *Le guide des égarés*, traduit par S. Munk, Paris, 1866 ; troisième partie, ch. XIV (cent-vingt-quatrième de tout l'ouvrage) ; t. III, pp. 98-101.

3. Maïmonide dit : huit mille sept cents années.

4. Maïmonide dit : quarante mille.

5. Dans le texte de Maïmonide, il n'est pas question de corps placés entre le centre et le ciel, mais des corps, intermédiaires aux divers cieux, dont Thâbit ben Kourrah admettait l'existence.

6. Maïmonide dit : quatre ans.

7. Maïmonide dit : quatre-vingt-dix fois.

8. GUILLELMI VARONIS *Op. laud.*, lib. II, quæst. XLIV ; ms. cit., fol. 140, col. c et d, et fol. 141, col. a.

prétend que le nombre de ces intelligences est quarante-sept ou cinquante-cinq ; mais à ce propos, le Rabbin dit, dans son LXXXIIIe chapitre[1] : « Aristote a donc conçu et découvert de la sorte qu'il » existe un grand nombre de cieux, et il a montré que le mouve» ment de l'un différait du mouvement de l'autre en vitesse ou » en lenteur, bien qu'ils aient tous en commun un même mouve» ment circulaire ; il a donc indiqué d'une manière précise que le » nombre des intelligences séparées est égal au nombre des cieux. » Mais Aristote n'a pas indiqué avec précision, et personne après » lui n'a certifié que le nombre des intelligences fût quarante ou » bien cent ; il a dit seulement qu'elles sont en même nombre que » les cieux. Or, de son temps, certains admettaient que le nombre » des cieux étaient cinquante-cinq ; Aristote dit donc : Si le nom» bre des cieux est celui-là, il y a tout autant d'intelligences sépa» rées ; car les Sciences mathématiques n'avaient guère de vigueur » en son temps, et elles étaient encore fort imparfaites. » Ainsi parle le Rabbin. »

L'Écriture enseigne à Varon que le nombre des purs esprits est beaucoup plus grand que ne le croyait Aristote ; il est amené, par là, à contester l'autorité du Stagirite, ce qu'il fait en ces termes : « Lorsqu'un argument est du Philosophe et qu'il s'accorde avec la toute puissance de Dieu, c'est alors un véritable argument d'autorité ; mais s'il va contre la puissance de Dieu, il faut immédiatement le nier. C'est ce qu'il faut faire à plus forte raison dans le cas qui nous occupe, car les philosophes ont tous et constamment erré au sujet des anges. Aussi le Rabbin dit-il[2] : « Ce qu'Aris» tote a dit des êtres qui sont compris entre la sphère de la Lune » et le centre de la Terre est vrai et au-dessus de tout doute ; [en » ces questions], personne ne rejette Aristote et nul ne s'en écarte, » sauf celui qui ne le comprend pas, ou bien encore celui qui s'est » attaché à certaines opinions qu'il veut défendre ; ces opinions » l'entraînent à nier ce qui est manifeste. Quant aux propositions » formulées par Aristote sur ce qui se passe au-dessus de la sphère » de la Lune, elles sont simplement vraisemblables, sauf quelques» unes d'entre elles. A plus forte raison, en est-il de même de » tout ce qu'il a dit au sujet des intelligences et touchant les choses » spirituelles, selon ce qu'il croit vrai ; il y a en son enseignement » de nombreuses erreurs, une doctrine extrêmement dommagea-

1. MOÏSE BEN MAÏMOUN, *Op. laud.*, seconde partie, chapitre IV (quatre-vingtième de tout l'ouvrage); trad. S. Munk, t. II, pp. 55-56.
2. MOÏSE BEN MAÏMOUN, *Op. laud.*, seconde partie, ch. XXII ; trad. S. Munk, t. II, p. 179.

» ble pour toutes les nations, et de multiples contradictions ; et, » sur ces sujets, il n'a fourni aucune démonstration. »

A la fin du XIIIe siècle, donc, les Franciscains d'Oxford lisaient assidument Maïmonide et appréciaient hautement son enseignement. Cet enseignement les aidait à repousser les excès de l'Averroïsme, à restreindre l'autorité d'Aristote. Si Maïmonide regardait comme infaillible la Physique sublunaire du Stagirite, il n'accordait à l'Astronomie péripatéticienne qu'une valeur purement conjecturale ; il laissait donc les Franciscains, ses admirateurs, libres de suivre l'exemple de Bernard de Verdun et de Richard de Middleton, libres d'adopter le système des excentriques et des épicycles. Ainsi fit sans doute Duns Scot ; ainsi firent, à coup sûr, ses disciples.

XII

JEAN DE DUNS SCOT

Rien n'est plus propre à montrer quelle influence le traité de Bernard de Verdun dut exercer de bonne heure parmi les docteurs franciscains que l'étude des écrits de Jean de Duns Scot, mort en 1308.

Le Docteur Subtil n'a pas composé de livre qui traitât expressément des phénomènes célestes ; mais il s'intéressait assurément aux problèmes astronomiques qu'on agitait de son temps, et ses œuvres ont gardé la marque de cet intérêt.

C'est ainsi que la discussion des opinions émises par les théologiens sur la résurrection générale amène Duns Scot à traiter [1] du mouvement de précession des équinoxes.

A ce propos, en effet, il examine l'hypothèse de la Grande Année, période de trente-six mille ans au bout de laquelle le Monde entier doit reprendre son premier état. « En effet, ajoute-t-il, si l'on suppose avec Ptolémée, dans l'*Almageste*, que le ciel étoilé se meut d'un degré par siècle en sens contraire du mouvement diurne, ce ciel aura accompli au bout de trente-six mille ans son mouvement d'Occident en Orient. »

A cette hypothèse de la Grande Année, le Docteur Subtil adresse diverses objections.

En premier lieu, les durées de révolution des divers orbes

1. JOHANNIS DUNS SCOTI *Liber quartus super Sententias*, Dist. XLIII, quæst. III.

célestes pourraient être incommensurables entre elles; dans ce cas, « alors mêmes que les mouvements dureraient indéfiniment, les astres ne reprendraient jamais leur position primitive.

» Mais il serait nécessaire de se livrer à une très grande discussion des mouvements qui conviennent aux déférents et aux épicycles, pour savoir si, parmi tous les mouvement célestes, il en est deux qui sont incommensurables entre eux.

» D'autre part, Thébith rejette le fondement de la théorie adoptée par Ptolémée. Il prouve que le ciel des étoiles fixes ne se meut pas de la sorte d'Occident en Orient, car l'étoile qui se trouvait, tout d'abord, à l'origine du Capricorne du neuvième ciel, finirait par se trouver à l'origine du Cancer de ce même ciel. Il suppose donc que le mouvement du huitième ciel ou ciel des étoiles fixes consiste à décrire certains petits cercles autour de la tête du Bélier et de la tête de la Balance du neuvième ciel; ce mouvement est un mouvement oscillatoire; en effet, tandis que la tête du Bélier mobile monte sur son petit cercle, inversement, la tête de la Balance mobile descend sur le sien; les étoiles du huitième ciel se meuvent ainsi à la fois en latitude et en longitude. Si l'on prouvait que ce mouvement s'accomplit en un temps tel que les diverses orbites inférieures ne pussent, au bout de ce temps, revenir à leur position première, on aurait démontré la proposition que nous cherchons à établir. ».

Le passage que nous venons de citer est intéressant à divers égards.

On y trouve, en premier lieu, un argument attribué à Thâbit et qu'on oppose à la continuelle précession des équinoxes admise par Ptolémée; cet argument semble un reflet de celui qu'avait imaginé Roger Bacon.

On y voit, en second lieu, que le système de Thâbit ben Kourrah est considéré par Duns Scot comme exclusif de celui de Ptolémée; le Docteur Subtil ne paraît pas songer que ces deux systèmes puissent être simultanément admis, comme l'ont proposé Albert le Grand, d'une part, et, d'autre part, les traducteurs des *Tables alphonsines*; il ne semble donc pas que l'usages de ces tables fût encore fort courant au moment où Duns Scot commentait les *Sentences*; c'est une remarque dont nous trouverons confirmation au chapitre suivant.

Une autre partie[1] du commentaire de Duns Scot sur les *Livres*

1. JOHANNIS DUNS SCOTI *Liber secundus super Sententias*, distinctio XIV, quæst. II.

des Sentences de Pierre Lombard contient un exposé assez étendu des théories astronomiques ; mais l'authenticité de cet exposé appelle quelques remarques.

On sait que Duns Scot avait composé, alors qu'il enseignait encore à Oxford, un premier commentaire du *Livre des Sentences* ; ce *Scriptum oxoniense* nous conserve l'authentique pensée du Docteur Subtil. Plus tard, dans ses leçons données à Paris, il compléta ce premier commentaire ; ces compléments furent recueillis par ses disciples qui les rédigèrent, en les modifiant ou les enrichissant parfois, sous le titre d'*Opus parisiense* ou *Reportata parisiensia*.

Or, le franciscain irlandais Maurice du Port, archevêque de Toam, qui, en 1506, donna une consciencieuse édition du commentaire sur le *Livre des Sentences*, met les indications suivantes[1] en marge de la question que nous allons étudier :

« *Ponuntur argumenta in principio hujus quæstionis, pro et contra, et solutiones horum in fine, aliquibus originibus ; sed omnia ex* Scripto parisiensi *seu* Reportatis, *ut patet, et alia plura adduntur ; sed principalis sententia est eadem.* »

Les arguments énumérés au début de la question, les conclusions données à la fin, sont donc les seuls passages où nous soyons à peu près assurés de retrouver la pensée même du Docteur Subtil.

Or Duns Scot y insiste particulièrement sur ce fait que les divers mouvements des étoiles résultent des mouvements des orbes auxquels ces étoiles sont fixées. « En effet, si les étoiles se mouvaient d'un mouvement propre, qui ne fût pas le mouvement de leur orbite, il y aurait, dans le ciel, des espaces vides, ou bien les étoiles diviseraient la substance céleste, ou bien enfin deux corps existeraient en même temps dans un même lieu... Le ciel ne peut céder

1. *Secundus scripti Oxoniensis* DOCTORIS SUBTILIS FRATRIS JOANNIS DUNS SCOTI ordinis Minorum *super sententias*. Colophon : Venetiis per Simonem de Luere pro domino Andrea de Torresanis de Asula, 22 Octobris 1506. Fol. 66, col. a.

Secundus liber DOCTORIS SUBTILIS FRATRIS JOANNIS DUNS SCOTI ordinis Minorum *super Sententias*... Venumdantur Parrhisiis a Joanne Granion ejusdem civitatis bibliopola in claustro Brunelli prope scholas decretorum e regione dive Virginis Marie. Colophon : Explicit scriptum super secundo sententiarum subtilissimi doctoris Joannis Duns Scoti ordinis minorum a fratre Mauricio hibernico de portu sacre theologie professore clarissimo emendatum. Impressum Parisius opera Nicolai de Pratis pro Joanne Granion librario jurato alme universitatis Parisiensis commorante in Claustro Brunelli sub intersignio *(sic)* Columbarii divi Jacobi. Anno domini MCCCCCXIII. Die vero XXI mensis Junii. Fol. LXVI, col. a.

La grande édition des JOANNIS DUNS SCOTI *Opera*, donnée par Luc Wadding, a le tort impardonnable de délaisser toutes les remarques critiques de Maurice du Port.

à l'étoile qui se meut comme l'air ou l'eau cède devant le corps étranger qui se meut dans son sein ; un corps incorruptible est nécessairement indivisible, lorsque l'incorruptibilité dont il jouit appartient non seulement à l'ensemble, mais encore à chacune des parties ; et telle est l'incorruptibilité qu'on attribue au ciel ; aucun agent naturel ne peut donc mouvoir un corps au sein d'un ciel immobile. »

Ces réflexions diffèrent peu de celles que Saint Bonaventure avait développées à la même occasion ; elles n'ont pas l'intérêt de celles que nous allons analyser.

De celles-ci, il est vrai, nous ne pouvons plus affirmer qu'elles représentent vraiment l'enseignement de Duns Scot. Elles sont seulement un écho des opinions astronomiques qui, du vivant du Docteur Subtil ou peu de temps après sa mort, avaient cours parmi les Fransciscains de Paris. Ainsi interprétées, elles n'en demeurent pas moins un document singulièrement instructif pour l'histoire de la Mécanique céleste.

Or, il est impossible de lire ces réflexions sur la nature et la figure des orbes célestes sans remarquer leur très grande analogie avec ce que nous avons lu au *Tractatus super totam Astrologiam* de Bernard de Verdun ; il semble bien que ce traité du Frère mineur ait inspiré les études astronomiques dans les couvents franciscains de Paris, au début du XIVe siècle.

Duns Scot, ou le disciple qui parle en son nom, commence par regarder comme acquis, du consentement unanime des astronomes, la vérité suivante : « Aucune étoile n'a de mouvement propre ; elle ne se meut pas autrement que l'orbe dans lequel elle est logée. Supposons, en effet, qu'il lui arrive de quitter cette partie de l'orbe où elle se trouve à présent pour se mouvoir vers une autre partie de cet orbe ; alors, ou bien aucun corps ne viendrait occuper sa place, qui demeurerait vide ; ou bien quelque chose viendrait remplir le lieu qu'occuperait l'étoile ; c'est donc que le corps du ciel serait susceptible de condensation et de raréfaction, ou bien encore qu'il pourrait se diviser en avant de l'étoile et reprendre sa continuité en arrière. »

Puisque toute étoile est entraînée par le mouvement d'un ciel solide, deux étoiles qui ne gardent pas une distance invariable ne peuvent appartenir au même ciel. Les phénomènes astronomiques exigent donc qu'il existe plusieurs orbes célestes. Mais quel en est le nombre ? Cette question soulève entre les astronomes un débat que l'Auteur franciscain se propose d'examiner et de juger.

A l'imitation de frère Bernard de Verdun, il commence par rappeler les phénomènes dûment observés dont les théoriciens devront forcément tenir compte :

« Dans les mouvements des planètes, on constate une triple variation. D'abord, une variation en latitude, car une planète ne demeure pas toujours à la même distance des pôles immobiles. En second lieu, une variation en longitude, car les diverses planètes ne parcourent pas le Zodiaque d'un mouvement uniforme. Enfin, une variation en distance ou proximité à la Terre ; la même planète est tantôt plus proche du centre de la Terre et tantôt plus éloignée, comme le montre Ptolémée dans son *Almageste* ; en effet, le diamètre apparent du disque de cette planète est plus petit ou plus grand selon que sa distance à la Terre est plus longue ou plus courte. Il en est ainsi, d'une manière visible, pour Mars, qui paraît notablement plus petit quand il est à l'auge que lorsqu'il est à l'opposé de l'auge. On éprouve également cette vérité à l'aide de la Lune ; bien que le Soleil et la Lune se trouvent, en des circonstances diverses, à la même distance des nœuds lunaires, il arrive qu'en ces différentes circonstances, l'éclipse de Lune n'a pas même durée ; elle dure tantôt plus, tantôt moins ; cela serait impossible si la Lune ne pénétrait dans l'ombre de la Terre tantôt plus complétement et tantôt moins complétement ; il faut pour cela que le diamètre du cône d'ombre de la Terre se trouve tantôt plus grand et tantôt plus petit, là où la Lune traverse ce cône d'ombre... Ces considérations et d'autres encore, qui sont dues à Ptolémée, prouvent qu'une planète tantôt s'approche de la Terre et tantôt s'en éloigne.

» Les deux premières variations, savoir la variation de longitude et la variation de latitude, se pourraient peut-être expliquer en attribuant à chaque planète un ciel unique et en plaçant les pôles de ce ciel hors des pôles du Monde ; c'est ainsi qu'Alpétragius s'est efforcé de les expliquer dans son opuscule *Sur la qualité des mouvements célestes*.

» Alpétragius suppose que les pôles du ciel des étoiles fixes se trouvent en dehors des pôles du neuvième ciel ; il suppose donc qu'autour de ces derniers pôles immobiles, les pôles du huitième ciel décrivent de petits cercles. Il imagine également que le huitième ciel se meut autour de ses propres pôles ; mais il ne dirige pas ce mouvement en sens contraire du mouvement du neuvième ciel ; il le dirige dans le même sens ; seulement, les pôles du huitième ciel ne reçoivent pas une influence aussi efficace que celle qui est donnée au neuvième ciel ; chacun de ces pôles n'achève pas son mouvement dans le temps où un point quelconque du huitième ciel accomplit sa révolution ; ce qui manque à la révolution complète du pôle du ciel inférieur est ce qu'Alpétragius nomme la première différence (*intercisio*) ; selon lui, le ciel inférieur supplée à cette différence par sa rotation autour de son propre pôle. En ce qui concerne le huitième ciel, la rotation propre compense exactement, en longitude, la première différence ; mais, en latitude, un certain reste persiste nécessairement ; en effet, les pôles du huitième ciel sont distincts des pôles du neuvième, et, bien que le mouvement autour du pôle du cercle inférieur compense exactement, en longitude, la différence du mouvement du pôle inférieur autour du pôle supérieur, néanmoins la trajectoire d'une étoile fixée au ciel inférieur ne peut pas être un véritable cercle ; c'est une spire, car l'étoile ne revient pas exactement au point qu'elle occupait au début du mouvement.

» D'une manière générale, Alpétragius s'efforce d'expliquer de la sorte les variations en longitude et en latitude qu'on observe dans le mouvement des planètes ; dans ce but, il attribue aux divers cieux des pôles distincts les uns des astres ; il admet, en chacun d'eux, une différence première et un mouvement complémentaire ; en particulier, il suppose que certaines planètes ne sont pas exactement situées sur l'équateur de leur orbe ; en outre, il n'attribue jamais à un ciel inférieur un mouvement contraire à celui du ciel qui le précède ; il suppose toujours que le ciel inférieur est mû dans le même sens que le ciel supérieur, mais d'une manière moins efficace ; en effet, lorsqu'une vertu est reçue par des êtres qui se succèdent dans un certain ordre, elle agit plus efficacement dans ceux de ces êtres qui sont plus proches de son principe. »

Cette citation, rapprochée de ce que nous avons lu dans l'*Opus tertium* et au *Tractatus* de Bernard de Verdun, nous montre que dans les Écoles franciscaines, on avait étudié le livre d'Alpétragius d'une manière beaucoup plus détaillée que chez les Dominicains ; Albert le Grand, Vincent de Beauvais, Saint Thomas d'Aquin ne parlent pas aussi exactement, tant s'en faut, de la théorie de l'Auteur arabe.

« Cette théorie, poursuit Duns Scot ou son disciple, semblerait s'accorder assez bien avec les principes de la Physique si l'on pouvait, par son moyen, expliquer les variations en longitude et en latitude. Peut être, en effet, parviendrait-on, à l'aide de cette théorie, à expliquer les stations, les marches directes et rétrogrades des planètes, comme Alpétragius essaye de les expliquer, dans son livre, par un choix convenable des pôles.

» Mais la troisième variation, celle qui concerne la proximité ou l'éloignement des planètes par rapport à la Terre, on ne saurait l'expliquer en admettant que tous les cieux sont concentriques. Une planète, en effet, demeure constamment fixée non seulement au même ciel, mais encore à la même partie de ce ciel ; de quelque manière qu'elle se meuve, cette partie demeure toujours à égale distance du centre du Monde, puisque le ciel, concentrique au Monde, se meut d'un mouvement de rotation autour de ce centre ; quelque soit donc la position de l'étoile, celle-ci restera toujours à la même distance du centre. Même si l'on admettait que les deux premières variations ne rendissent pas nécessaire la supposition des excentriques et des épicycles imaginés par Ptolémée et par les autres astronomes, la troisième variation exigerait qu'on fît cette hypothèse. »

L'auteur scotiste cherche alors, en prenant le mouvement de Saturne pour exemple, comment l'existence d'un orbe excentrique peut se concilier avec les propriétés qui sont généralement attribuées à la substance céleste ; il conclut ainsi : « Pour éviter soit la production du vide, soit la division de la substance céleste, soit la présence simultanée de deux corps au même lieu, il faut nécessairement attribuer, à chaque planète, au moins trois orbes qui entourent la Terre. Les deux orbes extrêmes, l'orbe supérieur et l'orbe inférieur, ont des surfaces ultimes, savoir la surface convexe de l'orbe supérieur et la surface concave de l'orbe inférieur, qui sont concentriques au Monde. Outre ces deux surfaces, ces orbes en ont deux autres, la surface concave de l'orbe supérieur et la surface convexe de l'orbe inférieur, qui sont excentriques au Monde [mais concentriques entre elles]. Entre ces deux surfaces, est un troisième orbe qu'on nomme le *déférent*, qui est excentrique à la Terre, mais concentrique à ces deux surfaces *déférentes*. Dans quelque sens que se meuvent ces deux orbes extrêmes, il n'en résulte aucun vide, car la partie la plus épaisse de l'un d'eux est toujours en regard de la partie la plus mince de l'autre. De même, quelque soit le mouvement du déférent entre cette orbite supérieure et cette orbite inférieure animées d'un même mouvement de rotation, il n'en résulte ni vide ni déchirure, car les deux surfaces qui limitent le déférent sont concentriques aux surfaces entre lesquelles ce déférent se meut. »

Duns Scot ou son disciple a eu soin de dire que chaque planète exigeait *au moins* trois orbes enveloppant la Terre ; il en est une qui en réclame davantage : « Le centre du déférent de Mercure est mobile, mais non point autour de la Terre, comme le centre du déférent de la Lune ; il décrit un petit cercle de l'un des côtés de la Terre, comme on le voit en l'*Almageste*; l'orbe déférent n'est donc pas concentrique aux [surfaces internes des] orbes qui assurent la révolution diurne, c'est-à-dire de l'orbe inférieur et de l'orbe supérieur; il faut, dès lors, attribuer à Mercure au moins cinq orbes, un orbe déférent et quatre orbes assurant les révolutions.

» Outre les orbes dont nous venons de parler, il faut encore imaginer des épicycles, qui sont des orbes n'entourant pas la Terre, mais de petits orbes situés dans l'épaisseur d'orbes qui entourent la Terre... Quoiqu'il en soit, d'ailleurs, de ces épicycles, le nombre des cieux mobiles qui entourent la Terre est vingt-cinq, savoir les vingt-trois orbes des planètes, puis le huitième ciel et le neuvième ciel. »

L'auteur scotiste sait que le centre du déférent de la Lune tourne autour de la Terre; il aurait donc dû, comme Bernard de Verdun, attribuer à la Lune une quatrième orbite concentrique au Monde, ce qui eût porté à vingt-quatre le nombre des sphères des planètes. Quoiqu'il en soit, d'ailleurs, de cette omission, nous pouvons remarquer que cet auteur considère un neuvième ciel, mais point de dixième ciel; il n'adopte donc pas encore les hypothèses des astronomes alphonsins; ceux-ci, en effet, attribuent à trois cieux distincts les mouvements des étoiles fixes, qui éprouvent à la fois la précession découverte par Hipparque et la trépidation imaginée par Thâbit ben Kourrah.

L'influence du *Tractatus super totam Astrologiam* de Bernard de Verdun détermina sans doute, dans l'ordre de Saint François, un plus vif attrait vers l'étude des mouvements célestes, et une plus grande faveur pour le système de Ptolémée, qu'une interprétation mécanique nouvelle rendait acceptable aux philosophes. De ces tendances, le *Scriptum parisiense* et les *Reportata* de Duns Scot nous ont apporté le témoignage. Il est vraisemblable, d'ailleurs, qu'elles ne demeurèrent point confinées dans les couvents franciscains, qu'elles se firent sentir au dehors et qu'elles sollicitèrent l'attention des maîtres de l'Université de Paris.

Cette prévision nous sera bientôt confirmée par des textes nombreux, précis, qu'ont écrits, à des dates bien déterminées, des auteurs connus. Ces textes nous permettront de suivre les progrès et le triomphe des doctrines de Ptolémée au sein de l'Université de Paris.

NOTE RELATIVE AU CHAPITRE VII

SUR CERTAINS CANONS D'ASTRONOMIE DONT ROGER BACON EST PEUT-ÊTRE L'AUTEUR, ET, A CE PROPOS, SUR L'EXPÉRIENCE DE LA CHAMBRE NOIRE

L'étude des œuvres successives de Roger Bacon nous a montré, dans la discussion des hypothèses astronomiques, un des objets essentiels de son incessante activité intellectuelle. S'était-il également occupé d'Astronomie pratique ? Nulle part, il n'a laissé le récit de quelque observation astronomique qui lui fût propre ; mais nous ne saurions douter qu'il ne fût accoutumé à l'usage des tables et des calculs ; il suffit de feuilleter ce que l'*Opus majus* dit de la Géographie, de la correction du calendrier, de l'Astrologie judiciaire, pour y rencontrer, à chaque instant, des indications que l'auteur a tirées des *Tables de Tolède*.

Bacon semble même s'être appliqué à connaître les diverses tables qu'on avait construites en réduisant les *Tables de Tolède* au méridien de quelque autre ville ; c'est, du moins, ce que nous pouvons conclure de la lecture du *Speculum Astronomiæ sive de libris licitis et illicitis*, si, avec le R. P. Mandonnet, nous enlevons cet écrit de l'œuvre d'Albert le Grand pour la mettre dans celle de Bacon. Le *Speculum Astronomiæ* nous dit, en effet [1] :

« Nombre d'astronomes ont écrit beaucoup de livres contenant des canons calculés pour le méridien de leur ville et pour les années de N. S. J. C.

» Tel est celui qui est calculé pour le méridien et l'heure de minuit (*ad mediam noctem*) de Marseille ; un autre est au méridien

1. *Vide supra*, p. 216.

de Londres; un autre au méridien de Barcelone, qui est sous le même méridien que Paris, dont la longitude orientale est, à peu près, 40°17', et la latitude 49° et un dizième de degré. »

Familier avec l'usage des tables, Roger Bacon n'aurait-il pas songé, d'autre part, à communiquer cet art à autrui? C'est la supposition qu'il nous faut examiner.

On sait que Bacon avait un disciple favori nommé Jean.

Jean était un pauvre écolier de Paris [1]; il n'avait pas de quoi vivre; pour qu'on lui donnât le nécessaire, il s'était mis en service, en sorte qu'à l'étude, il ne pouvait consacrer beaucoup de temps; sa pauvreté, d'ailleurs, ne lui permettait pas de se payer les leçons des maîtres qui eussent été capables de l'instruire. Bacon s'intéressa au sort de ce jeune homme, dirigea son éducation, et, séduit par les remarquables aptitudes qu'il discernait en lui, lui donna sa confiance au point d'en faire, auprès de Clément IV, le porteur habituel de ses ouvrages.

« J'ai choisi un jeune homme que, depuis cinq ou six ans, j'ai fait instruire des langues, des Mathématiques, de la Perspective; en ces sciences, en effet, réside tout ce qu'il y a de difficile dans les ouvrages que je vous envoie, écrit Bacon au pape [2]. Après que j'eus reçu l'ordre que vous m'avez envoyé, je lui ai, de vive-voix, donné mes instructions, pressentant qu'il me serait impossible, à présent, de trouver quelque autre intermédiaire qui fût selon mon cœur. J'ai pensé à vous l'envoyer, afin que, s'il plaisait à votre Sagesse d'user d'un médiateur, elle en trouvât un qui fût préparé; sinon, du moins irait-il à vous pour offrir mes écrits à votre Gloire. Assurément, parmi les Latins, il n'est personne qui puisse, sur tous les sujets dont je traite, répondre à tant de questions, à cause de la méthode que je suis, et parce que je l'ai formé moi-même...

» Dieu m'est témoin que, n'étaient mon respect pour votre personne et votre utilité, je n'eusse pas fait mention de lui. Si je l'avais député dans mon propre intérêt, j'eusse aisément trouvé plus habile à gérer mes affaires. Si j'avais agi dans l'intérêt de l'envoyé, il est des gens qui me sont plus chers, auxquels je tiens davantage; envers lui, ni les droits du sang, ni aucune autre raison ne me créent la moindre obligation; envers lui, je ne suis pas plus obligé qu'envers qui que ce soit, et même moins. C'est parce qu'il est venu vers moi, jeune et pauvre, que je l'ai fait nourrir et instruire pour l'amour de Dieu, et surtout parce que je n'ai jamais

1. Fratris ROGERI BACON *Opus tertium*, cap. XX; éd. Brewer, p. 63.
2. ROGERI BACON *Op. laud.*, cap. XIX; éd. cit., pp. 61-62.

rencontré jeune homme aussi habile aux études. Il a fait de si grands progrès que largement, et à plus juste titre que quiconque à Paris, il pourrait gagner le nécessaire, bien que ce soit un jeune homme de vingt ans ou vingt et un ans tout au plus. A Paris, en effet, il n'est personne qui connaisse aussi exactement les racines de la Philosophie, bien que son jeune âge ne lui ait pas encore permis d'en produire les branches, les fleurs et les fruits, et aussi parce qu'il n'a pas encore l'expérience de l'enseignement. Mais s'il vit jusqu'à la vieillesse et s'il procède selon les fondements dont il est pourvu, il a de quoi surpasser tous les Latins. »

Cette précoce science de Jean, Bacon ne cesse de la vanter au pape.

S'agit-il de difficultés linguistiques[1] ? « Bien que ces exemples soient théologiques, le jeune Jean les comprend mieux que tous les théologiens qui sont, en ce monde, lecteurs ou docteurs. »

S'agit-il de réaliser et d'expliquer des expériences d'Optique[2], de manifester les propriétés du foyer d'une lentille sphérique ? « Le jeune Jean, afin de faire cette expérience, a emporté un cristal sphérique ; je lui ai donné mes instructions pour fournir, de cet effet caché, démonstration et figure. Il n'y a personne en Italie et, à Paris, il n'y a pas deux hommes qui en puissent donner une raison suffisante. »

S'agit-il d'Astronomie[3] ? Bacon envoie au pape deux tables, l'une relative au calendrier des Juifs, l'autre au calendrier des Chrétiens. « J'ai donné à ce jeune homme des instructions suffisantes pour qu'il les comprît l'une et l'autre ; et il n'y a pas trois hommes au monde qui les connaissent toutes deux à la fois ».

A cet adolescent si bien doué, Bacon n'aurait-il pas souhaité d'enseigner l'usage des calculs astronomiques ? N'aurait-il pas composé des canons propres à lui apprendre le maniement des *Tables de Tolède* ? Ces canons, écrits par Roger Bacon à l'intention de son disciple Jean, ne seraient-ils pas l'ouvrage anonyme dont nous allons dire quelques mots ? C'est là, disons-le tout de suite, une hypothèse extrêmement hasardée. Elle nous a paru, toutefois, présenter quelque vraisemblance.

L'écrit dont nous voulons parler commence en ces termes[4] :

« *Diversi astronomi secundum diversos annos tabulas et computationes faciunt, ut quidam secundum annos Alexandri sive greco-*

1. ROGERI BACON *Op. laud.*, cap. XXV ; éd. cit., p. 89.
2. ROGERI BACON *Op. laud.*, cap. XXXII ; éd. cit., p. 111.
3. Fratris ROGERI BACON *Opus minus* ; éd. Brewer, p. 320.
4. Bibliothèque Nationale, fonds latin, ms. nº 15171 ; fol. 136, rº.

rum, quidam secundum annos ab incarnatione domini, quidam secundum annos iezdagzith sive persarum. »

Non seulement les diverses tables astronomiques usent d'ères différentes, mais encore elles ne font pas toutes commencer l'année au même moment et ne suivent pas toutes la même règle pour l'insertion du jour bissextile. A cette complication, s'en joint une autre; les Arabes ne se servent pas de l'année solaire, mais de l'année lunaire.

« A cause de ces divergences, il te faut donc, mon cher Jean, toi qui désires te mettre à la discipline des tables astronomiques, connaître tout d'abord la table qui a pour titre : Trouver les jours de l'année. Par cette table, en effet, tu sauras, d'années données dans un système quelconque, extraire les années comptées dans n'importe quel autre système. — *Propter ego has diversitates, oportet te, care Johannes, qui disciplinam tabularum astronomie desideras, scire in primis tabulam cujus tytulus est inventio dierum in annis; per hanc enim scies quoslibet annos et ex quibuslibet extrahere* ».

C'est donc pour l'instruction d'un disciple du nom de Jean qu'est écrit l'ouvrage dont nous traitons.

Celui qui l'a écrit est un érudit qui connaît les diverses tables astronomiques et, en particulier, les *Tables de Londres*, connues également par l'auteur du *Speculum Astronomiæ*; il dit, en effet [1] :

« Sache que, selon toutes les tables que j'ai vues, le commencement d'un jour quelconque est toujours posé à midi du jour précédent, et la fin ou l'achèvement à midi du jour considéré; il n'y a d'exception que pour les *Tables faites pour Londres*; selon ces tables, le commencement d'un jour se place à midi de ce jour même et la fin à midi du jour suivant. »

Parmi toutes ces tables, c'est aux *Tables de Tolède* que se rapporteront les règles qui vont être exposées : « Si tu veux calculer en années arabes [2], pour lesquelles Arzachel a composé les *Tables de Tolède*, prends le nombre des années arabes achevées avant l'heure que tu considères, et cherches-en le nombre dans la table... »

Si ce passage ne suffisait pas à nous indiquer que nous avons affaire à des canons composés pour les *Tables de Tolède*, nous en aurions l'assurance par ce qui suit [3] :

« Le nombre que tu trouveras à la fin du calcul te dira quel est

1. Ms. cit., fol. 136, v°.
2. Ms. cit., fol. 136, v°.
3. Ms. cit., fol. 137, r°.

le lieu du Soleil, selon son moyen mouvement, à l'heure du jour ou de la nuit que tu as considérée, pour ceux qui habitent soit Tolède, soit la ville pour laquelle ont été construites les tables dont tu fais usage.

» Sache, en effet, que les tables construites pour une certaine ville sont également bonnes, lorsqu'il s'agit de déterminer le moyen mouvement, pour une autre ville ayant même méridien que la première... S'il s'agit, au contraire, de déterminer le moyen mouvement pour une ville dont la longitude est orientale ou occidentale par rapport à la ville pour laquelle les tables ont été faites, sache que quinze degrés de longitude occidentale valent une heure à soustraire, et que quinze degrés de longitude orientale valent une heure à ajouter ; et comme quinze degrés font une heure, un degré fait toujours quatre minutes. Lors donc que tu sauras quel est le moyen mouvement du Soleil, un certain jour, à l'heure de midi, et à Tolède dont la longitude orientale, comptée des Colonnes d'Hercule posées à l'Occident (*a Gadibus Herculis in Occidente positis*), est 28° et demi, ce moyen mouvement sera le même à Londres, le même jour, non pas à midi, mais 16 minutes après midi ; en effet, la longitude de Londres, comptée des Colonnes d'Hercule (*a Gadibus Herculis*), est 32° et demi ; midi y a donc lieu plus tôt qu'à Tolède, de tout le temps exigé pour le lever de quatre degrés du cercle équatorial, et ce temps est 16 minutes ».

Bacon nous apprend[1] que nombre de géographes de son temps prenaient Cadix (*Gades Herculis*) pour origine des longitudes géographiques. Mais ce ne peut être Cadix que l'auteur des canons nomme *Gades Herculis in Occidente positi* ; Tolède n'est pas à 28°30′, ni Londres à 32°30′ à l'Orient de Cadix ; ces nombres s'écartent trop de la vérité pour qu'on puisse les attribuer à l'auteur des canons.

Mais ce que Roger Bacon, dans l'*Opus majus*, dit de l'origine des méridiens, nous peut expliquer le sens du passage que nous venons de lire. Bacon nous dit, en effet, que les différents géographes choisissaient diversement le méridien qui marque la frontière entre l'Orient et l'Occident. « Les uns le mènent par Cadix (*Gades*), les autres par le mont Atlas, d'autres encore par l'extrémité, prise sous l'équateur, de la terre ferme ». Il ajoute : « Lorsqu'on le prend sous l'équateur, on le prend avec plus d'exactitude ; il est ainsi déterminé d'une seule manière, et il l'est mieux ;

1. Fratris ROGERI BACON *Opus majus*, pars IV ; éd. Jebb, p. 188 ; éd. Bridges, vol. I, p. 299.

c'est là, en effet, le milieu du Monde entre les deux pôles ; c'est le véritable Occident. » Il nous apprend enfin que « de cette façon, la longitude de Tolède, comptée à partir de l'Occident, est 29°. »

L'auteur de nos canons, qui donne à Tolède 28° et demi de longitude orientale, a donc choisi l'origine des longitudes de cette façon que Bacon jugeait la plus exacte et la meilleure ; et lorsqu'il donne à cette origine le nom de *Gades Herculis in Occidente positi*, ce n'est pas la ville de Cadix qu'il entend désigner par là, mais les deux colonnes qu'Hercule, suivant une tradition communément acceptée au Moyen Age, avait élevées aux confins de la terre habitée.

En choisissant l'exemple de la ville de Londres pour montrer comment le moyen mouvement du Soleil, calculé par les *Tables de Tolède*, se trouve également déterminé pour une autre ville, l'auteur des canons nous laisse supposer qu'il les destine à quelque habitant de Londres.

Ce pourrait être une objection à l'encontre de ce que nous avons supposé de cet auteur et de ce destinataire. C'est à Paris, en effet, que Roger Bacon a connu et instruit son disciple Jean. Mais ne peut-on supposer qu'au retour de son voyage à Rome, où il avait remis au pape l'*Opus majus* et le *De multiplicatione specierum*, Jean eût quitté Paris pour Londres ? Jean pouvait bien être un étudiant anglais que le désir de s'instruire avait, comme tant de ses compatriotes, conduit vers la grande université parisienne, alors souveraine dispensatrice de la Science, et qui avait ensuite remporté dans sa patrie le trésor des connaissances acquises. Bacon, dans sa jeunesse, n'avait pas autrement agi. Et peut-être est-ce parce que Jean n'était plus à Paris, auprès de lui, parce qu'il ne pouvait pas lui enseigner oralement la pratique des calculs astronomiques, qu'il avait composé, à son usage, des canons sur les *Tables de Tolède*.

L'ordre et la clarté avec lesquels ces canons sont rédigés les rendent dignes des autres écrits où Bacon a traité des théories astronomiques. Une particularité les distingue de la plupart des canons dressés par d'autres auteurs ; ceux-ci se contentent, en général, de tracer la règle qu'on doit suivre pour tirer parti des tables, sans examiner les principes qui ont servi à construire ces tables et qui justifient ces règles ; au contraire, dans l'ouvrage que nous avons sous les yeux, chaque canon est précédé ou accompagné de considérations astronomiques qui l'expliquent ; on pourrait, de cet ouvrage, extraire une véritable *Théorie des planètes*, où l'étude du mouvement de la huitième sphère ferait seule défaut.

Les canons que nous étudions ne présentent rien qui n'ait pu être écrit par Bacon ; rien non plus n'y porte nettement la marque du grand Franciscain anglais, sauf peut-être les dernières lignes ; ces dernières lignes, les voici [1] :

« *Si autem die qua sol eclipsabitur, totumque eclipsim conspicere absque oculorum lesione, hoc est quando incipit, et quanta sit, et quamdiu durat solis eclipsis, observa casum solaris radii per medium alicujus rotundi foraminis, et circulum clarum quem perficit radius in loco super quem cadit diligenter aspice ; cujus circuli rotunditatem cum in aliqua parte videris deficere, scias quod in eodem tempore deficit claritas in corpore solis ex parte opposita illi parti ; nam cum in circulo claro incipit rotunditas deficere, tunc incipit sol eclipsari ex parte occidentis ; et similiter dum crescit rotunditas circuli clari, decrescit*[2] *eclipsis, et proportionaliter secundum quantitatem ; quot*[3] *enim digiti diametri solis eclipsantur, tot*[4] *pereunt digiti circuli clari quem figurat radius solis in loco casus sui postquam transierit per medium foraminis rotundi. Et sic est finis hujus. Deo laus. Amen. Expliciunt hec ibi.* »

« Un jour où le Soleil est éclipsé, voulez-vous, sans dommage pour vos yeux, observer toute l'éclipse, savoir quand l'éclipse commence, quelles en sont la grandeur et la durée ? Observez le passage des rayons solaires par quelque trou rond, et regardez avec soin le cercle éclairé que ces rayons parfont à l'endroit où ils tombent. Lorsque vous verrez que la rondeur de ce cercle vient à faire défaut d'un certain côté, vous saurez qu'au même moment, et du côté opposé à celui-là, la clarté du Soleil disparaît ; en effet, au moment où, dans le cercle éclairé, la rondeur commence à défaillir, alors le Soleil commence d'être éclipsé du côté de l'Occident ; et de même, tandis que croît la rotondité du cercle éclairé, l'éclipse décroît ; et il y a proportionnalité entre les grandeurs des deux effets ; autant de doigts [5] du diamètre du Soleil sont éclipsés, autant périt-il de doigts du diamètre du cercle éclairé que le rayon solaire, après avoir dépassé le trou rond, dessine à l'endroit où il tombe. Ainsi finit cet écrit. Louange à Dieu. Amen. »

Cette ingénieuse pensée d'observer une éclipse de Soleil à l'aide

1. Ms. cit., fol. 157, v°.
2. Le texte porte : *crescit*.
3. Le texte porte : *quod*.
4. Le texte porte : *tunc*.
5. Pour déterminer la grandeur d'une éclipse de Soleil ou de Lune, les astronomes du Moyen Age divisaient le diamètre de l'astre en dix parties égales, qu'ils nommaient doigts (*digiti*) ; ils observaient alors, à chaque instant, combien de doigts du diamètre de l'astre lumineux étaient masqués soit par le disque de la Lune, soit par l'ombre de la Terre.

de la chambre noire, sans dommage pour la vue, pouvons-nous, avec vraisemblance, l'attribuer à Roger Bacon ?

Des auteurs qui ont, avant Roger Bacon, écrit sur l'Optique, aucun n'a parlé de l'expérience de la chambre noire. On n'en trouve, en particulier, aucune mention dans les sept livres d'*Optique* d'Al Hazen (Ibn al Haitam)[1] qui ont fourni à Bacon presque tout ce qu'il connait de la théorie de la lumière.

Il est parlé de l'expérience de la chambre noire dans le traité *De multiplicatione specierum*[2] que Bacon, par l'intermédiaire de Jean, envoya au pape Clément IV en même temps que l'*Opus majus*.

Bacon figure exactement la formation de l'image du Soleil sur un écran normal au rayon qui passe par le centre du Soleil et par le petit trou. La figure qu'il trace montre que l'image est renversée. Il remarque que le trou n'a pas besoin d'être circulaire ; qu'il peut avoir n'importe quelle figure arrondie ou anguleuse ; que l'image du Soleil n'en prendra pas moins la figure circulaire, mais à une distance d'autant plus grande que le trou sera, lui-même, plus grand ; enfin, il démontre que sur un écran placé à la même distance du trou que le Soleil, l'image de cet astre serait égale au disque solaire. Il y a là, on le voit, tout ce qu'il faut pour justifier le procédé d'observation des éclipses solaires proposé par nos canons.

Dans le traité de Bacon, cette théorie de la chambre noire est précédée et suivie de considérations auxquelles il nous faut arrêter un moment, car elles vont attirer vivement l'attention des lecteurs de ce traité.

Bacon partait de ce principe que la propagation d'une propriété (*species*) quelconque au sein d'un milieu se fait par ondes sphériques.

« La propagation est naturellement sphérique (*multiplicatio est sphærica naturaliter*) car l'agent produit son espèce de toutes parts, dans toutes les directions et suivant tous les diamètres... Il faut donc que l'agent soit un centre à partir duquel des lignes s'avancent [également] en toute direction ; mais de telles lignes sont les rayons d'une sphère et ne se peuvent terminer qu'à la surface d'une sphère. »

1. *Opticæ thesaurus*. ALHAZENI ARABIS *libri septem, nunc primum editi* EIUSDEM *de Crepusculis et Nubium ascensionibus*. *Item* VITELLIONIS THURINGOPOLONI *libri X. Omnes instaurati, figuris illustrati et aucti, adiectis etiam in Alhazenum commentariis a* FEDERICO RISNERO. Basileæ, per Episcopios, MDLXXII.

2. *Tractatus Magistri* ROGERI BACON *de multiplicatione specierum*, pars II, cap. VIII (Fratris ROGERI BACON *Opus majus*, éd. Jebb, pp. 409-410 ; éd. Bridges, vol. II, p. 493-494).

Cette pensée, que la lumière se propage par ondes sphériques, Bacon la chérissait, mais il n'avait pas eu à l'inventer ; il l'avait lue dans un ouvrage qu'à l'exemple de Robert Grosse-Teste, il prisait fort ; répétons en effet, ce qu'il avait trouvé dans les *Questions naturelles* de Sénèque[1], à titre d'explication du halo.

« Voici comment on en explique la formation : Qu'on jette une pierre dans un étang ; on voit l'eau s'écarter en formant des cercles multiples ; un premier cercle très étroit se produit, puis un plus large, puis d'autres plus grands encore, jusqu'à ce que l'impulsion finisse par s'évanouir à la surface plane des eaux qui n'ont pas été agitées. Concevons qu'il se passe dans l'air quelque chose d'analogue. Lorsqu'il est suffisamment condensé, il peut ressentir un ébranlement ; alors, s'il est frappé par la lumière du Soleil, de la Lune ou de quelque étoile, cette lumière l'oblige à s'écarter sous forme de cercles. En effet, l'eau, l'air, tout ce qui reçoit, du coup qui l'a frappé, une certaine forme, prend, par l'impulsion qu'il éprouve, la façon d'être de ce qui le frappe ; or toute lumière est ronde ; l'air, frappé par cette lumière, prendra donc, lui aussi, cette figure arrondie. »

Pour rendre plus vraisemblable cette propagation de la lumière sous forme d'ondes sphériques, Bacon développe quelques considérations sur l'excellence de la sphère : « La nature d'une chose, dit-il, fait ce qui convient le mieux au salut de cette chose ; elle lui donne donc la figure qui coopère le plus efficacement à ce salut. Mais le voisinage des parties entre elles au sein du tout contribue, au plus haut point, au salut du tout et de chacune des parties, car leur division et leur séparation répugne par dessus tout à ce salut. Toute nature, donc, qui prend figure en vertu de sa tendance propre doit, à moins qu'une cause finale ne s'y oppose, chercher celle où, au sein du tout, les parties ont entre elles le plus de voisinage ; or cette figure, c'est la figure sphérique ; en elle, plus qu'en toute autre, les diverses parties sont rapprochées les unes des autres ; elles ne s'y voient point repoussées sur les côtés ou dans des angles qui les écartent mutuellement. Voilà pourquoi la lumière prend la figure sphérique ; voilà aussi pourquoi les gouttes d'eau suspendues à la pointe des herbes prennent la figure sphérique. »

A cette opinion, Bacon prévoit deux objections. L'une est fournie par ce fait que la flamme s'élève en forme de pyramide ; mais la raison en est que cette figure est plus apte à l'ascension. L'autre

1. Sénèque, *Questions naturelles*, livre I, ch. II.

est tirée de cette observation : La lumière, passant par un trou anguleux, produit, sur l'écran qu'on lui oppose, une tache éclairée qui épouse la figure du trou. C'est cette dernière objection qui fournit à notre auteur l'occasion de décrire et d'expliquer l'expérience de la chambre noire.

Les contemporains de Bacon ont-ils, sans connaître les écrits de celui-ci, parlé de l'expérience de la chambre noire ? On cite, [1] à ce propos, l'opticien Witelo ou Witek. Disons d'abord ce qu'on sait de ce personnage ; c'est fort peu de chose.

En 1535, en 1551, enfin en 1572, parurent trois éditions d'un volumineux traité Περὶ Ὀπτικῆς en dix livres ; l'auteur était nommé Vitellio [2].

Les dix livres d'Optique dont nous parlons sont précédés d'une épitre dédicatoire qui est ainsi intitulée :

« *Veritatis amatori Fratri Guilielmo de Morbeta, Vitello filius Thuringorum et Polonorum....* »

Guillaume de Moerbeke, à qui cette épitre est adressée, est le traducteur dominicain bien connu qui a fourni à Saint Thomas d'Aquin les versions de l'*Institution théologique* de Proclus et des *Commentaires au traité du Ciel* composés par Simplicius ; c'est à lui seul que, jusqu'à ces dernières années, le monde a dû la connaissance du *Traité des corps flottants* d'Archimède [3]. Guillaume de Moerbeke fut nommé évêque de Corinthe le 22 octobre 1277 ; il

1. SEBASTIAN VOGL, *Die Physik Roger Bacos.* Inaugural Dissertation, Erlangen, 1906 ; p. 85.

2 VITELLIONIS *mathematici doctissimi* Περὶ Ὀπτικῆς, *id est de natura, ratione, et proiectione radiorum visus, luminum, colorum atque formarum, quam vulgo Perspectivam vocant, Libri X. Habes in hoc opere, Candide Lector, quum magnum numerum Geometricorum elementorum, quæ in Euclide nusquam extant, tum vero de proiectione, infractione, et refractione radiorum visus, luminum, colorum, et formarum, in corporibus transparentibus atque speculis, planis, sphæricis, columnaribus, pyramidalibus, concavis et convexis, scilicet cur quædam imagines rerum visarum æquales, quædam maiores, quædam minores, quædam rectas, quædam inversas, quædam intra, quædam vero extra se in aëre magno miraculo pendentes : quædam motum rei verum, quædam eundem in contrarium ostendant : quædam Soli opposita, vehementissime adurant. ignemque admota materia excitent : déque umbris, ac varijs circa visum descriptionibus, à quibus magna pars Magiæ naturalis dependet, Omnia ab hoc Autore (qui eruditorum omnium consensu, primas in hoc scripti genere tenet) diligentissime tradita, ad solidam abstrusarum rerum cognitionem, non minus utilia quam iucunda. Nunc primum opera Mathematicorum præstantiss. dd. Georgij Tanstetter et Petri Apiani in lucem ædita.* Norimbergæ apud Io : Petreium, Anno MDXXXV.

La seconde édition porte le même titre, mais avec la date MDLI.

La troisième édition est celle de l'*Opticæ Thesaurus* qui contient également l'*Optique* d'Al Hazen ; elle est décrite dans la note 1 de la p. 506. C'est cette dernière édition que nous avons consultée.

3. Voir : Tome I, p. 215.

mourut après 1281. L'épitre dédicatoire du Περὶ Ὀπτικῆς lui donne seulement le titre de frère, non celui d'évêque ; on en peut conclure qu'elle fut, au plus tard, rédigée en 1277. C'est la seule indication que nous ayons sur la date de la composition des *Dix livres d'Optique*. Maximilian Curtze, rapportant une observation que l'auteur dit avoir faite à Viterbe[1], attribue[2], à cette observation, la date de 1271 ; il est impossible de deviner sur quel fondement repose cette affirmation.

L'examen de nombreux manuscrits a prouvé à M. Curtze que les copistes du Moyen Âge donnaient à l'auteur le nom de Witelo ; Vitello ou Vitellio est une forme corrompue qui est due aux imprimeurs de la Renaissance.

L'auteur s'appelle lui-même « fils des Thuringiens et des Polonais. » M. Curtze juge que la patrie du père doit être nommée avant celle de la mère ; que notre physicien était donc né d'un père thuringien et d'une mère polonaise ; partant, qu'il était allemand ; Witelo serait, d'ailleurs, un nom allemand fort courant en Thuringe, au XIIIe siècle.

Le Dr T. Zebrawski a combattu[3] ces conclusions de M. Curtze. Que l'auteur de l'*Optique* fût polonais, celà résulte sans conteste, à son avis, de cette phrase[4] :

« *In nostra terra, silicet Poloniæ, habitabili, quæ est circa latitudinem 50 graduum....* »

En outre, son nom véritable ne serait pas Witelo ; il aurait la forme Witek, très fréquente en Pologne ; les copistes auraient confondu le *k* gothique avec la syllable *lo* qui s'écrit d'une manière presque semblable.

Witelo ou Witek a-t-il, comme le dit M. Sebastian Vogl, connu l'expérience de la chambre noire ? M. Vogl invoque[5], à l'appui de son affirmation, les propositions 35 à 39 du second livre de l'*Optique* ; examinons le contenu de ces propositions.

Les propositions 35 à 38[6] sont des théorèmes sur la figure du cône lumineux que donnent, en passant par un trou circulaire, les rayons issus d'un point lumineux.

1. VITELLIONIS *Opticæ* lib. X, 67 ; *Thesaurus Opticæ*, p. 462.
2. MAXIMILIAN CURTZE, *Sur l'orthographe du nom et sur la patrie de Witelo (Vitellion) (Bulletino di Bibliografia e di Storia delle Scienze matematiche e fisiche* pubblicato da B. Boncompagni, t. IV, 1871, p. 71).
3. Dr T. ZEBRAWSKI, *Quelques mots au sujet de la note de M. Maximilien Curtze sur l'orthographe du nom et la patrie de Witelo (Bulletino...*, t. XII, 1879, p. 315).
4. VITELLIONIS *Opticæ* lib. X, 74 ; *Thesaurus Opticæ*, p. 467.
5. SEBASTIAN VOGL, *loc. cit.*
6. VITELLIONIS *Opticæ* lib. II, 35 ad 38 ; *Thesaurus Opticæ*, pp. 73-75.

La proposition 39 s'énonce en ces termes[1] : « *Omne lumen per foramina angularia incidens rotundatur.* — Toute lumière qui a passé par un trou anguleux s'arrondit. » M. Vogl en donne cette traduction : « *So oft das Sonnenlicht dürch eine eckige Oeffnung fällt, nimmt die Projektion eine runde Gestalt an.* — Toutes les fois que la lumière du Soleil tombe par un trou anguleux, la projection prend une forme ronde. » Cette traduction donne la plus fausse idée de la pensée de Witek. Celui-ci ne suppose aucunement que le corps lumineux soit le Soleil ; il ne fait aucune hypothèse sur ce corps ; il admet seulement que ce corps a des dimensions finies et ne se réduit pas à un simple point ; dans ce cas, remarque notre auteur, la figure lumineuse que dessineront, sur un écran, les rayons qui ont traversé le trou anguleux présentera des contours arrondis ; il explique cet effet par la construction bien connue de la pénombre. « Ainsi, dit-il, la lumière qui a passé par une telle fenêtre s'arrondit, ce qui n'arriverait pas si les rayons qui traversent la fenêtre provenaient seulement d'un point unique du corps lumineux. »

Pas un instant, notre auteur n'a supposé que le trou fût très petit ; pas un instant, il n'a considéré la figure du corps lumineux ; pas un instant il n'a fait entrevoir que la tache éclairée dessinât, sur l'écran, une image du corps lumineux ; il est clair qu'il n'a pas eu l'intention de décrire l'expérience de la chambre noire.

Nous en aurons d'ailleurs l'assurance parfaite si nous lisons les propositions 40 et 41[2] qui appliquent à des cas particuliers les principes posés dans la proposition 39.

La proposition 40 est ainsi formulée :

« Si le rayon lumineux [issu du centre du corps lumineux] tombe perpendiculairement au centre d'un trou carré, la lumière, tombant à la surface d'un corps parallèle à la surface du trou, y dessine un carré légèrement arrondi (*quadratum ad circularitem aliquam accedens*) ».

La proposition 41 examine de même le cas où l'écran n'est plus parallèle à la fenêtre carrée.

Il est clair, par ce que nous venons de dire, que Witelo ou Witek n'a pas eu connaissance de l'expérience de la chambre noire. Cette connaissance, une lecture étrangement superficielle a pu seule conduire M. Vogl à la lui attribuer.

D'autres auteurs vont nous parler de cette expérience, mais ils

1. *Thesaurus Opticæ*, p. 75.
2. *Thesaurus Opticæ*, pp. 75-76.

auront tous, d'une manière très manifeste, éprouvé l'influence de Roger Bacon.

Le premier auteur que nous aurons à citer, c'est ce physicien dont le nom ne nous est pas connu, et auquel nous devons le petit ouvrage analysé au § IX. Ses propos vont nous révéler l'embarras où se trouvaient plongés les lecteurs du traité *De multiplicatione specierum*.

Dans ce dernier traité, la description de l'expérience de la chambre noire venait à la suite de considérations sur la propagation de la lumière par ondes sphériques; si elle était citée, c'était pour répondre à une objection soulevée contre la sphéricité de ces ondes; le lecteur pouvait donc bien aisément se former cette opinion : Si la lumière qui a traversé un trou de figure polygonale donne cependant une tache éclairée de contour circulaire, c'est qu'à une certaine distance du trou, elle a repris la sphéricité qui lui est naturelle.

D'autres, que la lecture d'Alhazen et de Witelo avait accoutumés aux constructions de l'Optique géométrique, voulaient, pour l'explication du phénomène, s'en tenir à ces constructions, que Roger Bacon, d'ailleurs, avait correctement exécutées ; ils soutenaient donc que si la tache éclairée produite dans la chambre obscure est circulaire, c'est parce que la lumière émane du disque du Soleil, qui est circulaire ; à l'appui de leur opinion, ils citaient cette observation : Lorsqu'une éclipse entame la parfaite rotondité du disque solaire, l'image donnée par la chambre obscure est échancrée d'une manière semblable.

Le débat, on le voit, est un combat prématuré, une échauffourée d'avant-garde, qui met aux prises deux doctrines relatives à la propagation de la lumière. l'une au gré de laquelle la lumière se transmet par rayons rectilignes, l'autre au gré de laquelle elle se répand par ondes sphériques ; c'est seulement au commencement du XIXe siècle que cette discussion, instruite par l'étude minutieuse des phénomènes de diffraction, et pourvue d'une Algèbre et d'une Mécanique suffisamment développées, pourra être reprise et menée avec fruit; mais il n'est peut-être pas sans intérêt de montrer qu'elle s'était engagée dès la fin du XIIIe siècle.

Le texte que nous allons étudier[1] va nous entretenir de cette intéressante querelle. Ce texte nous paraît offrir, pour l'histoire de l'Optique, un très vif intérêt ; aussi nous a-t-il semblé bon de le reproduire *in extenso*, à la suite de cette note, d'après la copie

1. Bibliothèque Nationale, fonds latin, ms. n° 16089, fol. 184, col. b et c; Bibliothèque municipale de Bordeaux, ms. n° 419, fol. 2, col. a, b, c, d.

de Bordeaux, beaucoup plus correcte que celle de Paris ; cette publication permettra de reconnaître, par l'identité de certaines phrases, que l'auteur, lorsqu'il discourait de la chambre noire, avait sous les yeux le traité *De multiplicatione specierum* de Roger Bacon.

Si l'auteur anonyme est amené à s'occuper de la chambre noire, c'est à propos de la perfection qu'il attribue à la figure sphérique. « La sphère, dit-il, est la plus simple des figures, celle, par conséquent, qui offre, avec la nature, le plus d'amitié et d'harmonie ; c'est par elle que les parties d'un tout, quel qu'il soit, acquièrent le plus d'union ; dans les corps qui présentent des angles, au contraire, elles sont plus écartées de leur milieu et du centre de leur force... Aussi, tous les corps qui ne sont point empêchés de suivre la sympathie qu'ils ont pour eux-mêmes prennent-ils cette figure ».

Que toute masse homogène, abandonnée à elle-même, tende à prendre la figure sphérique, Bacon en trouvait un exemple dans la forme des gouttes de rosée qui perlent à la pointe des herbes. Dans la figure sphérique d'une goutte d'eau qui tombe, notre auteur trouve une difficulté à expliquer. Cette goutte qui tombe ne devrait pas s'arrondir en sphère ; elle devrait, vers le bas, s'amincir en cône ; chacune de ses parties, en effet, tend à descendre suivant la verticale sur laquelle elle se trouve, et toutes ces verticales vont se rapprochant les unes des autres, pour converger vers le centre de la terre. Que les diverses parties d'un grave ne tendent pas à tomber suivant des lignes parallèles, mais suivant des lignes convergentes, c'est une pensée sur laquelle Robert Grosse-Teste avait attiré l'attention de ses lecteurs ; elle avait grandement plu à Bacon qui, nous le verrons, y revint à plusieurs reprises. A la difficulté qu'il a soulevée, notre auteur répond que « les parties d'une masse homogène ont plus forte inclination à se réunir à leur tout, qu'à se rendre à leur lieu naturel, c'est-à-dire au centre du Monde ; le tout, en effet, leur est congénère par essence, et non pas seulement par influence. »

Une seconde objection se présente à son esprit, que Bacon avait déjà examinée ; la flamme qui s'élève s'amincit en forme de pyramide ; pour expliquer cette figure, il se contente de reproduire presque textuellement ce qu'en avait dit le traité *De multiplicatione specierum*.

Après avoir rejeté ces deux objections, il en vient à l'expérience de la chambre noire, qu'il présente comme une preuve de la tendance éprouvée par la lumière à prendre la figure sphérique.

« Les rayons incidents qui tombent sur un trou plan, à contour anguleux, dont les côtés, toutefois, ne s'écartent pas beaucoup les uns des autres, s'arrondissent sur la paroi opposée; la raison en est que la lumière, lorsqu'elle atteint son plein achèvement, prend plus aisément cette forme à laquelle elle incline naturellement.

» Mais, dira-t-on, la rondeur de cette incidence vient de ce que le rayon descend en ligne droite du corps sphérique du Soleil; elle ne se produit nullement en vertu d'une semblable diffusion; ce qui semble le prouver, c'est qu'au temps d'une éclipse de soleil, cette tache produite par l'incidence des rayons solaires apparaît en forme de faucille; elle est exactement disposée comme la partie du disque solaire qui n'est pas obscurcie par le corps de la Lune. »

A cette objection, que va répondre notre auteur?

Il observe, comme Bacon l'avait déjà fait avant lui, qu'on peut, dans le faisceau lumineux qui a franchi le petit trou, distinguer deux parties; une partie interne est d'un très vif éclat; elle est entourée d'une région, d'une certaine épaisseur, où l'éclairement est moins brillant. Pour qui raisonne exactement à l'aide des principes de l'Optique géométrique, la partie brillante se construirait en réduisant à un simple point le trou qui livre passage à la lumière; la partie moins éclairée est une pénombre qu'expliquent les dimensions non négligeables de ce trou.

Ce n'est pas ainsi que notre auteur comprend cet effet.

La partie brillante, qu'il nomme la lumière primaire, lui paraît due aux rayons qui émanent en ligne droite du disque solaire; à cette partie, les règles de l'Optique géométrique lui semblent applicables; c'est, à son gré, cette partie, et cette partie seulement, qui, au moment d'une éclipse de soleil, se montrera échancrée de même façon que le disque solaire.

Quant à la lumière de la pénombre, à celle qu'il appelle la lumière secondaire, il la croit engendrée par la lumière primaire, qui se répand dans le milieu environnant en vertu de sa tendance à former des ondes sphériques; « elle s'étend extérieurement, dit-il, d'une manière accidentelle, par une naturelle diffusion en rondeur — *Illa quæ exterius naturali diffusione in rotunditatem deducitur per accidens.* » Cette lumière secondaire, il la conçoit exactement comme nous comprenons aujourd'hui, au sein du cône d'ombre d'un corps noir mis devant un point lumineux, la lumière engendrée par la *diffraction*. Nous pouvons donc dire que notre auteur a parfaitement vu comment l'hypothèse au gré de laquelle la lumière se propage par ondes sphériques exigeait qu'on corrigeât la loi de la propagation rectiligne et qu'on admît des effets de diffraction ; seulement, il n'a pas deviné l'extrême petitesse de ces derniers effets ; il a cru les observer, alors qu'il observait seulement une pénombre.

A l'appui de sa théorie, il entreprend de prouver que la lumière solaire, franchissant une ouverture dont le contour présente des angles, une ouverture triangulaire par exemple, ne donnera pas un faisceau dont la section soit circulaire. Son raisonnement, que l'absence de toute figure rend un peu difficile à suivre, est cependant à peu près exact ; il rappelle ceux de Witelo dont, assurément, il s'inspire. Le trou qui laisse passer les rayons n'est plus supposé très petit. Notre physicien ne voit pas qu'en négligeant les dimensions de ce trou, il déduirait de ses arguments mêmes la rotondité de l'image obtenue. On ne saurait lui en faire un reproche ; formés aux Mathématiques par l'étude des rigoureux *Éléments* d'Euclide, les physiciens du Moyen Age ne conçoivent guère les approximations ; il ne leur vient pas à l'esprit de regarder comme nulles, dans leurs raisonnements, des grandeurs qui sont seulement très petites ; leur désir de ne formuler que des propositions rigoureuses leur cache souvent les vérités approchées dont la Physique est forcée de se contenter.

« Ainsi donc, conclut le traité que nous analysons, il est nécessaire que les incidences lumineuses épousent la forme des ouvertures par lesquelles elles passent, du moins en ce qui concerne la force de radiation, à moins que celle-ci ne soit accompagnée de la force de diffusion. Cette conclusion, je me suis efforcé d'en donner une démonstration d'autant plus efficace que j'ai vu de grands hommes s'hébêter en cette matière, au point de soutenir que la rondeur de la tache incidente provient de l'intersection des rayons. » C'est sans aucun doute à Witelo que s'adresse cette diatribe.

On peut, dans l'exposer de notre auteur, distinguer trois explications des effets produits par la chambre noire, deux qu'il rejette, une qu'il accepte.

La première des explications rejetées attribue la rondeur de l'image à la rondeur du disque solaire ; elle invoque cette preuve expérimentale : Lors d'une éclipse de soleil, l'image se montre échancrée tout comme le disque de l'astre.

La seconde semble recourir à des constructions de pyramides lumineuses où n'intervient aucunement la figure de l'objet qui émet les rayons ; elle ne paraît pas différer des considérations de Witelo sur les pénombres.

La troisième, enfin, que notre auteur adopte, prétend voir dans la rotondité de l'image la preuve que la lumière se propage par ondes sphériques.

La lecture simultanée du traité *De multiplicatione specierum*, composé par Bacon, et des *Opticæ libri decem* de Witelo était bien propre à engendrer la confusion dont nous trouvons ici la marque.

Or les trois explications dont nous venons de parler sont également indiquées dans la *Perspectiva communis* de Peckham.

Le franciscain anglais Jean Peckham, qui joua un si grand rôle dans les débats philosophiques et théologiques du XIIIe siècle, était né en 1228 ; il mourut en 1291, archevêque de Canterbury. On a voulu parfois l'identifier avec ce Jean qui fut disciple de Bacon ; les dates ne le permettaient pas, puisqu'en 1267 ou 1268, au moment où il présentait au pape l'*Opus majus* et le *Tractatus de multiplicatione specierum*, Jean n'avait, au dire de Bacon, que vingt ou vingt et un ans ; Peckham avait alors quarante ans.

Peckham n'en a pas moins été soumis à l'influence de son contemporain, de son compatriote, de son confrère en Saint François, Roger Bacon. De cette influence, on relève mainte trace dans son traité élémentaire d'Optique qui, sous le titre de *Perspectiva communis*, a connu une si longue vogue et tant d'éditions. Comment, en particulier, ne pas reconnaître l'inspiration du *Tractatus de multiplicatione specierum* dans ce que l'Archevêque de Canterbury écrit[1] au sujet de l'expérience de la chambre noire ?

Peckham énonce de la manière suivante la proposition qu'il veut établir :

« Les incidences rayonnantes qui passent par des trous anguleux de médiocre grandeur s'arrondissent en tombant sur les corps, éloignés de ces trous, qu'on leur oppose, et deviennent d'autant plus grandes qu'elles s'éloignent davantage. — *Incidentias radiosas per angularia foramina transeuntes mediocris magnitudinis, in objectis corporibus a foraminibus remotis rotundari, semperque fieri eo majores quo remotiores.* » Cet énoncé nous laisse indécis. S'agit-il d'expliquer, avec Witelo, comment la pénombre émousse les angles de la tache lumineuse fournie par des rayons qui ont traversé une ouverture anguleuse de quelque étendue ? S'agit-il,

1. JOANNIS ARCHIEPISCOPI CANTUARIENSIS, *Perspectivæ communis libri tres. Iam postremo correcti ac figuris illustrati*. Coloniæ Agrippinæ, Apud Hæredes Arnoldi Birckmanni. Anno MDLXXX. Lib. I, prop. V, fol. 2, r°, à fol. 3, v°.

avec Bacon, d'expliquer comment, si le trou est très petit, la tache est semblable à l'objet lumineux ?

La démonstration géométrique qui vient aussitôt après est peu faite pour fixer cette indécision. Elle consiste en une construction de pénombre au cours de laquelle les dimensions du trou ne sont pas traitées comme négligeables ; puis, cette remarque y est introduite : « Si les rayons qui se coupent dans le trou étaient prolongés en droite ligne à une distance du trou égale à celle où le Soleil se trouve de l'autre côté, il est clair qu'ils se dilateraient jusqu'à la grandeur du Soleil. » Cette remarque, dont le sens exige que le trou se réduise à un point, est empruntée à Bacon, tandis que les constructions qui la précédaient s'inspiraient de Witelo.

Mais Peckham n'a pas seulement étudié Bacon et Witelo ; sûrement, il a lu l'ouvrage anonyme que nous venons d'analyser ; c'est cet ouvrage qui va le conseiller dans ce qu'il s'apprête à nous dire de la chambre noire ; en effet, il poursuit en ces termes :

« De la rondeur de la figure dessinée par les rayons incidents, divers auteurs ont proposé des causes diverses.

» Il en est qui attribuent uniquement cet effet à la rondeur du Soleil ; de même, disent-ils, que les rayons procèdent du Soleil, de même leur rondeur provient de sa rondeur. Cette conjecture leur est fournie par les éclipses de soleil ; en effet, au temps d'une éclipse de soleil, que les rayons solaires soient reçus par un trou quelconque dans un lieu obscur ; on verra que la base de la pyramide lumineuse est écornée par une ombre, et cela dans le rapport où la Lune recouvre le Soleil. — *Et hujus rei conjecturam ex solis eclipsibus sumunt; quando enim, tempore eclipsis solis, in loco tenebroso per quodcunque foramen radii Solis excipiuntur, est videre basim pyramidis illuminationis corniculatim ea ratione obumbrescere, qua Solem Luna tegit.*

» D'autres, examinent la question avec plus de subtilité ; sans doute, ils regardent la rondeur du Soleil comme une cause, mais comme une cause éloignée ; la cause prochaine est, pour eux, l'intersection des rayons. » Il développe alors des considérations géométriques où se reconnaît aisément la marque de Witelo ; mais il marque clairement que ces considérations ne suffisent pas à expliquer pleinement les effets produits par la chambre noire. « Cette construction aurait encore lieu de s'appliquer si la figure du Soleil était absolument carrée... La rondeur du Soleil ne serait donc nullement cause de cette tache ronde produite par l'incidence des rayons. Mais que l'intersection des rayons, dont nous venons de parler, tout en contribuant en quelque chose à cette rondeur de la tache lumineuse, n'en soit pas la cause totale, voici qui le montre. » Peckham reprend alors une argumentation toute semblable à celle que développait notre auteur anonyme ; comme celui-ci, il considère le cas d'une ouverture triangulaire ; mieux que lui, et à la façon de Witelo, il prouve que la pénombre émoussera les angles de la tache lumineuse ; il conclut en ces termes : « La manière de rayonner dont nous venons de parler n'est donc pas la cause parfaite de la rondeur » de la tache éclairée.

Peckham va, dès lors, invoquer une troisième explication ; la voici :

« La figure sphérique, d'ailleurs, est apparentée à la lumière ; elle s'accorde avec tous les corps du Monde ; de toutes les figures, en effet, elle est la plus absolue et celle qui conserve le mieux la nature, car, en son sein, elle conjoint toutes les parties de la manière la plus parfaite ; la lumière, donc, se meut naturellement vers cette forme ; lorsqu'elle se propage à une certaine distance, elle l'acquiert peu-à-peu. On voit qu'en vertu de ces deux causes, la lumière qui passe par un trou s'arrondit graduellement ; c'est ce que nous avions annoncé. »

Il est maintenant clair pour nous que Peckham ne subit pas seulement l'influence directe de Bacon ; cette influence, il l'éprouve encore d'une manière indirecte par l'intermédiaire de l'ouvrage anonyme que nous avons étudié.

Cet ouvrage et la *Perspectiva communis* ne sont pas les seuls écrits du XIIIe siècle, composés après le traité *De multiplicatione specierum*, qui nous parlent de l'expérience de la chambre noire.

Au prochain chapitre, nous verrons qu'un an après la mort de Jean Peckham, en 1292, l'astronome parisien Guillaume de Saint-Cloud recommandait, pour observer sans fatigue les éclipses de soleil, le procédé de la chambre noire ; mais bien des indices nous signaleront par ailleurs, en Guillaume de Saint-Cloud, un disciple de Roger Bacon.

En résumé, donc, les seuls auteurs de la fin du XIIIe siècle qui nous parlent de l'expérience de la chambre noire, ce sont Roger Bacon et des physiciens qui, très certainement, ont lu ses ouvrages.

Tous ces physiciens, le disciple anonyme de Bacon, Jean Peckham et Guillaume de Saint-Cloud, connaissent l'emploi qu'on peut faire de la chambre noire pour observer les éclipses de soleil.

Ne sont-ce pas là de fortes présomptions pour attribuer une origine baconienne à ces *Canons sur les Tables de Tolède*, à la fin desquels l'auteur conseille à Jean d'user d'une chambre noire pour étudier sans fatigue les particularités d'une éclipse solaire ?

Que ces *Canons* soient ou non de Roger Bacon, nous n'y devons certainement pas voir une grande innovation astronomique. Non seulement Al Zarkali avait mis des *Canons* semblables à l'entrée des *Tables de Tolède*, mais, depuis longtemps, les Latins avaient accoutumé d'imiter le grand astronome arabe. Guillaume l'Anglais, de Marseille, avait, nous l'avons vu [1], composé des *Scripta super canones Archazelis* ; et le manuscrit de la Bibliothèque Nationale où se lisent les *Canons* que nous avons attribués à Roger Bacon, contient, sur les *Tables de Tolède*, d'autres *Canons* qui semblent remonter à l'an 1232.

Selon l'usage, ces derniers *Canons* commencent par des tables [2] qui permettent de convertir en années juliennes les années du calendrier arabe ; la table des *Anni Arabum collecti* s'ouvre par l'an 630 de l'Hégire, que l'auteur fait commencer 8 jours et quart après le début de l'an 1232 du calendrier julien ; les *Anni Arabum collecti* se poursuivent, de trente en trente, jusqu'à l'année 930 de l'hégire, qui commence avec l'année 1523 du calendrier julien. C'est à l'année 631 de l'hégire que commencent les tables astronomiques dressées au verso des précédentes [3].

Les canons [4] sont écrits au bas ou, quelquefois, dans la marge des pages occupées par les tables. Comme les tables, ils ont trait exclusivement au Soleil, à la Lune et à leurs éclipses ; ils laissent de côté tout ce qui concerne le cours des planètes et le mouvement des étoiles fixes.

Dans ces canons, nous rencontrons la phrase suivante :

« Vous trouverez ainsi les heures égales de la conjonction ou de l'opposition après le midi de la ville de Tolède, qui suit, à une distance de 2°20′ ou 46′, disent les experts en cette matière, le midi de Paris ; c'est là ce qu'il faut ajouter aux heures comptées à partir du midi de Tolède pour avoir les heures comptées à partir du midi de Paris. — *Et sic invenies horas conjunctionis vel oppositionis equales post meridiem civitalis Tholeti, que sequitur meridiem parisiensem spacio II graduum 30 vel 46 minutorum, ut dicunt experti ; et hoc est addendum horis a meridie tholetano ut hore a meridie parisiensi habeantur.* »

1. Ce volume, pp. 288-209.
2. Bibliothèque Nationale, fonds latin, ms. n° 15171, fol. 78, r° : *Iste tabule sunt ad extrahendum annos arabum ex annis domini notis et econverso.*
3. Ms cit., fol. 78, v°.
4. Ms. cit., fol. 78, r°, inc. : Ut annos arabum, menses et dies, et, per consequens, etatem lune per 3 scilicet primas tabulas invenias.... Ms. cit , fol. 87, v°, expl. : Si vero fuerit plus 180 et minus 360, erit eclipsis ex parte meridiei et meridianior pars solis privabitur secus [*lisez* : sicut] est in eclipsi lune. *Explicit quod sufficit de utraque eclipsi tam solis quam lune.*
5. Ms. cit., fol. 81, v°, et fol. 82, r°.

Ces canons étaient composés, vers l'an **1232**, pour des astronomes parisiens qui voulaient, dans leurs calculs, faire usage des *Tables de Tolède*. Il n'innovait donc point, celui dont les canons devaient permettre à Jean de se servir, à Londres, de ces mêmes tables.

Cet auteur était-il Roger Bacon ? Nous tenons à répéter, en terminant, que cela nous paraît vraisemblable, mais nullement assuré. Pour ruiner notre conjecture ou la transformer en certitude, il faudrait, dans un autre manuscrit, retrouver ces mêmes canons, mais accompagnés, touchant l'auteur qui les fit et la date qui les vit paraître, de quelques indications. Tant qu'on n'aura pas recueilli de tels renseignements, l'attribution de ces canons à Roger Bacon ne devra être regardée que comme une hypothèse plausible. C'est pour le mieux marquer que nous n'avons pas voulu joindre cette étude à celle des écrits authentiques de Bacon, et que nous l'en avons séparée sous forme de note.

Au moment même où l'imprimeur allait livrer au tirage les pages qui précèdent, M. Charles H. Haskins nous communique un article qu'il vient de publier sur la pénétration de la Science arabe en Angleterre [1] ; ce très intéressant travail nous apporte, sur le texte que nous venons d'étudier, des renseignements nouveaux que nous allons mettre à profit.

Parmi les faits signalés par M. Haskins, le premier qui retiendra notre attention concerne Robert de Rétines [2], dit aussi Robert de Chester ; il nous montrera que Robert n'était pas simplement traducteur, mais encore homme de science et capable, jusqu'à un certain point, de faire œuvre personnelle. C'est ainsi qu'il ne se contenta pas de traduire les tables astronomiques d'Al Battani, mais qu'il les soumit à une adaptation [3]. Il continua de rapporter au méridien de Tolède une partie de ces tables, en les faisant partir de l'année **1149** ; mais une autre partie, à laquelle l'an **1150** sert de principe, fut réduite au méridien de Londres. C'est ce que nous explique cette phrase :

« *Ea namque ejus pars que ad meridiem civitatis Toleti constituitur a 1149 anno domini incipit et ab eodem termino annos domini per 28 colligens lineas annorum collectorum in mediis pla-*

1. CHARLES H. HASKINS, *The Reception of Arabic Science in England* (*The English Historical Review*, January 1915, pp. 56-69.)
2. *Vide supra*, pp. 172-175.
3. CHARLES H. HASKINS, *Op. laud.*, p. 64.

netarum cursibus in tempus futurum extendit, altera vero ejus pars, cujus videlicet ratio ad meridiem urbis Londoniarum contexitur, ab anno domini 1150 sumpsit exordium. »

Nous avons dit[1] que l'anglais Adélard de Bath avait traduit les *Tables kharismiennes*, qui sont, en très grande partie, consacrées à la Trigonométrie et, en partie, à l'Astronomie ; dans un manuscrit de cette traduction[2], conservé à la Bibliothèque Bodléienne d'Oxford, la table de concordance entre les années arabes et les années chrétiennes commence au 1er janvier 1126, ce qui nous donne approximativement la date de la version faite par Adélard.

Robert de Chester fit une révision des *Tables kharismiennes* relatives à l'Astronomie[3] ; comme il l'avait fait pour une partie des tables d'Al Battani, il y réduisit les équations des planètes au méridien de Londres. Un manuscrit de la Bibliothèque Royale de Madrid nous conserve ces *Tables kharismiennes* réduites au méridien de Londres ; elles y portent ce titre :

« *Incipit liber Ezeig id est chanonum* ALGHOARIZMI *per* ADELARDUM BATHONIENSEM *ex arabico sumptus et per* RODBERTUM CESTRENSEM *ordine digestus.* »

Dans le corps de l'ouvrage, se lit cette indication : « *He autem adjectiones omnes juxta civitatem Londonie in hoc libro computantur et mediis cursibus planetarum adiciuntur.* »

Le manuscrit de la Bibliothèque Royale de Madrid où se rencontre cette œuvre de Robert de Rétines contient[4] d'autres tables « *Super mediam noctem Herefordie.* » De ces tables astronomiques, M. Haskins nous dit[5] qu'elles avaient pour fondements les *Tables de Tolède* et les *Tables de Marseille*. De ces dernières tables, une particularité marque l'influence. Comme les *Tables de Marseille*, les *Tables de Hereford* ne rapportent pas les mouvements célestes *ad meridiem*, c'est-à-dire à la partie du méridien qui passe au zénith du lieu d'observation, mais bien *ad mediam noctem*, c'est-à-dire à la partie du méridien qui passe au nadir de ce même lieu.

De ces *Tables de Hereford*, quel était l'auteur ?

Avec grande vraisemblance, M. Haskins les rattache à une page unique, que contient un manuscrit du British Museum, et qui porte le titre suivant :

1. *Vide supra*, pp. 168-169.
2. CHARLES H. HASKINS, *Op. laud.*, p. 60, en note.
3. CHARLES H. HASKINS, *Op. laud.*, p. 64.
4. CHARLES H. HASKINS, *Op. laud.*, p. 65, en note.
5. CHARLES H. HASKINS, *Op. laud.*, p. 66.

« *Anni collecti omnium planetarum compositi a magistro* ROGERO *super annos domini ad mediam noctem Herefordie anno ab incarnatione domini m°c°lxx°viii°, post eclipsim que contingit Hereford eodem anno.* »

Ces tables, adaptation des *Tables de Tolède* et imitation des *Tables de Marseille*, furent donc construites, en 1178, par ce Roger de Hereford auquel Alfred de Sereshel dédiait sa traduction du *Liber de plantis*[1], œuvre de Théophraste que le Moyen Age croyait être d'Aristote. En effet, un manuscrit de cette traduction, conservé par la Bibliothèque de Barcelone, débute ainsi : « *Incipit liber de plantis quam* ALVEREDUS *de arabico transtulit in latinum, mittens ipsum magistro* ROGERO DE HEREFORDIA. »

De ce Roger de Hereford, on possède un autre ouvrage astronomique, un *Traité du calendrier* ou *De compoto*[2]. La date de cet ouvrage, qui est 1176, nous est exactement connue par la phrase suivante, qui s'y rencontre :

« *Ut exempli gratia circa tempus hujus compositionis hujus tractatus, anno scilicet domini mclxxvio cicli decemnovenalis xviii, que in vulgari compoto dicitur accensa, v^a feria anni illius, nona die septembris.* »

A la vérité, le manuscrit de la collection Digby qui nous conserve cet écrit ne nous fait pas connaître, par ce texte même, le nom de l'Auteur ; ce nom figure seulement dans la formule suivante, qui précède la table des chapitres :

« *Gilleberto* ROGERUS *salutes h. d.* »

Ce Gilbert auquel l'ouvrage est dédié n'est autre sans doute que Gilbert Foliot qui fut, jusqu'à 1163, évêque de Hereford.

Ajoutons que Roger de Hereford n'était pas seulement astronome, mais encore astrologue ; on a de lui[3] un traité en quatre parties sur les jugements astrologiques.

A ce catalogue des œuvres de Roger de Hereford, M. Haskins joint[4] la *Theorica planetarum* que Leland avait signalée avant lui[5], et dont il a rencontré lui-même plusieurs exemplaires.

De cet ouvrage, nous dit M. Haskins, les premiers mots sont les suivants : « *Diversi* (alias *Universi*) *astrologi secundum diversos annos tabulas et computaciones faciunt...* » Il s'achève ainsi : « ... *per modum foraminis rotundi.* » Ces indications ne

1. JOURDAIN, *Recherches critiques sur les traductions latines d'Aristote*, Paris, 1843, p. 106 et p. 430 ; CHARLES H. HASKINS, *Op. laud.*, p. 68.
2. CHARLES H. HASKINS, *Op. laud.*, p. 75.
3. CHARLES H. HASKINS, *Op. laud.*, pp. 66-67.
4. CHARLES H. HASKINS, *Op. laud.*, p. 66.
5. *Vide supra*, pp. 222-223.

nous laissent aucun doute; cette *Theorica planetarum* est identique aux *Canons* que nous avons analysés dans la présente note.

Au texte que nous avons eu en mains, l'auteur ne disait rien qui nous fît connaître son nom, ni la date de son ouvrage, ni le lieu qui l'avait vu composer. Si les textes consultés par lui eussent contenu quelqu'un de ces renseignements, M. Haskins n'eût certes pas manqué de nous le dire, comme il nous l'a dit avec tant d'exactitude pour les autres ouvrages de Roger de Hereford. L'attribution de la *Theorica planetarum* à cet auteur a donc été, dans les divers manuscrits où nous rencontrons cet ouvrage, faite après coup, par une main étrangère, sans que nous puissions discerner ce qui la justifiait; cette attribution, d'ailleurs, n'était pas constante; dans un des recueils consultés par M. Haskins, la *Theorica planetarum* est mise au compte de Robert de Northampton.

Or la *Theorica planetarum* ne peut pas être de Roger de Hereford.

Nous avons vu que l'auteur y citait les *Tables de Londres*; cette mention a été également relevée par M. Haskins dans les textes qu'il a examinés.

De quelles *Tables de Londres* s'agit-il? On pourrait peut-être penser qu'il s'agit des *Tables kharismiennes* ou des tables d'Al Battani, réduites au méridien de Londres par Robert de Rétines; cette supposition serait, en elle-même, peu vraisemblable; il est clair que l'auteur des *Canons* vise uniquement les tables obtenues par réduction des *Tables de Tolède*.

Mais il y a plus; des *Tables de Londres* auxquelles il fait allusion, l'auteur des *Canons* nous dit qu'elles sont les seules où « le commencement d'un jour se place à midi de ce jour même, et à la fin à midi du jour suivant. » Il est clair, dès lors, que les tables visées sont ces *Tables de Londres* dont le préambule a retenu notre attention [1]; ce préambule, en effet, s'achevait précisément par cette phrase [2] :

« *Secundum tabulas quoque istas annus incipit in Martio et quelibet dies incipit a medio sui et finitur et terminatur in medio quidem sequentis* [3]. *Secundum magistrum P. etc.* »

La *Theorica planetarum* est donc postérieure aux *Tables de Londres*.

Ces tables, nous avons été conduits à les dater de l'année 1232 [4].

1. Voir : Seconde partie, Ch. V, § I; pp. 231-238.
2. Bibliothèque Nationale, fonds latin, ms. n° 7272, fol. 67, col. d. — *Vide supra*, p. 237.
3. Le texte, au lieu de : *Sequentis*, répète : *sui*.
4. *Vide supra*, p. 237.

Lors même qu'on rejetterait l'hypothèse sur laquelle repose cette détermination, il resterait que le XIIIe siècle courait déjà depuis un certain temps lorsque les *Tables de Londres* furent composées ; l'auteur, en effet, signale avec beaucoup de précision l'erreur croissante qui affecte le calendrier : « De la naissance du Christ jusqu'aujourd'hui, dit-il[1], les fêtes des saints et les quatre-temps ont rétrogradé de dix jours et plus par rapport aux solstices et aux équinoxes. — *Ymo, a nativitate Christi usque nunc, festa sanctorum et 4 tempora et solsticia et equinoctia jam retrogradata sunt per 10 dies et plus.* » Or, jusqu'au temps où s'établit l'usage des *Tables Alphonsines*, les computistes admirent à l'unanimité que les solstices et les équinoxes avançaient, dans le calendrier, d'un jour par cent vingt ans ; pour que l'avance dépassât dix jours, il fallait qu'on fût en plein treizième siècle.

A plus forte raison, les *Canons* qui citent les *Tables de Londres* n'ont-ils pu être composés avant qu'une partie du XIIIe siècle ne se fût écoulée ; c'est, d'ailleurs, ce que la maturité astronomique de cet ouvrage nous eût permis de soupçonner, à défaut de preuve plus formelle ; c'est donc à tort que la *Theorica planetarum* est attribuée à Roger de Hereford ; elle est sûrement postérieure à cet auteur.

Cette attribution erronée n'a point dû, cependant, se produire sans raison.

Les ouvrages authentiques de Roger de Hereford désignent simplement celui-ci, nous l'avons vu, par le nom de *Magister Rogerus.* Ne serait-il pas vraisemblable, dès lors, que l'auteur de la *Theorica planetarum* fût également un certain *Rogerus*, et qu'on eût confondu ce Roger avec le Roger de Hereford dont on possédait déjà plusieurs écrits astronomiques ? Parfois, sans doute, dans les copies de la *Theorica planetarum*, le nom du *Rogerus* qui avait composé cet ouvrage était simplement marqué par l'initiale R ou par la syllabe *Ro*, ce qui permettait de croire que l'auteur portait le nom de Robert ; ainsi advint-il qu'on le prît pour Robert de Northampton.

Mais si les *Canons* dont nous avons donné l'analyse eurent pour auteur un certain Roger, ce que les considérations précédentes nous paraissent rendre vraisemblable, n'est-ce point une nouvelle et très forte invitation à recevoir la conclusion suggérée par l'étude intrinsèque de ces *Canons* ? Ne sommes-nous pas tentés, plus vivement encore, de croire que ce Roger n'était autre que Bacon ?

1. Ms. cit., fol. 67, col. a ; *vide supra*, p. 235.

APPENDICE A LA NOTE PRÉCÉDENTE

TEXTE, RELATIF A LA CHAMBRE NOIRE, DONT IL A ÉTÉ PARLÉ DANS CETTE NOTE

(Bibliothèque municipale de Bordeaux, ms. n° 419, fol. 1, col. d, et fol. 2, coll. a, b, c, d).

Fol. 1, col. d, Fol. 2, col. a. Ergo, ut dictum est, corpora Mundi principalia speri | -ca sunt. Spera nempe est prima figurarum ; per circulum enim [deducitur] de triangulo qui est prima multarum[1] linearum preparatio ; in Euclide demonstratur scilicet super datam lineam triangulum equilaterum designare ; et hec est ratio Avicenne, tertio *Metaphisice.*

Hec est figurarum simplicissima quia una superficie[2] continetur sibi maxime conformi, sicut circulus videtur linea cujus partes maxime adunantur ; ergo, in hac figura nulla est dissimilitudo, maxime corporibus homogeneis aptatur ; et hec est ratio Tholomei, *Almagesti* primo, differentia prima, capitulo 5°.

Hec est figurarum capacissima ; spera enim est capacissimum corporum ysoperimetrorum, sicut circulus figurarum planarum ; plus enim capit circumscriptio superficiei sperice quam si eadem comprimatur in cubum, sicut patere potest ex libro[3] *ysoperimetrorum*[4] ; et ratio hujus est quia majoris est extensionis illud quod

1. Ms. : *multi.*
2. Ms. : *superficies.*
3. Le ms. intercale ici : *de.*
4. Cf. Rogeri Bacon *Opus majus,* pars IV, dist. IV, cap. X (Éd. Jebb, p. 95 ; éd. Bridges, vol. I, pp. 154-155) : « Inter omnes figuras isoperimetras sphæra ipsa maxime capit, sicut proponit VIIIa propositio libri *Isoperimetrorum*.... Et inter omnes istas superficiales isoperimetras, circulus maxime capit, sicut dicit VIIa propositio de *Isoperimetris* ».

undique in periferiam dilatatur quam quod in anfractus[1] angulares varie angulatur; et hec capacitas spere aptatur a Tholomeo ubi supra.

Hec figura est perfectissima cui quidem non est possibilis[2] additio[3], et hec est ratio 2 *Celi et Mundi*[3].

Adhuc est quod tactum est, quia est simplicissima figura et, per consequens, maxime est nature amica et consona; in hac enim partes cujuslibet totius maxime adunantur, que partes in corporibus angularibus magis a suo medio et centro virtutis sue segregantur[4]; virtus autem quanto[5] magis unita, tanto magis infinita; unde omnia corpora que compassione[6] sui non prohibentur, in hanc figuram potissime inclinantur[7].

Hinc enim stilla[8] aque secundum legem totius debet descendere in figura sperica[9], quia omnia ponderousa descendunt ad angulum in periferiam[10].

Videtur oppositum, quod tamen evenire debeat, ut scilicet stilla descendat in figura piramidali; quoniam gravia descendunt recte; igitur descendere habent secundum diametros Mundi[11], tendendo in centrum, et, ut | Aristotiles, *De Celo et Mundo*, dicit, omnia Fol. 2, col. b.
gravia descendunt ad angulum; ergo stilla descendens [descendere] debet in figura piramidali.

Sed mirum etiam videtur de ascensu[12] ignis, qui ascendit in

1. Ms. : *anffractus*.
2. Mot de lecture douteuse.
3. ROGER BACON, *loc. cit.* (Éd. Jebb, p. 95; éd. Bridges, vol. I, p. 155) : « Item est perfectissima, quia nihil addi potest ei; sed omnibus aliis potest aliquid addi ».
4. Ms. : *degregantur*.
5. Ms. : *tanto*.
6. Ms. : *compascione*.
7. ROGERI BACON *Tractatus de multiplicatione specierum*, pars II, cap. VIII (*Opus majus*, éd. Jebb, pp. 409-410; éd. Bridges, vol. II, p. 492) : « Natura facit quod est melius ad salutem rei, et ideo acquirit sibi figuram quæ magis operatur ad salutem; sed vicinia partium in toto est maxime operativa salutis earum et totius, quia divisio et distractio earum saluti maxime repugnat; quapropter omnis natura acquirens sibi figuram ex proprietate, debet quærere illam, quæ maxime habet vicinam partium in toto, nisi propter causam finalem repugnet; sed hæc est sphærica, quoniam omnes partes plus vicinantur in ea quam in alia, cum non pellantur in angulos et latera, in quibus distant partes ad invicem. »
JOANNIS PECKHAM ARCHIEPISCOPI CANTUARIENSIS *Perspectiva communis*, lib. I, propos. V : « Cæterum quoniam sphærica figura est luci cognata et omnibus Mundi corporibus consona, ut puta absolutissima et naturæ maxime conservativa, quæque omnes partes suo intimo perfectissime conjungit ».
8. Le texte de Paris dit : *stella*.
9. Ms. : *piramidali*.
10. Ms. : *periferiali*.
11. Ms. : *diatonedi*.
12. Ms. : *accensu*.

figura pyramidali naturaliter non in [1] figura calathaydos [2], id est ad modum calati [3]. Quod figura debeat contraria moveri [videtur]; ascendit enim secundum diametros Mundi qui, a centro incipientes, continue dilatantur [4].

Sed ad primum sciendum quod partes efficacius inclinantur ad totum quam [ad] locum, ad centrum inquam, quia [5] cum eis habet unigeneitatem essentie, non tantum influentie, et quia [6] per hanc figuram maxime adunantur toti ; ergo in descendendo naturali pondere in hanc figuram inclinautur.

Ascensus vero ignis piramidalis due solent rationes assignari.

Prima quidem ratione materie cujus est [7] flamma, que [8] est fumus ardens secundum Philosophum ; que igitur partes fumi [sunt] subtiliores magis elevantur et, per consequens, acuuntur ; ideo flamma fumo conformatur.

Item, quanto pars alicujus totius magis est intima suo toti, [tanto] magis habet de totius efficacia et amplius a circumdante contrario elongatur ; hinc est quod partes ignis interiores plus habent vigoris et velocius se expediunt in movendo ; alie secundum positionem suam sequuntur [9] gradatim ; ex quo sequitur pyramidatio, quod [10] faciliter tenere potest ymaginatio [11].

Similiter radii incidentie cadentis per foramen planum angulare, cujus tamen latera non multum se excedant, in pariete opposita rotundatur ; cujus ratio est quod lux ut potissime acta [12] hanc formam facilius consequitur ad quam naturaliter inclinatur.

Sed dicit aliquis rotunditatem incidentie esse a [13] rectitudine radiationis a corpore solari [14] sperico descendentis, et non a virtute talis diffusionis ; quod probari videtur, quoniam tempore eclipsium

1. Ms. : *vel*.
2. *Calathaydos* = καλαθοειδής.
3. *Calati* = κάλαθου, gén. de κάλαθος, corbeille.
4. Ms. : *dylatantur*.
5. Ms. : *quod*.
6. Ms. : *quod*.
7. Ms. : *que*, au lieu de : *cujus est*.
8. Ms. : *cujus*.
9. Ms. : *sequentibus*.
10. Ms. : *non*.
11. ROGER BACON, *loc. cit.* (Éd. Jebb, p. 410 ; éd. Bridges, vol. II, p. 493) : « Quod autem lux ignis ascendit in figura pyramidali, hoc est ratione corporis ascendentis, non ratione lucis, quia figura illa apta est motui sursum ; præcipue quia partes ignis interiores propter distantiam a contrario continente, silicet aere fracto, sunt efficaciores in ascensu, et ideo in ascendendo expediunt se, et ideo altius attingunt, et aliæ partes consequuntur per ordinem, secundum quod magis aut minus distant a contrario circumstanti, quapropter rotundantur in pyramidem ».
12 Ms. : *actam*.
13. Ms. : *et*.
14. Ms. : *solarii*.

solarium videtur hujusmodi incidentia radiorum solarium novacularis et omnino disposita ad modum illum quo disponitur pars solis que a lunari corpore [non] obumbratur. |

Sed ad pauca respicientes facile enunciant ; quoniam si talis causa sufficeret, incidentia illa rotunditatem acquireret sic prope foramen per quod transit sicut longe a foramine, cujus tamen contrarium videmus ad sensum manifeste[1]. Fol. 2, col. c.

Attendant igitur qui sic locuuntur quoniam in tali incidentia lucis due sunt partes sensui distinguibiles, quarum una interior est angularis in modum foraminis, altera exterior circularis, que minus clara dicitur et quasi medii splendoris inter lucem primariam et secundariam ; dico lucem primariam, lucem radiosam ; lucem secundariam, illa que est extra incidentiam radiorum, ut in domibus apertis ad aquilonem, Sole existente in austro. Ergo in exteriori tantum incidentia, que modum foraminis non sequitur, non illa est novaculatio ; sed in illa que est ex radiosa et luminis protensione[3] genarata, sequitur ergo incidentia modum obumbrationis solaris, scilicet [in] illa que intersectione gignitur, non [in] illa que exterius naturali diffusione in rotunditatem deducitur[4] per accidens. Non est ergo rotunditas incidentie ex solari rotunditate, quia Sole ex interpositione Lune[5] novaculato[6], manet rotunditas luminis accidentalis, sicut sensui patet. Quia tamen lumen[7] radiosum est principale et causa luminis accidentaliter diffusi, ideo, impedito lumine radioso, per consequens impeditur lumen secundarium, ut non faciliter discernatur, in tempore eclipsis, ejus rotunditas.

Quod autem nulla radiationis[8] intersectione possit causari illa rotunditas, sed sola diffusione, probatur sic : Radii Solis qui applicant se lateribus foraminis angularis majoris sunt dilatationis quam aliqui aliorum per foramen transeuntium. Ex hoc proceditur[9] sic :

1. ROGER BACON, *loc. cit.* (Éd. Jebb, p. 410 ; éd. Bridges, vol. II, p. 492) : « Et dicendum est quod, licet in distantia parva non acquirat sibi figuram debitam, tamen in sufficienti distantia acquiret ».

JEAN PECKHAM, *loc. cit.* ; éd. cit., fol. 3, r° : « Verum si hæc causa esset sufficiens, tam prope foramen quam a foramine longius, tabes incidentiæ radiosæ ad rotunditatem tenderent ; cujus contrarium contingit ».

2. ROGER BACON, *loc. cit.* (éd. Jebb, p. 411 ; éd. Bridges, vol. II, p. 494) : « Et considerandum est quod semper est majus lumen et fortius in medio lucis cadentis ».

3. Ms. : *protencione*.

4. Le ms. intercale ici le mot : *non*.

5. Le ms. intercale ici le mot : *que*.

6. Ms. : *novaculata*.

7. Ms. : *lumine*.

8. Ms. : *radiatione*.

9. Ms. : *procedit*.

Incidentia lucis figuram habet a radiis eximiis et maxime dilatatis; sed magis dilatati sunt qui applicantur [1] lateribus foraminis, quia omnes alii cadunt inter illos, et illi procedunt, ratione recte, linealiter, ex hypothesi [2]; ergo, si in foramine sunt, vel sunt triangularis figure, si in infinitum procedant [3], semper erunt triangulares.

Quod autem isti sunt maxime | dilatationis probo : Radii procedentes a Sole a quolibet puncto Solis procedunt secundum omnem partem medii, et a toto Sole procedunt in quemlibet punctum medii in quo intersecant se et, ymaginarie intersecti [4], ulterius procedunt; ergo radiorum procedentium ab eodem puncto Solis et per foramen triangulare transeuntium, planum est maxime dilatationis esse eos qui lateribus foraminis se applicant. Item etiam probo de aliis, quoniam omnium radiorum concurrentium tanto ad [5] obtusiorem angulum concurrunt quanto breviores sunt; ergo cum alique pyramides radiose concurrant intra Solem et foramen [6], ita [7] alique ultra foramen; ille tamen obtusiorem angulum faciunt que inter Solem et foramen concurrunt, quia ille breviores sunt; et patet consequentia per XXI propositionem primi Euclidis; et quanto obtusiorem angulum constituunt, tanto latius intersecando [8] se extendunt [9], quia anguli contra se positi sunt equales; quanto ergo pyramides sunt breviores, tanto amplius dilatantur; sed inter omnes per foramen transeuntes ac inter Solem et foramen concurrentes [10], illa piramis magis dilatatur cujus latera foraminis [11] [lateribus] applicantur; igitur, quia omnes alie cadunt inter illas [12], ergo necesse erit radiosas incidentias conformari foraminibus per que transeunt, quantum est de vi radiationis, nisi adsequatur vi diffusionis. Fol 2, c

Et hoc efficacius suadere conatus sum quia aliquando vidi magnos in materia ista adeo obtutientes [13] ut dicerent rotunditatem incidentalem ex intersectione radiorum provenire.

In quo etiam notandum, sicut docetur in *Perspectiva*, [quod] non est radiorum a corpore continuo procedentium realis intersec-

1. Le ms. intercale ici le mot : *se*
2. Ms. : *e.cpotesi*.
3. Ms. : *proceduntur*.
4. Ms. : *intersecari*.
5. Ms : *ab*.
6. Ms. : *foramina*.
7. Ms. : *in*.
8. Ms. : *intercecando*.
9. Ms. : *extendant*.
10. Ms. : *concurrantes*.
11. Ms. : *foraminibus*.
12. Ms. : *illa*.
13. Ms. : *occutientes*.

tio que est unum, ut ibi docetur, velut corpus continuum, nisi forte variorum luminarium splendores commisceantur, vel radii a solido corpore reflectentur, ut alias forte declarabitur.

ERRATA DU TOME PREMIER

Page 216, dernière ligne, *au lieu de* : p. 296, *lire* : p. 297.
p. 375, ligne 13, *au lieu de* : Plutarque, *lire* : Ptolémée.

ERRATA DU TOME II

Page 341, ligne 26, *au lieu de* : il ne vaut, *lire* : il ne faut.
p. 354, ligne 6, *au lieu de* : δπμιουργουσιν, *lire* : δημιουργοῦσιν.
p. 397, ligne 4, *la virgule qui se trouve après* : existence, *doit être mise après* : à l'opposé.
p. 442, ligne 25, *au lieu de* : γὄκου, lire ὄγκου.

ERRATA DU TOME III

Page 100, ligne 6 à partir du bas, *au lieu de* : Materna, *lire* : Maternus.
p. 173, ligne 21, *au lieu de* : Thierry, *lire* : Robert.
p. 174, ligne 10, *rétablir l'appel à la note* [1].
p. 308, note au bas de la page, *au lieu de* : 7372, *lire* : 7272.
p. 315, ligne 4 à partir du bas, *au lieu de* : duc, *lire* : duché.

TABLE DES AUTEURS CITÉS DANS CE VOLUME

A

1. L'indication : n. après le numéro de la page, désigne une note au bas de cette page.

B

C

D

E

F

G

H

I

J

K

L

M

N

O

P

Q

R

S

T

U

V

W

Z

TABLE

DES MANUSCRITS CITÉS DANS CE VOLUME

1. Le signe * indique que nous citons de seconde de main le manuscrit mentionné.
2. Aux pages 308-311, on a mis, par erreur, n° 7372 au lieu de n° 7272.

TABLE DES MATIÈRES DU TOME II

SECONDE PARTIE

L'ASTRONOMIE LATINE AU MOYEN AGE

(Suite)

CHAPITRE II

L'INITIATION DES BARBARES

CHAPITRE III

LE SYSTÈME D'HÉRACLIDE AU MOYEN AGE

CHAPITRE IV
LE TRIBUT DES ARABES AVANT LE XIIIe SIÈCLE

CHAPITRE V
L'ASTRONOMIE DES SÉCULIERS AU XIIIe SIÈCLE

CHAPITRE VI
L'ASTRONOMIE DES DOMINICAINS

CHAPITRE VII

L'ASTRONOMIE DES FRANCISCAINS

Joseph FLOCH, Maître-Imprimeur à Mayenne. 30-10-1958

LE SYSTÈME DU MONDE

Histoire des doctrines cosmologiques de Platon à Copernic

par **PIERRE DUHEM**

Plan de l'ouvrage

I. II. LA COSMOLOGIE HELLÉNIQUE

L'astronomie pythagoricienne. La cosmologie de Platon. Les sphères homocentriques. La physique d'Aristote. Les théories du temps, du lieu et du vide après Aristote. La dynamique des Hellènes après Aristote. Les astronomies héliocentriques. L'astronomie des excentriques et des épicycles. Les dimensions du Monde. Physiciens et astronomes : I. Les Hellènes. II. Les sémites. La précession des équinoxes. La théorie des marées et l'astrologie.

III. IV. L'ASTRONOMIE LATINE AU MOYEN-AGE

La cosmologie des pères de l'Eglise. L'initiation des barbares. Le système d'Héraclide au Moyen-Age. Le tribut des Arabes avant le XIIIe siècle. L'astronomie des séculiers au XIIIe siècle. L'astronomie des Dominicains. L'astronomie des Franciscains. L'astronomie parisienne : I. Les astronomes. II. Les physiciens. L'astronomie italienne.

V. LA CRISE DE L'ARISTOTÉLISME

Les sources du néo-platonisme arabe. Le néo-platonisme arabe. La théologie musulmane et Averroés. Avicébron. Scot Erigène et Avicébron. La Kabbale. Moïse Maïmonide et ses disciples. Les premières infiltrations de l'aristotélisme dans la scolastique latine. Guillaume d'Auvergne, Alexandre de Hales et Robert Grosse-Teste. Les questions de Maître Roger Bacon. Albert le Grand. Saint-Thomas d'Aquin. Siger de Brabant.

VI. LE REFLUX DE L'ARISTOTÉLISME

La réaction de la scolastique latine. Henri de Gand. La doctrine de Proclus et les Dominicains allemands. D'Henri de Gand à Duns Scot. Duns Scot et le scotisme. L'essentialisme. Les deux vérités : Raymond Lull et Jean de Jandun. Guillaume d'Ockam et l'occamisme. L'électisme parisien.

VII à IX. LA PHYSIQUE PARISIENNE AU XIVe SIÈCLE

L'infiniment petit et l'infiniment grand. L'infiniment grand. Le lieu. Le mouvement et le temps. La latitude des formes avant Oresme. Nicole Oresme et ses disciples parisiens. La latitude des formes à l'Université d'Oxford. Le vide et le mouvement dans le vide. L'horreur du vide. Le mouvement des projectiles. La chute accélérée des graves. La première chiquenaude. L'astrologie chrétienne. Les adversaires de l'astrologie. La théorie des marées. L'équilibre de la terre et des mers : Les anciennes théories. Les théories parisiennes. Les petits mouvements de la terre et les origines de la géologie. La rotation de la terre. La pluralité des Mondes.

X. ÉCOLES ET UNIVERSITÉS AU XVe SIÈCLE

L'Université de Paris au XVe siècle. Les Universités de l'Empire au XVe siècle. Nicolas de Cue. L'Ecole astronomique de Vienne. Pétrarque et Léonardo Bruni. Paul de Venise.

Prix des dix volumes : 30 000 F

Extrait du catalogue général :

Philosophie et Histoire des Sciences

E. BREHIER — Les études de philosophie antique . 180 F

P. BRUNET — Maupertuis . 1950 F
Introduction des théories de Newton en France au XVIIIe siècle . 910 F
Les Physiciens hollandais et la méthode expérimentale en France au XVIIIe siècle . 520 F

L. BRUNSCHVICG — L'actualité des problèmes platoniciens . 150 F

M.-D. CHENU — Les études de philosophie médiévale . 320 F

J.-L. DESTOUCHES — Physique moderne et philosophie . 260 F

F. ENRIQUES ET G. DE SANTILLANA
Platon et Aristote . 240 F
Empirisme et rationalisme grecs . 220 F
Mathématiques et astronomie de la période hellénique . 260 F

A. KOYRE — A l'aube de la science classique . 260 F
Descartes et Galilée . 260 F
Galilée et la loi de l'inertie . 700 F

H. METZGER — Attraction universelle et religion naturelle chez quelques commentateurs anglais de Newton . 780 F

F. RUSSO — Histoire des sciences et des techniques . 1800 F

J. SIVADJIAN — Le temps
I. Les atomistes, les pythagoriciens, les platoniciens . 220 F
II. Le néoplatonisme chrétien et les scolastiques . 360 F

F. WARRAIN — Essai sur l'*Harmonices Mundi* ou musique du monde de Johann Kepler
I. Fondements mathématiques de l'harmonie . 520 F
II. L'harmonie planétaire d'après Kepler adaptée à nos connaissances actuelles . 520 F

Hermann

www.ingramcontent.com/pod-product-compliance
Lightning Source LLC
LaVergne TN
LVHW010120230826
846091LV00001BA/94

* 9 7 8 2 0 1 3 4 2 0 9 6 9 *